北大社普通高等教育“十三五”数字化建设规划教材

U0204378

大学物理学

（上）

主　编　刘　阳　吴　涛

北京大学出版社
PEKING UNIVERSITY PRESS

内 容 简 介

本书围绕大学物理课程的基本要求，对物理学的基本概念、基本理论做了比较系统全面的讲述．全书的内容简明扼要，难度适中，在注重加强基础理论的同时，突出训练和培养学生的科学思维及创新能力．

《大学物理学》分上、下两册，内容分为5篇，总共15章．上册包含第1篇力学、第2篇电磁学；下册包含第3篇波动光学、第4篇热学、第5篇近代物理基础．本书配有学习指导书，除了对课程的重点和难点做了进一步阐述外，对书中的习题也进行了详细且具有拓展性的解答．

本书可作为高等院校理工科、师范类等非物理专业，以及成人教育相关专业的大学物理课程的教材，也可以作为中学物理教师的教学参考书．

前言

大学物理是理工科高等院校的一门重要的公共基础课程，在大学的基础教育中占有十分重要的位置. 帮助学生建立物理学的知识体系，掌握科学的学习和思维方法，培养良好的科学素养和创新能力，是大学物理课程教学的重要目标.

为了积极响应党的二十大报告中关于“办好人民满意的教育”“加强教材建设和管理”的号召，主动适应当前大学物理教学改革的需求，本书以物理基础知识为载体、以课程思政为途径，及时将党的二十大精神融进物理课堂. 从家国情怀、科学精神等方面着眼，促进学生的科学素养与人文素养协调发展，注重在潜移默化中坚定学生理想信念，落实立德树人的根本任务.

本书涵盖了教育部制定的《非物理类理工学科大学物理课程教学基本要求》中的核心内容，保证了基本物理体系的系统性和完整性，同时注重知识点的深化以及知识面的扩展. 本书精选了部分既能培养学生分析和解决问题的能力，又能激发学生兴趣的例题和优秀物理学家的事迹作为阅读材料.

全书物理概念清晰，论述深入浅出，注重对基本概念、基本规律的阐述. 在保证必要的基本训练的基础上，突出了物理理论在实际中的应用和扩展，并在有效融入课程思政方面做了初步尝试，因而更加符合教学基本要求和课程的教学规律.

本书上册由刘阳、吴涛主编，下册由俎凤霞、汤朝红主编，多名一线教师参与编写，刘阳、吴涛负责统稿、定稿. 全书各篇章的具体编写分工如下：刘阳、李海霞(第 1 章、第 2 章)，岑敏锐(第 3 章)，吴涛(第 4 章)，李端勇、郑文文(第 5 章)，魏巧、殷勇(第 6 章)，黄河(第 7 章)，熊伦(第 8 章)，俎凤霞(第 9 章)，汤朝红(第 10 章)，谭荣(第 11 章)，张昱(第 12 章)，黄淑芳(第 13 章)，刘培姣(第 14 章)，何菊明、丁春玲(第 15 章).

本书在出版过程中得到了北京大学出版社，武汉工程大学教务处、光电信息与能源工程学院、数理学院的相关领导以及大学物理课程组全体教师的大力支持，沈辉提供了该书教学资源的架构设计，滕京霖提供了版式设计方案，胡锐审查并剪辑了全书的视频资源，在此表示衷心的感谢.

由于编写时间较紧，编者水平所限，书中疏漏和不足之处在所难免，敬请同人和师生提出宝贵的意见，以便修订时校正.

编者

目　录

第1篇　力　学

第 2 篇　电　磁　学

第 1 篇

力　学

在我们生活的这个世界里，万物皆动，永无静止. 流星划过茫茫夜空，小溪汇成滔滔江水，大陆漂移，地壳运动，大气流动，汽车奔驰，苹果从树上掉下来 …… 即使我们坐在家里的沙发上静静地看电视，也随着地球一起“日行八万里”. 这些运动的共同特点是物体之间或物体内各部分之间的相对位置随时间发生变化，称之为机械运动.

机械运动是自然界物质运动中最普遍、最简单、最基本的运动形式. 从微观上看，每个物体又是由一群处在永不停息地运动中的原子和分子构成，每个原子中还有运动的电子、质子和中子 …… 几乎在物质的一切运动形式中都包含这种运动形式. 宇宙中的一切无不处在机械运动之中.

机械运动在人类的实践活动中无处不在，并且深刻地影响着人类的实践活动. 力学是研究物体机械运动规律的一门学科. 通常在力学中将机械运动简称为运动.

力学既是古老的，又是现代的，它历经了无数人（特别是伽利略（Galileo）、牛顿（Newton）、拉普拉斯（Laplace）等）的工作，最早成为最完善的学科. 以牛顿运动定律为基础的力学理论称为牛顿力学或经典力学，它研究弱引力场中宏观物体的低速（远小于光速）运动. 力学是物理学和整个自然科学的基础，力学中提出的许多重要的物理量、物理概念、物理原理（如质量、能量、动量和角动量以及与之对应的守恒律）和完备的研究方法（观察现象，分析和综合实验结果，建立理想模型，应用数学表述，做出推论预言，以实践来检验和校正结果等）适用于整个物理学. 力学也是机械、土木、道路桥梁、航空航天、材料等近代工程技术的理论基础. 经典力学至今仍保持着充沛的活力，在一些新兴的交叉学科(如材料力学、生物力学、环境力学等)中作为基础理论起着重要的作用.

本篇主要讲述经典力学(质点力学、刚体力学、振动学与波动学)的基础.

第1章 质点运动学

力学按其内容可以分为运动学和动力学.运动学单纯地描述物体在空间的运动情况,即说明它的运动特征以及运动学量(如位置、速度、加速度、轨迹)之间的关系,不涉及运动产生的原因;动力学则讨论物体运动产生的原因和控制运动的方法、物体之间相互作用的内在联系,即说明运动的因果规律(如牛顿运动定律、动量定理、动能定理以及守恒定律等).

本章介绍质点运动学,着重阐明三个问题:第一,阐明在运动学中,质点的运动状态用位矢和速度共同描述,速度的改变由加速度描述;第二,阐明在运动学中,核心方程是运动方程;第三,阐明在运动学中,运动的定量研究离不开时间和空间.经典力学的时空观是和牛顿运动定律、伽利略坐标变换交织在一起的.通过介绍同一质点的时空坐标在不同参考系中的变换关系——伽利略变换,使读者了解经典力学时空观的局限性.

1.1 参考系 质点

研究物体的机械运动规律,首先要确定如何描述物体的运动.物体运动的描述,起源于人们对运动物体的观察、归纳和综合,从而抽象出必要的概念,建立相应的理想模型和物理量来定量描述.

1.1.1 运动的绝对性和描述的相对性

在自然界中,大到地球、太阳和星系,小到分子、原子和各种微观粒子,无一不在运动,一切物质均处在永恒不息的运动之中,运动是物质的存在形式,是物质的固有属性,运动和物质是不可分割的.运动的这种普遍性和永恒性又称为运动的绝对性.

然而,对物体运动的描述却是相对的.看似地面是静止的,静止在地面上的物体似乎是不动的.实际上这是以地面、建筑物等作为参考物来观察的.由于地球有公转和自转,静止在地面上的物体是跟着地球一起运动的. 因此,要观察一个物体的运动只能选定另一个物体作为参考,而能选用的参考物体很多,彼此的运动又各不相同,于是,参考不同的物体来观测同一个物体的运动,所获得的图像和结果就会不同,这个事实称为运动描述的相对性.

因为宇宙中没有不运动的物体,所以没有绝对静止的物体可以作为观察其他物体运动的参考物. 一切运动物体都可以被选作参考物,可见,正是运动的绝对性才导致了运动描述的相对性.

1.1.2 参考系和坐标系

为了观测一个物体的运动而选作参考的另一个物体(或另一组相对静止的物体)称为参考系.

参考系选定后,为了能定量地描述物体的位置和运动状态,还必须在参考系上建立一个适当的坐标系,把坐标系的坐标原点和坐标轴固定在参考系中. 坐标系实质上是由实物构成的参考系的数学抽象.

原则上选择什么物体作为参考系,以及选择哪一种坐标系(直角坐标系、极坐标系、自然坐标系、球坐标系等)都是可以的,但是不论从描述运动(运动学)还是从说明运动规律(动力学)来看,都应以方便和简洁为目的. 一般来说,研究运动学问题时,只要描述方便,参考系可以任意选择. 但在考虑动力学问题时,选择参考系就要慎重,因为一些重要的动力学规律(如牛顿第一定律、牛顿第二定律)只对某类特定的参考系(惯性系)成立.

选择不同的参考系,同一个物体的运动情况就不同,对它的描述也就不同. 因此,在说明物体的运动时,必须指明所选定的参考系. 在研究地面上的物体的运动时,通常选地面或相对于地面静止的物体作为参考系. 值得注意的是,在选定的参考系上建立不同的坐标系,对同一个物体的运动描述是相同的,只是数学表达式有所差异. 例如,在匀速直线运动的火车车厢中小球做自由落体运动,以地面作为参考系来看,小球则以抛物线为轨迹做平抛运动,这条抛物线可以在直角坐标系中描述,也可以在极坐标系中描述.

1.1.3 质点和质点系

任何物体都有大小和形状. 当物体运动时,一般来说,其内部各点位置的变化是不一样的,而且物体的形状和大小也可能发生变化. 因此,当物体做一般的机械运动时,物体各部分的运动规律将十分复杂.

物体的运动有两种基本类型：平动和转动. 当物体平动时，其上各点的运动情况完全相同，可用任意一点的运动来代表，物体的大小和形状对于所研究的问题没有影响. 因此，如果在研究某一个物体的运动时，可以忽略其大小和形状，或者只考虑其平动，那么该物体可看作一个只具有质量而没有大小和形状的几何点. 一个形状和大小可以忽略不计，但具有一定质量的物体称为质点. 由若干个有相互作用的质点组成的系统，称为质点系.

能否将一个物体视为质点，由研究问题的性质决定，并不是看它的绝对大小. 只考虑物体的平动时，再大的物体也可以看作质点. 例如，在研究地球公转时，因日地距离(约为 1.5×10^8 km) 远大于地球的直径(约为 1.3×10^4 km)，地球上各点间的距离与日地距离相比是微不足道的，故可将地球视为质点. 反之，即使很小的物体，如分子、原子等，在考察它们的转动、振动等问题时，就必须考虑其内部结构，而不能把它们视为质点.

质点是从客观实际中经过科学抽象出来的理想模型. 以后还要学习刚体、线性谐振子、理想气体、点电荷、电流元等理想模型. 在科学研究中，常根据所研究的问题的性质，突出主要因素，忽略次要因素，建立理想模型，这是经常采用的一种科学思维方法. 可以说，没有合理的理想模型，理论就寸步难行.

1.2　质点运动的描述

1.2.1　位置矢量　运动方程

1. 质点的位置矢量

在运动学中，常用一个几何点代表质点. 在选定的参考系上建立合适的坐标系后，质点在任意时刻的位置常用位置矢量(简称位矢，也叫作矢径) 来描述. 位矢是从坐标原点 O 指向质点所在处 P 点的有向线段(见图1.1中的 $\overrightarrow{OP}$)，用 $\boldsymbol{r}$ 来表示. 显然，质点的位矢的大小和方向不仅与参考系有关，而且与坐标原点 O 的选择有关. 但当参考系与坐标原点选定后，位矢 $\boldsymbol{r}$ 就能指明质点相对于坐标原点的距离和方位，亦即确定了质点的空间位置.

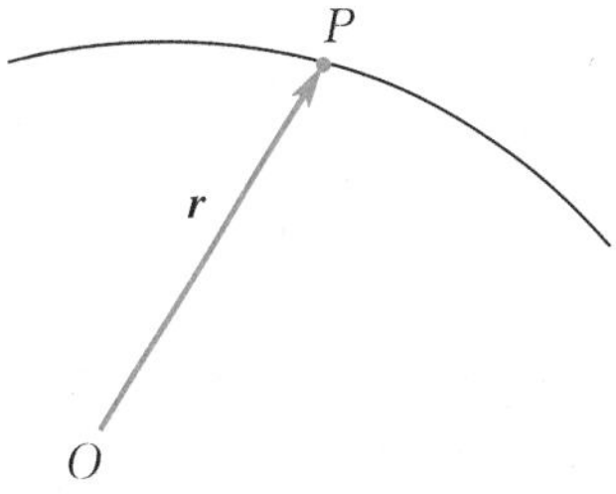

图 1.1　位置矢量

质点的位矢 $\boldsymbol{r}$ 在不同的坐标系中有不同的表示. 从图 1.2(a) 中可以看出，质点 P 的直角坐标 x, y, z 就是位矢 $\boldsymbol{r}$ 在直角坐标系 $Oxyz$ 中的三个分量(投影). 引入沿 x 轴、y 轴和 z 轴正方向的单位矢量 $\boldsymbol{i}, \boldsymbol{j}, \boldsymbol{k}$(它们都是不随时间变化的大小等于 1 的常矢量) 后，质点的位矢 $\boldsymbol{r}$ 在直角坐标系 $Oxyz$ 中可以表示为

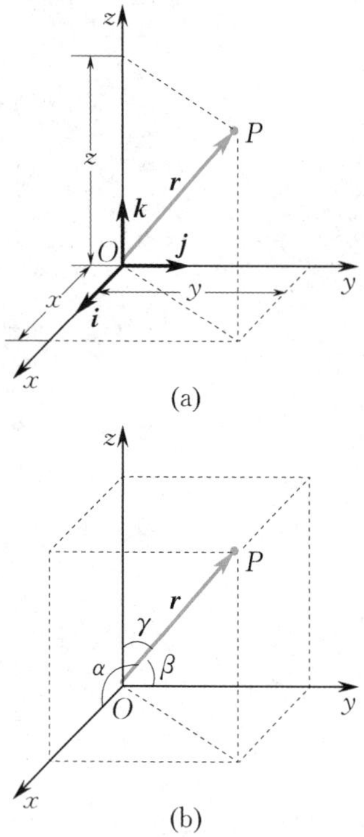

图 1.2　直角坐标系中的位置矢量

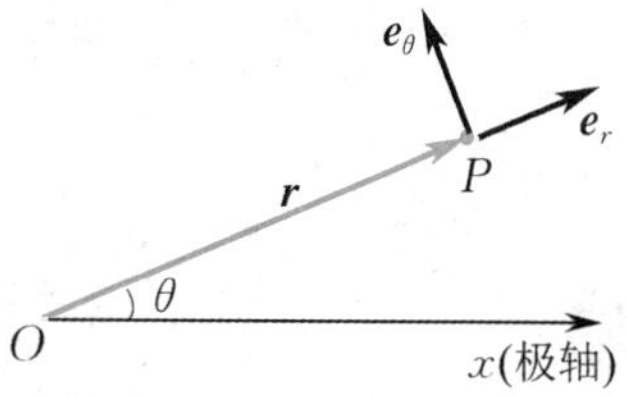

图 1.3　平面极坐标系中的位置矢量

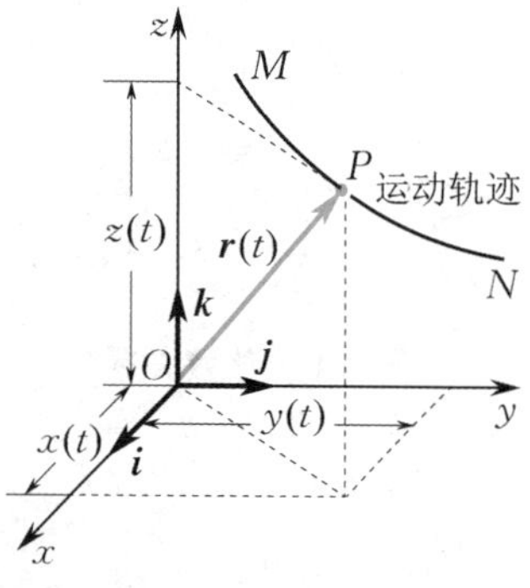

图 1.4　运动方程和运动轨迹

$$\boldsymbol{r} = x\boldsymbol{i} + y\boldsymbol{j} + z\boldsymbol{k}. \tag{1.2.1}$$

质点 P 距坐标原点 O 的距离,即位矢 $\boldsymbol{r}$ 的大小为

$$r = |\boldsymbol{r}| = \sqrt{x^2 + y^2 + z^2}. \tag{1.2.2}$$

质点 P 相对于坐标原点 O 的方位,即位矢的方向可由三个方向余弦

$$\cos\alpha = \frac{x}{r}, \quad \cos\beta = \frac{y}{r}, \quad \cos\gamma = \frac{z}{r} \tag{1.2.3}$$

来确定,式中 α, β, γ 分别是 $\boldsymbol{r}$ 与 x 轴、y 轴和 z 轴正方向的夹角(见图 1.2(b)).

对于质点仅在 Oxy 平面内运动的二维情况,位矢 $\boldsymbol{r}$ 可以表示为

$$\boldsymbol{r} = x\boldsymbol{i} + y\boldsymbol{j}, \tag{1.2.4}$$

其方向可用 $\boldsymbol{r}$ 与 x 轴正方向的夹角 $\alpha = \arctan\dfrac{y}{x}$ 表示. 在平面极坐标系中,质点的坐标为 (r, θ). 若用 $\boldsymbol{e}_r$ 和 $\boldsymbol{e}_\theta$ 分别表示沿径向(指向 r 增大的方向)和横向(与径向垂直的指向 θ 角增大的方向)的单位矢量(见图 1.3),则质点的位矢 $\boldsymbol{r}$ 可以表示为

$$\boldsymbol{r} = r\boldsymbol{e}_r. \tag{1.2.5}$$

这里的 $\boldsymbol{e}_r$ 和 $\boldsymbol{e}_\theta$ 的大小虽不变(等于1),但它们的方向均随质点所在位置的变化而变化,即与坐标 θ 有关,不是常矢量.

在国际单位制(SI)中,位矢的单位是米(m).

关于位矢 $\boldsymbol{r}$,应当明确它有以下三个特点:

(1) 矢量性. $\boldsymbol{r}$ 是矢量,不仅有大小,而且有方向.

(2) 瞬时性. 质点在运动过程中,不同时刻的 $\boldsymbol{r}$ 不同.

(3) 相对性. 空间中某一点的位置,用不同的坐标系来描述,结果是不同的(详见 1.4 节).

2. 质点的运动方程

在质点运动时,它的位矢 $\boldsymbol{r}$ 是随时间变化的(见图 1.4),可以表示为

$$\boldsymbol{r} = \boldsymbol{r}(t) = x(t)\boldsymbol{i} + y(t)\boldsymbol{j} + z(t)\boldsymbol{k}. \tag{1.2.6}$$

其分量式为

$$\begin{cases} x = x(t), \\ y = y(t), \\ z = z(t). \end{cases} \tag{1.2.7}$$

式(1.2.6)是质点的**运动方程**的矢量表示式(也称为质点运动的位矢方程),式(1.2.7)是运动方程的分量式(也称为参数方程).

在平面极坐标系中,质点的运动方程为

$$\boldsymbol{r} = r(t)\boldsymbol{e}_r(t). \tag{1.2.8}$$

其分量式为

$$\begin{cases} r = r(t), \\ \theta = \theta(t). \end{cases} \tag{1.2.9}$$

3. 质点的运动轨迹

运动质点所经过的空间中的各点连成的曲线称为运动轨迹(如图1.4中的$\overset{\frown}{MN}$).从式(1.2.7)中消去参数t,便可得到质点在直角坐标系$Oxyz$中的轨迹方程

$$z = f(x, y) \quad 或 \quad f(x, y, z) = 0. \tag{1.2.10}$$

如果运动轨迹是直线,就叫作直线运动;如果运动轨迹是曲线,就叫作曲线运动.

关于运动方程,要着重指出以下两点:

(1) 运动方程的分量式实际上反映了运动的叠加性,例如,斜抛运动可分解为水平方向的匀速直线运动和竖直方向的匀变速直线运动;匀速圆周运动可以分解为相互垂直方向上的两个同频率的简谐振动.总之,运动既可以叠加,又可以分解.位矢的矢量叠加性正好反映了运动的叠加性.

(2) 运动方程描述了质点在任意时刻t相对于坐标原点的距离和方位,并包含质点如何运动的全部信息.

1.2.2 位移　路程

1. 位移

如图1.5所示,质点沿轨迹$\overset{\frown}{MN}$做曲线运动,在t_1时刻,质点在P_1点,其位矢为$\boldsymbol{r}_1$;在t_2时刻,质点运动到P_2点,位矢为$\boldsymbol{r}_2$.我们把由起始位置P_1点指向终止位置P_2点的有向线段$\overrightarrow{P_1P_2}$称为质点在时间间隔$\Delta t(\Delta t = t_2 - t_1)$内的位移,用$\Delta\boldsymbol{r}$表示.位移代表质点在两个时刻的位置之间的距离和相对方位,即反映了质点在Δt时间内位置变动的大小和方向.显然,位移$\Delta\boldsymbol{r}$等于Δt时间内质点的位矢$\boldsymbol{r}$的增量,位移的大小等于从起点到终点的直线距离,其方向由起点指向终点,如图1.5所示.按矢量的三角形法则,有

$$\overrightarrow{P_1P_2} = \boldsymbol{r}_2 - \boldsymbol{r}_1 = \Delta\boldsymbol{r}. \tag{1.2.11}$$

因为在直角坐标系中,

$$\boldsymbol{r}_2 = x_2\boldsymbol{i} + y_2\boldsymbol{j} + z_2\boldsymbol{k},$$
$$\boldsymbol{r}_1 = x_1\boldsymbol{i} + y_1\boldsymbol{j} + z_1\boldsymbol{k},$$

所以

$$\begin{aligned} \Delta\boldsymbol{r} &= (x_2 - x_1)\boldsymbol{i} + (y_2 - y_1)\boldsymbol{j} + (z_2 - z_1)\boldsymbol{k} \\ &= \Delta x\boldsymbol{i} + \Delta y\boldsymbol{j} + \Delta z\boldsymbol{k}. \end{aligned} \tag{1.2.12}$$

因此,位移$\Delta\boldsymbol{r}$的大小为

$$|\Delta\boldsymbol{r}| = \sqrt{(\Delta x)^2 + (\Delta y)^2 + (\Delta z)^2}, \tag{1.2.13}$$

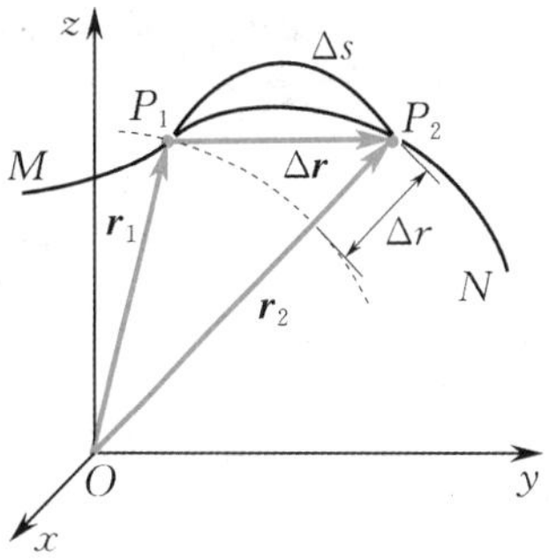

图1.5　位移　路程

直角坐标系下
质点运动的描述

其方向由 P_1 点指向 P_2 点.

在国际单位制中,位移的单位为米(m).

2. 路程

路程是质点从 P_1 点到 P_2 点运动轨迹的长度. 如图 1.5 所示,质点从 P_1 点运动到 P_2 点的路程为 $\Delta s = \overset{\frown}{P_1P_2}$.

在这里应注意以下三点:

(1) 位移 $\Delta \boldsymbol{r}$ 和路程 Δs 不同. 位移 $\Delta \boldsymbol{r}$ 是矢量,它只反映某段时间内质点始末位置的变化,不涉及质点位置变化过程的细节,其大小虽然等于由 P_1 点到 P_2 点的直线距离,但并不意味着质点是从 P_1 点沿直线运动到 P_2 点的. 路程 Δs 是标量,涉及质点位置变化过程的细节,而且总有 $\Delta s \geqslant |\Delta \boldsymbol{r}|$,只有在质点做单向直线运动时才有 $\Delta s = |\Delta \boldsymbol{r}|$. 在 $\Delta t \to 0$ 的极限情况下,有 $\mathrm{d}s = |\mathrm{d}\boldsymbol{r}|$($\mathrm{d}s$ 称为元路程,$\mathrm{d}\boldsymbol{r}$ 称为元位移),即元路程等于元位移的大小. 另外,当始末位置 P_1,P_2 点一定时,位移是唯一确定的,但从 P_1 点到 P_2 点可以有许多不同的路程(见图 1.5).

(2) 位移 $\Delta \boldsymbol{r}$ 的大小不能用 Δr(位矢大小的增量)来表示. 因为

$$|\Delta \boldsymbol{r}| = |\boldsymbol{r}_2 - \boldsymbol{r}_1| \geqslant \Delta r = |\boldsymbol{r}_2| - |\boldsymbol{r}_1|,$$

所以只有在 $\boldsymbol{r}_1$ 和 $\boldsymbol{r}_2$ 方向相同的情况下,$\Delta \boldsymbol{r}$ 的大小 $|\Delta \boldsymbol{r}|$ 与 Δr 才相等(见图 1.5).

(3) 位移 $\Delta \boldsymbol{r}$ 和位矢 $\boldsymbol{r}$ 不同. 位矢确定某一时刻质点的位置,位移则描述某段时间内质点始末位置的变化. 对于相对静止的不同坐标系来说,位矢依赖于坐标系的选择,而位移则与所选取的坐标系无关(见图 1.6).

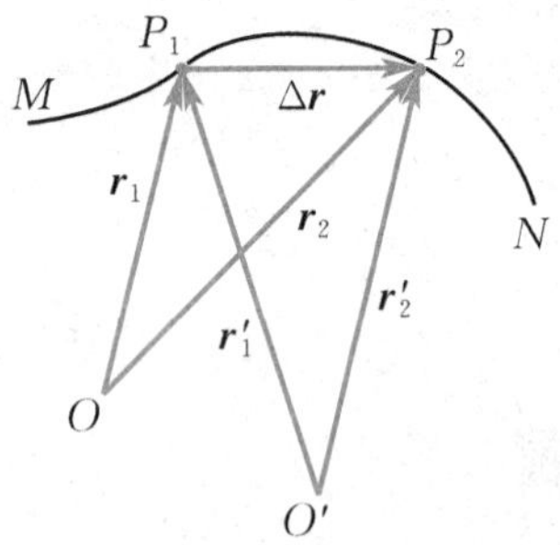

图 1.6 对于不同的坐标原点,质点的位矢不同,但位移相同

1.2.3 速度 速率

1. 速度

为了说明质点运动的方向和快慢,可以粗略地计算质点在 Δt 时间内的平均速度,它等于质点在 Δt 时间内位矢的平均变化率,用 $\overline{\boldsymbol{v}}$ 表示,即

$$\overline{\boldsymbol{v}} = \frac{\boldsymbol{r}_2 - \boldsymbol{r}_1}{\Delta t} = \frac{\Delta \boldsymbol{r}}{\Delta t}. \tag{1.2.14}$$

平均速度是矢量,其方向与位移 $\Delta \boldsymbol{r}$ 的方向相同,其大小为

$$|\overline{\boldsymbol{v}}| = \left|\frac{\Delta \boldsymbol{r}}{\Delta t}\right| = \frac{|\Delta \boldsymbol{r}|}{\Delta t}. \tag{1.2.15}$$

因为质点运动的方向和快慢可能时刻在改变,所以当式(1.2.14)中的 Δt 取得越短时,平均值与其在瞬时的运动状态的近似程度就越高. 为了精确地反映质点在各个瞬时的运动状态,可将 Δt 无限减小,并使之趋近于零,即取式(1.2.14)在 $\Delta t \to 0$ 时的

极限值，有

$$\boldsymbol{v}=\lim_{\Delta t\to 0}\frac{\Delta \boldsymbol{r}}{\Delta t}=\frac{\mathrm{d}\boldsymbol{r}}{\mathrm{d}t}. \tag{1.2.16}$$

这样，质点的平均速度就会趋向于一个确定的极限矢量（见图1.7）. 这个极限矢量称为 t 时刻质点的瞬时速度，简称速度. 速度 $\boldsymbol{v}$ 是矢量，其大小描述质点在 t 时刻运动的快慢，其方向沿 t 时刻质点运动轨迹的切线方向，并指向质点运动的方向.

显然，质点在某一时刻的速度等于该时刻的位矢对时间的一阶导数，或位矢随时间的变化率.

关于速度 $\boldsymbol{v}$，应当明确它有以下三个特点：

(1) 矢量性. $\boldsymbol{v}$ 是矢量，既有大小，又有方向. 速度的合成与分解应遵循平行四边形法则或三角形法则.

(2) 瞬时性. 速度是时间的函数. 所谓匀速直线运动，实际上是质点在各个时刻的速度都相同.

(3) 相对性. 对于不同的参考系来说，速度的大小和方向是不相同的.

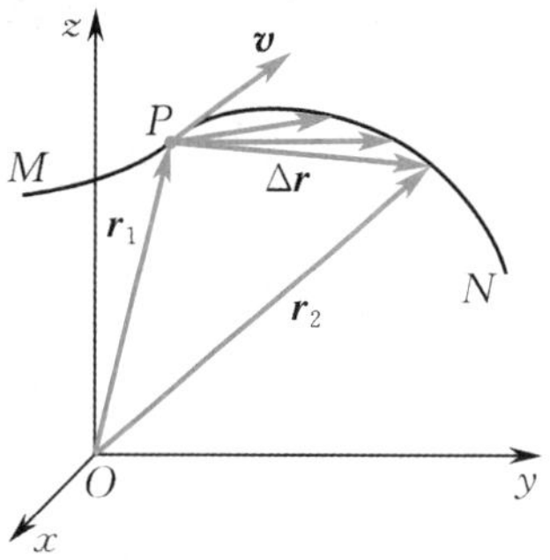

图1.7　质点的平均速度和速度

2. 速率

平均速率定义为质点在 Δt 时间内的路程 Δs 与 Δt 的比值，即

$$\bar{v}=\frac{\Delta s}{\Delta t}. \tag{1.2.17}$$

由于 $\Delta s\geqslant|\Delta \boldsymbol{r}|$（见图1.5），平均速率一般不等于平均速度的大小.

瞬时速率（简称速率）的定义为

$$v=\lim_{\Delta t\to 0}\frac{\Delta s}{\Delta t}=\frac{\mathrm{d}s}{\mathrm{d}t}.$$

由于在 $\Delta t\to 0$ 时，$\mathrm{d}s=|\mathrm{d}\boldsymbol{r}|$，则 $\frac{\mathrm{d}s}{\mathrm{d}t}=\left|\frac{\mathrm{d}\boldsymbol{r}}{\mathrm{d}t}\right|$. 可见，速率等于速度的大小，即

$$v=\frac{\mathrm{d}s}{\mathrm{d}t}=\left|\frac{\mathrm{d}\boldsymbol{r}}{\mathrm{d}t}\right|=|\boldsymbol{v}|. \tag{1.2.18}$$

速度和速率在量值上都是长度与时间之比，在国际单位制中，其单位都是米每秒(m/s).

3. 速度 $\boldsymbol{v}$ 在直角坐标系中的表示

因为 $\boldsymbol{r}=\boldsymbol{r}(t)=x(t)\boldsymbol{i}+y(t)\boldsymbol{j}+z(t)\boldsymbol{k}$，所以

$$\boldsymbol{v}=\frac{\mathrm{d}\boldsymbol{r}}{\mathrm{d}t}=\frac{\mathrm{d}x}{\mathrm{d}t}\boldsymbol{i}+\frac{\mathrm{d}y}{\mathrm{d}t}\boldsymbol{j}+\frac{\mathrm{d}z}{\mathrm{d}t}\boldsymbol{k}=v_x\boldsymbol{i}+v_y\boldsymbol{j}+v_z\boldsymbol{k}, \tag{1.2.19}$$

式中 v_x,v_y,v_z 分别是 $\boldsymbol{v}$ 在 x 轴、y 轴和 z 轴上的投影，即速度 $\boldsymbol{v}$ 在直角坐标系中的分量为

$$v_x=\frac{\mathrm{d}x}{\mathrm{d}t},\quad v_y=\frac{\mathrm{d}y}{\mathrm{d}t},\quad v_z=\frac{\mathrm{d}z}{\mathrm{d}t}. \tag{1.2.20}$$

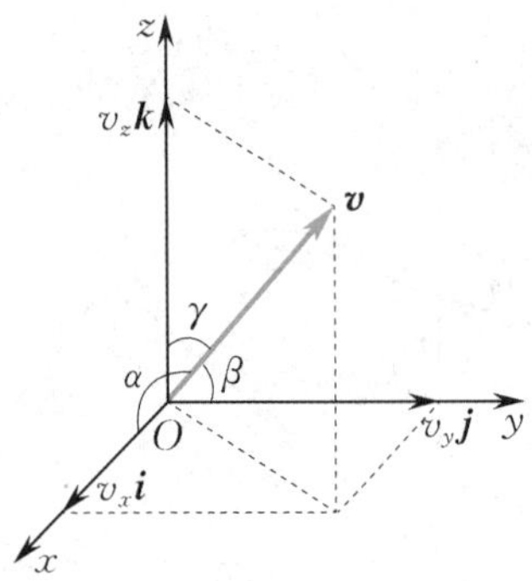

图 1.8　直角坐标系中的速度 $\boldsymbol{v}$

速度的大小(速率)为

$$v=\sqrt{v_x^2+v_y^2+v_z^2}=\sqrt{\left(\frac{\mathrm{d}x}{\mathrm{d}t}\right)^2+\left(\frac{\mathrm{d}y}{\mathrm{d}t}\right)^2+\left(\frac{\mathrm{d}z}{\mathrm{d}t}\right)^2},$$

其方向可由三个方向余弦

$$\cos\alpha=\frac{v_x}{v},\quad \cos\beta=\frac{v_y}{v},\quad \cos\gamma=\frac{v_z}{v}$$

来确定(见图 1.8),式中 α,β,γ 分别是 $\boldsymbol{v}$ 与 x 轴、y 轴和 z 轴正方向的夹角.

对于质点仅在 Oxy 平面内运动的二维情况,质点的速度 $\boldsymbol{v}$ 仅有 v_x 和 v_y 两个分量,其方向可由 $\boldsymbol{v}$ 与 x 轴正方向的夹角 $\alpha=\arctan\dfrac{v_y}{v_x}$ 表示.

1.2.4　加速度　切向加速度和法向加速度

1. 加速度

当质点运动时,其速度的大小和方向都可能随时间变化而变化.为了描述质点速度变化的方向和快慢,我们引入加速度的概念.

如图 1.9 所示,设质点在 t_1 时刻位于 P_1 点的速度为 $\boldsymbol{v}_1$,t_2 时刻位于 P_2 点的速度为 $\boldsymbol{v}_2$,则定义质点在 $\Delta t(\Delta t=t_2-t_1)$ 时间内的平均加速度为

$$\overline{\boldsymbol{a}}=\frac{\boldsymbol{v}_2-\boldsymbol{v}_1}{\Delta t}=\frac{\Delta\boldsymbol{v}}{\Delta t}.\qquad(1.2.21)$$

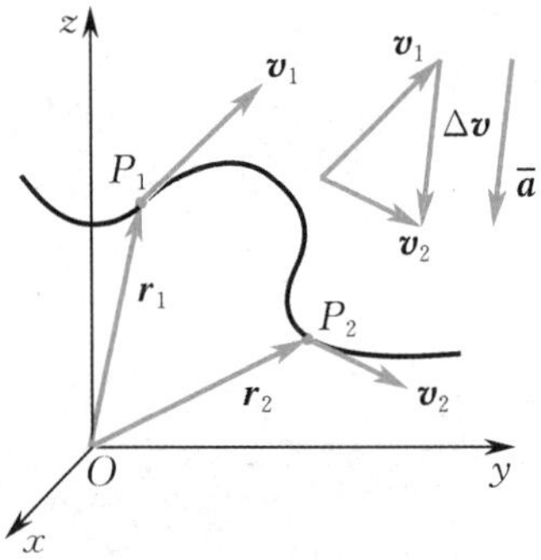

图 1.9　平均加速度

平均加速度是矢量,其方向与速度增量 $\Delta\boldsymbol{v}$ 的方向相同,其大小为 $\left|\dfrac{\Delta\boldsymbol{v}}{\Delta t}\right|$.

在 $\Delta t\to 0$ 时,取式(1.2.21)的极限,就得到在 t 时刻的瞬时加速度,简称加速度,即

$$\boldsymbol{a}=\lim_{\Delta t\to 0}\frac{\Delta\boldsymbol{v}}{\Delta t}=\frac{\mathrm{d}\boldsymbol{v}}{\mathrm{d}t}.\qquad(1.2.22)$$

若将 $\boldsymbol{v}=\dfrac{\mathrm{d}\boldsymbol{r}}{\mathrm{d}t}$ 代入,则加速度也可以表示为

$$\boldsymbol{a}=\frac{\mathrm{d}^2\boldsymbol{r}}{\mathrm{d}t^2}.\qquad(1.2.23)$$

可见,质点的加速度等于速度对时间的一阶导数,或位矢对时间的二阶导数.

在国际单位制中,加速度的单位是米每二次方秒($\mathrm{m/s^2}$).

关于加速度 $\boldsymbol{a}$,应当明确它有以下三个特点:

(1) 矢量性.加速度是矢量,其方向就是 $\Delta t\to 0$ 时速度增量 $\Delta\boldsymbol{v}$ 的极限方向.要注意,加速度 $\boldsymbol{a}$ 的方向一般与同一时刻的速度 $\boldsymbol{v}$ 的

方向不同.在质点做曲线运动时,加速度的方向总是指向运动轨迹凹的一侧,如图1.10所示.若$\boldsymbol{a}$与$\boldsymbol{v}$成锐角,则质点的速率增加;若$\boldsymbol{a}$与$\boldsymbol{v}$成钝角,则质点的速率减小,两种情况下速度的方向都要发生变化.当$\boldsymbol{a}$垂直于$\boldsymbol{v}$时,质点的速率不变,只改变速度的方向.

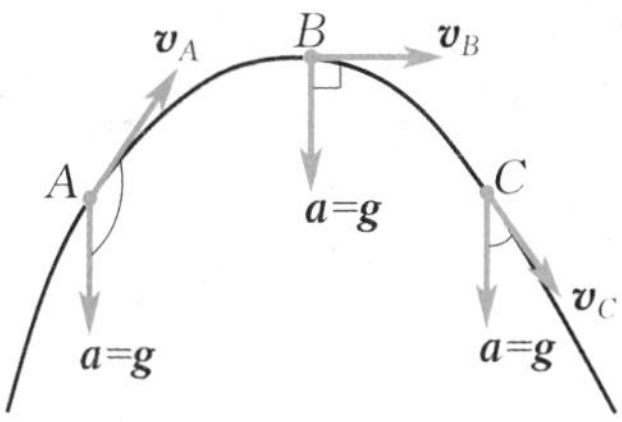

图1.10　斜抛运动中的$\boldsymbol{a}$和$\boldsymbol{v}$

(2) 瞬时性.加速度是时间的函数.所谓的匀变速运动,实际上是各个时刻的加速度都相同.

(3) 相对性.对于不同的参考系来说,加速度的大小和方向是不相同的.

若以a_x,a_y,a_z分别代表$\boldsymbol{a}$在x轴、y轴和z轴上的投影,则加速度$\boldsymbol{a}$在直角坐标系中可以表示为

$$\boldsymbol{a}=a_x\boldsymbol{i}+a_y\boldsymbol{j}+a_z\boldsymbol{k},\tag{1.2.24}$$

其分量式为

$$a_x=\frac{\mathrm{d}v_x}{\mathrm{d}t}=\frac{\mathrm{d}^2x}{\mathrm{d}t^2},\quad a_y=\frac{\mathrm{d}v_y}{\mathrm{d}t}=\frac{\mathrm{d}^2y}{\mathrm{d}t^2},\quad a_z=\frac{\mathrm{d}v_z}{\mathrm{d}t}=\frac{\mathrm{d}^2z}{\mathrm{d}t^2}.\tag{1.2.25}$$

加速度$\boldsymbol{a}$的大小为

$$a=\sqrt{a_x^2+a_y^2+a_z^2},$$

其方向可由三个方向余弦

$$\cos\alpha=\frac{a_x}{a},\quad\cos\beta=\frac{a_y}{a},\quad\cos\gamma=\frac{a_z}{a}$$

来确定,式中α,β,γ分别是$\boldsymbol{a}$与x轴、y轴和z轴正方向的夹角.

这里要指出,v_x,v_y,v_z,a_x,a_y,a_z都是可正可负的量.速度与加速度的关系由具体运动情况决定.例如,图1.11所示的质点在Oxy平面沿曲线运动,当质点在P点时,其a_x与v_x符号相同,这说明质点在x轴的运动分量是做加速运动;而其a_y和v_y的符号相反,这说明质点在y轴的运动分量是做减速运动.由此可见,仅由a_x,a_y和a_z本身的正负并不能断定质点沿曲线是在做加速运动,还是在做减速运动.

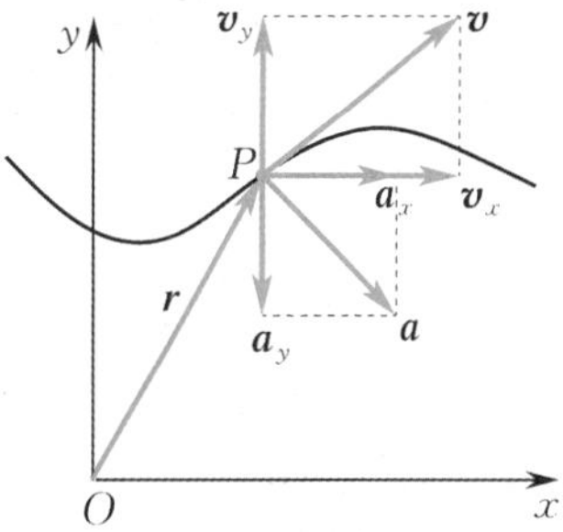

图1.11　直角坐标系中的

2. 切向加速度和法向加速度

质点在平面内做曲线运动,且在已知其运动轨迹的情况下,可采用自然坐标系来描述质点运动的速度和加速度.

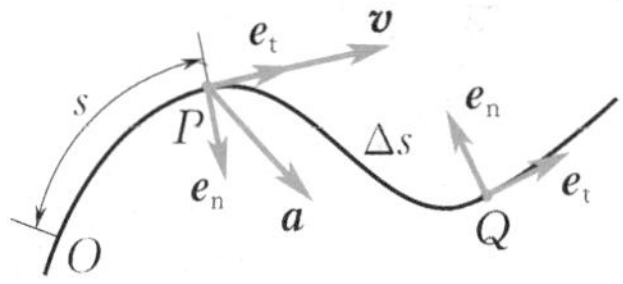

图1.12　自然坐标系

自然坐标系下
质点运动的描述

如图1.12所示,所谓自然坐标系,是在质点的运动轨迹上选定任意一点为坐标原点O,以质点与坐标原点间的轨迹长度s来确定质点的位置,s称为自然坐标.当质点运动时,就有

$$s=s(t),$$

这就是自然坐标系下质点的运动方程.在t到$t+\Delta t$时间内,自然坐标之差为

$$\Delta s=s(t+\Delta t)-s(t),$$

就是质点运动的路程.

为了描述质点的运动,可在任意时刻,于质点所在处,取两个相互垂直的单位矢量 $\boldsymbol{e}_t$ 和 $\boldsymbol{e}_n$,其中,$\boldsymbol{e}_t$ 是沿轨迹切线方向且指向质点运动方向的切向单位矢量;$\boldsymbol{e}_n$ 是与切向垂直,并指向轨迹凹侧的法向单位矢量. 虽然 $\boldsymbol{e}_t$ 和 $\boldsymbol{e}_n$ 的大小恒等于1,但一般情况下,它们的方向都是随质点在运动轨迹上的位置(亦随时间)而变化的,因此都不是常矢量.

在自然坐标系中,速度的方向由质点所在处轨迹的切线方向所决定,因此速度可以表示为

$$\boldsymbol{v}=v\boldsymbol{e}_t=\frac{\mathrm{d}s}{\mathrm{d}t}\boldsymbol{e}_t. \tag{1.2.26}$$

可见在自然坐标系中,质点运动的速度只有切向分量,没有法向分量.

根据加速度的定义 $\boldsymbol{a}=\frac{\mathrm{d}\boldsymbol{v}}{\mathrm{d}t}$,有

$$\boldsymbol{a}=\frac{\mathrm{d}}{\mathrm{d}t}\left(\frac{\mathrm{d}s}{\mathrm{d}t}\boldsymbol{e}_t\right)=\frac{\mathrm{d}^2s}{\mathrm{d}t^2}\boldsymbol{e}_t+\frac{\mathrm{d}s}{\mathrm{d}t}\frac{\mathrm{d}\boldsymbol{e}_t}{\mathrm{d}t}. \tag{1.2.27}$$

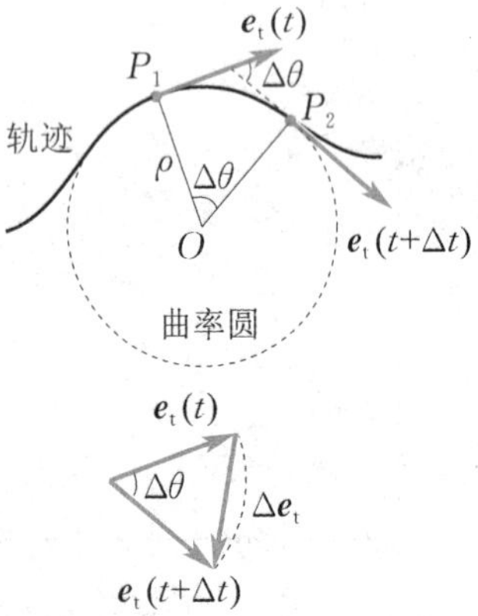

图 1.13　$\boldsymbol{e}_t$ 的增量

在自然坐标系中切向单位矢量 $\boldsymbol{e}_t$ 的方向是随质点位置而变化的(见图 1.13),质点在 t 到 $t+\Delta t$ 时间内由 P_1 点运动到 P_2 点,$\boldsymbol{e}_t$ 的大小虽未变化,但其方向已有了改变. $\boldsymbol{e}_t$ 的增量为

$$\Delta\boldsymbol{e}_t=\boldsymbol{e}_t(t+\Delta t)-\boldsymbol{e}_t(t).$$

在图 1.13 中,$\Delta\theta$ 为 $\boldsymbol{e}_t(t)$ 与 $\boldsymbol{e}_t(t+\Delta t)$ 之间的夹角. 当 $\Delta t\to 0$ 时,$\Delta\theta$ 很小并趋于零,$\Delta\boldsymbol{e}_t$ 的大小趋于 $\mathrm{d}\theta\times|\boldsymbol{e}_t(t)|=\mathrm{d}\theta$,其方向趋于与 $\boldsymbol{e}_t(t)$ 垂直,即

$$\mathrm{d}\boldsymbol{e}_t=\mathrm{d}\theta\boldsymbol{e}_n.$$

因此,$\frac{\mathrm{d}\boldsymbol{e}_t}{\mathrm{d}t}=\lim\limits_{\Delta t\to 0}\frac{\Delta\boldsymbol{e}_t}{\Delta t}=\frac{\mathrm{d}\theta}{\mathrm{d}t}\boldsymbol{e}_n.$

设轨迹在 P_1 点的曲率半径为 ρ(曲线上不同点处,曲率半径 ρ 一般不同),因为 $\rho=\frac{\mathrm{d}s}{\mathrm{d}\theta}$,$v=\frac{\mathrm{d}s}{\mathrm{d}t}$,所以有

$$\frac{\mathrm{d}\boldsymbol{e}_t}{\mathrm{d}t}=\frac{\mathrm{d}\theta}{\mathrm{d}t}\boldsymbol{e}_n=\frac{\mathrm{d}\theta}{\mathrm{d}s}\frac{\mathrm{d}s}{\mathrm{d}t}\boldsymbol{e}_n=\frac{v}{\rho}\boldsymbol{e}_n.$$

将此结果代入式(1.2.27),即得

$$\boldsymbol{a}=\frac{\mathrm{d}^2s}{\mathrm{d}t^2}\boldsymbol{e}_t+\frac{\mathrm{d}s}{\mathrm{d}t}\frac{v}{\rho}\boldsymbol{e}_n=\frac{\mathrm{d}v}{\mathrm{d}t}\boldsymbol{e}_t+\frac{v^2}{\rho}\boldsymbol{e}_n, \tag{1.2.28}$$

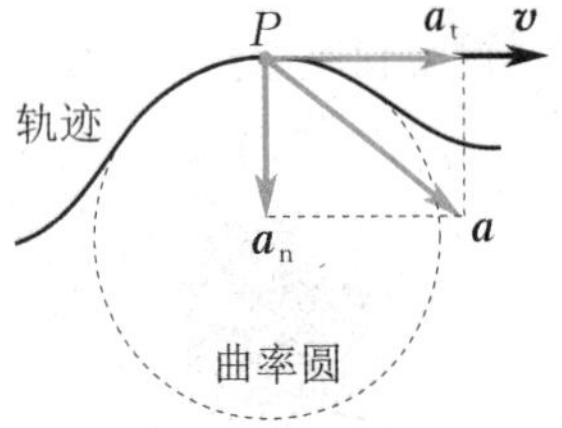

图 1.14　切向加速度和法向加速度

式中 $\frac{\mathrm{d}v}{\mathrm{d}t}\boldsymbol{e}_t$ 称为切向加速度,用 $\boldsymbol{a}_t$ 表示;$\frac{v^2}{\rho}\boldsymbol{e}_n$ 称为法向加速度,用 $\boldsymbol{a}_n$ 表示(见图 1.14).

加速度的大小为

$$a=|\boldsymbol{a}|=\sqrt{a_t^2+a_n^2}=\sqrt{\left(\frac{\mathrm{d}v}{\mathrm{d}t}\right)^2+\left(\frac{v^2}{\rho}\right)^2}. \tag{1.2.29}$$

可见，加速度可按平行于速度和垂直于速度两个方向分解为切向加速度和法向加速度. 切向加速度描述速度大小的改变，法向加速度反映速度方向的改变，同时还反映了轨迹的弯曲程度（因它与运动轨迹的曲率有关）. 质点在运动时，如果同时具有法向加速度和切向加速度，那么速度的方向和大小都将改变，这时质点将做一般曲线运动；如果法向加速度恒为零，切向加速度不为零，此时质点将做变速直线运动；如果切向加速度恒为零，法向加速度不为零，这时速度只有方向的变化，而没有大小的变化，此时质点将做匀速曲线运动. 因此，直线运动和匀速曲线运动都可看作一般曲线运动的特殊情况.

1.3　几种典型的质点运动

在前面的讨论中，用矢量来描述质点的运动，可以非常简洁地说明质点的位矢、位移、速度和加速度等之间的关系. 对于给定的参考系，矢量描述与具体坐标系的选择无关，因此便于做一般性的定义陈述和公式推导. 但是对具体问题进行计算时，还需根据问题的特点，选择适当的坐标系. 下面讨论几种典型的质点运动.

1.3.1　直线运动

质点的轨迹是直线的运动叫作直线运动. 由于在直线运动中，位移、速度、加速度各矢量都在一条直线上，可以把有关各量当作标量处理，用“+”和“−”号表示方向. 为此建立一个与运动轨迹相重合的一维坐标系，如图 1.15 所示，用坐标 x 来描述质点在任意时刻的位置，即质点的运动方程为

$$x = x(t),$$

速度为

$$v = \frac{\mathrm{d}x}{\mathrm{d}t},$$

加速度为

$$a = \frac{\mathrm{d}v}{\mathrm{d}t} = \frac{\mathrm{d}^2 x}{\mathrm{d}t^2}.$$

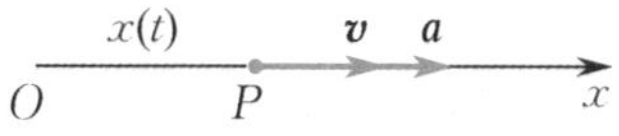

图 1.15　直线运动

一般的直线运动，加速度是时间 t 的函数，或位置 x 的函数. 如果加速度 a 是常量，则称该运动为匀变速直线运动，可用积分法推导出匀变速直线运动的一些基本公式.

设质点沿 x 轴做匀变速直线运动，加速度 a 为某一恒量，在初始状态 $t = 0$ 时，初始位置坐标为 $x = x_0$，初速度为 $v = v_0$. 因为

$$\frac{dv}{dt}=a,\quad dv=a\,dt,$$

应用初始条件 $t=0$ 时,$v=v_0$,对上式两边同时积分,有

$$\int_{v_0}^{v}dv=\int_0^t a\,dt.$$

计算可得 $v-v_0=at$,即

$$v=v_0+at. \tag{1.3.1}$$

这就是质点做匀变速直线运动时的速度公式.

再根据 $v=\frac{dx}{dt}$,将式(1.3.1)写为$\frac{dx}{dt}=v_0+at$,分离变量,得

$$dx=(v_0+at)dt.$$

应用初始条件 $t=0$ 时,$x=x_0$,对上式两边同时积分,有

$$\int_{x_0}^{x}dx=\int_0^t(v_0+at)dt,$$

计算可得

$$x-x_0=v_0t+\frac{1}{2}at^2. \tag{1.3.2}$$

这就是质点做匀变速直线运动时的位移公式.

根据式(1.3.2)得到质点的运动方程

$$x=x_0+v_0t+\frac{1}{2}at^2. \tag{1.3.3}$$

利用变量变换,加速度可以改写为

$$a=\frac{dv}{dt}=\frac{dv}{dx}\frac{dx}{dt}=v\frac{dv}{dx},$$

分离变量,得 $v\,dv=a\,dx$,两边同时积分,有

$$\int_{v_0}^{v}v\,dv=\int_{x_0}^{x}a\,dx.$$

计算可得

$$v^2=v_0^2+2a(x-x_0). \tag{1.3.4}$$

这就是质点做匀变速直线运动时,质点的位移 $x-x_0$ 与初速度 v_0、末速度 v 之间的关系式.

最常见的匀变速直线运动是自由落体运动,它是在空气阻力可以忽略的条件下,一个物体由于重力的作用从静止开始下落的运动,其运动轨迹是一条竖直线. 在地球上同一地点的所有物体,不管它们的形状、大小、化学成分等如何,自由下落时的加速度都一样. 这一加速度就叫作**重力加速度**,用 $\boldsymbol{g}$ 表示. 在不同的地点,重力加速度略有不同. 在北纬 40°、地表附近,$\boldsymbol{g}$ 的大小约为 9.80 m/s².

1.3.2 平面曲线运动

质点的运动轨迹是在一个平面内的曲线,这种运动叫作平面

曲线运动. 分析曲线运动可以用直角坐标系，也可以用自然坐标系，视处理问题的方便来选取.

1. 抛体运动

在地球表面附近不太大的范围内，重力加速度 $\boldsymbol{g}$ 可看成常矢量. 在忽略空气阻力的情况下，向空中任意方向以一定的初速度抛出一物体，物体将在重力作用下运动，这种运动称为**抛体运动**.

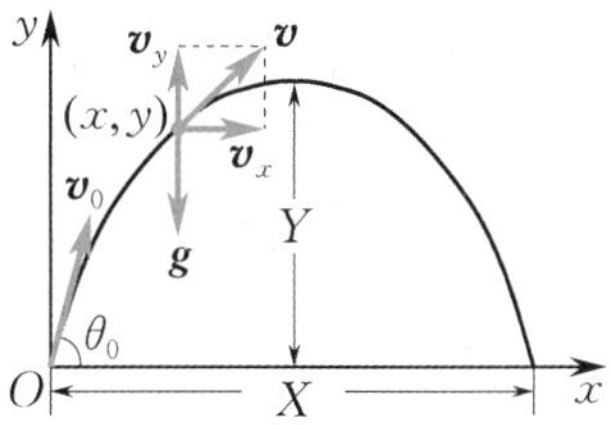

图 1.16　抛体运动

设一物体以初速度 $\boldsymbol{v}_0$ 在竖直平面内从地面斜向上抛出，建立平面直角坐标系，如图 1.16 所示. $\boldsymbol{v}_0$ 与 x 轴正方向的夹角为 θ_0，坐标原点 O 为起抛点，x 轴和 y 轴分别沿水平和竖直方向，物体沿 x 轴正方向做匀速运动，沿 y 轴正方向做 $a=-g$ 的匀减速运动. 据上述条件可知

$$a_x=\frac{\mathrm{d}v_x}{\mathrm{d}t}=0,\quad a_y=\frac{\mathrm{d}v_y}{\mathrm{d}t}=-g.$$

对上面两式分离变量后，两边同时积分，有

$$\int_{v_{0x}}^{v_x}\mathrm{d}v_x=0,\quad \int_{v_{0y}}^{v_y}\mathrm{d}v_y=-\int_0^t g\,\mathrm{d}t.$$

代入初始条件 $t=0$ 时，$v_{0x}=v_0\cos\theta_0$，$v_{0y}=v_0\sin\theta_0$，计算可得速度的两个分量分别为

$$v_x=v_0\cos\theta_0,\tag{1.3.5}$$

$$v_y=v_0\sin\theta_0-gt.\tag{1.3.6}$$

又因为 $v_x=\dfrac{\mathrm{d}x}{\mathrm{d}t}=v_0\cos\theta_0$，$v_y=\dfrac{\mathrm{d}y}{\mathrm{d}t}=v_0\sin\theta_0-gt$，且 $x_0=0$，$y_0=0$，则有

$$\int_0^x\mathrm{d}x=\int_0^t v_0\cos\theta_0\,\mathrm{d}t,$$

$$\int_0^y\mathrm{d}y=\int_0^t(v_0\sin\theta_0-gt)\,\mathrm{d}t.$$

由上面两式可得位矢的两个分量，即运动方程的分量式为

$$x=v_0t\cos\theta_0,\tag{1.3.7}$$

$$y=v_0t\sin\theta_0-\frac{1}{2}gt^2.\tag{1.3.8}$$

在直角坐标系中，抛体运动的运动方程的矢量式可以表示为

$$\boldsymbol{r}=v_0t\cos\theta_0\boldsymbol{i}+\left(v_0t\sin\theta_0-\frac{1}{2}gt^2\right)\boldsymbol{j}.$$

由此看出，运动方程在坐标系中分解为分量式，实际上反映了运动的叠加性，表明了质点的运动是各分运动的矢量合成.

在式(1.3.7)和(1.3.8)中消去 t，得到物体的轨迹方程为

$$y=x\tan\theta_0-\frac{g}{2v_0^2\cos^2\theta_0}x^2.\tag{1.3.9}$$

式(1.3.9)描述的运动轨迹是一条通过坐标原点的抛物线. 由以上

几式可求出(由读者自证)物体在抛体运动中的射高 Y(高出抛出点的最大距离)和射程 X(回落到与抛出点的高度相同时所经过的水平距离)分别为

$$Y=\frac{v_0^2\sin^2\theta_0}{2g},\quad X=\frac{v_0^2\sin 2\theta_0}{g}.$$

以上关于抛体运动的公式只有在空气阻力极小,重力加速度 $\boldsymbol{g}$ 的大小看成常量的情况下才成立.事实上,空气阻力总是存在的,运动物体受到的空气阻力和它本身的形状、大小、运动速率及空气的密度等因素都有关,其中运动速率的影响最为显著.对于射高和射程都很大的物体,如洲际弹道导弹,虽然弹头大部分时间都在大气层以外飞行,所受空气阻力很小,但是在这样大的范围内,重力加速度的大小和方向都有明显变化,因而以上公式也都不适用.

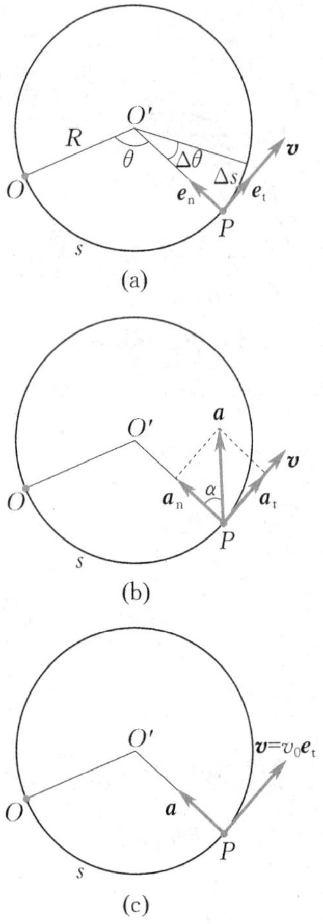

图 1.17 圆周运动

2. 圆周运动

圆周运动是一种常见的比较简单而且基本的曲线运动(曲率半径 $\rho=R$,R 为常量).例如,各种机器上转动的轮子,除轮轴中心以外,轮子上每一个质点所做的运动都是圆周运动,只是半径不同.根据圆周运动的特点,采用自然坐标系描述圆周运动更为简便.

当质点在半径为 R 的圆周上从 O 点开始运动时(见图 1.17(a)),质点的运动方程为

$$s=R\theta,$$

式中 θ 称为角坐标. t 时刻质点运动到 P 点,在 t 到 $t+\Delta t$ 时间内,质点对圆心 O' 的角位移就是 $\Delta\theta$,路程为 $\Delta s=R\Delta\theta$.

与速度和加速度的定义类似,可定义 t 时刻质点对圆心 O' 的瞬时角速度(简称角速度)为

$$\omega=\lim_{\Delta t\to 0}\frac{\Delta\theta}{\Delta t}=\frac{\mathrm{d}\theta}{\mathrm{d}t}. \tag{1.3.10}$$

角速度 $\boldsymbol{\omega}$ 是矢量,其方向垂直于质点的运动平面,其指向由右手螺旋定则确定,即右手四指沿质点的运动方向弯曲,大拇指所指的方向就是 $\boldsymbol{\omega}$ 的方向(见图 1.18).

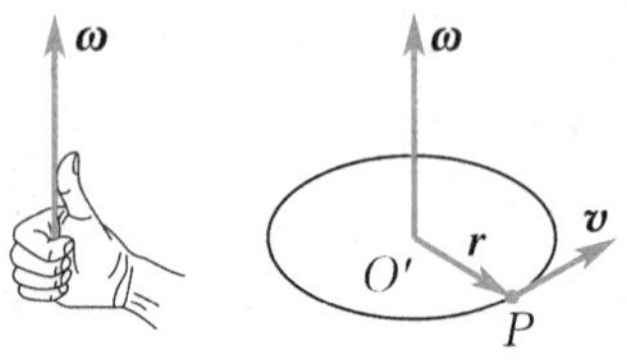

图 1.18 角速度

t 时刻质点对圆心 O' 的瞬时角加速度(简称角加速度)为

$$\beta=\lim_{\Delta t\to 0}\frac{\Delta\omega}{\Delta t}=\frac{\mathrm{d}\omega}{\mathrm{d}t}=\frac{\mathrm{d}^2\theta}{\mathrm{d}t^2}. \tag{1.3.11}$$

角加速度 $\boldsymbol{\beta}$ 也是矢量,其方向是 $\mathrm{d}\boldsymbol{\omega}$ 的方向,在圆周运动中,与角速度 $\boldsymbol{\omega}$ 的方向可以相同(加速运动),也可以相反(减速运动).

在国际单位制中,角坐标和角位移的单位是弧度(rad),角速度和角加速度的单位分别是弧度每秒(rad/s)和弧度每二次方秒(rad/s^2).关于角速度、角加速度的更多的讨论见 3.1 节.

质点做圆周运动时的速率、切向加速度和法向加速度分别为

$$v=\frac{\mathrm{d}s}{\mathrm{d}t}=\frac{\mathrm{d}}{\mathrm{d}t}(R\theta)=R\frac{\mathrm{d}\theta}{\mathrm{d}t}=R\omega, \tag{1.3.12}$$

$$a_{\mathrm{t}}=\frac{\mathrm{d}v}{\mathrm{d}t}=R\frac{\mathrm{d}\omega}{\mathrm{d}t}=R\beta, \tag{1.3.13}$$

$$a_{\mathrm{n}}=\frac{v^2}{R}=\frac{(R\omega)^2}{R}=R\omega^2. \tag{1.3.14}$$

描述质点运动的位矢、位移、速度、加速度等物理量统称为线量，而角坐标、角位移、角速度、角加速度等物理量则统称为角量.式(1.3.12)，(1.3.13)和(1.3.14)给出了质点做圆周运动时，线量和角量的关系.质点做圆周运动时的加速度为

$$\boldsymbol{a}=a_{\mathrm{t}}\boldsymbol{e}_{\mathrm{t}}+a_{\mathrm{n}}\boldsymbol{e}_{\mathrm{n}},$$

其大小为

$$a=|\boldsymbol{a}|=\sqrt{a_{\mathrm{t}}^2+a_{\mathrm{n}}^2}=\sqrt{(R\beta)^2+(R\omega^2)^2}, \tag{1.3.15}$$

其方向可用 $\boldsymbol{a}$ 与法向加速度 $\boldsymbol{a}_{\mathrm{n}}$ 的夹角 α(见图1.17(b))来表示，即

$$\alpha=\arctan\frac{a_{\mathrm{t}}}{a_{\mathrm{n}}}. \tag{1.3.16}$$

质点做匀速圆周运动时，它的速度的大小即速率保持不变，但速度的方向不断变化，加速度只有法向分量，且始终指向圆心 O'(见图1.17(c))，故称为**向心加速度**.因此对于匀速圆周运动，有

$$v=v_0=R\omega=\text{常量},$$

$$a_{\mathrm{t}}=0,$$

$$\boldsymbol{a}=a_{\mathrm{n}}\boldsymbol{e}_{\mathrm{n}}=\frac{v^2}{R}\boldsymbol{e}_{\mathrm{n}}=R\omega^2\boldsymbol{e}_{\mathrm{n}}.$$

质点做一般的圆周运动时，其速度的大小和方向都在改变，加速度的方向不指向圆心，在切向和法向上都有投影.如果切向加速度与速度方向相同，质点做加速圆周运动；如果切向加速度与速度方向相反，质点做减速圆周运动.

若角加速度 β 为常量，则质点做匀变速圆周运动.如果 $t=0$ 时，$\theta=\theta_0$，$\omega=\omega_0$，那么由式(1.3.10)和(1.3.11)，采用与推导式(1.3.1)，(1.3.3)和(1.3.4)类似的方法，可得

$$\omega=\omega_0+\beta t,$$

$$\theta=\theta_0+\omega_0 t+\frac{1}{2}\beta t^2,$$

$$\omega^2=\omega_0^2+2\beta(\theta-\theta_0).$$

可见，描述匀变速圆周运动的角量之间的关系与描述匀变速直线运动的线量之间的关系相似.

1.3.3 运动学的两类基本问题

在运动学中，通常所说的“质点的运动状态”，是指由它的位矢和速度共同确定的状态.由前面的讨论可知，运动方程是运动学的核心，有了运动方程，就可求出质点在任意时刻的位置、速度和加速度，了解质点运动的全部过程.实际遇到的运动学问题有两种基本类型:求导类型和积分类型.

1. 求导类型

已知质点的运动方程(常可以由已知条件及几何关系得到)，求任意时刻的速度和加速度.这类问题原则上可以应用速度和加速度的定义

$$\boldsymbol{v}=\frac{\mathrm{d}\boldsymbol{r}}{\mathrm{d}t},\quad \boldsymbol{a}=\frac{\mathrm{d}\boldsymbol{v}}{\mathrm{d}t}=\frac{\mathrm{d}^2\boldsymbol{r}}{\mathrm{d}t^2},$$

将已知的运动方程 $\boldsymbol{r}(t)$ 对时间求导来求解.

例 1.3.1 质点在 Oxy 平面内运动，其运动方程为 $x(t)=R\cos\omega t$ 和 $y(t)=R\sin\omega t$，式中 R 和 ω 为正值常量.求:

(1) 质点的轨迹方程;

(2) 质点在任意时刻的位矢、速度和加速度.

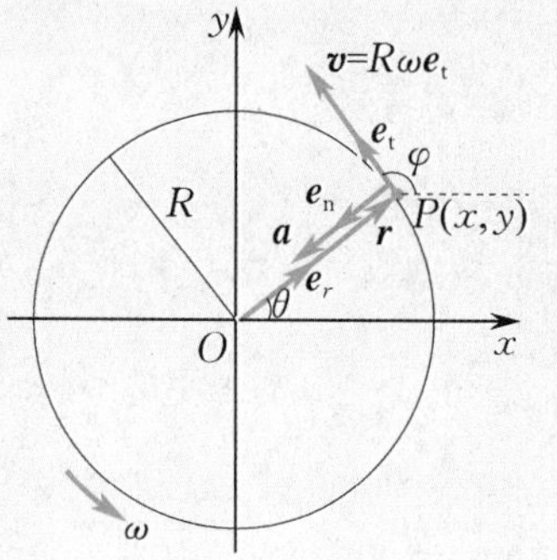

图 1.19

解 (1) 根据所给的质点的运动方程的分量式

$$x(t)=R\cos\omega t,\quad y(t)=R\sin\omega t,$$

对以上两式分别取平方，然后相加，就可消除参数 t 而得到质点的轨迹方程为

$$x^2+y^2=R^2.$$

这是一个圆心在坐标原点、半径为 R 的圆(圆面在 Oxy 平面内)，表明质点做圆周运动(见图 1.19).

(2) 质点在任意时刻的位矢可以表示为

$$\boldsymbol{r}(t)=R\cos\omega t\boldsymbol{i}+R\sin\omega t\boldsymbol{j},$$

此位矢的大小为

$$r=\sqrt{(R\cos\omega t)^2+(R\sin\omega t)^2}=R,$$

与 x 轴正方向之间的夹角为

$$\theta=\arctan\frac{y}{x}=\arctan\frac{\sin\omega t}{\cos\omega t}=\omega t.$$

质点在任意时刻的速度可由位矢对时间求导得出，有

$$\boldsymbol{v}=\frac{\mathrm{d}\boldsymbol{r}}{\mathrm{d}t}=\frac{\mathrm{d}}{\mathrm{d}t}(R\cos\omega t)\boldsymbol{i}+\frac{\mathrm{d}}{\mathrm{d}t}(R\sin\omega t)\boldsymbol{j}=-R\omega\sin\omega t\boldsymbol{i}+R\omega\cos\omega t\boldsymbol{j},$$

它沿两个坐标轴的分量分别为

$$v_x=-R\omega\sin\omega t,\quad v_y=R\omega\cos\omega t,$$

其速率

$$v=\sqrt{v_x^2+v_y^2}=\sqrt{(-R\omega\sin\omega t)^2+(R\omega\cos\omega t)^2}=R\omega$$

为常量,表明质点做匀速圆周运动,ω是其角速度.由角速度可求得做匀速圆周运动的质点的周期为 $T=\dfrac{2\pi R}{v}=\dfrac{2\pi}{\omega}$.

以φ表示速度方向与x轴正方向之间的夹角,则

$$\tan\varphi=\frac{v_y}{v_x}=-\frac{\cos\omega t}{\sin\omega t}=-\cot\omega t,$$

从而有

$$\varphi=\omega t+\frac{\pi}{2}=\theta+\frac{\pi}{2}.$$

这也说明,速度在任意时刻总与位矢垂直,即沿着圆的切线方向,所以质点的速度也可表示为

$$\boldsymbol{v}=v\boldsymbol{e}_{\mathrm{t}}=R\omega\boldsymbol{e}_{\mathrm{t}}.$$

质点在任意时刻的加速度为

$$\boldsymbol{a}=\frac{\mathrm{d}\boldsymbol{v}}{\mathrm{d}t}=\frac{\mathrm{d}}{\mathrm{d}t}(-R\omega\sin\omega t)\boldsymbol{i}+\frac{\mathrm{d}}{\mathrm{d}t}(R\omega\cos\omega t)\boldsymbol{j}=-R\omega^2\cos\omega t\boldsymbol{i}-R\omega^2\sin\omega t\boldsymbol{j},$$

此加速度的大小为

$$a=\sqrt{(-R\omega^2\cos\omega t)^2+(-R\omega^2\sin\omega t)^2}=R\omega^2=\frac{v^2}{R}.$$

比较位矢和加速度的表达式,并利用 $v=R\omega$,还可得

$$\boldsymbol{a}=-\omega^2\boldsymbol{r}=-\frac{v^2}{R}\boldsymbol{e}_r=\frac{v^2}{R}\boldsymbol{e}_{\mathrm{n}},$$

式中$\boldsymbol{e}_r$是与位矢$\boldsymbol{r}$同向的单位矢量(见图1.19),与该点的法向单位矢量$\boldsymbol{e}_{\mathrm{n}}$的方向相反.这说明在任意时刻,质点的加速度的方向和位矢的方向相反.也就是说,匀速圆周运动的加速度始终指向圆心,即向心加速度.

例 1.3.2　如图1.20所示,湖中有一小船,有人用绳绕过岸上离水面高度为h的定滑轮拉湖中的小船向岸边运动.设该人以速率v_0匀速收绳,绳不伸长,湖水静止.试求:当小船距岸边为x时,小船的速度和加速度.

解　建立如图1.20所示坐标系.设$t=0$时,绳长为l_0;t时刻时,绳长为l,小船的位置为x.显然,小船在运动时,l,x都是t的函数.依题意,有

$$l=l_0-v_0t,\quad \frac{\mathrm{d}l}{\mathrm{d}t}=-v_0,\quad \frac{\mathrm{d}^2l}{\mathrm{d}t^2}=0.$$

由几何关系,有

$$x^2=l^2-h^2,$$

两边同时对时间t求导,得

$$2x\frac{\mathrm{d}x}{\mathrm{d}t}=2l\frac{\mathrm{d}l}{\mathrm{d}t}.$$

小船在任意位置x的速度为

$$v=\frac{\mathrm{d}x}{\mathrm{d}t}=\frac{l}{x}\frac{\mathrm{d}l}{\mathrm{d}t}=\frac{l}{x}(-v_0)=-v_0\frac{\sqrt{x^2+h^2}}{x},$$

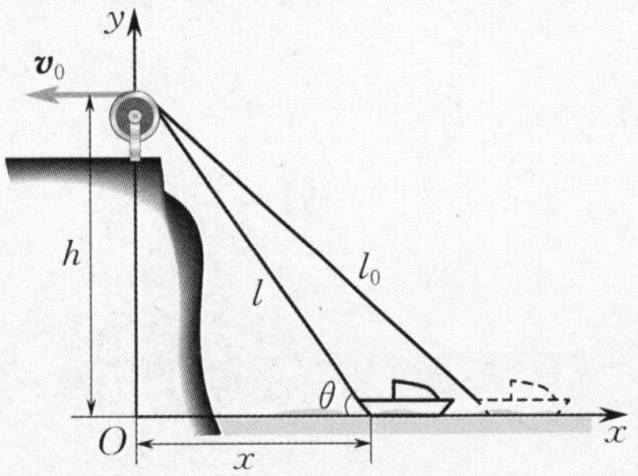

图 1.20

式中负号表示小船的运动方向与 x 轴正方向相反,即小船向左运动.

对速度求导,可得到小船在任意位置 x 的加速度为

$$a=\frac{\mathrm{d}v}{\mathrm{d}t}=-\frac{v_0}{x^2}\left(x\frac{\mathrm{d}l}{\mathrm{d}t}-l\frac{\mathrm{d}x}{\mathrm{d}t}\right)=-\frac{v_0}{x^2}(-xv_0-lv)=-\frac{v_0^2h^2}{x^3}.$$

注意,小船在 t 时刻的位置,即运动方程为

$$x=\sqrt{l^2-h^2}=\sqrt{(l_0-v_0t)^2-h^2}.$$

所以小船做变加速直线运动,v 与 a 都是位置的函数,也是时间的函数.

2. 积分类型

已知质点的加速度(或速度)和初始条件,求速度和运动方程.这类问题原则上可以应用积分的方法求解,即

$$\int_{v_0}^{v}\mathrm{d}\boldsymbol{v}=\int_{t_0}^{t}\boldsymbol{a}\mathrm{d}t \quad 和 \quad \int_{r_0}^{r}\mathrm{d}\boldsymbol{r}=\int_{t_0}^{t}\boldsymbol{v}\mathrm{d}t.$$

但是不是所有的问题都能积出来,而且矢量积分比较麻烦,一般采用坐标分量的形式进行具体计算.

例 1.3.3 已知质点的加速度为 $a=9-12t$(SI),沿 x 轴运动.当 $t=0$ 时,$x_0=0$,$v_0=0$,以此为原点.求:

(1) 任意时刻质点的速度函数;

(2) 第 2 s 内质点的位移;

(3) 第 2 s 内质点走过的路程.

解 (1) 一维问题中各量用标量表示即可.依题意,有

$$a=\frac{\mathrm{d}v}{\mathrm{d}t}=9-12t,$$

分离变量,得

$$\mathrm{d}v=(9-12t)\mathrm{d}t.$$

应用初始条件,对上式两边取定积分,有

$$\int_0^v\mathrm{d}v=\int_0^t a\mathrm{d}t=\int_0^t(9-12t)\mathrm{d}t,$$

计算可得任意时刻质点的速度函数为

$$v(t)=9t-6t^2.$$

速度的方向:若 $v(t)>0$,则沿 x 轴正方向;若 $v(t)<0$,则沿 x 轴负方向.

(2) 根据速度的定义,有

$$v(t)=\frac{\mathrm{d}x}{\mathrm{d}t}=9t-6t^2,$$

分离变量,得

$$\mathrm{d}x=(9t-6t^2)\mathrm{d}t.$$

依题意求第 2 s 内质点的位移,即从 $t_1=1$ s 到 $t_2=2$ s 积分,有

$$x_2 - x_1 = \int_{x_1}^{x_2} \mathrm{d}x = \int_1^2 (9t - 6t^2)\mathrm{d}t = \left(\frac{9}{2}t^2 - 2t^3\right)\Big|_1^2,$$

解得第 2 s 内质点的位移为

$$\Delta x = x_2 - x_1 = -0.5 \text{ m},$$

式中负号表示位移的方向沿 x 轴负方向(见图 1.21).

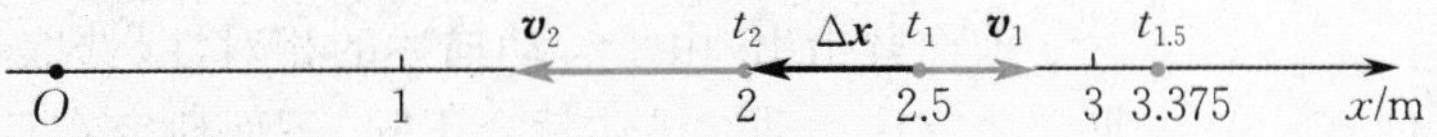

图 1.21

(3) 为了求第 2 s 内质点走过的路程,要先找出 $v(t)$ 反向(符号相反)的时刻,即 $v(t) = 0$ 的时刻. 由 $v(t) = 9t - 6t^2 = 0$,解得 $t = 1.5$ s. 于是

$$\Delta s = \int_1^2 |v(t)| \mathrm{d}t = \int_1^{1.5} (9t - 6t^2)\mathrm{d}t + \int_{1.5}^2 (6t^2 - 9t)\mathrm{d}t = 2.25 \text{ m}.$$

可见,位移与路程是不同的.

例 1.3.4　一气球以速度 $\boldsymbol{v}_0$ 从地面上升,由于风的影响,随着高度的上升,气球的水平速度按 $v_x = by$(b 是大于零的常量) 增大,式中 y 是从地面算起的高度.

(1) 求气球的运动方程;

(2) 求气球的轨迹方程.

解　(1) 建立如图 1.22 所示平面直角坐标系,气球从地面升起的位置为坐标原点 O,x 轴正方向为气球水平速度方向,y 轴正方向竖直向上. $t = 0$ 时气球位于坐标原点 O,依题意已知

$$v_x = by,\quad v_y = v_0.$$

因为气球沿 y 轴正方向匀速上升,所以有

$$y = v_0 t, \qquad ①$$

而 $v_x = \dfrac{\mathrm{d}x}{\mathrm{d}t} = by = bv_0 t$,即

$$\mathrm{d}x = bv_0 t\mathrm{d}t.$$

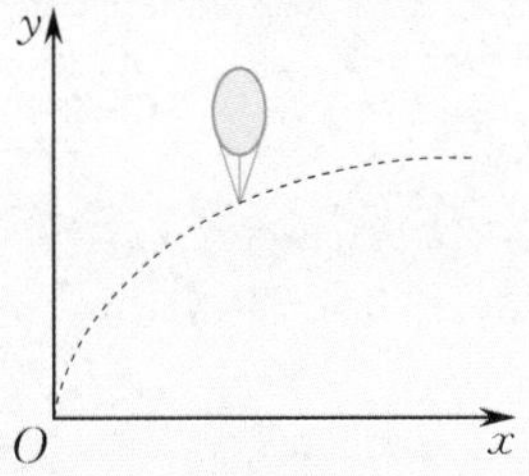

图 1.22

对上式两边取定积分,得

$$\int_0^x \mathrm{d}x = \int_0^t bv_0 t\mathrm{d}t,$$

解得

$$x = \frac{bv_0}{2}t^2. \qquad ②$$

气球的运动方程为

$$\boldsymbol{r} = \frac{bv_0}{2}t^2\boldsymbol{i} + v_0 t\boldsymbol{j}.$$

(2) 从式 ① 和 ② 中消除参数 t,得气球的轨迹方程为

$$y^2 = \frac{2v_0}{b}x.$$

1.4 相对运动

相对运动

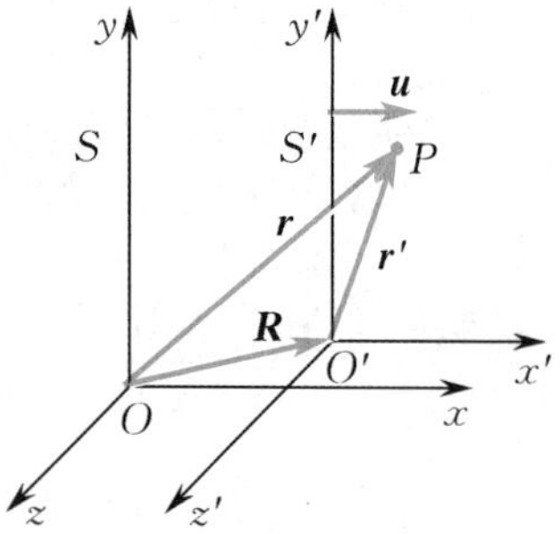

图 1.23 质点 P 相对于两个有相对运动的参考系的位矢的关系

前面曾指出，由于运动描述的相对性，选取不同的参考系，对同一个物体运动的描述就会不同. 下面研究在低速(远小于光速)情况下，同一个质点在有相对运动的两个参考系中的位移、速度和加速度之间的关系.

本节只考虑参考系 S' 相对于参考系 S 做平移运动的情况，平移速度为 $\boldsymbol{u}$. 在两参考系中各建立空间直角坐标系 $Oxyz$ 和 $O'x'y'z'$，且使 x,x' 轴正方向与 $\boldsymbol{u}$ 方向一致，如图 1.23 所示.

设质点 P 在参考系 S 和参考系 S' 中的位矢、速度和加速度分别为 $\boldsymbol{r},\boldsymbol{v},\boldsymbol{a}$ 与 $\boldsymbol{r}',\boldsymbol{v}',\boldsymbol{a}'$，并以 $\boldsymbol{R}$ 表示 S' 系坐标原点 O' 相对于 S 系坐标原点 O 的位矢. 从图 1.23 中可看出

$$\boldsymbol{r}=\boldsymbol{r}'+\boldsymbol{R} \quad 或 \quad \boldsymbol{r}'=\boldsymbol{r}-\boldsymbol{R}. \tag{1.4.1}$$

式(1.4.1)的成立是包含一定条件的. 首先，从 S 系来讨论，$\boldsymbol{r}$ 和 $\boldsymbol{R}$ 是 S 系中的观测值，而 $\boldsymbol{r}'$ 是 S' 系的观测值. 只有在 S 系测得 $\overrightarrow{O'P}$ 的量值确实与 $\boldsymbol{r}'$ 相同，在 S 系中才有 $\boldsymbol{r}=\boldsymbol{r}'+\boldsymbol{R}$. 这是因为矢量相加时，其各矢量必须是在同一参考系测定的.

对 S' 系也是如此，只有在 S' 系测得 $\overrightarrow{OP}$ 的量值确实等于 $\boldsymbol{r}$，对 S' 系才有 $\boldsymbol{r}'=\boldsymbol{r}-\boldsymbol{R}$.

可见，式(1.4.1)成立的条件是：空间两点的距离不管从哪个坐标系测量，结果都应相同. 或者说，同一段长度的测量结果与参考系的相对运动无关. 这一结论称为空间的绝对性或长度测量的绝对性.

其次，运动的研究还离不开时间的测量. 同一运动所经历的时间，由参考系 S 观测为 $\Delta t=t_2-t_1$，由参考系 S' 观测为 $\Delta t'=t'_2-t'_1$. 日常经验告诉我们两者是相同的，即

$$\Delta t=\Delta t', \quad t=t'.$$

这说明时间与参考系无关，同一段时间的测量结果与参考系的相对运动无关. 这一结论称为时间的绝对性或时间测量的绝对性.

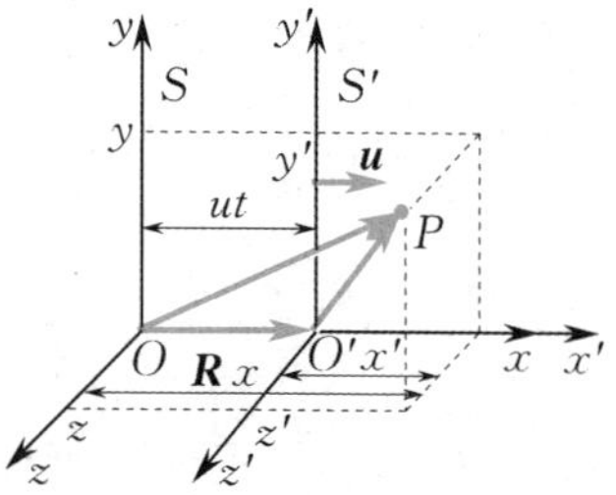

图 1.24 伽利略坐标变换

为简单起见，如果 S' 和 S 两参考系的 x' 轴和 x 轴正方向相同且重合，参考系 S' 相对于参考系 S 的速度 $\boldsymbol{u}$ 为常矢量且沿 x 轴正方向(见图 1.24)，并约定在 O' 同 O 相重合的时刻为 $t=t'=0$，则在上面两个结论的保证下，质点 P 在 S' 系中的空间坐标 (x',y',z')、时间坐标 t' 与 S 系中的空间坐标 (x,y,z)、时间坐标 t 之间的关系为

$$\begin{cases} x' = x - ut, \\ y' = y, \\ z' = z, \\ t' = t. \end{cases} \tag{1.4.2}$$

这个关系式称为伽利略坐标变换式.

要得到质点 P 在 S' 和 S 两参考系中速度的关系，只需对式(1.4.1)求时间 t 的导数，得

$$\frac{\mathrm{d}\boldsymbol{r}}{\mathrm{d}t} = \frac{\mathrm{d}\boldsymbol{r}'}{\mathrm{d}t} + \frac{\mathrm{d}\boldsymbol{R}}{\mathrm{d}t},$$

式中 t 是参考系 S 所计的时间，$\frac{\mathrm{d}\boldsymbol{r}}{\mathrm{d}t}$ 是参考系 S 测出的质点 P 的速度 $\boldsymbol{v}$. 由时间的绝对性条件($t = t'$)，有 $\frac{\mathrm{d}\boldsymbol{r}'}{\mathrm{d}t} = \frac{\mathrm{d}\boldsymbol{r}'}{\mathrm{d}t'}$，从而 $\frac{\mathrm{d}\boldsymbol{r}'}{\mathrm{d}t}$ 才能代表参考系 S' 测出的质点 P 的速度 $\boldsymbol{v}'$，则有

$$\boldsymbol{v} = \frac{\mathrm{d}\boldsymbol{r}'}{\mathrm{d}t} + \frac{\mathrm{d}\boldsymbol{R}}{\mathrm{d}t} = \boldsymbol{v}' + \boldsymbol{u}. \tag{1.4.3}$$

这就是经典力学的速度变换式，也称为伽利略速度变换式.

再由时间的绝对性条件，对式(1.4.3)求时间 t 的导数，得到质点在两参考系中的加速度的关系式为

$$\frac{\mathrm{d}\boldsymbol{v}}{\mathrm{d}t} = \frac{\mathrm{d}\boldsymbol{v}'}{\mathrm{d}t} + \frac{\mathrm{d}\boldsymbol{u}}{\mathrm{d}t},$$

即

$$\boldsymbol{a} = \boldsymbol{a}' + \frac{\mathrm{d}\boldsymbol{u}}{\mathrm{d}t}, \tag{1.4.4}$$

式中 $\frac{\mathrm{d}\boldsymbol{u}}{\mathrm{d}t}$ 为参考系 S' 和参考系 S 之间的相对运动的加速度，称为牵连加速度. 如果两个参考系之间是匀速直线运动，则 $\frac{\mathrm{d}\boldsymbol{u}}{\mathrm{d}t} = \boldsymbol{0}$，有

$$\boldsymbol{a}' = \boldsymbol{a}. \tag{1.4.5}$$

这表明质点的加速度对于相对做匀速直线运动的各个参考系是一个绝对量.

应当指出，长度测量和时间测量的绝对性形成了绝对空间和绝对时间，构成了经典力学的绝对时空观. 式(1.4.1)，(1.4.3)和(1.4.4)统称为伽利略变换式，它们是从绝对时空观出发导出的结论. 经典力学正是建立在这样一种绝对时空观的基础之上的，而伽利略变换就是它的具体体现，但伽利略变换只对相对速度远小于光速的参考系中才成立. 关于长度和时间的概念以及更为普遍的变换关系式(洛伦兹(Lorentz)变换)将在第14章详细讲述.

在经典力学中，伽利略速度变换式(1.4.3)是常用的计算相对速度的公式. 习惯上，常把“静止”的参考系 S(如地面参考系)作为

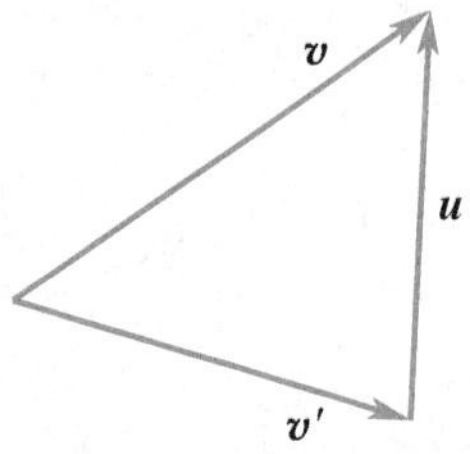

图 1.25　速度的相对性

基本参考系,把相对于 S 系运动的参考系 S' 称为运动参考系.质点相对于基本参考系 S 的运动称为绝对运动,质点相对于运动参考系 S' 的运动称为相对运动,而将运动参考系 S' 相对于基本参考系 S 的运动称为牵连运动.这样,质点相对于基本参考系 S 的速度 $\boldsymbol{v}$ 称为绝对速度,质点相对于运动参考系 S' 的速度 $\boldsymbol{v}'$ 称为相对速度,而将运动参考系 S' 相对于基本参考系 S 的速度 $\boldsymbol{u}$ 称为牵连速度.三者满足矢量三角形关系,如图 1.25 所示.

例 1.4.1　如图 1.26(a) 所示,一带篷的卡车,篷高 $h=2\text{ m}$.当它停在马路上时,雨点可落入车内距尾部 $d=1\text{ m}$ 的范围.当卡车以 15 km/h 的速度沿平直马路行驶时,雨滴恰好不能落入车内,求雨滴的速度.

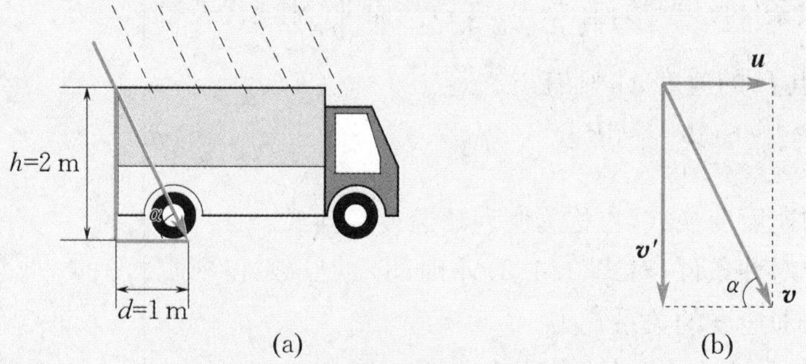

图 1.26

解　此题涉及雨滴、地面、卡车三个对象,速度之间的关系可由伽利略速度变换来表示.设地面为 S 系(基本参考系),卡车为 S' 系(运动参考系),研究对象为雨滴.已知雨滴相对于地面的速度 $\boldsymbol{v}$ 与地面夹角为 $\alpha=\arctan\dfrac{h}{d}\approx 63.4°$,卡车相对于地面的速度即牵连速度 $\boldsymbol{u}$ 的大小为 15 km/h,方向为水平向右;雨滴相对于卡车的速度即相对速度 $\boldsymbol{v}'$ 的方向为竖直向下,根据 $\boldsymbol{v}=\boldsymbol{v}'+\boldsymbol{u}$ 作三个速度的矢量关系图,如图 1.26(b) 所示,故雨滴的速度 v 的大小为

$$v=\frac{u}{\cos\alpha}=\frac{15}{\cos 63.4°}\text{ km/h}\approx 33.5\text{ km/h}.$$

思考题

1. 回答下列问题:

(1) 位矢、位移、路程有何区别?

(2) 瞬时速度和瞬时速率有何区别?

(3) 瞬时速度和平均速度的区别和联系是什么?

(4) 有人说:“平均速率等于平均速度的模”,又有人说:“$\left|\dfrac{\mathrm{d}\boldsymbol{r}}{\mathrm{d}t}\right|=\dfrac{\mathrm{d}r}{\mathrm{d}t}$”,试论述这两种说法是否正确.

2. 描述质点加速度的物理量 $\dfrac{\mathrm{d}\boldsymbol{v}}{\mathrm{d}t}$, $\dfrac{\mathrm{d}v}{\mathrm{d}t}$, $\dfrac{\mathrm{d}v_x}{\mathrm{d}t}$ 有何不同?

3. 设质点的运动方程为 $x=x(t)$, $y=y(t)$,在计算质点的速度与加速度的大小时,有人先求出 $r=\sqrt{x^2+y^2}$,然后按 $v=\dfrac{\mathrm{d}r}{\mathrm{d}t}$ 和 $a=\dfrac{\mathrm{d}^2r}{\mathrm{d}t^2}$ 求出结果;有人先计算出速度和加速度分量,再由公式 $v=\sqrt{v_x^2+v_y^2}$ 及 $a=\sqrt{a_x^2+a_y^2}$ 求出结果.你认为哪一种方法正确?为什么?

4. 如图 1.27 所示，质点做曲线运动，质点的加速度 $\boldsymbol{a}$ 是常矢量($\boldsymbol{a}_1=\boldsymbol{a}_2=\boldsymbol{a}_3=\boldsymbol{a}$). 试问质点是否能做匀变速运动?

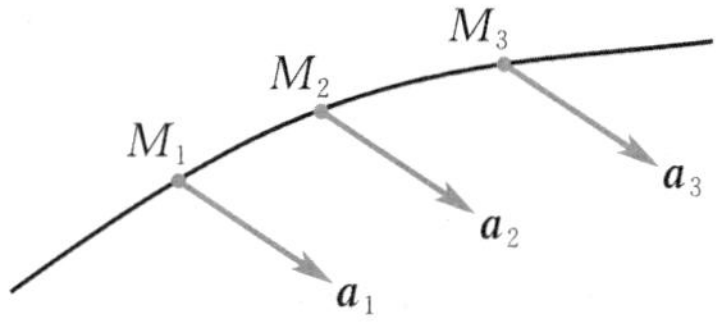

图 1.27

5. 在图 1.28 所示的各图中，质点 M 做曲线运动，指出哪些运动是不可能的.

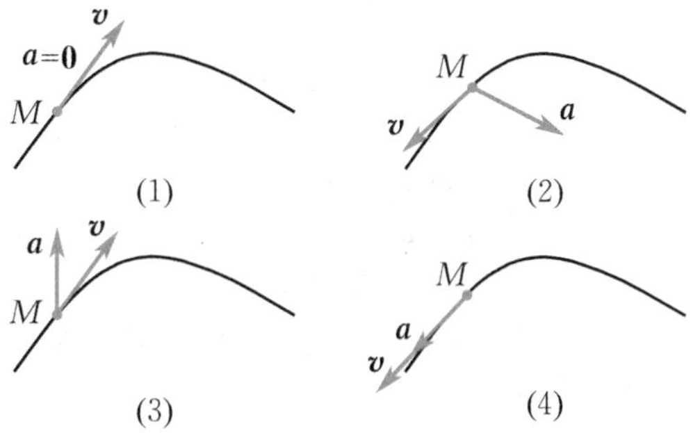

图 1.28

6. 在单摆、匀速圆周运动、行星的椭圆轨道运动、抛体运动和圆锥摆这五种运动形式中，加速度 $\boldsymbol{a}$ 保持不变的运动是哪些?

7. 一质点沿螺旋线状曲线自外向内运动，如图 1.29 所示. 已知其走过的弧长与时间的一次方成正比. 试问该质点的加速度的大小是越来越大，还是越来越小?

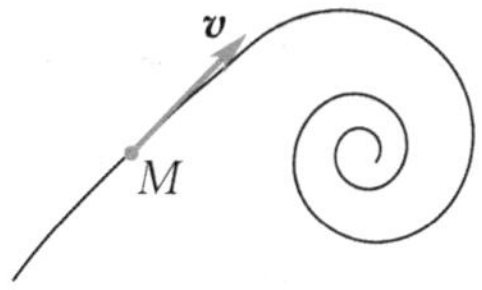

图 1.29

8. 匀加速运动是否一定是直线运动?匀速圆周运动是不是匀加速运动?

9. 在平稳的且做匀速直线运动的火车车厢中，有人竖直向上抛出一石块，试分析下列问题：

(1) 石块能否落回到出发点?

(2) 相对于火车静止的观察者看到的石块的运动轨迹是怎样的?

(3) 在路基上的观察者看到的石块的运动轨迹是怎样的?

10. 用桶装雨水，假定雨水竖直下落时相对于地面的速度为 $\boldsymbol{v}$. 试问有风和无风时哪一种情形能较快地盛满雨水?(设风的方向与地面平行.)

习题1

1. 一质点沿直线运动，其运动方程为 $x=6t-t^2$(SI). 求：

(1) 在 $t=0$ 到 $t=4$ s 的时间内质点的位移大小；

(2) 在 $t=0$ 到 $t=4$ s 的时间内质点走过的路程.

2. 质点运动方程为 $\boldsymbol{r}=2t\boldsymbol{i}+(4t^2-8)\boldsymbol{j}$(SI). 求：

(1) 质点的轨迹方程，并画出轨迹曲线；

(2) 质点在 $t=1$ s 到 $t=2$ s 时间内的位移；

(3) 质点的速度以及在 $t=1$ s 时速度的大小和方向；

(4) 质点的加速度以及在 $t=1$ s 时加速度的大小和方向.

3. 一质点沿 x 轴做直线运动，其瞬时加速度为

$$a=-A\omega^2\cos\omega t,$$

在 $t=0$ 时，$v=0$，$x=A$，式中 A，ω 均为正的常量，求质点的运动方程.

4. 一艘沿直线行驶的电艇，在发动机关闭后，其加速度方向与速度方向相反，加速度的大小与速度的平方成正比，即 $\dfrac{\mathrm{d}v}{\mathrm{d}t}=-kv^2$，式中 k 为常量. 发动机关闭时电艇的速度的大小为 v_0. 如果电艇在关闭发动机后又行驶了距离 x，求此时的速度.

5. 如图 1.30 所示，一人在水平地面上用绳拉小车前进，小车位于高为 h 的水平平台上，人的速度 $\boldsymbol{u}$ 保持不变. 试求当人距平台的水平距离为 r 时，小车的速度和加速度的大小.

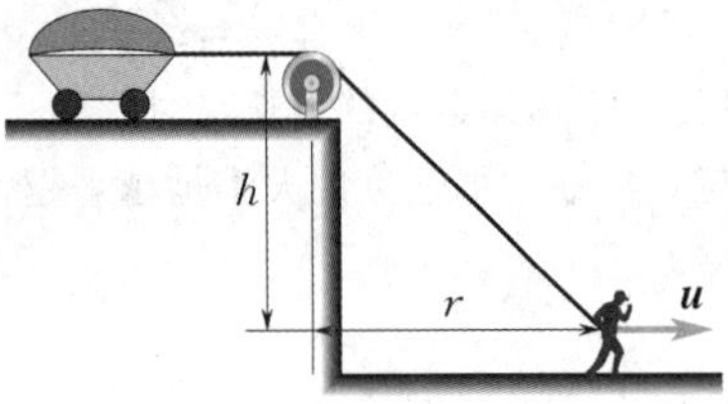

图 1.30

6. 在 Oxy 平面内有一运动质点，其运动方程为 $\boldsymbol{r} = 10\cos 5t\boldsymbol{i} + 10\sin 5t\boldsymbol{j}$ (SI). 求：

(1) t 时刻质点的速度 $\boldsymbol{v}$；

(2) 质点的切向加速度的大小 a_t；

(3) 质点的运动轨迹.

7. 在一个转动的齿轮上，一个齿尖 P 在半径为 R 的圆周上运动，其路程 s 随时间的变化规律为 $s = v_0 t + \frac{1}{2}bt^2$，式中 v_0 和 b 都是正的常量. 求 t 时刻齿尖 P 的速度和加速度的大小.

8. 一质点从静止出发，在半径为 $R = 1$ m 的圆周上运动，其角加速度随时间 t 的变化规律为 $\beta = 12t^2 - 6t$(SI). 求：

(1) 质点的角速度 ω；

(2) 质点的切向加速度的大小 a_t.

9. 质点在重力场中做斜上抛运动，初速度的大小为 v_0，其方向与水平方向成 α 角. 求质点到达与抛出点的高度相同的位置时的切向加速度、法向加速度以及该时刻质点所在轨迹的曲率半径(忽略空气阻力).

10. 一质点在空间中运动，其运动方程为

$$x = A\cos\omega t,\quad y = A\sin\omega t,\quad z = \frac{h}{2\pi}\omega t,$$

式中 A,h,ω 都是正的常量. 试求：

(1) 质点在空间内的运动轨迹以及质点在 Oxy 平面上的分运动的轨迹方程；

(2) 质点在 z 轴正方向上的分运动的类型；

(3) 质点的速度和加速度的大小.

11. 当火车静止时，乘客发现雨滴下落的方向偏向车头，偏角为 30°；当火车以 35 m/s 的速度沿水平方向行驶时，乘客发现雨滴下落的方向偏向车尾，偏角为 45°. 假设雨滴相对于地面的速度保持不变，试计算雨滴相对于地面的速度的大小.

12. 一飞机驾驶员想往正北方向航行，而风以 60 km/h 的速度由东向西刮. 如果飞机的航速(在静止空气中的速度) 为 180 km/h. 试问：驾驶员应取什么航向？飞机相对于地面的速率为多少？试用矢量图说明.

第 1 章阅读材料

第2章 质点动力学与守恒定律

第1章讨论了质点运动学，即如何描述物体的运动，但没有分析存在于运动之中的因果规律. 本章将要讨论物体产生运动的原因和控制运动的方法，研究物体间相互作用的内在联系，说明运动的因果规律. 在这一章中我们将从四个方面来阐明这些问题. 第一，研究力的瞬时作用规律——牛顿三大运动定律；第二，研究力的时间累积——动量定理与动量守恒定律；第三，研究力的空间累积——动能定理与机械能守恒定律；第四，研究力的转动效果——角动量定理与角动量守恒定律.

2.1 牛顿运动定律和惯性系

牛顿在1687年出版的《自然哲学的数学原理》中提出了关于质点运动的三条基本规律，这三条定律统称为牛顿运动定律. 以这三条定律为基础的力学体系称为牛顿力学或经典力学. 它们是从大量实验事实中总结出来的，包含了丰富的物理概念、确切的数学表述、科学的研究方法和一些根本性的哲学问题. 本节主要讨论牛顿运动定律的内容和有关的基本概念.

2.1.1 牛顿运动定律

1. 牛顿运动定律的表述

牛顿第一定律：任何物体都保持静止或匀速直线运动的状态，直到其他物体对它的作用力迫使它改变这种状态为止.

牛顿第二定律：物体的动量对时间的变化率与所加的外力成正比，并且发生在外力的方向上.

牛顿第三定律：两个物体之间的作用力和反作用力大小相等、方向相反，沿同一直线.

牛顿第一定律和两个力学的基本概念相联系，一个是物体的惯性,是指物体本身要保持运动状态不变的性质和物体抵抗运动变化的性质;另一个是力,是指物体所受的别的物体对它的作用,可使物体运动状态改变(产生加速度)或使物体形状变化.

牛顿第一定律定性地指出了力和运动的关系.牛顿第二定律进一步给出了力和运动的定量关系.

以 $\boldsymbol{F}$ 表示作用在物体上的外力,以物体的质量 m 与速度 $\boldsymbol{v}$ 的乘积 $m\boldsymbol{v}$ 表示物体的动量 $\boldsymbol{p}$,则牛顿第二定律的数学表达式为

$$\boldsymbol{F}=\frac{\mathrm{d}\boldsymbol{p}}{\mathrm{d}t}=\frac{\mathrm{d}(m\boldsymbol{v})}{\mathrm{d}t}. \tag{2.1.1}$$

经典力学认为,物体的质量 m 与物体是否受力、是否运动无关,即与物体的速度无关,质量 m 被视为常量,于是式(2.1.1)可以改写为

$$\boldsymbol{F}=m\frac{\mathrm{d}\boldsymbol{v}}{\mathrm{d}t}=m\frac{\mathrm{d}^2\boldsymbol{r}}{\mathrm{d}t^2}=m\boldsymbol{a}. \tag{2.1.2}$$

在国际单位制中,质量的单位是千克(kg),加速度的单位是米每二次方秒($\mathrm{m/s^2}$),力的单位是牛[顿](N),$1\ \mathrm{N}=1\ \mathrm{kg\cdot m/s^2}$.

在经典力学中,式(2.1.1)与(2.1.2)完全等效.但需指出,式(2.1.1)应该看作牛顿第二定律的基本形式.一方面,物理学中动量这个概念比速度和加速度等更为普遍和重要;另一方面,当物体的速度接近光速时,其质量已经明显和速度有关(见第 14 章),式(2.1.2)不再适用,但式(2.1.1)被实验证明仍然成立.

当一个物体同时受到几个力的作用时,这几个力作用产生的效果跟它们的合力产生的效果一样.换句话说,几个力同时作用在一个物体上所产生的加速度等于每个力单独作用于该物体时所产生的加速度的矢量叠加.这一结论叫作力的叠加原理或力的独立性原理.

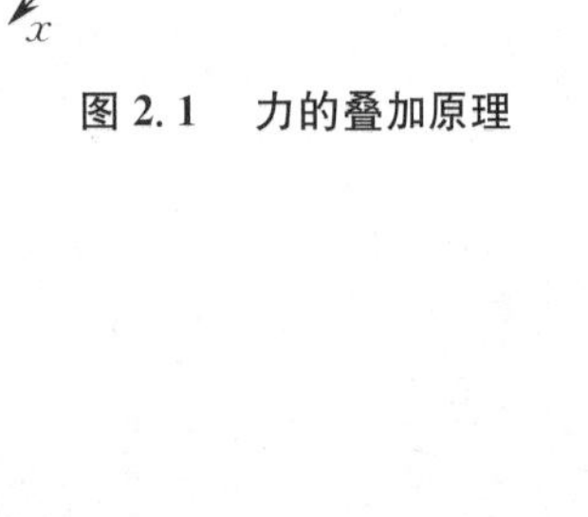

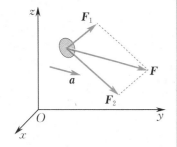

图 2.1　力的叠加原理

在图 2.1 中,以 $\boldsymbol{F}_1$,$\boldsymbol{F}_2$ 表示同时作用在某个物体上的两个力,以 $\boldsymbol{F}$ 表示它们的矢量和,以 $\boldsymbol{a}$ 表示该物体的加速度,则牛顿第二定律可以表示为

$$\boldsymbol{F}=\boldsymbol{F}_1+\boldsymbol{F}_2=m\boldsymbol{a}.$$

显然,如果同时有 n 个力 $\boldsymbol{F}_1,\boldsymbol{F}_2,\cdots,\boldsymbol{F}_n$ 作用在该物体上,则

$$\boldsymbol{F}=\boldsymbol{F}_1+\boldsymbol{F}_2+\cdots+\boldsymbol{F}_n=\sum_{i=1}^{n}\boldsymbol{F}_i=m\boldsymbol{a}. \tag{2.1.3}$$

式(2.1.1)和(2.1.2)中的 $\boldsymbol{F}$ 是表示物体所受的合外力.

式(2.1.2)揭示了质量的本质.用同样大小的力作用在两个质量分别为 m_{A} 和 m_{B} 的物体上,以 a_{A} 和 a_{B} 分别表示它们由此产生的加速度的大小,由式(2.1.2)可得

$$\frac{m_{\mathrm{A}}}{m_{\mathrm{B}}}=\frac{a_{\mathrm{B}}}{a_{\mathrm{A}}}.$$

可见,在相同外力的作用下,物体的加速度和质量成反比,质量大

的物体获得的加速度小. 这意味着质量大的物体抵抗运动变化的能力强,状态难以改变,即它的惯性大. 因此可以说,质量是物体平动惯性大小的定量量度. 由式(2.1.1)和(2.1.2)所确定的质量叫作物体的惯性质量.

式(2.1.1)和(2.1.2)都是矢量式,在实际应用时,常用它们在选定坐标系下的分量式,即考虑运动的分解. 在直角坐标系中,其分量式为

$$\begin{cases}\sum\limits_i F_{ix}=ma_x=m\dfrac{\mathrm{d}^2x}{\mathrm{d}t^2},\\ \sum\limits_i F_{iy}=ma_y=m\dfrac{\mathrm{d}^2y}{\mathrm{d}t^2},\\ \sum\limits_i F_{iz}=ma_z=m\dfrac{\mathrm{d}^2z}{\mathrm{d}t^2}.\end{cases}\tag{2.1.4}$$

在自然坐标系中,其分量式为

$$\begin{cases}F_{\mathrm{t}}=ma_{\mathrm{t}}=m\dfrac{\mathrm{d}v}{\mathrm{d}t},\\ F_{\mathrm{n}}=ma_{\mathrm{n}}=m\dfrac{v^2}{\rho}.\end{cases}\tag{2.1.5}$$

牛顿第二定律定量地表述了物体的加速度与所受外力之间的瞬时关系,指出了力是产生加速度的原因,而不是维持物体运动的原因.

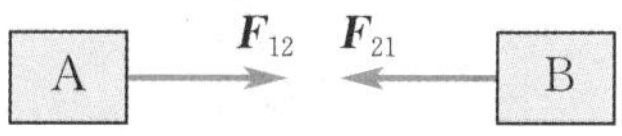

图 2.2　作用力与反作用力

如图 2.2 所示,当物体 A 以力 $\boldsymbol{F}_{21}$ 作用于物体 B 时,物体 B 也同时以力 $\boldsymbol{F}_{12}$ 作用于物体 A,牛顿第三定律的数学表达式可以写为

$$\boldsymbol{F}_{21}=-\boldsymbol{F}_{12}.\tag{2.1.6}$$

在式(2.1.6)中,如果 $\boldsymbol{F}_{21}$ 和 $\boldsymbol{F}_{12}$ 中的一个力称为作用力,那么另一个力就称为反作用力. 因此牛顿第三定律又称为作用力和反作用力定律. 这条定律指出了力的物质性,是对作用力相互性的说明. 注意,这两个力是分别作用在两个物体上的,不可以抵消.

2. 惯性系

前面已经指出,对运动的描述是相对的. 对于不同的参考系,同一物体的运动形式可以不同. 如果只涉及运动的描述,可以选取任意参考系. 在动力学中,涉及运动和力的关系,需要应用牛顿运动定律时,参考系就不能任意选取. 下面通过两个例子来说明.

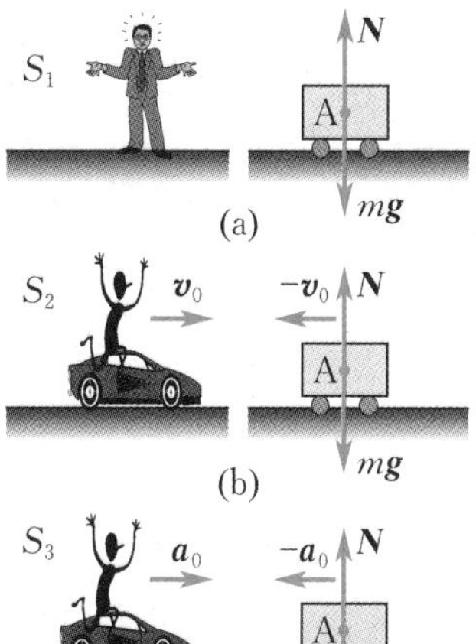

图 2.3　在不同参考系中观察小车 A 的运动

站台上停着一辆小车 A,其受力分析如图 2.3 所示. 以地面作为参考系 S_1 进行分析,小车 A 静止,加速度为零. 这是因为小车所受合外力为零,符合牛顿运动定律(见图 2.3(a)). 如果以相对于地面参考系以 $\boldsymbol{v}_0$ 做匀速直线运动的小车作为参考系 S_2,小车 A 不再静止(以 $-\boldsymbol{v}_0$ 的速度沿水平向左做匀速直线运动),但加速度仍为零,这也是因为小车 A 所受合外力为零,还是符合牛顿运动定律

(见图 2.3(b)). 如果以相对于地面参考系以加速度 $\boldsymbol{a}_0$ 运动的小车作为参考系 S_3,将发现小车 A 具有加速度 $-\boldsymbol{a}_0$. 此情况下小车受力情况并无变化(合外力 $\sum_i \boldsymbol{F}_i = \boldsymbol{0}$),但其加速度为 $\boldsymbol{a} = -\boldsymbol{a}_0$. 这是违背牛顿运动定律的(见图 2.3(c)).

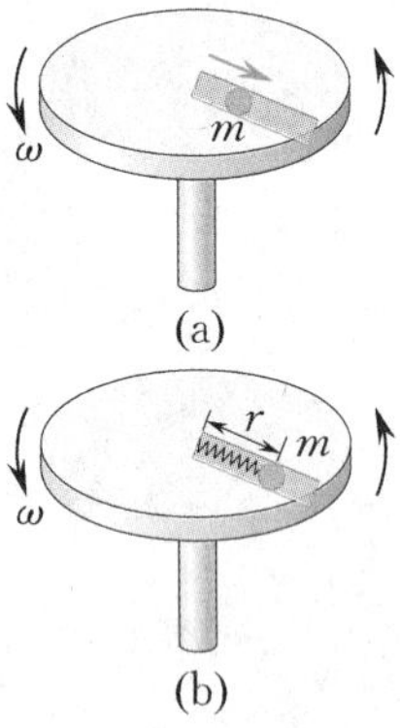

图 2.4　转动参考系

非惯性系和惯性系

图 2.4 所示为绕竖直轴以角速度 ω 匀速转动的水平转盘. 将小球放在转台上的径向滑槽中,小球会沿滑槽向外运动,如图 2.4(a)所示. 将滑槽中的小球用弹簧连到转台的中心轴上(见图 2.4(b)),从地面参考系和转盘参考系分别来观察小球的运动. 在地面参考系中观察,会发现弹簧被拉长. 小球受到的指向盘心的弹性力提供法向力 F_n,使小球具有法向加速度 $a_n = mr\omega^2$. 这符合牛顿运动定律. 在转盘参考系中观察,同样会发现弹簧被拉长. 小球受到指向盘心的弹性力 F_n 作用,但小球却相对于转盘静止,即法向加速度 $a'_n = 0$. 小球所受合外力不为零,可是没有加速度. 这是违背牛顿运动定律的.

可见,对于有些参考系,牛顿运动定律成立;对于另一些参考系,牛顿运动定律不成立. 实际上,**牛顿运动定律只在惯性系中才成立**. 惯性系就是牛顿第一定律定义的参考系,在此参考系中观察,一个不受力的物体将保持其静止或匀速直线运动状态不变. 反之,**牛顿运动定律不成立的参考系**就叫作**非惯性系**. 一个参考系是不是惯性系,要靠实验来判定. 实验指出,对一般的力学现象来说,地面参考系是一个足够精确的惯性系,太阳系也是个很好的惯性系. 惯性系有一个重要的性质:如果我们确认了某一个参考系为惯性系,则**凡是相对于一个惯性系做匀速直线运动的一切参考系都是惯性系**,相对于一个已知惯性系做加速运动的参考系是非惯性系. 例如,前面提到的做加速运动的小车和旋转的圆盘,由于它们相对于地面参考系有明显的加速度,不能作为惯性系看待,也就不能运用牛顿运动定律.

3. 牛顿运动定律的适用范围

牛顿运动定律的正确性被大量的事实(其中包括对海王星和冥王星的预言)所证明,因此它是质点动力学的基本定律,也是整个经典力学的理论基础. 但是它仍然是人类知识长河中的相对真理. 科学的发展证明,它也有一定的适用范围,具体表现在以下四个方面:

(1) 牛顿第一定律和牛顿第二定律仅适用于惯性系. 在非惯性系中,应用牛顿运动定律须考虑惯性力.

(2) 牛顿运动定律仅适用于物体速度 v 比光速 c 小得多的情况. 在高速情况下,必须应用相对论力学. 牛顿力学是相对论力学的低速近似.

(3) 牛顿运动定律一般仅适用于宏观物体(可视为质点). 在微观领域($10^{-15}\sim 10^{-10}$ m) 中,要应用量子力学. 牛顿力学是量子力学的宏观近似.

(4) 牛顿运动定律仅适用于实物,不完全适用于场. 在电磁场中,要以普遍的动量守恒定律来代替牛顿第三定律.

2.1.2　力学中常见的几种力

牛顿第二定律反映了力和加速度之间的瞬时对应关系. 在解决实际问题时,就要分析物体的受力情况. 在力学中我们经常碰到以下几种力.

1. 万有引力和重力

一切物体均具有相互吸引的作用力,其规律可用牛顿提出的万有引力定律描述. 如图 2.5 所示,设有质量分别为 m_1, m_2 的两个质点,它们之间的万有引力用矢量形式表示为

$$\boldsymbol{F}_{21}=-G\frac{m_1m_2}{r^3}\boldsymbol{r}=-G\frac{m_1m_2}{r^2}\boldsymbol{e}_r, \qquad (2.1.7)$$

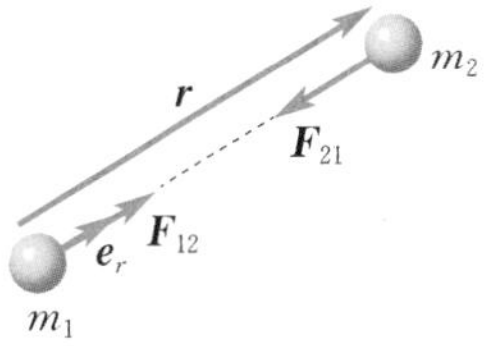

图 2.5　万有引力

式中 $G=6.674\,30(15)\times10^{-11}\ \mathrm{N\cdot m^2/kg^2}$,称为引力常量;$m_1, m_2$ 称为两个质点的引力质量;$\boldsymbol{F}_{21}$ 表示 m_1 对 m_2 的作用力;$\boldsymbol{r}$ 是 m_2 相对于 m_1 的位矢;$\boldsymbol{e}_r$ 是与 $\boldsymbol{r}$ 同向的单位矢量;负号表示 $\boldsymbol{F}_{21}$ 的方向与 $\boldsymbol{e}_r$ 的方向相反.

引力质量是物体产生引力和感受引力这一属性的定量量度,通常用天平来称量. 引力质量在意义上显然与惯性质量不同. 但实验证明,两者的大小相等.

处于地球表面附近的物体,不仅受到地球的引力,还将受到地球自转的影响. 由于地球的自转,地球表面附近的物体将绕地轴做圆周运动. 物体所受地球的引力 $\boldsymbol{F}_E$(指向地心) 有一部分提供向心力,余下的分力 $\boldsymbol{W}$ 才是引起物体向地面降落的力. 这个力 $\boldsymbol{W}$ 称为重力(见图 2.6).

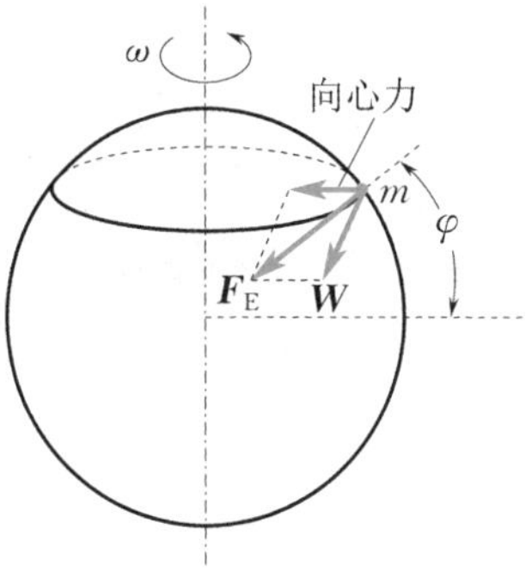

图 2.6　重力

因为

$$F_E=G\frac{mM}{R^2},$$

式中 m, M 分别为物体和地球的质量;R 为地球的半径. 经计算证明,W 和 F_E 有如下关系:

$$W=F_E(1-0.0035\cos^2\varphi),$$

式中 φ 为物体所处的地理纬度. 通常将重力表示为

$$\boldsymbol{W}=m\boldsymbol{g}, \qquad (2.1.8)$$

式中 $\boldsymbol{g}$ 为重力加速度. 当物体处于地球的两极$\left(\varphi=\frac{\pi}{2}\right)$时,则有

$$F_E = m\frac{GM}{R^2} = mg_0,$$

式中

$$g_0 = \frac{GM}{R^2} \tag{2.1.9}$$

为地球两极处的重力加速度,所以有

$$g = g_0(1-0.0035\cos^2\varphi).$$

忽略地球自转的影响(这一忽略引起的误差不超过0.4%),物体所受的重力就等于它所受的引力,则有

$$g \approx g_0 = \frac{GM}{R^2}, \tag{2.1.10}$$

$$W = mg \approx mg_0. \tag{2.1.11}$$

2. 弹性力

发生形变的物体,由于要恢复原状,对与它接触的物体会产生力的作用,这种力称为弹性力.弹簧被拉伸或压缩时,会对与它相连的物体施加弹性力.在弹性限度内,弹性力遵从胡克(Hooke)定律

$$F = -kx, \tag{2.1.12}$$

式中k称为弹簧的劲度系数;x表示偏离平衡位置(弹簧原长时该端点的位置)的位移(见图2.7),其大小为弹簧的伸长(或压缩)量;负号表示弹性力的方向总是与位移的方向相反.

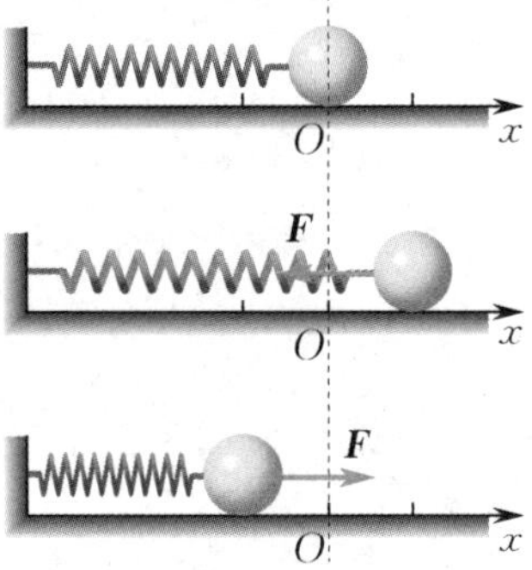

图2.7　弹簧的弹性力

宏观物体间接触力的发生都来自两物体在接触时的微小形变.每个物体内部分子之间一般都存在一个平衡距离.当物体受到拉伸,使分子间距增大时,分子间就出现电磁引力,使物体产生宏观的弹性力,这就形成了拉力和张力;反之,当物体被其他物体压缩,使分子间距减小时,分子间就出现电磁斥力,使物体产生宏观的弹性力,这就形成了压力和支持力.拉力、张力、压力、支持力都是弹性力,它们是分子间电磁力的宏观表现.

当绳子受到拉伸时,其内部各段之间也有相互的弹性力作用.在拉紧的绳上某处作一假想截面,把绳子分为两侧,这种内部的两侧绳子的相互拉力(如图2.8中F_{T_1}和F'_{T_1},F_{T_2}和F'_{T_2})称为张力.通常绳子是有质量的,当绳子做加速运动时,绳子各处的张力各不相同.若绳子没有加速度,或质量可以忽略,则可认为绳子上各点的张力都是相等的,且等于绳子两端所受到的拉力,即$F'_{T_1} = F'_{T_2} = F_1 = F_2$.

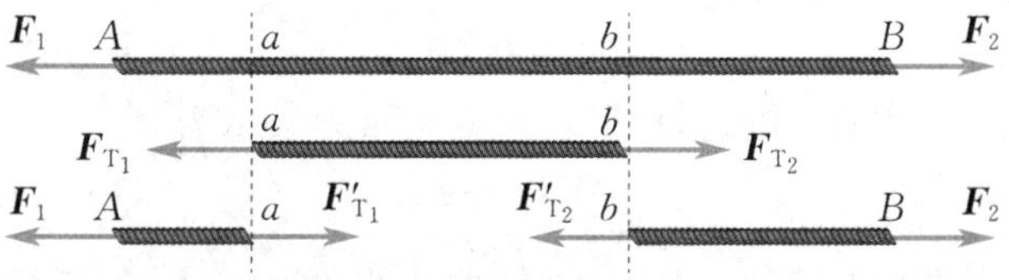

图2.8　绳子中的张力

当物体放在一支撑物上时，两个物体因相互挤压而发生形变，因而产生对对方的弹性力作用. 如图 2.9 所示，物体除受到重力 $\boldsymbol{F}_G$ 外，还受到支持力 $\boldsymbol{F}_N$，支持力 $\boldsymbol{F}_N$ 和压力 $\boldsymbol{F}'_N$ 这对作用力和反作用力为弹性力. 力的方向垂直于接触面而指向对方，这种弹性力通常称为正压力或支持力. 它们的大小取决于挤压的程度.

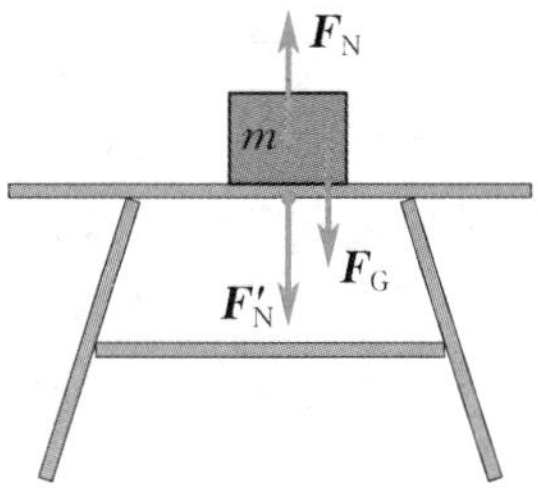

图 2.9 压力和支持力

3. 摩擦力

当两个相互接触且相互挤压的物体在沿接触面有相对运动的趋势时，在接触面上产生一对阻碍相对运动的作用力和反作用力，这一对力称为静摩擦力，用符号 $\boldsymbol{f}$ 表示. 测量证明，静摩擦力的大小随引起相对运动的趋势的外力而变化. 但其最大值 f_{max} 与接触面的正压力 F_N 成正比，即

$$f_{max} = \mu_s F_N, \tag{2.1.13}$$

式中 μ_s 称为静摩擦系数，它与接触面的材料、粗糙程度、干湿情况等因素有关，通常由实验测定后在工程手册中给出.

当外力超过最大静摩擦力时，物体间产生相对滑动，这时就在接触面之间产生一对阻止相对滑动的摩擦力，称为滑动摩擦力，用符号 $\boldsymbol{f}_k$ 表示. 其大小为

$$f_k = \mu_k F_N, \tag{2.1.14}$$

式中 μ_k 称为滑动摩擦系数，它除与接触面的材料、粗糙程度、干湿情况有关外，还随相对滑动的速度的大小而变化. 通常它比静摩擦系数 μ_s 要小一些，在精确度要求不高的情况下，常用 μ_s 来表示 μ_k 的值.

2.1.3 牛顿运动定律的应用

通常将质点动力学问题分为两类：一类是已知力求运动；另一类是已知运动求力. 在实际问题中常常两者兼有. 应用牛顿运动定律求解动力学问题时，可按下述思路进行分析：

(1) 选对象. 如果问题涉及几个物体，那就选定一个或几个物体作为对象进行分析，主要是根据问题的要求和计算的方便程度来确定.

(2) 查受力. 找出研究对象所受的一切外力，并画出力的示意图.

(3) 看运动. 分析研究对象的运动状态，包括它的运动轨迹、速度和加速度. 当研究对象涉及几个物体时，还要找出各物体的速度和加速度之间的关系.

(4) 列方程. 选取适当的坐标系，根据牛顿第二定律，列出所选研究对象的动力学方程(通常是分量式).

例 2.1.1 一个质量为 m 的小球系在线的一端,线的另一端绑在墙上的钉子上,线长为 l. 先拉动小球使线保持水平静止,然后松手使小球下落. 求线下摆至与水平方向夹角为 θ 时小球的速率和线的张力.

解 这是一个变加速问题,线中的张力是 θ 的函数,要用微积分求解. 如图 2.10 所示,小球所受的力有线对它的拉力 $\boldsymbol{T}$ 和重力 $m\boldsymbol{g}$. 由于小球沿圆周运动,我们在自然坐标系下用牛顿第二定律求解.

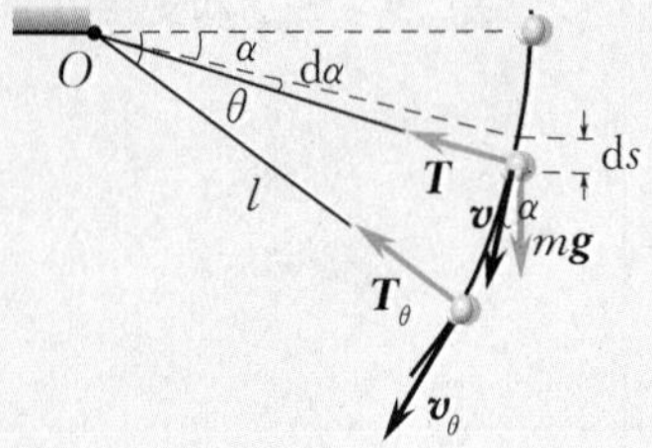

图 2.10

设小球在某时刻与水平方向的夹角为 α,根据受力分析可得牛顿第二定律的切向分量式为

$$mg\cos\alpha = ma_{\mathrm{t}} = m\frac{\mathrm{d}v}{\mathrm{d}t},$$

用 $\mathrm{d}s$ 乘以此式两端,可得

$$mg\cos\alpha\mathrm{d}s = m\frac{\mathrm{d}v}{\mathrm{d}t}\mathrm{d}s = m\frac{\mathrm{d}s}{\mathrm{d}t}\mathrm{d}v.$$

由于 $\mathrm{d}s = l\mathrm{d}\alpha, \frac{\mathrm{d}s}{\mathrm{d}t} = v$,上式可写成

$$gl\cos\alpha\mathrm{d}\alpha = v\mathrm{d}v.$$

两端同时积分,由于摆角从 0 增大到 θ 时,速率从 0 增大到 v_θ,所以有

$$\int_0^\theta gl\cos\alpha\mathrm{d}\alpha = \int_0^{v_\theta} v\mathrm{d}v.$$

由此解得

$$gl\sin\theta = \frac{1}{2}v_\theta^2,$$

即

$$v_\theta = \sqrt{2gl\sin\theta}.$$

在法向上对小球进行受力分析,有

$$T_\theta - mg\sin\theta = ma_{\mathrm{n}} = m\frac{v_\theta^2}{l}.$$

将 $v_\theta = \sqrt{2gl\sin\theta}$ 代入,可得线对小球的拉力为

$$T_\theta = 3mg\sin\theta.$$

这也就是线中的张力.

2.2 动量定理和动量守恒定律

牛顿运动定律反映了力的瞬时作用效果,表明了力和受力物体的加速度的关系. 实际上,力对物体的作用总是要延续一段时间的,在这段时间内,力的作用将累积起来产生一个总效果. 本节首

先介绍力的时间累积效应规律——动量定理，接着把这一定理用于质点系，导出一条重要的规律——动量守恒定律，最后对于质点系，引入质心的概念，并说明外力和质心运动的关系.

2.2.1　冲量和质点的动量定理

动量定理和
动量守恒定律

1. 力的冲量

力 $\boldsymbol{F}$(不需要是合外力) 的时间累积称为该力的冲量，用 $\boldsymbol{I}$ 表示. 在 Δt 时间内，恒力 $\boldsymbol{F}$ 的冲量为

$$\boldsymbol{I}=\boldsymbol{F}\Delta t. \tag{2.2.1}$$

若 $\boldsymbol{F}$ 是变力，即力是时间的函数($\boldsymbol{F}=\boldsymbol{F}(t)$)，则 $\mathrm{d}t$ 时间内力的元冲量为 $\mathrm{d}\boldsymbol{I}=\boldsymbol{F}(t)\mathrm{d}t$. 从 t_0 到 t 的有限时间内，其冲量为

$$\boldsymbol{I}=\int_{t_0}^{t}\boldsymbol{F}(t)\mathrm{d}t. \tag{2.2.2}$$

冲量是矢量，有大小和方向. 当力是变力时，冲量的方向与力的方向并不一定相同.

在国际单位制中，冲量的单位是牛[顿]秒(N·s).

2. 质点的动量

在物理学中描述一个质点的机械运动，既要考虑它的质量，又要考虑它的速度. 在 2.1 节我们定义了物体的质量与速度的乘积为动量，用 $\boldsymbol{p}$ 表示，即

$$\boldsymbol{p}=m\boldsymbol{v}. \tag{2.2.3}$$

从动力学角度分析，要使物体获得较大的动量，在相同的时间内就需施加较大的力，或者在相同的力的作用下，作用较长的时间. 动量是描述质点机械运动状态的物理量，反映了运动的强度.

在国际单位制中，动量的单位是千克米每秒(kg·m/s).

3. 质点的动量定理

由牛顿第二定律(式(2.1.1))可得

$$\boldsymbol{F}(t)\mathrm{d}t=\mathrm{d}\boldsymbol{p}, \tag{2.2.4}$$

式中 $\boldsymbol{F}(t)\mathrm{d}t$ 为合外力 $\boldsymbol{F}(t)$ 的元冲量，$\mathrm{d}\boldsymbol{p}$ 为质点在 $\mathrm{d}t$ 时间内动量的变化量. 式(2.2.4)是牛顿第二定律的简单变形，称为**质点的动量定理的微分形式**.

若合外力持续作用一段时间，可对式(2.2.4)在 t_0 到 t 的有限时间内进行积分，即得

$$\int_{t_0}^{t}\boldsymbol{F}(t)\mathrm{d}t=\int_{\boldsymbol{p}_0}^{\boldsymbol{p}}\mathrm{d}\boldsymbol{p}=\boldsymbol{p}-\boldsymbol{p}_0. \tag{2.2.5}$$

因 $\boldsymbol{I}=\int_{t_0}^{t}\boldsymbol{F}(t)\mathrm{d}t$ 表示合外力的冲量，式(2.2.5)也可改写为

$$\boldsymbol{I}=\boldsymbol{p}-\boldsymbol{p}_0=m\boldsymbol{v}-m\boldsymbol{v}_0. \tag{2.2.6}$$

式(2.2.5)和(2.2.6)表明,质点动量的增量等于合外力作用在质点上的冲量.这一结论称为质点的动量定理.

在实际应用中,式(2.2.5)常表示为分量形式.在直角坐标系中,质点的动量定理的分量式为

$$
\begin{aligned}
I_x &= \int_{t_0}^{t} F_x(t)\,\mathrm{d}t = p_x - p_{x0},\\
I_y &= \int_{t_0}^{t} F_y(t)\,\mathrm{d}t = p_y - p_{y0},\\
I_z &= \int_{t_0}^{t} F_z(t)\,\mathrm{d}t = p_z - p_{z0}.
\end{aligned}
\tag{2.2.7}
$$

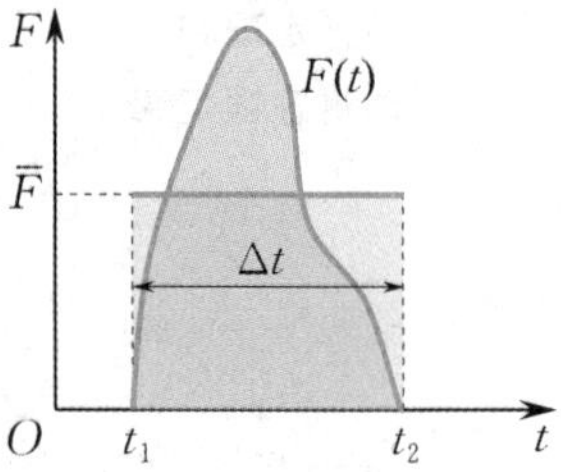

图 2.11 冲力

在打击、碰撞等实际问题中,物体相互作用的时间很短促,作用力很大而且变化很快(见图2.11),这种力称为冲力.为了对 t_1 到 t_2 的时间内的冲力的大小进行估测,引入平均冲力的概念.平均冲力的定义式为

$$
\overline{\boldsymbol{F}} = \frac{\int_{t_1}^{t_2} \boldsymbol{F}\,\mathrm{d}t}{t_2 - t_1}. \tag{2.2.8}
$$

式(2.2.8)表明,平均冲力等于对应时间间隔内冲力的冲量与时间间隔的比值.

质点的动量定理是在牛顿运动定律的基础上导出的,它也只适用于惯性系.在不同的惯性系中,虽然质点的动量不同,但动量的增量相同.因此,质点的动量定理在所有惯性系中具有相同的形式.

注意,牛顿第二定律反映了质点受到的合外力与它获得的加速度之间的瞬时关系,说明力是产生加速度的原因;而质点的动量定理则揭示了力的持续作用才是机械运动量改变的原因.

例 2.2.1 一个力 F 作用在质量为 1.0 kg 的质点上,使之沿 x 轴运动.已知在此力作用下,质点的运动方程为 $x = 3t - 4t^2 + t^3$(SI).求 $t = 0$ 到 $t = 4$ s 的时间间隔内,力 F 的冲量.

解 此题是一维问题,用标量解决即可.

由运动方程求出质点运动的速度和加速度分别为

$$
v = \frac{\mathrm{d}x}{\mathrm{d}t} = 3 - 8t + 3t^2, \quad a = \frac{\mathrm{d}v}{\mathrm{d}t} = 6t - 8.
$$

可见,加速度是时间的函数,故质点做变加速运动,即力 $F = ma = 6t - 8$ 为变力.

求合外力的冲量有以下两种方法:

(1) 根据冲量的定义式 $\boldsymbol{I} = \int_{t_0}^{t} \boldsymbol{F}(t)\,\mathrm{d}t$,有

$$
I = \int_0^4 F\,\mathrm{d}t = \int_0^4 (6t - 8)\,\mathrm{d}t = (3t^2 - 8t)\Big|_0^4 = 16\ \mathrm{N\cdot s}.
$$

(2) 由质点的动量定理 $\boldsymbol{I} = \boldsymbol{p} - \boldsymbol{p}_0 = m\boldsymbol{v} - m\boldsymbol{v}_0$ 求解.

由所求速度公式 $v=3-8t+3t^2$ 可知，$t=0$ 时，速度 $v_0=3\ \mathrm{m/s}$；$t=4\ \mathrm{s}$ 时，速度 $v=19\ \mathrm{m/s}$. 根据质点的动量定理，有

$$I=mv-mv_0=(19-3)\mathrm{N\cdot s}=16\ \mathrm{N\cdot s}.$$

因为 $I>0$，所以力 F 的冲量的方向为 x 轴正方向.

2.2.2　质点系的动量定理

1. 质点系

由两个或两个以上有相互作用的质点组成的系统称为质点系.

同一质点系内各质点间的相互作用力统称为内力，质点系以外的物体对质点系中任意质点的作用力统称为外力. 内力和外力是相对于质点系的组成而言的.

2. 质点系的动量与动量定理

1) 质点系的动量

质点系内各质点的动量 $\boldsymbol{p}_i(i=1,2,\cdots,n)$ 的矢量和称为该质点系的动量，即

$$\boldsymbol{p}=\sum_{i=1}^{n}\boldsymbol{p}_i=\sum_{i=1}^{n}m_i\boldsymbol{v}_i. \tag{2.2.9}$$

2) 质点系的动量定理

首先讨论由两个质点组成的质点系. 设质量分别为 m_1 和 m_2 的两个质点，它们各自所受的合外力分别为 $\boldsymbol{F}_1$ 和 $\boldsymbol{F}_2$，而两个质点间相互作用的内力分别为 $\boldsymbol{f}_{12}$ 和 $\boldsymbol{f}_{21}$，如图 2.12 所示. 在 t_0 时刻，两个质点的速度分别为 $\boldsymbol{v}_{10}$，$\boldsymbol{v}_{20}$；在 t 时刻，两个质点的速度分别为 $\boldsymbol{v}_1$，$\boldsymbol{v}_2$. 对两个质点应用动量定理，可得到

$$\int_{t_0}^{t}(\boldsymbol{F}_1+\boldsymbol{f}_{12})\mathrm{d}t=m_1\boldsymbol{v}_1-m_1\boldsymbol{v}_{10},$$

$$\int_{t_0}^{t}(\boldsymbol{F}_2+\boldsymbol{f}_{21})\mathrm{d}t=m_2\boldsymbol{v}_2-m_2\boldsymbol{v}_{20}.$$

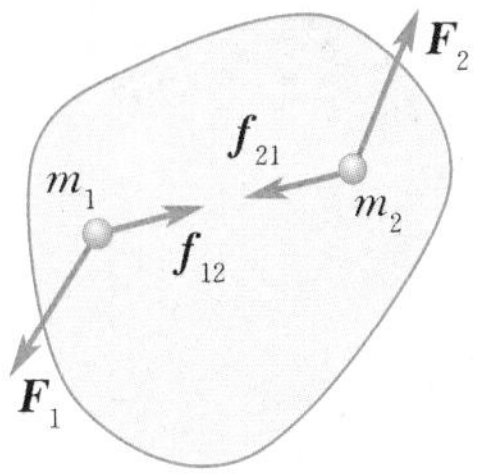

图 2.12　质点系的内力和外力

上面两式相加，有

$$\int_{t_0}^{t}(\boldsymbol{F}_1+\boldsymbol{f}_{12}+\boldsymbol{F}_2+\boldsymbol{f}_{21})\mathrm{d}t$$

$$=(m_1\boldsymbol{v}_1+m_2\boldsymbol{v}_2)-(m_1\boldsymbol{v}_{10}+m_2\boldsymbol{v}_{20}).$$

由牛顿第三定律可知，$\boldsymbol{f}_{12}=-\boldsymbol{f}_{21}$，即 $\boldsymbol{f}_{12}+\boldsymbol{f}_{21}=\boldsymbol{0}$，故上式为

$$\int_{t_0}^{t}(\boldsymbol{F}_1+\boldsymbol{F}_2)\mathrm{d}t=(m_1\boldsymbol{v}_1+m_2\boldsymbol{v}_2)-(m_1\boldsymbol{v}_{10}+m_2\boldsymbol{v}_{20}).$$

将这一结果推广到多质点系，则有

$$\int_{t_0}^{t}\sum_i\boldsymbol{F}_i\mathrm{d}t=\sum_i m_i\boldsymbol{v}_i-\sum_i m_i\boldsymbol{v}_{i0} \tag{2.2.10}$$

或

$$\int_{t_0}^{t} \sum_i \boldsymbol{F}_i \mathrm{d}t = \boldsymbol{p} - \boldsymbol{p}_0. \tag{2.2.11}$$

式(2.2.10)或(2.2.11)表明,质点系的动量的变化等于它所受合外力的冲量.这就是质点系的动量定理.

由式(2.2.11)很容易写出质点系的动量定理的微分形式

$$\boldsymbol{F}\mathrm{d}t = (\sum_i \boldsymbol{F}_i)\mathrm{d}t = \mathrm{d}\boldsymbol{p}. \tag{2.2.12}$$

由此可见,质点系的内力可以改变系统内单个质点的动量,但不能改变整个系统的动量(因为成对出现的内力的冲量可相互抵消).尽管外力可能作用在不同的质点上,但就计算质点系的动量变化而言,可先求合外力,再计算冲量.

2.2.3 动量守恒定律

对于单个质点,若所受合外力 $\sum_i \boldsymbol{F}_i = \boldsymbol{0}$,则 $\frac{\mathrm{d}(m\boldsymbol{v})}{\mathrm{d}t} = \boldsymbol{0}$ 或 $m\boldsymbol{v} = m\boldsymbol{v}_0$,质点的动量守恒.

对于质点系来说,如果所受的外力的矢量和为零,即

$$\sum_i \boldsymbol{F}_i = \boldsymbol{0},$$

则得到

$$\sum_i m_i \boldsymbol{v}_i = \sum_i m_i \boldsymbol{v}_{i0} = \text{常矢量}. \tag{2.2.13}$$

式(2.2.13)表明,对质点系来说,如果作用在质点系上的合外力为零,则该质点系的动量保持不变.这就是动量守恒定律.

动量守恒定律在直角坐标系中的分量式为

$$\begin{cases} \text{当} \sum_i F_{ix} = 0 \text{ 时}, \sum_i m_i v_{ix} = \text{常量}, \\ \text{当} \sum_i F_{iy} = 0 \text{ 时}, \sum_i m_i v_{iy} = \text{常量}, \\ \text{当} \sum_i F_{iz} = 0 \text{ 时}, \sum_i m_i v_{iz} = \text{常量}. \end{cases} \tag{2.2.14}$$

应用动量守恒定律时必须注意守恒条件.动量守恒的条件是系统在 Δt 时间内的运动过程中,$\sum_i \boldsymbol{F}_i = \boldsymbol{0}$ 而不是 $\int_{t_0}^{t} \sum_i \boldsymbol{F}_i \mathrm{d}t = \boldsymbol{0}$.例如,做匀速圆周运动的质点受到的合外力为向心力,向心力在质点运动一周的过程中,其冲量为零,但质点的动量并不守恒(虽然大小不变,但方向在不断变化).

在下面两种情况中,虽然合外力 $\sum_i \boldsymbol{F}_i \neq \boldsymbol{0}$,但是常应用动量守恒定律解决此类实际问题:

(1) 合外力 $\sum_i \boldsymbol{F}_i \neq \boldsymbol{0}$,但系统的内力远大于外力,外力对系统

动量的变化影响很小，可认为系统的动量守恒，如碰撞、爆炸、打击等过程.

(2) 合外力 $\sum_i \boldsymbol{F}_i \neq \boldsymbol{0}$，但合外力在某个方向的分力的矢量和为零，动量在此方向上的分量就守恒. 例如，若 $\sum_i F_{ix}=0$，则

$$p_x=\sum_i p_{ix}=\sum_i m_i v_{ix}=\text{常量}.$$

动量守恒定律虽然可由牛顿运动定律导出，但是比牛顿运动定律具有更大的普遍性，对宏观物体和微观粒子均能适用.

例 2.2.2　一个 $\frac{1}{4}$ 圆弧滑槽的质量为 M，停在光滑的水平面上，另一个质量为 m 的小物体，自圆弧滑槽的顶点由静止下滑. 求当小物体滑到槽底时，圆弧滑槽在水平面上移动的距离.

解　依题意作图，在地面上建立如图 2.13 所示的直角坐标系.

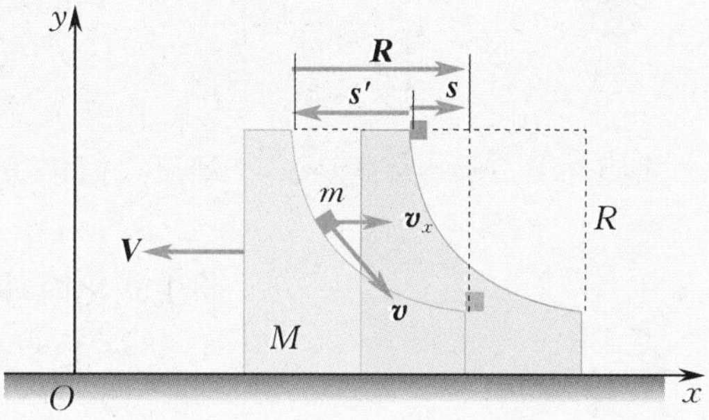

图 2.13

取 m 和 M 组成的系统作为研究对象，系统所受外力为 m 和 M 所受重力及地面对 M 的支持力，都沿 y 轴方向. 在 m 下滑的过程中，系统在水平方向上没有受到外力，动量在水平方向上的分量守恒. 设在下滑过程中的任意时刻，m 和 M 相对于地面的速度分别为 $\boldsymbol{v}$ 和 $\boldsymbol{V}$，则有

$$0=mv_x+M(-V),$$

即

$$mv_x=MV.$$

设整个下落的时间为 T，上式两边同乘以 $\mathrm{d}t$ 并积分，有

$$m\int_0^T v_x \mathrm{d}t=M\int_0^T V\mathrm{d}t.$$

以 s 和 s' 分别表示 m 和 M 在水平方向上相对于地面移动的距离，则有

$$s=\int_0^T v_x \mathrm{d}t,\quad s'=\int_0^T V\mathrm{d}t,$$

因此 $ms=Ms'$. 又因为位移的相对性，有 $\boldsymbol{s}=\boldsymbol{s}'+\boldsymbol{R}$，即 $s=R-s'$. 将此关系代入 $ms=Ms'$，即可得 M 在水平方向上相对于地面移动的距离为

$$s'=\frac{m}{m+M}R.$$

值得注意的是，此距离值与圆弧槽面是否光滑无关(圆弧槽面不光滑时，圆弧槽面与小物体之间有一对摩擦内力，不影响水平方向上的动量守恒)，只要圆弧滑槽处在光滑的水平面上即可.

2.2.4 火箭飞行原理

火箭是靠发动机喷射工质(工作物质)产生的反作用力向前推进的飞行器.它自身携带全部推进剂,不依赖外界工质产生推力,可以在没有空气的太空中飞行.火箭是实现航天飞行的运载工具.

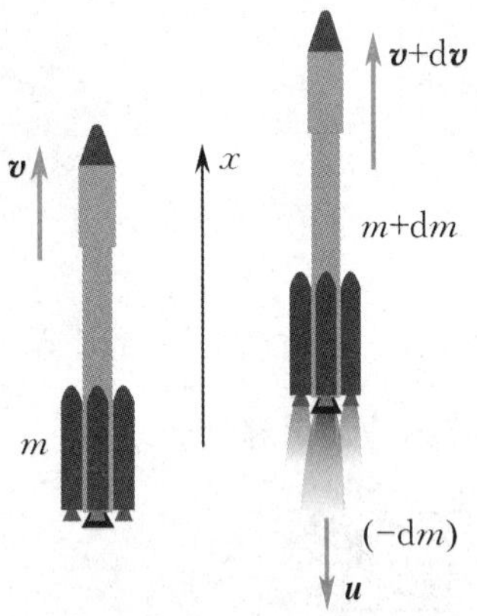

图 2.14 火箭飞行原理

火箭是动量守恒定律最重要的应用之一.一枚火箭在外层空间中飞行,空气阻力和重力的影响都可以忽略不计.设在 t 时刻,火箭的质量为 m,相对于地面的速度为 $\boldsymbol{v}$(见图 2.14),在其后 $\mathrm{d}t$ 时间内,火箭喷出了质量为 $|\mathrm{d}m|$ 的气体(这里,$\mathrm{d}m$ 是 m 在 $\mathrm{d}t$ 时间内的增量,由于质量 m 随时间增加而减小,$\mathrm{d}m$ 本身为负值),喷出的气体相对于火箭的速度为 $\boldsymbol{u}$,使火箭的速度增加了 $\mathrm{d}\boldsymbol{v}$.对于火箭和燃气所组成的系统来说,在喷气前,它们的总动量为 $m\boldsymbol{v}$;喷气后,火箭的动量为 $(m+\mathrm{d}m)(\boldsymbol{v}+\mathrm{d}\boldsymbol{v})$,所喷出燃气的动量为 $(-\mathrm{d}m)(\boldsymbol{v}+\mathrm{d}\boldsymbol{v}-\boldsymbol{u})$(这里,$\boldsymbol{v}+\mathrm{d}\boldsymbol{v}-\boldsymbol{u}$ 是燃气相对于地面的速度).由于火箭不受外力的作用,系统的动量保持不变.因此,根据动量守恒定律得到

$$mv=(m+\mathrm{d}m)(v+\mathrm{d}v)+(-\mathrm{d}m)(v+\mathrm{d}v-u).$$

将上式化简,可得

$$\mathrm{d}v=-u\frac{\mathrm{d}m}{m}.$$

上式表示火箭每喷出质量为 $-\mathrm{d}m$ 的气体时,它的速度就增加 $\mathrm{d}v$.设燃气相对于火箭的喷气速度 u 是一常量,将上式积分,得

$$\int_{v_1}^{v_2}\mathrm{d}v=-\int_{m_1}^{m_2}u\frac{\mathrm{d}m}{m},$$

解得

$$v_2-v_1=u\ln\frac{m_1}{m_2}. \tag{2.2.15}$$

式(2.2.15)表示火箭质量从 m_1 减少至 m_2 时,速度相应地从 v_1 增加到 v_2.设火箭开始飞行时的速度为零,质量为 m_0,则火箭能达到的速度是

$$v=u\ln\frac{m_0}{m}, \tag{2.2.16}$$

式中 $\frac{m_0}{m}$ 为火箭的质量比.

由式(2.2.16)可以看出,要提高火箭的速度,可采用提高喷气速度和质量比的方法.这两种方法目前在技术上都有困难.用单级火箭通常难以达到第一宇宙速度,因此远程火箭和运载火箭往往使用多级火箭.最常用的级数是 2～4 级.多级火箭有三种连接方式:串联、并联和混联.

我国的火箭技术和航空航天事业虽起步较晚，但目前已居世界前列. 1990 年，我国已开始向国际提供航天商业发射服务. 迄今我国用长征系列火箭已成功发射了包括地球同步卫星、科学探测卫星、广播通信卫星、风云气象卫星、国土资源卫星等多颗卫星. 2003 年 10 月 15 日 9 时，我国又使用长征二号 F 运载火箭成功发射“神舟五号”载人飞船. 我国成为继俄罗斯、美国之后世界上第三个掌握载人航天技术的国家，从而标志着我国的载人航天技术已达到世界先进水平. 2020 年 6 月 23 日 9 时 43 分，我国在西昌卫星发射中心用长征三号乙运载火箭，成功发射第 55 颗北斗导航卫星，全面建成了属于我国自己的全球卫星导航系统（见图 2.15），再次令全球瞩目.

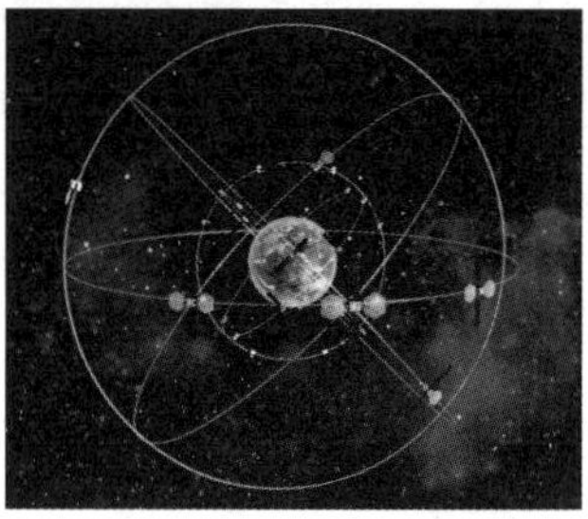

图 2.15　北斗卫星导航系统

*2.2.5　质心与质心运动定理

为了深入理解质点系和实际物体的运动，通常引入质心的概念.

1. 质心

在讨论一个质点系的运动时，我们常常引入质量中心（简称质心）的概念. 所谓质心，就是物体质量分布的中心. 如图 2.16 所示，设一个质点系由 N 个质点组成，以 $m_1, m_2, \cdots, m_i, \cdots, m_N$ 分别表示各质点的质量，以 $\boldsymbol{r}_1, \boldsymbol{r}_2, \cdots, \boldsymbol{r}_i, \cdots, \boldsymbol{r}_N$ 分别表示各质点相对于坐标原点的位矢，定义这一质点系的质心的位矢为

$$\boldsymbol{r}_c = \frac{\sum_{i=1}^{N} m_i \boldsymbol{r}_i}{\sum_{i=1}^{N} m_i} = \frac{\sum_{i=1}^{N} m_i \boldsymbol{r}_i}{m}, \tag{2.2.17}$$

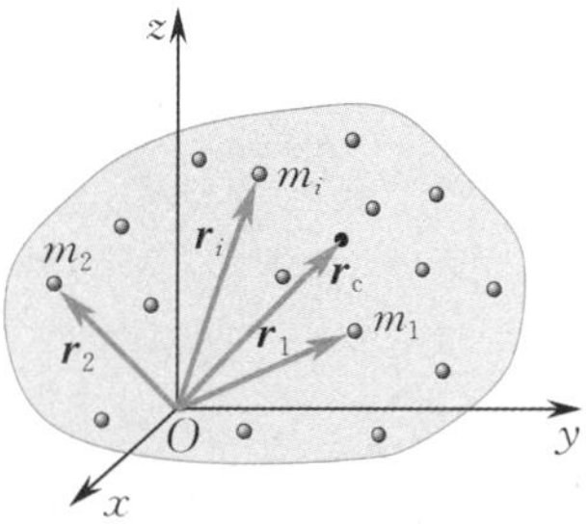

图 2.16　质心的位矢

式中 $m = \sum_{i=1}^{N} m_i$ 是质点系的总质量. 质心的位矢与坐标系的选取有关，但质心相对于质点系内各质点的相对位置是不会随坐标系的选择而变化的，即质心是质点系的一个特定位置.

利用位矢在直角坐标系中的表达式，由式(2.2.17) 可以得到质心坐标表达式为

$$x_c = \frac{\sum_{i=1}^{N} m_i x_i}{\sum_{i=1}^{N} m_i}, \quad y_c = \frac{\sum_{i=1}^{N} m_i y_i}{\sum_{i=1}^{N} m_i}, \quad z_c = \frac{\sum_{i=1}^{N} m_i z_i}{\sum_{i=1}^{N} m_i}. \tag{2.2.18}$$

对于质量连续分布的物体，则可视为由许多质元组成的质点系. 以 dm 表示其中任意质元的质量，以 $\boldsymbol{r}$ 表示其位矢，则该物体的质心的位矢可表示为

$$\boldsymbol{r}_c = \frac{\int \boldsymbol{r}\mathrm{d}m}{m}. \tag{2.2.19}$$

故它的三个直角坐标分量式分别为

$$x_c = \frac{\int x\mathrm{d}m}{m}, \quad y_c = \frac{\int y\mathrm{d}m}{m}, \quad z_c = \frac{\int z\mathrm{d}m}{m}. \tag{2.2.20}$$

利用上述公式,可得匀质直棒、匀质圆环、匀质圆盘、匀质球体等物体的质心就在它们的几何对称中心上.

力学上还常用重心的概念. 重心是一个物体各部分所受重力的合力的作用点. 可以证明,尺寸不十分大的物体,它的质心位置和它的重心位置重合.

2. 质心运动定理

将式(2.2.17)对时间 t 求导,可得质心运动的速度为

$$\boldsymbol{v}_c = \frac{\mathrm{d}\boldsymbol{r}_c}{\mathrm{d}t} = \frac{\sum_{i=1}^{N} m_i \frac{\mathrm{d}\boldsymbol{r}_i}{\mathrm{d}t}}{m} = \frac{\sum_{i=1}^{N} m_i \boldsymbol{v}_i}{m}. \tag{2.2.21}$$

由此可得

$$m\boldsymbol{v}_c = \sum_{i=1}^{N} m_i \boldsymbol{v}_i.$$

由于质点系的动量为 $\boldsymbol{p} = \sum_{i=1}^{N} m_i \boldsymbol{v}_i$,有

$$\boldsymbol{p} = m\boldsymbol{v}_c. \tag{2.2.22}$$

可见,质点系的动量等于它的总质量与质心运动的速度的乘积. 质点系的动量的变化率为

$$\frac{\mathrm{d}\boldsymbol{p}}{\mathrm{d}t} = m\frac{\mathrm{d}\boldsymbol{v}_c}{\mathrm{d}t} = m\boldsymbol{a}_c, \tag{2.2.23}$$

式中 $\boldsymbol{a}_c$ 是质心运动的加速度. 由式(2.2.12)可得

$$\boldsymbol{F} = \frac{\mathrm{d}\boldsymbol{p}}{\mathrm{d}t} = m\boldsymbol{a}_c. \tag{2.2.24}$$

此结果表明,质心的运动等同于一个质点的运动,这个质点具有质点系总质量 m,它受到的外力为质点系所受的所有外力的矢量和(实际上可能在质心位置既无质量,又未受力). 这个结论称为**质心运动定理**.

需要注意的是,合外力决定质点系的动量的变化率和质心的加速度,但不能决定质点系中任意质点的加速度,因为质点系中每一个质点的运动是不同的,质点 m_i 的加速度 $\boldsymbol{a}_i$ 和质点 m_j 的加速度 $\boldsymbol{a}_j$ 并不一定相等.

质心运动定理表明了质心这一概念的重要性. 一个质点系内各个质点由于内力和外力的作用,它们的运动情况可能很复杂. 但

质点系的一个特殊的点——质心的运动就相对简单，只由质点系所受的合外力决定. 例如，高台跳水运动员离开跳台后，其身体可以做各种优美的翻转、伸缩动作，但是其质心只能沿着一条抛物线运动，如图 2.17 所示.

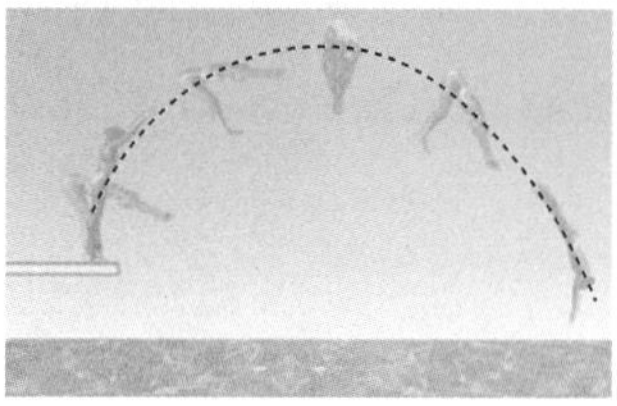

图 2.17　跳水运动员

此外我们知道，当质点系所受的合外力为零时，该质点系的动量保持不变. 由式(2.2.24) 可知，该质点系的质心的速度也将保持不变. 因此，质点系的动量守恒定律也可以表述如下：当一个质点系所受的合外力等于零时，其质心速度不变.

需要指出的是，以前我们常用“物体”一词来代替“质点”. 在有的问题中，物体并不是很小，因而不能当成质点看待，但我们仍用牛顿运动定律来分析研究它们的运动. 现在可以严格地说，我们对物体应用了质心运动定理，所分析的运动实际上是物体的质心的运动. 在物体做平动的条件下，质心的运动可以代替整个物体的运动.

2.3　动能定理和机械能守恒定律

力对质点在一段时间内的持续作用，也一定伴随着力在一定空间距离上的连续存在，力在时空上的累积作用是一起发生的. 本节首先介绍力的空间累积，给出功的普适定义和功的计算方法；接着说明力对物体做功的效果表现为物体动能的变化，给出动能定理；再介绍保守力做功的特点，引入势能的概念，给出机械能守恒定律，由此进一步揭示运动形态之间的相互转换规律.

2.3.1　功和动能

功和动能定理

1. 功

一个质点在力 $\boldsymbol{F}$ 的作用下，发生元位移 $\mathrm{d}\boldsymbol{r}$ 时，力 $\boldsymbol{F}$ 对它做的元功定义为质点所受的力和元位移的标积，或力在元位移方向上的分量与元位移大小的乘积. 以 $\mathrm{d}A$ 表示力 $\boldsymbol{F}$ 所做的元功，则

$$\mathrm{d}A=\boldsymbol{F}\cdot\mathrm{d}\boldsymbol{r}=F_{\mathrm{t}}|\mathrm{d}\boldsymbol{r}|=|\boldsymbol{F}||\mathrm{d}\boldsymbol{r}|\cos\theta=F\mathrm{d}s\cos\theta,\tag{2.3.1}$$

式中 F_{t} 为力 $\boldsymbol{F}$ 沿 $\mathrm{d}\boldsymbol{r}$ 方向即运动轨迹切向方向的分量；θ 是力 $\boldsymbol{F}$ 与元位移 $\mathrm{d}\boldsymbol{r}$ 之间的夹角；$\mathrm{d}s$ 为元路程，即 $|\mathrm{d}\boldsymbol{r}|=\mathrm{d}s$.

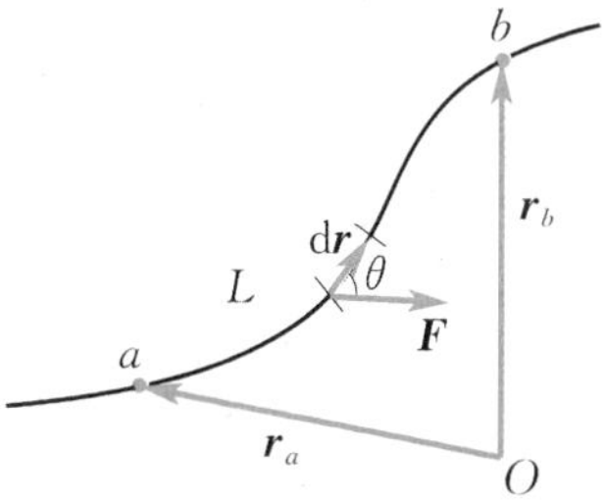

图 2.18　变力做的功

如果质点在变力 $\boldsymbol{F}$ 的作用下沿一曲线路径 L 从 a 点运动到 b 点，如图 2.18 所示. 我们把曲线划分成许多段元位移，在各段元位移上力对质点所做元功的代数和就是力在整个路径上对质点所做

的功,即

$$A_{ab}=\int_{L_{ab}}\mathrm{d}A=\int_{L_{ab}}\boldsymbol{F}\cdot\mathrm{d}\boldsymbol{r}=\int_{L_{ab}}F\,\mathrm{d}s\cos\theta,\qquad(2.3.2)$$

式中积分称为力$\boldsymbol{F}$沿路径L从a到b(记为L_{ab})的线积分.在直角坐标系中,

$$\boldsymbol{F}=F_x\boldsymbol{i}+F_y\boldsymbol{j}+F_z\boldsymbol{k},$$
$$\mathrm{d}\boldsymbol{r}=\mathrm{d}x\boldsymbol{i}+\mathrm{d}y\boldsymbol{j}+\mathrm{d}z\boldsymbol{k}.$$

由式(2.3.1)有

$$\mathrm{d}A=F_x\mathrm{d}x+F_y\mathrm{d}y+F_z\mathrm{d}z,$$

故

$$A_{ab}=\int_a^b(F_x\mathrm{d}x+F_y\mathrm{d}y+F_z\mathrm{d}z).\qquad(2.3.3)$$

如果质点在恒力$\boldsymbol{F}$作用下沿曲线(或直线)L从a点运动到b点(见图2.19),则恒力$\boldsymbol{F}$对质点所做的功为

$$A_{ab}=\int_{L_{ab}}\boldsymbol{F}\cdot\mathrm{d}\boldsymbol{r}=\boldsymbol{F}\cdot\int_{L_{ab}}\mathrm{d}\boldsymbol{r}=\boldsymbol{F}\cdot\Delta\boldsymbol{r}.$$

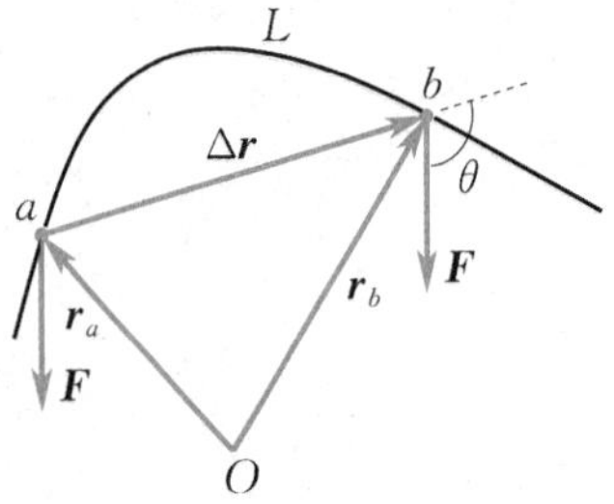

图 2.19　恒力做的功

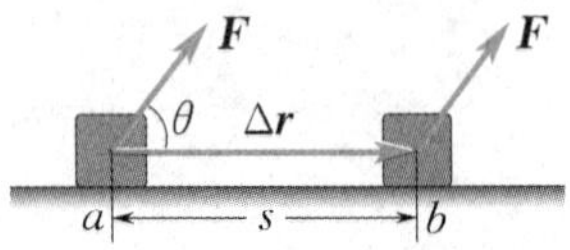

图 2.20　质点做直线运动时恒力做的功

如果质点在恒力$\boldsymbol{F}$的作用下做直线运动,则位移的大小$|\Delta\boldsymbol{r}|=s$(见图2.20),$\boldsymbol{F}$对质点所做的功为

$$A_{ab}=\boldsymbol{F}\cdot\Delta\boldsymbol{r}=F|\Delta\boldsymbol{r}|\cos\theta=Fs\cos\theta.$$

在国际单位制中,功的单位是焦[耳](J),$1\,\mathrm{J}=1\,\mathrm{N}\cdot\mathrm{m}$.

从功的计算可以得到关于功的以下几个性质:

(1) 功是标量.功没有方向,但有正负,其正负取决于力和元位移的夹角θ.当$0\leqslant\theta<\frac{\pi}{2}$时,力对质点做正功;当$\frac{\pi}{2}<\theta\leqslant\pi$时,力对质点做负功,或称质点克服阻力做功;当$\theta=\frac{\pi}{2}$时,力对质点不做功.

(2) 功是过程量.一般来说,功的数值与质点运动的始末位置有关,也与运动的路径有关.

(3) 功有叠加性.当质点同时受几个力的作用而沿路径L从a点运动到b点时,合外力所做的功应为

$$\begin{aligned}A_{ab}&=\int_{L_{ab}}\boldsymbol{F}\cdot\mathrm{d}\boldsymbol{r}=\int_{L_{ab}}(\boldsymbol{F}_1+\boldsymbol{F}_2+\cdots+\boldsymbol{F}_N)\cdot\mathrm{d}\boldsymbol{r}\\&=\int_{L_{ab}}\boldsymbol{F}_1\cdot\mathrm{d}\boldsymbol{r}+\int_{L_{ab}}\boldsymbol{F}_2\cdot\mathrm{d}\boldsymbol{r}+\cdots+\int_{L_{ab}}\boldsymbol{F}_N\cdot\mathrm{d}\boldsymbol{r}\\&=A_{1ab}+A_{2ab}+\cdots+A_{Nab}.\end{aligned}\qquad(2.3.4)$$

这一结果表明,**合外力的功等于各分力沿同一路径所做的功的代数和**.

(4) 功有相对性.因为质点的位移是与参考系有关的相对量,所以力所做的功也随所选参考系的不同而不同.

(5) 功的快慢. 用力在单位时间内所做的功即功率 P 来表征功的快慢，有

$$P=\frac{\mathrm{d}A}{\mathrm{d}t}=\frac{\boldsymbol{F}\cdot\mathrm{d}\boldsymbol{r}}{\mathrm{d}t}=\boldsymbol{F}\cdot\boldsymbol{v}. \qquad (2.3.5)$$

可见，力对质点做的功的瞬时功率等于力与质点该时刻速度的标积.

通常，动力机械的输出功率是有一定限度的. 当功率一定时，负荷力越大，运行速度就越小；负荷力越小，运行速度就越大. 例如，汽车上坡时需加大牵引力，就得降低行驶速度.

在国际单位制中，功率的单位为瓦[特](W)，$1\ \mathrm{W}=1\ \mathrm{J/s}$.

(6) 功的图解法. 以路程 s 为横坐标，$F\cos\theta$ 为纵坐标，根据 $F\cos\theta$ 随路程的变化关系描绘的曲线称为示功图. 图 2.21 中阴影部分的面积等于力 $F\cos\theta$ 在 $\mathrm{d}s$ 上所做的元功，曲线与边界线所围的面积就是力 $F\cos\theta$ 在由 a 点运动到 b 点的整个路程上所做的总功. 利用示功图求功直观方便，工程上常用此方法.

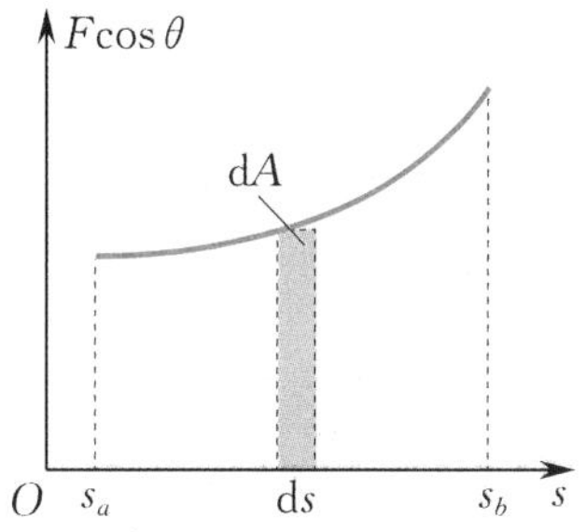

图 2.21　示功图

例 2.3.1　如图 2.22 所示，一质点的运动轨迹为抛物线 $x^2=4y$，作用在质点上的力为 $\boldsymbol{F}=(2y\boldsymbol{i}+4\boldsymbol{j})\mathrm{N}$. 试求当质点从 $x_1=-2\ \mathrm{m}$ 处运动到 $x_2=3\ \mathrm{m}$ 处，力 $\boldsymbol{F}$ 所做的功.

解　由质点的运动轨迹方程可知，x_1 和 x_2 所对应的 y 坐标为

$$y_1=\frac{x_1^2}{4}=1\ \mathrm{m},\quad y_2=\frac{x_2^2}{4}=\frac{9}{4}\ \mathrm{m}.$$

利用力做的功在直角坐标系中的表达式，可得力 $\boldsymbol{F}$ 所做的功为

$$A_{ab}=\int_{x_1}^{x_2}2y\mathrm{d}x+\int_{y_1}^{y_2}4\mathrm{d}y=\int_{-2}^{3}\frac{x^2}{2}\mathrm{d}x+\int_{1}^{\frac{9}{4}}4\mathrm{d}y\approx 10.8\ \mathrm{J}.$$

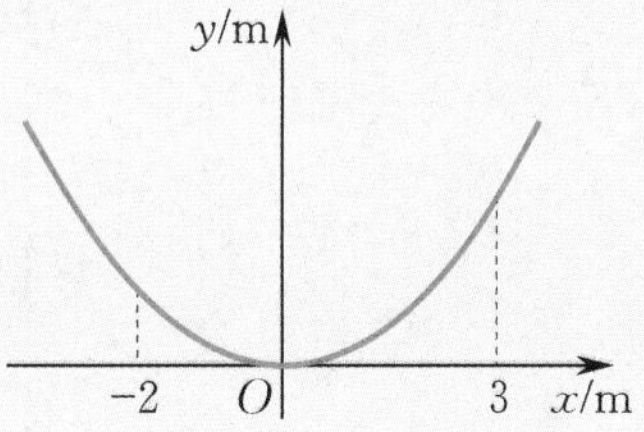

图 2.22

2. 动能

质量为 m 的质点以速度 $\boldsymbol{v}$ 运动时，它的动能(平动动能)为

$$E_{\mathrm{k}}=\frac{1}{2}mv^2. \qquad (2.3.6)$$

质点的动能是该质点做机械运动时所具有的能量，反映运动物体因具有速度而具有做功的本领. 质点系的动能等于质点系内所有质点动能 $\frac{1}{2}m_iv_i^2(i=1,2,\cdots,n)$ 的代数和，即

$$E_{\mathrm{k}}=\sum_{i=1}^{n}\frac{1}{2}m_iv_i^2. \qquad (2.3.7)$$

2.3.2 动能定理

1. 质点的动能定理

当质点受到合外力 $\boldsymbol{F}$ 的作用时，质点的速度发生变化，其动能也随之发生变化. 力的空间累积，即力对物体做功，使物体的动能发生改变.

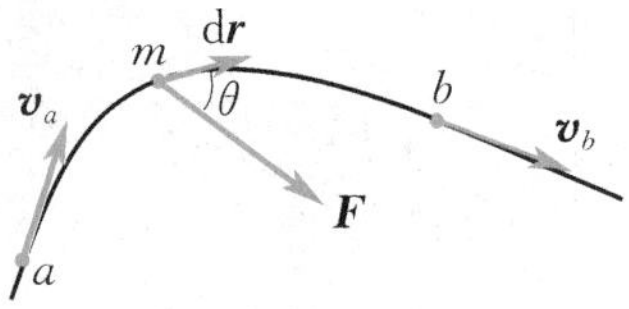

图 2.23 动能定理

如图 2.23 所示，质量为 m 的质点在合外力 $\boldsymbol{F}$ 的作用下，沿曲线 L 从 a 点运动到 b 点，它在 a 点和 b 点的速率分别为 v_a 和 v_b. 合外力 $\boldsymbol{F}$ 对质点所做的元功为

$$\mathrm{d}A = \boldsymbol{F}\cdot\mathrm{d}\boldsymbol{r} = F_{\mathrm{t}}|\mathrm{d}\boldsymbol{r}|,$$

由于 $F_{\mathrm{t}} = ma_{\mathrm{t}}, a_{\mathrm{t}} = \dfrac{\mathrm{d}v}{\mathrm{d}t}, |\mathrm{d}\boldsymbol{r}| = v\mathrm{d}t$，代入上式，有

$$\mathrm{d}A = m\frac{\mathrm{d}v}{\mathrm{d}t}v\mathrm{d}t = mv\mathrm{d}v,$$

即得

$$\mathrm{d}A = \mathrm{d}\left(\frac{1}{2}mv^2\right). \qquad (2.3.8)$$

将式(2.3.8)在质点经过的路径 L 上从 a 点到 b 点进行积分，有

$$A_{ab} = \int_{L_{ab}} \mathrm{d}\left(\frac{1}{2}mv^2\right),$$

即

$$A_{ab} = \frac{1}{2}mv_b^2 - \frac{1}{2}mv_a^2 = E_{\mathrm{k}b} - E_{\mathrm{k}a}. \qquad (2.3.9)$$

式(2.3.9)称为质点的动能定理，即合外力对质点所做的功等于质点动能的增量.

动能定理是在牛顿运动定律的基础上导出的，也只适用于惯性系. 在不同的惯性系中，功和动能都具有相对性，它们的值随参考系的不同而不同. 但在所有的惯性系中，动能定理具有相同的数学表达式.

2. 质点系的动能定理

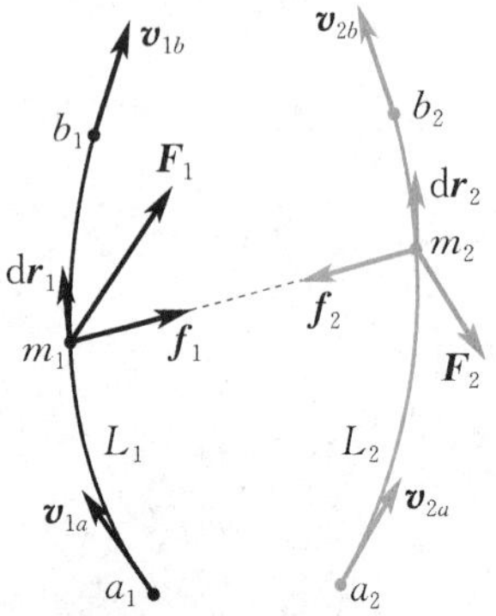

图 2.24 质点系的动能定理

现在考虑由两个有相互作用的质点组成的质点系的动能变化与它们所受的内力和外力做的功的关系.

如图 2.24 所示，以 m_1, m_2 分别表示两个质点的质量，以 $\boldsymbol{f}_1, \boldsymbol{f}_2$ 和 $\boldsymbol{F}_1, \boldsymbol{F}_2$ 表示它们所受的内力和外力，以 $\boldsymbol{v}_{1a}, \boldsymbol{v}_{2a}$ 和 $\boldsymbol{v}_{1b}, \boldsymbol{v}_{2b}$ 分别表示它们在起始状态和终止状态的速度. 由质点的动能定理有

$$\int_{L_{1(a_1b_1)}} \boldsymbol{F}_1\cdot\mathrm{d}\boldsymbol{r}_1 + \int_{L_{1(a_1b_1)}} \boldsymbol{f}_1\cdot\mathrm{d}\boldsymbol{r}_1 = \frac{1}{2}m_1v_{1b}^2 - \frac{1}{2}m_1v_{1a}^2,$$

$$\int_{L_{2(a_2b_2)}} \boldsymbol{F}_2\cdot\mathrm{d}\boldsymbol{r}_2 + \int_{L_{2(a_2b_2)}} \boldsymbol{f}_2\cdot\mathrm{d}\boldsymbol{r}_2 = \frac{1}{2}m_2v_{2b}^2 - \frac{1}{2}m_2v_{2a}^2.$$

两式相加,可得

$$\int_{L_{2(a_2b_2)}} \boldsymbol{F}_2 \cdot \mathrm{d}\boldsymbol{r}_2 + \int_{L_{1(a_1b_1)}} \boldsymbol{F}_1 \cdot \mathrm{d}\boldsymbol{r}_1 + \int_{L_{2(a_2b_2)}} \boldsymbol{f}_2 \cdot \mathrm{d}\boldsymbol{r}_2 + \int_{L_{1(a_1b_1)}} \boldsymbol{f}_1 \cdot \mathrm{d}\boldsymbol{r}_1$$
$$= \left(\frac{1}{2}m_2 v_{2b}^2 + \frac{1}{2}m_1 v_{1b}^2\right) - \left(\frac{1}{2}m_2 v_{2a}^2 + \frac{1}{2}m_1 v_{1a}^2\right).$$

上式中等号左侧前两项是外力对质点系所做的功之和,用 $A_{外}$ 表示,后两项是内力对质点系所做的功之和,用 $A_{内}$ 表示;等号右侧是质点系动能的增量,可写成 $E_{kb} - E_{ka} = \Delta E_k$. 于是就有

$$A_{外} + A_{内} = E_{kb} - E_{ka} = \Delta E_k. \qquad (2.3.10)$$

这就是**质点系的动能定理**,即**所有外力和内力对质点系所做的功之和等于质点系动能的增量**. 这一结论可以推广到任意多个质点组成的质点系. 与质点的动能定理一样,质点系的动能定理也只在惯性系中成立.

这里应该强调两点:一是质点系内力所做的功之和一般不为零. 例如,爆炸过程中弹片四向飞散,系统的动能增加,这是内力(火药的爆炸力)对各弹片做正功,把化学能转变为动能的结果. 因此内力的作用能改变系统的动能,而不能改变系统的动量. 二是作用在质点系上合外力的功一般不等于每个外力做功之和,合内力(为零)的功不等于每个内力做功之和. 因为对质点系而言,不同的力可能作用在不同的质点上,而不同的质点的运动路径不同.

2.3.3　保守力和势能

1. 几种力的功

1) 作用力与反作用力的功

在质点系的动能定理中,我们指出了质点系的动能变化与内力所做的功有关. 由于质点系的内力总是成对出现的,因此我们需要研究作用力与反作用力做功的特点和计算方法.

令 P_1,P_2 分别代表两个有相互作用的质点,它们相对于某一坐标系坐标原点 O 的位矢分别是 $\boldsymbol{r}_1$,$\boldsymbol{r}_2$(见图 2.25). 在某一段时间内,两者发生的元位移分别为 $\mathrm{d}\boldsymbol{r}_1$ 和 $\mathrm{d}\boldsymbol{r}_2$. 以 $\boldsymbol{f}_1$ 和 $\boldsymbol{f}_2$ 分别表示 P_1 和 P_2 之间的相互作用力. 在这一段时间内,$\boldsymbol{f}_1$ 和 $\boldsymbol{f}_2$ 所做的元功之和为

$$\mathrm{d}A = \boldsymbol{f}_1 \cdot \mathrm{d}\boldsymbol{r}_1 + \boldsymbol{f}_2 \cdot \mathrm{d}\boldsymbol{r}_2.$$

由于 $\boldsymbol{f}_1 = -\boldsymbol{f}_2$,有

$$\mathrm{d}A = \boldsymbol{f}_2 \cdot (\mathrm{d}\boldsymbol{r}_2 - \mathrm{d}\boldsymbol{r}_1) = \boldsymbol{f}_2 \cdot \mathrm{d}(\boldsymbol{r}_2 - \boldsymbol{r}_1).$$

又因为 $\boldsymbol{r}_2 - \boldsymbol{r}_1 = \boldsymbol{r}_{21}$ 是 P_2 相对于 P_1 的位矢,所以

$$\mathrm{d}A = \boldsymbol{f}_2 \cdot \mathrm{d}\boldsymbol{r}_{21},$$

式中 $\mathrm{d}\boldsymbol{r}_{21}$ 为 P_2 相对于 P_1 的元位移. 这一结果说明,两质点间的相

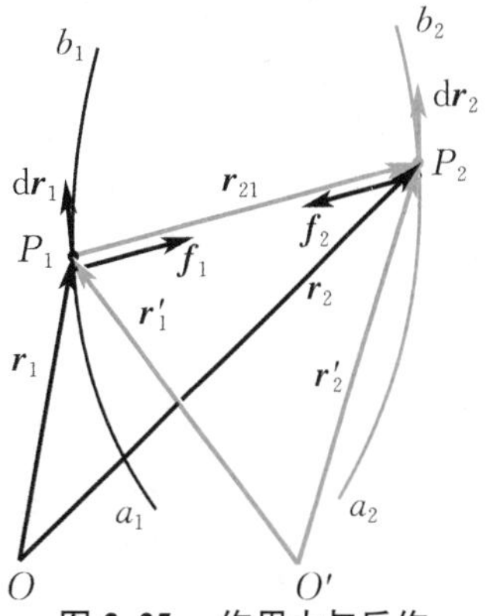

图 2.25　作用力与反作用力的功

互作用力所做的元功之和等于其中一个质点所受的力与此质点相对于另一个质点的元位移的标积.

如果我们把上述两个质点的初始位置状态(P_1 在 a_1 点,P_2 在 a_2 点)记为初位形 a,经过一段时间以后两者的位置状态(P_1 在 b_1 点,P_2 在 b_2 点)记为末位形 b,则它们从初位形 a 运动到末位形 b 时,它们之间的相互作用力做的总功为

$$A_{ab}=\int_a^b \mathrm{d}A=\int_a^b \boldsymbol{f}_2\cdot \mathrm{d}\boldsymbol{r}_{21}. \tag{2.3.11}$$

这一结果说明,两质点间的作用力与反作用力所做的功之和等于其中一个质点受的力沿着该质点相对于另一个质点移动的路径所做的功.这就是说,作用力与反作用力所做的功只取决于两质点间的相对路径,因而也就与确定两个质点的位置时所选的参考系无关(如图 2.25 中对以 O 和 O' 为坐标原点的两个参考系的相对路径是一样的).这是任意一对作用力和反作用力所做的功之和的重要特点.例如,摩擦生热就是一对滑动摩擦力做功的效果,把物体的机械能转变为物体的热能.动能减少,热能增加,温度升高,这是一个绝对事实,与参考系的选择无关.

2) 万有引力的功

两个质点的质量分别为 m_1 和 m_2,它们之间有万有引力,m_2 受 m_1 的作用力为

$$\boldsymbol{F}=-G\frac{m_1m_2}{r^3}\boldsymbol{r},$$

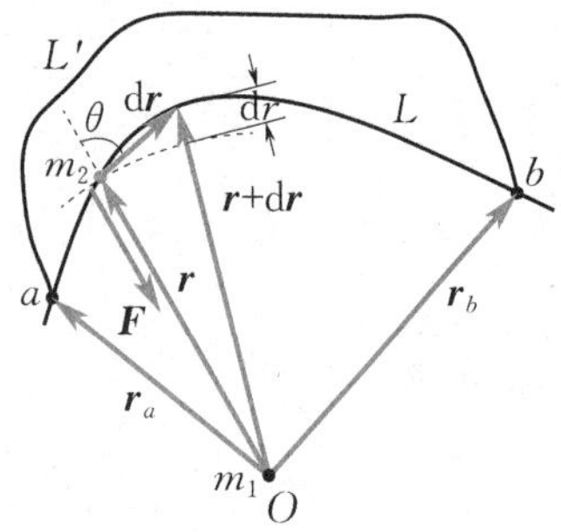

图 2.26　万有引力的功

式中 r 为两质点间的距离,$\boldsymbol{r}$ 为从 m_1 指向 m_2 的位矢(见图 2.26).这两个质点相对于某一参考系可能都在运动,由于这一对万有引力所做的功之和只取决于质点间的相对运动,取 m_1 的位置为坐标原点 O 来计算 m_2 受的万有引力所做的功.以 $\boldsymbol{r}_a$ 和 $\boldsymbol{r}_b$ 分别表示 m_2 相对于 m_1 的始末位矢.在 m_2 沿任意路径 L 由 a 点运动到 b 点的过程中,万有引力对 m_2 所做的功为

$$A_{ab}=\int_{L_{ab}}\mathrm{d}A=\int_{L_{ab}}\left(-G\frac{m_1m_2}{r^3}\boldsymbol{r}\right)\cdot \mathrm{d}\boldsymbol{r}.$$

由于 $\boldsymbol{r}\cdot \mathrm{d}\boldsymbol{r}=r|\mathrm{d}\boldsymbol{r}|\cos\theta=r\mathrm{d}r$,式中 $\mathrm{d}r$ 为发生位移 $\mathrm{d}\boldsymbol{r}$ 时 m_2 的位矢的大小的增量,上式又可写成

$$A_{ab}=-\int_{r_a}^{r_b}G\frac{m_1m_2}{r^2}\mathrm{d}r.$$

通过计算可得

$$\begin{aligned}A_{ab}&=-\int_{r_a}^{r_b}G\frac{m_1m_2}{r^2}\mathrm{d}r=Gm_1m_2\left(\frac{1}{r_b}-\frac{1}{r_a}\right)\\&=-\left[\left(-G\frac{m_1m_2}{r_b}\right)-\left(-G\frac{m_1m_2}{r_a}\right)\right].\end{aligned}\tag{2.3.12}$$

式(2.3.12)表明,一对万有引力所做的功只与 m_2 相对于 m_1 的始末位置有关,与质点 m_2 相对于 m_1 移动的具体路径无关(质点 m_2 沿图 2.26 中路径 L 和 L' 运动,万有引力对 m_2 所做的功 A_{ab} 相等),且可以表示为与相对始末位置有关的标量函数 $\left(E_p=-G\dfrac{m_1m_2}{r}\right)$ 增量的负值.

3) 重力的功

重力的功也是作用力与反作用力的功(地球与地面附近物体之间的引力的功),与参考系无关.选择地面为参考系,并取地面为 Oxy 平面、竖直轴为 z 轴的直角坐标系,如图 2.27 所示.在地面附近的质量为 m 的质点沿任意路径 L 由 a 点运动到 b 点的过程中,重力 $\boldsymbol{F}=m\boldsymbol{g}=-mg\boldsymbol{k}$ 对质点所做的功为

$$A_{ab}=\int_{L_{ab}}\boldsymbol{F}\cdot\mathrm{d}\boldsymbol{r}=\int_{L_{ab}}(-mg\boldsymbol{k})\cdot(\mathrm{d}x\boldsymbol{i}+\mathrm{d}y\boldsymbol{j}+\mathrm{d}z\boldsymbol{k}).$$

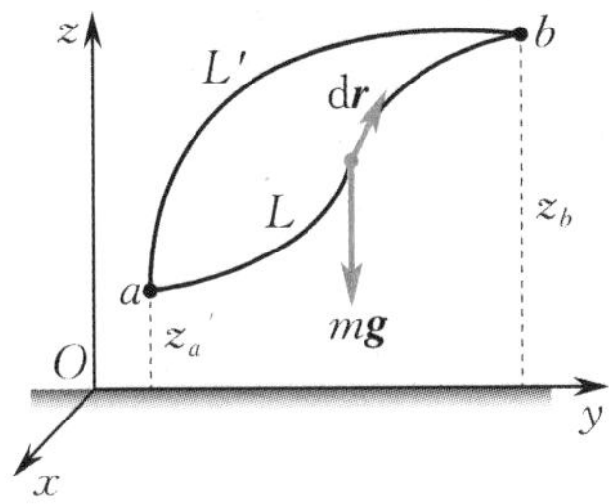

图 2.27　重力的功

通过计算可得

$$A_{ab}=-\int_{z_a}^{z_b}mg\,\mathrm{d}z=-mgz\Big|_{z_a}^{z_b}=-(mgz_b-mgz_a).\qquad(2.3.13)$$

式(2.3.13)表明,重力做功也只与质点相对于地面的始末位置有关,而与具体路径无关,也可以表示为与相对始末位置有关的标量函数($E_p=mgz$)增量的负值.

4) 弹簧弹性力的功

弹簧弹性力的功仍然是作用力与反作用力的功(弹簧与小球之间的一对相互作用力).设质量为 m 的质点被一轻弹簧牵引,弹簧另一端固定.如图 2.28 所示,以弹簧原长时质点所在的平衡位置为坐标原点,水平向右为 x 轴正方向,根据胡克定律,在弹性限度内,质点位于 x 处时受到的弹性力为

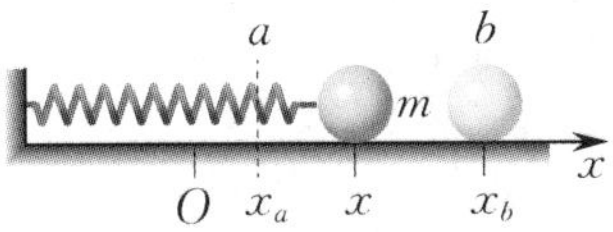

图 2.28　弹性力的功

$$F=-kx,$$

式中 k 为弹簧的劲度系数.在质点从 a 点运动到 b 点的过程中,弹性力做的功为

$$A_{ab}=\int_{x_a}^{x_b}(-kx)\mathrm{d}x=-\int_{x_a}^{x_b}kx\,\mathrm{d}x=-\left(\frac{1}{2}kx_b^2-\frac{1}{2}kx_a^2\right).\qquad(2.3.14)$$

可见,弹性力做的功只与质点相对于弹簧原长的相对始末位置有关,与质点运动的具体路径(来回几趟)无关.也就是说,弹性力的功只取决于弹簧的始末伸长量,而与伸长的具体过程无关,也可以表示为与相对始末位置有关的标量函数 $\left(E_p=\dfrac{1}{2}kx^2\right)$ 增量的负值.

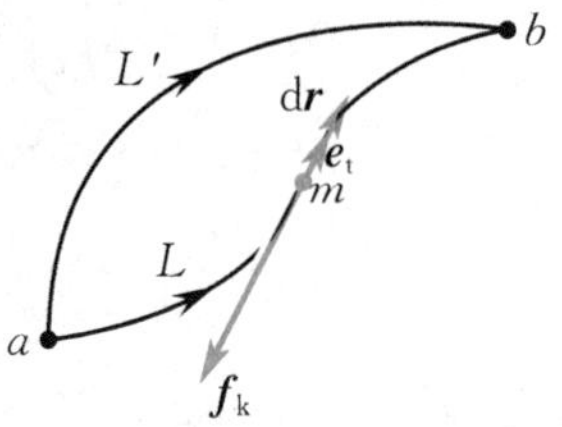

图 2.29　摩擦力的功

5) 摩擦力的功

设一质量为 m 的质点在粗糙的水平面上由 a 点运动到 b 点,如图 2.29 所示,其滑动摩擦力 $\boldsymbol{f}_k$(设其大小 f_k 为常数)与质点的相对运动方向相反,可表示为

$$\boldsymbol{f}_k = -f_k \boldsymbol{e}_t,$$

式中 $\boldsymbol{e}_t$ 为质点运动轨迹的切向单位矢量. 在质点沿任意路径 L 由 a 点运动到 b 点的过程中,摩擦力所做的功为

$$A_{ab} = \int_{L_{ab}} \boldsymbol{f}_k \cdot \mathrm{d}\boldsymbol{r} = \int_{L_{ab}} (-f_k \boldsymbol{e}_t) \cdot \mathrm{d}\boldsymbol{r}.$$

由于 $\boldsymbol{e}_t \cdot \mathrm{d}\boldsymbol{r} = \mathrm{d}s$ 为质点在无限小时间 $\mathrm{d}t$ 内所走的路程,上式转化为对路程的积分,有

$$A_{ab} = -\int_{L_{ab}} f_k \mathrm{d}s = -f_k s_{ab},$$

式中 s_{ab} 是质点沿路径 L 由 a 点运动到 b 点其曲线路径的长度. 显然,从 a 点到 b 点沿不同的路径(如图 2.29 所示的路径 L') 摩擦力做的功就不同. 摩擦力做的功不但与始末位置有关,而且与质点所经过的路径有关.

2. 保守力与非保守力

上述几种力做功的计算结果表明,有一类力做的功只与始末相对位置有关,而与所经过的具体路径无关(如万有引力、重力、弹性力);另一类力做的功除与始末相对位置有关外,还与质点所经过的路径有关(如摩擦力). 如果一对相互作用力做的功仅由相互作用的质点的始末相对位置决定,而与具体的路径无关,则这样的一对力就叫作**保守力**. 由于在计算一对力的功时,常常选一个质点所在的位置为坐标原点,这样一对力的功就表现为一个力的功,因此在上述保守力定义中的一对力也常常说成是“一个力”. 反之,如果一对相互作用力做功不仅与相互作用的质点的始末相对位置有关,还与具体路径有关,则这样的一对力就叫作**非保守力**.

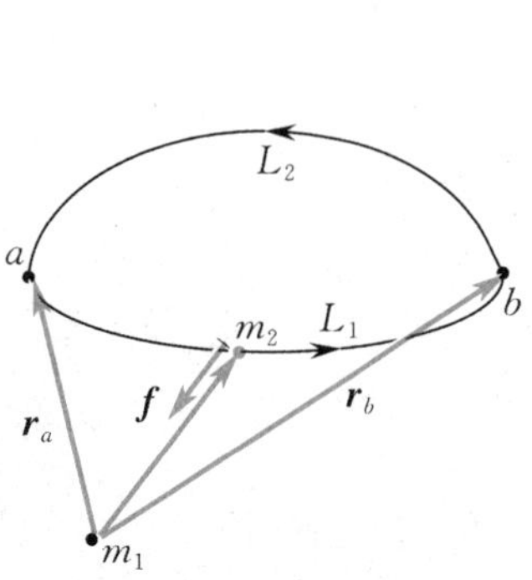

图 2.30　保守力的定义

保守力也可以用另一种方式来定义:一个质点相对于另一个质点沿闭合路径移动一周时,它们之间的保守力做的功必然是零. 如图 2.30 所示,以 m_1 所在位置为坐标原点,m_2 从 a 点沿任一路径 L_1 运动到 b 点,然后再沿另一路径 L_2 回到 a 点,在此闭合路径中,力 $\boldsymbol{f}$ 所做的功为

$$\oint_L \boldsymbol{f} \cdot \mathrm{d}\boldsymbol{r} = \int_{L_{1(ab)}} \boldsymbol{f} \cdot \mathrm{d}\boldsymbol{r} + \int_{L_{2(ba)}} \boldsymbol{f} \cdot \mathrm{d}\boldsymbol{r} = \int_{L_{1(ab)}} \boldsymbol{f} \cdot \mathrm{d}\boldsymbol{r} - \int_{L_{2(ab)}} \boldsymbol{f} \cdot \mathrm{d}\boldsymbol{r},$$

其中最后一项积分为 m_2 由 a 点沿路径 L_2 运动到 b 点时 $\boldsymbol{f}$ 所做的功. 由于 $\boldsymbol{f}$ 所做的功与路径无关,上式中最后两个积分大小相等,其差值应为零. 因此对保守力就一定有

$$\oint_L \boldsymbol{f} \cdot \mathrm{d}\boldsymbol{r} = 0, \tag{2.3.15}$$

式中 $\oint_L$ 表示沿闭合路径一周进行的线积分，称为力的环流. 保守力的这一定义和力做功与路径无关的定义是完全等价的. 这样式(2.3.15)就成了力是不是保守力的判别式，即如果力的环流为零，则该力是保守力；否则，该力是非保守力.

3. 势能

势能和机械能守恒定律

由于两个质点间的保守力做的功与路径无关，而仅与质点的始末相对位置有关，或者一般地说，取决于系统的始末位形. 这说明两个质点在一对保守内力的作用下，处在一定相对位形时就具有一定的能量——势能，在相对位形改变时，势能的减少就定义为这一对保守力所做的功. 势能称为两个质点的**相互作用势能**(也叫作**位能**)，它描述在一对保守力的作用下，系统由于相对位形变化而具有的对外做功的本领.

如果以 E_{p} 表示势能，并以 $E_{\mathrm{p}a}$ 和 $E_{\mathrm{p}b}$ 分别表示系统处在位形 a 和位形 b 的势能，则它们和保守力做的功的关系可表示为

$$A_{保ab} = \int_a^b \boldsymbol{F}_{保守力} \cdot \mathrm{d}\boldsymbol{r} = -(E_{\mathrm{p}b} - E_{\mathrm{p}a}) = -\Delta E_{\mathrm{p}}. \tag{2.3.16}$$

式(2.3.16)也可改写为

$$\Delta E_{\mathrm{p}} = E_{\mathrm{p}b} - E_{\mathrm{p}a} = -\int_a^b \boldsymbol{F}_{保守力} \cdot \mathrm{d}\boldsymbol{r}. \tag{2.3.17}$$

式(2.3.17)说明，**系统势能的增量等于相应的保守力做功的负值**. 势能的定义虽然是从两质点系统引入的，它显然也适用于任意的多质点系统，只要这些质点间的内力是保守力.

应该指出，式(2.3.17)只给出了势能差. 要确定系统在任意给定位形时的势能值，就必须选定某一位形作为参考位形，而规定此参考位形的势能为零. 通常把这一参考位形叫作**势能零点**. 在式(2.3.17)中，如果我们取位形 b 为势能零点，即规定 $E_{\mathrm{p}b} = 0$，则任意位形 a 的势能就为

$$E_{\mathrm{p}a} = A_{保ab} = \int_{a(路径任意)}^{b(势能零点)} \boldsymbol{F}_{保守力} \cdot \mathrm{d}\boldsymbol{r}. \tag{2.3.18}$$

这一公式说明，**系统在任意位形时的势能等于它从此位形运动至势能零点时一对保守力所做的功**. 根据前面所述的作用力与反作用力做功的特点可知，作用力与反作用力所做的功与参考系的选择无关，故**一个系统的势能和描述这个系统运动所用的参考系是无关的**.

势能零点可以根据问题的需要任意选择，以方便计算和比较为原则. 很明显，对于不同的势能零点，系统在某一位形时的势能

是不同的. 这就是说,某一位形时的势能总是相对于选定的势能零点来说的.

从式(2.3.12)可知,两个质点 m_1 和 m_2 之间的一对万有引力做的功可表示为

$$A_{保ab}=-\left[\left(-G\frac{m_1m_2}{r_b}\right)-\left(-G\frac{m_1m_2}{r_a}\right)\right]=-(E_{pb}-E_{pa}).$$

于是我们可以引入万有引力势能,通常选两个质点 m_1 和 m_2 相距无限远时无限远处为万有引力势能零点,即 $r_b\to\infty$,$E_{p\infty}=0$,则 $E_{pb}=0$,去掉另一项的下标 a,就得到两个质点在任意相对位置为 r 处的万有引力势能(m_1 和 m_2 组成的系统共有的)为

$$E_p=-G\frac{m_1m_2}{r}. \tag{2.3.19}$$

从式(2.3.13)可知,地球和质点 m 之间的一对重力做的功可表示为

$$A_{保ab}=-(mgz_b-mgz_a)=-(E_{pb}-E_{pa}).$$

于是我们可以引入重力势能,通常选地面为重力势能零点,即 $z_b=0$,$E_{pb}=0$,去掉另一项的下标 a,可得质点 m 在相对于地面距离为 z 处的重力势能(地球和质点 m 组成的系统共有的)为

$$E_p=mgz. \tag{2.3.20}$$

从式(2.3.14)可知,弹簧和质点 m 之间的一对弹性力做的功可表示为

$$A_{保ab}=-\left(\frac{1}{2}kx_b^2-\frac{1}{2}kx_a^2\right)=-(E_{pb}-E_{pa}).$$

于是我们可以引入弹性势能,通常选弹簧原长处为势能零点,即 $x_b=0$,$E_{pb}=0$,去掉另一项的下标 a,可得质点 m 相对于弹簧原长为 x 处的弹性势能(弹簧和质点 m 组成的系统共有的)为

$$E_p=\frac{1}{2}kx^2. \tag{2.3.21}$$

必须注意的是,式(2.3.19),(2.3.20)和(2.3.21)在上述规定的势能零点的情况下才是正确的,但系统处在某两个相对位置的势能差却是一定的,与势能零点的选择无关.

此外,式(2.3.19),(2.3.20)和(2.3.21)也可依式(2.3.18)求得. 例如,对万有引力势能,选 $r_b\to\infty$,$E_{p\infty}=0$ 时,质点 m_2 相对于 m_1 在任意位置 r 处的万有引力势能为

$$E_p(r)=\int_{r(路径任意)}^{\infty}\boldsymbol{F}_{保守力}\cdot \mathrm{d}\boldsymbol{r}=-\int_r^{\infty}G\frac{m_1m_2}{r^2}\mathrm{d}r=G\frac{m_1m_2}{r}\bigg|_r^{\infty}$$
$$=-G\frac{m_1m_2}{r}.$$

如果 $m_1=M$ 为地球,$m_2=m$ 是距离地心为 r 处的物体,在选

$r \to \infty, E_{p\infty} = 0$ 时，地球与物体这一个系统的万有引力势能为

$$E_p(r) = -G\frac{Mm}{r}.$$

如果以物体在地球表面时为势能零点，即 $r = R$（地球的半径）时，$E_{pR} = 0$，则地球与离地心为 r 处的物体这一个系统的万有引力势能为

$$\begin{aligned} E_p(r) &= \int_{r(\text{路径任意})}^{R} \boldsymbol{F}_{\text{保守力}} \cdot \mathrm{d}\boldsymbol{r} = -\int_r^R G\frac{Mm}{r^2}\mathrm{d}r = G\frac{Mm}{r}\Big|_r^R \\ &= G\frac{Mm}{R} - G\frac{Mm}{r}. \end{aligned}$$

可见，在两种不同势能零点的选择下，势能是相对的.

物体在地面以上的高度为 h 时，$r = R + h$，这时

$$E_p(h) = G\frac{Mm}{R} - G\frac{Mm}{R+h} = \frac{GMmh}{R(R+h)}.$$

如果 $h \ll R$，则 $R(R+h) \approx R^2$，因而有

$$E_p(h) = m\frac{GM}{R^2}h.$$

由于物体在地面附近，重力加速度 $g = \frac{GM}{R^2}$（见式(2.1.10)），最后得到

$$E_p(h) = mgh.$$

这正是大家熟知的重力势能的公式.

4. 保守力与势能的关系

式(2.3.18)给出了势能和保守力的积分关系，使我们能从保守力求出系统的势能；反过来，我们从势能函数也能求出相应的保守力，得到势能和保守力的微分关系.

利用式(2.3.17)，在直角坐标系中，对于一个无限小的过程，有

$$\mathrm{d}E_p = -\boldsymbol{F} \cdot \mathrm{d}\boldsymbol{r} = -(F_x\mathrm{d}x + F_y\mathrm{d}y + F_z\mathrm{d}z).$$

一般情况下，势能函数 E_p 是位置坐标 (x, y, z) 的多元函数，其全微分为

$$\mathrm{d}E_p = \frac{\partial E_p}{\partial x}\mathrm{d}x + \frac{\partial E_p}{\partial y}\mathrm{d}y + \frac{\partial E_p}{\partial z}\mathrm{d}z.$$

由上面两式可得

$$F_x = -\frac{\partial E_p}{\partial x}, \quad F_y = -\frac{\partial E_p}{\partial y}, \quad F_z = -\frac{\partial E_p}{\partial z},$$

式中的导数分别是 E_p 对 x, y 和 z 的偏导数. 这样保守力与对应势能的关系在直角坐标系下可以写成

$$\boldsymbol{F} = -\left(\frac{\partial E_p}{\partial x}\boldsymbol{i} + \frac{\partial E_p}{\partial y}\boldsymbol{j} + \frac{\partial E_p}{\partial z}\boldsymbol{k}\right) = -\left(\frac{\partial}{\partial x}\boldsymbol{i} + \frac{\partial}{\partial y}\boldsymbol{j} + \frac{\partial}{\partial z}\boldsymbol{k}\right)E_p. \tag{2.3.22}$$

式(2.3.22)表明,保守力沿某一给定方向的分量等于与此保守力相应的势能函数沿该方向的空间变化率(经过单位距离的变化)的负值.在场论中,一个标量函数的空间变化率称为该函数的梯度,所以势能函数的梯度记作 $\mathrm{grad}E_{\mathrm{p}}=\nabla E_{\mathrm{p}}$,在直角坐标系中,

$$\mathrm{grad}E_{\mathrm{p}}=\nabla E_{\mathrm{p}}=\frac{\partial E_{\mathrm{p}}}{\partial x}\boldsymbol{i}+\frac{\partial E_{\mathrm{p}}}{\partial x}\boldsymbol{j}+\frac{\partial E_{\mathrm{p}}}{\partial x}\boldsymbol{k}.$$

式(2.3.22)可以写成

$$\boldsymbol{F}=-\mathrm{grad}E_{\mathrm{p}}=-\nabla E_{\mathrm{p}}. \tag{2.3.23}$$

这就是保守力与对应势能的微分关系.

对于最简单的一维情形,则有

$$F=-\frac{\mathrm{d}E_{\mathrm{p}}}{\mathrm{d}x}, \tag{2.3.24}$$

即保守力等于势能的一阶导数的负值.可以用弹性势能公式验证式(2.3.24),有

$$F=-\frac{\mathrm{d}}{\mathrm{d}x}\left(\frac{1}{2}kx^2\right)=-kx.$$

这正是关于弹簧弹性力的胡克定律.

5. 势能曲线

势能随物体间相对位置变化的曲线,称为势能曲线.图 2.31(a),(b),(c) 分别给出了万有引力势能、重力势能及弹性势能的势能曲线.

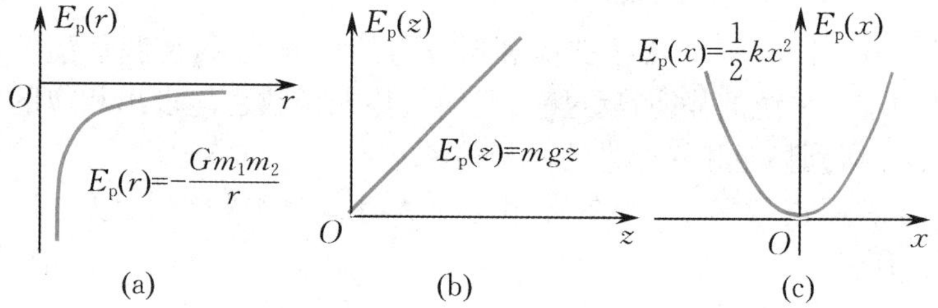

图 2.31 势能曲线

(1) 由势能曲线可以求出系统的保守力.由式(2.3.24)可知,势能曲线在某点处斜率的负值即为系统在相应相对位置的保守力.

(2) 由势能曲线可以求出物体平衡位置及判断平衡的稳定性.所谓平衡位置,就是两个质点间的相互作用力为零的相对位置.当两个质点相对静止在这些位置上时,它们可继续保持相对静止状态.

在一维情形下,平衡位置可由 $\frac{\mathrm{d}E_{\mathrm{p}}}{\mathrm{d}x}=0$ 求得.在势能曲线上,就是切线斜率为零的位置.势能曲线上每一个极小值点(势能"谷"或势阱的底部,如图 2.32 中 x_1 和 x_3 处),都是稳定的平衡位置.每当质点偏离了稳定的平衡位置时,都会受到指向平衡位置的力,即质

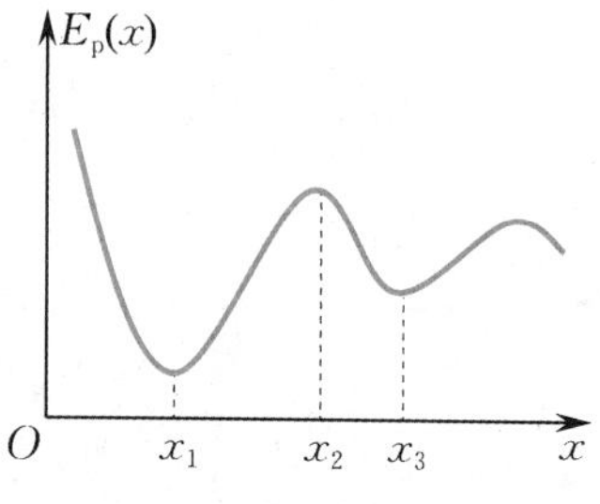

图 2.32 一维势能曲线

点可以围绕这些平衡位置做微小的振动；反之，势能曲线上每一个极大值点(势能“峰”的顶部，如图 2.32 中 x_2 处)，都是不稳定的平衡位置，一旦质点偏离了不稳定的平衡位置，质点就会远离该平衡位置. 因此，势能曲线还形象地表示出了系统的稳定性.

2.3.4　功能原理

引入保守力的概念以后，质点系的内力可以分为保守内力和非保守内力两类. 于是质点系的动能定理(式(2.3.10))可写成

$$A_{外} + A_{内非} + A_{内保} = E_{kb} - E_{ka} = \Delta E_k.$$

又由于保守内力的功与系统势能相关，即 $A_{内保} = -\Delta E_p$，因此

$$A_{外} + A_{内非} = (E_{kb} + E_{pb}) - (E_{ka} + E_{pa}) = \Delta(E_k + E_p). \tag{2.3.25}$$

我们把质点系的动能和势能之和统称为质点系的机械能，即

$$E = E_p + E_k. \tag{2.3.26}$$

若以 E_a 和 E_b 分别表示质点系的初机械能和末机械能，那么，式(2.3.25) 可写成

$$A_{外} + A_{内非} = E_b - E_a. \tag{2.3.27}$$

这就是质点系的功能原理. 它表明，质点系在运动过程中，它所受外力与非保守内力做的功的代数和等于系统机械能的增量.

质点系的功能原理和动能定理的物理本质是一致的，它们的区别在于功能原理将保守内力做的功表示为相应势能增量的负值，而只有外力和非保守内力才会改变系统的机械能. 这样的形式便于讨论机械能与其他形式的能量的相互转化问题.

2.3.5　机械能守恒定律与能量守恒定律

由功能原理可知，当 $A_{外} = 0$，$A_{内非} = 0$，即只有保守内力做功时，可得

$$E_b = E_a = 常量. \tag{2.3.28}$$

这就是说，如果一个质点系内只有保守内力做功，则质点系的机械能保持不变. 这一结论叫作机械能守恒定律. 它告诉我们，质点系内的动能和势能之间的转换是通过质点系的保守内力做功来实现的. 在经典力学中，它是牛顿运动定律的一个推论，因此也只适用于惯性系.

当外力或非保守内力做功时，系统的机械能将发生变化；而一个不受外界作用的系统(封闭系统)，外力做的功为零，但非保守内力做的功也可以使系统的机械能发生变化. 例如，地雷爆炸增加了系统的机械能，汽车制动减少了系统的机械能. 我们对更广泛的物理现象可以引入更广泛的能量概念，例如，电磁现象中引入电磁

能,热现象中引入内能,化学反应中引入对应的化学能以及原子内部的变化引入对应的原子核能等.外力或非保守内力做功使系统的机械能发生变化实际上是其他形式的能量与机械能之间发生了转化.大量实验表明,能量既不能被消灭,也不能被创生,它只能从一种形式转化为另一种形式或从一个物体传递给其他物体.这就是普遍的能量守恒定律.它是自然界的一条最基本的定律,其意义远远超出了机械能守恒定律的范围.机械能守恒定律只是这条定律在力学领域中的一个特例.

例 2.3.2 分别利用动能定理和机械能守恒定律求解例 2.1.1.

解 (1) 利用动能定理求解.如图 2.33(a) 所示,小球从 a 点落到 b 点的过程中,合外力 $\boldsymbol{T}+m\boldsymbol{g}$ 对小球做的功为

$$A_{ab}=\int_a^b(\boldsymbol{T}+m\boldsymbol{g})\cdot\mathrm{d}\boldsymbol{r}=\int_a^b m\boldsymbol{g}\cdot\mathrm{d}\boldsymbol{r}=\int_a^b mg\,|\mathrm{d}\boldsymbol{r}|\cos\alpha.$$

由于 $|\mathrm{d}\boldsymbol{r}|=l\mathrm{d}\alpha$,因此

$$A_{ab}=\int_0^\theta mgl\cos\alpha\mathrm{d}\alpha=mgl\sin\theta.$$

对小球应用动能定理.由于 $v_a=0, v_b=v$,故有

$$mgl\sin\theta=\frac{1}{2}mv^2-0.$$

由此可得

$$v=\sqrt{2gl\sin\theta}.$$

与例 2.1.1 得出的结果相同.

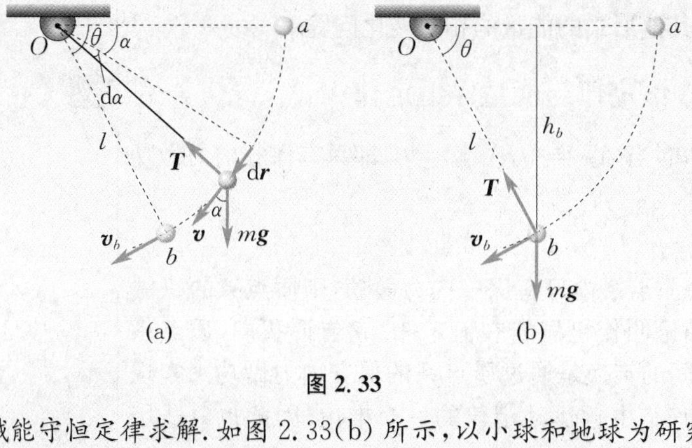

图 2.33

(2) 利用机械能守恒定律求解.如图 2.33(b) 所示,以小球和地球为研究系统.以线的悬点 O 所在的高度为重力势能零点,并选择地面作为参考系来描述小球的运动.在小球下落的过程中,绳拉小球的外力 $\boldsymbol{T}$ 总垂直于小球的速度 $\boldsymbol{v}$,所以此外力不做功.因此,对所讨论的系统来说,只有保守力——重力做功,系统的机械能守恒.

系统的初机械能为

$$E_a=mgh_a+\frac{1}{2}mv_a^2,$$

由于 $v_a=0$，$mgh_a=0$，故 $E_a=0$. 线下摆至与水平方向夹角为 θ 时系统的机械能为

$$E_b=-mgh_b+\frac{1}{2}mv_b^2.$$

由于 $h_b=l\sin\theta$，$v_b=v$，因此

$$E_b=-mgl\sin\theta+\frac{1}{2}mv^2.$$

由此可得

$$v=\sqrt{2gl\sin\theta}.$$

与前面得出的结果相同.

2.3.6　两体碰撞

当两个物体在运动中相互接近时，在较短的时间内通过相互作用使运动状态发生了显著的变化，这一现象称为碰撞. 在宏观领域内，碰撞意味着两个物体的直接接触. 这种碰撞的特点是，相碰的物体在接触前和分离后没有相互作用，接触的时间很短，接触时的相互作用非常强烈. 因此，在接触的过程中可以忽略外力的作用，认为两个物体的总动量是守恒的. 对于微观粒子的碰撞，如电子与原子、质子与原子的碰撞，并不是真正粒子间的“接触”，而是两个粒子接近时发生短暂的电磁力或核力的相互作用，然后偏离原来的运动方向的运动过程（常称之为散射）. 人们利用粒子的碰撞来研究微观粒子的内部结构和基本粒子间的相互作用，这是物理学中重要的研究方法. 本节主要讨论两个球体的碰撞问题.

1. 碰撞过程

碰撞过程可以分为两个阶段：

（1）压缩阶段. 两个小球相互接近，接触后相互压缩，它们的速度都发生改变，当两个小球压缩程度最大时，它们的速度相同. 这时两个小球的部分动能转变为弹性形变势能、永久形变能和分子热运动能（见图 2.34）.

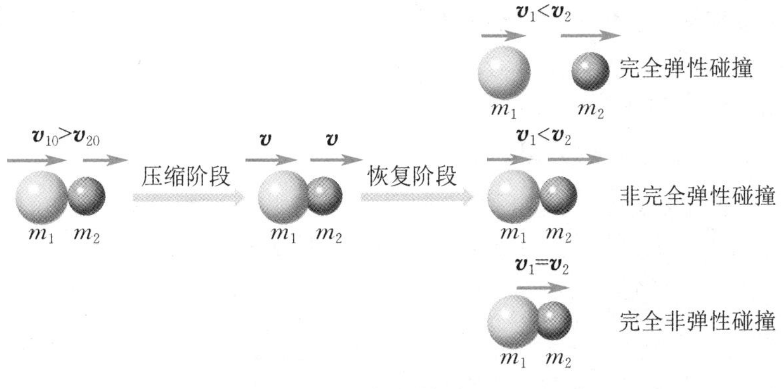

图 2.34　两球的碰撞过程

(2) 恢复阶段.两个小球在弹性力的作用下,速度变得不同而分开.在这一过程中两个小球的弹性形变势能转变为动能,但永久形变能和分子热运动能则不能再转变为动能.这样机械能的一部分转变为非机械能.

2. 恢复系数

研究碰撞的理想模型是两个匀质小球的**对心碰撞**或**正碰**,即碰撞前后两个小球的速度都沿着它们质心的连线.下面具体讨论两个小球沿水平方向运动而发生正碰的情况.设两个小球的质量分别为 m_1, m_2,碰撞前的速度分别为 $\boldsymbol{v}_{10}, \boldsymbol{v}_{20}$,碰撞后的速度分别为 $\boldsymbol{v}_1, \boldsymbol{v}_2$(见图 2.35).应用动量守恒定律,得

$$m_1 \boldsymbol{v}_{10} + m_2 \boldsymbol{v}_{20} = m_1 \boldsymbol{v}_1 + m_2 \boldsymbol{v}_2.$$

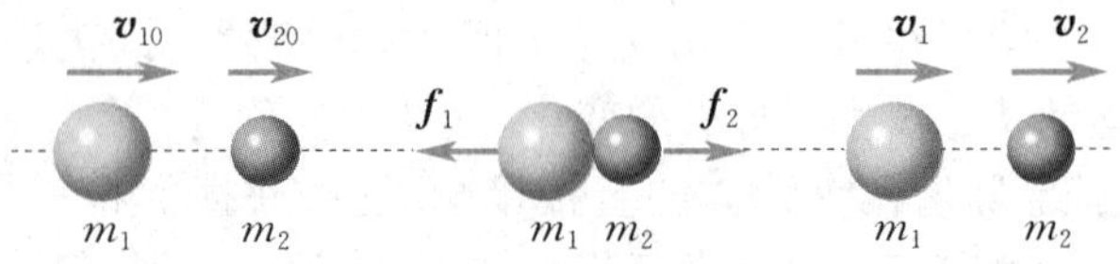

图 2.35　两球的对心碰撞

由于碰撞前后的速度都在同一条直线上,则有

$$m_1 v_{10} + m_2 v_{20} = m_1 v_1 + m_2 v_2. \tag{2.3.29}$$

牛顿从实验中总结出,碰撞后两个小球的分离速度 $v_2 - v_1$,与碰撞前两个小球的接近速度 $v_{10} - v_{20}$ 成正比,比值由两个小球的材料性质决定,即

$$e = \frac{v_2 - v_1}{v_{10} - v_{20}}. \tag{2.3.30}$$

式(2.3.30)称为牛顿规则,e 称为**恢复系数**. e 的大小一般由球体的材料决定,其值可用实验方法测定.

若恢复阶段结束时两个小球有热损失,或保留了部分形变,使总动能减少,即 $0 < e < 1$,则称之为**非完全弹性碰撞**;若两个小球形变完全消失而分开,热损失也可不计,两个小球的总动能保持不变,分离速度等于接近速度,即 $e = 1$,则称之为**完全弹性碰撞**,简称**弹性碰撞**,这是一种理想的情形;若全部形变都成为永久形变,两球碰撞后以同一速度($v_2 = v_1$)运动,不再分离,即 $e = 0$,则称之为**完全非弹性碰撞**.

3. 非完全弹性碰撞

两个小球做非完全弹性碰撞时,$0 < e < 1$,由式(2.3.29)和(2.3.30)联立求解,可得两个小球碰撞后的速度分别为

$$\begin{cases} v_1 = v_{10} - m_2 \dfrac{(1+e)(v_{10} - v_{20})}{m_1 + m_2}, \\ v_2 = v_{20} + m_1 \dfrac{(1+e)(v_{10} - v_{20})}{m_1 + m_2}. \end{cases} \tag{2.3.31}$$

由于碰撞过程中产生的形变不能完全消失，两个小球的动能会损失一部分，转化为永久形变能和分子热运动动能等. 在一个具体的碰撞问题中动能损失的多少与两个小球的质量、碰撞前的接近速度以及两个小球的材料(恢复系数) 等因素有关. 在一般情况下，由式(2.3.31) 计算可得，发生非完全弹性碰撞后，两个小球损失的动能为

$$\begin{aligned}\Delta E_{\mathrm{k}} &= \left(\frac{1}{2}m_1 v_{10}^2 + \frac{1}{2}m_2 v_{20}^2\right) - \left(\frac{1}{2}m_1 v_1^2 + \frac{1}{2}m_2 v_2^2\right) \\ &= \frac{1}{2}(1-e^2)\frac{m_1 m_2}{m_1+m_2}(v_{10}-v_{20})^2.\end{aligned} \tag{2.3.32}$$

式(2.3.32) 给出了球体正碰过程中的动能损失的一般结果.

4. 完全弹性碰撞

两个小球做完全弹性碰撞时，$e=1$，代入式(2.3.31)，得

$$\begin{cases} v_1 = \dfrac{(m_1-m_2)v_{10}+2m_2 v_{20}}{m_1+m_2}, \\ v_2 = \dfrac{(m_2-m_1)v_{20}+2m_1 v_{10}}{m_1+m_2}. \end{cases} \tag{2.3.33}$$

发生完全弹性碰撞后，两个小球损失的动能为

$$\Delta E_{\mathrm{k}} = \left(\frac{1}{2}m_1 v_1^2 + \frac{1}{2}m_2 v_2^2\right) - \left(\frac{1}{2}m_1 v_{10}^2 + \frac{1}{2}m_2 v_{20}^2\right) = 0,$$

即在完全弹性碰撞时，两个小球的总动量和总动能都守恒，且

$$v_2 - v_1 = v_{10} - v_{20}.$$

此外，还有两种特殊情况：

(1) 当两个小球质量相等，即 $m_1 = m_2$ 时，代入式(2.3.33)，得 $v_1 = v_{20}$，$v_2 = v_{10}$. 这时，两个小球经过碰撞后将交换彼此的速度. 例如，如果第二个小球碰撞前静止，则当第一个小球与它相撞时，第一个小球就静止，并把速度传递给第二个小球.

在原子核反应堆中，为使快中子变为慢中子，常使用与中子质量相近的氘或石墨作为减速剂，就是考虑到中子和这些轻原子核碰撞时彼此交换速度易于减速的缘故.

(2) 设 $m_1 \neq m_2$，质量为 m_2 的物体碰撞前静止不动，即 $v_{20}=0$. 由式(2.3.33) 可得

$$\begin{cases} v_1 = \dfrac{(m_1-m_2)v_{10}}{m_1+m_2}, \\ v_2 = \dfrac{2m_1 v_{10}}{m_1+m_2}. \end{cases}$$

如果 $m_2 \gg m_1$，那么

$$\frac{m_1-m_2}{m_1+m_2} \approx -1, \quad \frac{2m_1}{m_1+m_2} \approx 0,$$

则可得

$$v_1 \approx -v_{10}, \quad v_2 \approx 0,$$

即质量极大并且静止的物体,经碰撞后,几乎不动,而质量极小的物体,将以同样的速率反弹回去.例如,皮球与地面的碰撞,气体分子与容器壁垂直的碰撞.

5. 完全非弹性碰撞

两个小球做完全非弹性碰撞时,$e=0$,由式(2.3.31)得

$$v_1 = v_2 = \frac{m_1 v_{10} + m_2 v_{20}}{m_1 + m_2}. \tag{2.3.34}$$

利用式(2.3.32)可求出动能的损失为

$$\Delta E_k = \left(\frac{1}{2}m_1 v_{10}^2 + \frac{1}{2}m_2 v_{20}^2\right) - \left(\frac{1}{2}m_1 v_1^2 + \frac{1}{2}m_2 v_2^2\right)$$

$$= \frac{1}{2}\frac{m_1 m_2}{m_1 + m_2}(v_{10} - v_{20})^2. \tag{2.3.35}$$

2.4 角动量和角动量守恒定律

角动量和角动量守恒定律

转动是物体机械运动的一种普遍的形式.自然界经常会遇到质点围绕着一个中心而运动的情况,如地球绕太阳的公转,人造卫星绕地球的运动,原子中电子围绕原子核的运动等.对于这种质点绕某一中心的运动,用角动量(也称为动量矩)来描述质点的运动状态,物理意义更明确简洁,更有利于揭示这类运动的本质规律.

2.4.1 角动量和力矩

1. 质点的角动量

一个动量为 $\boldsymbol{p}=m\boldsymbol{v}$ 的质点,任意时刻对某参考点 O 的角动量 $\boldsymbol{L}$ 定义为

$$\boldsymbol{L} = \boldsymbol{r} \times \boldsymbol{p} = \boldsymbol{r} \times m\boldsymbol{v}, \tag{2.4.1}$$

式中 $\boldsymbol{r}$ 为质点相对于参考点 O 的位矢(见图2.36).根据矢积的定义可知,角动量 $\boldsymbol{L}$ 的大小为

$$L = rp\sin\varphi = rmv\sin\varphi = rp_{\perp} = r_{\perp}p, \tag{2.4.2}$$

式中 $p_{\perp}=p\sin\varphi$ 是 $\boldsymbol{p}$ 在垂直于 $\boldsymbol{r}$ 方向上的分量的大小;$r_{\perp}=r\sin\varphi$ 是 $\boldsymbol{r}$ 在垂直于 $\boldsymbol{p}$ 方向上的分量的大小.

$\boldsymbol{L}$ 的方向垂直于 $\boldsymbol{r}$ 和 $\boldsymbol{p}$ 所组成的平面,其指向由右手螺旋定则确定:当右手四指由 $\boldsymbol{r}$ 的方向经小于180°的角转向 $\boldsymbol{p}$ 的方向时,大拇指的指向为 $\boldsymbol{L}$ 的方向.

在国际单位制中,角动量的单位是千克二次方米每秒($\mathrm{kg\cdot m^2/s}$).

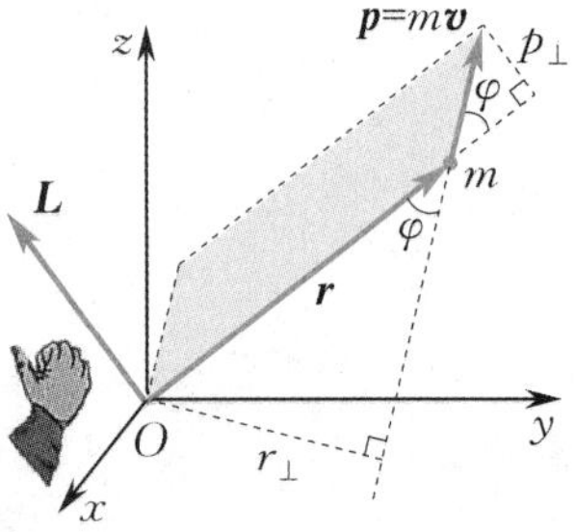

图 2.36 质点 m 对 O 点的角动量

如果质点在 Oxy 平面内运动，则对参考点 O 的角动量就简化为对 z 轴的角动量(见图 2.37). 例如，质点 m 在 Oxy 平面内，绕 O 点做半径为 r、角速度为 ω 的圆周运动(见图 2.38)，其动量为 $\boldsymbol{p}=m\boldsymbol{v}$，质点相对于圆心 O 的角动量 $\boldsymbol{L}$ 的大小为

$$L=rmv\sin\frac{\pi}{2}=rmv=mr^2\omega,$$

其方向始终垂直于 Oxy 平面，沿 z 轴正方向. 角动量 $\boldsymbol{L}$ 的矢量形式可表示为

$$\boldsymbol{L}=rmv\boldsymbol{k}=mr^2\boldsymbol{\omega}.$$

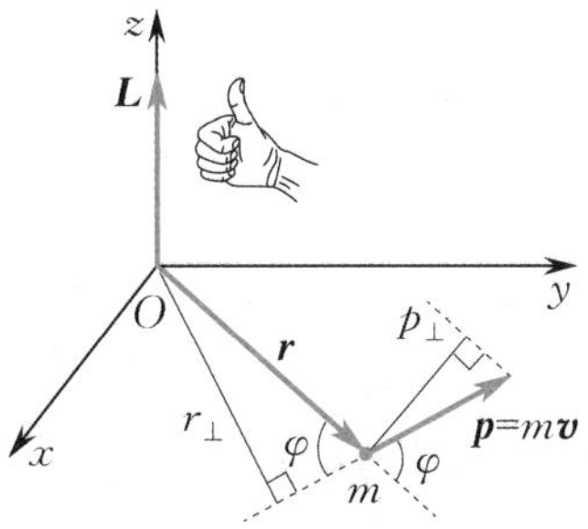

图 2.37　质点对 z 轴的角动量

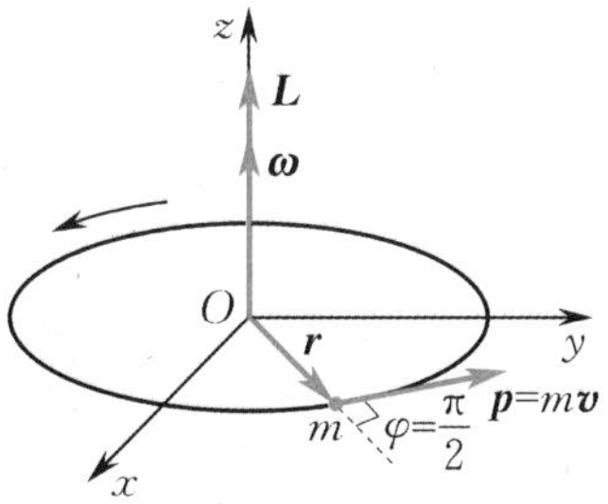

图 2.38　质点做圆周运动的角动量

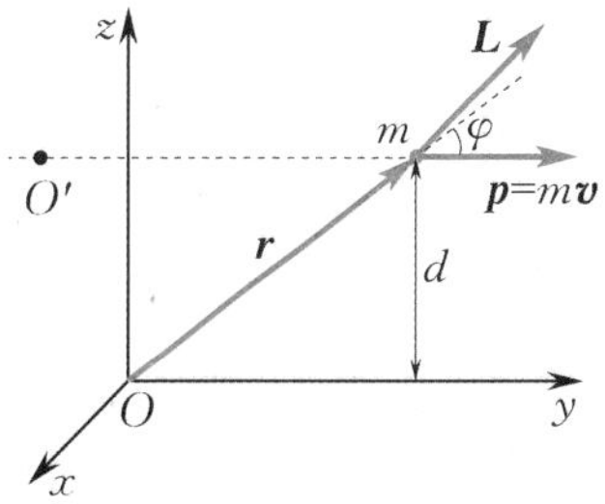

图 2.39　质点做直线运动的角动量

如果质点 m 在 Oyz 平面内平行于 y 轴做直线运动(见图 2.39)，质点 m 对原点 O 的角动量为

$$\boldsymbol{L}=\boldsymbol{r}\times m\boldsymbol{v}=-rmv\sin\varphi\boldsymbol{i}=-mvd\boldsymbol{i}.$$

由此可看出，质点并非仅在做圆周运动时才具有角动量，质点做直线运动时，对于不在此直线上的参考点也具有角动量. 如果把参考点选在该直线上(如 O' 点)，则 $\sin\varphi=\sin 0=0$，质点对该点的角动量永远等于零.

2. 力矩

力的作用点相对于某参考点 O 的位矢 $\boldsymbol{r}$ 与力 $\boldsymbol{F}$ 的矢积定义为力对参考点 O 的力矩，用 $\boldsymbol{M}$ 表示，即

$$\boldsymbol{M}=\boldsymbol{r}\times\boldsymbol{F},\tag{2.4.3}$$

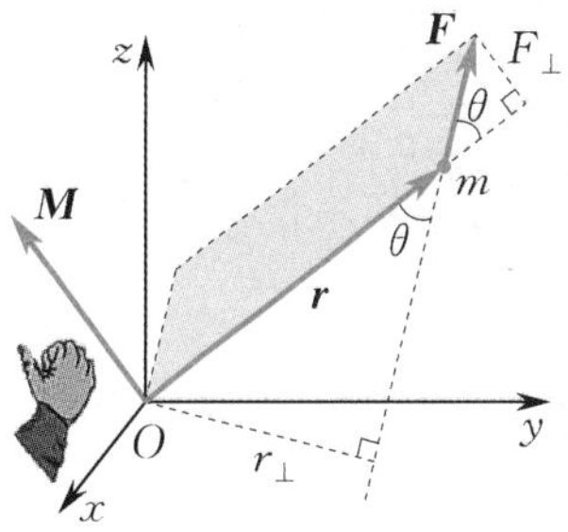

图 2.40　力对参考点 O 的力矩

如图 2.40 所示. 力矩 $\boldsymbol{M}$ 的大小为

$$M=rF\sin\theta=r_\perp F=rF_\perp,\tag{2.4.4}$$

式中 $F_\perp=F\sin\theta$ 是 $\boldsymbol{F}$ 在垂直于 $\boldsymbol{r}$ 方向上的分量的大小；$r_\perp=r\sin\theta$ 是 $\boldsymbol{r}$ 在垂直于 $\boldsymbol{F}$ 方向上的分量的大小，即力臂.

力矩是矢量，它的方向垂直于位矢 $\boldsymbol{r}$ 和力 $\boldsymbol{F}$ 所确定的平面，其方向用右手螺旋定则确定.

如果质点在 Oxy 平面内运动，则力对 O 点的力矩就简化为对 z 轴的力矩(见图 2.41). 显然，当力作用于参考点或力的作用线通过参考点时，力对参考点的力矩恒为零.

在国际单位制中，力矩的单位是牛[顿]米(N·m)，与功的量纲相同.

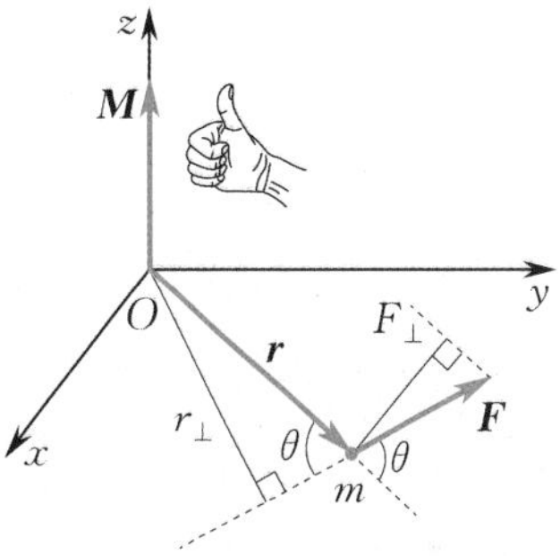

图 2.41　力对 z 轴的力矩

2.4.2 角动量定理与角动量守恒定律

1. 质点的角动量定理与角动量守恒定律

根据牛顿第二定律,一个质点相对于某惯性系的动量($\boldsymbol{p}=m\boldsymbol{v}$)对时间的变化率是由质点受的合外力决定的,那么质点的角动量的变化率又由什么决定呢?

求质点对某参考点O的角动量$\boldsymbol{L}=\boldsymbol{r}\times m\boldsymbol{v}$对时间的变化率,有

$$\frac{\mathrm{d}\boldsymbol{L}}{\mathrm{d}t}=\frac{\mathrm{d}}{\mathrm{d}t}(\boldsymbol{r}\times\boldsymbol{p})=\frac{\mathrm{d}\boldsymbol{r}}{\mathrm{d}t}\times\boldsymbol{p}+\boldsymbol{r}\times\frac{\mathrm{d}\boldsymbol{p}}{\mathrm{d}t}.$$

由于$\frac{\mathrm{d}\boldsymbol{r}}{\mathrm{d}t}=\boldsymbol{v}$,而$\boldsymbol{p}=m\boldsymbol{v}$,$\frac{\mathrm{d}\boldsymbol{r}}{\mathrm{d}t}\times\boldsymbol{p}=\boldsymbol{v}\times m\boldsymbol{v}$为零. 又由牛顿第二定律$\frac{\mathrm{d}\boldsymbol{p}}{\mathrm{d}t}=\boldsymbol{F}$,所以有

$$\frac{\mathrm{d}\boldsymbol{L}}{\mathrm{d}t}=\boldsymbol{r}\times\boldsymbol{F}, \tag{2.4.5}$$

式中的矢积正是合外力对某参考点O的合外力矩$\boldsymbol{M}=\boldsymbol{r}\times\boldsymbol{F}$,则有

$$\boldsymbol{M}=\frac{\mathrm{d}\boldsymbol{L}}{\mathrm{d}t}, \tag{2.4.6}$$

即质点所受的合外力矩等于它的角动量对时间的变化率(力矩和角动量都必须相对于某惯性系中的同一参考点O). 这一结论叫作质点的角动量定理. 它告诉我们,力矩是使质点的角动量发生变化的原因.

将式(2.4.6)两边同乘以$\mathrm{d}t$,得

$$\boldsymbol{M}\mathrm{d}t=\mathrm{d}\boldsymbol{L}. \tag{2.4.7}$$

式(2.4.7)称为质点的角动量定理的微分形式.

如果在t_0到t的时间间隔内对上式求积分,就有

$$\int_{t_0}^{t}\boldsymbol{M}\mathrm{d}t=\int_{\boldsymbol{L}_0}^{\boldsymbol{L}}\mathrm{d}\boldsymbol{L}=\boldsymbol{L}-\boldsymbol{L}_0, \tag{2.4.8}$$

式中力矩对时间的积分$\int_{t_0}^{t}\boldsymbol{M}\mathrm{d}t$称为冲量矩. 故式(2.4.8)表示,质点所受的合外力矩在某段时间内的冲量矩等于质点在同一时间内角动量的增量. 这就是质点的角动量定理的积分形式,称为角动量定理.

由于质点的角动量定理是在牛顿运动定律的基础上导出的,故它仅适用于惯性系. 描述质点的角动量的参考点必须固定在惯性系中.

由式(2.4.6)可知,当作用在质点上的合外力对某参考点O的合外力矩$\boldsymbol{M}=\boldsymbol{0}$时,有$\frac{\mathrm{d}\boldsymbol{L}}{\mathrm{d}t}=\boldsymbol{0}$,则

$$\boldsymbol{L}=\boldsymbol{L}_0=\text{常矢量}. \tag{2.4.9}$$

这说明,**当合外力对某参考点的合外力矩为零时,质点对该点的角动量守恒**. 这就是**质点的角动量守恒定律**. 无数实验事实已证明,角动量守恒定律和动量守恒定律以及能量守恒定律一样,也是自然界的一条普遍规律.

质点的角动量守恒有以下两种情况:

(1) 质点不受外力的作用,即 $\boldsymbol{F}=\mathbf{0}$. 当质点做匀速直线运动时,它对某参考点的角动量显然为常矢量.

如图 2.42 所示,质量为 m 的质点沿 SS' 做匀速直线运动,动量 $m\boldsymbol{v}$ 为常矢量,它经过 SS' 上任意一点 C 时,对参考点 O 的角动量为

$$\boldsymbol{L}=\boldsymbol{r}_C\times m\boldsymbol{v}.$$

这一角动量的大小为

$$L=r_C mv\sin\theta=r_\perp mv,$$

式中 $r_\perp$ 是从参考点 O 到轨迹直线 SS' 的垂直距离,它是一个定值,与质点在运动中的具体位置无关. 因此,不管质点运动到何处,角动量的大小不变.

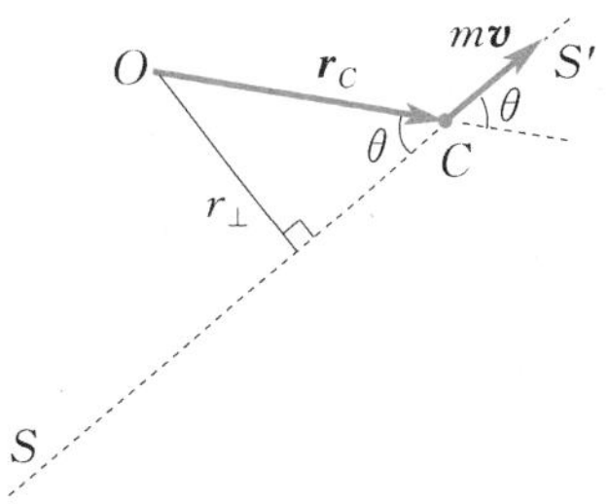

图 2.42　质点做匀速直线运动对参考点的角动量守恒

这一角动量的方向垂直于 $\boldsymbol{r}_C$ 和 $\boldsymbol{v}$ 所确定的平面,也就是参考点 O 与轨迹直线 SS' 所确定的平面. 质点沿 SS' 做匀速直线运动时,它对 O 点的角动量在任意时刻总垂直于同一平面,所以它的角动量的方向也不变.

可见这一角动量的方向和大小都保持不变,即角动量守恒.

(2) 质点所受合外力 $\boldsymbol{F}$ 并不为零,但在任意时刻合外力始终指向或背向参考点,即受到**有心力**的作用(我们把力的作用线始终通过某参考点的力称为有心力,该参考点称为力心). 由于有心力对力心的力矩恒为零(见图 2.43),质点对该力心的角动量守恒(在这种情况下,由于质点受力不为零,它的动量并不守恒).

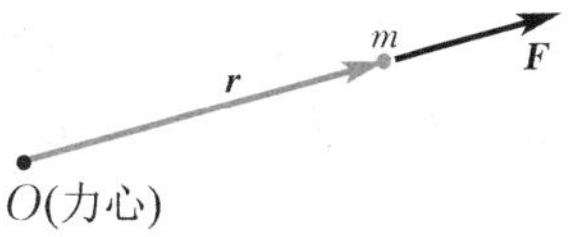

图 2.43　有心力对力心的力矩恒为零

例如,行星在太阳引力下绕太阳的运动就是在有心力作用下的运动,日心即力心;人造地球卫星在地球引力作用下的运动,地心即力心;电子在原子核静电力作用下的运动,原子核即力心. 在这些情况下,行星对太阳的角动量守恒;人造地球卫星对地心的角动量守恒;电子对原子核的角动量守恒. 此外,在有心力作用下的物体对力心的角动量守恒是矢量守恒,不仅 $\boldsymbol{L}$ 的大小不变,而且 $\boldsymbol{L}$ 的方向也应保持一定,故物体在运动过程中,$\boldsymbol{r}$ 和 $m\boldsymbol{v}$ 始终在同一平面内,因此物体绕力心的运动必然是平面运动(行星绕太阳的运动就是如此).

例 2.4.1 1970 年,我国发射了第一颗人造地球卫星(卫星质量为 $m=173$ kg,周期为 $T=114$ min,近地点距地心的距离为 $r_1=6\,817$ km,远地点距地心的距离为 $r_2=8\,762$ km,椭圆轨道的长半轴为 $a=7\,790$ km,短半轴为 $b=7\,720$ km).试计算卫星的近地速度和远地速度.

解　如图 2.44 所示,卫星绕地球做椭圆轨道运动的过程中,所受的力主要是地球引力,地心为力心,而地球引力对地心的力矩 $\boldsymbol{M}=\boldsymbol{0}$,则卫星对地心 O 的角动量守恒(不计月球引力和太阳引力),即有

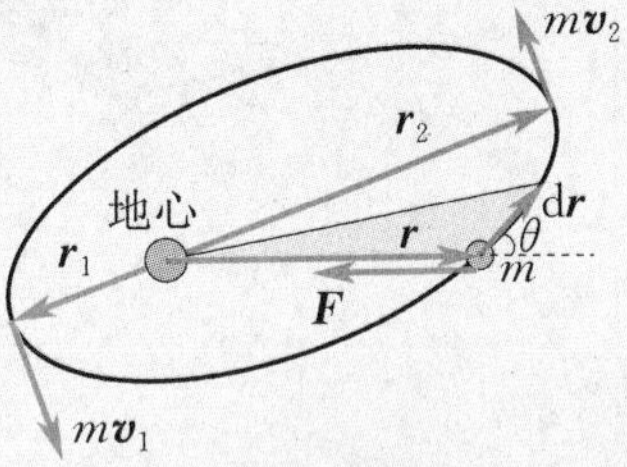

图 2.44

$$\boldsymbol{L}=\boldsymbol{r}\times m\boldsymbol{v}=\boldsymbol{L}_0.$$

在 $\mathrm{d}t$ 时间内卫星相对于地心的位矢沿椭圆轨道扫过的面积(图 2.44 中有阴影的三角形面积)为

$$\mathrm{d}A=\frac{1}{2}|\boldsymbol{r}|\,|\mathrm{d}\boldsymbol{r}|\sin\theta=\frac{1}{2}|\boldsymbol{r}\times\mathrm{d}\boldsymbol{r}|,$$

其面积速度为

$$\frac{\mathrm{d}A}{\mathrm{d}t}=\frac{1}{2}\frac{|\boldsymbol{r}\times\mathrm{d}\boldsymbol{r}|}{\mathrm{d}t}=\frac{1}{2}|\boldsymbol{r}\times\boldsymbol{v}|=\left|\frac{\boldsymbol{L}}{2m}\right|=\left|\frac{\boldsymbol{L}_0}{2m}\right|=\text{常量}.$$

这就是开普勒第二定律的数学表达式(行星相对于太阳的位矢在相等的时间内扫过相等的面积,或者说行星的面积速度是常量).

设卫星近地速度为 $\boldsymbol{v}_1$(方向垂直于 $\boldsymbol{r}_1$),远地速度为 $\boldsymbol{v}_2$(方向垂直于 $\boldsymbol{r}_2$),因卫星对地心 O 的角动量守恒,其中卫星的质量 m 又是常量,则有

$$\frac{\mathrm{d}A}{\mathrm{d}t}=\frac{1}{2}r_1v_1=\frac{1}{2}r_2v_2.$$

椭圆的面积为 $A=\pi ab$,由 $\int_0^T\frac{\mathrm{d}A}{\mathrm{d}t}\mathrm{d}t=A=\pi ab$ 解得

$$\begin{cases}v_1=\dfrac{2\pi ab}{Tr_1}\approx 8.1\ \mathrm{km/s},\\[2ex] v_2=\dfrac{2\pi ab}{Tr_2}\approx 6.3\ \mathrm{km/s}.\end{cases}$$

本题也可以采用角动量守恒和机械能守恒定律求解.由于万有引力是保守力,以卫星与地球作为系统,其机械能守恒.对近地点和远地点,有

$$\begin{cases}r_1mv_1=r_2mv_2,\\[1ex] \dfrac{1}{2}mv_1^2-\dfrac{GMm}{r_1}=\dfrac{1}{2}mv_2^2-\dfrac{GMm}{r_2}.\end{cases}$$

联立上两式,即可得出相同的结果(式中 M 为地球质量).

例 2.4.2 如图 2.45 所示,质量为 m 的小球系在绳子的一端,绳子穿过一铅直套管,使小球限制在一光滑水平面上运动.先使小球以角速度 ω_0 绕管心做半径为 r_0 的圆周运动,然后非常缓慢地向下拉绳子,使小球运动半径逐渐减小,最后小球运动轨迹为半径为 r 的圆.试求将小球拉至距离中心点 $\dfrac{r_0}{2}$ 处时拉力 $\boldsymbol{F}$ 所做的功.

解　小球在水平方向仅受通过管心的绳子的拉力作用,拉力对管心的力矩始终为零,在绳子缩短的整个过程中,小球对管心的角动量守恒.

设当小球离管心的距离为 r 时，其角速度为 ω，速度为 $\boldsymbol{v}$，则有

$$\boldsymbol{r}\times m\boldsymbol{v}=\boldsymbol{r}_0\times m\boldsymbol{v}_0.$$

注意到 $\boldsymbol{v}\perp\boldsymbol{r},\boldsymbol{v}_0\perp\boldsymbol{r}_0,v=r\omega,v_0=r_0\omega_0$，所以有

$$mr^2\omega=mr_0^2\omega_0,$$

解得

$$v=\frac{\omega_0 r_0^2}{r}.$$

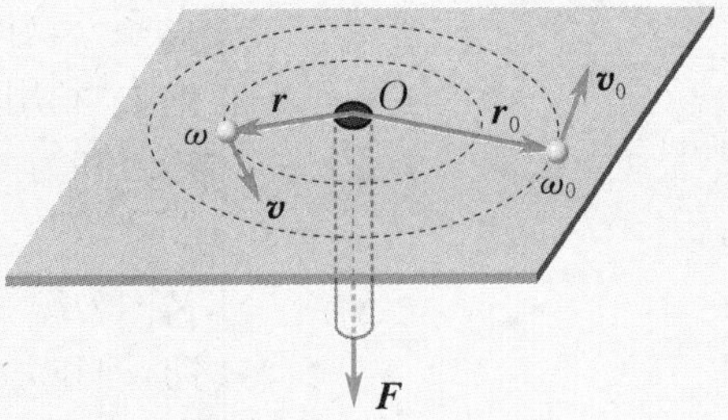

图 2.45

可见，小球运动半径逐渐减小，其速度和动能逐渐增大(动能不守恒)，动能的增加显然是由于拉力 $\boldsymbol{F}$ 做了功. 由动能定理，可得小球运动半径从 r_0 到 $r=\dfrac{r_0}{2}$ 过程中拉力 $\boldsymbol{F}$ 所做的功为

$$A=\frac{1}{2}mv^2-\frac{1}{2}mv_0^2=\frac{1}{2}m\omega_0^2r_0^2\left(\frac{r_0^2}{r^2}-1\right)=\frac{3}{2}m\omega_0^2r_0^2.$$

2. 质点系的角动量定理与角动量守恒定律

质点的角动量定理可以推广到质点系的情况. 一个质点系对某参考点 O 的角动量定义为其中各质点对参考点 O 的角动量 $\boldsymbol{L}_i$ $(i=1,2,\cdots,n)$ 的矢量和，即

$$\boldsymbol{L}=\sum_{i=1}^{n}\boldsymbol{L}_i=\sum_{i=1}^{n}\boldsymbol{r}_i\times\boldsymbol{p}_i. \tag{2.4.10}$$

对于质点系内第 i 个质点应用角动量定理，可得

$$\frac{\mathrm{d}\boldsymbol{L}_i}{\mathrm{d}t}=\boldsymbol{r}_i\times(\boldsymbol{F}_i+\boldsymbol{f}_i),$$

式中 $\boldsymbol{F}_i$ 为第 i 个质点受到的质点系外物体的外力的合力，$\boldsymbol{f}_i$ 为它受质点系其他质点的内力的合力. 将上式对质点系内所有质点求和，可得

$$\frac{\mathrm{d}\boldsymbol{L}}{\mathrm{d}t}=\sum_{i=1}^{n}\frac{\mathrm{d}\boldsymbol{L}_i}{\mathrm{d}t}=\sum_{i=1}^{n}(\boldsymbol{r}_i\times\boldsymbol{F}_i)+\sum_{i=1}^{n}(\boldsymbol{r}_i\times\boldsymbol{f}_i)=\boldsymbol{M}+\boldsymbol{M}_{\mathrm{in}}, \tag{2.4.11}$$

式中

$$\boldsymbol{M}=\sum_{i=1}^{n}\boldsymbol{M}_i=\sum_{i=1}^{n}(\boldsymbol{r}_i\times\boldsymbol{F}_i), \tag{2.4.12}$$

表示各质点所受的合外力矩的矢量和，而

$$\boldsymbol{M}_{\mathrm{in}}=\sum_{i=1}^{n}(\boldsymbol{r}_i\times\boldsymbol{f}_i), \tag{2.4.13}$$

表示各质点所受的合内力矩的矢量和. 由于内力是成对出现的，与之相应的内力矩也就成对出现. 如图 2.46 所示，m_i 和 m_j 是质点系中有相互作用的两个质点，对参考系中的 O 点的位矢分别为 $\boldsymbol{r}_i$ 和 $\boldsymbol{r}_j$，$\boldsymbol{F}_i$ 为 m_i 受到的质点系外物体的外力的合力，$\boldsymbol{F}_j$ 为 m_j 受到的质

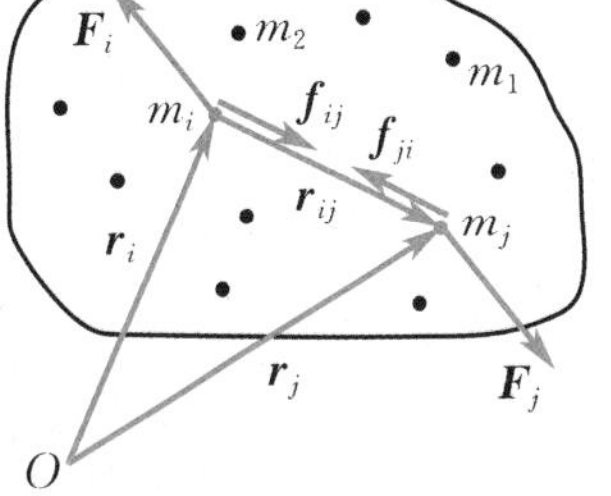

图 2.46　质点系的角动量定理

点系外物体的外力的合力,$\boldsymbol{f}_{ij}$ 是 m_j 对 m_i 的内力,$\boldsymbol{f}_{ji}$ 是 m_i 对 m_j 的内力.利用牛顿第三定律 $\boldsymbol{f}_{ij}=-\boldsymbol{f}_{ji}$,两个质点的相互作用力的力矩之和为

$$\boldsymbol{r}_i\times\boldsymbol{f}_{ij}+\boldsymbol{r}_j\times\boldsymbol{f}_{ji}=(\boldsymbol{r}_i-\boldsymbol{r}_j)\times\boldsymbol{f}_{ij}.$$

又因为满足牛顿第三定律的两个力总是沿着两个质点的连线方向,即和 $\boldsymbol{r}_{ij}=(\boldsymbol{r}_i-\boldsymbol{r}_j)$ 共线,所以上式右侧矢积等于零,即一对内力矩之和为零.因此式(2.4.13)表示的质点系中所有内力的总力矩为零,即

$$\boldsymbol{M}_{\text{in}}=\sum_{i=1}^{n}(\boldsymbol{r}_i\times\boldsymbol{f}_i)=\boldsymbol{0}. \tag{2.4.14}$$

于是,由式(2.4.11)得出

$$\boldsymbol{M}=\frac{\mathrm{d}\boldsymbol{L}}{\mathrm{d}t}, \tag{2.4.15}$$

即**质点系所受的合外力矩等于质点系的角动量对时间的变化率**(力矩和角动量必须相对于某惯性系中的同一参考点),这就是**质点系的角动量定理**.它和质点的角动量定理(式(2.4.6))具有相同的形式.不过要注意的是,式(2.4.15)中的 $\boldsymbol{M}$ 为对质点系而言的合外力矩(是指作用于质点系的各个外力对参考点 O 的力矩的矢量和,不是合外力对参考点 O 的力矩).

应用式(2.4.6)和(2.4.15)时要注意,它们是矢量方程.在直角坐标系中,其分量式为

$$\begin{cases}\displaystyle\sum_{i=1}^{n}M_{ix}=\frac{\mathrm{d}L_x}{\mathrm{d}t},\\ \displaystyle\sum_{i=1}^{n}M_{iy}=\frac{\mathrm{d}L_y}{\mathrm{d}t},\\ \displaystyle\sum_{i=1}^{n}M_{iz}=\frac{\mathrm{d}L_z}{\mathrm{d}t}.\end{cases} \tag{2.4.16}$$

式(2.4.15)两边同乘以 $\mathrm{d}t$,然后积分,可得质点系的角动量定理的积分形式,即

$$\int_{t_0}^{t}\sum_{i=1}^{n}\boldsymbol{M}_i\,\mathrm{d}t=\boldsymbol{L}-\boldsymbol{L}_0, \tag{2.4.17}$$

式中 $\int_{t_0}^{t}\sum_{i=1}^{n}\boldsymbol{M}_i\,\mathrm{d}t$ 为合外力矩在 t_0 到 t 时间内的冲量矩.它说明质点系对某参考点的角动量的增量等于质点系所受的合外力矩的冲量矩.

在式(2.4.15)中,如果 $\boldsymbol{M}=\boldsymbol{0}$,有 $\frac{\mathrm{d}\boldsymbol{L}}{\mathrm{d}t}=\boldsymbol{0}$,那么

$$\boldsymbol{L}=\sum_{i=1}^{n}\boldsymbol{L}_i=\text{常矢量}. \tag{2.4.18}$$

这表明，当质点系所受外力对某参考点 O 的合外力矩为零时，该质点系对该参考点的角动量为常矢量. 这就是**质点系的角动量守恒定律**.

质点系的角动量守恒一般有以下三种情况：

(1) 质点系不受外力，显然质点系对某参考点的合外力矩为零，质点系对该点的角动量守恒.

(2) 质点系所受的外力的矢量和不为零，但所有的外力都通过某参考点，于是每个外力对该点的力矩皆为零，质点系对该点的角动量守恒.

(3) 每个外力的力矩不为零，但外力矩的矢量和为零. 例如，在重力场中的质点系，作用于各质点的重力对质心的力矩不为零，但所有重力对质心的力矩的矢量和为零，那么质点系对质心的角动量守恒.

注意，由于内力矩之和为零，不能改变质点系的角动量，但内力矩会改变质点系内某质点的角动量，因为 $\boldsymbol{r}_i \times \boldsymbol{f}_i$ 不一定为零.

思考题

1. 回答下列问题：

(1) 物体同时受到几个力的作用，是否一定产生加速度？

(2) 物体的速度很大，是否意味着物体所受的合外力也一定很大？

(3) 物体运动的方向一定和合外力的方向相同，对吗？

(4) 物体运动时，如果它的速率不变，它所受的合外力是否为零？

2. 有人说："既然马拉车的力与车拉马的力大小相等，方向相反，那么力的和为零，马和车怎么会前进呢？"如何解释？

3. 汽车发动机内气体对活塞的推力以及各种传动部件的作用力能使汽车前进吗？使汽车前进的力是什么力？

4. 有经验的棒球运动员，为了减弱球对手的打击，接球时手会稍微向下并且后退一些. 为什么？

5. 一个人用恒力 $\boldsymbol{F}$ 推地上的木箱，经历 Δt 时间未能推动木箱，此推力的冲量等于多少？木箱受了力 $\boldsymbol{F}$ 的冲量，为什么它的动量没有改变？

6. 一个人的质量为 M，手中拿着质量为 m 的物体自地面以倾角 θ、初速度 $\boldsymbol{v}_0$ 斜向前跳起，跳至最高时以相对于人的速率 u 将物体水平向后抛出. 这样人向前的距离比原来增加. 有人算得增加的距离为 $\Delta x=\dfrac{m}{m+M}\dfrac{v_0 u\sin\theta}{g}$，有人算得 $\Delta x=\dfrac{m}{M}\dfrac{v_0 u\sin\theta}{g}$，哪一个正确？

7. 由两个物体组成的一个系统，在相同时间内，

(1) 作用力的冲量和反作用力的冲量的大小是否一定相等，两者的代数和等于多少？

(2) 作用力所做的功与反作用力所做的功是否一定相等，两者的代数和是否一定等于零？

8. 为什么重力势能有正负，弹性势能只能为正，而万有引力势能只能为负？势能与参考系的选取有关吗？动量及动量定理、动能及动能定理、角动量及角动量定理是否与所选的参考系有关？

9. 一个物体可否具有机械能而无动量？可否只有动量而无机械能？

10. 有劲度系数为 k 的轻质弹簧，如将质量为 m 的物体挂上，并慢慢放下，轻质弹簧的伸长量是多少？若瞬间挂上并让其自由下落，轻质弹簧又伸长了多少？

11. 在核反应堆中利用中子和"减速剂"的原子核发生完全弹性碰撞而使中子减速. 减速剂总是使用原

子质量比较小的元素(如石墨中的碳原子和重水中的氘原子). 试说明其中的道理.

12. 质点做匀速圆周运动的过程中,质点的动量是否守恒?对圆周上某一参考点,质点的角动量是否守恒?对于通过圆心且与圆面垂直的轴上的任意一点,质点的角动量是否守恒?对于哪一个参考点,质点的角动量守恒?

13. 人造地球卫星绕地心做椭圆轨道运动,若不计空气阻力和其他星球的作用,在卫星运行过程中,卫星的动量和卫星对地心的角动量是否守恒?为什么?

14. 一单摆在摆动过程中,若不计空气阻力,摆球的动能、动量、机械能以及对悬点的角动量是否守恒?为什么?

习题2

1. 质量为 m 的子弹以速度 $\boldsymbol{v}_0$ 沿竖直方向射入沙土中,设子弹所受阻力的大小与速度的大小成正比,比例系数为 K,忽略小球的重力. 求:

(1) 任意时刻子弹的速度表达式;

(2) 子弹进入沙土的最大深度.

2. 一个质量为 1 kg 的物体,置于水平地面上,物体与地面之间的静摩擦系数为 0.20,滑动摩擦系数为 0.16,现对物体施加一水平拉力 $F=(t+0.96)$N,则在 2 s 末物体的速度的大小为多少?

3. 光滑的水平桌面上放置一固定的圆环带,半径为 R. 一个物体贴着圆环带内侧运动,如图 2.47 所示,物体与圆环带之间的滑动摩擦系数为 μ_k. 设物体在某一时刻经过 A 点时速率为 v_0,求此后 t 时刻物体的速率以及从 A 点开始所经过的路程.

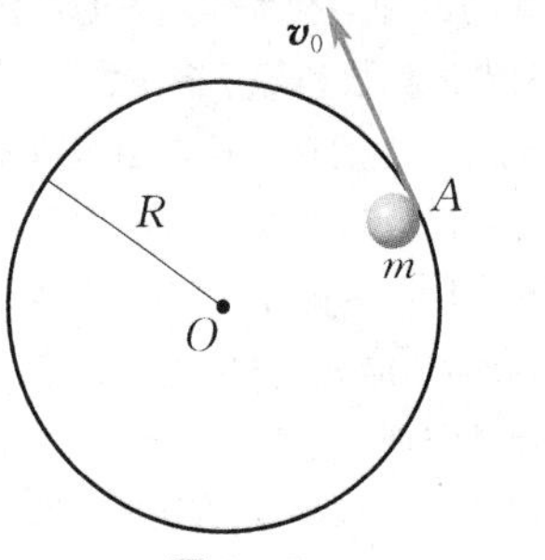

图 2.47

4. 如图 2.48 所示,圆锥摆的摆球质量为 m,速度为 $\boldsymbol{v}$,圆周轨道的半径为 R. 已知 A,B 为圆周轨道直径上的两个端点,求摆球由 A 点运动到 B 点的过程中:

(1) 摆球的动量的变化;

(2) 重力的冲量;

(3) 绳子的拉力的冲量.

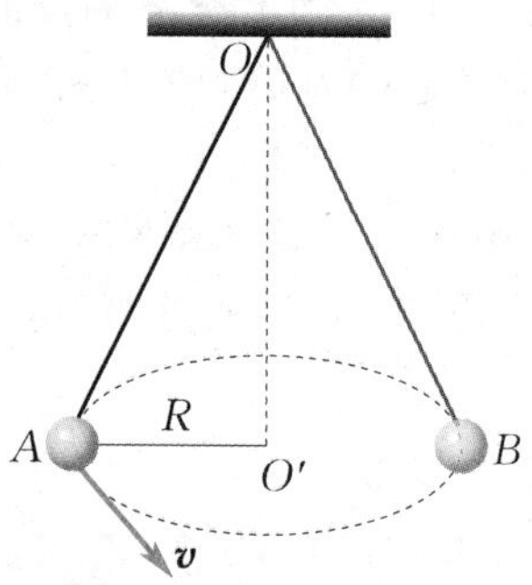

图 2.48

5. 一辆停在直线轨道上质量为 M 的平板车上站着两个人,当他们从车上沿相同方向跳下后,车获得一定的速度. 设两个人的质量均为 m,跳下时相对于车的速度均为 u. 试比较两人同时跳下和两人依次跳下两种情况下,车获得的速度的大小.

6. 水面上有一个质量为 M 的木船,开始时静止不动,从岸上以水平速度 $\boldsymbol{v}_0$ 将一个质量为 m 的砂袋抛到木船上,然后两者一起运动. 设运动过程中木船受的阻力的大小与速率成正比,比例系数为 k,砂袋与木船的作用时间极短. 求:

(1) 砂袋抛到木船上后,木船和砂袋一起开始运动的速率;

(2) 砂袋与木船从开始一起运动到静止时所走过的路程.

7. 沿 x 轴正方向的力作用在一个质量为 3.0 kg 的质点上. 已知质点的运动方程为 $x=3t-4t^2+t^3$(SI). 求:

(1) 力在最初 4 s 内对质点做的功和对质点的冲量;

(2) 在 $t=1$ s 时,力的瞬时功率.

8. 质量为 $m=10$ kg 的物体沿 x 轴无摩擦地运

动，设 $t=0$ 时，物体位于坐标原点，速度为零. 题中所涉及的各物理量均采用 SI 单位.

(1) 物体在力 $F=3+4x$ 的作用下运动了 3 m 后，物体的速度是多少？该力做了多少功？

(2) 物体在力 $F=3+4t$ 的作用下运动了 3 s 后，物体的速度是多少？该力做了多少功？

9. 质量为 m 的质点在 Oxy 平面上运动，其位矢为 $\boldsymbol{r}=a\cos\omega t\boldsymbol{i}+b\sin\omega t\boldsymbol{j}$ (SI)，式中 a,b,ω 均为正常量，且 $a>b$.

(1) 求质点所受到的作用力 $\boldsymbol{F}$；

(2) 计算质点在 $A(a,0)$ 点和 $B(0,b)$ 点的动能；

(3) 在质点从 A 点运动到 B 点的过程中，求作用力 $\boldsymbol{F}$ 做的功；

(4) 力 $\boldsymbol{F}$ 是保守力吗？

10. 一个质量为 m 的质点受指向圆心的大小为 $f=k/r^2$ 的力的作用下，做半径为 r 的圆周运动. 求：

(1) 质点的速率；

(2) 质点的机械能（选距力心为无限远处为势能零点）.

11. 如图 2.49 所示，一光滑的滑道，质量为 M，高度为 h，放在光滑水平面上，滑道底部与水平面相切. 质量为 m 的小物块自滑道顶部由静止下滑. 求：

(1) 物块刚离开滑道底部时，滑道的速度大小；

(2) 物块下滑的整个过程中，滑道对物块所做的功.

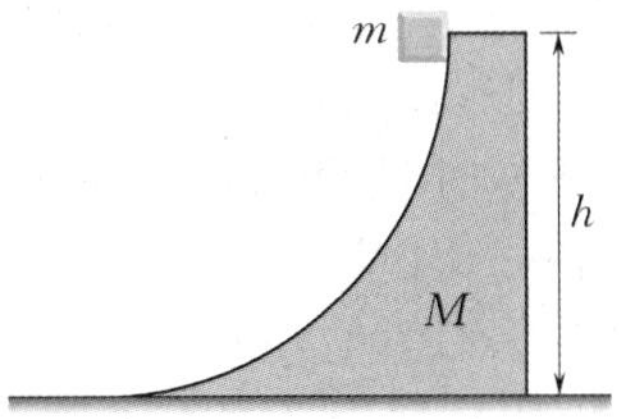

图 2.49

12. 一个质量为 m_1 的中子和一个静止的质量为 m_2 的原子核做对心完全弹性碰撞（不计相对论效应）. 设静止的原子核分别为 (1) 铅核；(2) 碳核；(3) 氢核. 分别计算中子碰撞后损失的动能占入射动能的百分比，并由此给出结论（已知铅核、碳核、氢核的质量分别为 $207m_1, 12m_1, m_1$）.

13. 以初速度 $\boldsymbol{v}_0$ 将质量为 m 的质点以仰角 θ 从坐标原点抛出，设质点在 Oxy 平面内运动（z 轴垂直纸面向外），不计空气阻力，以坐标原点为参考点，计算在任意时刻，

(1) 作用在质点上的力对参考点的力矩 $\boldsymbol{M}$；

(2) 质点对参考点的角动量 $\boldsymbol{L}$.

14. 如图 2.50 所示，在一光滑的水平面上有一固定半圆形滑槽，质量为 m 的滑块以初速度 $\boldsymbol{v}_0$ 沿切线方向进入滑槽的一端，滑块与滑槽的摩擦系数为 μ. 试证明当滑块从滑槽的另一端滑出时，摩擦力所做的功为

$$A=\frac{1}{2}mv_0^2(\mathrm{e}^{-2\pi\mu}-1).$$

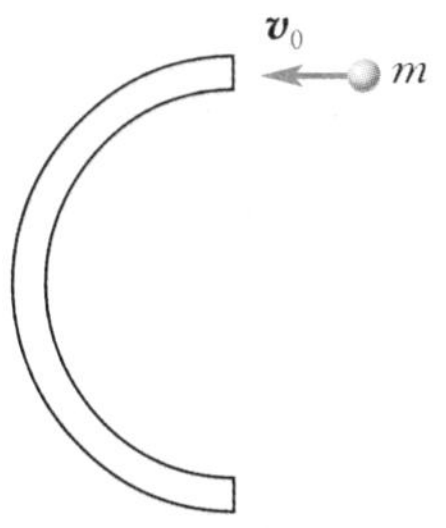

图 2.50

15. 如图 2.51 所示，一行星绕太阳做椭圆运动，M,m 分别为太阳和行星的质量，r_1,r_2 分别为日心到行星轨道的近日点 A 和远日点 B 的距离，引力常量为 G. 求：

(1) 行星在 A,B 两点处的万有引力势能差；

(2) 行星在 A,B 两点处的动能之差；

(3) 行星在轨道上运动的机械能.

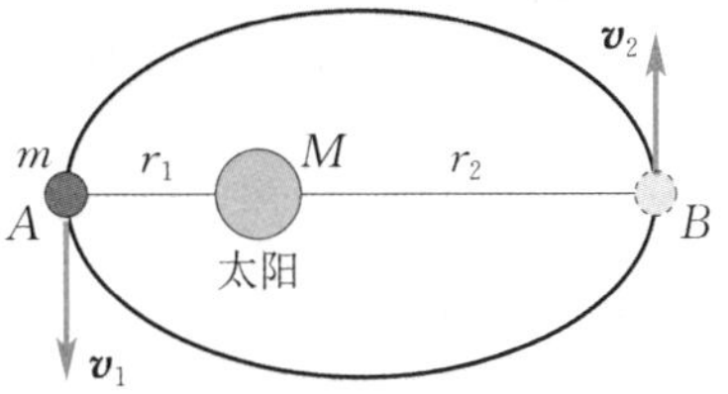

图 2.51

第 2 章阅读材料

第3章　刚体力学基础

前面两章讨论的是质点和质点系的力学规律.在许多实际问题中,如研究车轮的滚动、电机转子的转动、炮弹的自旋等问题时,往往都需要考虑物体的形状、大小以及它们的变化,问题就变得相当复杂.为了抓住问题的主要特点,人们提出了各种模型来处理各类具体问题.

在很多情况下,物体在受力和运动过程中变形很小,于是提出刚体的理想模型.本章将从质点力学的知识出发,分析和介绍刚体转动的规律,包括刚体的运动描述、刚体的定轴转动定律、角动量守恒定律、动能定理等,为进一步研究工程实际问题中更复杂的机械运动奠定基础.

3.1　刚体与刚体运动的描述

3.1.1　刚体

刚体运动的描述

实验表明,任何物体在受到外力作用时都会不同程度地发生大小和形状的变化.如果在讨论一个物体的运动时,必须考虑它的大小和形状,但可以不考虑它的形变时,就可以引入一个新的理想模型——刚体.所谓刚体,就是在任何情况下,其形状和大小都不发生任何变化的物体.刚体是固体物质的理想化模型.从微观上看,组成物体的是原子和分子,物体的结构是不连续的,但在宏观上仍可将物体看成连续体,然后设想将它分割成许多质点.对于刚体,可以看成是由无数个质点组成的质点系,且任意两个质点之间的距离皆保持不变.

3.1.2　刚体运动的基本形式

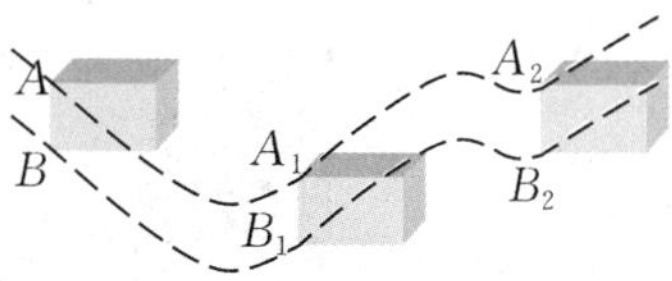

图 3.1　刚体的平动

刚体可以有多种多样的运动,但最简单而又最基本的运动是平动和转动.

如果刚体在运动中,任意两个质点连线的空间方向始终不变,这种运动称为刚体的平动,如图 3.1 所示.例如,车床上的刀架、汽缸中的活塞、平直轨道上的车厢等物体的运动都是平动.显然,刚体在平动时,内部各质点的运动轨迹都一样,而且在同一时刻的速度和加速度都相等.因此,在描述刚体的平动时,可以用刚体中任意一点的运动来代表.通常用刚体的质心的运动来代表整个刚体的平动.

如果刚体上各质点都绕同一条直线做圆周运动,这种运动称为刚体的**转动**,该直线称为刚体的**转轴**,转轴相对于所选参考系固定不动的情况称为**定轴转动**,如图 3.2 所示.例如,电机的转子、钟表指针、门窗等的转动都是定轴转动.若转轴上有一点静止于参考系,而转轴的方向在变化,这种转动称为**定点转动**,如玩具陀螺的转动、雷达天线的转动.

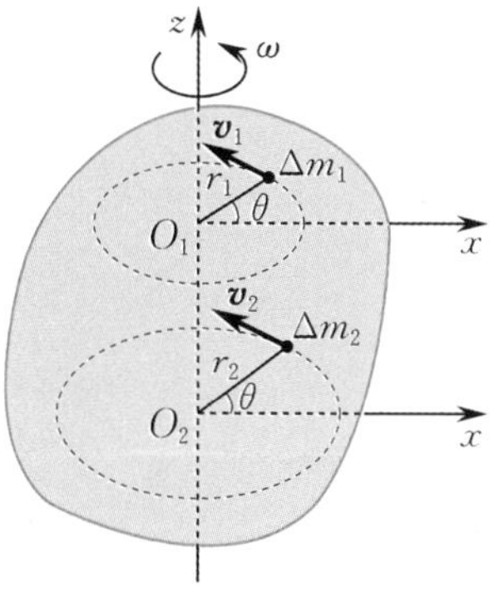

图 3.2　刚体绕定轴转动

刚体的一般运动都可以认为是平动和转动的叠加.

刚体绕定轴转动是转动中的最简单和最普遍的情况,也是本章讨论的重点.刚体绕定轴转动时,具有下列特征:

(1) 刚体内各质点均做圆周运动,而且各圆的圆心都在一条固定的直线 —— 转轴上,半径就是各点与转轴的垂直距离(见图 3.2 中的 r_1,r_2 等).

(2) 由于刚体内各质点所在位置不同,其运动轨迹的半径一般不同,因此在相同时间内,各质点转过的弧长一般各不相同,在任意时刻各质点的速度和加速度一般也各不相同(见图 3.2).

(3) 由于刚体内各质点的相对位置保持不变,描述各质点运动的角量(如角位移、角速度、角加速度)都是一样的,因此角量就可作为描述刚体整体运动状态和状态改变的物理量.

3.1.3　刚体绕定轴转动的描述

在定轴转动的情况下,可在刚体上任取一个质点,用点 P 表示,取 P 点对转轴的垂线,垂足 O 称为 P 点的**转心**,过 OP 且垂直于转轴的平面称为**转动平面**(见图 3.3).在此平面上取过转心 O 点且相对于参考系静止的坐标轴 x 轴(P 点是任选的,转心 O 和 x 轴也因为 P 点不同而不同).这样就可以对刚体绕定轴转动做定量描述了.

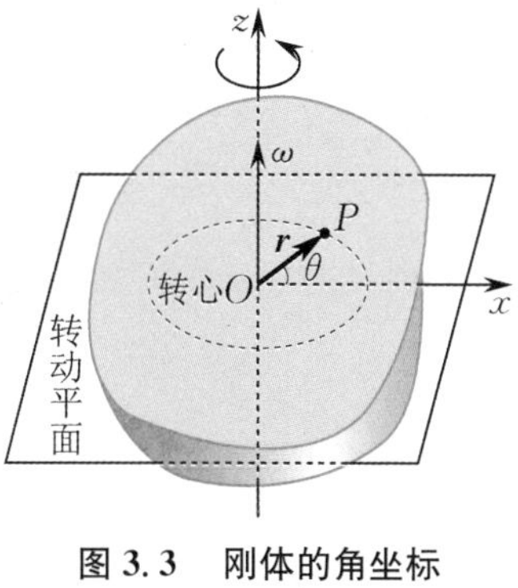

图 3.3　刚体的角坐标

1. 刚体的角坐标

刚体绕定轴转动的情况下,可用单一坐标来确定它的位置.取转动平面内任意质点 P,其相对于转心 O 的位矢为 $\boldsymbol{r}$,用 $\boldsymbol{r}$ 相对于选定的 x 轴转过的角度 θ 来确定刚体的空间位置(见图 3.3).θ 称为刚体的**角坐标**或**角位置**,并规定当 $\boldsymbol{r}$ 从 x 轴开始逆时针方向转动时,角坐标 θ 为正;反之,角坐标 θ 为负.

显然,角坐标 θ 是时间 t 的单值函数,即 $\theta=\theta(t)$.这就是刚体绕定轴转动的运动方程.

2. 刚体的角位移

刚体在转动过程中角坐标的变化用角位移来描述. 在 $t \sim t+\Delta t$ 时间内,角坐标的增量 $\Delta\theta$ 称为刚体在 Δt 时间内的角位移,即

$$\Delta\theta = \theta_2 - \theta_1,$$

式中 θ_1 和 θ_2 分别为刚体在 t 时刻和 $t+\Delta t$ 时刻的角坐标.

3. 刚体的角速度

为了描述刚体转动的快慢和转动方向,引入角速度这一物理量. 若 $t \sim t+\Delta t$ 时间内刚体的角位移为 $\Delta\theta$,则 Δt 时间内刚体转动的平均角速度为

$$\overline{\omega} = \frac{\Delta\theta}{\Delta t}.$$

当 Δt 趋近于零时,平均角速度的极限称为瞬时角速度,简称角速度,以 ω 表示,即

$$\omega = \lim_{\Delta t\to 0}\frac{\Delta\theta}{\Delta t} = \frac{\mathrm{d}\theta}{\mathrm{d}t}. \tag{3.1.1}$$

第1章中提到的角速度概念是对运动的质点而言的,描述的是质点的位矢转动的快慢. 式(3.1.1)定义的 ω 实际上描述了 P 点位矢 $\boldsymbol{r}$ 对转心 O 转动的快慢,但它也统一描述了刚体转动的快慢.

刚体绕定轴转动的方向沿转轴所在直线,相应地可规定角位移 $\Delta\theta$ 的正负来确定 ω 的正负,其方向可以通过其正负(人为规定)来说明.

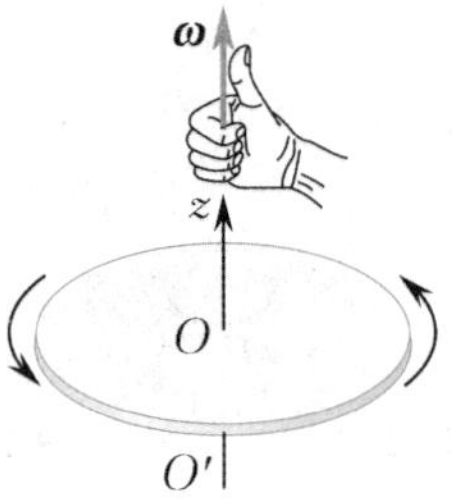

图 3.4　角速度 $\boldsymbol{\omega}$ 的方向的确定

在一般情况下,刚体的转轴在空间的方位是随时间变化的. 这时仅仅通过角速度的正负就不能显示出转动的方向. 为了既描述转动的快慢又能说明转轴的方位,需要应用矢量 $\boldsymbol{\omega}$ 来描述. $\boldsymbol{\omega}$ 的大小是 $\omega = \frac{\mathrm{d}\theta}{\mathrm{d}t}$,$\boldsymbol{\omega}$ 的方向由右手螺旋定则确定,即规定 $\boldsymbol{\omega}$ 的方向沿转轴方向,与刚体的转动方向组成右手螺旋(四指沿刚体转动的方向,大拇指的指向就是 $\boldsymbol{\omega}$ 的方向). 如图 3.4 所示,设转轴为 z 轴,以 $\boldsymbol{k}$ 表示沿 z 轴正方向的单位矢量,则角速度 $\boldsymbol{\omega}$ 可表示为

$$\boldsymbol{\omega} = \frac{\mathrm{d}\theta}{\mathrm{d}t}\boldsymbol{k}. \tag{3.1.2}$$

4. 刚体的角加速度

为了进一步描述刚体角速度变化的快慢,还需要引入角加速度的概念,以 β 表示,即

$$\beta = \lim_{\Delta t\to 0}\frac{\Delta\omega}{\Delta t} = \frac{\mathrm{d}\omega}{\mathrm{d}t} = \frac{\mathrm{d}^2\theta}{\mathrm{d}t^2}. \tag{3.1.3}$$

由于刚体绕定轴转动,角加速度 β 与 ω 的方向都沿转轴方向,可用正、负代数量表示. 当 $\beta > 0$ 时,表示 β 与 ω 的方向相同,刚体做

加速转动，如图 3.5(a) 所示；当$\beta<0$时，表示β与ω的方向相反，刚体做减速转动，如图 3.5(b) 所示.

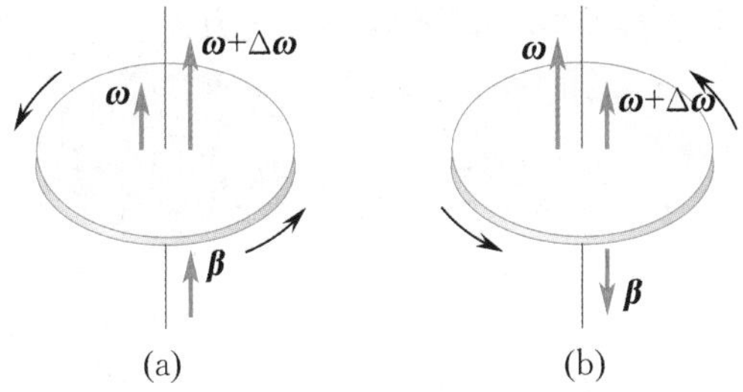

图 3.5　刚体绕定轴转动的 $\boldsymbol{\beta}$ 与 $\boldsymbol{\omega}$

如果转轴在空间的方位是随时间变化的，角加速度用矢量表示，即

$$\boldsymbol{\beta}=\frac{\mathrm{d}\boldsymbol{\omega}}{\mathrm{d}t}. \tag{3.1.4}$$

角加速度矢量和角速度矢量都服从矢量运算法则. 在一般的刚体运动中，角加速度和角速度方向是不同的.

3.1.4　角量和线量的关系

同一质点的角量与线量之间具有确定的对应关系. 如图 3.6 所示，设刚体绕 z 轴转动，刚体上任意质点 P 相对于位于转轴上的坐标原点O的位矢为$\boldsymbol{R}$，相对于转心 O' 的位矢为$\boldsymbol{r}$. 在 $t\sim t+\mathrm{d}t$ 时间内，刚体的角位移为 $\mathrm{d}\theta$，质点 P 所经过的路程为圆弧长 $\mathrm{d}s$，速度的大小为

$$v=\frac{\mathrm{d}s}{\mathrm{d}t}=\frac{r\mathrm{d}\theta}{\mathrm{d}t}=r\omega=\omega R\sin\varphi.$$

考虑到 $\boldsymbol{v},\boldsymbol{\omega},\boldsymbol{R},\boldsymbol{r}$ 的方向，由图 3.6 中也可看出，可以将质点 P 的速度用矢积的形式表示为

$$\boldsymbol{v}=\boldsymbol{\omega}\times\boldsymbol{r}=\boldsymbol{\omega}\times\boldsymbol{R}, \tag{3.1.5}$$

即刚体上任意质点的瞬时速度等于刚体的角速度与该质点相对于转心的位矢 $\boldsymbol{r}$(或相对于转轴上坐标原点 O 的位矢 $\boldsymbol{R}$) 的矢积.

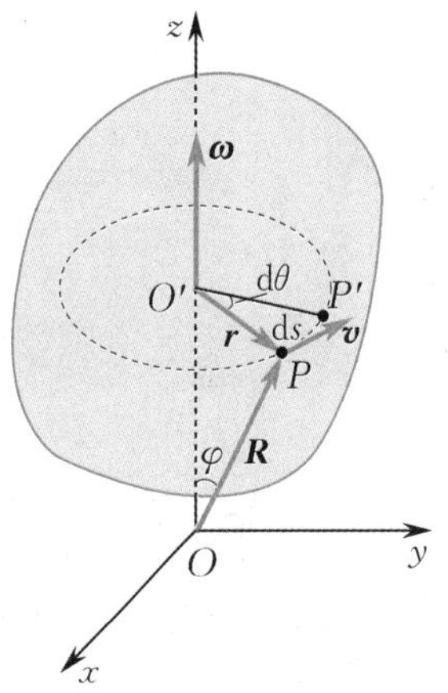

图 3.6　速度与角速度的关系

由于所有质点都做圆周运动，圆周运动中角量与线量的下述关系对刚体中任意质点均成立：

$$a_{\mathrm{n}}=\frac{v^2}{r}=\omega^2 r, \tag{3.1.6}$$

$$a_{\mathrm{t}}=\frac{\mathrm{d}v}{\mathrm{d}t}=r\frac{\mathrm{d}\omega}{\mathrm{d}t}=r\beta. \tag{3.1.7}$$

由式(3.1.6) 和(3.1.7) 可以看出，对一个绕定轴转动的刚体，离转轴越远(r 越大) 的质点，其切向加速度和法向加速度越大.

定轴转动的一种简单情况是匀变速转动，即转动过程中刚体的角加速度β保持不变. 以 ω_0 表示刚体在 $t=0$ 时刻的角速度，以 ω

表示它在t时刻的角速度,以θ_0,θ分别表示它在$t=0$和t时刻的角坐标,从$0\sim t$时间内的角位移为$\Delta\theta=\theta-\theta_0$.仿照匀变速直线运动公式的推导,可得匀变速转动的相应公式为

$$\omega=\omega_0+\beta t, \tag{3.1.8}$$

$$\Delta\theta=\omega_0 t+\frac{1}{2}\beta t^2, \tag{3.1.9}$$

$$\omega^2-\omega_0^2=2\beta\Delta\theta. \tag{3.1.10}$$

在式(3.1.8),(3.1.9)和(3.1.10)中,如果$\beta>0$,对应于匀加速转动;如果$\beta<0$,对应于匀减速转动.

例 3.1.1 一砂轮在电动机驱动下,以1 800 r/min的转速绕定轴转动,如图3.7所示.关闭电源后,砂轮均匀地减速,经15 s后停止转动.求:

(1) 砂轮的角加速度β;

(2) 到砂轮停止转动时,砂轮转过的圈数;

(3) 关闭电源后当$t=10$ s时砂轮的角速度ω,以及此时砂轮边缘上任意一点的速度和加速度.已知砂轮的半径$r=25$ cm.

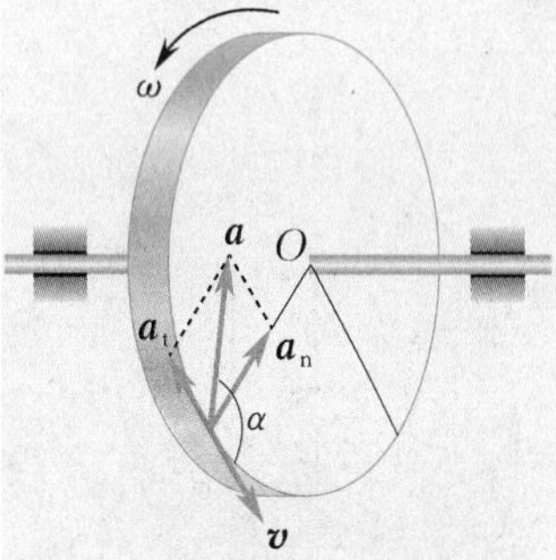

图 3.7

解 (1) 由题设可知,砂轮的初角速度为

$$\omega_0=2\pi\times\frac{1\,800}{60}\text{ rad/s}=60\pi\text{ rad/s}.$$

由于砂轮做匀变速转动,其角加速度为

$$\beta=\frac{\omega-\omega_0}{t}=\frac{0-60\pi}{15}\text{ rad/s}^2=-4\pi\text{ rad/s}^2.$$

(2) 砂轮从关闭电源到停止转动,其角位移$\Delta\theta$及圈数N分别为

$$\Delta\theta=\omega_0 t+\frac{1}{2}\beta t^2=60\pi\times15+\frac{1}{2}(-4\pi)\times15^2=450\pi,$$

$$N=\frac{\Delta\theta}{2\pi}=\frac{450\pi}{2\pi}=225\text{ r}.$$

(3) 在$t=10$ s时砂轮的角速度为

$$\omega=\omega_0+\beta t=(60\pi-40\pi)\text{ rad/s}=20\pi\text{ rad/s},$$

砂轮边缘上任意一点的速度的大小为

$$v=r\omega=0.25\times20\pi\text{ m/s}=5\pi\text{ m/s},$$

其方向如图3.7所示,相应的切向加速度和法向加速度分别为

$$a_t=r\beta=0.25\times(-4\pi)\text{ m/s}^2=-\pi\text{ m/s}^2,$$

$$a_n=r\omega^2=0.25\times(20\pi)^2\text{ m/s}^2=100\pi^2\text{ m/s}^2.$$

砂轮边缘上任意一点的加速度的大小为

$$a=\sqrt{a_t^2+a_n^2}\approx9.88\times10^2\text{ m/s}^2.$$

$\boldsymbol{a}$的方向由$\boldsymbol{a}$与$\boldsymbol{v}$的夹角α表示(见图3.7):

$$\alpha=\arctan\frac{a_n}{a_t}=\arctan\frac{100\pi^2}{-\pi}\approx90.18°.$$

3.2　刚体定轴转动定律　转动惯量

上一节讨论了刚体绕定轴转动的描述，不涉及引起转动的原因. 本节研究刚体绕定轴转动的动力学规律，确定刚体绕定轴转动时的力矩与角加速度的关系，并引入转动惯量的概念.

3.2.1　力矩

我们知道，刚体平动状态的改变是受力的作用的结果，但若将力作用在门、窗等做定轴转动的转轴上，则无论施加多大的力都不会改变其运动状态. 因此做定轴转动的刚体的运动状态的变化不仅与力的大小和方向有关，而且还与力的作用点有关，即做定轴转动的刚体运动状态要发生变化，必须施以力矩.

如图 3.8 所示，对于绕定轴转动的刚体，它的转轴固定在惯性系中，我们取该转轴为 z 轴. 刚体上每个质点不一定都受外力的作用，设第 i 个质点 Δm_i 受外力 $\boldsymbol{F}_i$（不受力时，$\boldsymbol{F}_i=\boldsymbol{0}$）的作用，其转心为 O_i，相对于 O_i 的位矢为 $\boldsymbol{r}_i$，相对于转轴上的 O 点（参考点）的位矢为 $\boldsymbol{r}_{Oi}$. 于是 $\boldsymbol{F}_i$ 对 O 点的力矩为

$$\boldsymbol{M}_i=\boldsymbol{r}_{Oi}\times\boldsymbol{F}_i.$$

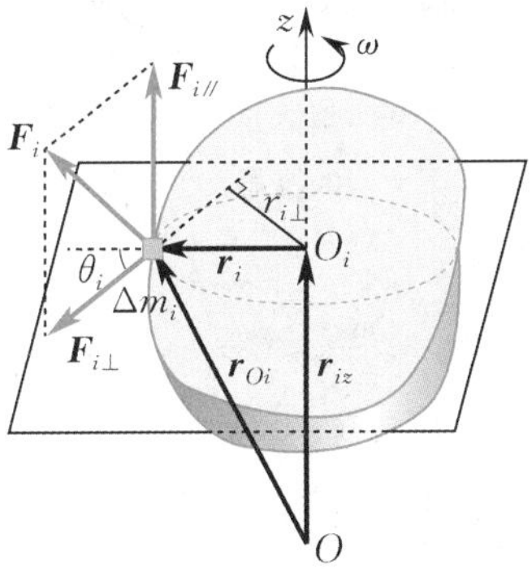

图 3.8　外力 $\boldsymbol{F}_i$ 对转轴的力矩

当一个任意方向的外力作用在刚体上时，如果刚体做定点转动，则其运动状态的变化由该力矩来决定. 但是对于做定轴转动的刚体来说，**只有方向与转轴平行的力矩才能改变做定轴转动的刚体的运动状态**. 于是将外力 $\boldsymbol{F}_i$ 分解为垂直于转轴和平行于转轴的两个分力 $\boldsymbol{F}_{i\perp}$ 和 $\boldsymbol{F}_{i//}$，$\boldsymbol{r}_{Oi}$ 也分解为垂直于转轴和平行于转轴的两个分量 $\boldsymbol{r}_i$ 和 $\boldsymbol{r}_{iz}$，上式可改写为

$$\begin{aligned}\boldsymbol{M}_i&=\boldsymbol{r}_{Oi}\times\boldsymbol{F}_i=\boldsymbol{r}_{Oi}\times\boldsymbol{F}_{i\perp}+\boldsymbol{r}_{Oi}\times\boldsymbol{F}_{i//}\\&=\boldsymbol{r}_i\times\boldsymbol{F}_{i\perp}+\boldsymbol{r}_{iz}\times\boldsymbol{F}_{i\perp}+\boldsymbol{r}_{Oi}\times\boldsymbol{F}_{i//},\end{aligned}$$

即式中的外力矩 $\boldsymbol{M}_i$ 可以看成三个分量的矢量和. 由矢积的定义可知，此式的最后两项的方向都和 z 轴垂直（虽然这两项的方向并不相同），它们沿 z 轴方向的分量自然为零. 因为第一项 $\boldsymbol{r}_i\times\boldsymbol{F}_{i\perp}$ 中的两个因子都垂直于 z 轴，所以这一矢积沿 z 轴方向，这样 $\boldsymbol{M}_i$ 在 z 轴上的分量就是 $\boldsymbol{r}_i\times\boldsymbol{F}_{i\perp}$，其大小为

$$M_{iz}=r_iF_{i\perp}\sin\theta_i=r_{i\perp}F_{i\perp}.\tag{3.2.1}$$

它是使刚体绕 z 轴转动状态发生改变的力矩. 式中 θ_i 为 $\boldsymbol{F}_{i\perp}$ 和 $\boldsymbol{r}_i$ 之间的夹角；$r_{i\perp}=r_i\sin\theta_i$ 是转轴到 $\boldsymbol{F}_{i\perp}$ 作用线的垂直距离，通常称为**力臂**. 可见 $\boldsymbol{F}_i$ 对参考点 O 的力矩在 z 轴方向上的分量就等于力 $\boldsymbol{F}_i$

对转心 O_i 的力矩(简称为外力 F_i 对定轴的力矩). 这是力对参考点的力矩与对通过参考点的转轴的力矩之间的关系.

考虑到所有外力,可得作用在定轴转动的刚体上的合外力矩的 z 轴分量,即对于转轴的合外力矩为

$$M_z = \sum_i M_{iz} = \sum_i r_i F_{i\perp} \sin\theta_i. \tag{3.2.2}$$

它是作用在各质点上的力矩的 z 轴分量之和.

刚体定轴转动定律

3.2.2 刚体定轴转动定律

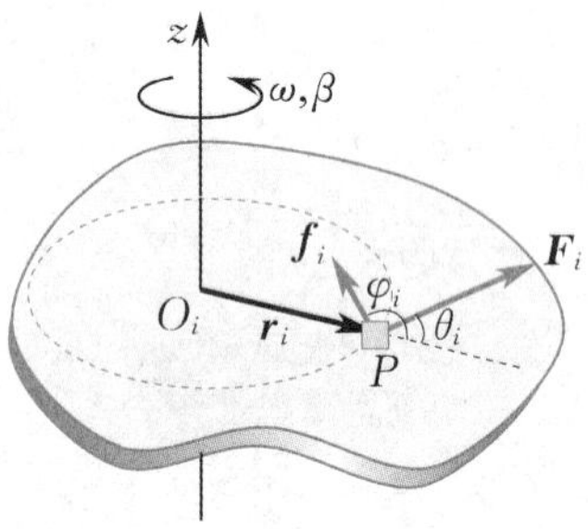

图 3.9 刚体定轴转动定律的推导

图 3.9 所示为一个绕定轴(z 轴)转动的刚体,图中质点 P 是刚体中的任意一个质点,其质量为 Δm_i,转心为 O_i,到转轴的距离为 r_i(相应的位矢为 $\boldsymbol{r}_i$),质点受到的外力和内力分别为 $\boldsymbol{F}_i$ 和 $\boldsymbol{f}_i$($\boldsymbol{f}_i$ 表示刚体中的其他所有质点对质点 P 所作用的合力). 由于平行于转轴的力不可能产生与转轴平行的力矩,对刚体绕此转轴的转动状态没有影响,为了简单起见,可假设 $\boldsymbol{F}_i$ 和 $\boldsymbol{f}_i$ 都位于通过 P 点且与转轴垂直的平面内(它们与位矢 $\boldsymbol{r}_i$ 的夹角分别为 θ_i 和 φ_i). 根据牛顿第二定律,质点 P 的动力学方程为

$$\boldsymbol{F}_i + \boldsymbol{f}_i = \Delta m_i \boldsymbol{a}_i, \tag{3.2.3}$$

式中 $\boldsymbol{a}_i$ 是质点 P 的加速度. 式(3.2.3)的法向和切向分量式分别为

$$F_i \cos\theta_i + f_i \cos\varphi_i = \Delta m_i a_{i\mathrm{n}} = \Delta m_i r_i \omega^2, \tag{3.2.4}$$

$$F_i \sin\theta_i + f_i \sin\varphi_i = \Delta m_i a_{i\mathrm{t}} = \Delta m_i r_i \beta, \tag{3.2.5}$$

式中 $a_{i\mathrm{n}} = r_i\omega^2$ 和 $a_{i\mathrm{t}} = r_i\beta$ 分别是质点 P 的法向加速度和切向加速度. 式(3.2.4)的左边表示质点 P 所受的法向力,式(3.2.5)的左边表示质点 P 所受的切向力. 因为法向力的作用线通过转轴,所以法向力对转轴的力矩为零,对刚体的定轴转动不起作用. 在式(3.2.5)的两边同乘以 r_i,得

$$F_i r_i \sin\theta_i + f_i r_i \sin\varphi_i = \Delta m_i r_i^2 \beta, \tag{3.2.6}$$

式(3.2.6)左边的第一项是外力 $\boldsymbol{F}_i$ 对转轴的力矩;第二项是内力 $\boldsymbol{f}_i$ 对转轴的力矩. 对组成刚体的每一个质点都可写出与式(3.2.6)相应的方程. 对所有质点的方程求和之后,有

$$\sum_i F_i r_i \sin\theta_i + \sum_i f_i r_i \sin\varphi_i = \left(\sum_i \Delta m_i r_i^2\right)\beta. \tag{3.2.7}$$

式(3.2.7)左边第二项表示刚体上所有质点所受到的内力矩之和. 由于每一对作用力与反作用力的力矩相加为零,因此内力矩之和 $\sum_i f_i r_i \sin\varphi_i$ 为零. 式(3.2.7)中左边第一项就是刚体所受各外力对转轴的力矩的代数和,即对于转轴的合外力矩,用 M_z 表示,式(3.2.7)就可表示为

$$M_z = \left(\sum_i \Delta m_i r_i^2\right)\beta. \tag{3.2.8}$$

令

$$J_z = \sum_i \Delta m_i r_i^2, \tag{3.2.9}$$

称 J_z 为刚体绕 z 轴的转动惯量. 式(3.2.8) 可改写为

$$M_z = J_z \beta. \tag{3.2.10}$$

为了简化公式中的表述，可省略式(3.2.10) 的下标 z，式(3.2.10) 相应的矢量式可表示为

$$\boldsymbol{M} = J\boldsymbol{\beta} = J\frac{\mathrm{d}\boldsymbol{\omega}}{\mathrm{d}t}. \tag{3.2.11}$$

式(3.2.11) 称为刚体定轴转动定律. 它表明，刚体在合外力矩的作用下所获得的角加速度与对转轴的合外力矩成正比，与刚体绕此转轴的转动惯量成反比.

3.2.3 刚体绕转轴的转动惯量

1. 刚体绕转轴的转动惯量及其计算

若将刚体的定轴转动和质点的直线运动做类比，转动定律 $\boldsymbol{M} = J\boldsymbol{\beta}$ 与牛顿第二定律 $\boldsymbol{F} = m\boldsymbol{a}$ 地位相当. 合外力矩与合外力相当，角加速度和加速度相当，转动惯量 J 与质量 m 对应，m 描述质点的平动惯性，J 则描述刚体的转动惯性. 在同样的合外力矩作用下，J 越大，则刚体获得的角加速度越小，定轴转动的状态不易改变；J 越小，则刚体获得的角加速度越大，定轴转动的状态容易改变.

在实际计算转动惯量时可分为以下两种情况：

(1) 若刚体为分立的质点系，可用 m_i 取代式(3.2.9) 中的 Δm_i，则刚体绕转轴的转动惯量为

$$J = \sum_i m_i r_i^2. \tag{3.2.12}$$

(2) 若刚体为连续体，需用积分代替求和，则刚体绕转轴的转动惯量为

$$J = \int r^2 \mathrm{d}m, \tag{3.2.13}$$

式中 r 为刚体中质点 $\mathrm{d}m$ 到转轴的垂直距离，积分遍及整个刚体的质量分布.

在国际单位制中，转动惯量的单位是千克二次方米($\mathrm{kg \cdot m^2}$).

由式(3.2.12) 和(3.2.13) 可知，刚体绕转轴的转动惯量等于组成刚体各质点的质量和它们各自离该转轴的垂直距离的平方的乘积的总和. 它的大小不仅与刚体总质量有关，而且与其质量相对于转轴的分布有关. 其关系可以概括为以下三点：

(1) 形状、大小相同的匀质刚体，总质量越大，转动惯量越大；

(2) 总质量相同的刚体，质量分布离转轴越远，转动惯量越大；

(3) 同一刚体，转轴不同(说到刚体绕转轴的转动惯量必须指明对哪个轴而言)，质量对转轴的分布不同，因而转动惯量不同.

在实际中，常常根据这些关系来改变转动惯量以适应需要.

对于形状复杂的物体，一般采用实验方法测定. 对形状规则且密度均匀的刚体绕转轴的转动惯量可根据式(3.2.12)和(3.2.13)计算得出.

例 3.2.1 计算一匀质薄圆环对通过圆环中心 O 并与圆环平面垂直的轴的转动惯量，已知圆环的质量为 m，半径为 R.

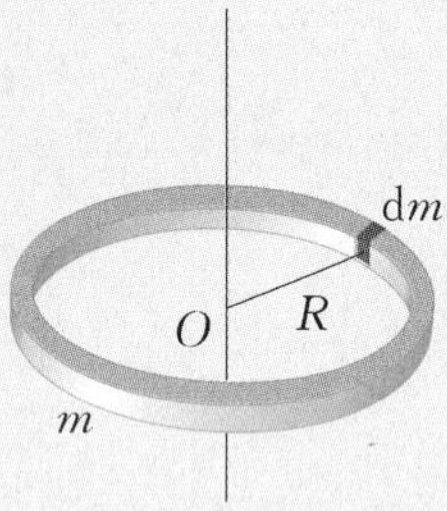

图 3.10

解 如图 3.10 所示，薄圆环上各质点 $\mathrm{d}m$ 到转轴的垂直距离都相等，而且都等于 R，由式(3.2.13) 可得

$$J=\int R^2\,\mathrm{d}m=R^2\int \mathrm{d}m,$$

式中 $\int \mathrm{d}m=m$，是薄圆环的总质量 m(无论圆环质量分布均匀与否). 于是薄圆环绕通过圆环中心 O 并与圆环平面垂直的轴的转动惯量为

$$J=mR^2.$$

这个结果与薄圆环质量分布是否均匀无关(这是一个特例). 此外，由于转动惯量是可加的，因此一个质量为 m、半径为 R 的薄圆筒绕其对称轴的转动惯量也是 $J=mR^2$.

例 3.2.2 计算一匀质圆盘绕通过圆盘中心 O 并与盘面垂直的轴的转动惯量，已知圆盘的质量为 m，半径为 R，厚度为 l.

解 如图 3.11 所示，圆盘可以认为是由许多薄圆环组成的，取任意一个半径为 r、宽度为 $\mathrm{d}r$ 的薄圆环，它的转动惯量按例 3.2.1 的计算结果为

$$\mathrm{d}J=r^2\,\mathrm{d}m,$$

式中 $\mathrm{d}m=\rho 2\pi r l\,\mathrm{d}r$ 为对应的薄圆环的质量$\left(\rho=\dfrac{m}{\pi R^2 l}\right.$ 为圆盘的密度$\left.\right)$. 代入上式，可得

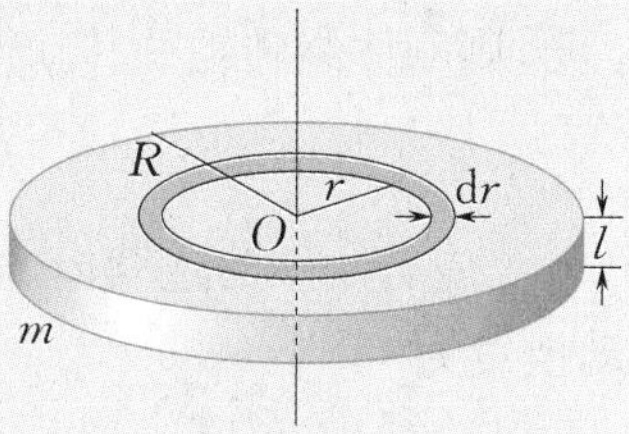

图 3.11

$$\mathrm{d}J=\rho 2\pi r^3 l\,\mathrm{d}r.$$

于是绕通过圆盘中心 O 并与盘面垂直的轴的转动惯量为

$$J=\int \mathrm{d}J=\int_0^R \rho 2\pi r^3 l\,\mathrm{d}r=\frac{1}{2}\rho\pi R^4 l=\frac{1}{2}mR^2.$$

例 3.2.2 中对圆盘厚度 l 并无限制，所以一个质量为 m、半径为 R 的匀质实心圆柱体绕其对称轴的转动惯量也是 $J=\dfrac{1}{2}mR^2$.

例 3.2.3　计算一匀质细杆绕过其中点且垂直于细杆的轴的转动惯量. 若将轴的位置平移到杆的一端，其转动惯量又为多少？已知细杆的质量为 m，长为 L.

解　如图 3.12 所示，细杆的线密度为 $\lambda=\dfrac{m}{L}$，沿细杆方向建立坐标系.

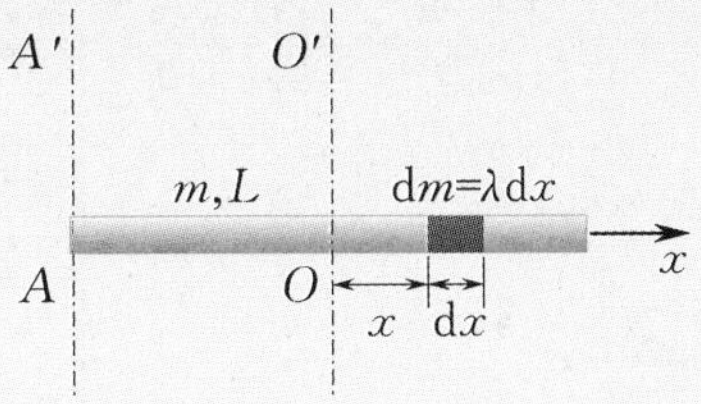

图 3.12

(1) 取细杆的中点 O 为坐标原点. 在细杆上任取一长度元 $\mathrm{d}x$，长度元 $\mathrm{d}x$ 对应的质量为 $\mathrm{d}m=\lambda\mathrm{d}x$，长度元 $\mathrm{d}x$ 到转轴的垂直距离为 $|x|$. 根据式(3.2.13)，则得匀质细杆绕过其中点且垂直于细杆的轴(OO' 轴)的转动惯量为

$$J_{OO'}=\int_{-L/2}^{L/2}x^2\lambda\mathrm{d}x=\frac{1}{12}\lambda L^3=\frac{1}{12}mL^2.$$

(2) 若将轴的位置平移到细杆的一端，即以 AA' 轴为转轴，这时可将坐标原点也移到 A 点，用同样的方法，可计算出细杆绕 AA' 轴的转动惯量为

$$J_{AA'}=\int_{0}^{L}x^2\lambda\mathrm{d}x=\frac{1}{3}\lambda L^3=\frac{1}{3}mL^2.$$

2. 平行轴定理与垂直轴定理

例 3.2.3 的结果明显地表示，对于不同的转轴，同一刚体的转动惯量不同. 可以证明，刚体绕任意转轴的转动惯量 J 等于刚体绕通过质心 C 并与该转轴平行的轴的转动惯量 J_c 加上刚体质量 m 与两轴间的距离 d 的平方的乘积，即

$$J=J_c+md^2. \tag{3.2.14}$$

这一关系称为平行轴定理. 读者可根据图 3.13 并利用刚体绕某转轴的转动惯量的定义来证明式(3.2.14).

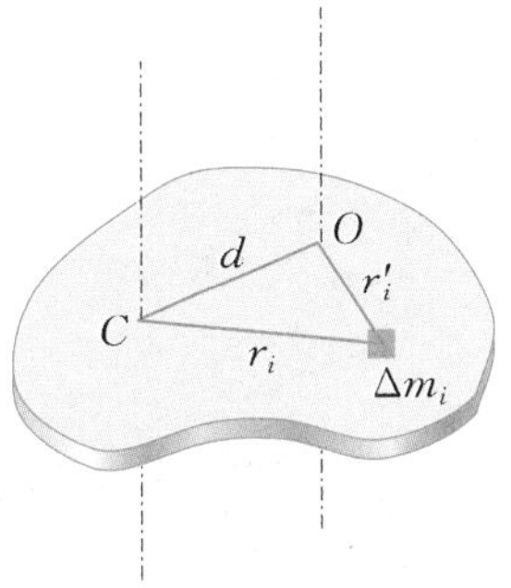

图 3.13　平行轴定理

这样，例 3.2.3 的两个结果有如下关系：

$$J_{AA'}=J_{OO'}+md^2=\frac{1}{12}mL^2+m\left(\frac{L}{2}\right)^2=\frac{1}{3}mL^2.$$

对于薄板状刚体，如图 3.14 所示，可以证明：刚体绕薄板面内相互垂直的两个轴的转动惯量 J_x 和 J_y 之和等于绕通过两轴交点且垂直于薄板面的轴的转动惯量 J_z，即

$$J_z=J_x+J_y. \tag{3.2.15}$$

这一关系称为薄板的垂直轴定理. 应用这个定理可以很容易地求出一个细圆环绕其直径的转动惯量为 $\dfrac{1}{2}mR^2$，薄圆盘绕其直径的转动惯量为 $\dfrac{1}{4}mR^2$ 等.

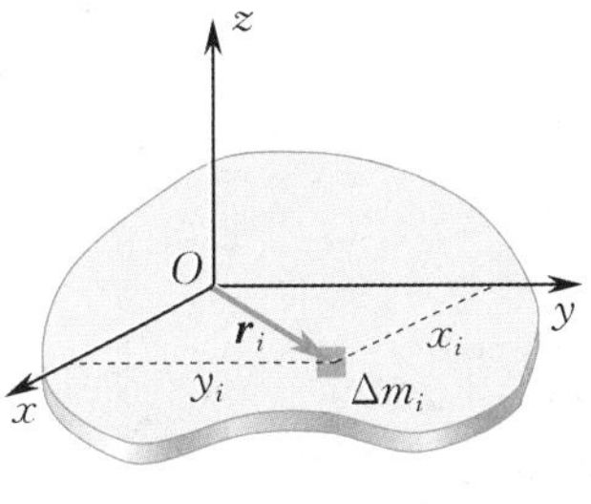

图 3.14　垂直轴定理

一些常见的密度均匀且形状规则的刚体绕某些转轴的转动惯量在表 3.1 中给出.

表 3.1　常见刚体的转动惯量

<table>
<tr><th>刚体</th><th>转轴</th><th>转动惯量</th></tr>
<tr><td rowspan="2">细棒
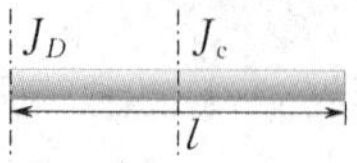</td><td>通过细棒中心与细棒垂直</td><td>$J_c = \frac{1}{12}ml^2$</td></tr>
<tr><td>通过细棒端点与细棒垂直</td><td>$J_D = \frac{1}{3}ml^2$</td></tr>
<tr><td rowspan="3">细圆环
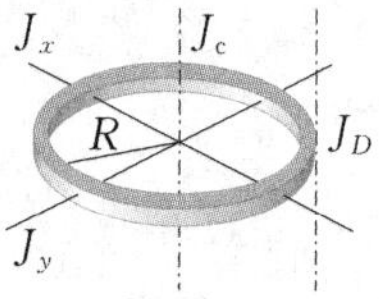</td><td>通过圆环中心与环面垂直</td><td>$J_c = mR^2$</td></tr>
<tr><td>通过圆环边缘与环面垂直</td><td>$J_D = 2mR^2$</td></tr>
<tr><td>直径</td><td>$J_x = J_y = \frac{1}{2}mR^2$</td></tr>
<tr><td rowspan="3">薄圆盘
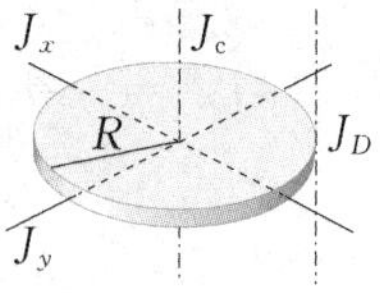</td><td>通过圆盘中心与盘面垂直</td><td>$J_c = \frac{1}{2}mR^2$</td></tr>
<tr><td>通过圆盘边缘与盘面垂直</td><td>$J_D = \frac{3}{2}mR^2$</td></tr>
<tr><td>直径</td><td>$J_x = J_y = \frac{1}{4}mR^2$</td></tr>
<tr><td>空心圆柱
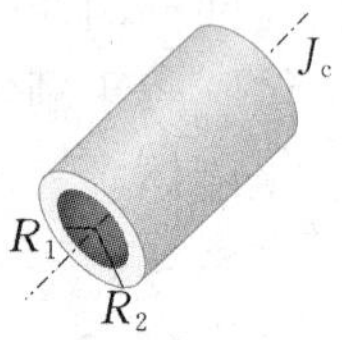</td><td>对称轴</td><td>$J_c = \frac{1}{2}m(R_1^2 + R_2^2)$</td></tr>
<tr><td rowspan="2">球壳
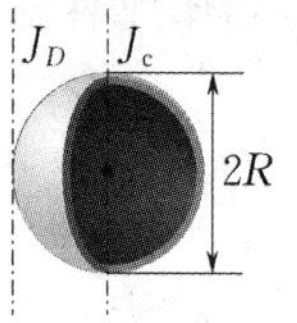</td><td>中心轴</td><td>$J_c = \frac{2}{3}mR^2$</td></tr>
<tr><td>切线</td><td>$J_D = \frac{5}{3}mR^2$</td></tr>
<tr><td rowspan="2">球体
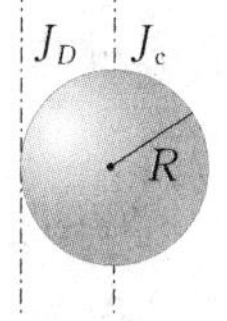</td><td>中心轴</td><td>$J_c = \frac{2}{5}mR^2$</td></tr>
<tr><td>切线</td><td>$J_D = \frac{7}{5}mR^2$</td></tr>
<tr><td rowspan="2">立方体
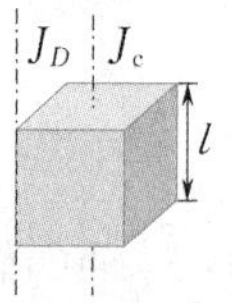</td><td>中心轴</td><td>$J_c = \frac{1}{6}ml^2$</td></tr>
<tr><td>棱边</td><td>$J_D = \frac{2}{3}ml^2$</td></tr>
</table>

3.2.4 刚体定轴转动定律的应用

定轴转动定律说明运动状态的变化和外界作用的瞬时关系，即某时刻作用在刚体上的各个外力对转轴的合外力矩将引起该时刻的刚体的转动状态的改变，使刚体获得角加速度. 若合外力矩为一常矢量，则刚体做匀变速转动；若合外力矩是变化的，则刚体将做变速转动；若合外力矩为零，则角加速度也为零，刚体处于静止或匀速转动状态.

应用刚体定轴转动定律解题的四步法如下：

（1）选取研究对象；

（2）分析研究对象的受力或力矩；

（3）建立坐标系，列方程；

（4）根据题目条件和研究对象之间的联系，利用角量和线量的关系求解.

例 3.2.4 如图 3.15(a) 所示，轻绳绕过水平光滑桌面上的定滑轮 C 连接两物体 A 和 B，A 和 B 的质量分别为 m_A 和 m_B，滑轮视为匀质圆盘，其质量为 m_C，半径为 R，AC 间轻绳水平并与滑轮的轴垂直，轻绳与滑轮之间无相对滑动，不计轴处摩擦，求 B 的加速度，AC，BC 间轻绳的张力大小.

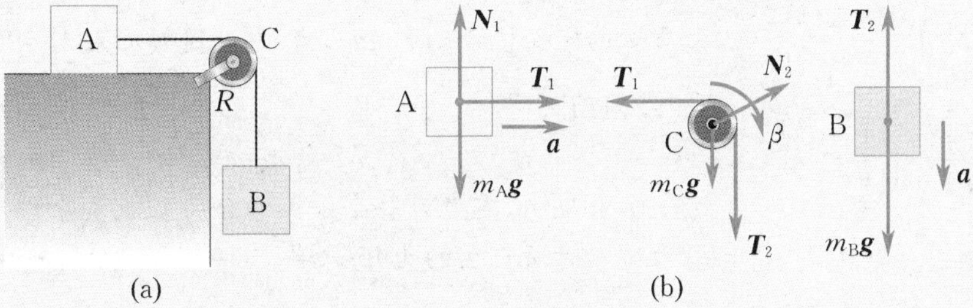

图 3.15

解 依题意，AC 之间轻绳的张力大小相等，BC 之间轻绳的张力大小相等. 滑轮质量 $m_C \neq 0$，从而滑轮两边轻绳的张力，即 AC，BC 间轻绳的张力大小并不相等. 轻绳与滑轮无相对滑动，说明滑轮依靠轻绳的张力产生转动.

将物体 A，B 和滑轮 C 隔离，并进行受力分析，如图 3.15(b) 所示. 取各物体运动的方向为正方向. 对物体 A 和 B，由牛顿第二定律得

$$T_1 = m_A a,$$

$$m_B g - T_2 = m_B a.$$

对定滑轮 C，由刚体定轴转动定律得

$$T_2 R - T_1 R = J_C \beta = \frac{1}{2} m_C R^2 \beta.$$

由于轻绳与滑轮之间无相对滑动，物体 A 和 B 的加速度与定滑轮 C 边缘接触点的切向加速度相等，依切向加速度和角加速度的关系，有

$$a = R\beta.$$

联立上面四式,可以解得

$$a = \frac{m_B g}{m_A + m_B + \frac{1}{2}m_C},$$

$$T_1 = \frac{m_A m_B g}{m_A + m_B + \frac{1}{2}m_C},$$

$$T_2 = \frac{\left(m_A + \frac{1}{2}m_C\right)m_B g}{m_A + m_B + \frac{1}{2}m_C}.$$

例 3.2.5 一根长为 l、质量为 m 的匀质细棒,其一端连接于一固定的光滑水平轴,因而可以在竖直平面内转动.最初细棒静止在水平位置.求它由此下摆 θ 角时的角加速度和角速度.

解 讨论细棒的下摆运动时,不能再把它看成质点,而应作为刚体绕定轴转动来处理.

细棒的下摆是一加速转动,所受外力为细棒受轴的作用力 $\boldsymbol{F}$(作用线过轴,对转轴不产生力矩)和重力 $m\boldsymbol{g}$.所受的合外力矩只是重力对 O 轴的力矩.取细棒上一小段,其质量为 $\mathrm{d}m$(见图 3.16).在细棒下摆至任意角度 θ 时,它所受的重力对 O 轴的力矩为 $xg\,\mathrm{d}m$,其中 x 是 $\mathrm{d}m$ 对于 O 轴的水平坐标.整个细棒受的重力对 O 轴的力矩为

$$M = \int xg\,\mathrm{d}m = g\int x\mathrm{d}m.$$

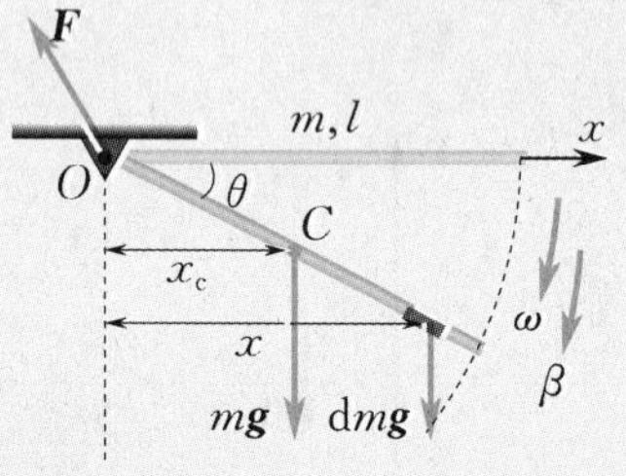

图 3.16

由质心的定义 $\int x\mathrm{d}m = mx_c$,式中 x_c 是质心相对于 O 轴的水平坐标.因而可得

$$M = mgx_c.$$

这一结果说明,重力对整个细棒的合力矩就和全部重力集中作用于质心时所产生的力矩一样.

由于 $x_c = \frac{1}{2}l\cos\theta$,有

$$M = \frac{1}{2}mgl\cos\theta.$$

代入刚体定轴转动定律(式(3.2.11)),可得细棒的角加速度为

$$\beta = \frac{M}{J} = \frac{\frac{1}{2}mgl\cos\theta}{\frac{1}{3}ml^2} = \frac{3g\cos\theta}{2l}.$$

又因为 $\beta = \frac{\mathrm{d}\omega}{\mathrm{d}t} = \frac{\mathrm{d}\omega}{\mathrm{d}\theta}\frac{\mathrm{d}\theta}{\mathrm{d}t} = \omega\frac{\mathrm{d}\omega}{\mathrm{d}\theta}$,所以

$$\beta = \frac{3g\cos\theta}{2l} = \omega\frac{\mathrm{d}\omega}{\mathrm{d}\theta}.$$

对上式分离变量,有

$$\omega\mathrm{d}\omega = \frac{3g\cos\theta}{2l}\mathrm{d}\theta,$$

两边积分，得

$$\int_0^{\omega}\omega \mathrm{d}\omega = \int_0^{\theta}\frac{3g\cos\theta}{2l}\mathrm{d}\theta,$$

解得

$$\omega^2 = \frac{3g\sin\theta}{l},$$

即

$$\omega = \sqrt{\frac{3g\sin\theta}{l}}.$$

3.3 刚体的角动量定理与角动量守恒定律

在研究质点运动规律时，动量是一个非常重要的运动量. 考虑刚体在转动过程中，刚体内部各质点均做圆周运动，角量成为描述刚体整体运动的物理量，因此定义一个角量形式的运动量是非常必要的. 在第 2 章中已讲过质点和质点系对定点和定轴的角动量. 下面讨论刚体对转轴的角动量以及角动量定理与角动量守恒定律.

3.3.1 刚体对转轴的角动量

如图 3.17 所示，考虑一个以角速度 ω 绕 z 轴转动的刚体，刚体中的任意一个质点 Δm_i 对参考点 O 的角动量为

$$\boldsymbol{L}_i = \boldsymbol{r}_{Oi} \times \Delta m_i \boldsymbol{v}_i.$$

由于 $\boldsymbol{r}_{Oi}$ 垂直于 $\boldsymbol{v}_i$，角动量的大小为

$$L_i = \Delta m_i r_{Oi} v_i,$$

其方向如图 3.17 所示，此角动量沿 z 轴的分量为

$$L_{iz} = L_i \sin\varphi_i = \Delta m_i r_{Oi} v_i \sin\varphi_i.$$

由于 $r_{Oi}\sin\varphi_i = r_i$ 为 Δm_i 到转轴的垂直距离，而 $v_i = r_i\,\omega$，有

$$L_{iz} = \Delta m_i r_i^2 \omega.$$

整个刚体绕定轴转动的总角动量 $\boldsymbol{L}$ 沿 z 轴的分量，亦即刚体沿 z 轴的角动量为

$$L_z = \sum_i L_{iz} = \left(\sum_i \Delta m_i r_i^2\right)\omega = J_z\,\omega, \qquad (3.3.1)$$

式中 $J_z = \sum\limits_i \Delta m_i r_i^2$ 正是刚体绕 z 轴的转动惯量.

考虑到刚体沿 z 轴的角动量的方向与刚体绕定轴转动的角速度 $\boldsymbol{\omega}$ 的方向一致，可省略式(3.3.1)的下标 z，得刚体对固定转轴的

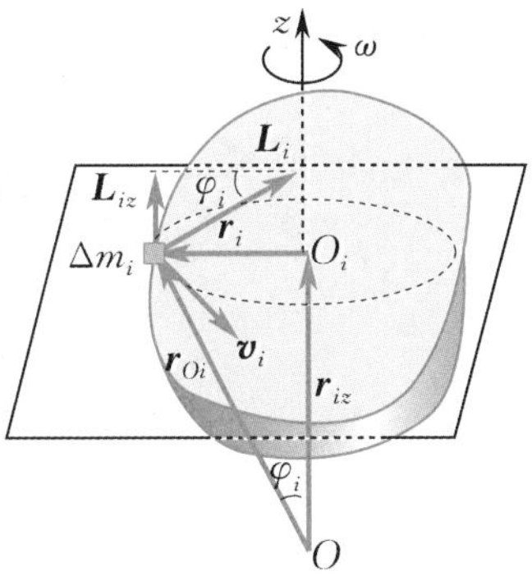

图 3.17　刚体对转轴的角动量

角动量为

$$\boldsymbol{L}=J\boldsymbol{\omega}. \tag{3.3.2}$$

3.3.2 刚体绕定轴转动的角动量定理

刚体的角动量定理
与角动量守恒定律

质点系对定点的角动量定理为

$$\boldsymbol{M}=\frac{\mathrm{d}\boldsymbol{L}}{\mathrm{d}t}, \tag{3.3.3}$$

此式为一矢量式,它沿某一选定的 z 轴的分量式为

$$M_z=\frac{\mathrm{d}L_z}{\mathrm{d}t}. \tag{3.3.4}$$

将式(3.3.4)应用于刚体绕定轴转动,设转轴为 z 轴,由式(3.3.4)和(3.3.1)有

$$M_z=\frac{\mathrm{d}L_z}{\mathrm{d}t}=\frac{\mathrm{d}}{\mathrm{d}t}(J_z\omega).$$

注意,合外力矩 $\boldsymbol{M}$ 对 z 轴的分量 M_z 就是作用在做定轴转动的刚体上的所有外力对于转轴的合外力矩. 略去下标,写成矢量形式为

$$\boldsymbol{M}=\frac{\mathrm{d}\boldsymbol{L}}{\mathrm{d}t}=\frac{\mathrm{d}}{\mathrm{d}t}(J\boldsymbol{\omega}) \tag{3.3.5a}$$

或

$$\boldsymbol{M}\mathrm{d}t=\mathrm{d}(J\boldsymbol{\omega}). \tag{3.3.5b}$$

式(3.3.5b)称为刚体绕定轴转动的角动量定理的微分形式. 式(3.3.5a)说明,刚体绕某定轴转动时,刚体对该转轴的合外力矩等于刚体绕此转轴的角动量对时间的变化率. 该式可以看成刚体定轴转动定律 $M=J\dfrac{\mathrm{d}\omega}{\mathrm{d}t}$ 的另一表达式,而且其意义更加普遍. 当绕定轴转动的刚体的转动惯量 J 因内力作用而发生变化时,$M=J\dfrac{\mathrm{d}\omega}{\mathrm{d}t}$ 已不适用,而 $M=\dfrac{\mathrm{d}}{\mathrm{d}t}(J\omega)$ 仍然成立.

对式(3.3.5b)积分后,可得

$$\int_{t_0}^{t}\boldsymbol{M}\mathrm{d}t=J\boldsymbol{\omega}-J_0\boldsymbol{\omega}_0, \tag{3.3.6}$$

式中 J_0,$\boldsymbol{\omega}_0$ 和 J,$\boldsymbol{\omega}$ 分别代表 t_0 时刻和 t 时刻的转动惯量(物体在转动过程中,其内部各质点相对于转轴的位置可以改变,使 J 可变)和角速度;$\int_{t_0}^{t}\boldsymbol{M}\mathrm{d}t$ 是合外力矩在 $t_0\sim t$ 时间内作用在刚体上的对转轴的冲量矩(或角冲量). 式(3.3.6)表明,当转轴给定时,作用在刚体上的冲量矩等于刚体角动量的增量. 这就是刚体绕定轴转动的角动量定理的积分形式.

3.3.3 刚体绕定轴转动的角动量守恒定律

由刚体绕定轴转动的角动量定理 $M_z = \frac{\mathrm{d}L_z}{\mathrm{d}t}$ 可知，当 $M_z = 0$ 时，应有

$$L_z = \text{常量}. \tag{3.3.7}$$

这就是说，对于质点系，如果它受的对于某一转轴的合外力矩为零，则它对于这一转轴的角动量保持不变. 这个结论叫作对定轴的角动量守恒定律. 这里指的质点系可以不是刚体，其中的质点也可以组成一个或几个刚体. 应该注意的是，一个系统内各个刚体或质点的角动量必须是对同一转轴而言的.

对于一个做定轴转动的刚体，式(3.3.7) 可具体写为

$$\boldsymbol{L} = J\boldsymbol{\omega} = \text{常矢量}. \tag{3.3.8}$$

这就是刚体绕定轴转动的角动量守恒定律.

可见，如果刚体绕定轴转动时，对转轴的转动惯量 J 保持不变，则在满足角动量守恒的条件下，刚体以恒定的角速度转动；如果物体绕定轴转动时，对转轴的转动惯量是可变的，则在满足角动量守恒的条件下，物体的角速度 ω 随对转轴的转动惯量 J 的改变而变. 当 J 变大时，ω 变小；当 J 变小时，ω 变大. 但两者的乘积 $J\omega$ 保持不变.

对于由多个物体组成的定轴转动的系统，如果各物体对同一转轴的角动量分别为 $J_1\omega_1, J_2\omega_2, \cdots$，则系统对此转轴的角动量为 $L = \sum_i J_i\omega_i$. 只要整个系统受到的对于转轴的合外力矩为零(所有外力对转轴的力矩矢量和为零)，系统对转轴的角动量就守恒，有

$$L = \sum_i J_i\omega_i = \text{常量}.$$

由于角动量和角速度均为矢量，因此上式可写成矢量表达式

$$\boldsymbol{L} = \sum_i J_i\boldsymbol{\omega}_i = \text{常矢量}. \tag{3.3.9}$$

这就是做定轴转动的系统的角动量守恒定律. 它说明，当系统受到的所有外力对转轴的力矩的矢量和为零时，不论系统内各物体在内力作用下是改变了系统的转动惯量，还是改变了系统内各部分物体的角速度，都不能改变系统的角动量. 系统内一个物体的角动量发生了某一改变，则在内力的作用下，系统内另一物体的角动量必然有一个与之等值反向的改变量，从而保证系统角动量不变.

定轴转动中的角动量守恒定律很容易演示. 如图 3.18 所示，演示者坐在可绕竖直轴无摩擦转动的凳子上，手持哑铃，两臂伸平，并以一定的角速度转动. 当他把两臂收回使哑铃贴在胸前时，演示者的转速就会明显增加. 这个现象可以用角动量守恒定律解释：将

图 3.18　角动量守恒定律的演示

人的两臂伸平和收回当成一个刚体的两种状态，分别以 J_1 和 J_2 表示这两种状态下系统对转轴的转动惯量，以 ω_1 和 ω_2 表示这两种状态时系统的角速度. 由于人在收回手臂时，双臂用力是内力，并不产生对竖直轴的外力矩（略去转轴受到外界轴承的摩擦），系统的角动量守恒，即 $J_1\omega_1 = J_2\omega_2$. 很明显，由于 $J_1 > J_2$，因此 $\omega_1 < \omega_2$.

在花样滑冰、舞蹈和跳水等旋转动作中也体现了对转轴的角动量守恒定律. 例如，跳水运动员在起跳时，两手臂伸直，角速度较小，但是转动惯量（对通过自身质心的转轴）较大. 当运动员起跳后，在空中将手臂和双腿尽量弯曲，以减小转动惯量，就可以获得比较大的空翻角速度. 完成规定动作后，在接近水面时，伸直手臂和双腿，从而增大转动惯量，减小角速度，以便使身体尽量以平动的姿态垂直入水，减小水花.

对转轴的角动量守恒定律也表现在宇观现象中. 例如，星系可视为由大量天体组成的一个质点系，星系的演化过程遵从对转轴的角动量守恒定律. 就银河系来说，最初它可能是一个球形的缓慢旋转着的气体云，具有一定的初始角动量，由于自身万有引力作用向内而逐渐收缩. 在垂直于转轴的径向方向上，当气体云向转轴收缩时，因为对转轴的角动量守恒，其旋转的角速度必然增大，从而使惯性离心力也增大，并反抗万有引力的收缩作用. 由于在转轴方向上并不存在惯性离心力的抗拒，于是现在的银河系就演化成一个垂直于转轴高速旋转的扁盘形结构（见图 3.19）. 这就是宇宙中许多星系为什么都呈旋转的扁盘形状的原因. 恒星衰老坍塌时，外层所受的万有引力十分强大，垂直于转轴的转动惯量缩小几个数量级，对转轴的转动惯量变小到只有原来恒星母体的亿万分之几，因而转动的角速度变得很大，自转周期变得很短. 例如，蟹状星云核心的一颗中子星，它的自转周期就只有 $\frac{1}{30}$ s. 这是物体系统绕定轴转动的角动量守恒定律在自然界形成的奇观.

图 3.19　银河系的扁盘形结构

在微观领域中，当角动量为零的正、负电子对湮没而变为一对光子时，这一对光子的角动量必是大小相等、方向相反的，以保持角动量为零. 观察的结果证实确实如此，表明角动量守恒定律在微观领域同样适用.

例 3.3.1　如图 3.20 所示，质量为 m_1、长为 l 的匀质细棒竖直地悬在水平 O 轴上，一个质量为 m_2 的小球以水平速度 $\boldsymbol{v}_0$ 与静止的细棒的下端相碰撞，碰撞后以速度 $\boldsymbol{v}$ 反向运动，求细棒在碰撞后的角速度 ω.

解　由于小球与细棒的碰撞时间极短，故可认为在这一过程中，细棒一直保持在竖直位置. 因此小球与细棒组成的系统在碰撞过程中受到的外力（两者的重力及 O 轴处的支持力）对 O 轴的力矩都为零，系统对 O 轴的角动量守恒.

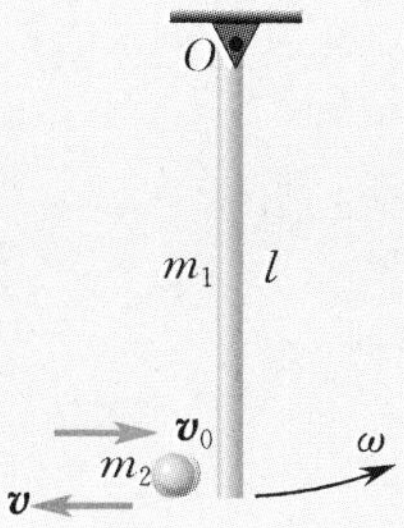

图 3.20

以垂直于纸面向外为正，碰撞前后小球对 O 轴的角动量分别为 m_2v_0l 和 $-m_2vl$，碰撞后细棒对 O 轴的角动量为 $\frac{1}{3}m_1l^2\omega$（这里用到了细棒对 O 轴的转动惯量 $J=\frac{1}{3}m_1l^2$），有

$$m_2v_0l=-m_2vl+\frac{1}{3}m_1l^2\omega,$$

解得细棒在碰撞后的角速度 ω 为

$$\omega=\frac{3m_2(v_0+v)}{m_1l}.$$

注意，本题不能应用动量守恒来求解. 小球碰撞细棒时，O 轴对细棒有作用力. 对小球与细棒组成的系统来说，这个作用力是外力且方向不沿竖直方向，因此系统不满足动量守恒的条件.

例 3.3.2　一个质量为 M、半径为 R 的水平匀质圆盘可绕通过中心的光滑竖直轴 OO' 自由转动，在圆盘的边缘站着一个质量为 m 的人，两者开始都相对于地面静止. 如果人沿圆盘的边缘走一周，人和圆盘相对于地面各转过了多少角度？

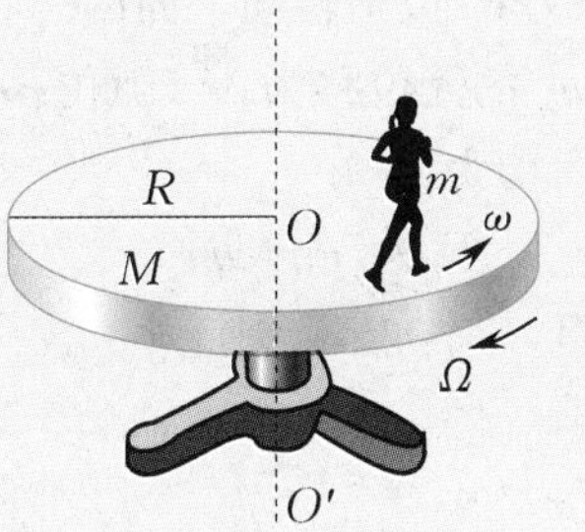

图 3.21

解　如图 3.21 所示，以人和圆盘为一个系统，人走动时，因人与圆盘之间的作用力是内力，而外力（人和圆盘两者所受的重力和 OO' 轴处的支持力）又平行于转轴，所以对 OO' 轴，系统所受合外力矩为零，系统对 OO' 轴的角动量守恒.

以 J_m，J_M 分别表示人和圆盘绕 OO' 轴的转动惯量，并以 ω，Ω 分别表示人和圆盘在任意时刻相对于地面（惯性系）绕 OO' 轴的角速度. 如果以人走动的方向为正方向，考虑起始时系统的角动量为零，则由角动量守恒定律可得

$$L=J_m\omega+J_M\Omega=0,$$

式中 $J_m=mR^2$，$J_M=\frac{1}{2}MR^2$. 以 θ 和 Θ 分别表示人和圆盘相对于地面发生的角位移，则 $\omega=\frac{\mathrm{d}\theta}{\mathrm{d}t}$，$\Omega=\frac{\mathrm{d}\Theta}{\mathrm{d}t}$. 代入上式，得

$$mR^2\frac{\mathrm{d}\theta}{\mathrm{d}t}=-\frac{1}{2}MR^2\frac{\mathrm{d}\Theta}{\mathrm{d}t}.$$

两边都乘以 $\mathrm{d}t$ 并积分，有

$$\int_0^{\theta}mR^2\mathrm{d}\theta=-\int_0^{\Theta}\frac{1}{2}MR^2\mathrm{d}\Theta.$$

由此可得

$$m\theta=-\frac{1}{2}M\Theta.$$

又因为角位移的相对性，人相对于圆盘走一周时，相对于圆盘的角位移为 $\varphi=2\pi$，有

$$\theta=\varphi+\Theta=2\pi+\Theta.$$

联立上两式，可解得人和圆盘相对于地面分别转过的角度为

$$\theta=\frac{2\pi M}{M+2m},\quad \Theta=-\frac{4\pi m}{M+2m}.$$

3.4 刚体绕定轴转动的功与能

3.4.1 力矩的功

力矩的功和功能定理

当刚体绕定轴转动时,作用在刚体上的某点的力所做的元功仍用力和受力的作用的质点的元位移的标积来定义,作用于刚体上的所有的力对刚体做的功应是各个力对相应质点做功的代数和.

对于刚体,因其质点间的相对位置不变,内力不做功,故仅需考虑外力做的功.对于定轴转动的情形,垂直于转动平面的力不做功,故假设作用于某一质点 Δm_i 上的外力 $\boldsymbol{F}_i$ 位于转动平面内.当刚体绕定轴(z 轴)转过角度 $\mathrm{d}\theta$ 时,质点 Δm_i 的元位移为 $\mathrm{d}\boldsymbol{r}_i$(弧位移为 $\mathrm{d}s_i = r_i\mathrm{d}\theta$)(见图 3.22),则力 $\boldsymbol{F}_i$ 做的元功为

$$\mathrm{d}A_i = \boldsymbol{F}_i \cdot \mathrm{d}\boldsymbol{r}_i = F_i\cos\varphi_i\mathrm{d}s_i = F_i\cos\varphi_i r_i\mathrm{d}\theta.$$

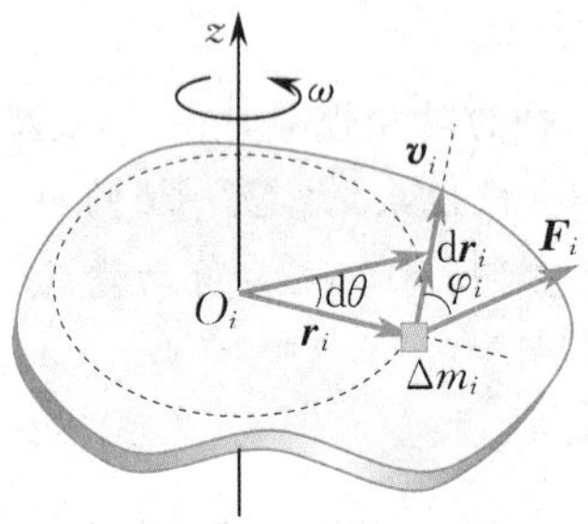

图 3.22 力矩的功

由于 $F_i\cos\varphi_i$ 是力 $\boldsymbol{F}_i$ 沿 $\mathrm{d}\boldsymbol{r}_i$ 方向的分量,垂直于 $\boldsymbol{r}_i$,因此 $F_ir_i\cos\varphi_i$ 就是外力 $\boldsymbol{F}_i$ 对转轴的力矩 M_i,即

$$M_i = F_ir_i\cos\varphi_i,$$

因此有

$$\mathrm{d}A_i = M_i\mathrm{d}\theta,$$

即力对转动刚体做的元功等于相应的力矩和角位移的乘积.

设刚体从角坐标 θ_0 转到 θ,则力 $\boldsymbol{F}_i$(也是对应的力矩 M_i)做的功可表示为

$$A_i = \int_{\theta_0}^{\theta} M_i\mathrm{d}\theta. \tag{3.4.1}$$

再对各个外力的功求和,就得到所有外力做的总功为

$$A = \sum_i A_i = \sum_i \left(\int_{\theta_0}^{\theta} M_i\mathrm{d}\theta\right) = \int_{\theta_0}^{\theta}\left(\sum_i M_i\right)\mathrm{d}\theta = \int_{\theta_0}^{\theta} M\mathrm{d}\theta, \tag{3.4.2}$$

式中 $M = \sum\limits_i M_i$ 为刚体受到的对转轴的合外力矩.

由此可见,力对刚体做的功可用力矩对刚体角位移的积分来表示,也称为力矩的功.

3.4.2 刚体绕定轴转动的转动动能

刚体绕定轴转动,它的转动动能是刚体中每一个质点做圆周

运动的动能之和. 设任意时刻刚体中的任意质点 Δm_i 的角速度为 ω，离转轴的垂直距离为 r_i，速率为 $v_i = r_i\omega$，则整个刚体绕定轴转动的转动动能为

$$E_{\mathrm{k}} = \sum_i \frac{1}{2}\Delta m_i v_i^2 = \frac{1}{2}\sum_i \Delta m_i (r_i\omega)^2 = \frac{1}{2}\Big(\sum_i \Delta m_i r_i^2\Big)\omega^2,$$

式中 $\sum\limits_i \Delta m_i r_i^2$ 就是刚体绕转轴的转动惯量 J. 因此刚体的转动动能可以写成

$$E_{\mathrm{k}} = \frac{1}{2}J\omega^2. \tag{3.4.3}$$

3.4.3　刚体绕定轴转动的动能定理

力矩做的功对刚体的影响可以通过刚体定轴转动定律导出. 由定轴转动定律有

$$M = J\frac{\mathrm{d}\omega}{\mathrm{d}t} = J\frac{\mathrm{d}\omega}{\mathrm{d}\theta}\frac{\mathrm{d}\theta}{\mathrm{d}t} = J\omega\frac{\mathrm{d}\omega}{\mathrm{d}\theta},$$

分离变量有

$$M\mathrm{d}\theta = J\omega\mathrm{d}\omega.$$

若刚体在合外力矩作用下角速度由 ω_0 变为 ω，相应的角坐标由 θ_0 变为 θ，将上式两边分别做定积分，得

$$\int_{\theta_0}^{\theta} M\mathrm{d}\theta = \int_{\omega_0}^{\omega} J\omega\mathrm{d}\omega = \frac{1}{2}J\omega^2 - \frac{1}{2}J\omega_0^2, \tag{3.4.4}$$

等式左边正是合外力矩对刚体做的功. 式(3.4.4)与质点的动能定理类似，于是这一定理就称为刚体绕定轴转动的动能定理. 它说明，合外力矩对一个绕转轴转动的刚体所做的功等于它的转动动能的增量.

3.4.4　刚体的重力势能

如果一个刚体受到保守力的作用，也可以引入势能的概念. 刚体绕定轴转动中涉及的势能主要是重力势能. 我们把刚体和地球系统的重力势能简称为刚体的重力势能，即取地面参考系来计算重力势能的值.

将刚体视为一个质点系，刚体的重力势能就是它的各个质点的重力势能的总和. 若以地面作为重力势能零点，则质点 Δm_i 的重力势能为

$$E_{\mathrm{p}i} = \Delta m_i g z_i,$$

式中 z_i 是质点离地面的高度. 对于一个不太大、质量为 m 的刚体(见图 3.23)，它的重力势能为

$$E_{\mathrm{p}} = \sum_i \Delta m_i g z_i = g\sum_i \Delta m_i z_i.$$

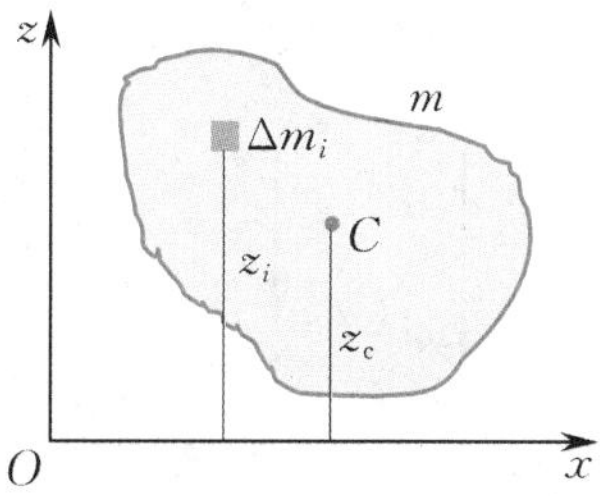

图 3.23　刚体的重力势能

根据质心的定义,此刚体质心离地面的高度为

$$z_c = \frac{\sum_i \Delta m_i z_i}{m},$$

所以刚体的重力势能为

$$E_p = mgz_c. \tag{3.4.5}$$

这一结果表明,一个不太大的刚体的重力势能与将它的全部质量集中在其质心上的质点所具有的重力势能一样.

3.4.5 刚体绕定轴转动的功能原理

若将重力矩做的功用刚体的重力势能差表示为

$$\int_{\theta_0}^{\theta} M_p \mathrm{d}\theta = -(mgz_c - mgz_{c0}),$$

就能将式(3.4.4)中重力矩做的功表示为重力势能差,可写为

$$\int_{\theta_0}^{\theta} M' \mathrm{d}\theta = \left(mgz_c + \frac{1}{2}J\omega^2\right) - \left(mgz_{c0} + \frac{1}{2}J\omega_0^2\right), \tag{3.4.6}$$

式中 M' 为除重力以外的其他外力对转轴的合外力矩. 式(3.4.6)就是在重力场中刚体绕定轴转动的功能原理. 如果 $M'=0$(在不计地球动能相应变化的条件下),则有

$$mgz_c + \frac{1}{2}J\omega^2 = 常量, \tag{3.4.7}$$

即刚体的机械能守恒.

由刚体和质点组成的系统,如果在运动过程中,只有保守力做功,则系统的机械能守恒. 对于平动的刚体,其机械能为平动动能和势能之和;对于既有平动又有转动的刚体,其动能为平动动能和转动动能之和.

例 3.4.1 利用刚体绕定轴转动的动能定理和机械能守恒定律两种方法重解例 3.2.5 中细棒下摆 θ 角时的角速度.

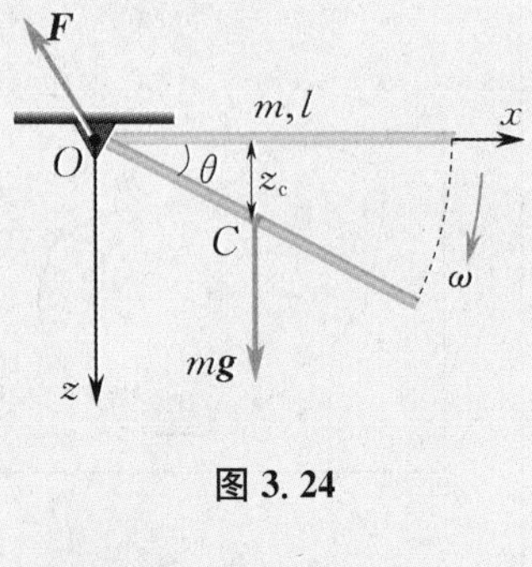

图 3.24

解 (1) 利用刚体绕定轴转动的动能定理求角速度. 细棒由水平位置下摆到 θ 角的过程中,如图 3.24 所示,由于不计摩擦力,轴对细棒的支持力 $\boldsymbol{F}$ 作用于细棒与 O 轴的接触面内,且通过 O 点,$\boldsymbol{F}$ 的大小和方向是随时改变的,但对 O 轴的力矩等于零,对细棒不做功,只有重力做功. 由于重力矩

$$M = \frac{1}{2}mgl\cos\theta$$

是一个变力矩,重力矩所做的元功为

$$\mathrm{d}A = mg\,\frac{l}{2}\cos\theta\mathrm{d}\theta.$$

而在细棒从水平位置下摆到 θ 角的过程中,重力矩所做的功为

$$A=\int_0^{\theta} mg\,\frac{l}{2}\cos\theta\mathrm{d}\theta = mg\,\frac{l}{2}\sin\theta.$$

由刚体绕定轴转动的动能定理，有

$$mg\,\frac{l}{2}\sin\theta = \frac{1}{2}J\omega^2 - 0,$$

将细棒绕 O 轴的转动惯量 $J=\frac{1}{3}ml^2$ 代入上式，解得

$$\omega=\sqrt{\frac{3g\sin\theta}{l}}.$$

(2) 利用机械能守恒定律求角速度. 以细棒与地球为研究系统，由于细棒在下摆的过程中，外力（轴对细棒的支持力 $\boldsymbol{F}$）不做功，只有重力做功，系统的机械能守恒. 取细棒的水平位置为势能零点，由机械能守恒定律可得

$$\frac{1}{2}J\omega^2 + mg(-z_c) = 0.$$

利用 $J=\frac{1}{3}ml^2$，$z_c=\frac{1}{2}l\sin\theta$，就可解得

$$\omega=\sqrt{\frac{3g\sin\theta}{l}}.$$

结合例 3.2.5 中利用刚体定轴转动定律和运动学的关系求解细棒下摆 θ 角时的角速度的方法，我们用三种方法求解了角速度. 很明显，用机械能守恒定律求解是最简便的.

例 3.4.2 如图 3.25 所示，一个质量为 M、半径为 R 的定滑轮（当作匀质圆盘）上面绕有细绳（细绳的质量可忽略，且不可伸长）. 细绳的一端固定在定滑轮的边缘上，另一端悬挂质量为 m 的物体. 定滑轮可绕一无摩擦的 O 轴转动，求物体 m 由静止下落 h 高度时的速度和此时定滑轮的角速度.

解　方法一　用牛顿第二定律和刚体定轴转动定律求解. 依题意，定滑轮和物体的受力分析如图 3.25 所示. 取各物体的运动方向为正方向. 对于物体 m，可视为质点，由牛顿第二定律，有

$$mg - T_2 = ma.$$

对于定滑轮，由刚体定轴转动定律，对 O 轴有

$$T_1R = J\beta = \frac{1}{2}MR^2\beta.$$

由于细绳中张力大小相等，有

$$T_1 = T_2.$$

细绳与定滑轮无相对滑动，定滑轮和物体的动力学关系为

$$a = R\beta.$$

联立上面四式，可以解得物体下落的加速度为

$$a=\frac{2m}{2m+M}g.$$

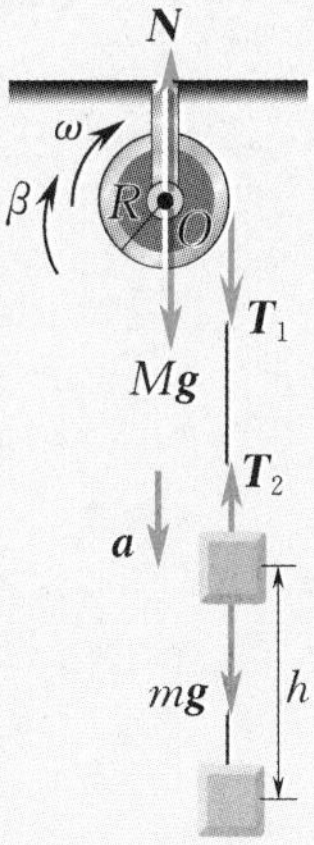

图 3.25

可见，物体做匀加速直线运动. 物体 m 由静止下落 h 高度时的速度为

$$v=\sqrt{2ah}=2\sqrt{\frac{mgh}{2m+M}}.$$

这时定滑轮的角速度为

$$\omega=\frac{v}{R}=\frac{2}{R}\sqrt{\frac{mgh}{2m+M}}.$$

方法二　用机械能守恒定律求解.如图 3.25 所示,以物体、定滑轮、地球作为研究的系统.在物体 m 下落的过程中,定滑轮随之转动.O 轴对定滑轮的支持力 $\boldsymbol{N}$(外力)不做功(因为无位移),细绳的拉力 $\boldsymbol{T}_1$ 拉动轮缘做正功,细绳的拉力 $\boldsymbol{T}_2$ 对物体 m 做负功,而物体下落的距离与轮缘转过的距离相等,所以这一对内力做的功的代数和为零.又不计一切阻力,因此对于所考虑的系统只有保守内力重力做功,系统的机械能守恒.

定滑轮的重力势能不变,可以不考虑.若取物体 m 下落 h 高度后的位置为重力势能零点,则由机械能守恒定律给出

$$mgh=\frac{1}{2}mv^2+\frac{1}{2}J\omega^2,$$

将 $J=\frac{1}{2}MR^2,\omega=\frac{v}{R}$ 代入上式,可求出

$$v=2\sqrt{\frac{mgh}{2m+M}}.$$

再由 $\omega=\frac{v}{R}$,解得物体 m 下落 h 高度时定滑轮的角速度为

$$\omega=\frac{v}{R}=\frac{2}{R}\sqrt{\frac{mgh}{2m+M}}.$$

3.5 刚体的进动与回转效应

本节将对刚体的定点转动做简单讨论.我们把一个厚重、形状对称的刚体绕对称轴高速自旋的装置称为回转仪.陀螺是一种简单的回转仪.回转仪中的刚体就是做定点转动.回转仪中高速自旋的刚体有着奇特的回转现象,在航空和航海方面得到了广泛的应用.

3.5.1 进动现象

当陀螺不转动时,由于受到重力矩的作用,便会发生倾倒,如图 3.26(a) 所示.但当陀螺高速旋转时,尽管受到对定点 O 不为零的重力矩的作用,却不会倒下来.这时,陀螺在绕自身对称轴转动(这种旋转叫作自旋)的同时,其自转轴还将绕 z 轴(通过定点的竖

直轴）沿着锥面回转，如图 3.26(b) 所示. 这种高速自旋物体的自转轴在空间的附加转动现象称为**进动**，而陀螺在外力矩作用下发生进动的现象称为**回转效应**.

当陀螺倾斜且高速自旋时，自转轴就稍有倾斜，重力对定点 O 的角动量 $\boldsymbol{L}$ 应等于陀螺的自旋角动量 $J_c\boldsymbol{\omega}$ 与进动角动量之和. 陀螺自旋的角速度远大于进动的角速度，可不计进动角动量，而近似认为

$$\boldsymbol{L} = J_c\boldsymbol{\omega}.$$

陀螺受到对定点 O 的重力矩为

$$\boldsymbol{M} = \boldsymbol{r}_c \times m\boldsymbol{g},$$

其方向垂直于转轴和重力所组成的平面（见图 3.26(b)）. 对于定点 O 应用角动量定理，可得

$$\mathrm{d}\boldsymbol{L} = \boldsymbol{M}\mathrm{d}t.$$

在 $\mathrm{d}t$ 时间内，陀螺的角动量增加 $\mathrm{d}\boldsymbol{L}$，其方向与外力矩 $\boldsymbol{M}$ 的方向相同. 由于 $\boldsymbol{M}$ 和 $\boldsymbol{L}$ 时刻保持垂直，就使 $\mathrm{d}\boldsymbol{L}$ 总是垂直于 $\boldsymbol{L}$，结果使 $\boldsymbol{L}$ 的大小不变而方向不断发生变化，如图 3.27 所示，使陀螺的自转轴将从 $\boldsymbol{L}$ 的位置转到 $\boldsymbol{L}+\mathrm{d}\boldsymbol{L}$ 的位置上而发生绕 z 轴的进动. 因此，从陀螺的顶部向下看，其自转轴的回转方向是逆时针的. 这样，陀螺就不会倒下，而沿一锥面转动.

把进动现象与质点的平动做比较. 如果质点所受外力方向与原有的运动方向不一致，那么质点最后的运动方向既不是外力的方向，也不是原有的运动方向，实际的运动方向由上述两个方向共同决定. 在转动中，本来高速自旋的刚体，在与它的转动方向不同的外力矩作用下，它不是沿外力矩的方向转动，而是出现进动. 此外，在刚体绕定轴转动的情况下，有效的外力矩总是沿着转轴，就只能改变刚体转动角速度的大小而不能改变角速度（和转轴）在空间的方向（类似质点的加速直线运动）. 而对高速自旋的陀螺来说，外力矩却只改变自旋角速度的方向，不改变自旋角速度的大小（类似质点的匀速圆周运动），这也是一个很有趣的差别.

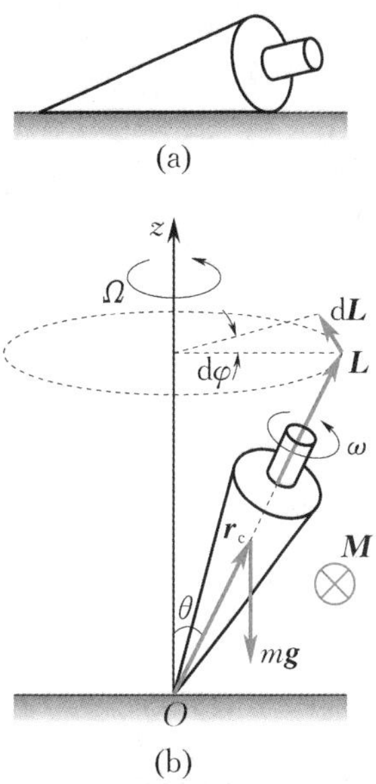

图 3.26　陀螺的进动

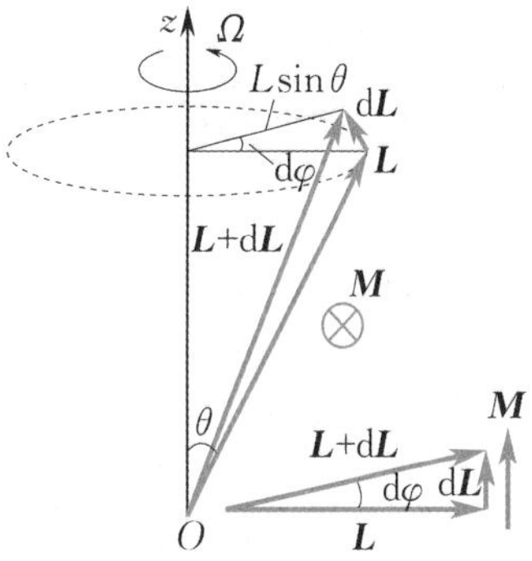

图 3.27　进动角速度

3.5.2　进动角速度

下面我们来计算进动角速度，即描述陀螺自转轴绕 z 轴转动的快慢和方向的角速度. 从图 3.27 可知，在 $\mathrm{d}t$ 时间内，角动量 $\boldsymbol{L}$ 的增量为 $\mathrm{d}\boldsymbol{L}$，其大小为

$$\mathrm{d}L = L\sin\theta\mathrm{d}\varphi = J_c\omega\sin\theta\mathrm{d}\varphi,$$

式中 ω 为陀螺自旋的角速度，$\mathrm{d}\varphi$ 为自转轴在 $\mathrm{d}t$ 时间内绕 z 轴转动的角度，θ 为自转轴与 z 轴的夹角. 根据角动量定理 $\mathrm{d}L = M\mathrm{d}t$，可得

$$M\mathrm{d}t = J_c\omega\sin\theta\mathrm{d}\varphi.$$

于是进动角速度为

$$\Omega=\frac{\mathrm{d}\varphi}{\mathrm{d}t}=\frac{M}{J_{c}\omega\sin\theta}. \tag{3.5.1}$$

由式(3.5.1)可知,进动角速度Ω与外力矩成正比,与陀螺自转的角动量成反比.因此,当陀螺的自旋角速度ω越大时,进动角速度Ω越小;反之亦然.而进动方向决定于外力矩的方向和自旋角速度的方向.

应当指出,当陀螺的自旋角速度较小时,它的自转轴与竖直轴的夹角大小还会有周期性变化,这一现象称为章动.按上面的近似分析是无法说明这一现象的.关于陀螺运动的严密理论已超出本书范围.

3.5.3 回转效应的应用

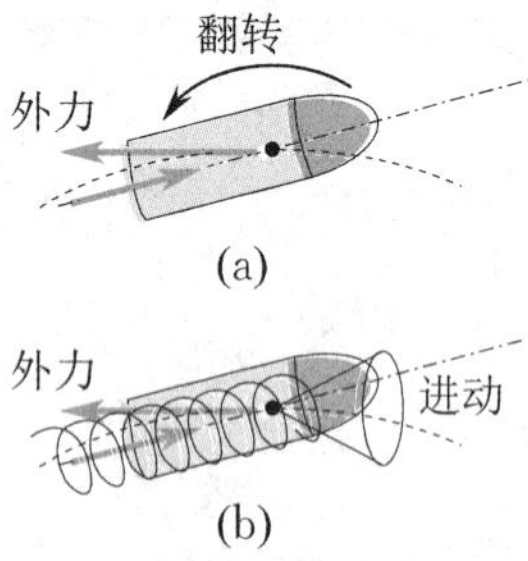

图 3.28 回转效应

回转效应在实践中有广泛的应用.如图3.28所示,飞行中的子弹或炮弹,将受到空气阻力的作用,空气阻力的方向是逆着弹道的,而且一般不作用在子弹或炮弹的质心上,因此,空气阻力对质心的力矩就可能使弹头翻转.为了保证弹头着地而不翻转,常利用枪膛或炮筒中的来复线,使子弹或炮弹绕自己的对称轴迅速旋转.由于回转效应,空气阻力的力矩使子弹或炮弹的自转轴绕弹道方向进动.这样,子弹或炮弹的自转轴就会与弹道方向始终保持不太大的偏离.

回转效应有时也会引起有害的作用.例如,在轮船转弯时,由于回转效应,涡轮机的轴承将受到附加的力,这在设计和使用中是必须考虑的.

进动的概念在微观领域中也常用到.例如,原子中的电子除本身的自旋外,还参与绕核运动,且都具有角动量,在外磁场中电子将以外磁场方向为轴线做进动.这是从物质的微观结构来说明物质磁性的理论依据.

思考题

1. 刚体绕一定轴做匀变速转动,刚体上任意一点是否有切向加速度?是否有法向加速度?切向加速度和法向加速度的大小是否随时间变化?

2. 平行于z轴的力对z轴的力矩一定为零,垂直于z轴的力对z轴的力矩一定不为零.这两种说法都对吗?

3. 对一个静止的质点施力,如果合外力(外力的矢量和)为零,则此质点保持静止.如果是一个刚体,是否也有同样的规律?对于刚体,一个外力对它的影响,与质点相比有哪些不同?

4. 刚体的转动惯量与哪些因素有关?细圆环绕过圆心且垂直于环面的轴的转动惯量与它的质量分布有关吗?

5. 两个质量与厚度相同的匀质圆盘A和B,密度

分别为 ρ_A 和 ρ_B，且 $\rho_A > \rho_B$. 两圆盘绕通过盘心且垂直于盘面的轴的转动惯量分别为 J_A 和 J_B，试比较 J_A 和 J_B 的大小.

6. 如图 3.29 所示，A，B 为两个完全相同的定滑轮，A 的绳端悬挂一质量为 m 的重物，B 的绳端受到 $\boldsymbol{F} = m\boldsymbol{g}$ 的外力作用，则两个定滑轮的角加速度是否相同？为什么？

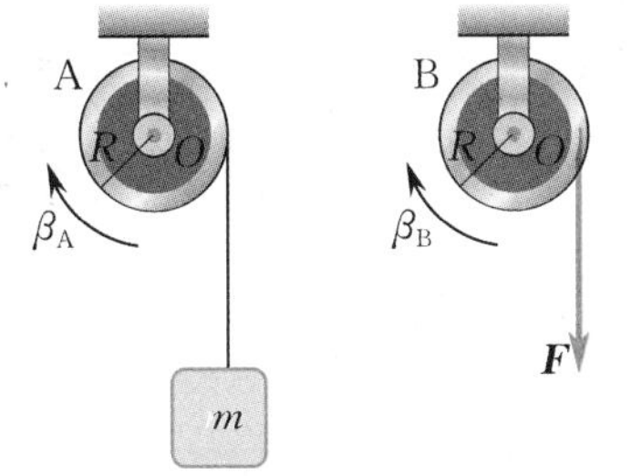

图 3.29

7. 如果两个质量、直径相同的飞轮，以相同的角速度 ω 绕中心轴转动，一个是圆盘形，一个是圆环形，在相同阻力矩的作用下，哪一个先停下来？为什么？

8. 两个质量、半径相同的轮子，一个轮子的质量聚集在边缘附近，另一个轮子的质量分布比较均匀. 问：

(1) 如果它们的角动量相同，哪个轮子转得快？

(2) 如果它们的角速度相同，哪个轮子的角动量大？

9. 试说明地球自转角速度变化的原因之一是地球两极冰山的融化.

10. 一个系统的动量守恒，其角动量是否守恒？反过来，一个系统的角动量守恒，其动量是否守恒？

11. 判断图 3.30 中的各种情况，哪种情况的角动量是守恒的？

(1) 图(a) 圆锥摆运动中做水平匀速圆周运动的小球 m 对 OO' 轴的角动量；

(2) 图(b) 中绕光滑水平轴自由摆动的直杆对该转轴的角动量；

(3) 图(c) 中在水平面上的匀质直杆被运动的小球撞击其一端，以杆和小球为一个系统，对于通过杆另一端的竖直轴(OO' 轴) 的角动量；

(4) 图(d) 中定滑轮的质量为 M，定滑轮的一侧为重物 m，另一侧有一个质量为 m 的人向上爬，以人、绳(绳的质量不计) 和重物为一个系统，系统对轮轴(O 轴) 的角动量.

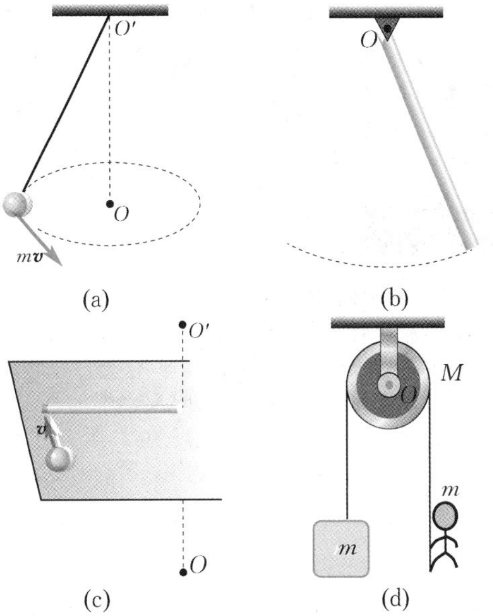

图 3.30

12. 一圆形台面可绕其中心轴无摩擦地转动，有一玩具汽车相对于圆形台面由静止启动，绕中心轴做圆周运动，问圆形台面如何运动？此过程中，圆形台面与玩具汽车组成的系统的能量是否守恒？动量是否守恒？对中心轴的角动量是否守恒？若玩具汽车突然刹车，情况又如何？

13. 刚体绕定轴转动时，其动能为 E_k，重力势能为 E_p，对转轴的转动惯量为 J，动量为 $\boldsymbol{p}$，绕转轴转动的角动量为 $\boldsymbol{L}$. 它们的表达式可分别写成下列形式：

$$E_k = \frac{1}{2}mv_c^2,\quad E_p = mgz_c,\quad J = mr_c^2,$$

$$\boldsymbol{p} = m\boldsymbol{v}_c,\quad \boldsymbol{L} = \boldsymbol{r}_c \times m\boldsymbol{v}_c,$$

式中 m 为刚体的质量，$\boldsymbol{v}_c$ 为质心速度，$\boldsymbol{r}_c$ 为质心相对于转心的位矢，z_c 为质心离地面的高度. 上述式子中哪些是正确的？哪些是错误的？为什么？

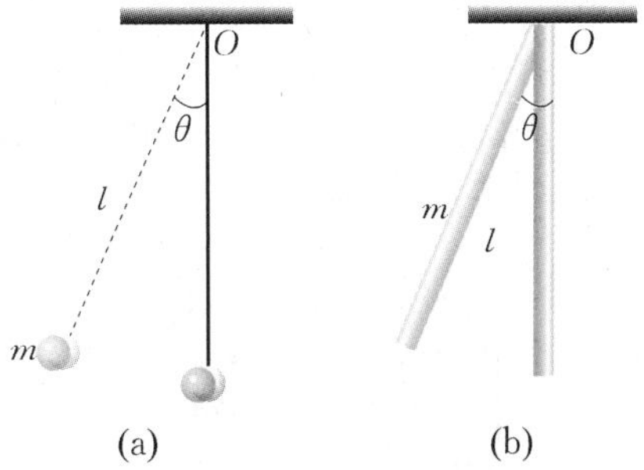

图 3.31

14. 图 3.31(a) 为一绳长为 l、质量为 m 的单摆，(b) 为一长度为 l、质量为 m 的能绕水平固定轴(O 轴)

自由转动的匀质细棒.现将单摆和细棒同时从与竖直方向成θ角的位置由静止释放.若运动到竖直位置时,单摆、细棒的角速度分别为ω_1和ω_2,则ω_1和ω_2哪一个大?

15. 你骑自行车前进时,车轮的角动量指向什么方向?当你的身体向左倾斜时,对轮子加了什么方向的力矩?试根据进动的原理说明这时你的自行车为什么要向左转弯.

习题3

1. 一飞轮做匀减速转动,在5 s内角速度由40π rad/s减小到10π rad/s,则飞轮在这5 s内总共转过了多少圈?飞轮再经过多长的时间才能停止转动?

2. 转动着的飞轮绕其中心轴的转动惯量为J,$t=0$时飞轮开始制动过程,此时角速度为ω_0,阻力矩$\boldsymbol{M}$的大小与角速度ω的平方成正比,比例系数为k(k为大于零的常数),从开始制动到$\omega=\frac{1}{3}\omega_0$需要多少时间?

3. 如图3.32所示,一个轴承光滑的定滑轮质量为$M=2.00$ kg,半径为$R=0.100$ m,一根不能伸长的轻绳一端固定在定滑轮上,另一端系有一个质量为$m=5.00$ kg的物体.已知定滑轮绕其中心轴的转动惯量为$J=\frac{1}{2}MR^2$,其初角速度为$\omega_0=10.0$ rad/s,方向垂直纸面向里.求:

(1) 定滑轮的角加速度的大小和方向;

(2) 定滑轮的角速度为零时,物体上升的高度.

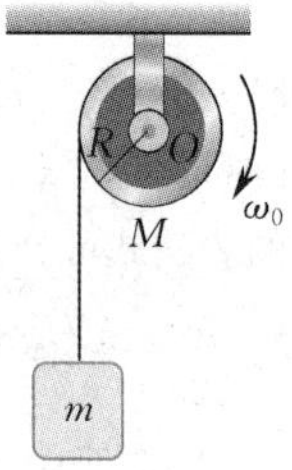

图3.32

4. 一轻绳跨过两个质量均为m、半径均为R的匀质圆盘状定滑轮,轻绳的两端挂着质量分别为m和$2m$的重物,如图3.33所示.轻绳与定滑轮之间无相对滑动.两个定滑轮绕其中心轴的转动惯量均为$\frac{1}{2}mR^2$.将两个定滑轮以及质量为m和$2m$的重物组成的系统从静止释放,求两定滑轮之间轻绳内的张力.

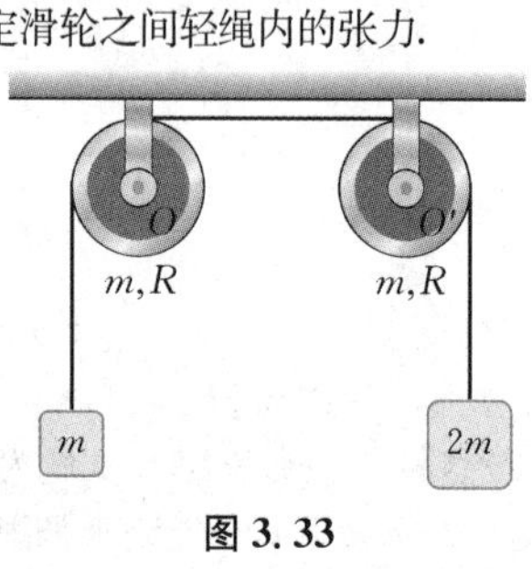

图3.33

5. 如图3.34所示,一根长为L的匀质直棒可绕过其一端且与直棒垂直的水平光滑固定轴(O轴)转动,抬起直棒的另一端,使直棒与水平面成θ角,然后无初转速地将直棒释放.已知直棒对O轴的转动惯量为$J=\frac{1}{3}mL^2$.求:

(1) 直棒在图示位置时,重力对O轴的力矩;

(2) 放手时直棒的角加速度;

(3) 直棒转到水平位置时的角速度.

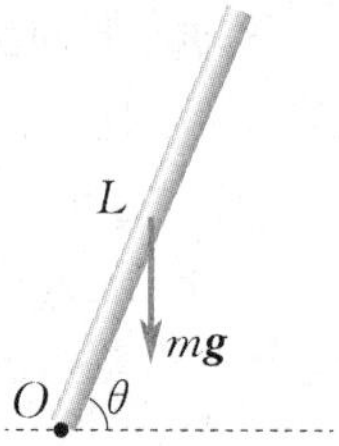

图3.34

6. 一个质量为m的小虫,在有竖直中心轴、半径为R的水平光滑圆盘边缘上沿逆时针方向爬行,它相对于地面的速度为$\boldsymbol{v}$,此时圆盘正沿顺时针方向转动,相对于地面的角速度为ω.设圆盘绕中心轴的转动惯量为J.若小虫停止爬行,则圆盘的角速度为多少?

7. 花样滑冰运动员绕通过自身的竖直轴转动,开始时两臂伸开,转动惯量为J_0,角速度为ω_0.然后她将两臂收回,使转动惯量减少为$\frac{1}{2}J_0$.这时她转动的角速度变为多少?她在这一过程中做了多少功?

8. 有一根质量为m_1、长度为L的匀质细棒,静止平放在滑动摩擦系数为μ的水平桌面上,它可绕过其一端的竖直轴(O轴)转动,绕O轴的转动惯量为$J_1=\frac{1}{3}m_1L^2$.另有一个水平运动的质量为m_2的小滑块,从侧面垂直于细棒与细棒的另一端相碰撞,设碰撞时间极短.已知小滑块在碰撞前后的速度分别为$\boldsymbol{v}_1$和$\boldsymbol{v}_2$,如图3.35所示.求:

(1) 碰撞后,细棒开始转动时的角速度ω;

(2) 碰撞后,细棒开始转动到停止转动所需的时间.

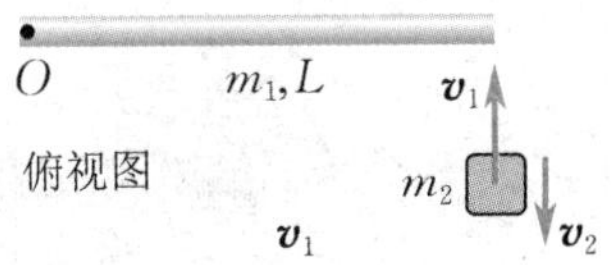

图 3.35

9. 质量均为 m_2 的两个金属球用一定长度的轻金属片固定于圆柱形卫星的直径两端处，如图 3.36 所示. 开始时两个金属球夹靠在卫星表面处，随卫星一起以角速度 ω 绕 O 轴转动. 为使卫星停止转动，打开夹子放开两个金属球，使金属片伸直，然后放飞两个金属球. 已知卫星质量为 m_1，半径为 R，求金属片应具有的长度 l.

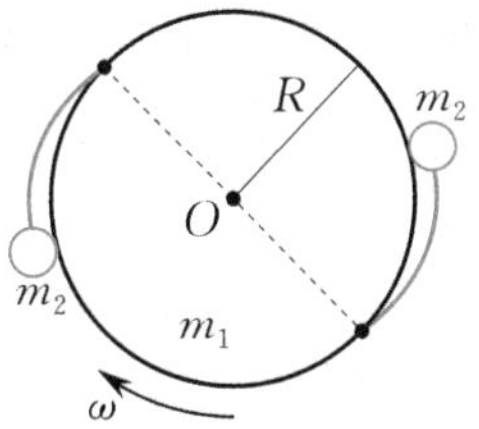

图 3.36

10. 如图 3.37 所示，长为 L、质量为 m 的匀质细杆，可绕通过细杆的端点 O 并与细杆垂直的水平轴转动. 细杆的另一端连接一个质量为 m 的小球. 细杆从水平位置由静止开始自由下摆，忽略轴处的摩擦，当细杆转至与竖直方向成 θ 角时，求小球与细杆的角速度 ω.

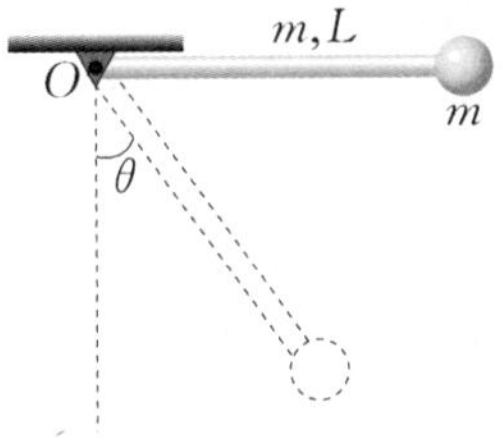

图 3.37

11. 如图 3.38 所示，质量为 m_1、长为 l 的匀质细杆上端用光滑水平轴（O 轴）吊起而静止下垂. 一个质量为 m_2 的小泥团以水平速度 v_0 碰撞细杆上距悬点为 $d=\frac{3}{4}l$ 处，并粘在其上，求：

（1）细杆被击中后的瞬时角速度；

（2）细杆上摆能达到的最大角度.

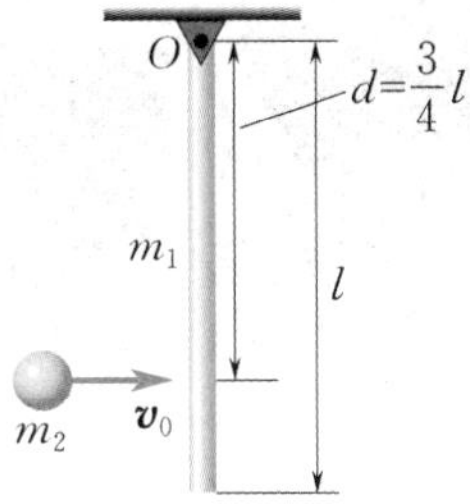

图 3.38

12. 如图 3.39 所示，一根轻质弹簧的劲度系数为 $k=2.0\ \text{N/m}$，它的一端固定，另一端通过轻绳绕过一个定滑轮和一个质量为 $m_1=0.08\ \text{kg}$ 的物体相连. 定滑轮可视为匀质圆盘，其质量为 $m=0.1\ \text{kg}$，半径为 $R=0.05\ \text{m}$. 先用手托住物体，使弹簧处于自然长度，然后松手. 若轻绳与定滑轮之间无相对滑动，且不计轴处的摩擦，求物体 m_1 下降 $h=0.5\ \text{m}$ 时的速度.

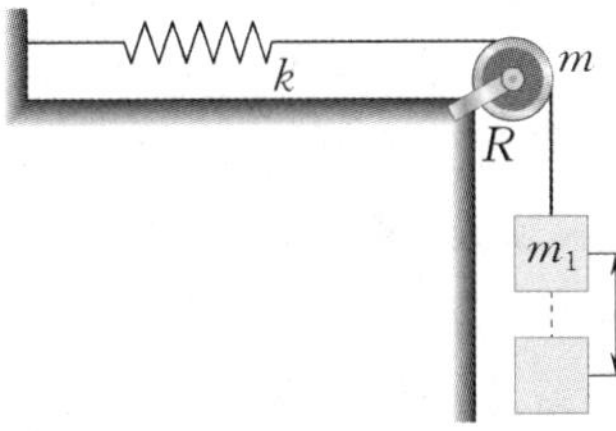

图 3.39

13. 如图 3.40 所示，回转仪转子的质量为 $m=0.50\ \text{kg}$，半径为 $R=0.03\ \text{m}$，离 z 轴的距离为 0.10 m. 转子以角速度为 $\omega=100\ \text{rad/s}$ 绕 y 轴转动，求它对 z 轴的进动角速度.

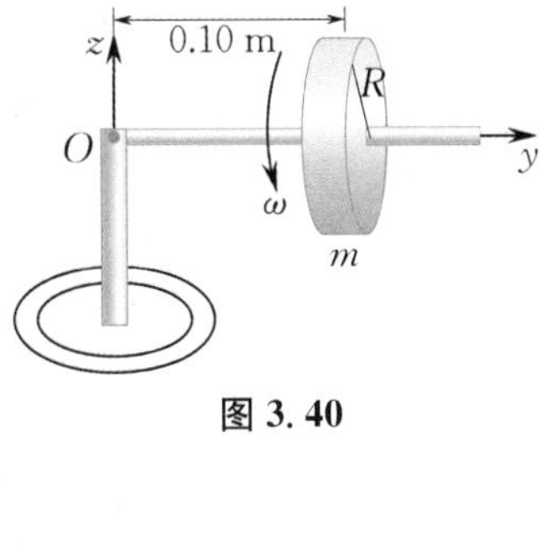

图 3.40

第 3 章阅读材料

第4章 振动学基础

振动是自然界常见的运动形式之一，我们可以通过视觉、听觉和触觉感受到振动的存在. 颤动的大桥、发声乐器振动的弦、汽车中来回运动的发动机活塞等，这些振动物体相对于某一个确定的位置(称为平衡位置) 做往返的运动，称为**机械振动**. 例如电场强度和磁感应强度的周期性变化，被称为电磁振动. 又如自动控制和跟踪系统中的自激振动、同步加速器中的束流振动、结构共振、化学反应中的复杂振荡以及晶体中原子的热运动等都属于振动.

振动是横跨物理学所有学科的概念，既与经典物理学紧密联系又与现代物理学融为一体，尽管它在各分支学科中的具体内容和含义不同，但形式上极为相似. 在物理学中可将振动广义地定义为某种物理量在其取值范围内周期性变化.

本章主要讨论机械振动. 如果我们把每一时刻振动物体的位置记录下来，并且用时间做横轴，用位移做纵轴，就可以得到位移和时间一一对应的图线，称为**振动曲线**. 一般振动的振动曲线是比较复杂的，但都具有周期性，如心电图曲线、地震曲线. 在数学中，一个周期函数可以表达为若干正弦函数或余弦函数的叠加. 借助这种方法，一个复杂的振动曲线可以看成若干余弦函数(或正弦函数) 的合成，即**将一般的振动分解为若干用余弦函数(或正弦函数) 表示的简单振动**. 这种最简单的振动称为**简谐振动**. 在机械振动中，简谐振动的特征是物体离开平衡位置的位移按余弦函数(或正弦函数) 的规律随时间变化.

4.1 简谐振动

一根劲度系数为 k 的轻质弹簧，弹簧本身的质量和弹簧与桌面之间的摩擦阻力忽略不计，将弹簧与一个质量为 m 的物体连接，构成一个质点系统，称之为**弹簧振子**(或**简谐振子**)，如图 4.1 所示. 当弹簧振子不受水平方向上外力作用时，弹簧振子中的物体只受到由弹簧施加的弹性力作用. 弹性力的大小与弹簧的形变有关. 当弹簧处在自然长度 l_0 时，弹性力为零. 若弹簧发生形变，即弹簧长度变为 l，弹簧就产生了弹性力，并施加在物体上. 弹簧振子水平放置时存在一个位置，物体在此位置时所受合力为零，此位置称为**平衡**

位置. 此时弹簧处于自然长度 l_0. 当弹簧振子垂直放置时, 平衡位置是重力与弹簧的弹性力的合力为零的点, 此时弹簧有一定的伸长.

对于水平放置的弹簧振子, 选平衡位置为坐标原点, 物体的位矢即为相对于坐标原点的位移. 若使物体偏离平衡位置而发生一个小位移, 然后放手, 物体在弹性力的作用下在平衡位置附近做往返运动. 记录不同时刻物体的位移, 并以时间 t 为横轴, 以位移 x 为纵轴, 得到位移-时间关系曲线, 即**振动曲线**, 如图 4.2 所示. 这个曲线具有余弦函数或正弦函数的形式, 因此, 弹簧振子以平衡位置为坐标原点的振动的运动方程可以表达为余弦函数(或正弦函数)形式:

$$x = A\cos(\omega t + \varphi).$$

在弹性范围内, 弹簧的弹性力由胡克定律给出:

$$F = -k(l - l_0) = -kx,$$

式中 l 是弹簧的实际长度, l_0 是自然状态下弹簧的自然长度, k 称为弹簧的**劲度系数**, $l - l_0$ 是在自然长度基础上被拉伸或压缩的长度, 负号表示力的方向总是与位移的方向相反. 如果作用于质点上的力的大小总与质点相对于平衡位置的位移(或角位移)成正比, 且方向指向平衡位置, 则称此力为**线性回复力**. 仅受形如 $F = -kx$ 的线性回复力作用的系统的运动定义为**简谐振动**.

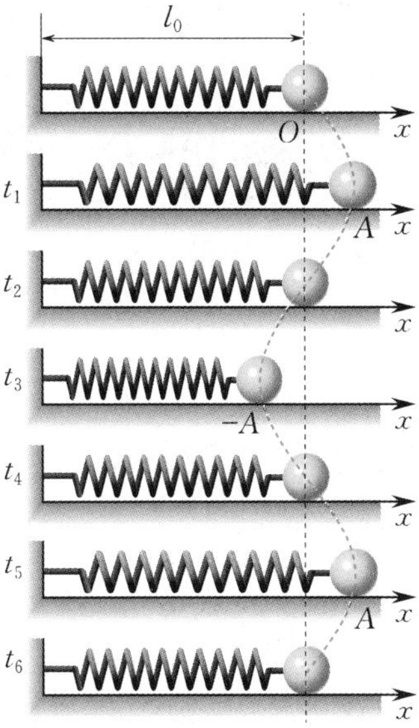

图 4.1　弹簧振子

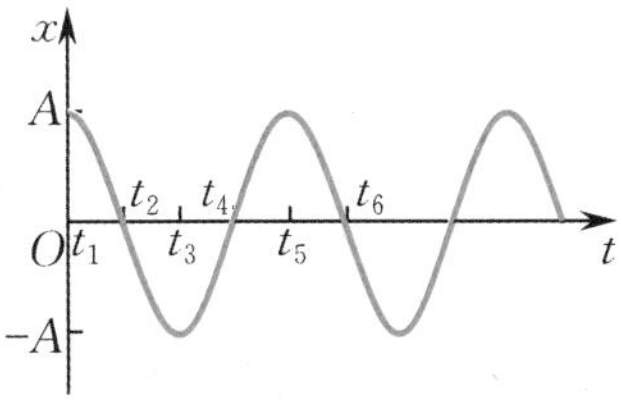

图 4.2　振动曲线

在弹性范围内, 弹簧振子的运动是简谐振动, 根据牛顿第二定律, 弹簧振子的动力学方程为

$$-kx = m\frac{\mathrm{d}^2 x}{\mathrm{d}t^2}, \tag{4.1.1}$$

式(4.1.1) 可整理为

$$\frac{\mathrm{d}^2 x}{\mathrm{d}t^2} + \frac{k}{m}x = 0.$$

令 $\omega^2 = \frac{k}{m}$, 有

$$\frac{\mathrm{d}^2 x}{\mathrm{d}t^2} + \omega^2 x = 0. \tag{4.1.2}$$

这是一个二阶常系数齐次微分方程, 是简谐振动的动力学方程, 其解为运动方程

$$x = A\cos(\omega t + \varphi), \tag{4.1.3}$$

式中 x 是相对于平衡位置的位移(坐标原点选取不合适时, 结果表示将复杂化, 但运动的本质没有改变).

式(4.1.2) 和(4.1.3) 中的 $\omega = \sqrt{\frac{k}{m}}$ 为角频率(或圆频率), 由弹簧振子本身的性质决定, 它与弹簧振子是否运动无关. 我们将这种由振动系统本身性质决定的角频率称为**固有角频率**. 不同的振动系统有不同的固有角频率.

由 $x=A\cos(\omega t+\varphi)$ 可求振动的速度和加速度. 求 x 对时间的一阶导数,得到弹簧振子中物体相对于平衡位置的运动速度为

$$v=\frac{\mathrm{d}x}{\mathrm{d}t}=-\omega A\sin(\omega t+\varphi)=\omega A\cos\left(\omega t+\varphi+\frac{\pi}{2}\right). \quad (4.1.4)$$

求 x 对时间的二阶导数则得到加速度为

$$a=\frac{\mathrm{d}^2x}{\mathrm{d}t^2}=-\omega^2A\cos(\omega t+\varphi)=\omega^2A\cos(\omega t+\varphi+\pi). \quad (4.1.5)$$

比较式(4.1.3)和(4.1.5),即有

$$a=-\omega^2A\cos(\omega t+\varphi)=-\omega^2x,$$

可化为$\frac{\mathrm{d}^2x}{\mathrm{d}t^2}+\omega^2x=0$,这正是简谐振动的动力学方程(式(4.1.2)). 因此给出了简谐振动的另一个定义:满足式(4.1.2)的运动称为简谐振动.

综上,简谐振动有三种等价的定义:

(1) 用动力学方程定义简谐振动. 物理量满足形如$\frac{\mathrm{d}^2x}{\mathrm{d}t^2}+\omega^2x=0$的方程时,系统的运动为简谐振动.

(2) 用运动方程定义简谐振动. 物理量满足形如 $x=A\cos(\omega t+\varphi)$ 的方程时,系统的运动为简谐振动.

(3) 从系统受力情况来定义简谐振动. 若系统仅受形如 $F=-kx$ 的力的作用而运动,则系统做简谐振动.

注意,简谐振动是一个运动学概念,它与系统是否为"无阻力自由运动"没有直接关联. 无阻力条件下自由落体触底后又反弹回跳,这是无阻力自由振动,但不是简谐振动.

4.2 描述简谐振动的特征量

4.2.1 周期 频率

周期函数的数值变化存在一个重复单元,不断复制并顺排重复单元,就得到函数的全部取值,这个重复单元所需要的时间称为一个周期,常用 T 表示. 函数 $x(t)$ 经过一个周期后变为函数 $x(t+T)$,且在 $t+T$ 时刻的取值与在 t 时刻的取值相同,即 $x(t)=x(t+T)$. 将式(4.1.3)代入,得

$$x(t)=A\cos(\omega t+\varphi)=A\cos[\omega(t+T)+\varphi]=x(t+T),$$

即

$$\cos(\omega t+\varphi)=\cos(\omega t+\omega T+\varphi).$$

简谐振动的描述

当 $\omega t+\varphi+2\pi N=\omega t+\omega T+\varphi$ 时，上式成立. 当振动经历一个周期 T，角度变化为 2π，即 $N=1$，则周期 T 为

$$T=\frac{2\pi}{\omega}. \tag{4.2.1}$$

在机械振动中周期就是完成一次全振动所用的时间，由振动系统本身的性质决定，称为固有周期. 例如，弹簧振子的固有周期为 $T=\frac{2\pi}{\omega}=2\pi\sqrt{\frac{m}{k}}$.

令 $\nu=\frac{1}{T}$，表示单位时间内完成全振动的次数，称为频率，是周期的倒数. 频率的 2π 倍称为角频率或圆频率 $\omega=\frac{2\pi}{T}=2\pi\nu$.

在国际单位制中，频率的单位是赫[兹]（Hz 或 s^{-1}），角频率的单位是弧度每秒(rad/s).

4.2.2 振幅

当质点做简谐振动时，其偏离平衡位置的最大位移的绝对值为 $|x_{max}|=A\,|\cos(\omega t+\varphi)|_{max}=A$，$A$ 称为振幅. 振幅约定为正值，反映了振动的强弱，它的大小取决于振动系统的总能量，由初始条件决定.

4.2.3 相位 初相位

由式(4.1.3)，(4.1.4) 和(4.1.5) 可知，质点的位移、速度、加速度大小和方向均取决于 $\omega t+\varphi$，因此 $\omega t+\varphi$ 是决定质点的振动状态的一个重要量，称为相位.

考察 $\omega t+\varphi$ 中的三个参量(ω,t,φ)：角频率 ω 由系统性质决定；时间 t 是变量；φ 称为初相位，是计时起点 $t=0$ 时的振动相位，通常取值范围为$[-\pi,\pi]$. 初相位并不由系统性质决定，而由初始条件决定.

两个振动状态的相位之差，称为相位差，两个振动状态可以是同一振动系统不同时刻的两个状态，也可以是两个振动系统同一时刻的两个状态. 设两个振动的运动方程分别为

$$x_1=A_1\cos(\omega_1 t+\varphi_1),$$
$$x_2=A_2\cos(\omega_2 t+\varphi_2),$$

则两个振动的相位差为

$$\Delta\varphi=(\omega_2 t+\varphi_2)-(\omega_1 t+\varphi_1)=(\omega_2-\omega_1)t+(\varphi_2-\varphi_1). \tag{4.2.2}$$

如果两个振动的角频率相同，即 $\omega_1 = \omega_2 = \omega$，则其相位差为

$$\Delta\varphi = \varphi_2 - \varphi_1. \tag{4.2.3}$$

若 $\Delta\varphi = 0$（或 2π），则两个振动同步，称为同相；若 $\Delta\varphi = \pi$（或 $-\pi$），则两个振动步调相反，称为反相；若 $\Delta\varphi > 0$，则称 x_2 超前 x_1，超前的相位为 $\Delta\varphi = \varphi_2 - \varphi_1$；若 $\Delta\varphi < 0$，则称 x_2 滞后 x_1，滞后的相位为 $\Delta\varphi = \varphi_1 - \varphi_2$.

4.2.4 初始条件确定振幅和初相位

式(4.1.3)中的 A,φ 是两个常数，在数学上称为积分常数，由初始条件确定. 若振动物体在 $t = 0$ 时的位移为 x_0，速度为 v_0，则 $x_0 = A\cos\varphi, v_0 = -A\omega\sin\varphi$. 由此解出

$$A = \sqrt{x_0^2 + \frac{v_0^2}{\omega^2}}, \tag{4.2.4}$$

$$\varphi = \arctan\left(-\frac{v_0}{x_0\omega}\right). \tag{4.2.5}$$

注意，从式(4.2.5)解出的初相位有两个值，要再由初始条件确定符合的初相位.

例 4.2.1 一个弹簧振子沿 x 轴做简谐振动，已知弹簧的劲度系数为 $k = 15.8\ \mathrm{N/m}$，物体的质量为 $m = 0.1\ \mathrm{kg}$，在 $t = 0$ 时物体相对于平衡位置的位移为 $x_0 = 0.05\ \mathrm{m}$，速度为 $v_0 = -0.628\ \mathrm{m/s}$，写出此简谐振动的运动方程.

解 要写出此简谐振动的运动方程，需要知道它的三个特征量 A,ω,φ. 角频率由系统本身的性质决定，对于弹簧振子有 $\omega = \sqrt{\frac{k}{m}}$，解得角频率为

$$\omega = \sqrt{\frac{k}{m}} = \sqrt{\frac{15.8}{0.1}}\ \mathrm{rad/s} \approx 12.57\ \mathrm{rad/s}.$$

根据初始条件，有

$$x_0 = A\cos\varphi = 0.05\ \mathrm{m},$$
$$v_0 = -A\omega\sin\varphi = -0.628\ \mathrm{m/s}.$$

由式(4.2.4)和(4.2.5)解得 A 和 φ 分别为

$$A = \sqrt{x_0^2 + \left(\frac{v_0}{\omega}\right)^2} = \sqrt{0.05^2 + \left(\frac{-0.628}{12.57}\right)^2}\ \mathrm{m} \approx 7.07\times10^{-2}\ \mathrm{m},$$

$$\varphi = \arctan\left(-\frac{v_0}{x_0\omega}\right) = \arctan\left(-\frac{-0.628}{0.05\times12.57}\right) \approx \arctan 1 = \frac{\pi}{4}\left(或 -\frac{3\pi}{4}\right).$$

由于 $x_0 > 0$，因此 $\varphi = \frac{\pi}{4}$. 于是以平衡位置为坐标原点所求得的简谐振动的运动方程为

$$x = 7.07\times10^{-2}\cos\left(12.57t + \frac{\pi}{4}\right)\ \mathrm{m}.$$

4.3 孤立系统简谐振动的能量

无阻力的自由体系可视为孤立系统，孤立系统的简谐振动的能量是守恒的. 以水平放置的弹簧振子为例. 当物体的位移为 x，速度为 v 时，系统的弹性势能和动能分别为

$$E_{\mathrm{p}}=\frac{1}{2}kx^2=\frac{1}{2}kA^2\cos^2(\omega t+\varphi),$$

$$E_{\mathrm{k}}=\frac{1}{2}mv^2=\frac{1}{2}m\omega^2A^2\sin^2(\omega t+\varphi).$$

弹簧振子的角频率为 $\omega=\sqrt{\dfrac{k}{m}}$，即 $k=m\omega^2$，所以

$$E_{\mathrm{k}}=\frac{1}{2}kA^2\sin^2(\omega t+\varphi).$$

因此，弹簧振子的机械能为

$$E=E_{\mathrm{k}}+E_{\mathrm{p}}=\frac{1}{2}kA^2\cos^2(\omega t+\varphi)+\frac{1}{2}kA^2\sin^2(\omega t+\varphi)=\frac{1}{2}kA^2. \tag{4.3.1}$$

由此可见，弹簧振子的机械能不随时间变化，即机械能守恒. 简谐振动是一种没有能量损失的运动，是一种理想运动. 机械能与振幅的平方成正比，可见**振幅不仅反映了简谐振动的范围，还反映了振动系统的振动强度**. 已知系统的机械能，可由式(4.3.1)得振幅为

$$A=\sqrt{\frac{2E}{k}}.$$

尽管简谐振动系统的机械能守恒，但动能和势能并不同步变化，而是相互转化，以保持整个系统的机械能不变. 在一个周期中动能和势能的平均值相等，即

$$\overline{E}_{\mathrm{k}}=\frac{1}{T}\int_0^T E_{\mathrm{k}}\mathrm{d}t=\frac{1}{T}\int_0^T\frac{1}{2}kA^2\sin^2(\omega t+\varphi)\mathrm{d}t=\frac{1}{4}kA^2=\frac{1}{2}E,$$

$$\overline{E}_{\mathrm{p}}=\frac{1}{T}\int_0^T E_{\mathrm{p}}\mathrm{d}t=\frac{1}{T}\int_0^T\frac{1}{2}kA^2\cos^2(\omega t+\varphi)\mathrm{d}t=\frac{1}{4}kA^2=\frac{1}{2}E.$$

这一结论也同样适用于其他的简谐振动系统.

对于非孤立系统，由于有其他力的作用，能量将发生传递.

4.4 旋转矢量

旋转矢量

简谐振动的描述可以用前面的函数方法，也可以用几何表示法. 用旋转矢量的投影表示简谐振动是一种有用的几何表示方法，也称为旋转矢量法. 旋转矢量法在讨论振动的合成问题中将带来很大的方便.

取大小保持不变的矢量 $\boldsymbol{A}$，起始端固定在 x 轴坐标原点 O 处，并令 $t=0$ 时，矢量 $\boldsymbol{A}$ 与 x 轴正方向的夹角为 φ，约定矢量 $\boldsymbol{A}$ 以角速度 ω 逆时针转动，矢量 $\boldsymbol{A}$ 的端点在平面内画出一个圆，称为参考圆，如图 4.3 所示. 矢量 $\boldsymbol{A}$ 在任意 t 时刻与 x 轴正方向的夹角为 $\omega t+\varphi$，将 $\boldsymbol{A}$ 向 x 轴投影(见图 4.4)，得

$$x=A\cos(\omega t+\varphi).$$

这正是简谐振动的运动方程，其中旋转矢量的大小 $|\boldsymbol{A}|$ 等于简谐振动的振幅 A，旋转角速度 ω 等于角频率，与 x 轴正方向的初始夹角 φ 等于初相位(见图 4.3).

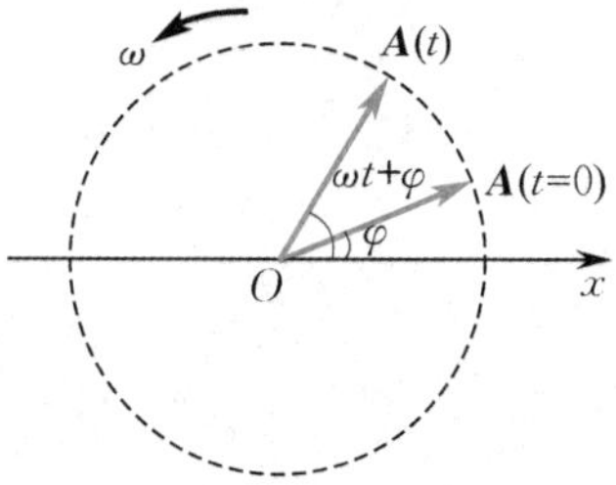

图 4.3　旋转矢量参考图

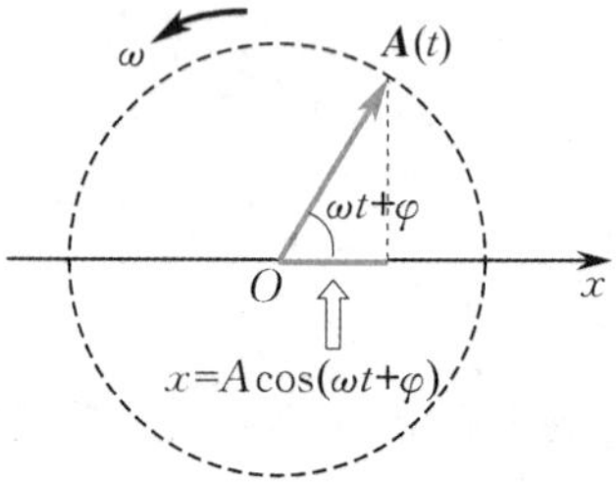

图 4.4　旋转矢量在 x 轴的投影

矢量 $\boldsymbol{A}$ 的端点的速度 $\boldsymbol{v}_m$ 的大小与角速度之间的关系为 $v_m=A\omega$，矢量 $\boldsymbol{A}$ 的端点的速度在 x 轴上的投影(见图 4.5) 为

$$v=-v_m\cos\left[\frac{\pi}{2}-(\omega t+\varphi)\right]=-A\omega\sin(\omega t+\varphi).$$

上式正是简谐振动位移对时间的导数$\frac{\mathrm{d}x}{\mathrm{d}t}$. 同理，矢量 $\boldsymbol{A}$ 的端点的加速度的投影也正是简谐振动的加速度.

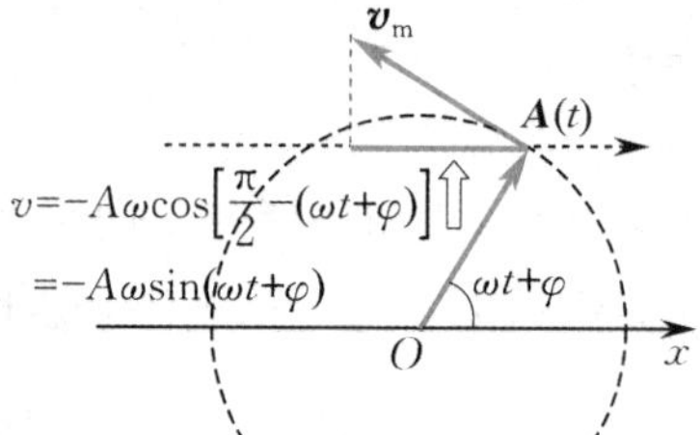

图 4.5　旋转矢量表示简谐振动速度

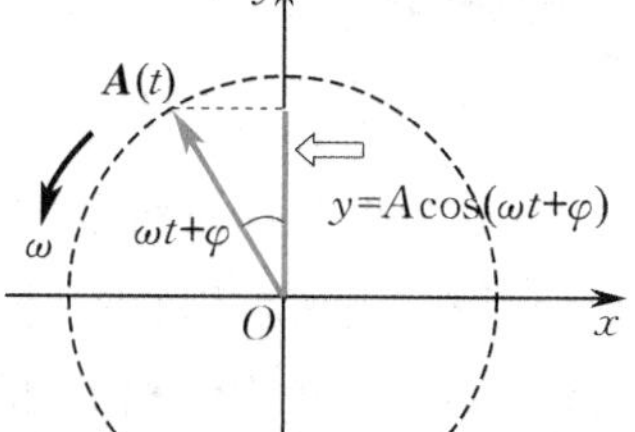

图 4.6　旋转矢量在 y 轴的投影

如果以 y 轴为参考轴，旋转矢量 $\boldsymbol{A}$ 在任意时刻与 y 轴的夹角为 $\omega t+\varphi$，将 $\boldsymbol{A}$ 向 y 轴投影(见图 4.6)，得

$$y=A\cos(\omega t+\varphi).$$

这是描述沿 y 轴做简谐振动的物体的运动方程.

注意，旋转矢量法只是引入的一种描写简谐振动的直观方法.

例 4.4.1　一个质点沿 x 轴做简谐振动，振幅为 $A = 0.12\ \mathrm{m}$，周期为 $T = 2\ \mathrm{s}$，当 $t = 0$ 时，质点相对于平衡位置的位移为 $x_0 = 0.06\ \mathrm{m}$，此时质点向 x 轴正方向运动．求：

(1) 简谐振动的运动方程；

(2) $t = \dfrac{T}{4}$ 时质点的位移、速度和加速度；

(3) 质点第一次通过平衡位置的时刻．

解　(1) 取平衡位置为坐标原点，写出简谐振动的运动方程，需要求出 ω 和 φ．由 T 和 ω 的关系 $T = \dfrac{2\pi}{\omega}$，求得

$$\omega = \frac{2\pi}{T} = \frac{2\pi}{2}\ \mathrm{rad/s} = \pi\ \mathrm{rad/s}.$$

初相位 φ 可由初始条件求出：

$$x_0 = A\cos\varphi = 0.12\cos\varphi = 0.06,\quad \cos\varphi = \frac{1}{2},$$

$$v_0 = -\omega A\sin\varphi > 0,\quad 即\quad \sin\varphi < 0.$$

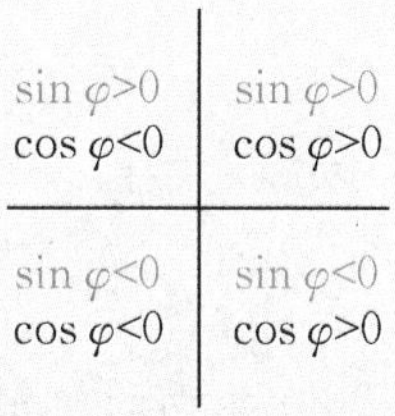

图 4.7　三角函数在四个象限的值的符号

三角函数在四个象限的函数值的符号如图 4.7 所示．可见满足 $\cos\varphi = \dfrac{1}{2}$，$\sin\varphi < 0$ 的角只能在第四象限，得 $\varphi = -\dfrac{\pi}{3}$．于是简谐振动的运动方程为

$$x = 0.12\cos\left(\pi t - \frac{\pi}{3}\right)\ \mathrm{m}.$$

(2) 任意时刻质点的位移、速度和加速度分别为

$$x = 0.12\cos\left(\pi t - \frac{\pi}{3}\right),\quad v = -0.12\pi\sin\left(\pi t - \frac{\pi}{3}\right),\quad a = -0.12\pi^2\cos\left(\pi t - \frac{\pi}{3}\right).$$

将 $t = \dfrac{T}{4} = \dfrac{1}{2}\ \mathrm{s}$ 代入上述各式，有

$$x\Big|_{t=\frac{T}{4}} = 0.12\cos\left(\frac{\pi}{2} - \frac{\pi}{3}\right)\ \mathrm{m} = 0.12\cos\frac{\pi}{6}\ \mathrm{m} \approx 0.104\ \mathrm{m},$$

$$v\Big|_{t=\frac{T}{4}} = -0.12\pi\sin\frac{\pi}{6}\ \mathrm{m/s} \approx -0.188\ \mathrm{m/s},$$

$$a\Big|_{t=\frac{T}{4}} = -0.12\pi^2\cos\frac{\pi}{6}\ \mathrm{m/s^2} \approx -1.02\ \mathrm{m/s^2}.$$

(3) 用函数方法求解．质点在平衡位置时，$x = 0$，则 $A\cos(\omega t + \varphi) = 0$，所以相位为

$$\omega t + \varphi = (2k - 1)\frac{\pi}{2}\quad (k = 1, 2, \cdots),$$

即

$$\pi t - \frac{\pi}{3} = (2k - 1)\frac{\pi}{2}\quad (k = 1, 2, \cdots).$$

由此解得质点通过平衡位置所需要的时间为

$$t = \frac{1}{\pi}\left[(2k - 1)\frac{\pi}{2} + \frac{\pi}{3}\right] = k - \frac{1}{6}\quad (k = 1, 2, \cdots).$$

质点第一次通过平衡位置,$k=1$,则

$$t_1=\left(1-\frac{1}{6}\right)\text{ s}=\frac{5}{6}\text{ s}\approx 0.83\text{ s}.$$

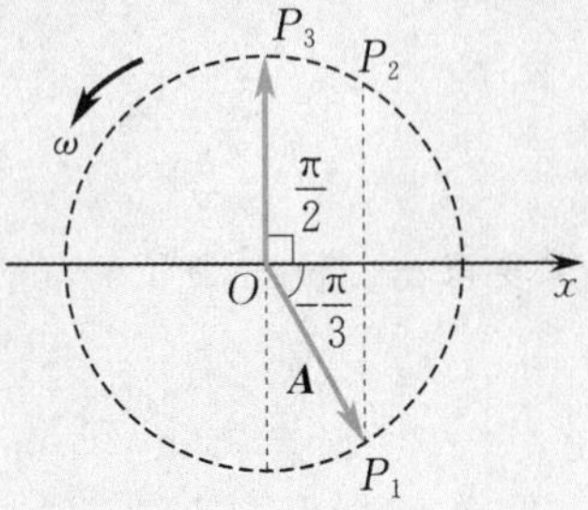

图 4.8

用旋转矢量法求解.如图 4.8 所示,$t=0$ 时,对应旋转矢量 $\boldsymbol{A}$ 的两个可能位置 P_1,P_2,此时质点向 x 轴正方向运动,依据旋转矢量 $\boldsymbol{A}$ 做逆时针方向的旋转,只有 P_1 点处 $\boldsymbol{A}$ 的投影向右移动,即质点向 x 轴正方向运动,所以旋转矢量 $\boldsymbol{A}$ 的起始位置在 P_1 点.随着 $\boldsymbol{A}$ 做逆时针方向的旋转,第一次使得 $\boldsymbol{A}$ 的投影为零 $(x=0)$ 的位置是 P_3 点.此时 $\boldsymbol{A}$ 转过的角度为 $\Delta\varphi=\frac{\pi}{2}+\frac{\pi}{3}=\frac{5\pi}{6}$,所用时间为

$$t_1=\frac{\Delta\varphi}{\omega}=\frac{5\pi/6}{\pi}\text{ s}\approx 0.83\text{ s}.$$

例 4.4.2 如图 4.9 所示的 x-t 振动曲线,已知振幅为 A,周期为 T,且当 $t=0$ 时,$x=\frac{A}{2}$.求:

(1) 振动的初相位;

(2) a,b 两态的相位;

(3) 从 $t=0$ 到 a,b 两态所用的时间各是多少?

解 方法一 (1) 由图 4.9 可知,当 $t=0$ 时,$x=A\cos\varphi=\frac{A}{2}$,即 $\cos\varphi=\frac{1}{2}$,得 $\varphi=\pm\frac{\pi}{3}$.又当 $t=0$ 时,$v=-\omega A\sin\varphi$,由图可知 $v>0$($t=0$ 时振动曲线切线斜率为正),即 $\sin\varphi<0$,故 $\varphi=-\frac{\pi}{3}$.振动的运动方程可表示为

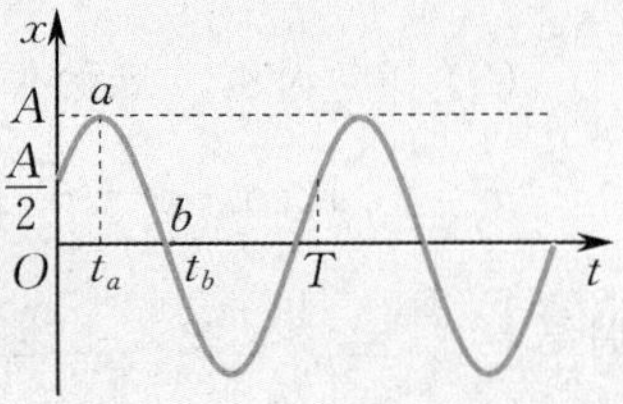

图 4.9

$$x=A\cos(\omega t+\varphi)=A\cos\left(\frac{2\pi}{T}t-\frac{\pi}{3}\right).$$

(2) 对于图 4.9 中的 a 态,有 $x_a=A\cos(\omega t_a+\varphi)=A$,即 $\cos(\omega t_a+\varphi)=1$,满足条件的相位为

$$\omega t_a+\varphi=2\pi(k-1)\quad(k=1,2,\cdots).$$

质点第一次在位移最大值处,$k=1$,则 a 的相位为

$$\omega t_a+\varphi=0.$$

对于图 4.9 中的 b 态,有 $x_b=A\cos(\omega t_b+\varphi)=0$,满足条件的相位为

$$\omega t_b+\varphi=(2k-1)\frac{\pi}{2}\quad(k=1,2,\cdots).$$

又因为质点第一次通过平衡位置,$k=1$,所以 b 点的相位为

$$\omega t_b+\varphi=\frac{\pi}{2}.$$

(3) a 点的相位为 $\omega t_a+\varphi=0$,则

$$t_a=-\frac{\varphi}{\omega}=\frac{\pi}{3}\frac{T}{2\pi}=\frac{T}{6}.$$

b 点的相位为 $\omega t_b+\varphi=\frac{\pi}{2}$,则

$$t_b=\frac{\pi/2-\varphi}{\omega}=\frac{\pi/2+\pi/3}{2\pi/T}=\frac{5}{12}T.$$

方法二　由已知条件可知,当 $t=0$ 时,旋转矢量的投影为 $\frac{A}{2}$,质点朝 x 轴正方向运动,可画出 $t=0$ 时旋转矢量在参考圆的第四象限,同时可画出 t_a,t_b 时刻的旋转矢量,如图 4.10 所示,从而得到

$$\varphi=-\frac{\pi}{3},\quad \omega t_a+\varphi=0,\quad \omega t_b+\varphi=\frac{\pi}{2},$$

解得

$$t_a=\frac{\pi/3}{\omega}=\frac{\pi/3}{2\pi/T}=\frac{T}{6},\quad t_b=\left(\frac{\pi}{3}+\frac{\pi}{2}\right)\Big/\omega=\frac{5\pi}{6}\Big/\frac{2\pi}{T}=\frac{5}{12}T.$$

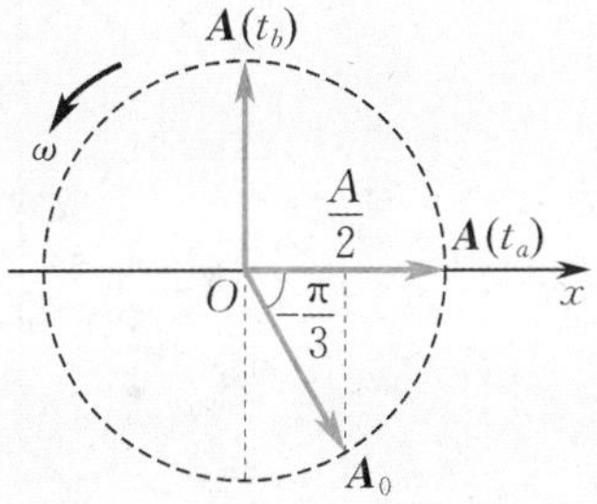

图 4.10

4.5　角谐振动

4.5.1　单摆

在不能延伸的轻质线的下端悬挂一个小球,小球的平衡位置在 O 点. 当小球偏离平衡位置时,将在重力作用下,在竖直平面内摆动. 这样的摆动系统称为单摆,单摆是一种理想模型. 如图 4.11 所示,单摆摆长为 l,小球的质量为 m,将悬线与竖直方向之间的角度 θ 作为小球位置的变量,称为角位移. 规定小球在平衡位置右边时,角位移为正;小球在平衡位置左边时,角位移为负.

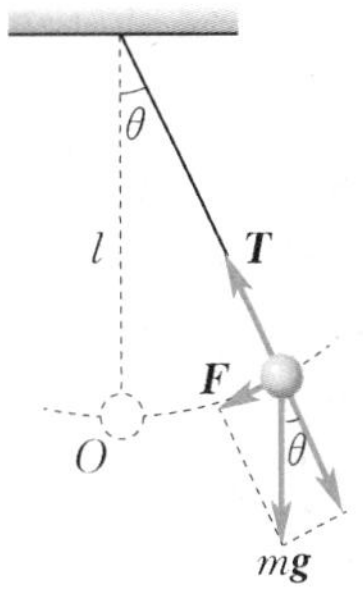

图 4.11　单摆

当角位移为 θ 时,小球受悬线的张力及重力的作用,合力沿悬线的垂直方向并指向平衡位置,即

$$F=-mg\sin\theta,$$

式中负号表示 $\boldsymbol{F}$ 的方向与角位移的方向相反. 质点的切向加速度和法向加速度分别为

$$a_t=\frac{dv}{dt},\quad a_n=\frac{v^2}{l},$$

质点的切向动力学方程为

$$ma_t=m\frac{dv}{dt}=ml\frac{d^2\theta}{dt^2}=-mg\sin\theta,$$

整理得

$$\frac{\mathrm{d}^2\theta}{\mathrm{d}t^2}+\frac{g}{l}\sin\theta=0. \tag{4.5.1}$$

这并不是简谐振动的动力学方程.

将 $\sin\theta$ 展成级数,即

$$\sin\theta=\theta-\frac{\theta^3}{3!}+\frac{\theta^5}{5!}-\cdots,$$

当 θ 很小时,有 $\sin\theta\approx\theta$,则

$$F=-mg\theta.$$

这个力满足线性回复力的形式,由此力引起的运动就是简谐振动.方程(4.5.1)经近似化简,得

$$\frac{\mathrm{d}^2\theta}{\mathrm{d}t^2}+\omega^2\theta=0, \tag{4.5.2}$$

即是简谐振动的动力学方程,式(4.5.2)的解即为单摆的运动方程

$$\theta=\theta_{\mathrm{m}}\cos(\omega t+\varphi), \tag{4.5.3}$$

式中 φ 是初相位,而 ω 由单摆本身的性质决定,$\omega=\sqrt{\frac{g}{l}}$,单摆的周期为

$$T=\frac{2\pi}{\omega}=2\pi\sqrt{\frac{l}{g}}.$$

由以上分析可知,当 θ_{m} 较小(振幅较小)时,单摆的运动才能看成简谐振动.如果 θ_{m} 不很小,那么单摆的动力学方程(4.5.1)的解就复杂多了.如果将悬线换成轻质细棒,不限制角度 θ 的范围,那么这样一个摆的运动将展示出更大的研究范围.

4.5.2 复摆

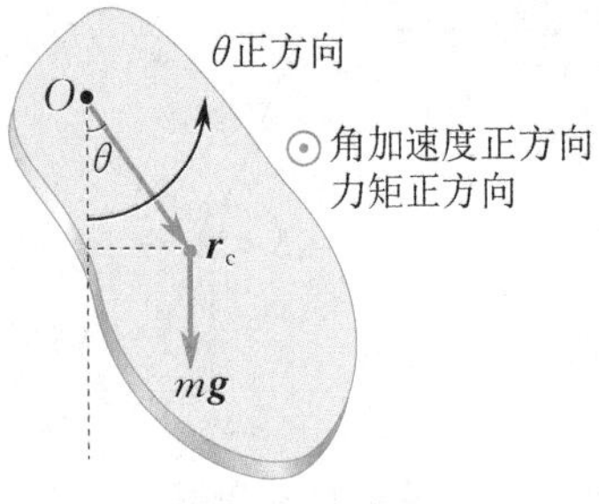

图 4.12 复摆

当一个摆动体的质量有一定的分布时,不能将其抽象为一个质点,只能抽象为刚体.在重力作用下,能绕通过自身某固定水平轴摆动的刚体称为复摆,如图 4.12 所示.当刚体绕 O 轴在铅直线附近摆动时,规定沿逆时针方向为角位移的正方向,则角加速度的正方向和力矩的正方向均指向纸外.设刚体质心相对于 O 点的位矢为 $\boldsymbol{r}_{\mathrm{c}}$,则力矩为 $-mgr_{\mathrm{c}}\sin\theta$.

由刚体定轴转动定律

$$J\frac{\mathrm{d}^2\theta}{\mathrm{d}t^2}=-mgr_{\mathrm{c}}\sin\theta, \tag{4.5.4}$$

式中 J 为复摆绕 O 轴的转动惯量.令 $\omega^2=\frac{mgr_{\mathrm{c}}}{J}$,式(4.5.4)化为

$$\frac{\mathrm{d}^2\theta}{\mathrm{d}t^2}+\omega^2\sin\theta=0. \tag{4.5.5}$$

式(4.5.5)不是简谐振动的动力学方程.但若 θ 很小,则 $\sin\theta\approx\theta$,该式化为标准形式的方程

$$\frac{\mathrm{d}^2\theta}{\mathrm{d}t^2}+\omega^2\theta=0,$$

就表示简谐振动，$\omega=\sqrt{\frac{mgr_c}{J}}$ 是其角频率.

4.6 简谐振动的合成

若干个简谐振动的合成可获得一个复杂的振动，反之，一个复杂振动可以分解成若干个简谐振动. 当质点同时参与两个或两个以上的振动时，质点将以合振动的形式运动. 合振动的结果常常是复杂的非简谐振动. 下面给出几种简单的合成情况.

4.6.1 同方向、同频率简谐振动的合成

同方向、同频率简谐振动的合成

一个质点同时参与两个同方向、同频率的简谐振动，两个振动方程分别为

$$x_1=A_1\cos(\omega t+\varphi_1), \tag{4.6.1}$$

$$x_2=A_2\cos(\omega t+\varphi_2), \tag{4.6.2}$$

式中 $x_1, x_2, A_1, A_2, \varphi_1$ 和 φ_2 分别表示两个振动的位移、振幅和初相位，ω 是它们的共同角频率. 因为两个振动的振动方向相同，所以合振动的位移为

$$x=x_1+x_2=A_1\cos(\omega t+\varphi_1)+A_2\cos(\omega t+\varphi_2). \tag{4.6.3}$$

下面分别采用函数合成法和旋转矢量法来讨论两个振动的合成结果.

(1) 函数合成法. 将式(4.6.3)的右边展开，然后合并同类项，得

$$\begin{aligned}x&=x_1+x_2=A_1\cos(\omega t+\varphi_1)+A_2\cos(\omega t+\varphi_2)\\&=A_1(\cos\omega t\cos\varphi_1-\sin\omega t\sin\varphi_1)+A_2(\cos\omega t\cos\varphi_2-\sin\omega t\sin\varphi_2)\\&=(A_1\cos\varphi_1+A_2\cos\varphi_2)\cos\omega t-(A_1\sin\varphi_1+A_2\sin\varphi_2)\sin\omega t.\end{aligned} \tag{4.6.4}$$

令

$$A\cos\varphi=A_1\cos\varphi_1+A_2\cos\varphi_2, \tag{4.6.5}$$

$$A\sin\varphi=A_1\sin\varphi_1+A_2\sin\varphi_2, \tag{4.6.6}$$

能使式(4.6.5)和(4.6.6)同时成立的 A 和 φ 满足

$$A=\sqrt{A_1^2+A_2^2+2A_1A_2\cos(\varphi_2-\varphi_1)}, \tag{4.6.7}$$

$$\tan\varphi=\frac{A_1\sin\varphi_1+A_2\sin\varphi_2}{A_1\cos\varphi_1+A_2\cos\varphi_2}. \tag{4.6.8}$$

将式(4.6.5)和(4.6.6)代入式(4.6.4),可得

$$x = A\cos\varphi\cos\omega t - A\sin\varphi\sin\omega t = A\cos(\omega t + \varphi).$$

这仍然是同频率的简谐振动,但振幅和初相位是合成的.

(2) 旋转矢量法. 两个分振动对应的旋转矢量分别为 $\boldsymbol{A}_1$,$\boldsymbol{A}_2$,它们转动的角速度为 ω. 设 $t=0$ 时,$\boldsymbol{A}_1$ 与 x 轴正方向的夹角为 φ_1,$\boldsymbol{A}_2$ 与 x 轴正方向的夹角为 φ_2. $\boldsymbol{A}_1$ 与 $\boldsymbol{A}_2$ 的投影分别代表两个振动. 因为转动的角速度相等,所以 $\boldsymbol{A}_1$ 和 $\boldsymbol{A}_2$ 的相对位置不变. $\boldsymbol{A}_1$ 和 $\boldsymbol{A}_2$ 可以合成一个新的旋转矢量 $\boldsymbol{A} = \boldsymbol{A}_1 + \boldsymbol{A}_2$,其角速度仍为 ω. 新矢量 $\boldsymbol{A}$ 的投影 x 就是合振动,合振动仍是一个角频率为 ω 的简谐振动(见图 4.13).

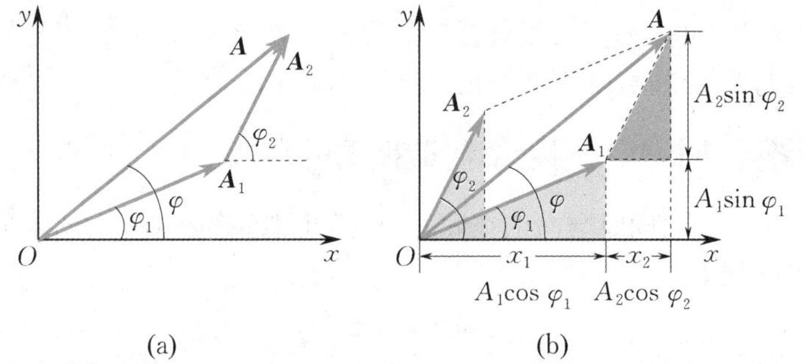

图 4.13　同方向、同频率简谐振动合成的旋转矢量表示

将 $\boldsymbol{A}_1$ 和 $\boldsymbol{A}_2$ 分解,则有

$$\boldsymbol{A}_1 = A_1\cos\varphi_1\boldsymbol{i} + A_1\sin\varphi_1\boldsymbol{j},$$

$$\boldsymbol{A}_2 = A_2\cos\varphi_2\boldsymbol{i} + A_2\sin\varphi_2\boldsymbol{j}.$$

由图可知,合振幅大小满足

$$A^2 = (A_1\cos\varphi_1 + A_2\cos\varphi_2)^2 + (A_1\sin\varphi_1 + A_2\sin\varphi_2)^2,$$

展开上式并化简,得合振幅为

$$A = \sqrt{A_1^2 + A_2^2 + 2A_1A_2\cos(\varphi_2 - \varphi_1)}.$$

初相位 φ 满足

$$\tan\varphi = \frac{y}{x} = \frac{A_1\sin\varphi_1 + A_2\sin\varphi_2}{A_1\cos\varphi_1 + A_2\cos\varphi_2}.$$

用余弦定理也可得到式(4.6.7).

从式(4.6.7)可知,两个同方向、同频率的简谐振动的合振动的合振幅与两个分振动的初相位有关.

(1) 当相位差 $\varphi_2 - \varphi_1 = \pm 2k\pi(k = 0,1,2,\cdots)$ 时,有

$$A = A_1 + A_2,$$

说明两个振动相互加强,合振动的振幅达到最大值.

(2) 当相位差 $\varphi_2 - \varphi_1 = \pm(2k+1)\pi(k = 0,1,2,\cdots)$ 时,有

$$A = |A_1 - A_2|,$$

说明两个振动相互抵消,合振动的振幅达到最小值. 特别是当 $A_1 =$

A_2 时，则 $A=0$，即两个同幅反相的振动合成的结果使质点处于静止.

(3) 当相位差 $\varphi_2-\varphi_1$ 为其他值时，合振动的振幅在 A_1+A_2 与 $|A_1-A_2|$ 之间.

上述两个同方向、同频率简谐振动的合成的方法可推广到多个同方向、同频率、有恒定的相位差的简谐振动的合成.

(1) 采用三角函数法，先计算两个分振动的合振动，再与第三个分振动合成为新的合振动……

(2) 采用旋转矢量法，先求两个分振动的旋转矢量的合矢量，所获得的合矢量与第三个分振动的旋转矢量合成新的合矢量……相当于将分振动的旋转矢量依次首尾相接，总合矢量为第一个矢量的起点指向最后一个矢量的终点，如图 4.14 所示.

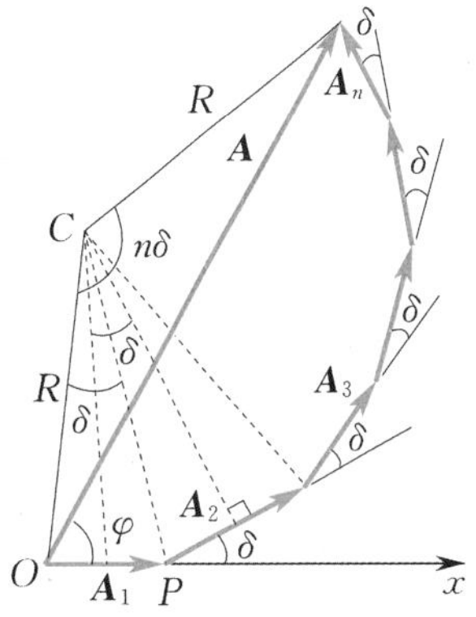

图 4.14　n 个简谐振动的合成

如果 n 个简谐振动的振幅相等，初相位依次差 δ，如图 4.14 所示，即

$$x_1=a\cos\omega t,$$
$$x_2=a\cos(\omega t+\delta),$$
$$\cdots$$
$$x_n=a\cos[\omega t+(n-1)\delta].$$

利用旋转矢量法和几何关系可求得

$$x=A\cos(\omega t+\varphi)=a\frac{\sin(n\delta/2)}{\sin(\delta/2)}\cos\left(\omega t+\frac{n-1}{2}\delta\right).$$

合振幅为

$$A=a\frac{\sin(n\delta/2)}{\sin(\delta/2)}. \tag{4.6.9}$$

若各分振动同向，即 $\delta=2k\pi(k=0,\pm1,\pm2,\cdots)$，各分振动的旋转矢量在一条直线上，则合振幅为最大值，即

$$A=a\lim_{\delta\to2k\pi}\frac{\sin(n\delta/2)}{\sin(\delta/2)}=na. \tag{4.6.10a}$$

若各分振动的相位差 $\delta=2k'\pi/n$，式中 k' 为不等于 nk 的整数，则

$$A=a\frac{\sin(k'\pi)}{\sin(k'\pi/n)}=0. \tag{4.6.10b}$$

这时，各分振动的旋转矢量依次相接，构成闭合的正多边形，合振动的振幅为零.

4.6.2　同方向、不同频率的简谐振动的合成

1. 一般情况

由旋转矢量图可知，两个不同角速度的旋转矢量 $\boldsymbol{A}_1$ 和 $\boldsymbol{A}_2$，就像钟表中转速不同的时针和分针一样，其相位差 $\omega_2t+\varphi_2-\omega_1t-\varphi_1=(\omega_2-\omega_1)t+(\varphi_2-\varphi_1)$ 是随时间变化的. 因此合矢量 $\boldsymbol{A}=\boldsymbol{A}_1+\boldsymbol{A}_2$ 是

随时间变化的,合振动的振幅是随时间变化的,合振动不是简谐振动. 故一般情况下不是周期性运动.

2. 一个特例

设质点同时参与两个振动方向相同、初相位和振幅都相同、角频率分别为 ω_1,ω_2 的简谐振动,其运动方程分别表示为

$$x_1 = A\cos(\omega_1 t + \varphi),$$
$$x_2 = A\cos(\omega_2 t + \varphi).$$

利用三角函数和差化积公式计算合振动,得

$$x = x_1 + x_2 = 2A\cos\left(\frac{\omega_2 - \omega_1}{2}t\right)\cos\left(\frac{\omega_2 + \omega_1}{2}t + \varphi\right). \tag{4.6.11}$$

分析式(4.6.11),当 ω_1,ω_2 相差不是很小时,$2A\cos\left(\frac{\omega_2 - \omega_1}{2}t\right)$是一个振幅因子,是随时间变化的,第二项中的频率$\frac{\omega_2 + \omega_1}{2}$是合成频率. 合振动是一个随时间变化的运动,不是周期运动.

如果 ω_1,ω_2 都很大,但相差很小时,$\cos\left(\frac{\omega_2 - \omega_1}{2}t\right)$的变化远慢于 $\cos\left(\frac{\omega_2 + \omega_1}{2}t + \varphi\right)$,那么,在较短的时间内,$\cos\left(\frac{\omega_2 - \omega_1}{2}t\right)$变化很小,而 $\cos\left(\frac{\omega_2 + \omega_1}{2}t + \varphi\right)$的变化较大. 如图 4.15 所示,这样的合振动可以看成以$\left|2A\cos\left(\frac{\omega_2 - \omega_1}{2}t\right)\right|$为振幅,角频率为$\frac{\omega_2 + \omega_1}{2}$的简谐振动(近似的). 由于振幅的缓慢变化是周期性的,因此合振动的振幅会出现时强时弱的周期性变化现象,这种现象称为**拍**. 单位时间内振动加强或减弱的次数叫作**拍频**.

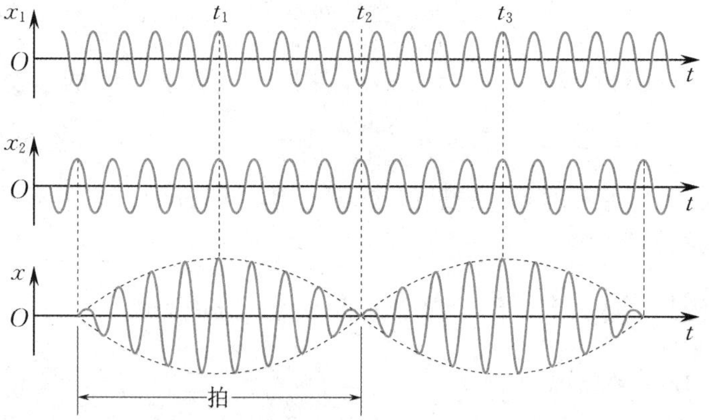

图 4.15 拍

由于$\left|2A\cos\left(\frac{\omega_2 - \omega_1}{2}t\right)\right|$在一个周期内出现两次最大值,单位时

间内出现最大值的次数是 $\cos\left(\frac{\omega_2-\omega_1}{2}t\right)$ 的频率的两倍，即拍频为

$$\nu = 2\frac{\left|\frac{\omega_2-\omega_1}{2}\right|}{2\pi} = \left|\frac{\omega_2}{2\pi}-\frac{\omega_1}{2\pi}\right| = |\nu_2-\nu_1|. \quad (4.6.12)$$

上式表明，拍频是两个分振动频率之差.

拍是一种重要的现象，有许多应用. 例如，可以利用标准音叉来校准钢琴的频率，这是因为音调有微小差别就会出现拍音，调整到拍音消失，钢琴的某个键就被校准了.

4.6.3　方向垂直、频率相同的简谐振动的合成

设质点参与两个简谐振动，两个振动的振动方向相互垂直，频率相同，两个简谐振动分别表示为

$$x = A_1\cos(\omega t+\varphi_1),$$
$$y = A_2\cos(\omega t+\varphi_2).$$

两式联立消去 t 后，得到合振动的轨迹方程为

$$\frac{x^2}{A_1^2}+\frac{y^2}{A_2^2}-\frac{2xy}{A_1A_2}\cos(\varphi_2-\varphi_1) = \sin^2(\varphi_2-\varphi_1). \quad (4.6.13)$$

式(4.6.13)为椭圆轨迹方程，它的具体轨迹取决于两个振动的相位差. 下面讨论几种特殊相位差对应的轨迹情况.

(1) 当相位差 $\varphi_2-\varphi_1=0$ 或 π 时，合振动的轨迹退化为直线

$$y=\pm\frac{A_2}{A_1}x.$$

合振动的位移(不能用 x，也不能用 y，因为合振动方向不在这两个方向上)

$$s=\sqrt{x^2+y^2}=\sqrt{A_1^2+A_2^2}\cos(\omega t+\varphi_1).$$

(2) 当相位差 $\varphi_2-\varphi_1=\frac{\pi}{2}$ 或 $\frac{3\pi}{2}$ 时，

$$\frac{x^2}{A_1^2}+\frac{y^2}{A_2^2}=1.$$

表明合振动的轨迹为长轴、短轴分别与两坐标轴重合的正椭圆，但 $\varphi_2-\varphi_1=\frac{\pi}{2}$ 和 $\varphi_2-\varphi_1=\frac{3\pi}{2}$ 所对应的合振动有“旋转方向”的区别. 当 $\varphi_2-\varphi_1=\frac{\pi}{2}$ 时，合振动为顺时针椭圆运动；当 $\varphi_2-\varphi_1=\frac{3\pi}{2}$ 时，合振动为逆时针椭圆运动. 如果 $A_1=A_2$，且 $\varphi_2-\varphi_1=\frac{\pi}{2}$ 或 $\frac{3\pi}{2}$，那么合振动的轨迹为圆. 如果 $\varphi_2-\varphi_1$ 取其他值，那么合振动的轨迹为不同方位和形状的椭圆. 总的来说，当 $\varphi_2-\varphi_1$ 从 0 变化到 2π 时，

合振动的轨迹从直线到顺时针旋转椭圆,到直线,到逆时针旋转椭圆,到直线,如图 4.16 所示.

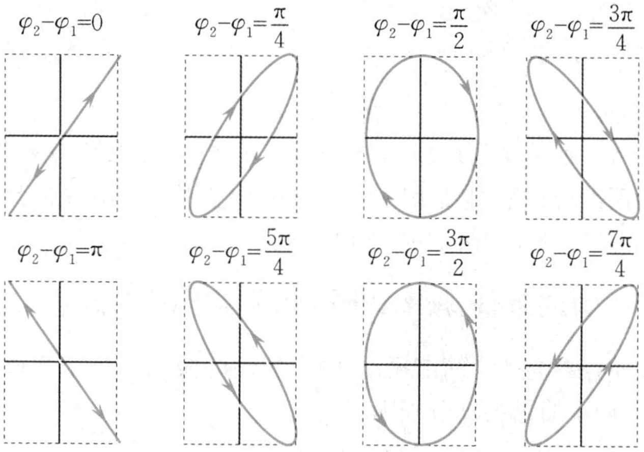

图 4.16　几种相位差不同的相互垂直的简谐振动的合成轨迹

4.6.4　方向垂直、不同频率简谐振动的合成

当两个频率不同且振动方向相互垂直的简谐振动合成时,其结果可能很复杂.设两个简谐振动分别表示为

$$x = A_1\cos(\omega_1 t + \varphi_1), \quad y = A_2\cos(\omega_2 t + \varphi_2).$$

用旋转矢量 $\boldsymbol{A}_1$,$\boldsymbol{A}_2$ 表示两个简谐振动,其角速度分别为 ω_1,ω_2.可以预计,合矢量 $\boldsymbol{A}$ 的大小和方向都随时间变化.一般来说,合振动的轨迹与两个分振动的频率之比和两者的相位差都有关系,图形比较复杂,很难用数学式表达.当两个分振动的频率之比为整数时,合振动的轨迹是闭合的,运动是周期性的.这种图形叫作 李萨如(Lissajous) 图形,几种李萨如图形如图4.17所示.当两个分振动的频率之比为无理数时,合成的运动轨迹永远不重复,但轨迹分布在由两振动的振幅所限定的矩形面积内.这种非周期运动叫作 准周期运动.

$\omega_1:\omega_2$	$\varphi_2-\varphi_1$				
	$\dfrac{\pi}{4}$	$\dfrac{\pi}{2}$	π	$\dfrac{3\pi}{2}$	$\dfrac{3\pi}{4}$
1:2					
1:3					
2:3					

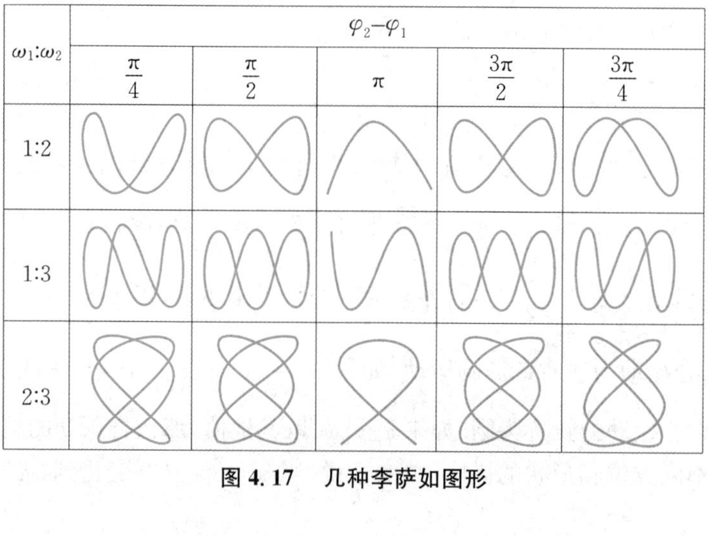

图 4.17　几种李萨如图形

在闭合的李萨如图形中，由于两个分振动的频率为严格的整数比，在示波器上可以精确地比较或测量频率. 在数字频率计未被广泛使用之前，这是测量电信号频率的最简便方法.

4.7　阻尼振动　受迫振动和共振

4.7.1　阻尼振动

阻尼振动
和受迫振动

实际的振动总是与环境相互作用，导致能量改变. 若环境作用体现为阻力，如在空气中和液体中就有黏性阻力出现，则振动系统的振幅不断减小，直到停止振动. 振动系统因受阻力作用做振幅减小的运动，称为阻尼振动.

实验指出，当振动物体的速度不太大时，介质对振动物体的阻力的大小与速度的大小成正比，阻力的方向总是与速度的方向相反，即

$$f_r = -\gamma v = -\gamma \frac{dx}{dt}, \tag{4.7.1}$$

式中 γ 为正的比例常数，它由振动物体的形状、大小、表面状况以及介质的性质决定.

质量为 m 的振动物体，在弹性力和上述阻力的作用下运动，根据牛顿第二定律列出振动物体的动力学方程为

$$m\frac{d^2x}{dt^2} = -kx - \gamma\frac{dx}{dt} \tag{4.7.2}$$

或

$$\frac{d^2x}{dt^2} + \frac{\gamma}{m}\frac{dx}{dt} + \frac{k}{m}x = 0, \tag{4.7.3}$$

式中系数都是常量. 令 $\frac{\gamma}{m} = 2\beta$，$\beta$ 为阻尼系数；$\frac{k}{m} = \omega_0^2$，ω_0 为振动物体的固有角频率，它是振动系统在不受阻力作用时的角频率，则式(4.7.3)写为

$$\frac{d^2x}{dt^2} + 2\beta\frac{dx}{dt} + \omega_0^2 x = 0. \tag{4.7.4}$$

这是典型的二阶常系数齐次线性微分方程. 根据阻尼系数 β 的不同，上述动力学方程有三种可能解.

1. 欠阻尼状态

当阻力很小，以致 $\beta < \omega_0$ 时，阻尼作用较小，称为欠阻尼. 式(4.7.4)的解为

$$x = A_0 e^{-\beta t}\cos(\omega t + \varphi_0),$$

式中 $\omega=\sqrt{\omega_0^2-\beta^2}$，$A_0$，$\varphi_0$ 由初始条件决定.

设 $t=0$ 时，$x=x_0$，$\frac{dx}{dt}=v_0$，可求得

$$\frac{dx}{dt}=A_0e^{-\beta t}[-\omega\sin(\omega t+\varphi_0)-\beta\cos(\omega t+\varphi_0)],$$

代入初始条件，有

$$\left.\frac{dx}{dt}\right|_{t=0}=v_0=-A_0\omega\sin\varphi_0-A_0\beta\cos\varphi_0,$$

$$x|_{t=0}=x_0=A_0\cos\varphi_0,$$

由此解出

$$A_0=\sqrt{x_0^2+\frac{(v_0+\beta x_0)^2}{\omega^2}},\tag{4.7.5}$$

$$\tan\varphi_0=-\frac{v_0+\beta x_0}{\omega x_0}.\tag{4.7.6}$$

与简谐振动比较，阻尼振动多了一个因子 $e^{-\beta t}$，它不是时间的周期函数，因此位移也不再是时间的周期函数. 由于 $e^{-\beta t}$ 恒大于零，故位移 x 的正负变换由余弦函数的周期性决定. 位移 x 的方向变换的周期就是余弦函数的周期，

$$T=\frac{2\pi}{\omega}=\frac{2\pi}{\sqrt{\omega_0^2-\beta^2}}.\tag{4.7.7}$$

阻尼振动的周期是连续两次达到振幅最大值的时间间隔或连续两次通过平衡位置而同方向的时间间隔. 由式(4.7.7)看到，阻尼振动的周期比固有周期要长.

振幅 $A=A_0e^{-\beta t}$ 不断地随着时间而衰减. 振幅衰减因子 $e^{-\beta t}$ 中 β 越大，则振幅衰减越快；β 越小，振幅衰减越慢，并且

$$t=0\text{ 时},A=A_0;\quad t\to\infty\text{ 时},A\to 0.$$

阻尼振动的位移-时间曲线如图 4.18 所示. 我们可以用相隔一周期的振动位移之比

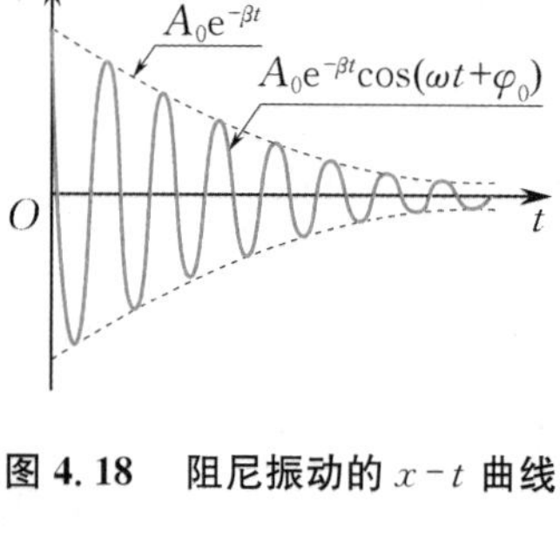

图 4.18　阻尼振动的 x-t 曲线

$$\lambda=\frac{A_0e^{-\beta t}}{A_0e^{-\beta(t+T)}}=e^{\beta T}$$

来标志阻尼大小，称为阻尼减缩. 取阻尼减缩的对数，称为对数减缩，用 δ 表示，即

$$\delta=\ln\lambda=\ln e^{\beta T}=\beta T.$$

由于 δ 和 T 可由实验测得，由上式可求出 β，而 $\beta=\frac{\gamma}{m}$，只要测出 m 就可以测出 γ.

2. 过阻尼状态

如果阻力很大，以致 $\beta>\omega_0$，那么式(4.7.4)的解为

$$x=c_1e^{-(\beta-\sqrt{\beta^2-\omega_0^2})t}+c_2e^{-(\beta+\sqrt{\beta^2-\omega_0^2})t},$$

式中积分常数 c_1,c_2 由初始条件决定. 振动系统不做振动而逐渐静止在平衡位置,这种情况称为过阻尼,其位移-时间曲线如图 4.19 所示.

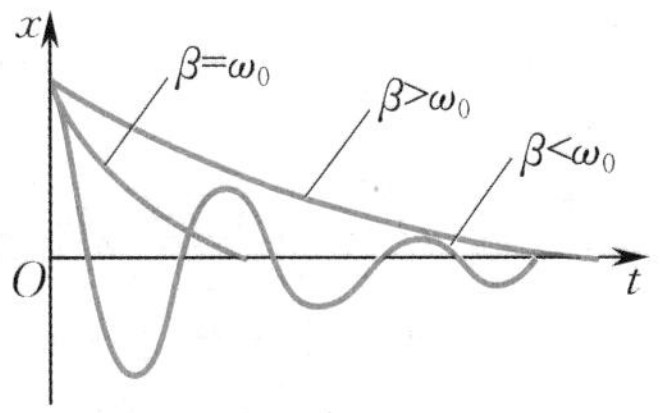

图 4.19　欠阻尼、过阻尼和临界阻尼的 x-t 曲线

3. 临界阻尼状态

如果 $\beta=\omega_0$,则式(4.7.4)的解为

$$x=(c_1+c_2t)\mathrm{e}^{-\beta t}.$$

这是系统做振动和不做振动的临界状态,称为临界阻尼,振动系统恰好不能做振动而很快地回到平衡位置. 其位移-时间曲线如图 4.19 所示. 利用临界阻尼可使仪器指针很快地停止摆动.

4.7.2　受迫振动和共振

振动系统受到周期性外力的作用是很常见的,如机器运转时引起底座的振动,火车在桥梁上行驶而引起桥梁的振动. 振动系统在连续的周期性外力的作用下进行的振动称为受迫振动. 周期性外力称为策动力.

策动力的形式是多种多样的,下面取余弦函数形式的策动力进行讨论,其表达式为

$$F(t)=H\cos\omega t. \tag{4.7.8}$$

设质点受到弹性力、阻尼力和策动力三种力的作用. 根据牛顿第二定律,质点做受迫振动时的动力学方程为

$$m\frac{\mathrm{d}^2x}{\mathrm{d}t^2}=-kx-\gamma\frac{\mathrm{d}x}{\mathrm{d}t}+H\cos\omega t.$$

令 $\omega_0^2=\dfrac{k}{m}$,$2\beta=\dfrac{\gamma}{m}$,$h=\dfrac{H}{m}$,则方程可写为

$$\frac{\mathrm{d}^2x}{\mathrm{d}t^2}+2\beta\frac{\mathrm{d}x}{\mathrm{d}t}+\omega_0^2x=h\cos\omega t. \tag{4.7.9}$$

这是一个二阶常系数非齐次微分方程. 当 $\beta<\omega_0$ 时,这个方程的解为

$$x=A_0\mathrm{e}^{-\beta t}\cos(\sqrt{\omega_0^2-\beta^2}\,t+\varphi_0)+A\cos(\omega t+\varphi). \tag{4.7.10}$$

式(4.7.10)表示的受迫振动由两个部分组成,第一部分与欠阻尼状态的振动类似,是一个角频率不等于固有频率而等于 $\sqrt{\omega_0^2-\beta^2}$ 的阻尼振动项,此项在经过足够长的时间后衰减为零,振动系统的振动只余下第二部分起作用,所以

$$x=A\cos(\omega t+\varphi).$$

由此式可知,当振动达到稳定振动状态后,系统以策动力的角频率 ω 为角频率做周期性振动,振动的振幅不随时间变化. 从能量角度来看,策动力一个周期内所做的功等于它克服阻力所做的功,故保

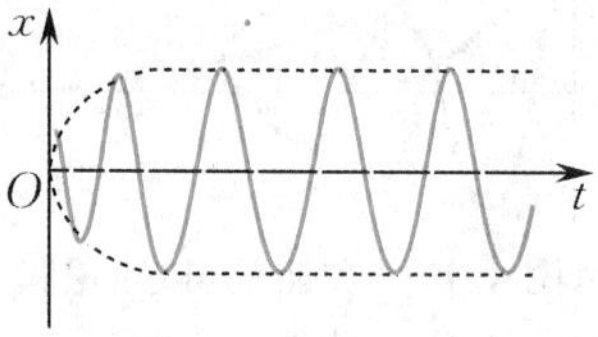

图 4.20　受迫振动达到稳定振动的振幅

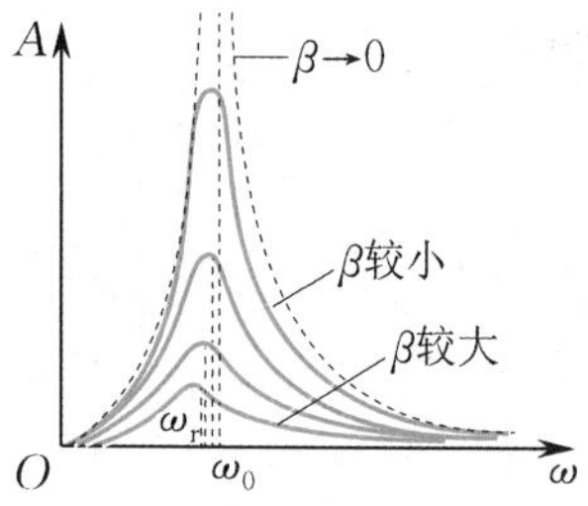

图 4.21　位移共振

持振幅不变. 受迫振动的振幅在开始时随时间而增大，当受迫振动达到稳定振动状态后，振幅不再增加，如图 4.20 所示.

将稳定后的振动方程 $x = A\cos(\omega t + \varphi)$ 代入方程(4.7.9)，整理后得到处于稳定振动状态时的受迫振动的振幅和初相位分别为

$$A = \frac{h}{\sqrt{(\omega_0^2 - \omega^2)^2 + 4\beta^2\omega^2}}, \tag{4.7.11}$$

$$\varphi = \arctan\frac{-2\beta\omega}{\omega_0^2 - \omega^2}. \tag{4.7.12}$$

由式(4.7.11)可知，振幅 A 与策动力角频率 ω、固有角频率 ω_0 以及振动系统的阻尼系数 β 有关. 作出部分 A 与 ω,β 的曲线，如图 4.21 所示. 图中显示存在极大值. 令 $\frac{dA}{d\omega} = 0$，得到极大值对应的角频率为

$$\omega_r = \sqrt{\omega_0^2 - 2\beta^2}.$$

当策动力角频率取 ω_r 时，振动系统的振幅达到极大值，即

$$A_r = \frac{h}{2\beta\sqrt{\omega_0^2 - \beta^2}}.$$

振动与策动力间的相位差为

$$\varphi_r = \arctan\frac{-\sqrt{\omega_0^2 - 2\beta^2}}{\beta}.$$

振动系统受迫振动时，其振幅达到极大值的现象称为**位移共振**. 达到共振时，策动力的角频率称为位移共振角频率.

在最大振幅的表达式中，β 和 ω_0 由系统的性质决定，不同阻尼系数对应不同的最大振幅，如图 4.21 所示. 位移共振角频率 ω_r 一般不等于固有角频率 ω_0，当阻尼系数减小时，ω_r 将趋近于固有角频率，而且共振振幅也随之增大；当阻尼系数 $\beta \to 0$ 时(图虚线所示)，有 $\omega_r = \omega_0$，此时出现共振振幅趋向无穷大，这是最强烈的位移共振，称为**尖锐共振**. 当出现尖锐共振时，共振振动与策动力的相位差为

$$\varphi_r = \arctan(-\infty) = -\frac{\pi}{2},$$

即说明振动落后于策动力 $\frac{\pi}{2}$，但振动的速度为

$$v = \frac{dx}{dt} = -\omega A\sin(\omega_r t + \varphi_r) = \omega A\cos\omega_r t.$$

可见振动的速度与策动力 $H\cos\omega_r t$ 同方向，即策动力总是做正功. 于是系统总是获得能量，使振幅不断加大，出现尖锐共振.

共振现象普遍存在，在声学、光学、无线电以及工程技术中被广泛地利用. 例如，当我们利用超声波清洗金属器件时，要使超声波角频率与金属上的附着物的固有角频率相近，从而发生共振；各

种乐器、无线电接收机、回旋质谱仪、交流电的频率计等仪器和装置就是利用共振原理制造出来的. 共振现象也存在危害性. 像风对桥的作用力就形成一种策动力，如果满足共振条件，就有可能使桥垮塌；火车通过桥梁时形成策动力，有共振的可能性，设计上要避免桥梁的固有角频率与火车引入的策动力角频率相等；若大坝水电站的机组的主轴的中心未对准，当机组运行时，因偏心而产生的策动力将施加在大坝上，对大坝构成危害.

思考题

1. 如果作用于质点上的力不是 $F=-kx$ 而是 $F=kx$，那么这个质点是否仍做周期性的运动？

2. 一个皮球在地板上跳动时，如不计它反弹高度的逐渐衰减，它是否做简谐振动？

3. 为什么说弹簧振子是一个理想化的模型，它有没有实际意义？

4. 所谓 $t=0$ 时刻的含义是什么？对简谐振动而言，$t=0$ 是指物体开始振动的时刻，还是观察振动时所选择的计时零点？

5. 与简谐振动相关的物理量，诸如振幅 A、角频率 ω、初相位 φ、平均动能、平均势能、最大速度和最大加速度，其中哪些量仅取决于系统固有的性质，哪些量与初始条件有关？

6. 振动物体的运动状态与相位是什么关系？

7. 将单摆拉到与竖直方向成 θ 角，然后放手任其摆动，那么单摆做简谐振动的初相位是否就是 θ？为什么？单摆的角速度是否就是简谐振动的角频率？

8. 简谐振动是否一定是无阻尼自由振动？无阻尼自由振动是否一定是简谐振动？

9. 共振的物理含义是什么？能从能量观点说明共振现象吗？

10. 在许多场合下共振是有害的，为了避免振动系统与策动力发生共振，原则上可以采取什么方法？

习题 4

1. 质量为 2 kg 的质点，运动方程为

$$x=0.2\sin\left(5t-\frac{\pi}{6}\right)\ (\mathrm{SI}).$$

求：

(1) $t=0$ 时，作用于质点的力的大小；

(2) 作用于质点的力的最大值和此时质点的位移.

2. 一个物体在光滑水平面上做简谐振动，振幅为 12 cm，在距平衡位置 6 cm 处速度为 24 cm/s，求：

(1) 周期 T；

(2) 当速度为 12 cm/s 时的位移.

3. 一个质量为 10 g 的物体做简谐振动，其振幅为2 cm，频率为 4 Hz，$t=0$ 时位移为 -2 cm，初速度为零. 求：

(1) 简谐振动的运动方程；

(2) $t=\dfrac{1}{4}$ s 时物体所受的作用力.

4. 一个半径为 R 的木球静止地浮在水面上，其体积的一半恰好浸在水中. 若把它恰好没入水中后，从静止状态开始放手，不计水对球的阻力，试写出木球振动的微分方程，再说明木球在什么条件下做简谐振动.

5. 做简谐振动的小球，速度的最大值为 $v_m=3$ cm/s，振幅为 $A=2$ cm. 若从速度为正的最大值的某时刻开始计时. 求：

(1) 简谐振动的周期；

(2) 小球的加速度的最大值；

(3) 简谐振动的运动方程.

6. 一个水平弹簧振子，振幅为 $A=2.0\times10^{-2}$ m，周期为 $T=0.50$ s. 分别写出以下两种情况的运动

方程：

(1) 当 $t=0$ 时，物体经 $x=1.0\times10^{-2}$ m处，向负方向运动；

(2) 当 $t=0$ 时，物体经 $x=-1.0\times10^{-2}$ m处，向正方向运动.

7. 质量为 $m=121$ g的水银装在U形管中，U形管的截面积为 $S=0.30\ \text{cm}^2$. 当水银面上下振动时，其振动周期 T 为多大？已知水银的密度为 $13.6\ \text{g/cm}^3$，忽略水银与管壁之间的摩擦.

8. 一个质点做简谐振动，其运动方程为 $x=0.24\cos\left(\frac{\pi}{2}t+\frac{\pi}{3}\right)$(SI). 用旋转矢量法求出质点由初始状态($t=0$ 的状态)运动到 $x=-0.12$ m，$v<0$ 的状态所需最短的时间 Δt.

9. 一个质点做简谐振动，其运动方程为

$$x=6.0\times10^{-2}\cos\left(\frac{\pi}{3}t-\frac{\pi}{4}\right)\text{(SI)}.$$

(1) 当 x 为多大时，系统的势能为总机械能的一半？

(2) 质点从平衡位置移动到上述位置所需最短的时间为多少？

10. 已知两个同方向、同频率的简谐振动的运动方程分别为：

$$x_1=4.0\times10^{-2}\cos 2\pi\left(t+\frac{1}{8}\right)\text{(SI)},$$

$$x_2=3.0\times10^{-2}\cos 2\pi\left(t+\frac{1}{4}\right)\text{(SI)}.$$

求它们的合振动方程.

第4章阅读材料

第5章 波动学基础

振动的传播过程称为波动，简称波. 声波、水波、地震波、电磁波和光波都是波，波的传播伴随状态和能量的传递. 尽管不同的振动形式将以不同的方式在空间传播，但它们有类似的波动方程，具有共同的特征，如干涉、衍射等波动特有的性质. 本章主要讨论机械波，机械振动在介质中的传播称为机械波.

5.1 机械波的产生与传播

5.1.1 波的基本概念

1. 机械波

以绳子为例，绳子的一端固定在远处，当用手抖动绳头，使绳头上下移动，将绳子看成是由一系列质元构成的，质元之间因绳子形变而产生了弹性力，如图 5.1 所示. 绳头（质元 1）的运动通过弹性力策动相邻的质元 2 运动，质元 2 策动质元 3 运动…… 由近及远地传播至远处. 此时，绳上的质元都是在前一个质元的策动力作用下做受迫振动，振动的频率是前一个质元的振动频率，可以追溯到波源，波的频率就是波源的振动频率. 对于能够传播振动的介质，与绳子一样被看成由无穷多的质元组合在一起的连续介质，质元间存在弹性力. 当有激发波动的振动系统——波源存在时，波源的振动将引起介质中相邻质元的依次振动. 虽然每个质元并没有远离它们各自的平衡位置，但在弹性力的作用下，振动的状态依次地传播开去.

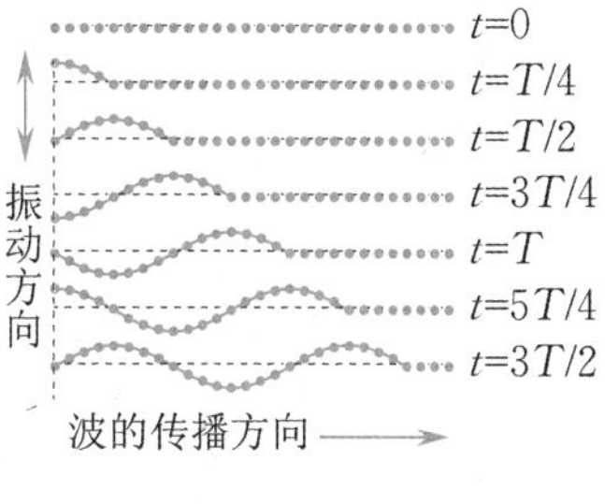

图 5.1 绳子上的波

机械波的形成需要两个条件：第一要有波源，第二要有传播振动的介质. 与这两个条件相对应的有两个速度：一是质元相对于其平衡位置的振动速度，它与振源的振动有关；另一个是振动状态的传播速度，称为波速，它与波源的振动无关，但与介质有关.

2. 横波与纵波

机械波有不同的类型,按介质中质元的振动方向与波的传播方向的关系可分为**横波**和**纵波**.

介质中各质元的振动方向与波的传播方向垂直,这种波称为横波.图5.1所示为抖动绳子产生横波的例子.将绳子中相邻两个振动状态相同的质元之间的所有质元的位移构成的图形,称为一个**完整波形**,则从图5.1中可以看到一个接一个的波形沿着绳子向远端传播.

介质中各质元的振动方向和波的传播方向平行,这种波称为**纵波**.空气中的声波是典型的纵波.纵波传播时,在介质内发生压缩和膨胀,同一体积元中,压缩和膨胀交替出现,形成疏密相间的结构.图5.2所示是一段气柱在不同时刻的疏密相间结构状态,图中每一条竖直虚线串联的是小体积元在不同时刻被压缩或膨胀的图示.由图右侧可以看到,由上而下为时间轴,对比相邻两竖直虚线可以看到,密结构沿波的传播方向移动,就是一种振动状态的传播.

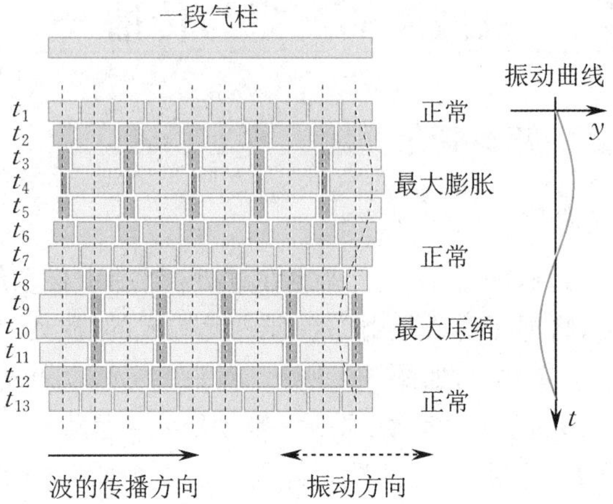

图5.2 纵波伴随的压缩和膨胀

介质中能够传播横波还是纵波与介质的性质有关.常见的介质有气态、液态和固态三种.当介质具有切变弹性时,能够传播横波;当介质具有长度弹性或容变弹性时,能够传播纵波.液体和气体具有容变弹性,可以传播弹性纵波,固体则可以同时传播横波和纵波.以大地为介质的地震波是纵波、横波以及沿地球表面传播的表面波的合成.

波传播的过程不但是振动状态的传播过程,而且是能量传播的过程.当波传播到介质中的某质元时,该质元就从静止于平衡位置的状态变为在平衡位置附近振动的状态.当质元静止时,可认为质元没有机械能;当质元振动时,质元就具有动能和弹性势能,即机械能. 质元所获得的能量是由波源传播过来的.

3. 波面与波线

当波传播时,介质中参与振动传播的所有质元都在振动,将振动相位相同的质元连起来所形成的面称为**波面**. **波前**是波面的特例,它是波传播过程中处在最前面的波面. 如果波面是平面的波就称为**平面波**,波面是球面的波就称为**球面波**.

波的传播方向称为**波线**或**波射线**,它是能量传输的方向. 在各向同性的介质中,波线总与波面垂直. 在各向异性的介质中,波的传播方向与波面不一定垂直. 平面波的波线是垂直于波面的平行线,球面波的波线是以波源为中心的辐射线. 图 5.3 所示为各向同性介质中的平面波的波面与波线的示意图.

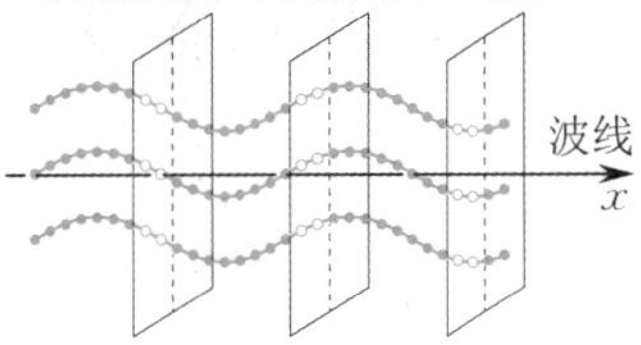

图 5.3　平面波的波面和波线

5.1.2　波速、频率和波长

波的产生虽然依赖于波源的存在,但波的传播速度,即振动状态(相位)的传播速度与波源无关,而与质元间的相互作用有关,也就是与介质特性有关. 可以证明,在拉紧的绳子或细线中传播的横波的波速为

$$u=\sqrt{\frac{T}{\eta}},\tag{5.1.1}$$

式中 T 为绳子或细线的张力,η 为其质量线密度.

在弹性固体棒中传播的纵波的波速为

$$u=\sqrt{\frac{Y}{\rho}},\tag{5.1.2}$$

式中 Y 为固体棒的杨氏模量,ρ 为其密度.

在无限大的各向同性均匀固体介质中传播的纵波的波速比式(5.1.2)给出的要大些,而传播的横波的波速为

$$u=\sqrt{\frac{G}{\rho}},\tag{5.1.3}$$

式中 G 为介质的切变模量,ρ 为其密度.

在液体和气体中传播的纵波的波速为

$$u=\sqrt{\frac{B}{\rho}},\tag{5.1.4}$$

式中 B 是介质的体积模量,ρ 为其密度.

空气(当作理想气体)中的声波的声速公式为

$$u=\sqrt{\frac{\gamma RT}{M}},\tag{5.1.5}$$

式中 M 是气体的摩尔质量,γ 是气体的比热容比,T 是气体的热力学温度,R 是普适气体常量. 在标准状态下,取 $\gamma=1.40$,可计算出空气中的声速约为 $u=331\ \mathrm{m/s}$.

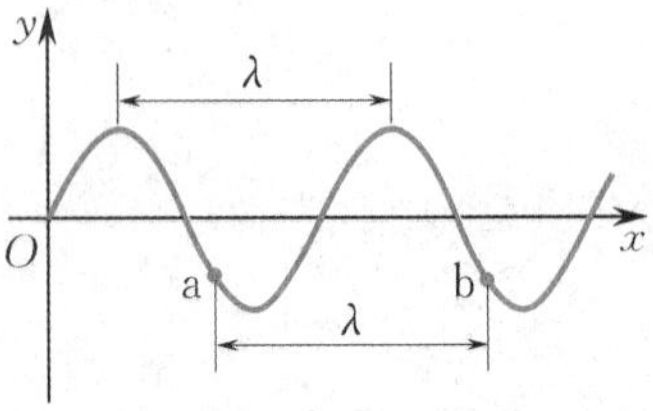

图 5.4　波长

介质中参与振动状态传播的质元的振动也具有周期性. 在同一波线上的两个质元 a,b,如图 5.4 所示,如果它们振动状态相同、相位差为 2π,那么它们的振动步调恰好是一致的. 相邻的两个振动状态相同的质元之间的距离,称为**波长**,用 λ 表示. 在各向同性均匀介质中,间距为波长整数倍的各点的振动状态相同,波长表示了波在介质中的空间周期性. 在近代物理中常用单位长度中包含的波长数 $\tilde{\nu}$ 来描述波动的空间周期性,$\tilde{\nu}$ 称为**波数**,也称为**空间频率**,即

$$\tilde{\nu}=\frac{1}{\lambda}.$$

波在传播过程中,每一个质元都是在前面一个质元的策动力作用下做受迫振动,振动传播需要时间. 例如图 5.4 中,质元 a 的某一个振动状态通过中间各质元逐步传到质元 b,经过了一个波长的距离,所用的时间刚好是质元 a 振动一个周期的时间,也是质元 a 的振动状态传到质元 b 所需的时间,称此时间为波的**周期** T. 由此可见,振动状态传播一个波长的距离需 T 时间,则波速表示为

$$u=\frac{\lambda}{T}. \tag{5.1.6}$$

定义周期的倒数为**频率** ν,即 $\nu=\frac{1}{T}$. 定义角频率为 $\omega=2\pi\nu$. 波长 λ、波速 u 和频率 ν 的关系为

$$u=\lambda\nu. \tag{5.1.7}$$

介质中某一质元每振动一个周期,就有一个波长的波(完整波)通过了该质元. 若质元振动一次所用时间为 0.2 s,则 1 s 时间内就要振动 5 次,即有 5 个完整波通过了该质元,而 $\frac{1}{T}=\frac{1}{0.2}\ \mathrm{Hz}=5\ \mathrm{Hz}=\nu$,所以 ν 的含义可理解为质元 1 s 内振动的次数,或 1 s 内通过某质元的完整波的个数. 更一般地表述:ν 为单位时间波传播完整波的个数. 1 s 内波推进的总长度为 $\lambda\nu$,这正是波的传播速度.

5.2　平面简谐波的波函数

5.2.1　平面简谐波的描述　波函数

平面简谐波的波函数

振动状态和能量都在传播的波称为**行波**,**平面简谐波**是最简单的行波. 平面简谐波在传播过程中,介质的质元均按余弦函数(或正弦函数)规律运动. 对于平面波,每一个波面上的各质元具有相同的相位,不同的波面有不同的相位,只要知道波面上一个点的振动情况,就能知道整个波面的振动情况. 因此,只需要知道任意一条波线上各点的情况，就知道了整个平面简谐波的传播情况. 对平面简谐波的描述可以理解如下：

(1) 介质中各质元按余弦函数(或正弦函数) 规律做受迫振动，振动的频率为波源的频率.

(2) 介质中各质元相对于各自的平衡位置按余弦函数(或正弦函数) 形式的振动，质元不会沿波的传播方向发生迁移.

设有一列平面简谐波在无吸收的各向同性均匀介质中沿 x 轴正方向传播，波速为 u. 取任意一条波线为 x 轴，并取某质元所在处为坐标原点 O，建立如图 5.5 所示的坐标系，O 点($x=0$) 处质元振动的初相位为 φ_0，该质元的运动方程为

$$y_0 = A\cos(\omega t + \varphi_0). \tag{5.2.1}$$

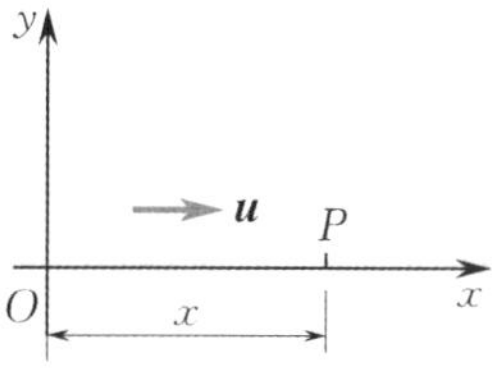

图 5.5　振动状态传到 P 点

O 点处质元的振动引起邻近的质元振动，经过 $\Delta t = \dfrac{x}{u}$ 时间，O 点处的振动状态传到 P 点(横坐标为 x，任意选取) 处的质元. 也就是说，t 时刻 P 点处质元的振动相位等于 $t-\Delta t$ 时刻 O 点处质元的相位，即

$$\omega t + \varphi = \omega(t-\Delta t) + \varphi_0 = \omega t + \varphi_0 - \omega\Delta t.$$

故 P 点处质元的运动方程为

$$y = A\cos\left[\omega(t-\Delta t) + \varphi_0\right] = A\cos\left[\omega\left(t-\frac{x}{u}\right) + \varphi_0\right]. \tag{5.2.2}$$

也可以这样考虑，由于沿着波的传播方向，每隔一个波长，相位就要落后 2π，P 点处的振动相位比 O 点处的振动相位落后 $2\pi\dfrac{x}{\lambda}$. 在 t 时刻，O 点处的相位为 $\omega t+\varphi_0$，则 P 点处的相位是 $\omega t + \varphi_0 - 2\pi\dfrac{x}{\lambda}$，即

$$y = A\cos\left(\omega t + \varphi_0 - 2\pi\frac{x}{\lambda}\right). \tag{5.2.3}$$

因为 x 是波线上任意一个质元的平衡位置距 O 点的坐标，所以式(5.2.2) 或(5.2.3) 刻画了波传播时介质中任意一个质元的振动，满足平面简谐波描述的要求，是平面简谐波的波动表达式，也称为**波函数**.

利用关系式 $\omega = \dfrac{2\pi}{T} = 2\pi\nu$ 和 $uT=\lambda$，可以将平面简谐波的波函数改写为如下多种形式：

$$y = A\cos\left[2\pi\left(\frac{t}{T} - \frac{x}{\lambda}\right) + \varphi_0\right], \tag{5.2.4}$$

$$y = A\cos\left[2\pi\left(\nu t - \frac{x}{\lambda}\right) + \varphi_0\right], \tag{5.2.5}$$

$$y = A\cos(\omega t - kx + \varphi_0), \tag{5.2.6}$$

式中 $k=\frac{2\pi}{\lambda}$,称为**角波数**,是 2π 长度上的波数,表示单位长度上波的相位变化.在式(5.2.4),(5.2.5)和(5.2.6)中振幅 A 为常数,这是波在介质中无吸收传播的结果.如果有吸收,振幅就要衰减.

对于式(5.2.2),若给定 $x=x_0$,则

$$y=A\cos\left[\omega\left(t-\frac{x_0}{u}\right)+\varphi_0\right]=A\cos\left[\omega t+\left(\varphi_0-\frac{\omega x_0}{u}\right)\right],\tag{5.2.7}$$

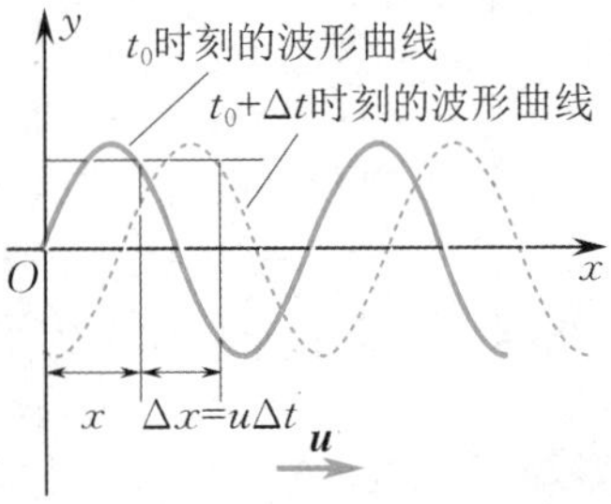

图 5.6 波的传播

式中 $\varphi_0-\frac{\omega x_0}{u}$ 是 x_0 处质元的初相位.式(5.2.7)描述的是 x_0 处质元的振动,由此得出的曲线是**振动曲线**.若将式(5.2.2)中的变量 t 取某一数值 t_0,则

$$y=A\cos\left[\omega\left(t_0-\frac{x}{u}\right)+\varphi_0\right]=A\cos\left(-\frac{\omega x}{u}+\omega t_0+\varphi_0\right).$$

上式描述的是所有质元在 t_0 时刻相对于各自平衡位置的位移,由此得出的曲线是**波形曲线**.如果以时刻 t_0 为基准,再过 Δt 时间,即选定 $t_0+\Delta t$ 时刻,我们又得到一个波形曲线,如图5.6的虚线所示.经过 Δt 时间振动状态传播 $\Delta x=u\Delta t$,从图上可见,当波传播时,随时间的推移,波形曲线将沿波的传播方向移动.行波的这一特点可作为判断波传播方向的方法.

式(5.2.2)中 y 表示质元相对于平衡位置的位移,对 y 求时间的一阶、二阶导数就是质元振动的速度和加速度,即

$$v=\frac{\partial y}{\partial t}=-\omega A\sin\left[\omega\left(t-\frac{x}{u}\right)+\varphi_0\right],\tag{5.2.8}$$

$$a=\frac{\partial^2 y}{\partial t^2}=-\omega^2 A\cos\left[\omega\left(t-\frac{x}{u}\right)+\varphi_0\right].\tag{5.2.9}$$

如果波是沿 x 轴负方向传播的,则平面简谐波的波函数为

$$y=A\cos\left[\omega\left(t+\frac{x}{u}\right)+\varphi_0\right].\tag{5.2.10}$$

以上我们是以横波为例给出的公式.上述公式对纵波也是成立的.

5.2.2 波动方程

将式(5.2.2)对 x 求一阶和二阶偏导数,分别得

$$\frac{\partial y}{\partial x}=\frac{\omega A}{u}\sin\left[\omega\left(t-\frac{x}{u}\right)+\varphi_0\right],\tag{5.2.11}$$

$$\frac{\partial^2 y}{\partial x^2}=-\frac{\omega^2 A}{u^2}\cos\left[\omega\left(t-\frac{x}{u}\right)+\varphi_0\right].\tag{5.2.12}$$

与式(5.2.9)相比较,得偏微分方程

$$\frac{\partial^2 y}{\partial t^2}=u^2\frac{\partial^2 y}{\partial x^2}.\tag{5.2.13}$$

式(5.2.13)称为**波动方程**.在其他物理问题中,也可能得到如此形式的方程.这种方程的解就是以波速 u 沿 x 轴传播的行波.

例 5.2.1　一列平面简谐波以波速 u 沿 x 轴正方向传播，波长为 λ. 已知在 $x_0=\frac{\lambda}{4}$ 处的质元的运动方程为 $y_{\frac{\lambda}{4}}=A\cos\omega t$. 试求出波函数，并在同一个坐标图中画出 $t=T$ 和 $t=\frac{5}{4}T$ 时的波形曲线.

解　设波函数为 $y=A\cos\left(\omega t-\frac{2\pi}{\lambda}x+\varphi_0\right)$，用已知点 $x=\frac{\lambda}{4}$ 处的振动推算出 φ_0，即将 $x=x_0=\frac{\lambda}{4}$ 代入波函数，得

$$y_{\frac{\lambda}{4}}=A\cos\left(\omega t-\frac{2\pi}{\lambda}\frac{\lambda}{4}+\varphi_0\right)=A\cos\left(\omega t-\frac{\pi}{2}+\varphi_0\right).$$

上式与 $y_{\frac{\lambda}{4}}=A\cos\omega t$ 比较可得

$$-\frac{\pi}{2}+\varphi_0=0,\quad 即\quad \varphi_0=\frac{\pi}{2},$$

因此所求的波函数为

$$y=A\cos\left(\omega t-\frac{2\pi}{\lambda}x+\frac{\pi}{2}\right).$$

$t=0$ 时的波函数为

$$y=A\cos\left(-\frac{2\pi}{\lambda}x+\frac{\pi}{2}\right)=A\sin\frac{2\pi}{\lambda}x.$$

由于波在时间上的周期性，在 $t=T$ 时的波形曲线应和 $t=0$ 时的波形曲线相同，如图 5.7 所示. 在 $t=\frac{5}{4}T$ 时，波形曲线应较 $t=T$ 时的波形曲线沿 x 轴正方向平移了一段距离

$$\Delta x=u\Delta t=u\left(\frac{5}{4}T-T\right)=\frac{1}{4}uT=\frac{1}{4}\lambda,$$

如图 5.7 所示.

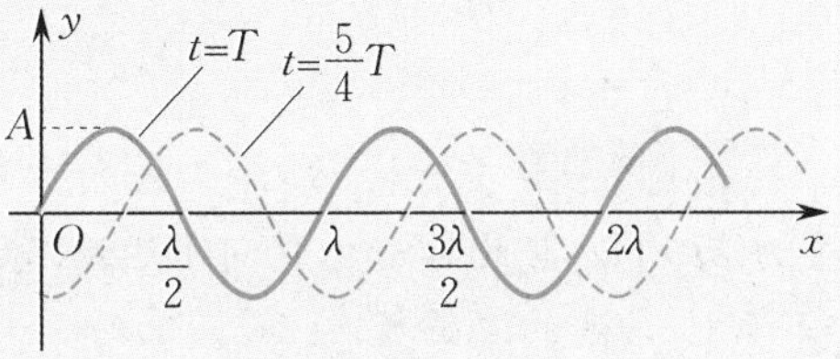

图 5.7

例 5.2.2　图 5.8 所示为一列平面简谐波在 $t=0$ 时刻与 $t=2\text{ s}$ 时刻的波形曲线. 求：

(1) $x=0$ 处质元的运动方程；

(2) 该波的波函数.

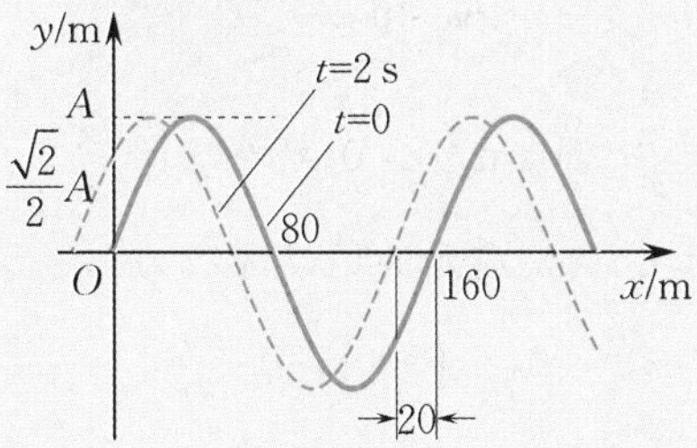

图 5.8

解　(1) 比较 $t=0$ 时刻与 $t=2\text{ s}$ 时刻的波形曲线可知，此波沿 x 轴负方向传播，同时也可知，$x=0$ 处的质元在 $t=0$ 到 $t=2\text{ s}$ 之间是沿 y 轴正方向运动的. 设 $x=0$ 处的质元的运动方程为 $y=A\cos(2\pi\nu t+\varphi)$，在 $t=0$ 时刻，由图可知，

$$y\Big|_{t=0}=0=A\cos\varphi,\quad v\Big|_{t=0}=-2\pi\nu A\sin\varphi>0,$$

即

$$\cos\varphi=0,\quad \sin\varphi<0.$$

由 $\cos\varphi = 0$，得 $\varphi = \pm\frac{\pi}{2}$，要满足 $\sin\varphi < 0$，只能选取 $\varphi = -\frac{\pi}{2}$.

$t = 2\ \mathrm{s}$ 时，$x = 0$ 处质元的位移为 $\frac{\sqrt{2}}{2}A = A\cos\left(4\pi\nu - \frac{\pi}{2}\right)$，即

$$\cos\left(4\pi\nu - \frac{\pi}{2}\right) = \frac{\sqrt{2}}{2},$$

解得

$$4\pi\nu - \frac{\pi}{2} = \pm\frac{\pi}{4}.$$

由于波沿 x 轴负方向传播，可以判定 $t = 2\ \mathrm{s}$ 时，$x = 0$ 处的质元是继续沿 y 轴正方向运动的，即速度大于零，有

$$v\Big|_{t=2} = -2\pi\nu A\sin\left(4\pi\nu - \frac{\pi}{2}\right) > 0,$$

即 $\sin\left(4\pi\nu - \frac{\pi}{2}\right) < 0$，故 $4\pi\nu - \frac{\pi}{2} = -\frac{\pi}{4}$，解得 $\nu = \frac{1}{16}\ \mathrm{Hz}$.

$x = 0$ 处质元的运动方程为

$$y_0 = A\cos\left(\frac{\pi t}{8} - \frac{\pi}{2}\right).$$

(2) 波速 $u = \frac{20}{2}\ \mathrm{m/s} = 10\ \mathrm{m/s}$，波长 $\lambda = \frac{u}{\nu} = 160\ \mathrm{m}$，波函数为

$$y = A\cos\left[2\pi\left(\frac{t}{16} + \frac{x}{160}\right) - \frac{\pi}{2}\right].$$

例 5.2.3 图 5.9 所示为一列平面简谐波在 $t = 0$ 时刻的波形曲线，已知此简谐波的频率为 250 Hz，且此时质元 P 向下运动. 求：

(1) 该波的波函数；

(2) 在距坐标原点 O 为 100 m 处质元的运动方程与振动速度的表达式.

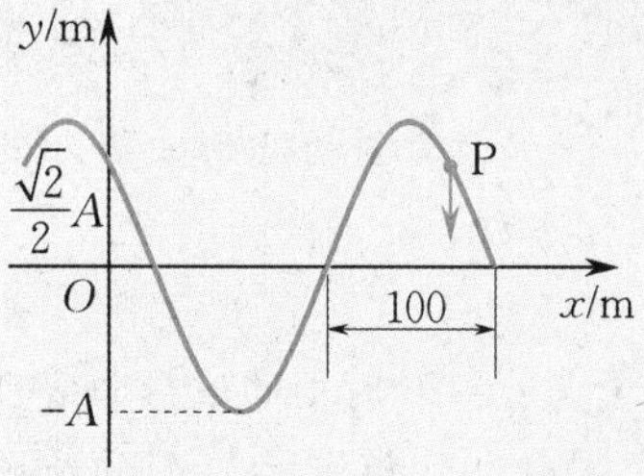

图 5.9

解 (1) 由质元 P 的运动方向可判定，该波沿 x 轴负方向传播. $t = 0$ 时，O 点处质元向下运动，即

$$\frac{\sqrt{2}}{2}A = A\cos\varphi, \quad v = -A\omega\sin\varphi < 0.$$

由 $\cos\varphi = \frac{\sqrt{2}}{2}$，得到 $\varphi = \pm\frac{\pi}{4}$. 因 $\sin\varphi > 0$，解得 $\varphi = \frac{\pi}{4}$.

又由 $\nu = 250\ \mathrm{Hz}$ 可知，O 点处质元的运动方程为

$$y_0 = A\cos(2\pi\nu t + \varphi) = A\cos\left(500\pi t + \frac{\pi}{4}\right).$$

由图可知波长为 $\lambda = 200\ \mathrm{m}$，则波函数为

$$y = A\cos\left[2\pi\left(250t + \frac{x}{200}\right) + \frac{\pi}{4}\right].$$

(2) 将 $x = 100\ \mathrm{m}$ 代入上式，得距 O 点为 100 m 处质元的运动方程为

$$y_1 = A\cos\left(500\pi t + \frac{5\pi}{4}\right).$$

振动速度的表达式为

$$v_1=\frac{\mathrm{d}y_1}{\mathrm{d}t}=-500\pi A\sin\left(500\pi t+\frac{5\pi}{4}\right).$$

例 5.2.4　如图5.10所示，一列平面简谐波在介质中以波速为 $u=20\ \mathrm{m/s}$ 沿 x 轴负方向传播，已知 A 点处质元的运动方程为 $y=3\times10^{-2}\cos 4\pi t\ \mathrm{m}$.

(1) 以 A 点为坐标原点写出平面简谐波的波函数；

(2) 以距 A 点 5 m 处的 B 点为坐标原点，写出平面简谐波的波函数.

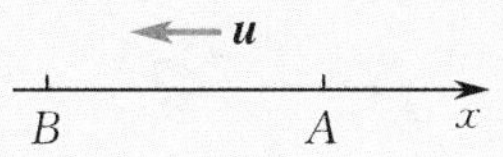

图 5.10

解　(1) A 点处质元的运动方程为 $y=3\times10^{-2}\cos 4\pi t\ \mathrm{m}$，由图可知，波沿 x 轴负方向传播，以 A 点为坐标原点的平面简谐波的波函数为

$$y=3\times10^{-2}\cos 4\pi\left(t+\frac{x}{u}\right)\mathrm{m}=3\times10^{-2}\cos 4\pi\left(t+\frac{x}{20}\right)\mathrm{m}.$$

(2) 以 A 点为坐标原点时，B 点处在 $x=-5\ \mathrm{m}$ 处，即 B 点处质元的运动方程为

$$y=3\times10^{-2}\cos 4\pi\left(t+\frac{-5}{20}\right)=3\times10^{-2}\cos(4\pi t-\pi)\ \mathrm{m}.$$

以 B 点为坐标原点，平面简谐波的波函数为

$$y=3\times10^{-2}\cos\left[4\pi\left(t+\frac{x}{20}\right)-\pi\right]\mathrm{m}.$$

5.3　波的能量

5.3.1　波的能量

波在弹性介质中传播时，介质中各质元都在各自的平衡位置附近振动，因而具有一定的动能，各质元因受力要发生形变，所以又有一定的弹性势能.

以平面简谐横波为例，在介质中取一微小体积元 $\mathrm{d}V$(质元)，设介质的密度为 ρ，则质元的质量为 $\rho\mathrm{d}V$，动能为

$$\mathrm{d}E_{\mathrm{k}}=\frac{1}{2}(\rho\mathrm{d}V)v^2=\frac{1}{2}\rho\mathrm{d}V\omega^2A^2\sin^2\left[\omega\left(t-\frac{x}{u}\right)+\varphi_0\right],\tag{5.3.1}$$

式中 v 是振动速度，由式(5.2.8)给出.

横波传播时，质元间的相互作用是剪切形变，是由平行反向的力引起的形变，因剪切形变而具有的弹性势能为

$$\mathrm{d}E_{\mathrm{p}}=\frac{1}{2}G\left(\frac{\partial y}{\partial x}\right)^2\mathrm{d}V,\tag{5.3.2}$$

式中 G 称为切变模量. 对于横波由式(5.1.3)给出波速为 $u=$

$\sqrt{G/\rho}$,将 $G=\rho u^2$ 和式(5.2.11)代入,得

$$\begin{aligned} dE_p &= \frac{1}{2}\rho u^2 dV \frac{\omega^2 A^2}{u^2}\sin^2\left[\omega\left(t-\frac{x}{u}\right)+\varphi_0\right] \\ &= \frac{1}{2}\rho dV\omega^2 A^2 \sin^2\left[\omega\left(t-\frac{x}{u}\right)+\varphi_0\right]. \end{aligned} \tag{5.3.3}$$

比较式(5.3.1)和(5.3.3)可知,在波动过程中,某一质元的动能和势能具有相同的值,而且它们同时达到最大值和最小值.质元的机械能为

$$dE = dE_k + dE_p = \rho dV\omega^2 A^2 \sin^2\left[\omega\left(t-\frac{x}{u}\right)+\varphi_0\right]. \tag{5.3.4}$$

质元的机械能不是常数,而是随时间做周期性变化,有时达最大值,有时等于零,说明有能量从该质元通过.

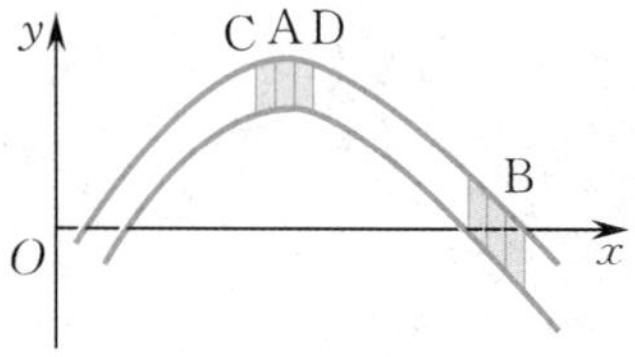

图 5.11　质元的位置与形变

质元的动能、势能和机械能的变化规律借助图 5.11 可以直观地理解.当质元通过平衡位置(如质元B)时,其形变最大,而振动速度也最大,故动能、势能、机械能都达到最大.当质元处在最大位移附近,如质元 A,C,D 的情形,C,D 引起 A 的形变较小,所以弹性力小;且当质元处在最大位移处时,振动速度为零,无形变,故动能、势能和机械能为零.

5.3.2　能量密度　能流密度

随着振动的传播就有机械能传播,在各向同性的介质中机械能的传播方向与波面垂直.波传播时,介质中单位体积内的能量称为波的**能量密度**,用 w 表示,即

$$w = \frac{dE}{dV} = \rho\omega^2 A^2 \sin^2\left[\omega\left(t-\frac{x}{u}\right)+\varphi_0\right].$$

在一周期内能量密度的平均值叫作**平均能量密度**,有

$$\begin{aligned} \overline{w} &= \frac{1}{T}\int_0^T w dt = \frac{1}{T}\int_0^T \rho\omega^2 A^2 \sin^2\left[\omega\left(t-\frac{x}{u}\right)+\varphi_0\right]dt \\ &= \frac{1}{2}\rho\omega^2 A^2. \end{aligned} \tag{5.3.5}$$

由式(5.3.5)可知,平均能量密度与介质的密度、振幅的平方以及角频率的平方成正比.这个公式对各种弹性波都适用.

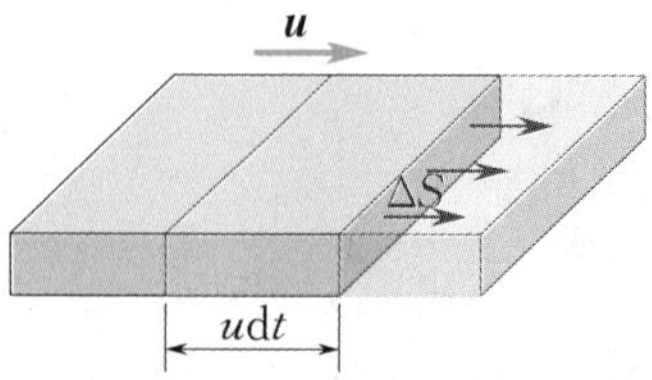

图 5.12　通过某截面能量

能量的传输用能流描述.定义单位时间内通过某一面积的能量为**能流**,用 P 表示.在垂直于波传播方向上取一面积 ΔS,则 dt 时间内流过该面积的能量为以面积 ΔS 为底、以 udt 为高的体积所含的能量(见图 5.12),即

$$\text{能量密度} \times \text{体积} = w\Delta S u dt.$$

以 P 表示通过此面积的能流,则

$$P = \frac{w\Delta S u dt}{dt} = w\Delta S u. \tag{5.3.6}$$

P 与 w 一样随时间做周期性变化，在一个周期内取平均值得到平均能流

$$\overline{P} = \overline{w}\Delta S u \tag{5.3.7}$$

在国际单位制中，能流的单位为瓦[特](W).

下面引入能流密度的概念用于描述波的强弱.

能流密度是通过垂直于波的传播方向的单位面积的能流. 在国际单位制中，能流密度的单位为瓦[特] 每平方米(W/m²). 能流密度对时间的平均值称为平均能流密度或波的强度，用 I 表示，即

$$I = \frac{\overline{P}}{\Delta S} = \overline{w}u. \tag{5.3.8}$$

利用式(5.3.5)，有

$$I = \frac{1}{2}\rho\omega^2 A^2 u. \tag{5.3.9}$$

由式(5.3.9)可见，波的强度与振幅有关. 在介质中选用一组波线，这些波线构成一根管子，在管内指定两个面积 S_1，S_2，如图 5.13 所示. 若介质不吸收波的能量，则流过 S_1，S_2 的能量应相等，在一个周期内，有

$$I_1 S_1 T = I_2 S_2 T.$$

由此可见，当面积 $S_1 = S_2$ 时，有 $I_1 = I_2$，振幅 A 将保持不变. 但当 $S_1 \neq S_2$ 时，如球面波，因为 $S_1 = 4\pi r_1^2$，$S_2 = 4\pi r_2^2$，有

$$A_1^2 r_1^2 = A_2^2 r_2^2 \quad 或 \quad A_1 r_1 = A_2 r_2.$$

上式表明振幅与 r 成反比. 因为球面波的波面面积越来越大，而通过每个面的能量一样，所以单位面积的能流就会越来越小. 故球面波的波函数可写成

$$y = \frac{A_1}{r}\cos\left[\omega\left(t - \frac{r}{u}\right) + \varphi_0\right], \tag{5.3.10}$$

式中 A_1 是离波源的距离为单位长度处的振幅.

实际的介质对波都有吸收，因此在波的传播过程中，振幅是逐渐减小的，波的强度也沿波的传播方向逐渐减小.

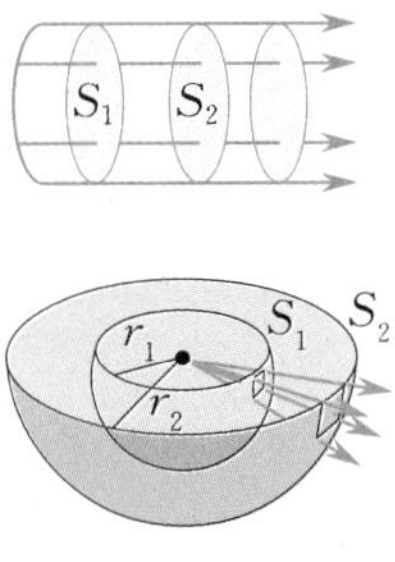

图 5.13　波线管内波强的变化

例 5.3.1　一列简谐空气波，沿直径为 0.14 m 的圆柱形管传播，波的强度为 9×10^{-3} W/m²，频率为 300 Hz，波速为 300 m/s. 求：

(1) 波的平均能量密度和最大能量密度；

(2) 每两个相邻同相面间的波中含有的能量.

解　(1) 由 $I = \overline{w}u$ 可知，波的平均能量密度为

$$\overline{w} = \frac{I}{u} = \frac{9\times10^{-3}}{300}\ \mathrm{J/m^3} = 3\times10^{-5}\ \mathrm{J/m^3},$$

能量密度为

$$w = \rho\omega^2 A^2 \sin^2\left[\omega\left(t - \frac{x}{u}\right) + \varphi_0\right].$$

当 $\sin^2\left[\omega\left(t - \frac{x}{u}\right) + \varphi_0\right] = 1$ 时,能量密度达到最大,即

$$w_{\max} = \rho\omega^2 A^2 = 2\overline{w} = 2 \times 3 \times 10^{-5}\ \mathrm{J/m^3} = 6 \times 10^{-5}\ \mathrm{J/m^3}.$$

(2) 两相邻同相面的距离,就是一个波长,其中含有的能量就是以圆柱形管截面积 S 和一个波长长度构成的体积内的波能量. 平均能量密度为 $\overline{w} = 3\times10^{-5}\ \mathrm{J/m^3}$,波长与波速的关系为 $u = \lambda\nu$,所以

$$\Delta W = \overline{w} S\lambda = \overline{w}\pi\left(\frac{d}{2}\right)^2 \frac{u}{\nu} = 3\times10^{-5}\times3.14\times\left(\frac{0.14}{2}\right)^2\times\frac{300}{300}\ \mathrm{J} \approx 4.62\times10^{-7}\ \mathrm{J}.$$

5.4 惠更斯原理

5.4.1 惠更斯原理

机械波是振动在介质中的传播. 由于介质中各质元间有相互作用,波源振动引起附近各点振动,这些附近点又引起更远点的振动. 由此可见,波动所传播到的各点在波的产生和传播中所起的作用和波源没有什么区别,因此波动传播到的各点都可以视为新的波源.

例如,水波在水面上传播,如图 5.14 所示,水波遇到障碍物 AB 上的小孔 C,并穿过小孔后形成圆形波,圆心在小孔处,这说明小孔成为新的波源. 惠更斯(Huygens)分析和总结了类似的现象,于 1690 年总结出波的传播原理,称为惠更斯原理:介质中任意波面上的各点,都可以视为发射子波的波源,其后任意时刻,这些子波的包络面就是新的波面. 例如平面波传播,如图 5.15 所示,波面上的质元都是新的子波波源,经过 Δt 时间,所有子波波源发出子波形成的包络面就是 $t + \Delta t$ 时刻的波面.

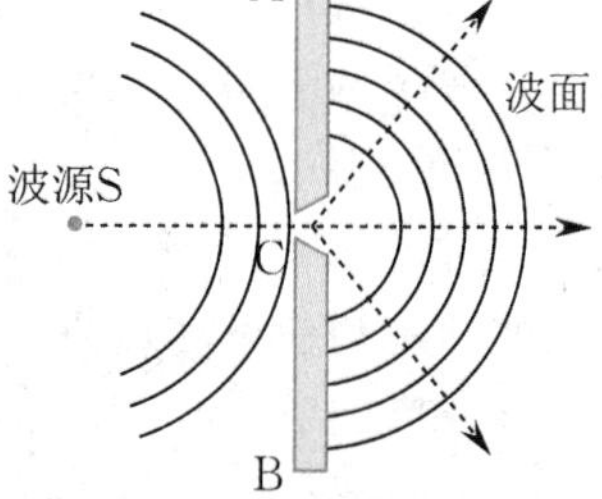

图 5.14　小孔成为新的波源

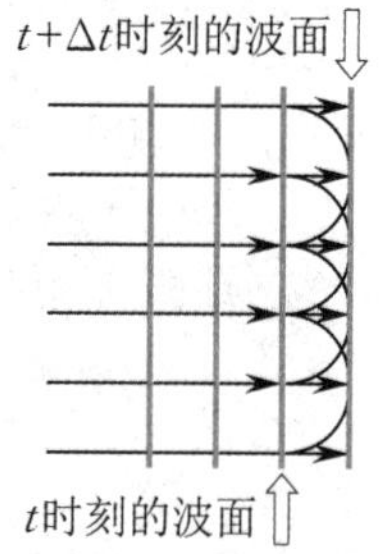

图 5.15　平面波传播

惠更斯原理指出了由某一时刻的波面获得下一时刻波面的方

法，对任何介质中的任何波动过程都成立（无论介质是均匀的或非均匀的，还是各向同性的或各向异性的，无论波是机械波还是电磁波，这一原理都成立），但没有说明各子波在传播中对某一点振动究竟有多少贡献.

波在传播过程中遇到障碍物时，其传播方向发生改变，能够绕过障碍物的边缘继续向前传播的现象称为衍射现象. 例如，当水波到达有缝的障碍物时，波面在缝上的所有点都可以看作发射子波的波源. 这些子波在缝的前方的包络面就是通过缝后的新的波面，如图 5.16 所示. 从图上看，新的波面（或波前）不是平面，中间一部分与原来的波面平行，在缝的边缘处波面发生了弯曲，这说明水波绕过了缝的边缘继续向前传播.

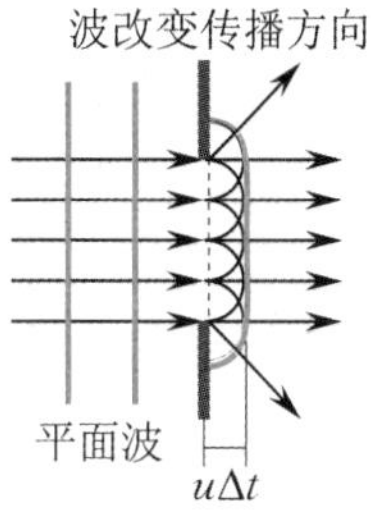

图 5.16　波的衍射

5.4.2　惠更斯原理解释波的折射和反射

惠更斯原理能很好地解释波的折射和反射. 一列平面波以一定的速度 u 和角度 i 入射到两种介质构成的平面交界面上，如图 5.17 所示. 由于波面与介质交界面有一定的夹角，同相面上各点的振动依次传播到交界面，将交界面上的各点看成新的子波源. 在同一介质中，A，B 为同一波面上的两点，A 点发射子波，当 B 点的子波传到 C 点时，A 点的子波已经传到了 D 点，C，D 为同一波面上的两点. 在同一介质中波速是一样的，所以 $AD = BC$，$\triangle ABC$ 和 $\triangle CDA$ 全等，由 $\angle ACB = \angle DAC = i''$，得到 $i = i'$. 将与波面 AB 垂直的线称为入射线，与波面 CD 垂直的线称为反射线. 入射线、反射线和法线在同一平面内，则 i 是入射线与法线的夹角，i' 是反射线与法线的夹角，$i = i'$ 就是入射角等于反射角，这就是波的反射定律.

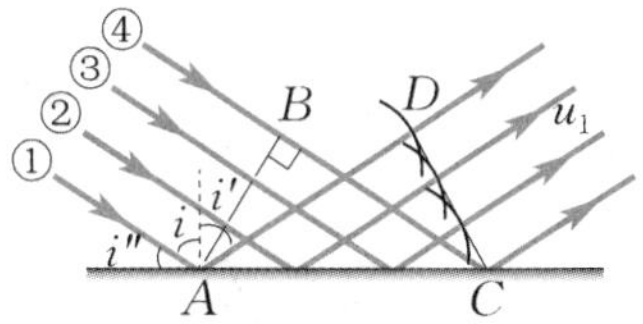

图 5.17　波的反射

如果波能够进入第二种介质，那么波在不同的介质中的传播速度不同. 设波在两种介质中的波速分别为 u_1，u_2，则波线在不同介质中相同的时间内传播的距离不相等. 如图 5.18 所示，由于波线与 AB 垂直，则入射角 i 等于 $\angle BAC$. 当波面 AB 上 B 点的振动状态在第一种介质中传播到 C 点时，波面 AB 上 A 点的振动状态已经在第二种介质中传播到 D 点，由图可知

$$BC = u_1\Delta t = AC\sin i,$$
$$AD = u_2\Delta t = AC\sin\gamma,$$

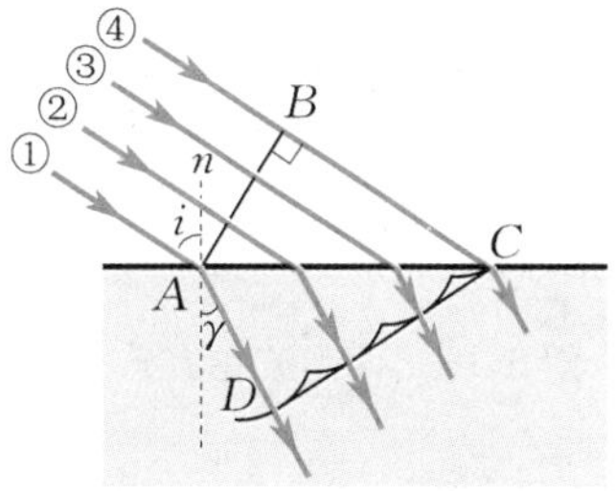

图 5.18　波的折射

两式相除，得

$$\frac{\sin i}{\sin\gamma} = \frac{u_1}{u_2} = n_{21}, \tag{5.4.1}$$

式中 n_{21} 称为第二种介质相对于第一种介质的相对折射率. 式(5.4.1) 就是波的折射定律.

5.5 波的干涉 驻波

5.5.1 波的叠加原理

当介质中有多列波传播时,在波相遇区域将引起该区域内所有质元做合振动.合振动的位移是各列波单独存在时引起的振动位移的矢量和,称为**波的叠加原理**.合成的振幅通常是瞬变的、没有规律的.当波离开了相遇区后,每列波仍然保持各自的特性(频率、波长、振动方向等),就像不曾遇到其他波一样,这是波传播的独立性.我们能够从多人说话时辨别出其中一人声音,就是声波传播的独立性的例子.

5.5.2 波的干涉

波的干涉

两列(或多列)波在相遇区域叠加形成只随空间位置变化而不随时间变化的合成振幅分布,这种现象称为**波的干涉**.能够产生干涉的波称为**相干波**,相应的波源称为**相干波源**.由振动的合成可知,相干波必须满足**相干条件:同频率、同振动方向、相位差恒定**.

振幅在空间的大小分布反映的是波的强度的空间分布.两个相干波源 S_1,S_2 的角频率都是 ω,振动方向相同,运动方程分别为

$$y_{01}=A_{10}\cos(\omega t+\varphi_1),\quad y_{02}=A_{20}\cos(\omega t+\varphi_2).$$

从波源发出的两列波在介质中传播,相遇于 P 点,如图 5.19 所示.波源 S_1 发出的波在介质中传播的距离为 r_1,相当于传播了 $\frac{r_1}{\lambda}$ 个波长的距离,每个波长对应相位 2π 的变化,则传播距离 r_1 使相位改变了 $\frac{2\pi}{\lambda}r_1$.波源 S_2 发出的波在介质中传播的距离为 r_2,使相位改变了 $\frac{2\pi}{\lambda}r_2$.两列波在 P 点处引起的振动分别为

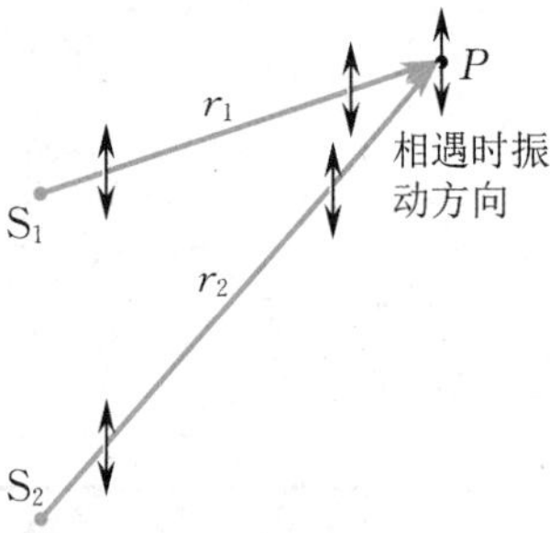

图 5.19 两列波在 P 点相遇

$$y_1=A_1\cos\left(\omega t+\varphi_1-\frac{2\pi}{\lambda}r_1\right),\quad y_2=A_2\cos\left(\omega t+\varphi_2-\frac{2\pi}{\lambda}r_2\right),$$

式中 A_1,A_2 分别为两列波在相遇点 P 处引起振动的振幅.由同方向、同频率简谐振动的合成结果可知,合振动为

$$y=y_1+y_2=A\cos(\omega t+\varphi_0),$$

式中 φ_0 满足

$$\tan\varphi_0=\frac{A_1\sin\left(\varphi_1-\frac{2\pi}{\lambda}r_1\right)+A_2\sin\left(\varphi_2-\frac{2\pi}{\lambda}r_2\right)}{A_1\cos\left(\varphi_1-\frac{2\pi}{\lambda}r_1\right)+A_2\cos\left(\varphi_2-\frac{2\pi}{\lambda}r_2\right)},$$

A 满足

$$A^2 = A_1^2 + A_2^2 + 2A_1A_2\cos\Delta\varphi, \quad (5.5.1)$$

这里 $\Delta\varphi$ 为相位差：

$$\Delta\varphi = (\varphi_2 - \varphi_1) - \frac{2\pi}{\lambda}(r_2 - r_1). \quad (5.5.2)$$

因波的强度 $I \propto A^2$，则

$$I = I_1 + I_2 + 2\sqrt{I_1 I_2}\cos\Delta\varphi. \quad (5.5.3)$$

在相位差 $\Delta\varphi$ 中，$\varphi_2 - \varphi_1$ 是两波源的初相位差，$\frac{2\pi}{\lambda}(r_2 - r_1)$ 是波传播的路程差 $r_2 - r_1$ 引起的相位差. 波传播的路程之差称为**波程差**，用 δ 表示，即

$$\delta = r_2 - r_1.$$

当 $\varphi_2 - \varphi_1$ 给定时，$\Delta\varphi$ 的大小将只取决于 δ，即在空间不同的地点有不同的波程差 δ，使得 I 大小不同. 指定某一点，其 δ 不变，对应不随时间变化的 I. 因此合成的波的强度在空间有一个稳定的分布，且不随时间变化.

两列波发生干涉时，某些空间点合成波的振幅始终最大，即波的强度始终最大，称为**相长干涉**. 相长干涉的条件是 $\cos\Delta\varphi = 1$，即

$$\Delta\varphi = (\varphi_2 - \varphi_1) - \frac{2\pi}{\lambda}(r_2 - r_1) = \pm 2k\pi \quad (k = 0,1,2,\cdots). \quad (5.5.4)$$

合成波的振幅为

$$A = A_{\max} = \sqrt{A_1^2 + A_2^2 + 2A_1A_2} = A_1 + A_2.$$

合成波的强度为

$$I = I_1 + I_2 + 2\sqrt{I_1 I_2}.$$

某些空间点合成波的振幅始终最小，即波的强度始终最小，称为**相消干涉**. 相消干涉的条件是 $\cos\Delta\varphi = -1$，即

$$\Delta\varphi = (\varphi_2 - \varphi_1) - \frac{2\pi}{\lambda}(r_2 - r_1) = \pm(2k+1)\pi \quad (k = 0,1,2,\cdots). \quad (5.5.5)$$

合成波的振幅及强度分别为

$$A = A_{\min} = |A_1 - A_2|, \quad I = I_1 + I_2 - 2\sqrt{I_1 I_2}.$$

若两列波源的初相位差为零，即波源具有相同的初相位，则 $\Delta\varphi$ 仅取决于波程差 $\delta = r_2 - r_1$，相长干涉和相消干涉的条件可用波程差分别表示为

$$\delta = r_2 - r_1 = \pm k\lambda \quad (k = 0,1,2,\cdots), \quad (5.5.6)$$

$$\delta = r_2 - r_1 = \pm(2k+1)\frac{\lambda}{2} \quad (k = 0,1,2,\cdots). \quad (5.5.7)$$

当 $A_1 = A_2$ 时,干涉现象中波的强度 I 随相位差 $\Delta\varphi$ 变化的情况如图 5.20 所示.

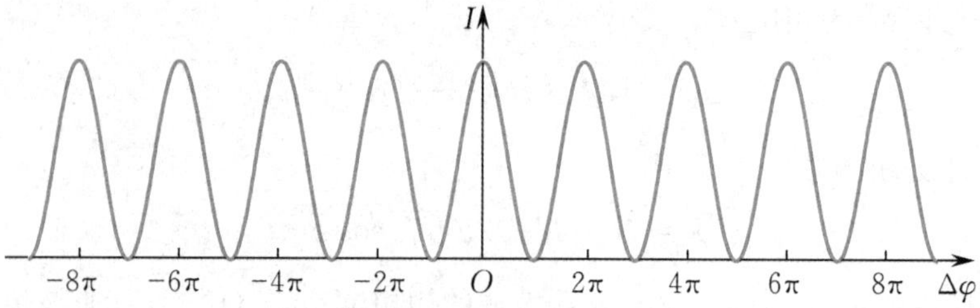

图 5.20　干涉现象的强度分布

5.5.3　驻波

驻波

驻波也是一种干涉. 满足相干条件的两列波,在同一直线上相向传播时就会形成驻波. 设两列波的振幅相同,波函数分别为

$$y_1 = A\cos\left(\omega t - \frac{2\pi}{\lambda}x + \varphi_1\right), \tag{5.5.8}$$

$$y_2 = A\cos\left(\omega t + \frac{2\pi}{\lambda}x + \varphi_2\right), \tag{5.5.9}$$

式中 φ_1 和 φ_2 分别为两列波在坐标原点引起的振动的初相位. 在 x 点处叠加,有

$$y = y_1 + y_2 = A\cos\left(\omega t - \frac{2\pi}{\lambda}x + \varphi_1\right) + A\cos\left(\omega t + \frac{2\pi}{\lambda}x + \varphi_2\right).$$

利用三角函数关系可求得

$$y = 2A\cos\left(\frac{2\pi}{\lambda}x + \frac{\varphi_2 - \varphi_1}{2}\right)\cos\left(\omega t + \frac{\varphi_2 + \varphi_1}{2}\right). \tag{5.5.10}$$

式(5.5.10) 就是驻波方程. 如果 $\varphi_1 = \varphi_2 = \varphi$,则驻波方程为

$$y = 2A\cos\frac{2\pi}{\lambda}x\cos(\omega t + \varphi). \tag{5.5.11}$$

由式(5.5.11),在给定 x 点处,$\left|2A\cos\frac{2\pi}{\lambda}x\right|$ 为不随时间 t 变化的一个常数,它是两列波在 x 点处相遇引起质元振动的合振幅. 不同点的质元,合振幅取不同的值,但都不随时间变化. 在有些位置合振动的振幅取最大值 $2A$,称为波腹;在有些位置合振动的振幅取零,称为波节.

令 $\left|2A\cos\frac{2\pi}{\lambda}x\right| = 2A$,得 $\left|\cos\frac{2\pi}{\lambda}x\right| = 1$,即 $\frac{2\pi}{\lambda}x = k\pi$,得波腹的位置为

$$x = k\frac{\lambda}{2} \quad (k = 0, \pm 1, \pm 2, \cdots). \tag{5.5.12}$$

令 $\left|\cos\frac{2\pi}{\lambda}x\right| = 0$,即 $\frac{2\pi}{\lambda}x = (2k+1)\frac{\pi}{2}$,得波节的位置为

$$x=(2k+1)\frac{\lambda}{4}\quad(k=0,\pm1,\pm2,\cdots).\qquad(5.5.13)$$

由式(5.5.12)和(5.5.13)均可得出，相邻波腹间距和相邻波节间距均为$\frac{\lambda}{2}$.这提供了一种测定波长的方法.

由于驻波方程不满足行波方程条件，即

$$y(x+u\Delta t,t+\Delta t)\neq y(x,t),$$

也就是说，驻波不是行波，没有波形传播.

如图5.21所示，在两个波节之间，质元的振动方向是同向的，而在波节两边的质元振动方向相反.波节处的振幅始终为零，即波节处的质元不振动.除波节外，所有质元都做振幅随x变化的简谐振动，因此可以认为振动能量(波的能量)不能通过波节传递.两列波相遇叠加的结果是一种既没有振动状态的传播(或相位的传播)，也没有能量传播的分段振动形式，所以称为驻波.

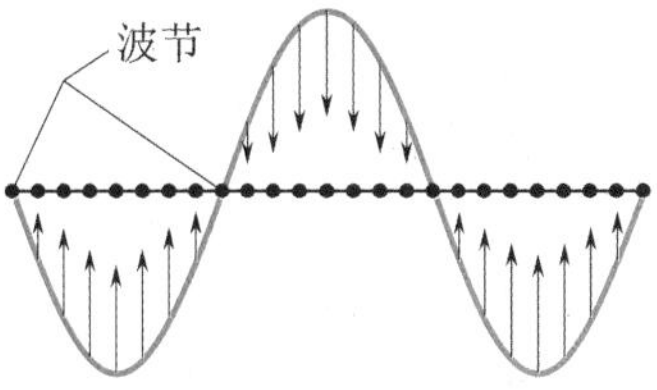

图5.21　波节之间和波节两边的振动

利用波的反射可以得到驻波.抖动一根绳子的一端，由于另一端(反射端)两侧是不同的介质，将产生反射波，反射波和入射波叠加而形成驻波.若反射端点为自由端，则端点是一个波腹.若反射端点为固定端，则端点肯定是一个波节.从振动的合成考虑，这意味着反射波与入射波的相位在此处正好相反，相当于入射波在反射时损失了π的相位，称为相位突变.这种入射波在反射时发生反相的现象叫作**半波损失**(因为π的相位相当于半个波长的波程差).研究表明，入射波在两种介质分界处反射时是否发生半波损失，与波的种类、两种介质的性质以及入射角的大小有关.如果将弹性波波速u与介质的密度ρ的乘积ρu作为一个参考量，将分界面两侧的介质做比较，称ρu较大的介质为波密介质，ρu较小的介质为波疏介质.那么，当波从波疏介质垂直入射到波密介质并在分界面反射回到波疏介质时，将出现半波损失；反之，当波从波密介质入射到波疏介质反射时，没有半波损失发生.这一结论也适用于光波.

例5.5.1　由振动频率为400 Hz的音叉在两端固定拉紧的弦线上建立驻波.这个驻波共有三个波腹，其振幅为0.3 cm.波在弦上的波速为320 m/s.

(1) 求此弦线的长度；

(2) 若以弦线中点为坐标原点，试写出弦线上的驻波的波函数.

解　(1) 由于两端为固定点，当有三个波腹时，必有四个波节将弦线分为三段，每段的中央为波腹，每段长为$\frac{\lambda}{2}$，故弦线的长度为$L=3\times\frac{1}{2}\lambda$.利用$\lambda\nu=u$，得$\lambda=\frac{u}{\nu}=\frac{320}{400}\ \text{m}=0.8\ \text{m}$，所以

$$L=\frac{3}{2}\lambda=\frac{3}{2}\times0.8\ \text{m}=1.2\ \text{m}.$$

(2) 弦线的中点是波腹,取中点为坐标原点时,$2A\cos\frac{2\pi}{\lambda}x = 2A$,满足波腹的定义.另外,波腹的振幅 $2A = 0.3\ \text{cm}$,角频率 $\omega = 2\pi\nu = 800\pi\ \text{rad/s}$.将 $2A,\omega,\lambda$ 代入式(5.5.11),得

$$y = 3\times10^{-3}\cos\frac{5}{2}\pi x\cos(800\pi t+\varphi)\text{m},$$

式中 φ 由初始条件决定.

5.6 声　　波

在弹性介质中传播、能够引起人听觉的机械波称为声波.声波分类不存在严格的频率界限,通常把频率在 20～20 000 Hz 范围内的波称为**可闻声波**,也称为**声波**.频率低于 20 Hz 的波称为**次声波**;频率高于 20 000 Hz 的波称为**超声波**.空气中的声波是机械纵波,具有机械波的一般特性,但声波也有它的特殊性,为了描述声波,常引入声压和声强两个物理量.

5.6.1 可闻声波

声波传播的介质空间中任意一点在某一瞬时的压强与没有声波时该处压强(静压)的差,称为该点处的瞬时**声压**.在国际单位制中,声压的单位为帕[斯卡](Pa).声压反映了声波的强弱,可正可负,在空气和液体中的声波是疏密波,在稀疏区域,实际压强小于原来的静压,声压为负值;在稠密区域,实际压强大于原来的静压,声压为正值.声压在一个周期内的方均根称为有效声压,用 p_e 表示,即

$$p_e = \sqrt{\frac{1}{T}\int_0^T p^2\,\mathrm{d}t}.$$

有效声压大小的典型例子有:人耳对 1 000 Hz 声音的可听阈(刚刚能感觉到它存在时的声压)约为 2×10^{-5} Pa;微风轻轻吹动树叶的声音约为 2×10^{-4} Pa;在房间内相距 1 m 高声谈话约为 0.05～0.1 Pa;喷气式飞机起飞时约为 200 Pa;导弹发射现场约为 2×10^{3} Pa.

声强就是声波的平均能流密度的大小,根据式(5.3.9),声强为

$$I = \frac{1}{2}\rho\omega^2A^2u. \tag{5.6.1}$$

由式(5.6.1)可知,声强与角频率的平方、振幅的平方成正比.在国际单位制中,声强的单位为瓦[特]每平方米(W/m^2).

将声强对面积积分，则可得单位时间内通过某一面积的声波能量，称为**声功率**. 声功率一般很小，例如，一个人说话的声功率大约只有 0.000 01 W，一千万人说话的声功率大约只有 100 W.

能够引起人的听觉的声强范围极为宽广，约$10^{-12} \sim 10\ \mathrm{W/m^2}$. 由于可闻声强的数量级相差悬殊，通常用**声强级**来描述声波的强弱. 取$I_0 = 10^{-12}\ \mathrm{W/m^2}$ 作为测定声强的标准声强，某一声强 I 与标准声强 I_0 之比的常用对数作为声强 I 的声强级，用 L 表示，即

$$L = \lg \frac{I}{I_0}. \tag{5.6.2}$$

在国际单位制中，声强级 L 的单位为贝尔(B). 由于贝尔这一单位较大，通常用分贝(dB)，1 B = 10 dB，所以

$$L = 10\lg \frac{I}{I_0}\ (\mathrm{dB}). \tag{5.6.3}$$

表 5.1 列出了一些声音的声强、声强级和感觉到的响度.

表 5.1　一些声音的声强、声强级和感觉到的响度

声源	声强 /($\mathrm{W/m^2}$)	声强级 /dB	响度
听觉阈	10^{-12}	0	极轻
树叶微动	10^{-11}	10	
细语	10^{-11}	10	
交谈(轻)	10^{-10}	20	轻
收音机(轻)	10^{-8}	40	
交谈(平均)	10^{-7}	50	正常
工厂(平均)	10^{-6}	60	
闹市(平均)	10^{-5}	70	响
警笛	10^{-4}	80	
锅炉工厂	10^{-2}	100	极响
铆钉锤	10^{-1}	110	
雷声、炮声	10^{-1}	110	
痛觉阈	1	120	震耳
摇滚乐	1	120	
喷气机起飞	10^{3}	150	

5.6.2　超声波和次声波

超声波的显著特点是频率高、波长短、衍射不严重，因而具有良好的定向传播性质. 由于其频率高，超声波的声强比一般声波大得多，例如震耳欲聋的炮声声强约为 $10^{-1}\ \mathrm{W/m^2}$，而超声波的最大声强已达 $10^{8}\ \mathrm{W/m^2}$，比炮声的声强高 10^{9} 倍. 超声波的穿透本领很大，特别是在液体、固体中传播时衰减很小，因此广泛地应用于水下探测、工件无损探伤、医学人体“B 超”、超声清洗等.

早在19世纪,就已记录到了自然界中一些“自然爆炸”(如火山爆发或陨石爆炸)所产生的次声波. 次声波的特点是频率低、衰减极小,具有远距离传播的突出优点. 次声波在大气中传播几千千米后,被大气吸收不到万分之几分贝. 因此次声波在气象、海洋、地震、地质等方面发展了诸多有价值的应用,已成为现代声学的一个新的分支——次声学.

5.6.3 冲击波

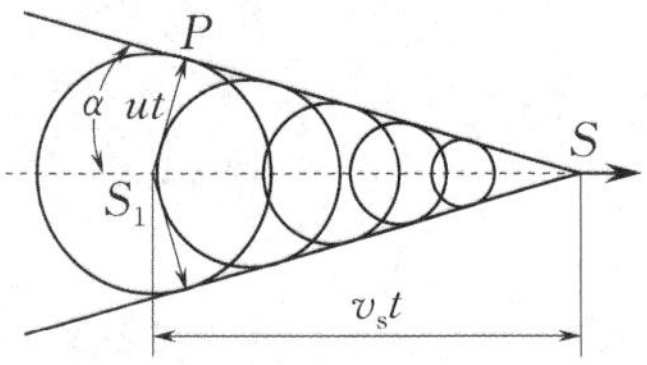

图 5.22 冲击波的产生

当波源运动的速度 v_s 超过波速 u 时,波源将位于波前的前方,波源的前方没有波动,如图 5.22 所示. 当波源经过 S_1 位置时发出的波在 t 时刻后的波面是半径为 ut 的球面,但此刻波源已经在此球面以外距 S_1 为 v_st 的 S 位置. 在整个 t 时间内,波源发出的波前形成了一个圆锥面,该锥面称为马赫(Mach)锥. 马赫锥的半顶角 α 为

$$\sin\alpha=\frac{ut}{v_st}=\frac{u}{v_s}. \tag{5.6.4}$$

随着时间的推移,锥面不断地扩展,这种圆锥形的波称为冲击波,$\frac{v_s}{u}$(u 为声速)通常称为马赫数. 圆锥面就是受扰动的介质与未受扰动的介质的分界面,在两侧有着压强、密度和温度的突变. 过强的冲击波掠过物体时甚至会造成损害,这种现象称为声爆.

*5.7 多普勒效应

多普勒效应

奥地利物理学家多普勒(Doppler)在1842年发现:由于波源或观察者的运动而出现观察者观测到的频率与波源的频率不同,这一现象称为多普勒效应.

在前几节的讨论中,波源和观察者相对于介质都是静止的,所以介质中波的频率 ν 和波源频率 ν_s 相同,观察者接收到的波的观测频率 ν' 与波源频率也相同. 当波源或观察者与介质间有相对运动时,观察者接收到的观测频率与波源频率不同的情况有如下几种. 为简单起见,假定波源和观察者在同一直线上运动.

5.7.1 波源静止而观察者运动

若观察者向着静止的点波源运动,静止的点波源发出的波如图 5.23 所示. 这时介质中波的频率 ν 和波源频率 ν_s 相同. S 为点波源,同心圆表示波面,任意两个相邻波面的相位差都是 2π,故两个相邻同心圆半径之差就是波长 λ.

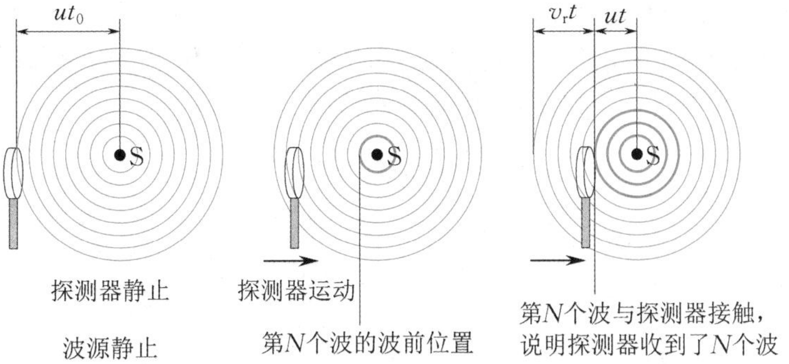

图 5.23　波源静止而观察者运动

观察者所带的探测器静止时，波面从波源传到探测器所需的时间为 t_0. 为简单起见，设在 t_0 时间内探测器接收了 N 个波，故传播所用时间可表示为 NT_s（T_s 为波源的振动周期）. 设探测器以速度 v_r 朝波源方向运动，探测器开始接收波源发出的波时开始计时. 当探测器运动了 t 时间，接收到了 N 个波，即时间 $t=NT$（T 为探测器接收到的波的周期），传播的距离满足的关系：

$$uNT_s = v_r NT + uNT,\quad \lambda_0 = v_r T + uT,$$

式中 u 为波速. 由 $\nu=\dfrac{1}{T}$ 和 $u=\dfrac{\lambda}{T}=\nu\lambda$，上式化为

$$\nu' = \frac{1}{T} = \frac{v_r+u}{\lambda_0} = \frac{v_r+u}{\dfrac{u}{\nu_s}} = \frac{v_r+u}{u}\nu_s,$$

即

$$\nu' = \nu_s\left(1+\frac{v_r}{u}\right). \tag{5.7.1}$$

如果观察者远离波源运动，而且仍用 v_r 表示观察者的速率，则观测频率 ν' 与波源频率 ν_s 的关系为

$$\nu' = \frac{u-v_r}{\lambda_0} = \nu_s\left(1-\frac{v_r}{u}\right). \tag{5.7.2}$$

将式(5.7.1),(5.7.2) 合写在一起，可得

$$\nu' = \nu_s\left(1\pm\frac{v_r}{u}\right). \tag{5.7.3}$$

由此可见，观察者朝着波源的方向运动，测得的观测频率比波源频率高；观察者远离波源运动，测得的观测频率比波源频率低.

5.7.2　观察者静止而波源运动

如图 5.24 所示，当波源运动时，波源每发射一个波面，就要向前移动一小段距离，离观察者 A 越来越近，离观察者 B 越来越远. 图 5.24(a) 是波源和观察者都静止的情况下波源发出 N 个波的情

况.设当第一个波到达观察者 A 时,波源刚好发出第 N 个波,波源此时移动的距离为 $v_s t$,如图 5.24(b) 所示.从图 5.24(b) 可知,第一个波传播的距离为 ut,波源移动的距离为 $v_s t$,在波源和观察者之间有 N 个波,空间距离存在如下关系:

$$ut = N\lambda + v_s t.$$

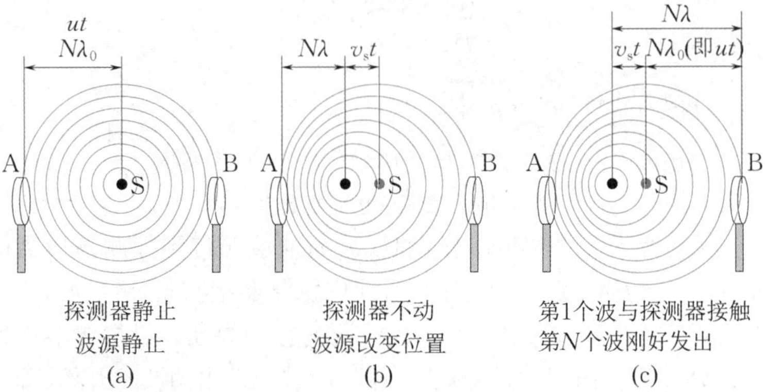

图 5.24　波源运动时的多普勒效应

t 是波源发出 N 个波所用的时间,也是波源移动的时间,即 $t = NT_s$,代入上式得

$$\lambda = (u - v_s)T_s = \frac{u - v_s}{\nu_s}.$$

波的频率为

$$\nu = \frac{u}{\lambda} = \frac{u}{u - v_s}\nu_s.$$

由于观察者静止,观测频率就是波的频率,即

$$\nu' = \frac{u}{u - v_s}\nu_s. \tag{5.7.4}$$

此时观察者接收到的频率高于波源频率.

当波源远离观察者 B 运动时,如图 5.24(c) 所示,空间距离关系为

$$ut + v_s t = N\lambda,$$

将 $t = NT_s$ 代入上式,可得

$$\lambda = (u + v_s)T_s = \frac{u + v_s}{\nu_s}.$$

观测频率为

$$\nu' = \frac{u}{u + v_s}\nu_s. \tag{5.7.5}$$

这时观测频率低于波源频率.

将式(5.7.4),(5.7.5) 合写在一起,可得

$$\nu' = \frac{u}{u \mp v_s}\nu_s. \tag{5.7.6}$$

5.7.3 观察者和波源在同一条直线上同时运动

根据上面两种情况的讨论，不难求出观察者和波源都在运动时观察者接收到的观测频率为

$$\nu' = \frac{u \pm v_r}{u \mp v_s}\nu_s. \tag{5.7.7}$$

当观察者朝着波源运动时，v_r 前取"+"号；当观察者远离波源运动时，v_r 前取"−"号；当波源朝着观察者运动时，v_s 前取"−"号；当波源远离观察者运动时，v_s 前取"+"号. 如果观察者和波源相对于介质以相同的速度同向运动，即它们相对静止，由式(5.7.7)可得 $\nu' = \nu_s$，即不发生多普勒效应.

光是电磁波，也有多普勒效应. 和机械波不同的是，光波的传播不需要介质，因此光源和观察者的相对速度 v 决定了观测频率. 用相对论理论可以证明，当光源和观察者在同一直线上运动时，如果两者相互接近，则

$$\nu' = \sqrt{\frac{c+v}{c-v}}\nu_s. \tag{5.7.8}$$

如果两者相互远离，则

$$\nu' = \sqrt{\frac{c-v}{c+v}}\nu_s. \tag{5.7.9}$$

由此可知，当光源远离观察者运动时，观测频率 ν' 比光源频率 ν_s 低，因而波长变长，这种现象称为**红移**，即在可见光谱中移向红色光谱一端. 天文现象中所观察到星光红移现象说明星体都正在远离地球运动，这一观测结果被认为是解释宇宙起源的"大爆炸"理论的重要证据.

多普勒效应和拍现象结合起来就是传统雷达的工作原理，为人们跟踪飞机、卫星等物体提供了一种方法.

例 5.7.1 一个频率为 800 Hz 的声源静止在空气中，设有一个反射面正在以 $v = 100\ \mathrm{m/s}$ 的速度接近声源. 求由反射面反射回来的声波波长. 设空气中的声速为 $u = 330\ \mathrm{m/s}$.

解 反射面接收到的观测频率为

$$\nu' = \frac{u+v}{u}\nu_s \approx 1\,042\ \mathrm{Hz}.$$

然后又把反射面当成朝着观察者运动的频率为 $\nu' = 1\,042\ \mathrm{Hz}$ 的波源，则反射面反射回来的波的频率为

$$\nu'' = \frac{u}{u-\nu}\nu' \approx 1\,495\ \mathrm{Hz}.$$

由此可得反射回来的声波波长为

$$\lambda'' = \frac{u}{\nu''} \approx 0.221\ \mathrm{m}.$$

思考题

1. 什么是波速?什么是振动速度?两者有何不同?如何计算?

2. 振动曲线与波形曲线有什么不同?各代表什么物理意义?

3. 一个弹簧振子做简谐振动时机械能守恒. 平面简谐波在介质中传播时,介质中每一个质元均做简谐振动,那么,每一个质元的机械能是否守恒?

4. 有人认为机械波只有横波和纵波,你认为对吗?是否还有其他形式的机械波?

5. 机械波的波长 λ、波速 u 和频率 ν 三个物理量中,(1) 当机械波在同一介质传播时,哪个是不变量?(2) 当机械波从一种介质进入另一种介质时,哪个是不变量?

6. 简谐波的空间周期性和时间周期性各指的是什么?有人说,如果空间各质元都以相同的角频率和相同的振幅做简谐振动,那么空间传播的就是简谐波. 你认为对吗?

7. 弹性波在介质中传播时,取一个质元来分析,它的动能和弹性势能与弹簧振子的情况有何不同?这如何反映波在传递能量?

8. 波能传递能量,试问波能传递动量和角动量吗?

9. 驻波现象是不是一种干涉现象?驻波的能量有无定向流动?驻波的能量密度是多少?

10. 声源朝着观察者运动和观察者朝着声源运动都使得观察者接收到的观测频率变高,这两种过程在物理上有何区别?

习题5

1. 一列横波的波函数为 $y = A\cos\dfrac{2\pi}{\lambda}(ut - x)$,式中 $A = 0.01\ \text{m}$,$\lambda = 0.2\ \text{m}$,$u = 25\ \text{m/s}$. 求 $t = 0.1\ \text{s}$ 时在 $x = 2\ \text{m}$ 处质元振动的位移、速度和加速度.

2. 一列平面简谐波沿 x 轴正方向传播,波的振幅为 $A = 10\ \text{cm}$,角频率为 $\omega = 7\pi\ \text{rad/s}$. 当 $t = 1.0\ \text{s}$ 时,$x = 10\ \text{cm}$ 处的质元 a 正通过其平衡位置向 y 轴负方向运动,而 $x = 20\ \text{cm}$ 处的质元 b 正通过 $y = 5.0\ \text{cm}$ 点向 y 轴正方向运动. 设该波波长 $\lambda > 10\ \text{cm}$,求该平面波的波函数.

3. 一列平面简谐波在介质中以波速 $u = 5\ \text{m/s}$ 沿 x 轴正方向传播,坐标原点 O 处的质元的振动曲线如图 5.25 所示.

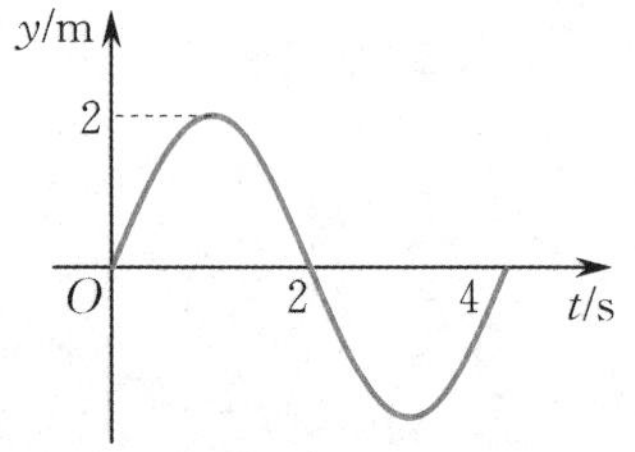

图 5.25

(1) 求解并画出在 $x = 25\ \text{m}$ 处的质元的振动曲线;

(2) 求解并画出 $t = 3\ \text{s}$ 时的波形曲线.

4. 已知一列平面简谐波的波函数为

$$y = 0.25\cos(125t - 0.37x)\ (\text{SI}).$$

(1) 分别求 $x_1 = 10\ \text{m}$,$x_2 = 25\ \text{m}$ 两点处的质元的运动方程;

(2) 求 x_1,x_2 两点的振动相位差;

(3) 求 x_1 点在 $t = 4\ \text{s}$ 时的振动位移.

5. 如图 5.26 所示,在弹性介质中有一列沿 x 轴正方向传播的平面波,其波函数为

$$y = 0.01\cos\left(4t - \pi x - \frac{\pi}{2}\right)\ (\text{SI}).$$

若在 $x = 5.00\ \text{m}$ 处有一介质分界面,且在分界面处反射波相位突变 π. 设反射波的强度不变,试写出反射波的波函数.

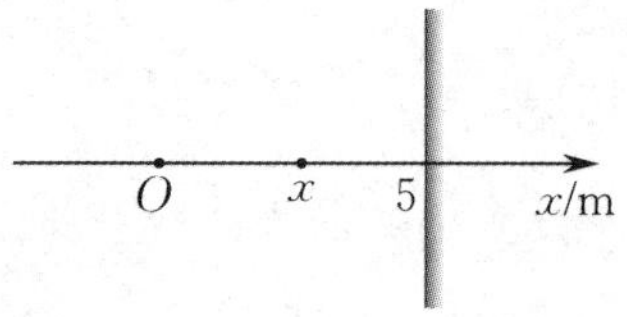

图 5.26

6. 如图 5.27 所示，S_1，S_2 为两列相干的平面简谐波的波源. S_2 的相位比 S_1 的相位超前 $\frac{\pi}{4}$，两列波波长为 $\lambda = 8.00\ \mathrm{m}$，$r_1 = 12.00\ \mathrm{m}$，$r_2 = 14.00\ \mathrm{m}$，$S_1$ 在 P 点引起的振动的振幅为 0.30 m，S_2 在 P 点引起的振动的振幅为 0.20 m，求 P 点的合振幅.

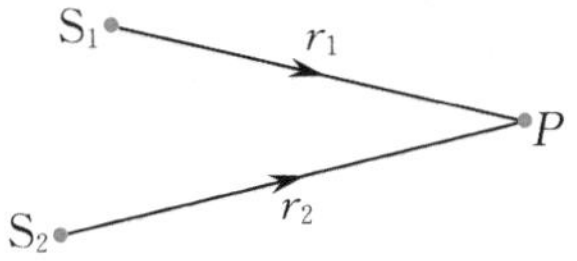

图 5.27

7. 如图 5.28 所示，两相干波源在 x 轴上的位置分别为 S_1 和 S_2，其间距为 $d = 30\ \mathrm{m}$，S_1 位于坐标原点 O 处. 设波只沿 x 轴方向传播，单独传播时强度保持不变. $x_1 = 9\ \mathrm{m}$ 处和 $x_2 = 12\ \mathrm{m}$ 处是相邻的两个因干涉而静止的点. 求两列波的波长和两波源的最小相位差.

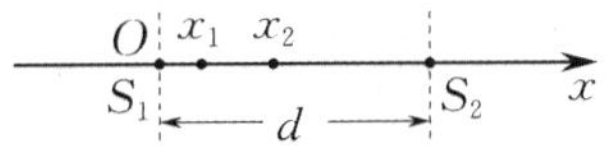

图 5.28

8. 一列驻波中相邻两波节的距离为 $d = 5.00\ \mathrm{cm}$，质元的振动频率为 $\nu = 1.00 \times 10^3\ \mathrm{Hz}$，求形成该驻波的两列相干行波的波长和波速.

9. 两列简谐波在一条很长的弦线上传播，其波函数分别为

$$y_1 = 4.00 \times 10^{-2} \cos \frac{\pi}{3}(4x - 24t)\ (\mathrm{SI}),$$

$$y_2 = 4.00 \times 10^{-2} \cos \frac{\pi}{3}(4x + 24t)\ (\mathrm{SI}).$$

求：

(1) 两列波的频率、波长和波速；

(2) 两列波叠加后的波节位置；

(3) 两列波叠加后的波腹位置.

10. 一弦上的驻波方程为

$$y = 3.00 \times 10^{-2} (\cos 1.6\pi x) \cos 550\pi t\ (\mathrm{SI}).$$

(1) 若将此驻波视为由传播方向相反的两列波叠加而成的，求两列波的振幅和波速；

(2) 求相邻波节之间的距离；

(3) 求 $t = 3.00 \times 10^{-3}\ \mathrm{s}$ 时，位于 $x = 0.625\ \mathrm{m}$ 处质点的振动速度.

第 5 章阅读材料

第 2 篇

电　磁　学

电磁现象是自然界中常见的现象，电磁相互作用是自然界四种基本相互作用之一，电磁理论既是经典物理的重要组成部分，又是相关专业课程和应用技术的重要基础.

人类对电磁现象的初步认识源自自然界的雷电现象，实验观察发端于古希腊和中国，定量研究始于库仑(Coulomb)，理论集成于麦克斯韦(Maxwell)，其成果广泛应用于当今.

公元前 6 世纪，古希腊哲学家泰勒斯(Thales) 观察到一种现象：用布摩擦过的琥珀能吸拾轻微物体. 在公元前 4 到 3 世纪，我国战国时期的《韩非子》中记载有“司南”(一种用天然磁石做成的指向工具)，《吕氏春秋》中记载有“磁石召铁”的现象. 公元 1 世纪，王充所著《论衡》一书中记有“顿牟掇芥，磁石引针”字句(顿牟即琥珀，掇芥即吸拾轻小物体).

18 世纪中末期，法国科学家库仑通过对电荷之间相互作用的研究，发现了库仑定律. 其后泊松(Poisson)、高斯(Gauss) 等人通过研究提出了静电场以及静磁场的理论. 另外，伽伐尼(Galvani) 发现了电流，伏特(Volta)、欧姆(Ohm)、法拉第(Faraday) 等人发现了关于电流的定律. 到 1820 年，奥斯特(Oersted) 发现了电流对磁针的作用，安培(Ampère) 发现了磁铁对电流的作用，人们开始认识到电和磁的联系，毕奥(Biot)、萨伐尔(Savart)、拉普拉斯、安培等人接着又做了进一步的定量研究. 1831 年，法拉第发现了著名的电磁感应定律，并提出了电场、磁场以及电力线和磁力线的概念，进一步揭示了电与磁的联系.

1864 年,麦克斯韦集前人之成就,再加上他极富创见的关于感生电场和位移电流的假说及高超的数学技巧,建立了一套方程组 —— 麦克斯韦方程组,奠定了宏观电磁场理论的基础,并预言光是一种电磁波 —— 在空间传播的交变电磁场,使光学成为电磁场理论的组成部分.

1905 年,爱因斯坦(Einstein)创立了相对论,它不但使人们对牛顿力学有了更全面的认识,也使人们对已知的电磁现象和理论有了更深刻的理解.电磁规律必须满足相对论中的洛伦兹变换,从不同的参考系观测,同一电磁场可以在这一参考系中表现的仅为电场,在另一参考系中表现的仅为磁场,或电场和磁场并存,即表征电磁场的物理量 —— 电场强度和磁感应强度随参考系变化而变化.这说明电磁场是一个统一的实体.

电磁学是研究电磁场的规律以及物质的电磁性质的学科.电磁学的内容主要包括“场”和“路”两部分,鉴于中学物理中对“路”有较多的讨论,且后续相关专业课程有更系统的描述,本书偏重于“场”的相关内容.不同于实物物质,“场”既具有可入性,又具有空间分布,是一个连续的矢量分布.对空间矢量场的基本描述方法是引入“通量”和“环流”两个概念及其相应的通量定理和环路定理.

第6章 电荷与电场

本章在简述电荷的基本性质和库仑定律后，着重研究真空中的静电场的基本性质和规律，引入描述电场性质的两个重要物理量：电场强度和电势，同时介绍场强叠加原理、高斯定理和环路定理等规律，然后讨论静电场与物质的相互作用. 本章所涉及的逻辑思维方法对整个电磁学都具有典型的意义.

6.1 电荷的基本性质 库仑定律

6.1.1 电荷的基本性质

电荷是能发生电相互作用的物质的一种属性. 电荷相互作用有吸引和排斥两种形式，这是由于存在两种电荷，即所谓的正电荷和负电荷. 正、负电荷可以相互抵消. 我们将一个呈现电荷性质的宏观物体(或微观粒子) 称为带电体(或带电粒子). 人们现在认识到的电荷的基本性质还有以下几个方面.

1. 电荷的量子性

实验事实表明，自然界中带电体所带的电荷量总是以一个基本单元的整数倍出现. 电荷量的这种只能取分立的、不连续量值的特性称为电荷的量子性. 这个基本单元(或称为电荷的量子) 就是电子或质子所带的电荷量，常以 e 来表示，经测定，

$$e = 1.602\ 176\ 634 \times 10^{-19}\ \mathrm{C}.$$

电荷具有基本单元的概念最初是根据电解现象中通过溶液的电荷量和析出物质的质量之间的关系提出的. 法拉第、阿伦尼乌斯(Arrhenius) 等都为此做出重要贡献. 他们的结论是：一个离子的电荷量只能是一个基本电荷的电荷量的整数倍. 直到 1891 年，斯通尼(Stoney) 才引入“电子”这一名称来表示带有负的基本电荷的粒子. 1897 年，汤姆孙(J. J. Thomson) 发现电子. 1913 年，密立根

(Millikan)通过著名的油滴实验，直接测定了此基本电荷的量值.现在已知道许多微观粒子所带的电荷量只能是ne，n取正、负整数，称为**电荷数**.

1964年，盖尔曼(Gell-Mann)提出夸克理论，认为质子、中子这类基本粒子由若干种夸克或反夸克组成，每一个夸克可能带有$\pm\frac{1}{3}e$或$\pm\frac{2}{3}e$的电荷量，这就是所谓的分数电荷.在实验中发现一些夸克存在的证据，只是由于夸克被禁闭而未能检测到单个的自由夸克.

量子性是微观领域的一个基本概念，在后续内容中还会涉及.在讨论电磁现象的宏观规律时所涉及的电荷常常远大于基本电荷.在这种情况下，我们从平均效果上考虑，认为电荷是连续分布在带电体上的，而忽略电荷的量子性所引起的微观起伏.尽管如此，在阐明某些宏观现象的微观本质时，还是要从电荷的量子性出发.

2. 电荷的守恒性

实验表明，**在一个孤立系统(与外界没有电荷交换的系统)内，无论进行怎样的物理过程，系统内电荷量的代数和总保持不变**.这一性质称为**电荷守恒定律**.这是物理学中重要的基本定律之一.

电荷守恒定律不仅在宏观物体的起电、中和以及导体内电流的形成等现象中得到了证明，在微观物理过程中也得到精确验证.例如，在典型的放射性衰变过程

$${}^{238}_{92}\mathrm{U} \to {}^{234}_{90}\mathrm{Th} + {}^{4}_{2}\mathrm{He}$$

中，具有放射性的铀核${}^{238}_{92}\mathrm{U}$具有92个质子(它的原子序数为$Z=92$)，铀核发射一个α粒子(${}^{4}_{2}\mathrm{He}$)而自发地衰变为$Z=90$的钍核${}^{234}_{90}\mathrm{Th}$.在这个过程中，衰变前的电荷量总和($+92e$)就与衰变后的电荷量总和相同.

现代物理研究已表明，在粒子的相互作用的过程中，电荷是可以产生和消失的，然而电荷守恒定律依然成立.例如，当一个高能光子与一个重原子核作用时，该高能光子可以转化为一个正电子和一个负电子(称为电子对的"产生")；而一个正电子和一个负电子在一定条件下相遇，又会同时消失而产生两个或三个光子(称为电子对的"湮灭")，其反应可表示为

$$\gamma \to \mathrm{e}^{+} + \mathrm{e}^{-},$$

$$\mathrm{e}^{+} + \mathrm{e}^{-} \to 2\gamma.$$

在已观察到的各种过程中，正、负电荷总是成对出现或成对消失.由于光子不带电，正、负电子又各带有等量异号电荷，这种电荷的产生和消失并不改变系统中的电荷量的代数和，因而电荷守恒

定律仍然保持有效.

3. 电荷的相对论不变性

实验证明,一个电荷的电荷量与它的运动状态无关. 例如,加速器将电子或质子加速时,其质量很明显地随速度的变化而变化,而电荷量却没有随速度的变化而变化. 电荷的这一性质也可以表述为**系统所带电荷的电荷量与参考系无关**,即具有**相对论不变性**.

较为直接的例子是比较氢分子和氦原子的电中性,氢分子和氦原子都有两个电子作为核外电子,这些电子的运动状态相差不大. 氢分子还有两个质子,作为两个原子核,它们在保持相对距离约为 0.7 Å($1\ \text{Å} = 10^{-10}$ m) 的情况下转动(见图 6.1(a)). 氦原子中也有两个质子,但它们组成一个原子核,两个质子紧密束缚在一起运动(见图 6.1(b)). 氦原子中两个质子的能量比氢分子中两个质子的能量大得多(100 万倍的数量级),因而两者的运动状态有显著的差别. 如果电荷的电荷量与运动状态有关,氢分子中质子的电荷量就应该与氦原子中质子的电荷量不同,但两者的电子的电荷量是相同的,那么,两者就不可能都是电中性的. 但是实验证实,氢分子和氦原子都是精确的电中性,它们内部正、负电荷在数量上的相对差异都小于$\frac{1}{10^{20}}$. 这就说明,质子的电荷量与其运动状态无关.

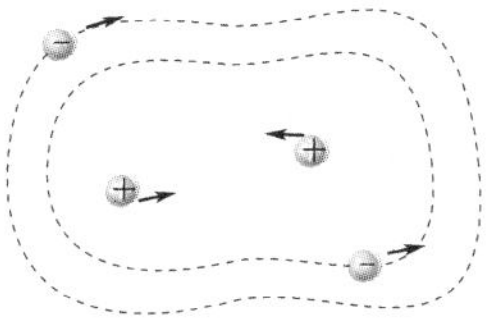

(a) 氢分子结构示意图

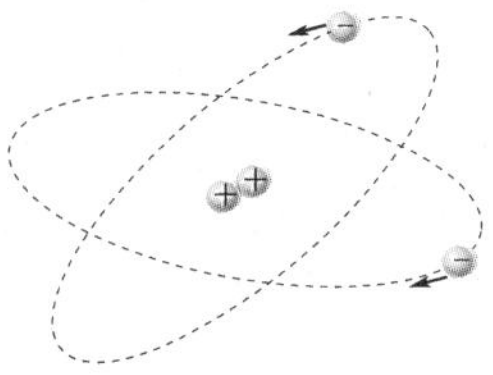

(b) 氦原子结构示意图

图 6.1　氢分子和氦原子结构示意图

6.1.2　库仑定律

在发现电现象后的 2 000 多年的时期内,人们对电的认识一直停留在定性阶段. 最早对电荷之间的相互作用做定量研究的是库仑.

1. 点电荷

根据静电实验可以知道,物体带电后的主要特征就是带电体之间存在相互作用的电性力(静止电荷之间的相互作用叫作静电力). 进一步的研究知道,任意两个带电体之间的这种电性力与带电体的形状、大小、电荷分布和相对位置,以及周围介质等都有关系. 用实验直接确定电性力对这些因素的定量关系是困难的,但是,当带电体本身的线度远小于它们之间的距离时,相互作用力的大小只取决于它们所带的电荷量以及相互之间的距离. 也就是说,带电体的几何形状以及电荷在其中的分布情况的影响可以忽略不计,把带电体所带的电荷量看成集中在一"点"上. 根据这一事实,我们抽象出点电荷的概念,即**当带电体的线度 d 远小于它与其他带电体之间的距离 $r(r \gg d)$ 时**,则带电体可视为点带电体,简称**点电荷**.

所谓"远小于",是指在测量的精度范围内,带电体的大小和几何形状的任意改变,都不会引起相互作用的改变. 因此,点电荷是一个抽象的理想模型,具有相对的意义,它类似于力学中质点的概念. 一个带电体能否看成一个点电荷,必须根据具体情况来决定,它本身不一定是很小的带电体.

2. 库仑定律

1785 年,库仑从扭秤实验结果总结出的关于真空中点电荷之间相互作用的静电力所服从的基本规律,称为库仑定律. 它可表述如下:在惯性系中,真空中两个静止的点电荷之间的作用力(称为库仑力)的大小与它们的电荷量 q_1 和 q_2 的乘积成正比,与它们之间的距离 r 的平方成反比,作用力的方向沿着它们的连线方向,同号电荷相斥,异号电荷相吸.

库仑定律用矢量公式表示为

$$\boldsymbol{F} = k\frac{q_1 q_2}{r^2}\boldsymbol{e}_r. \tag{6.1.1}$$

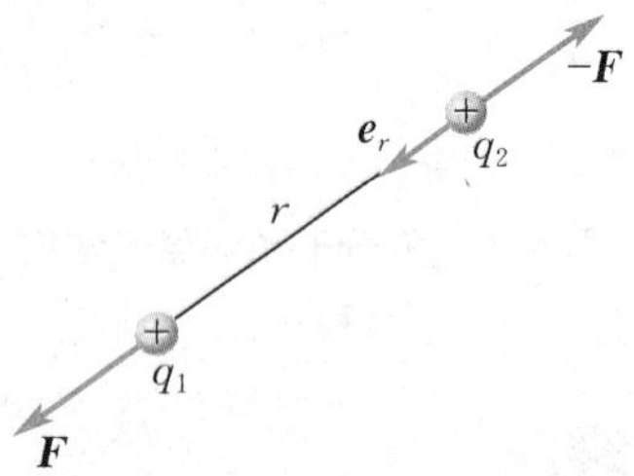

图 6.2　两个静止点电荷之间的作用力

如图 6.2 所示,$\boldsymbol{F}$ 表示 q_2 对 q_1 的作用力,$\boldsymbol{e}_r$ 是由施力点电荷 q_2 指向受力点电荷 q_1 的单位矢量,不论 q_1,q_2 的正负如何,式(6.1.1)都适用. 当 q_1 和 q_2 同号时,$\boldsymbol{F}$ 与单位矢量 $\boldsymbol{e}_r$ 同向,表明 q_2 对 q_1 的作用力是斥力;当 q_1 与 q_2 异号时,$\boldsymbol{F}$ 与 $\boldsymbol{e}_r$ 反向,表明 q_2 对 q_1 的作用力是吸引力. 另外,两个静止的点电荷之间的相互作用力符合牛顿第三定律.

两个静止的点电荷之间的作用力沿着它们连线的方向. 对于本身没有任何方向特征的静止点电荷来说,也只可能是这样,因为自由空间是各向同性的(我们也只能这样认为或假定). 对于两个静止的点电荷来说,只有它们的连线才具有唯一确定的方向. 由此可知,库仑定律反映了自由空间的各向同性,也就是空间对于转动的对称性.

式(6.1.1)中 k 为比例系数,其数值和单位取决于式中各量采用什么单位,可由实验确定. 如果力的单位用牛[顿],电荷量的单位用库[仑],距离的单位用米,则比例系数 k 的数值通过实验测定为

$$k \approx 9.0 \times 10^9\ \mathrm{N \cdot m^2/C^2}.$$

通常令 $k = \dfrac{1}{4\pi\varepsilon_0}$,式中 ε_0 称为真空介电常量(也称真空电容率),其值为

$$\varepsilon_0 = 8.854\,187\,812\,8(13) \times 10^{-12}\ \mathrm{C^2/(N \cdot m^2)}.$$

于是,真空中的库仑定律(式(6.1.1))就改写成

$$\boldsymbol{F} = \frac{1}{4\pi\varepsilon_0}\frac{q_1 q_2}{r^2}\boldsymbol{e}_r. \tag{6.1.2}$$

从形式上看，由于 4π 因子的引入，使得式(6.1.2)比(6.1.1)复杂，但它会使由库仑定律导出的定理和一些常用公式的形式简化. 因此，我们把库仑定律表达式中引入 4π 因子的做法称为单位制的有理化. 在以后的学习过程中，读者将会逐步认识其优越性.

实验证实，点电荷放在空气中时，其相互作用力和在真空中的相差极小，故式(6.1.2)对空气中的点电荷亦成立.

库仑定律是关于一种基本力的实验定律，它的正确性不断经历着实验的考验. 设库仑定律中 r 的指数为 $2+\alpha$，人们曾设计了各种实验来确定(一般是间接的)α 的上限. 1773 年，卡文迪什(Cavendish)的静电实验给出 $|\alpha|\leqslant 0.02$. 约 100 年后，麦克斯韦的类似实验得出 $|\alpha|\leqslant 5\times 10^{-5}$. 1971 年，威廉斯(Williams)等人改进实验得出 $|\alpha|\leqslant 10^{-16}$. 这些都是在实验室范围($10^{-3}\sim 10^{-1}$ m)内得到的结果. 对于小到 10^{-17} m 的范围，现代高能电子散射实验证实，库仑定律仍然精确地成立. 大范围的结果是通过人造地球卫星研究地球磁场时得到的，它给出库仑定律精确地适用于大到 10^{7} m 的范围. 因此一般就认为在更大的范围内库仑定律仍然有效.

现代量子电动力学理论指出，库仑定律中 r 的指数与光子的静止质量有关：如果光子的静止质量为零，则该指数严格为 2. 现在实验给出的光子的静止质量上限为 10^{-48} kg，这差不多相当于 $|\alpha|\leqslant 10^{-16}$.

6.1.3　静电力叠加原理

库仑定律只讨论两个静止的点电荷间的作用力. 当考虑两个以上的静止的点电荷之间的作用力时，就必须补充另一个实验事实，两个点电荷之间的作用力并不因第三个点电荷的存在而有所改变.

当 n 个静止的点电荷 $q_1, q_2, \cdots, q_n$ 同时存在时，施于某一点电荷 q_0 的力就等于各点电荷单独存在时施于 q_0 的静电力的矢量和，这一结论称为静电力叠加原理. 于是 q_0 受到的总静电力可表示为

$$\boldsymbol{F}=\boldsymbol{F}_1+\boldsymbol{F}_2+\cdots+\boldsymbol{F}_n=\sum_{i=1}^{n}\boldsymbol{F}_i. \qquad (6.1.3)$$

由式(6.1.2)，上式可进一步写为

$$\boldsymbol{F}=\sum_{i=1}^{n}\frac{1}{4\pi\varepsilon_0}\frac{q_0 q_i}{r_{0i}^2}\boldsymbol{e}_{0i}, \qquad (6.1.4)$$

式中 r_{0i} 为 q_0 与 q_i 之间的距离，$\boldsymbol{e}_{0i}$ 为从点电荷 q_i 指向 q_0 的单位矢量.

库仑定律与静电力叠加原理是关于静止电荷相互作用的两个基本实验规律，应用它们原则上可解决静电学中的全部问题.

例 6.1.1 试比较氢原子中电子和原子核(质子)之间的静电力和万有引力.

解 在氢原子中电子和原子核之间的距离为 $r = 0.529 \times 10^{-10}$ m,而原子核和电子的直径在10^{-15} m 以下,因此可以把电子和原子核视为点电荷.

电子带的电荷量为$-e$,原子核带的电荷量为e,$e = 1.6 \times 10^{-19}$ C,故它们之间的静电力为吸引力,大小等于

$$F = \frac{e^2}{4\pi\varepsilon_0 r^2} = 9.0 \times 10^9 \times \frac{(1.6 \times 10^{-19})^2}{(0.529 \times 10^{-10})^2}\ \mathrm{N} \approx 8.2 \times 10^{-8}\ \mathrm{N}.$$

电子的质量为$m_e = 9.1 \times 10^{-31}$ kg,原子核的质量为$m_p = 1.67 \times 10^{-27}$ kg,故它们之间的万有引力的大小为

$$F_G = G\frac{m_e m_p}{r^2} = 6.67 \times 10^{-11} \times \frac{9.1 \times 10^{-31} \times 1.67 \times 10^{-27}}{(0.529 \times 10^{-10})^2}\ \mathrm{N} \approx 3.6 \times 10^{-47}\ \mathrm{N}.$$

故静电力和万有引力之比为

$$\frac{F}{F_G} \approx 2.3 \times 10^{39}.$$

由此可见,在原子内部静电力远大于万有引力.在处理电子和原子核之间的相互作用时,只需考虑静电力,万有引力可以忽略不计.而在电子结合成分子、原子,或分子组成液体或固体时,它们的结合力在本质上也都属于电性力.

例 6.1.2 卢瑟福(Rutherford)在α粒子散射实验中发现,α粒子具有足够高的能量,使它能达到与金原子核的距离为2×10^{-14} m的地方.试计算在这一距离时,α粒子所受的金原子核的斥力的大小.

解 α粒子所带电荷量为$2e$,金原子核所带电荷量为$79e$,由库仑定律可得此斥力的大小为

$$F = \frac{2e \times 79e}{4\pi\varepsilon_0 r^2} = \frac{9.0 \times 10^9 \times 2 \times 79 \times (1.6 \times 10^{-19})^2}{(2 \times 10^{-14})^2}\ \mathrm{N} \approx 91\ \mathrm{N}.$$

此力相当于 10 kg 物体所受的重力,这个例子说明,在原子尺度内,静电力是非常强的.

6.2 静电场的描述

力的作用形式有两种:接触作用和非接触作用.例如,我们推桌子时,通过手和桌子直接接触,把力作用在桌子上;马拉车时,通过绳子和车直接接触,把力作用在车上.这些力的作用称为接触作用或近距作用,作用时存在某种物质作为传递力的媒介.电荷之间的相互作用力、磁铁对铁块的吸引力、万有引力等几种力的作用属于非接触作用,可以发生在两个相隔一定距离的物体之间,而在两物体之间并不需要有任何由原子、分子组成的物质做媒介.那么,这些力究竟是怎样传递的呢?围绕着这个问题,历史上曾有过长期

的争论.一种观点认为,这类力作用时不需要任何媒介,也不需要时间,就能够由一个物体立即作用到相隔一定距离的另一个物体上,这种观点称为超距作用观点;另一种观点认为,这类力也是近距作用的,作用时是通过某种中介物质以一定速度由近及远逐步传递的,例如,认为光从太阳传到地球是通过一种充满在空间的弹性介质——“以太”来传递的.

近代物理学的发展证明,超距作用的观点是错误的,电力和磁力的传递虽然速度很快(约 3×10^8 m/s——光速),但并非不需要时间.而历史上持近距作用观点的人所假定的那种“弹性以太”也是不存在的.实际上,非接触作用力是通过场作为媒介来作用的.

6.2.1　电场和电场强度

1. 电场

按照近代物理学的观点,任何电荷都在自己周围的空间激发电场.电场具有两种基本性质.一是力的性质:电场对于处在其中的任何其他电荷都有作用力,称为电场力;二是能量性质:电场具有能量,并且对处于其中的运动电荷通过做功来实现能量转换.

电荷之间的作用力是通过电场来传递的.具体来说,在图 6.3 中,电荷 1 在周围空间激发一个电场,当电荷 2 处于这个电场中时,受到电场力的作用,这就是电荷 1 施加给电荷 2 的作用力 $\boldsymbol{F}_{21}$;同理,电荷 2 也在周围空间激发一个电场,电荷 1 处于电荷 2 所激发的电场中,同样会受到电场力的作用,这就是电荷 2 施加给电荷 1 的作用力 $\boldsymbol{F}_{12}$.用一个图式概括如下:

$$\text{电荷}\rightleftarrows\text{电场}\rightleftarrows\text{电荷}$$

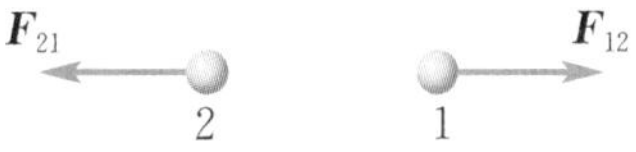

图 6.3　电荷间的相互作用

电场虽然不像由原子、分子组成的实物那样看得见,摸得着,但它具有一系列物质属性,如能量、动量以及能施于电荷作用力等,是一种客观存在,是物质存在的一种形式.电场只是普遍存在的电磁场的一种特殊情形,电磁场的物质性在于它处于迅速变化的情况下(在电磁波中)才能更加明显地表现出来,可以脱离电荷和电流独立存在,具有自己的运动规律.关于这个问题,我们将在第 8 章中详细讨论.本章只讨论相对于观察者静止的电荷在其周围空间产生的电场——静电场.

2. 电场强度

在惯性系中,真空中有一固定不动的带电体 Q(称为场源电荷),如图 6.4 所示,将另一电荷 q_0(称为检验电荷)放在该带电体周围的 P 点(称为场点)处并保持静止,通过测量 q_0 在带电体 Q 激发的电场中的不同点的受力情况来定量地描述电场.

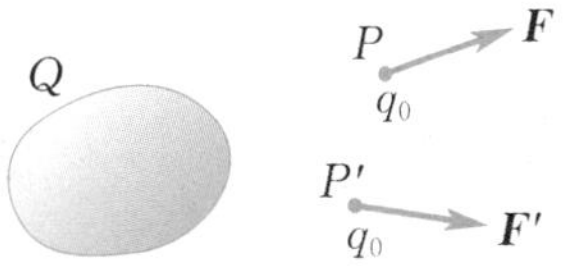

图 6.4　用检验电荷测场强

电场强度及其计算

为了保证测量的准确性,检验电荷 q_0 所带电荷量必须充分小,以至引进它之后,几乎不影响原来的电场的分布,同时要求检验电荷的几何线度必须充分小,即可把它看成点电荷,以保证反映空间各点的电场性质.

实验表明,在电场中不同的点,q_0 所受电场力的大小和方向一般是不同的(如图 6.4 中的 P 点和 P' 点),在电场中任意固定场点 P,检验电荷 q_0 所受的电场力 $\boldsymbol{F}$ 的大小与检验电荷的电荷量 q_0 成正比,而 $\boldsymbol{F}$ 的方向不变. 若把 q_0 换成等量异号电荷,则力的大小不变,方向相反. 因此,对于电场中任意固定场点,比值$\dfrac{\boldsymbol{F}}{q_0}$ 的大小和方向都与 q_0 无关.

由此可见,检验电荷在电场中某点所受到的电场力不仅与检验电荷所在点的电场性质有关,而且与检验电荷本身的电荷量有关,但是比值$\dfrac{\boldsymbol{F}}{q_0}$ 与检验电荷本身无关,只取决于带电体Q的结构(包括总电荷量以及电荷分布) 和检验电荷 q_0 所处的位置 $P(x,y,z)$,即与检验电荷所在点的电场性质有关. 把比值$\dfrac{\boldsymbol{F}}{q_0}$ 作为描述静电场中给定场点的客观性质的一个物理量,称为**电场强度**,简称**场强**,用 $\boldsymbol{E}$ 来表示,即

$$\boldsymbol{E} = \frac{\boldsymbol{F}}{q_0}. \tag{6.2.1}$$

式(6.2.1) 表明,电场中任意一点的电场强度是一矢量,其大小等于单位正电荷在该点所受的电场力的大小,其方向与正电荷在该处所受电场力方向一致. 在电场中各点的 $\boldsymbol{E}$ 可以各不相同,是空间坐标的矢量函数(更一般地说,它还是时间的函数),记为 $\boldsymbol{E}(\boldsymbol{r})$,在直角坐标系中则记为 $\boldsymbol{E}(x,y,z)$,电场是一**矢量场**. 如果电场中空间各点的 $\boldsymbol{E}$ 的大小和方向都相同,那么这种电场就叫作**均匀电场**.

在国际单位制中,场强的单位是牛[顿] 每库[仑](N/C). 这个单位与伏[特] 每米(V/m) 等价,即 1 V/m = 1 N/C.

电场强度是描述电场力的性质的物理量. 在已知电场中各点场强 $\boldsymbol{E}$ 的条件下,由式(6.2.1) 可直接求得置于其中任意点处的静止的点电荷 q_0 所受的力为

$$\boldsymbol{F} = q_0\boldsymbol{E}. \tag{6.2.2}$$

6.2.2 静止点电荷的电场及场强叠加原理

我们要讨论一般静电场的场强分布,需要先研究一个静止点电荷的场强分布和场强叠加原理.

1. 静止点电荷的电场

如图6.5所示，将一检验电荷q_0放在场源点电荷q周围空间中任意P点处，根据库仑定律，q_0受到的静电力为

$$\boldsymbol{F}=\frac{1}{4\pi\varepsilon_0}\frac{q_0 q}{r^2}\boldsymbol{e}_r=\frac{q_0 q}{4\pi\varepsilon_0 r^3}\boldsymbol{r},$$

式中$\boldsymbol{e}_r$是从场源电荷q指向场点P的单位矢量，$\boldsymbol{r}$是从q指向P点的位矢. 由场强定义式(6.2.1)可知，P点的场强为

$$\boldsymbol{E}=\frac{\boldsymbol{F}}{q_0}=\frac{q}{4\pi\varepsilon_0 r^2}\boldsymbol{e}_r=\frac{q\boldsymbol{r}}{4\pi\varepsilon_0 r^3}. \tag{6.2.3}$$

这就是静止点电荷的场强分布公式. 不论q是正电荷还是负电荷，此式都成立. 当$q>0$时，P点的场强与位矢$\boldsymbol{r}$方向相同；当$q<0$时，P点的场强与位矢$\boldsymbol{r}$方向相反.

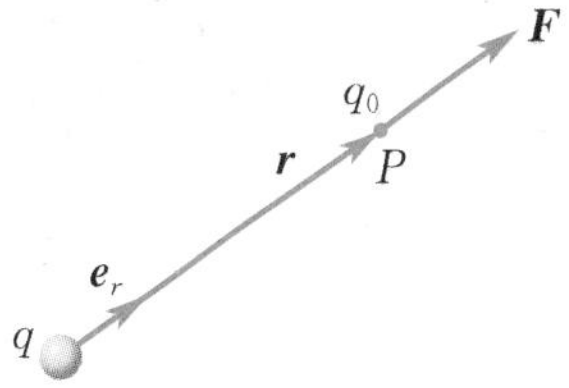

图6.5　静止点电荷的电场

由式(6.2.3)可知，静止点电荷的电场具有球对称性. 在各向同性的自由空间内，一个本身无任何方向特征的点电荷的电场分布必然具有这种对称性，距点电荷等距离的各场点，场强的大小应该相等，且E与r^2成反比. 当$r\to\infty$时，$E\to 0$，这也是必然的结果，因为从场的观点看，库仑定律就是点电荷的场强规律.

2. 场强叠加原理

如果电场是由n个点电荷$q_1,q_2,\cdots,q_n$共同激发的(这些点电荷的总体称为点电荷系)，根据静电力叠加原理，检验电荷q_0在点电荷系的电场中的任意P点处所受的力等于各个点电荷单独存在时对q_0作用力的矢量和，即

$$\boldsymbol{F}=\boldsymbol{F}_1+\boldsymbol{F}_2+\cdots+\boldsymbol{F}_n=\sum_{i=1}^{n}\boldsymbol{F}_i.$$

两边同除以q_0，得

$$\frac{\boldsymbol{F}}{q_0}=\frac{\boldsymbol{F}_1}{q_0}+\frac{\boldsymbol{F}_2}{q_0}+\cdots+\frac{\boldsymbol{F}_n}{q_0}=\sum_{i=1}^{n}\frac{\boldsymbol{F}_i}{q_0}.$$

根据场强的定义，$\frac{\boldsymbol{F}}{q_0}$就是$P$点的场强，而$\frac{\boldsymbol{F}_i}{q_0}$是点电荷$q_i$单独存在时在$P$点产生的场强$\boldsymbol{E}_i$，则上式可写成

$$\boldsymbol{E}=\boldsymbol{E}_1+\boldsymbol{E}_2+\cdots+\boldsymbol{E}_n=\sum_{i=1}^{n}\boldsymbol{E}_i. \tag{6.2.4}$$

式(6.2.4)表明，点电荷系所产生的电场在任意一点的场强等于每个点电荷单独存在时在该点所产生的场强的矢量和. 这个结论称为场强叠加原理.

将点电荷场强公式(6.2.3)代入式(6.2.4)，可得点电荷系q_1，$q_2,\cdots,q_n$的电场中任意一点的场强为

$$\boldsymbol{E}=\frac{q_1}{4\pi\varepsilon_0 r_1^2}\boldsymbol{e}_{r1}+\frac{q_2}{4\pi\varepsilon_0 r_2^2}\boldsymbol{e}_{r2}+\cdots+\frac{q_n}{4\pi\varepsilon_0 r_n^2}\boldsymbol{e}_{rn}$$

$$= \sum_{i=1}^{n} \frac{q_i}{4\pi\varepsilon_0 r_i^2}\boldsymbol{e}_{ri} = \sum_{i=1}^{n} \frac{q_i}{4\pi\varepsilon_0 r_i^3}\boldsymbol{r}_i, \tag{6.2.5}$$

式中 r_i 为 q_i 到场点的距离，$\boldsymbol{r}_i$ 为从 q_i 指向场点的位矢，$\boldsymbol{e}_{ri}$ 为 $\boldsymbol{r}_i$ 的单位矢量.

若场源电荷是不能作为点电荷的连续分布的带电体，则可认为该带电体是由许多无限小的电荷元 $\mathrm{d}q$ 组成的，而每个电荷元都可以视为点电荷. 设其中任一电荷元 $\mathrm{d}q$ 在 P 点产生的场强为 $\mathrm{d}\boldsymbol{E}$，由式(6.2.3)，有

$$\mathrm{d}\boldsymbol{E} = \frac{\mathrm{d}q}{4\pi\varepsilon_0 r^2}\boldsymbol{e}_r, \tag{6.2.6}$$

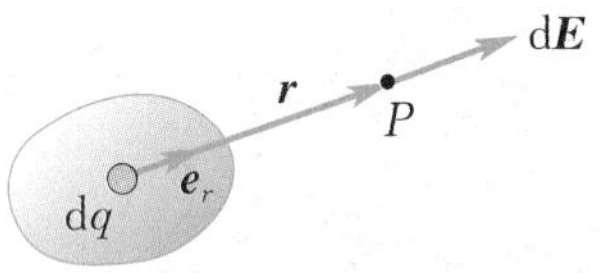

图 6.6　电荷连续分布的带电体在空间任意一点的电场

式中 r 是电荷元 $\mathrm{d}q$ 到场点 P 的距离，$\boldsymbol{e}_r$ 是从 $\mathrm{d}q$ 指向场点 P 的位矢 $\boldsymbol{r}$ 的单位矢量(见图 6.6). 整个带电体在 P 点所产生的总场强按叠加原理进行积分计算为

$$\boldsymbol{E} = \int \mathrm{d}\boldsymbol{E} = \int \frac{\mathrm{d}q}{4\pi\varepsilon_0 r^2}\boldsymbol{e}_r. \tag{6.2.7}$$

这是一个矢量积分，要根据带电体的几何形状与电荷分布情况，选取 $\mathrm{d}q$ 来进行计算.

在一定空间体积内连续分布的电荷称为体电荷，引入**体电荷密度** $\rho = \dfrac{\mathrm{d}q}{\mathrm{d}V}$ 来描述电荷的分布. 如果电荷分布在一个薄层或一根细线上且不计薄层的厚度和细线的截面尺寸(粗细)，把这样的电荷称为面电荷或线电荷，并引入**面电荷密度** $\sigma = \dfrac{\mathrm{d}q}{\mathrm{d}S}$ 和**线电荷密度** $\lambda = \dfrac{\mathrm{d}q}{\mathrm{d}l}$ 来表示其电荷分布情况. ρ,σ,λ 一般是空间坐标的函数，只有在电荷均匀分布时，它们才为常量.

在具体问题中，当电荷分布情况已知时，电荷元可以分别用 ρ,σ,λ 表示为 $\mathrm{d}q = \rho \mathrm{d}V, \mathrm{d}q = \sigma \mathrm{d}S, \mathrm{d}q = \lambda \mathrm{d}l$.

式(6.2.7)中的被积函数是矢量函数，可以先将矢量函数分解为沿坐标轴的几个分量函数，然后对每个分量函数进行积分. 下面通过一些典型例题来介绍具体的计算方法.

6.2.3　场强的计算

例 6.2.1　求电偶极子中垂线上任意一点的场强.

解　一对等量异号点电荷 $+q$ 和 $-q$，其间距为 l. 当 l 远小于正、负点电荷到场点的距离时，该点电荷系称为**电偶极子**. 如图 6.7 所示，设两个点电荷连线的中垂线上任意一点 P 相对于正、负点电荷的位矢分别为 $\boldsymbol{r}_+$ 和 $\boldsymbol{r}_-$，P 点到正、负点电荷连线的垂直距离为 r，$\boldsymbol{l}$ 表示从负点电荷指向正点电荷的矢量，则正、负点电荷在 P 点产生的场强 $\boldsymbol{E}_+$ 和 $\boldsymbol{E}_-$ 分别为

$$\boldsymbol{E}_+ = \frac{q\boldsymbol{r}_+}{4\pi\varepsilon_0 r_+^3},\quad \boldsymbol{E}_- = \frac{-q\boldsymbol{r}_-}{4\pi\varepsilon_0 r_-^3}.$$

由于 $r_+ = r_- = \sqrt{r^2 + l^2/4}$，当 $r \gg l$ 时，$r_+ = r_- \approx r$，则根据场强叠加原理，可得 P 点总场强为

$$\boldsymbol{E} = \boldsymbol{E}_+ + \boldsymbol{E}_- = \frac{q}{4\pi\varepsilon_0 r^3}(\boldsymbol{r}_+ - \boldsymbol{r}_-).$$

因为 $\boldsymbol{r}_+ - \boldsymbol{r}_- = -\boldsymbol{l}$，所以上式可化为

$$\boldsymbol{E} = \frac{-q\boldsymbol{l}}{4\pi\varepsilon_0 r^3},$$

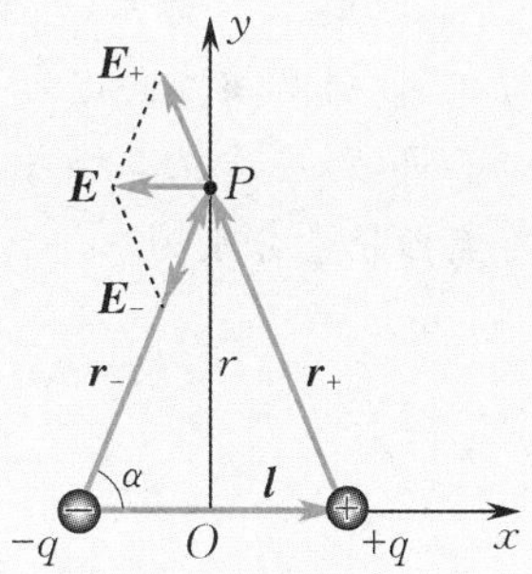

图 6.7　电偶极子的电场

式中 $q\boldsymbol{l}$ 反映了电偶极子本身的特征，称为电偶极子的**电偶极矩**，简称为**电矩**，用 $\boldsymbol{p}$ 表示，则 $\boldsymbol{p} = q\boldsymbol{l}$. 上述结果又可表示为

$$\boldsymbol{E} = \frac{-\boldsymbol{p}}{4\pi\varepsilon_0 r^3}.$$

此结果表明，电偶极子中垂线上距离电偶极子中心较远处各点的场强与电偶极子的电矩成正比，与该点到电偶极子中心的距离的三次方成反比，其方向与电矩的方向相反.

本题也可以用坐标分量的方法来求解. 建立直角坐标系，x 轴正方向沿 $\boldsymbol{l}$ 方向，y 轴沿电偶极子中垂线方向，则 P 点总场强的坐标分量分别为

$$E_y = E_{+y} + E_{-y} = 0,\quad E_x = E_{+x} + E_{-x} = 2E_{+x} = -2E_+\cos\alpha.$$

而 $\cos\alpha = \dfrac{l/2}{r_+}$，故总场强为

$$\boldsymbol{E} = (-2E_+\cos\alpha)\boldsymbol{i} = \frac{1}{4\pi\varepsilon_0}\frac{ql}{r_+^3}(-\boldsymbol{i}) \approx \frac{-\boldsymbol{p}}{4\pi\varepsilon_0 r^3},$$

式中 $\boldsymbol{i}$ 为 x 轴单位矢量.

例 6.2.2　一根带电直棒，如果只考虑离直棒的距离比直棒的截面尺寸大得多的地方的电场，则该带电直棒可以看成一条带电直线. 现设一均匀带电直线，长为 L，电荷量为 Q，求带电直线外任意一点 P 的场强.

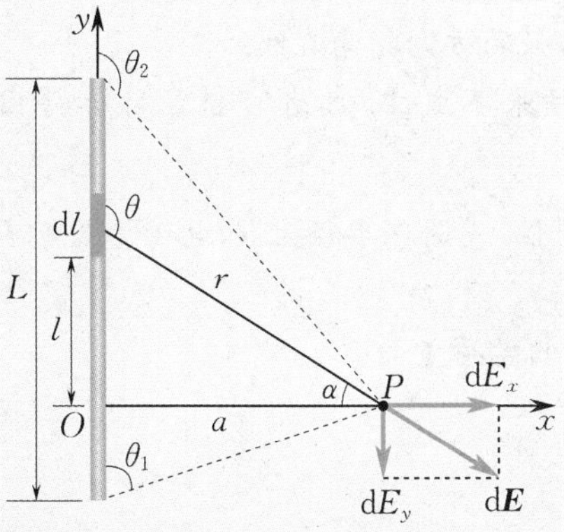

图 6.8　带电直线的电场

解　取带电直线外任意一点 P，P 点到带电直线的垂直距离为 a，P 点和带电直线两端的连线与带电直线之间的夹角分别为 θ_1 和 θ_2，如图 6.8 所示. 依题意，带电直线的线电荷密度为 $\lambda = \dfrac{Q}{L}$.

这类问题可按照以下步骤求解：

(1) 选定电荷元. 在带电直线上任取一长为 $\mathrm{d}l$ 的电荷元，其电荷量为 $\mathrm{d}q = \lambda\mathrm{d}l$.

(2) 将电荷元 $\mathrm{d}q$ 视为点电荷，求出它在 P 点的场强 $\mathrm{d}\boldsymbol{E}$ 的大小为

$$\mathrm{d}E = \frac{\mathrm{d}q}{4\pi\varepsilon_0 r^2}.$$

(3) 分析 $\mathrm{d}\boldsymbol{E}$ 的方向. 注意不同的电荷元 $\mathrm{d}q$ 在 P 点产生的场强 $\mathrm{d}\boldsymbol{E}$ 的方向是否相同.

(4) 建立坐标系,列出 d$\boldsymbol{E}$ 的坐标分量. 如果不同的电荷元 dq 在 P 点产生的场强 d$\boldsymbol{E}$ 的方向相同,则沿该方向选定为一维坐标的方向;如果不同的电荷元 dq 在 P 点产生的场强 d$\boldsymbol{E}$ 的方向不同,则应建立二维或三维坐标系. 本例题属于后一情况,建立如图 6.8 所示的坐标系. d$\boldsymbol{E}$ 的坐标分量分别为

$$\mathrm{d}E_x = \mathrm{d}E\cos\alpha = \mathrm{d}E\sin\theta = \frac{\mathrm{d}q}{4\pi\varepsilon_0 r^2}\sin\theta = \frac{\lambda\mathrm{d}l}{4\pi\varepsilon_0 r^2}\sin\theta,$$

$$\mathrm{d}E_y = -\mathrm{d}E\sin\alpha = \mathrm{d}E\cos\theta = \frac{\mathrm{d}q}{4\pi\varepsilon_0 r^2}\cos\theta = \frac{\lambda\mathrm{d}l}{4\pi\varepsilon_0 r^2}\cos\theta.$$

(5) 进行积分计算,得到 P 点的场强的坐标分量. 在积分时,r,θ,l 都是变量,积分之前应将被积函数化简为单一变量的函数. 下面取 θ 为积分变量,把被积函数化为 θ 的函数. 利用关系

$$l = -a\cot\theta,\quad \mathrm{d}l = a\csc^2\theta\mathrm{d}\theta,\quad r^2 = a^2 + l^2 = a^2\csc^2\theta,$$

先将 $\mathrm{d}E_x,\mathrm{d}E_y$ 的表达式化简为

$$\mathrm{d}E_x = \frac{\lambda\mathrm{d}l}{4\pi\varepsilon_0 r^2}\sin\theta = \frac{\lambda\mathrm{d}\theta}{4\pi\varepsilon_0 a}\sin\theta,\quad \mathrm{d}E_y = \frac{\lambda\mathrm{d}l}{4\pi\varepsilon_0 r^2}\cos\theta = \frac{\lambda\mathrm{d}\theta}{4\pi\varepsilon_0 a}\cos\theta.$$

再进行积分,得

$$E_x = \int\mathrm{d}E_x = \int_{\theta_1}^{\theta_2}\frac{\lambda\sin\theta\mathrm{d}\theta}{4\pi\varepsilon_0 a} = \frac{\lambda}{4\pi\varepsilon_0 a}(\cos\theta_1 - \cos\theta_2),$$

$$E_y = \int\mathrm{d}E_y = \int_{\theta_1}^{\theta_2}\frac{\lambda\cos\theta\mathrm{d}\theta}{4\pi\varepsilon_0 a} = \frac{\lambda}{4\pi\varepsilon_0 a}(\sin\theta_2 - \sin\theta_1).$$

于是,P 点的场强为

$$\boldsymbol{E} = E_x\boldsymbol{i} + E_y\boldsymbol{j},$$

式中 $\boldsymbol{i},\boldsymbol{j}$ 分别为 x 轴和 y 轴的单位矢量.

从上述结果可知,当 L 很大,且 $a \ll L$,场点非常靠近带电直线时,可将带电直线当成无限长带电直线,用 $\theta_1 = 0,\theta_2 = \pi$ 代入,得

$$E_y = 0,\quad E = E_x = \frac{\lambda}{2\pi\varepsilon_0 a}.$$

在一无限长带电直线周围任意一点的场强与该点到带电直线的距离成反比,而方向与带电直线垂直. 当 $\lambda > 0$ 时,场强的方向背离直线;当 $\lambda < 0$ 时,场强的方向指向直线.

另外,当场点 P 位于带电直线的延长线上时,上述结果不成立. 读者可自己计算得出结果.

例 6.2.3 求均匀带电圆环轴线上任意一点 P 的场强. 设圆环半径为 R,电荷量为 q,P 点到环心的距离为 x.

解 如图 6.9 所示,在圆环上任取一长度元 dl,dl 上的电荷量为

$$\mathrm{d}q = \lambda\mathrm{d}l = \frac{q}{2\pi R}\mathrm{d}l,$$

该电荷元可视为点电荷,它在 P 点产生的场强的大小为

$$\mathrm{d}E = \frac{\mathrm{d}q}{4\pi\varepsilon_0 r^2} = \frac{1}{4\pi\varepsilon_0}\frac{q}{2\pi R}\frac{\mathrm{d}l}{r^2},$$

方向如图6.9所示.整个圆环在 P 点产生的场强为所有电荷元在 P 点产生的场强的叠加.从对称性分析可看出,圆环上所有电荷元的 $\mathrm{d}\boldsymbol{E}_{\perp}$($\mathrm{d}\boldsymbol{E}$ 垂直于轴线上的分量)的矢量和为零,只有平行于轴线的分量 $\mathrm{d}\boldsymbol{E}_{/\!/}$ 对最后的结果有贡献.因此积分只需计算平行于轴线的分量,即

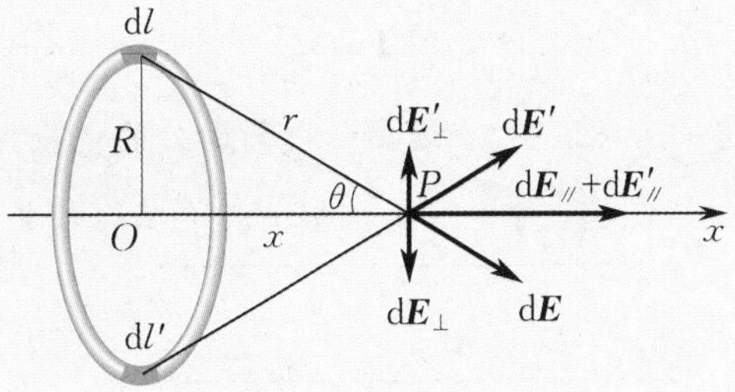

图6.9　均匀带电圆环轴线上的电场

$$E=E_{/\!/}=E_x=\int \mathrm{d}E_x=\int \mathrm{d}E\cos\theta,$$

式中 $\cos\theta=\dfrac{x}{r}$,$r=\sqrt{x^2+R^2}$.于是 P 点的场强大小为

$$E=\int \mathrm{d}E\cos\theta=\frac{1}{4\pi\varepsilon_0}\frac{q}{2\pi R}\frac{x}{(R^2+x^2)^{3/2}}\int_0^{2\pi R}\mathrm{d}l=\frac{1}{4\pi\varepsilon_0}\frac{qx}{(R^2+x^2)^{3/2}}.$$

当 $q>0$ 时,场强方向沿轴线背离环心.对于环心 O,$x=0$,$\boldsymbol{E}=\boldsymbol{0}$,即环心的场强为零.当 $x\gg R$ 时,$(x^2+R^2)^{3/2}\approx x^3$,则 $E\approx\dfrac{q}{4\pi\varepsilon_0 x^2}$,说明远离环心处的电场相当于置于环心的一个点电荷 q 所产生的电场.

例 6.2.4　求半径为 R 的均匀带电圆面轴线上任意一点 P 的场强.设电荷量为 q,如图6.10所示.

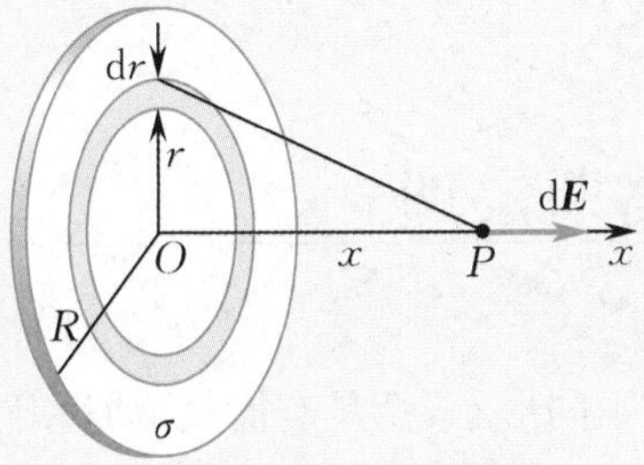

图6.10　均匀带电圆面轴线上的电场

解　依题意,面电荷密度为 $\sigma=\dfrac{q}{\pi R^2}$,带电圆面可看成由许多同心的带电细圆环组成.取一半径为 r、宽度为 $\mathrm{d}r$ 的细圆环,它的电荷量为 $\mathrm{d}q=\sigma 2\pi r\mathrm{d}r$.利用例6.2.3的结果,此带电细圆环在 P 点产生的场强大小为

$$\mathrm{d}E=\frac{x\mathrm{d}q}{4\pi\varepsilon_0(r^2+x^2)^{3/2}}=\frac{\sigma x r\mathrm{d}r}{2\varepsilon_0(r^2+x^2)^{3/2}},$$

其方向沿着轴线($q>0$,沿轴线背离圆心;$q<0$,沿轴线指向圆心).由于组成圆面的各细圆环的场强 $\mathrm{d}\boldsymbol{E}$ 的方向都相同,P 点的场强大小为

$$E=\int \mathrm{d}E=\frac{\sigma x}{2\varepsilon_0}\int_0^R\frac{r\mathrm{d}r}{(r^2+x^2)^{3/2}}=\frac{\sigma}{2\varepsilon_0}\left[1-\frac{x}{(R^2+x^2)^{1/2}}\right].$$

讨论:(1) 当 $x\ll R$(或 $R\to\infty$)时,

$$E=\frac{\sigma}{2\varepsilon_0}. \tag{6.2.8}$$

此时,可将该带电圆面看成无限大带电平面.因此可以说,无限大的均匀带电平面的两侧的电场各是一个均匀电场,其场强大小由式(6.2.8)给出,方向由 σ 确定:当 $\sigma>0$ 时,垂直于带电平面背离平面;当 $\sigma<0$ 时,垂直于带电平面指向平面.

(2) 当 $x\gg R$ 时,

$$(R^2+x^2)^{-1/2}=\frac{1}{x}\left(1-\frac{R^2}{2x^2}+\cdots\right)\approx\frac{1}{x}\left(1-\frac{R^2}{2x^2}\right),$$

$$E \approx \frac{\sigma}{2\varepsilon_0}\frac{R^2}{2x^2} = \frac{\sigma\pi R^2}{4\pi\varepsilon_0 x^2} = \frac{q}{4\pi\varepsilon_0 x^2}.$$

这一结果说明，在远离带电圆面处的电场也相当于一个点电荷的电场.

例 6.2.5 计算电偶极子在均匀电场中所受的力矩.

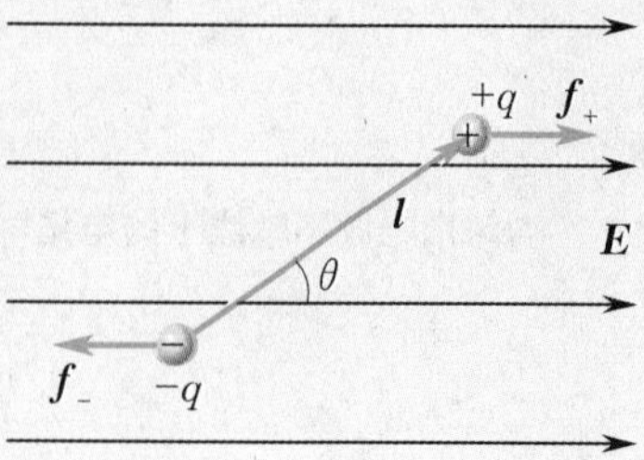

图 6.11 电偶极子在均匀电场中所受的力矩

解 以 $\boldsymbol{E}$ 表示均匀电场的场强，电偶极子的 $\boldsymbol{l}$(或 $\boldsymbol{p} = q\boldsymbol{l}$) 与场强 $\boldsymbol{E}$ 的夹角为 θ，如图 6.11 所示. 因正、负点电荷在均匀电场中所受的力的大小相等，都为 $f_+ = f_- = qE$，方向相反，但不在一条直线上，两力的矢量和为零，这样的一对力称为力偶. 可以证明，一力偶相对于空间任何参考点的力矩相同. 下面取负电荷所在位置处为参考点，则电偶极子所受力矩就等于正电荷所受电场力相对于负电荷处的力矩，故

$$\boldsymbol{M} = \boldsymbol{l} \times \boldsymbol{f}_+ = \boldsymbol{l} \times q\boldsymbol{E} = q\boldsymbol{l} \times \boldsymbol{E},$$

即

$$\boldsymbol{M} = \boldsymbol{p} \times \boldsymbol{E}. \tag{6.2.9}$$

该力矩的效果总是使电偶极子的电矩 $\boldsymbol{p}$ 的方向转向外电场 $\boldsymbol{E}$ 的方向. 当 $\boldsymbol{p}$ 转到与 $\boldsymbol{E}$ 平行时，力矩 $\boldsymbol{M} = \boldsymbol{0}$.

6.3 静电场的高斯定理

场与实物是物质存在的两种不同形态，都具有能量、动量等属性，但场与实物最大的不同是它具有空间分布. 从概念到描述方法，场都有自己的特点. 对矢量场的基本特性进行描述，要引入通量和环流两个概念，本节讨论真空中的静电场的通量定理(高斯定理).

6.3.1 电场线与电通量

1. 电场线

电场中每一点的场强 $\boldsymbol{E}$ 都有一定的大小和方向，为了形象地描绘电场在空间中的分布，使电场有一个比较直观的图像，我们通常引入电场线的概念，并画出电场线图. 电场线是按下述规定在电场中画出的一系列假想的曲线：

(1) 曲线上每一点的切线方向表示该点的场强方向.

(2) 曲线的疏密程度表示场强的大小，规定：在电场中的任意一点，其场强为 $\boldsymbol{E}$，取一垂直于该点场强方向的面积元 $\mathrm{d}S_\perp$ ($\mathrm{d}S_\perp$ 很小，可认为其上各点的 $\boldsymbol{E}$ 相同)，如图 6.12 所示，通过此面积元画

$d\Phi_e$ 条电场线，使得

$$E=\frac{d\Phi_e}{dS_\perp}. \tag{6.3.1}$$

这就是说，电场中每一点处穿过与场强方向垂直的单位面积上的电场线的条数（该点电场线密度）等于该点的场强大小. 因此场强较大的地方，电场线较密，场强较小的地方，电场线较疏.

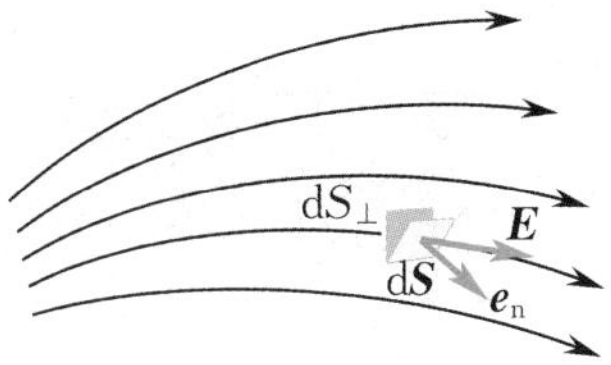

图 6.12　电场线密度与场强大小的关系

电场线可以借助于一些实验方法显示出来，例如，在水平玻璃板上撒些细小的石膏晶粒，或在油上浮些草籽，加上外电场后，它们就会沿电场线排列起来. 几种常见的电荷系的电场线如图 6.13 所示.

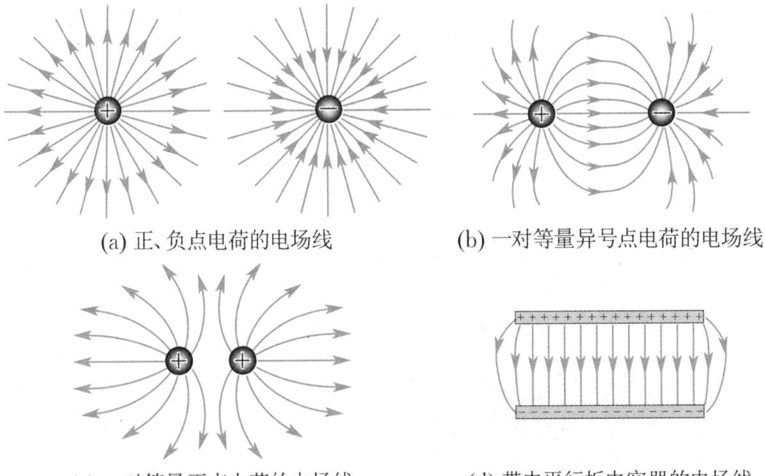

(a) 正、负点电荷的电场线　(b) 一对等量异号点电荷的电场线

(c) 一对等量正点电荷的电场线　(d) 带电平行板电容器的电场线

图 6.13　几种常见的电荷系的电场线

理论和实验证明，静电场的电场线有如下性质：

(1) 电场线始于正电荷（或来自无限远处），终止于负电荷（或伸向无限远处），不会在没有电荷的地方中断（场强为零的奇异点除外）.

(2) 电场线不可能是闭合曲线.

(3) 在没有电荷处，两条电场线不会相交.

前两条是静电场性质的反映，可用精确的数学形式表述成一个定理，即高斯定理，而最后一条则是电场中每一点的场强只能有一个确定的方向的必然结果.

必须注意，虽然正电荷在电场中每一点处的受力方向和通过该点的电场线的切线方向相同，但是在一般情况下，电场线并不是一个正电荷在电场中运动的轨迹.

2. 电通量

通量是任何矢量场都具有的一种概念，它总是与一个假想面有关，这个面可以是闭合曲面，也可以是非闭合曲面. 对于电场来说，**电通量** Φ_e 是用通过假想面的电场线数目来度量的.

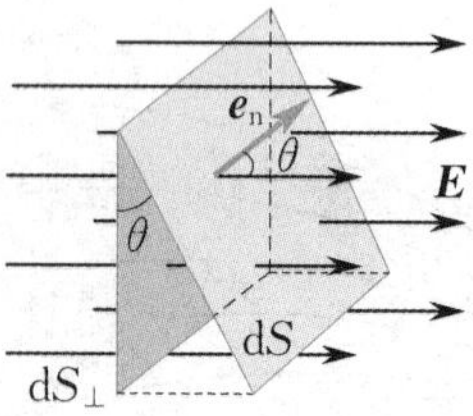

图 6.14 通过 dS 的电通量

如图 6.14 所示,以 dS 表示电场中某一个假想的面积元(为观察方便,已将面积元 dS 放大),面积元上的场强 $\boldsymbol{E}$ 可认为是均匀的,$\boldsymbol{E}$ 与 dS 的法向单位矢量 $\boldsymbol{e}_n$ 的夹角为 θ,通过此面积元的电场线的条数就定义为通过这一面积元的电通量 $d\Phi_e$. 考虑此面积元在垂直于场强方向的投影 $dS_\perp$,很明显,通过 dS 和 $dS_\perp$ 的电场线的条数是一样的. 由图 6.14 可知,$dS_\perp = dS\cos\theta$,将此关系代入式(6.3.1),可得通过 dS 的电通量 $d\Phi_e$ 为

$$d\Phi_e = EdS_\perp = EdS\cos\theta. \tag{6.3.2}$$

为了同时表示出面积元的方位,引入面积元矢量为 $d\boldsymbol{S} = dS\boldsymbol{e}_n$. 由图 6.14 可以看出,两面积元 dS 和 $dS_\perp$ 之间的夹角也等于场强 $\boldsymbol{E}$ 和 $\boldsymbol{e}_n$ 之间的夹角. 由矢量标积的定义,可得

$$\boldsymbol{E}\cdot d\boldsymbol{S} = \boldsymbol{E}\cdot\boldsymbol{e}_n dS = EdS\cos\theta,$$

则式(6.3.2) 可写成

$$d\Phi_e = \boldsymbol{E}\cdot d\boldsymbol{S}. \tag{6.3.3}$$

注意,由此式决定的电通量 $d\Phi_e$ 可正可负. 当 $0\leqslant\theta<\frac{\pi}{2}$ 时,$d\Phi_e$ 为正;当 $\frac{\pi}{2}<\theta\leqslant\pi$ 时,$d\Phi_e$ 为负;当 $\theta=\frac{\pi}{2}$ 时,$d\Phi_e = 0$.

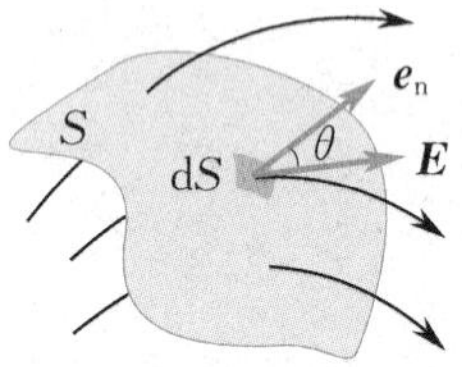

图 6.15 通过任意曲面的电通量

为了求通过任意曲面 S 的电通量(见图 6.15),可将曲面 S 分割成许多小面积元 dS,先计算通过各个小面积元的电通量,然后将整个曲面 S 上的所有面积元的电通量相加,即

$$\Phi_e = \iint_S d\Phi_e = \iint_S \boldsymbol{E}\cdot d\boldsymbol{S}. \tag{6.3.4}$$

这样的积分在数学上称为面积分,积分号下标 S 表示此积分遍及整个曲面. 显然,如果是在均匀电场中取一平面,平面的法向单位矢量 $\boldsymbol{e}_n$ 与 $\boldsymbol{E}$ 成 θ 角,则通过这一平面的电通量为

$$\Phi_e = ES\cos\theta.$$

上式是式(6.3.4) 的特殊情况.

通过一个闭合曲面 S 的电通量(见图 6.16) 可表示为

$$\Phi_e = \oiint_S \boldsymbol{E}\cdot d\boldsymbol{S}, \tag{6.3.5}$$

式中 $\oiint_S$ 表示沿整个闭合曲面进行积分.

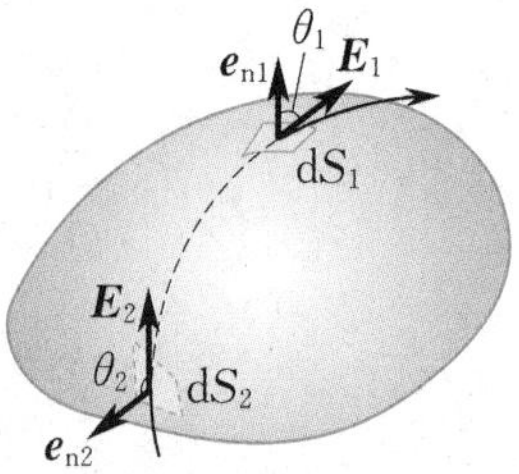

图 6.16 通过闭合曲面的电通量

对于不闭合的曲面,曲面上各处的法向单位矢量的方向可以任意取一侧;对于闭合曲面,由于它使整个空间分成内、外两部分,一般规定自内向外的方向为各处面积元法向的正方向,即外法向为正. 这样,当电场线从内部穿出(如图 6.16 中面积元 dS_1 处)时,$0\leqslant\theta<\frac{\pi}{2}$,$d\Phi_e$ 为正;当电场线由外部穿入(如图 6.16 中面积元 dS_2 处)时,$\frac{\pi}{2}<$

$\theta \leqslant \pi$，$\mathrm{d}\Phi_e$ 为负. 因此通过整个闭合曲面的电通量 $\Phi_e = \oint\!\!\oint_S \boldsymbol{E} \cdot \mathrm{d}\boldsymbol{S}$ 就等于穿出与穿入闭合曲面的电场线的条数之差，即净穿出闭合曲面的电场线的总条数.

6.3.2　静电场的高斯定理及应用

1. 静电场的高斯定理

静电场的高斯定理

德国数学家和物理学家高斯导出了电磁学的一条重要规律 —— 高斯定理，它是用电通量表示的电场和场源电荷关系的规律，其内容是：在真空中的静电场内，通过任意闭合曲面的电通量等于该闭合曲面所包围的电荷量的代数和的 $\frac{1}{\varepsilon_0}$. 通常把此闭合曲面称为高斯面，其数学表达式为

$$\oint\!\!\oint_S \boldsymbol{E} \cdot \mathrm{d}\boldsymbol{S} = \frac{1}{\varepsilon_0} \sum q_{\text{in}} \quad （不连续分布场源电荷），\tag{6.3.6}$$

$$\oint\!\!\oint_S \boldsymbol{E} \cdot \mathrm{d}\boldsymbol{S} = \frac{1}{\varepsilon_0} \iiint_V \rho \mathrm{d}V \quad （连续分布场源电荷），\tag{6.3.7}$$

式(6.3.6) 中 $\sum q_{\text{in}}$ 表示在闭合曲面 S 内的电荷量的代数和；式(6.3.7) 中 ρ 为连续分布场源电荷的体密度，V 是闭合曲面 S 所包围的体积.

下面用库仑定律和场强叠加原理简要验证高斯定理.

(1) 点电荷的静电场，点电荷在闭合曲面内.

首先，在一个静止的点电荷 $q(>0)$ 的电场中，以 q 所在点为中心，取任意长度 r 为半径作一球面 S 包围这个点电荷 q，如图 6.17(a) 所示. 根据点电荷场强公式(6.2.3)，球面上任意一点的场强 $\boldsymbol{E}$ 的大小都是 $\frac{q}{4\pi\varepsilon_0 r^2}$，方向都沿着各点的位矢 $\boldsymbol{r}$ 的方向且处处与球面垂直，则通过该球面的电通量为

$$\Phi_e = \oint\!\!\oint_S \boldsymbol{E} \cdot \mathrm{d}\boldsymbol{S} = \oint\!\!\oint_S \frac{q}{4\pi\varepsilon_0 r^2} \mathrm{d}S = \frac{q}{4\pi\varepsilon_0 r^2} \oint\!\!\oint_S \mathrm{d}S = \frac{q}{4\pi\varepsilon_0 r^2} 4\pi r^2 = \frac{q}{\varepsilon_0}.$$

显然，高斯定理在闭合球面 S 上成立. 如果 $q<0$，只需注意 $\boldsymbol{E}$ 的方向与球面的外法向即位矢 $\boldsymbol{r}$ 反向，则 $\Phi_e = \frac{q}{\varepsilon_0}$. 此结果还表明，通过闭合球面的电通量只与它所包围的电荷的电荷量有关，而与所取球面的半径无关. 这意味着，对以点电荷 q 为中心的任意球面来说，通过它的电通量都一样，都等于 $\frac{q}{\varepsilon_0}$. 用电场线的图像来说，这表示通过各球面的电场线的总条数相等，或者说，从点电荷 q 发出的电场线连续地延伸到无限远处.

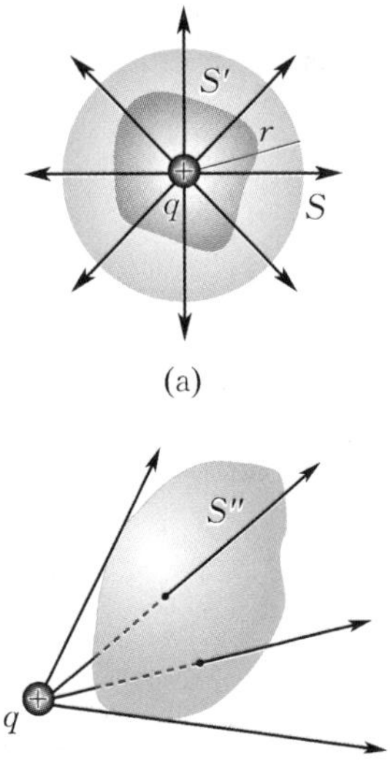

图 6.17　验证高斯定理用图

再设想另一个任意的闭合曲面 S'，S' 与球面 S 包围同一个点电荷 q，如图 6.17(a) 所示，由于电场线的连续性，可以得出通过 S 和 S' 的电场线条数相同，也就是通过 S 和 S' 的电通量相等，即

$$\Phi_e = \oint\!\!\oint_S \boldsymbol{E} \cdot \mathrm{d}\boldsymbol{S} = \oint\!\!\oint_{S'} \boldsymbol{E} \cdot \mathrm{d}\boldsymbol{S} = \frac{q}{\varepsilon_0}.$$

因此在任意形状的包围点电荷 q 的闭合曲面 S' 上高斯定理成立.

(2) 点电荷的静电场，点电荷在闭合曲面外.

如果闭合曲面 S'' 不包围点电荷 q(见图 6.17(b))，则由电场线的连续性可得出，进入 S'' 的电场线条数一定等于穿出 S'' 的电场线条数，所以净穿出闭合曲面 S'' 的电场线的总条数为零，亦即通过闭合曲面 S'' 的电通量为零，即

$$\Phi_e = \oint\!\!\oint_{S''} \boldsymbol{E} \cdot \mathrm{d}\boldsymbol{S} = 0.$$

因此，在不包围点电荷 q 的闭合曲面 S'' 上高斯定理成立.

(3) 任意点电荷系的静电场.

对于一个由点电荷 $q_1, q_2, \cdots, q_n$ 组成的点电荷系来说，在点电荷系电场中的任意一点的场强是各个点电荷所产生的场强的叠加. 由场强叠加原理，可得

$$\boldsymbol{E} = \sum_{i=1}^{n} \boldsymbol{E}_i,$$

式中 $\boldsymbol{E}_i$ 为单个点电荷产生的场强，$\boldsymbol{E}$ 是总场强. 作任意闭合曲面 S，其中 $q_1, q_2, \cdots, q_k$ 在 S 内，$q_{k+1}, q_{k+2}, \cdots, q_n$ 在 S 外，则通过 S 的电通量为

$$\begin{aligned}\oint\!\!\oint_S \boldsymbol{E} \cdot \mathrm{d}\boldsymbol{S} &= \oint\!\!\oint_S \sum_{i=1}^{n} \boldsymbol{E}_i \cdot \mathrm{d}\boldsymbol{S} = \sum_{i=1}^{k} \oint\!\!\oint_S \boldsymbol{E}_i \cdot \mathrm{d}\boldsymbol{S} + \sum_{i=k+1}^{n} \oint\!\!\oint_S \boldsymbol{E}_i \cdot \mathrm{d}\boldsymbol{S} \\ &= \frac{1}{\varepsilon_0} \sum_{i=1}^{k} q_i = \frac{1}{\varepsilon_0} \sum q_{\text{in}},\end{aligned}$$

式中 $\sum q_{\text{in}}$ 表示闭合曲面内的电荷. 因此在任意点电荷系中的闭合曲面 S 上高斯定理成立.

如果是在连续分布的带电体产生的电场中，被闭合曲面 S 包围的电荷量为 $\iiint_V \rho \mathrm{d}V$，$V$ 为闭合曲面 S 所包围的体积，则高斯定理可写成式(6.3.7).

综上，得出结论：任意静电场中高斯定理均成立.

2. 高斯定理的物理意义

高斯定理并不指明场源电荷所产生的电场的具体分布，而是以数学形式描述了电场与场源电荷之间的普遍关系. 理解高斯定理应注意以下几点：

(1) 高斯定理表达式左边的场强 $\boldsymbol{E}$ 是闭合曲面 S 上各点的场

强，它是由全部电荷(既包括闭合曲面内又包括闭合曲面外的) 共同产生的合场强，并非只由闭合曲面内的电荷 $\sum q_{in}$ 所产生. 如果闭合曲面内的电荷量的代数和为零，并不意味着闭合曲面上的场强处处为零.

(2) 通过闭合曲面的电通量只取决于它所包围的电荷，即只有闭合曲面内部的电荷才对这一电通量有贡献，闭合曲面外的电荷对这一电通量无贡献.

(3) 闭合曲面内的电荷有正有负，高斯定理表达式右边的 $\sum q_{in}$ 是闭合曲面内所包围的电荷量的代数和，因此，$\sum q_{in}=0$ 并不说明闭合曲面内一定没有电荷分布，只能说明通过这一闭合曲面的电通量为零.

(4) 从高斯定理可以看出，当闭合曲面内的电荷为正时，$\Phi_e>0$ 表示有电场线从正电荷发出并穿出闭合曲面，当闭合曲面内的电荷为负时，$\Phi_e<0$，表示有电场线穿入闭合曲面而终止于负电荷. 也就是说，电场线始于正电荷，终止于负电荷. 高斯定理反映了静电场的两大基本特征之一 —— 静电场是有源场，场源就是电荷.

(5) 高斯定理是以库仑定律为基础建立的，但库仑定律只适用于静止电荷和静电场，而高斯定理不但适用于静止电荷和静电场，而且适应于运动电荷和迅速变化的电磁场. 对静电场来说，库仑定律和高斯定理是描述电场与场源电荷关系这一客观规律的两种不同形式，其中库仑定律还包含了静电力是有心力这一特征，而高斯定理则没有这一方面的信息. 在具体应用方面，两者具有“相逆”的意义：库仑定律是在电荷分布已知时，能求出场强的分布；而高斯定理则是在场强分布已知时，能求出任意区域内的电荷. 当然，当电荷分布具有某种对称性时，也可用高斯定理求出该电荷系的场强分布，而且，这种方法在计算上比库仑定律简便得多.

最后必须指出，单靠高斯定理描述静电场是不完备的，只有和反映静电场的另一特性的定理 —— 静电场的环路定理结合起来，才能完整地描述静电场.

3. 利用高斯定理求对称性场源电荷产生的静电场的分布

一般情况下，在惯性系中，当静止的电荷分布给定时，从高斯定理只能求出通过某一闭合曲面的电通量，并不能把电场中各点的场强确定下来，但是当场源电荷分布具有某些特殊的对称性，从而使相应的场强分布也具有一定的对称性时，我们选择合适的高斯面，使积分 $\oint\!\!\!\oint_S \boldsymbol{E}\cdot\mathrm{d}\boldsymbol{S}$ 中的 $\boldsymbol{E}$ 能以标量形式从积分号内提出来，就可利用高斯定理方便地求出场强分布.

例 6.3.1 求均匀带电球面的场强分布. 已知球面半径为 R,电荷量为 Q(设 $Q>0$).

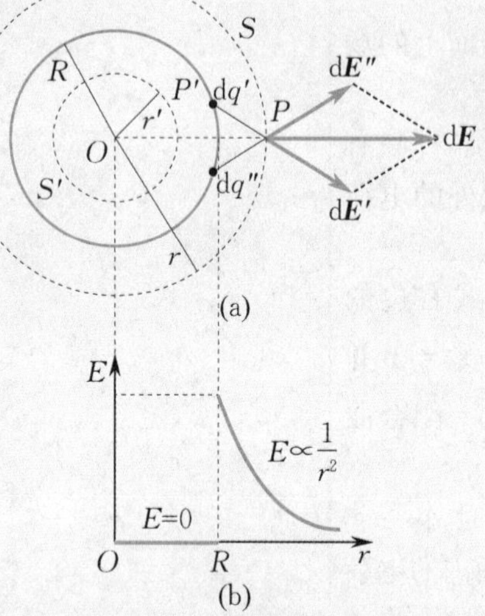

图 6.18 均匀带电球面的场强分布

解 如图 6.18(a) 所示,设 O 点为球心,在球面外任取一点 P,P 点到 O 点的距离为 r.

(1) 对称性分析. 由于自由空间各向同性以及电荷分布具有球对称性,从而电荷分布对 OP 直线对称,而任意一对对称的电荷元 $\mathrm{d}q'$ 和 $\mathrm{d}q''$ 在 P 点的合场强方向沿 $\overrightarrow{OP}$ 方向,因此带电球面上所有电荷元在 P 点的合场强 $\boldsymbol{E}$ 的方向也必然沿 $\overrightarrow{OP}$ 方向(实际上在自由空间各向同性和电荷分布呈球对称的前提下,P 点处唯一可能的确定方向就是位矢方向,因而此处场强 $\boldsymbol{E}$ 的方向只可能沿 $\overrightarrow{OP}$ 方向,这也是带电球面在自由空间转动不变性的缘故),其他各点的场强方向也都沿各自的位矢方向. 又由于电荷分布的球对称性,在以 O 为球心的与 P 点在同一球面上的各点的场强大小都应该相等.

(2) 选取合适的高斯面. 根据场强分布具有球对称性的特点,选取以 O 为球心、r 为半径的球面 S 作为高斯面,P 点在高斯面上.

(3) 计算通过高斯面的电通量. 由于 S 上各点的场强大小都和 P 点的场强 E 相等,球面各处的外法向单位矢量 $\boldsymbol{e}_r$ 与该处的场强 $\boldsymbol{E}$ 同向,通过 S 的电通量为

$$\Phi_e=\oiint_S \boldsymbol{E}\cdot\mathrm{d}\boldsymbol{S}=\oiint_S E\mathrm{d}S=E\oiint_S\mathrm{d}S=4\pi r^2E.$$

(4) 根据高斯定理求 $\boldsymbol{E}$. 高斯面 S 包围的电荷量的代数和为 $\sum q_{\text{in}}=Q$,根据高斯定理 $\oiint_S \boldsymbol{E}\cdot\mathrm{d}\boldsymbol{S}=\frac{1}{\varepsilon_0}\sum q_{\text{in}}$,$4\pi r^2E=\frac{Q}{\varepsilon_0}$,可得出 P 点的场强大小为

$$E=\frac{Q}{4\pi\varepsilon_0 r^2}\quad(r\geqslant R).$$

考虑 $\boldsymbol{E}$ 的方向,可得电场强度的矢量式为

$$\boldsymbol{E}=\frac{Q}{4\pi\varepsilon_0 r^2}\boldsymbol{e}_r=\frac{Q}{4\pi\varepsilon_0 r^3}\boldsymbol{r}\quad(r\geqslant R).$$

显然,当 $Q>0$ 时,$\boldsymbol{E}$ 的方向沿径向向外;当 $Q<0$ 时,$\boldsymbol{E}$ 的方向沿径向向里.

对球面内部任一点 P',以上对称性分析同样适用. 以 O 点为球心,过 P' 点作半径为 r' 的球面 S' 为高斯面,通过 S' 的电通量为

$$\Phi_e=4\pi r'^2E.$$

由于 S' 面内没有电荷,根据高斯定理,应有

$$4\pi r'^2E=0,$$

则 P' 点的场强为

$$\boldsymbol{E}=\boldsymbol{0}\quad(r<R).$$

均匀带电球面的场强分布为

$$\boldsymbol{E}=\begin{cases}\dfrac{Q}{4\pi\varepsilon_0 r^2}\boldsymbol{e}_r & (r\geqslant R),\\ \boldsymbol{0} & (r<R).\end{cases}\tag{6.3.8}$$

由此可得结论：均匀带电球面在外部空间产生的场强分布相当于球面上的电荷全部集中在球心时所形成的一个点电荷在该处的场强分布，均匀带电球面内部的场强处处为零.

图 6.18(b) 中的 $E-r$ 曲线表明，场强大小随距离的变化，在球面上是不连续的.

例 6.3.2　求均匀带电球体的场强分布. 已知球体的半径为 R，所带电荷量为 Q，如图 6.19(a) 所示. 据此求铀核表面的电场强度，可将铀核视为带有 $92e$ 的均匀带电球体，半径为 7.4×10^{-15} m.

解　设想均匀带电球体由一层层同心带电球面组成，这样例 6.3.1 中的结论在本例中也适用，因此可直接得出：在球体外部的场强分布和所有电荷都集中到球心时产生的场强分布一样，即

$$\boldsymbol{E}=\frac{Q}{4\pi\varepsilon_0 r^2}\boldsymbol{e}_r=\frac{Q}{4\pi\varepsilon_0 r^3}\boldsymbol{r}\quad(r\geqslant R).$$

以 O 点为球心，过球体内任意一点 P 作一半径为 $r(r<R)$ 的球面为高斯面(见图 6.19(a))，通过该球面的电通量为 $\Phi_e=4\pi r^2E$. 此球面内包围的电荷$\left(\text{因为球体均匀带电，所以体电荷密度为 }\rho=\dfrac{Q}{\frac{4}{3}\pi R^3}\right)$为

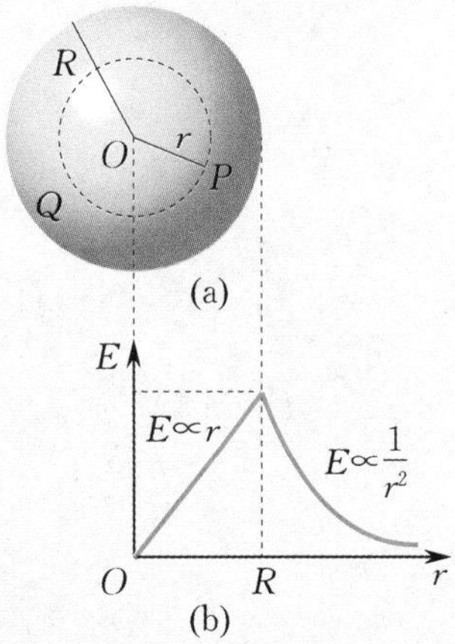

图 6.19　均匀带电球体的场强分布

$$\sum q_{in}=\frac{Q}{\frac{4}{3}\pi R^3}\,\frac{4}{3}\pi r^3=\frac{Qr^3}{R^3}.$$

利用高斯定理，可得

$$E=\frac{Q}{4\pi\varepsilon_0 R^3}r\quad(r<R).$$

这表明，在均匀带电球体内部各点的场强的大小与位矢的大小成正比. 考虑到 $\boldsymbol{E}$ 的方向，球内场强也可用矢量式表示为

$$\boldsymbol{E}=\frac{Qr}{4\pi\varepsilon_0 R^3}\boldsymbol{e}_r=\frac{Q}{4\pi\varepsilon_0 R^3}\boldsymbol{r}\quad(r<R).$$

均匀带电球体的场强分布为

$$\boldsymbol{E}=\begin{cases}\dfrac{Q}{4\pi\varepsilon_0 r^2}\boldsymbol{e}_r & (r\geqslant R),\\ \dfrac{Qr}{4\pi\varepsilon_0 R^3}\boldsymbol{e}_r & (r<R).\end{cases}\tag{6.3.9}$$

均匀带电球体的 $E-r$ 曲线如图 6.19(b) 所示，由图可知，在球体的表面，场强的大小是连续的且取最大值. 由式(6.3.9) 可得铀核表面的场强为

$$E=\frac{92e}{4\pi\varepsilon_0 R^2}=\frac{92\times1.6\times10^{-19}}{4\pi\times8.85\times10^{-12}\times(7.4\times10^{-15})^2}\ \text{N/C}\approx2.4\times10^{21}\ \text{N/C}.$$

例 6.3.3 求无限长均匀带正电圆柱面的场强分布. 设圆柱面的半径为 R,沿轴线方向单位长度的电荷量为 λ.

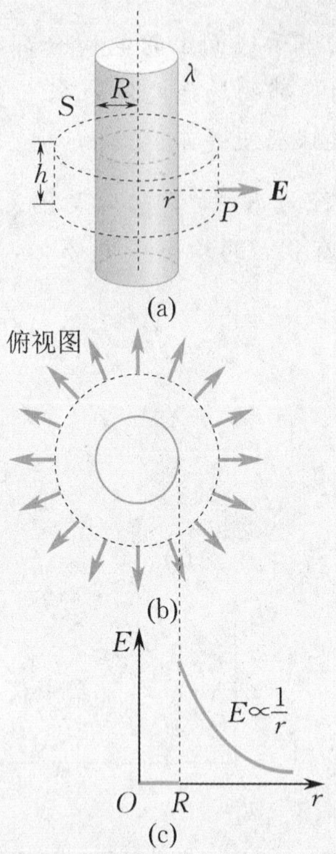

图 6.20 无限长均匀带正电圆柱面的场强分布

解 由于电荷分布的轴对称性,因此场强分布也具有轴对称性,即离圆柱面轴线等距离各点的场强大小相等,方向都垂直于圆柱面向外,如图 6.20(a) 所示. 考虑离圆柱面轴线距离为 $r(r>R)$ 的 P 点,选取与无限长圆柱面共轴、半径为 r(过 P 点)、高为 h 的封闭圆柱面为高斯面 S,S 分为三个部分:上、下底面与侧面. 在上、下底面上各点的 $\boldsymbol{E}$ 与上、下底面的外法向垂直,侧面上各点的 $\boldsymbol{E}$ 与侧面的外法向平行($\lambda>0$,$\boldsymbol{E}$ 的方向垂直圆柱面向外,如图 6.20(b) 所示),因此通过 S 的电通量为

$$\Phi_e=\oiint_S \boldsymbol{E}\cdot d\boldsymbol{S}=\iint_{上底}EdS\cos\frac{\pi}{2}+\iint_{下底}EdS\cos\frac{\pi}{2}+\iint_{侧面}EdS$$

$$=E\iint_{侧面}dS=2\pi rhE.$$

此闭合曲面内包围的电荷量为

$$\sum q_{in}=\lambda h.$$

根据高斯定理,有

$$2\pi rhE=\frac{1}{\varepsilon_0}\lambda h,$$

从而

$$E=\frac{\lambda}{2\pi\varepsilon_0 r}\quad(r\geqslant R).$$

考虑 $\boldsymbol{E}$ 的方向,用矢量式表示为

$$\boldsymbol{E}=\frac{\lambda}{2\pi\varepsilon_0 r}\boldsymbol{e}_r\quad(r\geqslant R),$$

式中 $\boldsymbol{e}_r$ 表示径向单位矢量. 此结果与例 6.2.2 的结论相同,说明无限长均匀带电圆柱面外的场强分布与无限长均匀带电细棒的场强分布是相同的.

同理,可求得带电圆柱面内任意一点的场强为

$$\boldsymbol{E}=\boldsymbol{0}\quad(r<R).$$

无限长均匀带电圆柱面的场强分布为

$$\boldsymbol{E}=\begin{cases}\dfrac{\lambda}{2\pi\varepsilon_0 r}\boldsymbol{e}_r & (r\geqslant R),\\ \boldsymbol{0} & (r<R).\end{cases}\tag{6.3.10}$$

其 $E-r$ 曲线如图 6.20(c) 所示.

如果电荷均匀分布在整个圆柱体内,如图 6.21 所示,圆柱体外的场强分布与圆柱面外的场强分布相同,而在 $r<R$ 的圆柱体内的场强 $\boldsymbol{E}$ 不再为零,高斯面 S 内所包围的电荷量为

$$\sum q_{in}=\frac{\lambda h}{\pi R^2}\pi r^2.$$

利用高斯定理，有

$$2\pi rhE=\frac{\lambda h}{R^2}r^2\frac{1}{\varepsilon_0},\quad E=\frac{\lambda r}{2\pi\varepsilon_0 R^2},$$

用矢量表示为

$$\boldsymbol{E}=\frac{\lambda}{2\pi\varepsilon_0 R^2}\boldsymbol{r}\quad (r<R).$$

无限长均匀带电圆柱体的场强分布为

$$\boldsymbol{E}=\begin{cases}\dfrac{\lambda}{2\pi\varepsilon_0 r}\boldsymbol{e}_r & (r\geqslant R),\\[2ex] \dfrac{\lambda r}{2\pi\varepsilon_0 R^2}\boldsymbol{e}_r & (r<R).\end{cases}\qquad(6.3.11)$$

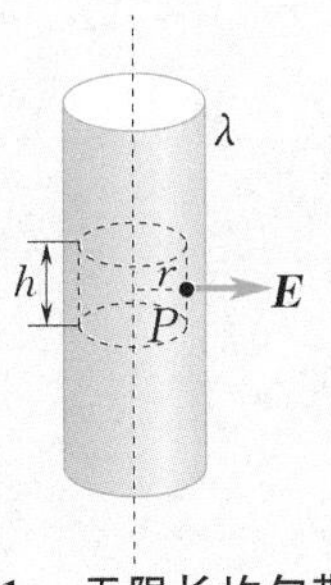

图 6.21　无限长均匀带正电圆柱体的场强分布

例 6.3.4　求无限大均匀带电平面的场强分布，已知面电荷密度为 σ.

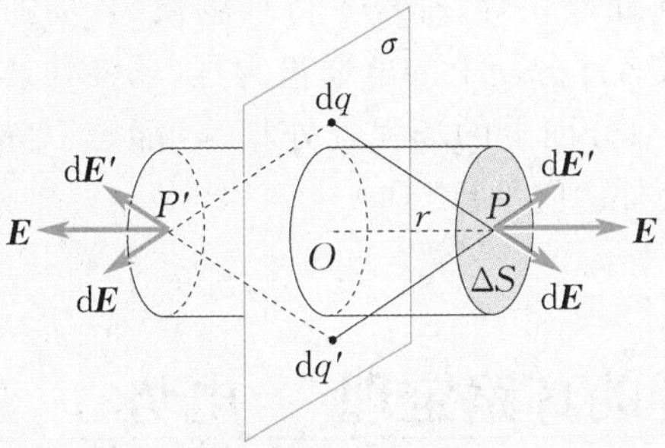

图 6.22　无限大均匀带电平面的场强分布

解　考虑距离带电平面为 r 的 P 点的场强 $\boldsymbol{E}$，由于电荷分布关于垂线 OP 是对称的(见图 6.22)，P 点的场强必然垂直于该带电平面. 又由于电荷均匀分布在一个无限大的平面上，电场分布必然关于该平面对称，而且离平面等距离处(两侧一样)的场强大小都相等，若 $\sigma>0$，场强的方向垂直且背离平面；若 $\sigma<0$，则场强方向垂直且指向平面.

根据这种对称性，取一轴垂直于带电平面的圆柱面作为高斯面 S，两个底面到带电平面的距离相等，而 P 点位于它的一个底面上. 由于圆柱侧面上各点的 $\boldsymbol{E}$ 与其外法向垂直，两底面上各点的 $\boldsymbol{E}$ 与其外法向平行，以 ΔS 表示一个底的面积，则通过 S 的电通量为

$$\Phi_{\mathrm{e}}=\oiint_S\boldsymbol{E}\cdot\mathrm{d}\boldsymbol{S}=\iint_{侧面}E\mathrm{d}S\cos\frac{\pi}{2}+\iint_{左底}E\mathrm{d}S+\iint_{右底}E\mathrm{d}S=2E\Delta S.$$

由于高斯面 S 在带电平面上截出的面积也是 ΔS，S 包围的电荷量为 $\sum q_{\mathrm{in}}=\sigma\Delta S$.

由高斯定理给出

$$\Phi_{\mathrm{e}}=2E\Delta S=\frac{\sigma\Delta S}{\varepsilon_0},$$

从而

$$E=\frac{\sigma}{2\varepsilon_0}.\qquad(6.3.12)$$

式(6.3.12)表明，无限大均匀带电平面两侧的电场各是一个均匀场，这一结果与式(6.2.8)相同.

应用例 6.3.4 的结果和场强叠加原理，读者可以证明，两个均匀带等量异号电荷的无限大平行平面之间的场强大小为

$$E=\frac{\sigma}{\varepsilon_0},$$

其方向与平面垂直且由带正电平面指向带负电平面;两个平行平面的外部,各点的场强为零.在实验室里,常利用这样的两个带电平板组成平行板电容器,以获得均匀电场(忽略边缘效应).

通过对以上几个例题的分析可以看出:

(1) 当电荷分布具有一定的对称性时,用高斯定理能方便地求出场强分布.典型的对称性有:① 球对称性,如点电荷、均匀带电球面或球体等;② 轴对称性,如无限长均匀带电直线、无限长均匀带电圆柱体或圆柱面等;③ 面对称性,如无限大均匀带电平面或平板、若干个无限大均匀带电平面等.

(2) 从方法上,首先进行对称性分析,由电荷分布的对称性判断场强的大小分布和方向分布的对称性;其次是选取一个合适的高斯面,使高斯面上的场强处处相等,都等于待求场强,且场强处处与高斯面外法向平行,或者部分面上的电通量为零(场强处处与高斯面外法向垂直),其他部分面上的场强处处相等,都等于待求场强,且场强处处与高斯面外法向平行.

6.4 静电场的环路定理　电势

本节从电荷在电场中移动时电场力要对它做功的特点入手,导出反映静电场另一特性的环路定理,揭示静电场是一个保守力场,然后在此基础上引入描述静电力做功性质的另一个物理量——电势.

6.4.1 静电场的环路定理

1. 静电场的保守性

我们从研究静电力做功的性质来研究静电场的性质,首先从库仑定律和场强叠加原理出发,证明静电场是保守场.

如图 6.23 所示,静止点电荷 q 位于 O 点,设想在 q 产生的电场中,检验电荷 q_0 从 P_1 点经任意路径 L 运动到 P_2 点,静电力对 q_0 所做的功为

$$A_{12}=\int_{L_{P_1P_2}}\boldsymbol{F}\cdot \mathrm{d}\boldsymbol{l}=\int_{L_{P_1P_2}}q_0\boldsymbol{E}\cdot \mathrm{d}\boldsymbol{l}=q_0\int_{L_{P_1P_2}}\boldsymbol{E}\cdot \mathrm{d}\boldsymbol{l}.$$

静止点电荷 q 产生的场强为

$$\boldsymbol{E}=\frac{q}{4\pi\varepsilon_0 r^2}\boldsymbol{e}_r=\frac{q}{4\pi\varepsilon_0 r^3}\boldsymbol{r}.$$

将此式代入前式,得到静电力对 q_0 所做的功为

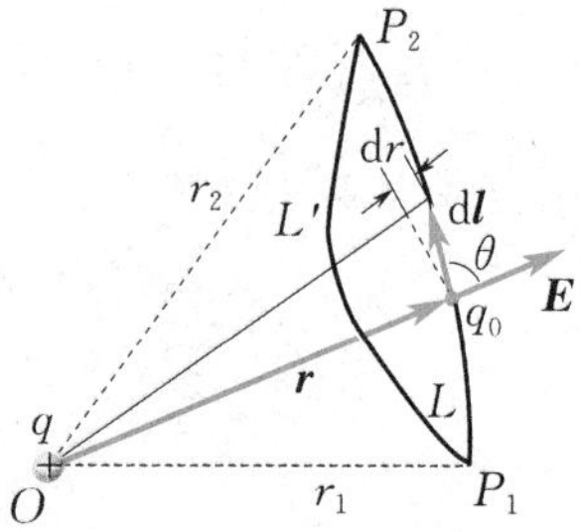

图 6.23　静电力做功与路径无关

$$A_{12} = q_0 \int_{L_{P_1P_2}} \frac{q}{4\pi\varepsilon_0 r^3} \boldsymbol{r} \cdot \mathrm{d}\boldsymbol{l}.$$

由图 6.23 可知，$\boldsymbol{r} \cdot \mathrm{d}\boldsymbol{l} = r\cos\theta \mathrm{d}l$，式中 θ 是 $\boldsymbol{r}$ 与 $\mathrm{d}\boldsymbol{l}$ 之间的夹角，而 $\cos\theta \mathrm{d}l = \mathrm{d}r$，代入可得

$$A_{12} = q_0 \int_{L_{P_1P_2}} \frac{q}{4\pi\varepsilon_0 r^3} \boldsymbol{r} \cdot \mathrm{d}\boldsymbol{l} = q_0 \int_{r_1}^{r_2} \frac{q}{4\pi\varepsilon_0 r^2} \mathrm{d}r = \frac{q_0 q}{4\pi\varepsilon_0}\left(\frac{1}{r_1} - \frac{1}{r_2}\right), \tag{6.4.1}$$

式中 r_1 和 r_2 分别表示从点电荷 q 到起点 P_1 和终点 P_2 的距离. 此结果说明，在静止点电荷 q 的静电场中，静电力对检验电荷做的功与路径无关，只与路径的起点和终点的位置以及检验电荷的电荷量有关（q_0 分别经 L 和 L' 路径从 P_1 点运动到 P_2 点，静电力所做的功一样，见图 6.23），且与检验电荷的电荷量 q_0 成正比.

对于由许多静止的点电荷 $q_1, q_2, \cdots, q_n$ 组成的点电荷系，当检验电荷 q_0 在这样的静电场中经任意路径 L 从 P_1 点运动到 P_2 点时，由场强叠加原理可得到静电力所做的总功为

$$\begin{aligned} A_{12} &= \int_{L_{P_1P_2}} q_0 \boldsymbol{E} \cdot \mathrm{d}\boldsymbol{l} = q_0 \int_{L_{P_1P_2}} (\boldsymbol{E}_1 + \boldsymbol{E}_2 + \cdots + \boldsymbol{E}_n) \cdot \mathrm{d}\boldsymbol{l} \\ &= q_0 \int_{L_{P_1P_2}} \boldsymbol{E}_1 \cdot \mathrm{d}\boldsymbol{l} + q_0 \int_{L_{P_1P_2}} \boldsymbol{E}_2 \cdot \mathrm{d}\boldsymbol{l} + \cdots + q_0 \int_{L_{P_1P_2}} \boldsymbol{E}_n \cdot \mathrm{d}\boldsymbol{l} \\ &= \sum_{i=1}^{n} q_0 \int_{L_{P_1P_2}} \boldsymbol{E}_i \cdot \mathrm{d}\boldsymbol{l}. \end{aligned}$$

因为上述等式右边每一项都与路径无关，只取决于检验电荷的始末位置，所以静电力所做的功与路径无关.

对于静止的连续带电体，可将其视为无数电荷元的集合，因而它的电场对检验电荷的静电力做的功同样具有与路径无关的特点.

因此我们得出结论：对任意静电场，静电力对检验电荷做的功均与路径无关，仅与检验电荷的电荷量及路径的起点和终点的位置有关. 静电场的这一特性叫作静电场的保守性，说明静电力是保守力，静电场是保守场.

2. 静电场的环路定理

静电场的保守性还可以用另一种形式来表述. 在静电场中，取任意闭合路径 L，考虑检验电荷 q_0 沿此闭合路径移动一周时静电力所做的功. 在 L 上任取两点 P_1 和 P_2，它们把 L 分成 L_1 和 L_2 两段，如图 6.24 所示，则静电力做的功可表示为

$$\begin{aligned} q_0 \oint_L \boldsymbol{E} \cdot \mathrm{d}\boldsymbol{l} &= q_0 \int_{L_{1(P_1P_2)}} \boldsymbol{E} \cdot \mathrm{d}\boldsymbol{l} + q_0 \int_{L_{2(P_2P_1)}} \boldsymbol{E} \cdot \mathrm{d}\boldsymbol{l} \\ &= q_0 \int_{L_{1(P_1P_2)}} \boldsymbol{E} \cdot \mathrm{d}\boldsymbol{l} - q_0 \int_{L_{2(P_1P_2)}} \boldsymbol{E} \cdot \mathrm{d}\boldsymbol{l}. \end{aligned}$$

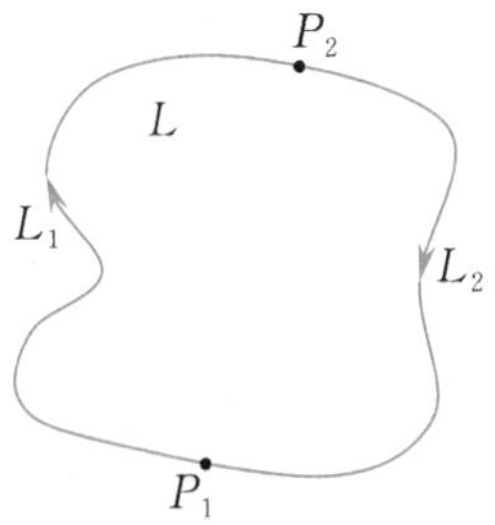

图 6.24　静电场的环路定理

由于静电力对检验电荷做的功与路径无关,上式右边的两个积分值相等,因此

$$q_0\oint_L \boldsymbol{E}\cdot \mathrm{d}\boldsymbol{l}=0, \tag{6.4.2}$$

即检验电荷 q_0 沿静电场中任意闭合路径移动一周时静电力所做的功等于零. 因为 q_0 不为零,所以式(6.4.2)可改写成

$$\oint_L \boldsymbol{E}\cdot \mathrm{d}\boldsymbol{l}=0. \tag{6.4.3}$$

式(6.4.3)说明,在静电场中,场强沿任意闭合路径的线积分(也称为电场强度的环流)恒等于零. 这就是静电场的保守性的另一种说法,称为**静电场的环路定理**. 其物理意义是:**在静电场中将单位电荷沿任意闭合路径移动一周,静电力做的功等于零**.

任何力场,只要其场强的环流为零,该力场就称为**保守力场**或**势场**,因而静电场的环路定理揭示静电场是保守场. 在数学上也把这类场称为**无旋场**. 它的力线是非闭合的.

在 6.3 节中我们曾经指出:在静电场中,电场线不形成闭合曲线,总是有头有尾. 这一结论可以根据静电场的环路定理用反证法来证明. 如果静电场中有一根电场线是闭合曲线,我们就可以取它作为积分环路,在这环路中的每一小段 $\mathrm{d}\boldsymbol{l}$ 上,$\boldsymbol{E}\cdot\mathrm{d}\boldsymbol{l}=E\mathrm{d}l\cos\theta$ 都是正值(或都是负值),于是整个环路积分的数值不可能等于零. 这与静电场的环路定理矛盾,因此静电场中的电场线不可能是闭合的.

6.4.2 电势差和电势

1. 电势差和电势

电势能和电势

静电场的场强的环流等于零,也可以理解为场强的线积分 $\int_{P_1}^{P_2}\boldsymbol{E}\cdot\mathrm{d}\boldsymbol{l}$ 只取决于起点 P_1 和终点 P_2 的位置,而与路径无关. 这一事实告诉我们:对于静电场来说,存在着一个由电场中各点的位置所决定的标量函数. 此函数在 P_1 和 P_2 两点的数值之差就等于从 P_1 点到 P_2 点场强沿任意路径的线积分,也就等于单位正电荷从 P_1 点运动到 P_2 点时静电力所做的功. 这个函数称为电场的**电势**或**电位**,以 U_1 和 U_2 分别表示电场中 P_1 和 P_2 两点的电势,就有

$$U_1-U_2=\int_{P_1}^{P_2}\boldsymbol{E}\cdot\mathrm{d}\boldsymbol{l}, \tag{6.4.4}$$

式中 U_1-U_2 称为 P_1 和 P_2 两点间的**电势差**,也叫作这两点间的**电压**,记作 U_{12},即

$$U_{12}=U_1-U_2=\int_{P_1}^{P_2}\boldsymbol{E}\cdot\mathrm{d}\boldsymbol{l}. \tag{6.4.5}$$

由于静电场的保守性,在一定的静电场中,对于给定的两点 P_1 和

P_2，其电势差具有完全确定的值，是绝对的.

从上述讨论可知，电势差总是相对于电场中的两点而言的，式(6.4.5)只能给出静电场中任意两点的电势差，而不能确定任意一点的电势 U. 为了给出静电场中各点的电势，需要预先选定一个参考位置，并指定它的电势为零. 这一参考位置称为**电势零点**. 以 P_0 表示电势零点，由式(6.4.5)可得静电场中任意一点 P 的电势为

$$U=\int_{P}^{P_0}\boldsymbol{E}\cdot \mathrm{d}\boldsymbol{l}, \tag{6.4.6}$$

即 **P 点的电势等于将单位正电荷自 P 点沿任意路径移动到电势零点时静电力所做的功**，也即场强 $\boldsymbol{E}$ 从该点沿任意路径到电势零点的线积分.

电势零点的选择，原则上是任意的，但在实际问题中视计算的方便程度和便于比较电场中各点电势的高低而定. 一般当电荷只分布在有限区域时，通常选无限远处为电势零点，即 $U_\infty=0$. 这样式(6.4.6)就可以写成

$$U=\int_{P}^{\infty}\boldsymbol{E}\cdot \mathrm{d}\boldsymbol{l}. \tag{6.4.7}$$

当电荷分布在无限大空间中时，不能选无限远处为电势零点，应选有限远处的某点 P_0 为电势零点. 在实际应用中，常取地球的电势为零. 这样，任何导体接地后，就认为它的电势为零. 在电子仪器中，常取机壳或公共地线的电势为零，各点的电势就等于它们与公共地线或机壳之间的电势差. 只要测出这些电势差的数值，就很容易判断仪器工作是否正常.

由电势的定义式(6.4.6)可明显看出，电场中各点电势的大小与电势零点的选择有关，具有相对的意义，电场中同一点的电势相对于不同的电势零点可以有不同的值. 因此，在具体说明各点电势时，必须先明确电势零点的选取. 一旦电势零点选定，电场中所有各点的电势就由式(6.4.6)唯一确定. 由此确定的电势一般是空间坐标的标量函数，即 $U=U(\boldsymbol{r})$（在直角坐标系中，$U=U(x,y,z)$）. 相对于电势零点来说，其他点的电势可以比它高，也可以比它低，从而电势 U 可正可负. 电势差与电势零点的选取无关.

电势和电势差具有相同的单位，在国际单位制中，电势的单位是伏[特](V)，$1\ \mathrm{V}=1\ \mathrm{J/C}$.

当电场中电势分布已知时，利用电势差定义式(6.4.5)，可以很方便地计算出电荷在静电场中移动时静电力做的功. 当点电荷 q_0 从 P_1 点运动到 P_2 点时，静电力做的功可用下式计算：

$$A_{12}=q_0\int_{P_1}^{P_2}\boldsymbol{E}\cdot \mathrm{d}\boldsymbol{l}=q_0(U_1-U_2). \tag{6.4.8}$$

实际上，由于静电场是保守场，当电荷在静电场中运动时，静电力

做功与路径无关,点电荷处在静电场中的一定位置时,它与静电场作为一个系统就具有一定的静电势能(简称电势能).点电荷 q_0 在静电场中运动时,它的电势能的减少就等于静电力做的功.以 W_1 和 W_2 分别表示点电荷 q_0 在静电场中 P_1 点和 P_2 点时具有的电势能,可得

$$A_{12} = W_1 - W_2, \tag{6.4.9}$$

将式(6.4.8)和(6.4.9)对比,显然有 $W_1 = q_0U_1, W_2 = q_0U_2$;一般取

$$W = q_0U. \tag{6.4.10}$$

这就是说,一个点电荷在电场中某点的电势能等于它的电荷量与电场中该点电势的乘积.在电势零点处,电荷的电势能为零.

应该指出,电荷在电场中的电势能是该电荷与产生电场的电荷系所共有的,是一种相互作用能.

在国际单位制中,电势能的单位为焦[耳](J).还有一种常用的单位是电子伏(eV),1 eV表示1个电子通过电势差为1 V的电场时所获得的动能,即

$$1\ \text{eV} = 1.602\ 176\ 634 \times 10^{-19}\ \text{J}.$$

2. 点电荷的电势

点电荷是个有限带电体,故我们选无限远处为电势零点.因为场强的线积分与路径无关,所以在积分计算中,可以选取一条便于计算的路径,即沿位矢的直线(一条电场线),如图6.25所示.于是,有

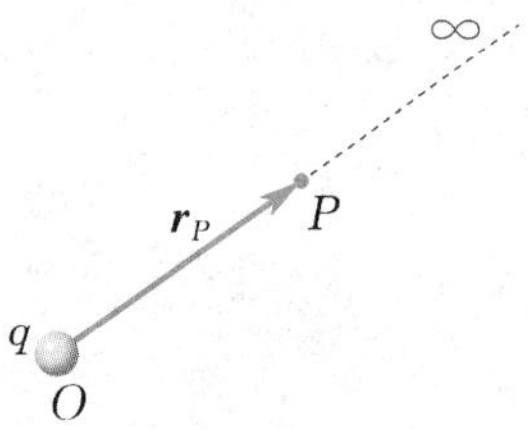

图6.25　点电荷的电势

$$U_P = \int_P^\infty \boldsymbol{E}\cdot \mathrm{d}\boldsymbol{l} = \int_{r_P}^\infty E\mathrm{d}r = \frac{q}{4\pi\varepsilon_0}\int_{r_P}^\infty \frac{\mathrm{d}r}{r^2} = \frac{q}{4\pi\varepsilon_0 r_P},$$

式中 r_P 是点电荷 q 到 P 点的距离.由于 P 点任意,U_P 和 r_P 的下标可略去,于是我们得到

$$U = \frac{q}{4\pi\varepsilon_0 r}. \tag{6.4.11}$$

这就是在真空中静止的点电荷的电场中任意一点的电势的计算公式.根据点电荷 q 的正负,电势 U 可正可负.在正点电荷的电场中,各点的电势均为正值,离电荷越远的点,电势越低;在负点电荷的电场中,各点的电势均为负值,离电荷越远的点,电势越高.

6.4.3　电势叠加原理　电势的计算

1. 电势叠加原理

如果场源电荷由若干个点电荷组成,它们各自产生的场强分别为 $\boldsymbol{E}_1, \boldsymbol{E}_2, \cdots$,由场强叠加原理可知合场强为 $\boldsymbol{E} = \boldsymbol{E}_1 + \boldsymbol{E}_2 + \cdots$,那么电场中某点 P 的电势为

$$U = \int_P^{P_0} \boldsymbol{E} \cdot \mathrm{d}\boldsymbol{l} = \int_P^{P_0} (\boldsymbol{E}_1 + \boldsymbol{E}_2 + \cdots) \cdot \mathrm{d}\boldsymbol{l}$$
$$= \int_P^{P_0} \boldsymbol{E}_1 \cdot \mathrm{d}\boldsymbol{l} + \int_P^{P_0} \boldsymbol{E}_2 \cdot \mathrm{d}\boldsymbol{l} + \cdots.$$

再由电势定义式(6.4.6)可知，上式等号右边的每一项积分为各点电荷单独存在时产生的电场在 P 点的电势 $U_1, U_2, \cdots$，因此就有

$$U = \sum_i U_i. \tag{6.4.12}$$

此式称为电势叠加原理. 它表示点电荷系的电场中任意一点的电势等于各个点电荷单独存在时在该点所产生的电势的代数和.

将点电荷的电势公式(6.4.11)代入式(6.4.12)，可得点电荷系的电场中 P 点的电势为

$$U = \sum_i \frac{q_i}{4\pi\varepsilon_0 r_i}, \tag{6.4.13}$$

式中$\frac{q_i}{4\pi\varepsilon_0 r_i}$是点电荷 q_i 单独存在时在 P 点产生的电势，r_i 是点电荷 q_i 到 P 点的距离.

对一个电荷连续分布的带电体，可以设想它由许多电荷元 $\mathrm{d}q$ 所组成，将每个电荷元都当成点电荷，$\mathrm{d}q$ 在 P 点产生的电势为

$$\mathrm{d}U = \frac{\mathrm{d}q}{4\pi\varepsilon_0 r}, \tag{6.4.14}$$

式中 r 是电荷元 $\mathrm{d}q$ 到 P 点的距离. 这时式(6.4.12)改写成

$$U = \int \mathrm{d}U = \int \frac{\mathrm{d}q}{4\pi\varepsilon_0 r}, \tag{6.4.15}$$

积分遍及整个带电体.

应该指出，式(6.4.13)和(6.4.15)都是以点电荷的电势公式(6.4.11)为基础的，在应用这两式时，电势零点已选定在无限远处，即 $U_\infty = 0$，从而要求带电体都是分布在有限空间中的. 对于电荷分布延伸到无限远处的带电体，它产生的电场中的电势零点不能选在无限远处，否则会导致电场中任意一点的电势都是无穷大. 这种情况下只能根据具体问题，在电场中选择合适的点作为电势零点.

2. 电势计算举例

根据前面的讨论，当电荷分布已知时，计算电势的方法有两种：一是利用电势的定义式(6.4.6)，先求场强分布，再用场强的线积分求电势分布；二是利用点电荷的电势公式(6.4.11)和电势叠加原理(式(6.4.13)或(6.4.15))求电势分布. 下面通过例子来介绍这两种方法.

例 6.4.1 求均匀带正电球面的电势分布，已知球面的半径为 R，电荷量为 Q，如图 6.26(a) 所示.

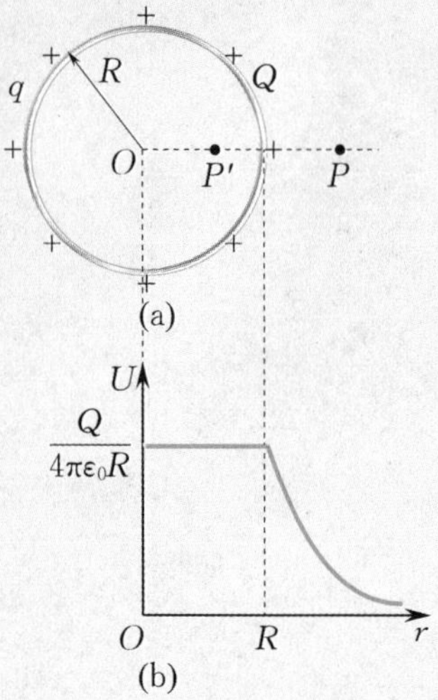

图 6.26　均匀带电球面的电势分布

解　利用高斯定理，我们易求得场强分布为

$$\boldsymbol{E}=\begin{cases}\dfrac{Q}{4\pi\varepsilon_0 r^2}\boldsymbol{e}_r & (r\geqslant R),\\ \boldsymbol{0} & (r<R).\end{cases}$$

根据电势的定义，选 $U_\infty=0$，沿半径方向积分，则根据式(6.4.6)，球面外离球心 O 距离为 $r(r>R)$ 的任意一点 P 的电势为

$$U=\int_P^\infty \boldsymbol{E}\cdot d\boldsymbol{l}=\frac{Q}{4\pi\varepsilon_0}\int_r^\infty\frac{dr}{r^2}=\frac{Q}{4\pi\varepsilon_0}\left(-\frac{1}{r}\right)\bigg|_r^\infty$$
$$=\frac{Q}{4\pi\varepsilon_0 r}\quad (r>R).$$

球面内离球心 O 距离为 $r(r\leqslant R)$ 的任意一点 P' 的电势为

$$U=\int_{P'}^\infty \boldsymbol{E}\cdot d\boldsymbol{l}=\int_r^R 0dr+\int_R^\infty\frac{Q}{4\pi\varepsilon_0 r^2}dr=\frac{Q}{4\pi\varepsilon_0 R}\quad (r\leqslant R).$$

均匀带电球面的电势分布为

$$U=\begin{cases}\dfrac{Q}{4\pi\varepsilon_0 R} & (r\leqslant R),\\ \dfrac{Q}{4\pi\varepsilon_0 r} & (r>R).\end{cases}\tag{6.4.16}$$

由式(6.4.16) 可知，一个均匀带电球面在球面外任意一点的电势和把全部电荷看作集中于球心的一个点电荷在该点产生的电势相同. 球面内各点的电势与球面上各点的电势相等，为一常量，故均匀带电球面内部是一个等电势的区域. 电势 U 随距离 r 的变化关系如图 6.26(b) 所示，与场强 E-r 曲线(见图 6.18(b)) 相比，可看出球面处($r=R$) 场强不连续，而电势是连续的.

例 6.4.1 说明，如果已知场强分布，我们可以根据电势的定义用场强的线积分求电势. 但应该注意的是，被积函数式中的场强 $\boldsymbol{E}$ 不是指的场点的场强，而是从场点到电势零点(本例就是无限远处) 的积分路径上的场强分布. 如果积分路径上的不同范围内场强分布规律不同，应分段积分. 在本例中，对球面内一点求电势时，积分就是分两段进行的.

例 6.4.1 也可由式(6.4.15) 求解，读者可试一试.

例 6.4.2 求无限长均匀带电直线的电势分布.

解　无限长均匀带电直线的场强分布为

$$E=\frac{\lambda}{2\pi\varepsilon_0 r},$$

其方向垂直于带电直线. 如果选无限远处作为电势零点，则由 $\int_P^\infty \boldsymbol{E}\cdot d\boldsymbol{l}$ 沿一条电场线积分的结果将得出空间各点的电势都为无穷大. 这时可选与带电直线距离为 r_0 的某一点 P_0(见图 6.27) 为电势零点，则与带电直线距离为 r 的 P 点的电势为

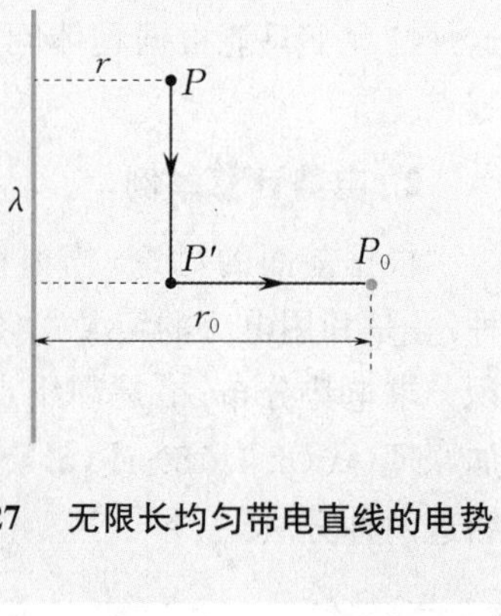

图 6.27　无限长均匀带电直线的电势

$$U=\int_P^{P_0}\boldsymbol{E}\cdot d\boldsymbol{l}=\int_P^{P'}\boldsymbol{E}\cdot d\boldsymbol{l}+\int_{P'}^{P_0}\boldsymbol{E}\cdot d\boldsymbol{l},$$

式中积分路径 PP' 段与带电直线平行，即与场强垂直，由于 $\boldsymbol{E} \perp \mathrm{d}\boldsymbol{l}$，就使上式等号右边第一项积分为零，而 $P'P_0$ 段与带电直线垂直，即与场强平行，P 点的电势为

$$U = \int_{P'}^{P_0} \boldsymbol{E} \cdot \mathrm{d}\boldsymbol{l} = \int_{r}^{r_0} \frac{\lambda}{2\pi\varepsilon_0 r}\mathrm{d}r = -\frac{\lambda}{2\pi\varepsilon_0}\ln r + \frac{\lambda}{2\pi\varepsilon_0}\ln r_0.$$

这一结果一般表示为

$$U = -\frac{\lambda}{2\pi\varepsilon_0}\ln r + C, \tag{6.4.17}$$

式中 C 为与电势零点的位置有关的常数. 如果本题中选与带电直线距离为 $r_0 = 1\,\mathrm{m}$ 处作为电势零点，则 $C = 0$，故可得到与带电直线距离为 r 的 P 点的电势为

$$U = -\frac{\lambda}{2\pi\varepsilon_0}\ln r.$$

若 $\lambda > 0$，在 $r > 1\,\mathrm{m}$ 处，U 为负值，这些地方的点的电势比 $r = 1\,\mathrm{m}$ 处的点的电势低；在 $r < 1\,\mathrm{m}$ 处，U 为正值. 例 6.4.2 的结果再次表明，在静电场中只有两点的电势差才有绝对的意义，而各点的电势只有相对的意义. 在例 6.4.2 中不能选 $r = 0$ 处为电势零点，因为 $\ln 0$ 无意义.

例 6.4.3　求电偶极子的电势分布，已知电偶极子中两点电荷 $+q$，$-q$ 之间的距离为 l.

解　设 P 点与 $+q$ 和 $-q$ 的距离分别为 r_+ 和 r_-，P 点与电偶极子中心 O 的距离为 r，如图 6.28 所示.

根据电势叠加原理，P 点的电势为

$$U = U_+ + U_- = \frac{q}{4\pi\varepsilon_0 r_+} + \frac{-q}{4\pi\varepsilon_0 r_-} = \frac{q(r_- - r_+)}{4\pi\varepsilon_0 r_+ r_-}.$$

对于距离电偶极子比较远的点，即 $r \gg l$ 时，应有

$$r_+ r_- \approx r^2, \quad r_- - r_+ \approx l\cos\theta,$$

式中 θ 为 $\boldsymbol{r}$ 与 $\boldsymbol{l}$ 之间的夹角. 将这些关系代入上式，则可得

$$U \approx \frac{ql\cos\theta}{4\pi\varepsilon_0 r^2} = \frac{p\cos\theta}{4\pi\varepsilon_0 r^2} = \frac{\boldsymbol{p} \cdot \boldsymbol{r}}{4\pi\varepsilon_0 r^3}, \tag{6.4.18}$$

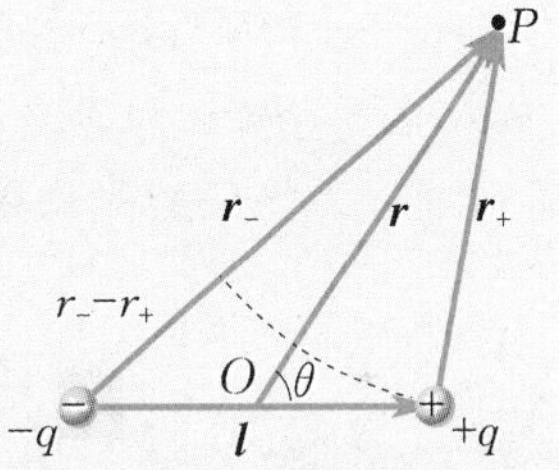

图 6.28　电偶极子的电势

式中 $\boldsymbol{p} = q\boldsymbol{l}$ 是电偶极子的电矩.

例 6.4.4　一半径为 R 的均匀带电细圆环，电荷量为 Q，求在细圆环轴线上任意一点 P 的电势.

解　建立如图 6.29 所示坐标系，以 x 表示 P 点的坐标. 在圆环上任取一电荷元 $\mathrm{d}q$，它到 P 点的距离为

$$r = \sqrt{R^2 + x^2}.$$

由式(6.4.15) 可得 P 点的电势为

$$U = \int \frac{\mathrm{d}q}{4\pi\varepsilon_0 r} = \frac{1}{4\pi\varepsilon_0 r}\int \mathrm{d}q = \frac{Q}{4\pi\varepsilon_0 r} = \frac{Q}{4\pi\varepsilon_0\sqrt{R^2 + x^2}}.$$

若 P 点与 O 点相距极远，即 $|x| \gg R$，则 $r \approx |x|$，故 P 点的电势为

$$U = \frac{Q}{4\pi\varepsilon_0 |x|}.$$

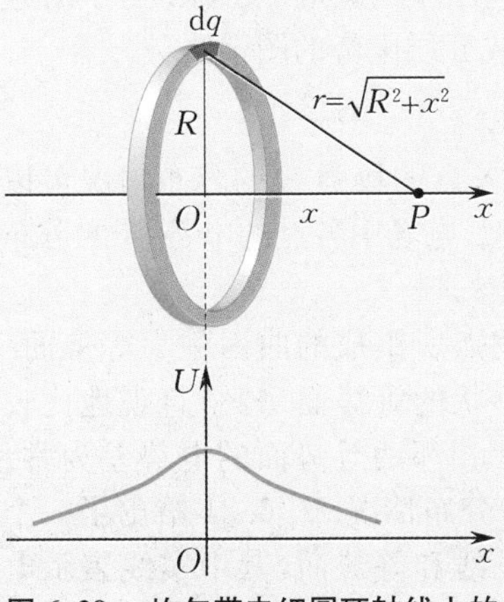

图 6.29　均匀带电细圆环轴线上的电势分布

说明此时可以将带电细圆环视为全部电荷集中在环心处的一个点电荷.

若 P 点位于环心 O 处,即 $x=0$,则

$$U=\frac{Q}{4\pi\varepsilon_0 R}.$$

例 6.4.5 两个均匀带电同心球面,半径分别为 R_a 和 R_b,电荷量分别为 Q_a 和 Q_b,求图 6.30 中 Ⅰ,Ⅱ,Ⅲ 三个区域内的电势分布.

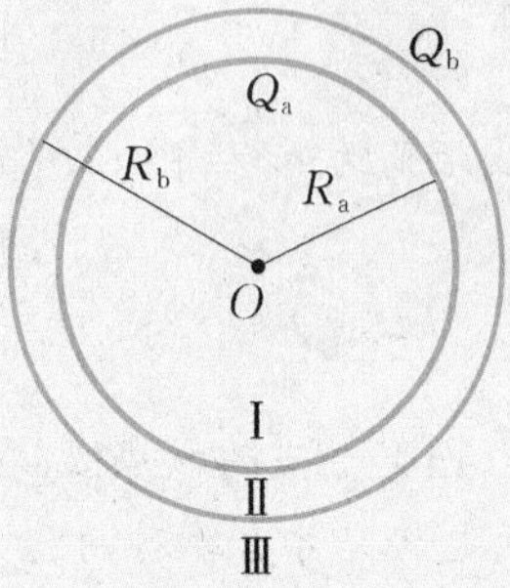

图 6.30 两个均匀带电同心球面的电势

解 在例 6.4.1 中,我们已经求出一个均匀带电球面的电势分布为

$$U=\begin{cases}\dfrac{Q}{4\pi\varepsilon_0 r} & (r>R),\\[2ex] \dfrac{Q}{4\pi\varepsilon_0 R} & (r\leqslant R).\end{cases}$$

两个均匀带电球面的电势分布等于两个球面单独存在时电势的叠加.根据电势叠加原理,可得

Ⅰ 区: $$U_{\text{Ⅰ}}=\frac{Q_a}{4\pi\varepsilon_0 R_a}+\frac{Q_b}{4\pi\varepsilon_0 R_b}=\frac{1}{4\pi\varepsilon_0}\left(\frac{Q_a}{R_a}+\frac{Q_b}{R_b}\right);$$

Ⅱ 区: $$U_{\text{Ⅱ}}=\frac{Q_a}{4\pi\varepsilon_0 r}+\frac{Q_b}{4\pi\varepsilon_0 R_b}=\frac{1}{4\pi\varepsilon_0}\left(\frac{Q_a}{r}+\frac{Q_b}{R_b}\right);$$

Ⅲ 区: $$U_{\text{Ⅲ}}=\frac{Q_a}{4\pi\varepsilon_0 r}+\frac{Q_b}{4\pi\varepsilon_0 r}=\frac{1}{4\pi\varepsilon_0 r}(Q_a+Q_b).$$

例 6.4.5 也可以根据场强叠加原理,由单个均匀带电球面的场强分布先求出总的场强分布,再通过计算场强的线积分来求电势,读者可自己练习.

6.4.4 电场强度与电势梯度的关系

电场强度和电势都是用来描述同一静电场中各点性质的物理量,两者之间有密切的关系,式(6.4.6)指明了两者之间的积分关系.下面着重介绍两者的微分关系,即点点对应关系.为了对这种关系有比较直观的认识,我们首先介绍电势的图示法.

1. 等势面

前面我们曾介绍过,电场中各点的场强 $\boldsymbol{E}$ 的分布情况可以用电场线形象地表示出来.与此类似,电场中各点的电势 U 的分布情况也可以用等势面形象地描绘出来.

我们把在电场中电势相等的点所组成的曲面称为等势面.不同的电荷分布的电场具有不同形状的等势面.为了直观地比较电场中各点的电势,画等势面时,使相邻两等势面的电势差为常量,从而形象地反映出电场中电势的分布情况.图 6.31 给出了一个正点电荷和等量异号点电荷的电场线和等势面,其中实线表示电场线,虚线代表等势面与纸面的交线.

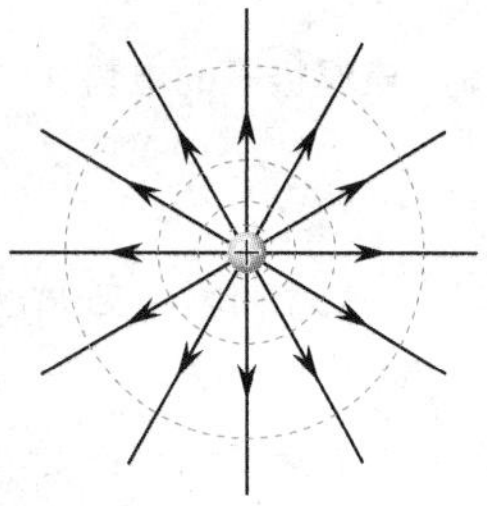

(a) 正点电荷

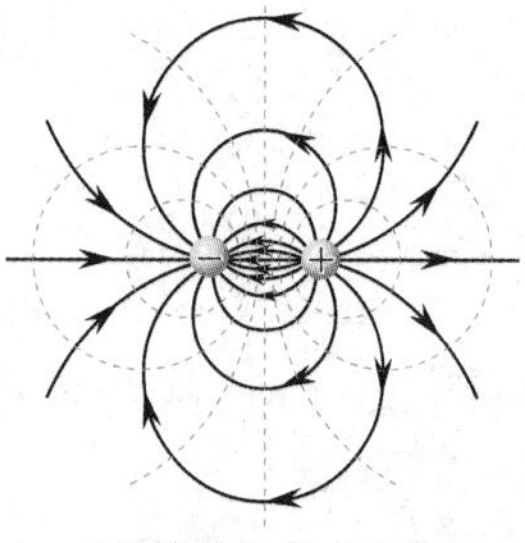

(b) 等量异号点电荷

图 6.31 正点电荷和等量异号点电荷的电场线与等势面

由图可以看出,等势面具有下列基本性质:

(1) 等势面与电场线处处正交.

(2) 电场线总是由电势高的等势面指向电势低的等势面.

(3) 等势面密集处,场强大;等势面稀疏处,场强小.

在许多实际问题中,等势面(或等势线)的分布可以通过实验条件很容易地描绘出来,并由此可以分析电场的分布.

2. 电势梯度

如图 6.32 所示,取两个电势分别为 U 和 $U+\Delta U$ 的邻近等势面 1 和 2,并设 $\Delta U>0$. 作等势面 1 上任意一点 P_1 的法线,它与等势面 2 交于 P_2 点,规定指向电势升高的方向为该法线的正方向,并以 $\boldsymbol{e}_\mathrm{n}$ 表示法向单位矢量,线段 $P_1P_2=\Delta n$,是两个等势面之间的垂直距离. 再过 P_1 点任取 $\boldsymbol{l}$ 方向,它与 $\boldsymbol{e}_\mathrm{n}$ 的夹角为 θ,$\boldsymbol{l}$ 方向线与等势面 2 的交点为 P_3,线段 $P_1P_3=\Delta l$,则

$$\Delta n=\Delta l\cos\theta,$$

因而

$$\frac{\Delta U}{\Delta l}=\frac{\Delta U}{\Delta n}\cos\theta.$$

在 $\Delta n\to 0$ 的极限下,有

$$\frac{\partial U}{\partial l}=\frac{\partial U}{\partial n}\cos\theta,\tag{6.4.19}$$

式中 $\frac{\partial U}{\partial n}$,$\frac{\partial U}{\partial l}$ 分别是电势沿法线方向和 $\boldsymbol{l}$ 方向的空间变化率(或方向导数).

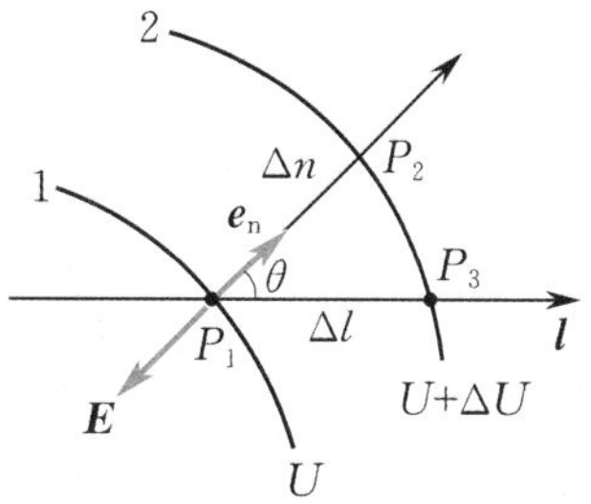

图 6.32　电势的空间变化率

式(6.4.19)表明,电势沿法线方向的变化率最大,沿其他任意方向的变化率等于最大变化率乘以 $\cos\theta$. 这正是一个矢量的投影和它的绝对值的关系,从而该式也可理解为:$\boldsymbol{l}$ 方向上的电势变化率 $\frac{\partial U}{\partial l}$ 是矢量 $\frac{\partial U}{\partial n}\boldsymbol{e}_\mathrm{n}$ 在 $\boldsymbol{l}$ 方向上的分量,矢量 $\frac{\partial U}{\partial n}\boldsymbol{e}_\mathrm{n}$ 定义为 P_1 点处的电势梯度. 梯度常用 grad 或 ∇ 算符表示,则有

$$\mathrm{grad}U=\nabla U=\frac{\partial U}{\partial n}\boldsymbol{e}_\mathrm{n}.\tag{6.4.20}$$

式(6.4.20)表明,电场中任意一点的电势梯度是一矢量,其方向与该点电势变化率最大的方向相同,其大小等于沿该方向的电势增加率. 沿其余方向的增加率是电势梯度在该方向上的投影.

在国际单位制中,电势梯度的单位是伏[特]每米(V/m).

3. 场强与电势梯度

由前面的讨论我们知道,电势是场强的线积分,式(6.4.6)给出了两者的积分关系. 现在有了电势梯度的概念,就容易得出场强与电势的微分关系. 如图 6.32 所示,利用式(6.4.4)有 $E\Delta n=U-(U+\Delta U)=-\Delta U$,得

$$E=-\frac{\Delta U}{\Delta n},$$

在 $\Delta n\to 0$ 的极限下,有

$$E=-\frac{\partial U}{\partial n},$$

即

$$\boldsymbol{E}=-\frac{\partial U}{\partial n}\boldsymbol{e}_{\mathrm{n}}. \tag{6.4.21}$$

式(6.4.21)表明,静电场中任意一点的场强等于该点电势梯度的负值.负号表示该点场强方向与该点的电势梯度方向相反,即场强恒垂直于等势面,且指向电势降低的方向.这就是场强与电势之间的微分关系.

在任意 $\boldsymbol{l}$ 方向上场强的分量为

$$E_l=-(\mathrm{grad}U)_l=-\frac{\partial U}{\partial n}\cos\theta=-\frac{\partial U}{\partial l}. \tag{6.4.22}$$

由式(6.4.22)可知场强沿任一方向的分量等于电势沿该方向空间变化率的负值.在直角坐标系中,电势 U 是坐标 x,y,z 的函数,如果把 x 轴、y 轴、z 轴的方向分别取作 $\boldsymbol{l}$ 的方向,就可得到场强沿三个方向的分量分别为

$$E_x=-\frac{\partial U}{\partial x},\quad E_y=-\frac{\partial U}{\partial y},\quad E_z=-\frac{\partial U}{\partial z}. \tag{6.4.23}$$

将上面三式合在一起写成矢量式为

$$\boldsymbol{E}=-\left(\frac{\partial U}{\partial x}\boldsymbol{i}+\frac{\partial U}{\partial y}\boldsymbol{j}+\frac{\partial U}{\partial z}\boldsymbol{k}\right)=-\nabla U. \tag{6.4.24}$$

由此可见,∇算符在直角坐标系中的定义式为$\nabla=\frac{\partial}{\partial x}\boldsymbol{i}+\frac{\partial}{\partial y}\boldsymbol{j}+\frac{\partial}{\partial z}\boldsymbol{k}$.在极坐标系和球坐标系中,$\nabla$算符有不同的表达式,从而场强与电势梯度有不同的表达式,有兴趣的读者可参考相关电磁学的书籍.

在实际应用中,场强和电势梯度之间的关系很重要.当我们计算场强时,可以先计算电势分布,再利用场强与电势梯度的关系求出场强.

例 6.4.6 根据例 6.4.4 中得出的均匀带电细圆环轴线上任意一点的电势公式

$$U=\frac{Q}{4\pi\varepsilon_0\sqrt{R^2+x^2}},$$

求轴线上任意一点的场强.

解 由式(6.4.24),将题设中的电势公式代入,可得

$$E=E_x=-\frac{\mathrm{d}U}{\mathrm{d}x}=-\frac{\mathrm{d}}{\mathrm{d}x}\left[\frac{Q}{4\pi\varepsilon_0\,(R^2+x^2)^{1/2}}\right]=\frac{Qx}{4\pi\varepsilon_0\,(R^2+x^2)^{3/2}}.$$

这一结果与例 6.2.3 的结果相同.

例 6.4.7　根据例 6.4.3 中已得出电偶极子的电势公式

$$U = \frac{p\cos\theta}{4\pi\varepsilon_0 r^2},$$

求电偶极子的场强分布.

解　建立如图 6.33 所示坐标系，令电偶极子中心位于坐标原点 O，并使电矩 $\boldsymbol{p} = q\boldsymbol{l}$ 指向 x 轴正方向. 电偶极子的场强显然关于其轴线(x 轴)对称，因此我们可以只求在 Oxy 平面内的场强分布.

由于

$$r^2 = x^2 + y^2, \quad \cos\theta = \frac{x}{(x^2+y^2)^{1/2}},$$

把 U 表示成 x, y 的函数为

$$U = \frac{px}{4\pi\varepsilon_0 (x^2+y^2)^{3/2}}.$$

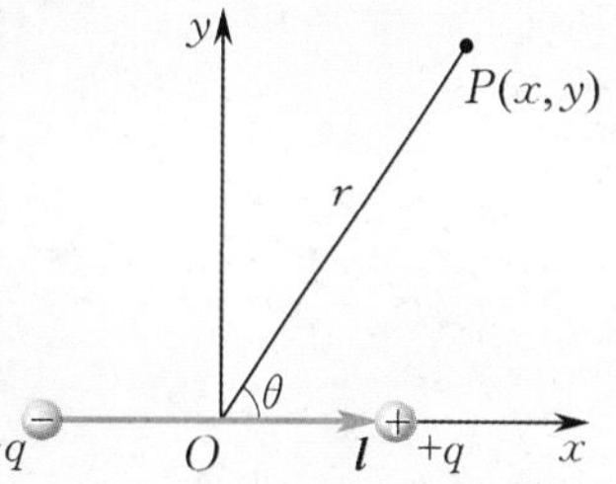

图 6.33　电偶极子的电场

对任意一点 $P(x,y)$，由式(6.4.23)可得 P 点的场强 $\boldsymbol{E}$ 在 x 轴，y 轴的分量分别为

$$E_x = -\frac{\partial U}{\partial x} = \frac{p(2x^2 - y^2)}{4\pi\varepsilon_0 (x^2+y^2)^{5/2}}, \quad E_y = -\frac{\partial U}{\partial y} = \frac{3pxy}{4\pi\varepsilon_0 (x^2+y^2)^{5/2}}.$$

于是，P 点的场强 $\boldsymbol{E}$ 为

$$\boldsymbol{E} = E_x\boldsymbol{i} + E_y\boldsymbol{j} = \frac{p(2x^2 - y^2)}{4\pi\varepsilon_0 (x^2+y^2)^{5/2}}\boldsymbol{i} + \frac{3pxy}{4\pi\varepsilon_0 (x^2+y^2)^{5/2}}\boldsymbol{j}.$$

若 P 点在 x 轴上，则 $y = 0$，得

$$E_x = \frac{2p}{4\pi\varepsilon_0 x^3}, \quad E_y = 0, \quad 即 \quad \boldsymbol{E} = \frac{2\boldsymbol{p}}{4\pi\varepsilon_0 x^3};$$

若 P 点在 y 轴上，则 $x = 0$，得

$$E_x = \frac{-p}{4\pi\varepsilon_0 y^3}, \quad E_y = 0, \quad 即 \quad \boldsymbol{E} = \frac{-\boldsymbol{p}}{4\pi\varepsilon_0 y^3}.$$

这一结果与例 6.2.1 的结果相同.

从这几例的计算可以看出，根据电荷分布先求电势(用标量积分)，再利用式(6.4.24)求场强分布(微分运算)，比直接求场强(用矢量积分)要简单些.

6.5　静电场中的导体

前面讨论了真空中的静电场，那么静电场与物质是如何相互作用的呢？物质受到静电场的作用将产生什么响应？这种响应又如何反作用于静电场？这些问题与物质的电结构模型有关. 根据导电

静电场中的导体

性能的差异,可将物质区分为导体、绝缘体(也称为电介质)、半导体和超导体. 从微观上看,导体内部存在可以自由移动的电荷,而电介质中的电荷处于束缚状态,因此,在受到静电场作用时,导体与电介质所产生的响应是不同的,这两种物质模型与静电场之间的相互作用需要分开讨论. 本节主要讨论导体与静电场的相互作用.

6.5.1 静电平衡

导体的电结构特征是在其内部有大量的可以移动的自由电荷. 对于金属导体而言,其自由电荷是自由电子,自由电子的数密度很大,其数量级大约为$10^{29}\ m^{-3}$,这些自由电子在电场力的作用下,会做附加在无序热运动上的定向漂移运动,从而改变导体内的电荷分布,产生附加电场. 导体内的电荷分布与总电场分布相互影响、相互制约,直至出现新的平衡. 作为基础知识,我们只讨论各向同性的均匀的金属导体与电场的相互影响. 在讨论之前,我们需要明确几个有关于金属导体的术语.

电荷量不为零的导体称为带电导体,也就是说带电导体的净电荷不为零. 若净电荷为正,则称导体带正电;若净电荷为负,则称导体带负电. 电荷量为零的导体称为中性导体,也称为不带电导体. 与其他物体距离足够远的导体称为孤立导体. 这里的"足够远"是指其他物体上的电荷在该导体上激发的场强小到可以忽略. 因此,物理上就可以说孤立导体之外没有其他物体.

1. 导体的静电平衡状态和条件

当周围没有带电体时,一个中性金属导体内部的自由电子做无序热运动,而没有宏观的定向移动,内部场强处处为零. 当把这个导体放入静电场 $\boldsymbol{E}_0$ 中,如图 6.34(a) 所示,在最初极短暂的时间内(约10^{-6} s 的数量级),导体内会有电场存在,在这个电场的作用下,自由电子会在导体内做宏观定向移动,从而引起导体内电荷的重新分布. 负电荷受力方向与电场方向相反,迎着电场方向运动,结果使导体的一端带负电荷,另一端带正电荷,如图 6.34(b) 所示,这就是静电感应现象. 导体两端的正、负电荷将产生一个附加电场 $\boldsymbol{E}'$,附加电场与外电场相互作用的结果是实现新的平衡状态. 当导体内部的总电场 $\boldsymbol{E}_{内} = \boldsymbol{E}_0 + \boldsymbol{E}'$ 处处为零时,自由电子不再做定向移动,导体两端正、负电荷不再增加,于是达到了导体的静电平衡状态. 此时空间的总电场分布也发生了改变,如图 6.34(b) 所示.

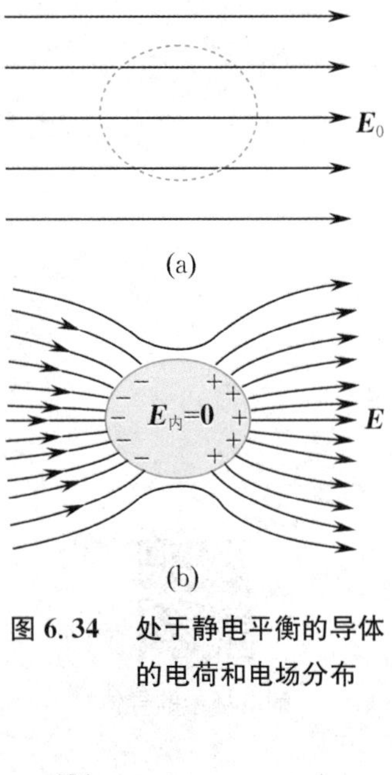

图 6.34 处于静电平衡的导体的电荷和电场分布

所谓导体的静电平衡状态,是指导体内部和表面都没有电荷做宏观定向移动,导体电荷的宏观分布不再随时间变化的状态. 这种状态只有在导体的内部场强处处为零时才有可能达到和维持,否则导体内部的自由电子在电场的作用下将发生定向移动. 同时，导体表面附近的场强必定与导体表面垂直，否则场强沿表面的分量将使自由电子沿表面做定向移动. 因此，导体处于静电平衡的条件是

$$\boldsymbol{E}_{内} = \boldsymbol{0}, \quad \boldsymbol{E}_{表面} \perp 表面. \tag{6.5.1}$$

应该指出，这一平衡条件是由导体的电结构特征和静电平衡状态所决定的，与导体的形状无关. 此外，上述平衡条件只有在导体内部的电荷除静电力外不受其他力作用的情况下才成立，如果电荷还受其他力(如化学力，统称为非静电力)，平衡条件应改为导体内部的电荷所受的合力为零. 在有非静电力的情况下，为了静电平衡，导体内部某些点的场强恰恰不能为零，以便与非静电力抵消. 本节的讨论只限于导体内部不存在非静电力时的静电平衡问题.

当导体处于静电平衡时，由式(6.5.1)可得导体内以及表面上任意两点间的电势差必然为零. 这就是说，处于静电平衡的导体是等势体，其表面是等势面. 这是导体的静电平衡条件的另一种说法.

2. 静电平衡下导体的电荷分布

(1) 处于静电平衡的导体，其内部各处无净电荷，电荷只能分布在导体表面.

这一规律可以用高斯定理证明. 在导体内部围绕任意一点 P 取高斯面 S，如图 6.35 所示. 由于静电平衡下导体内部场强处处为零，因此通过此高斯面的电通量必为零. 由高斯定理可知，此高斯面内部电荷量的代数和为零. 由于高斯面可以选取得任意小，而且 P 点是导体内任意一点，可得出在整个导体内部各处无净电荷，电荷只能分布在导体表面.

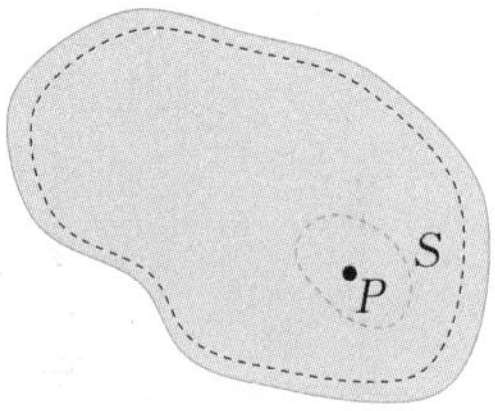

图 6.35　导体内无净电荷

(2) 处于静电平衡的导体，其表面各处的面电荷密度与其表面附近的场强大小成正比.

如图 6.36 所示，在导体表面附近选取一点，以 $\boldsymbol{E}$ 表示该处的场强，在该点作一个平行于导体表面的小面积 ΔS，以 ΔS 为底面作一个关于导体表面对称的圆柱形高斯面，圆柱形的轴线与导体表面垂直，高斯面的另一底面 $\Delta S'$ 在导体的内部. 由于导体内部的场强为零，通过 $\Delta S'$ 的电通量为零. 而导体表面附近的场强又与导体表面垂直，通过高斯面的侧面的电通量也为零. 故通过整个高斯面的电通量就是通过 ΔS 面的电通量，即等于 $E\Delta S$. 而高斯面包围的电荷是 $\sigma\Delta S$(σ 为导体表面的面电荷密度). 根据高斯定理，可得

$$E\Delta S = \frac{\sigma \Delta S}{\varepsilon_0}.$$

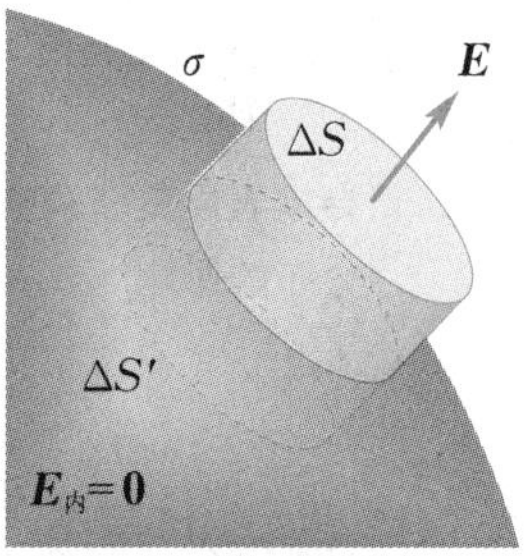

图 6.36　导体表面附近的场强

由此得

$$E = \frac{\sigma}{\varepsilon_0}. \tag{6.5.2}$$

需要指出,任意一点的场强都是所有电荷在该点产生的场强的叠加. 导体表面的场强也不例外. 导体表面附近的场强大小正比于该表面处的面电荷密度,但是这并不意味着它仅是电荷 $\sigma\Delta S$ 产生的,它仍然是包括电荷 $\sigma\Delta S$ 在内的所有场源电荷共同产生的. 导体内部的场强处处为零,正是导体内外一切带电体共同激发的结果.

(3) 处于静电平衡的孤立带电导体,它的表面各处的面电荷密度与各处表面曲率有关,曲率越大的地方,面电荷密度也越大.

式(6.5.2) 只给出导体表面上每一点的面电荷密度与附近场强的对应关系,没有指出导体表面上的电荷究竟是怎样分布的. 定量研究这个问题比较复杂,不仅与导体的形状有关,还和它附近的其他带电体有关. 对于孤立导体,电荷在其表面的分布与表面的曲率有关. 导体表面凸出而尖锐的地方(曲率较大),电荷就比较密集,面电荷密度 σ 较大;表面较平坦的地方(曲率较小),面电荷密度 σ 较小;表面凹进去的地方(曲率为负),面电荷密度 σ 更小.

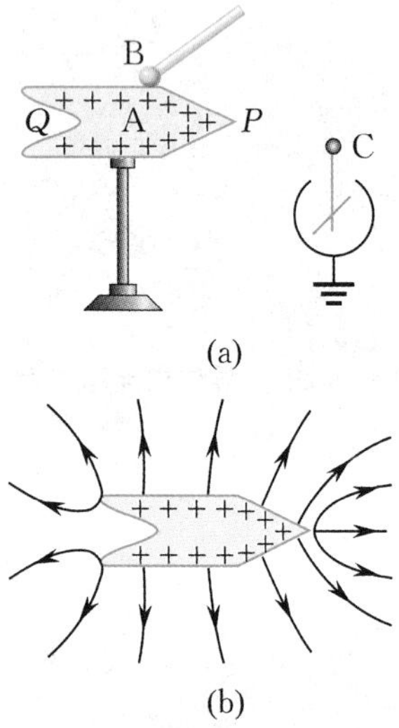

图 6.37　导体表面曲率对电荷分布的影响

这个规律可利用图 6.37(a) 所示的实验演示出来. 带电导体 A 表面上的 P 点特别尖锐,而 Q 点凹进去. 带有绝缘柄的金属球 B 先与尖端 P 接触,再与验电器 C 接触,验电器 C 中的金属箔张开较显著. 在相同的前提下使金属球 B 与 Q 处接触,再使金属球 B 与验电器 C 接触,这时,发现验电器 C 的金属箔几乎不张开. 这表明 Q 处的电荷比 P 处的电荷少得多.

由式(6.5.2) 可知,孤立导体表面附近的场强分布也有同样的规律,即尖端的附近场强大,平坦的地方次之,凹进去的地方最弱(见图 6.37(b) 中电场线的疏密程度).

静电平衡时导体表面的面电荷密度与曲率半径成反比,而导体尖端的曲率半径很小,尖端的电荷特别密集,尖端附近的电场特别强,就会发生尖端放电. 高压设备的电极常做成光滑的球面,是为了避免尖端放电而漏电;避雷针是利用尖端放电来保护相应的建筑物.

3. 空腔导体的静电平衡性质

空心的导体称为空腔导体(空心部分称为空腔,剩余部分称为导体壳),空腔导体的静电平衡性质具有重要的实用价值.

如果空腔内没有其他带电体,即腔内无电荷,不论空腔导体是否本身带电,是否处在外电场中,都应具有下述静电平衡性质:

(1) 导体壳内和空腔各处的场强为零.

(2) 如果空腔导体带电，则内表面上无电荷分布，电荷只能分布在外表面.

(3) 导体壳和空腔形成一个等势区.

为了证明上述结论，在空腔导体内、外表面之间取一高斯面 S，将空腔包围起来(见图 6.38). 由于高斯面 S 完全处于空腔导体内部，根据静电平衡条件，空腔导体内部场强处处为零，因此通过该高斯面的电通量为零. 再根据高斯定理，在高斯面 S 内部(导体内表面上) 电荷量的代数和为零.

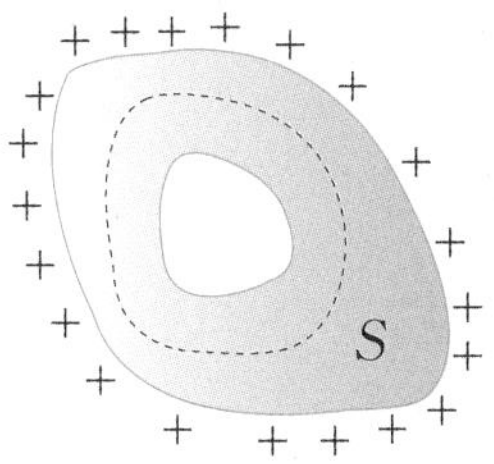

图 6.38　证明空腔导体内无带电体时的静电平衡性质

还需进一步证明在空腔导体内表面上各处的面电荷密度为零. 利用反证法，假定内表面上 σ 并不处处为零，由于电荷量的代数和为零，则必然有些地方 $\sigma > 0$，有些地方 $\sigma < 0$. 根据电场线的性质，从内表面 $\sigma > 0$ 的地方发出的电场线，不会在空腔内中断，只能终止于内表面上某个 $\sigma < 0$ 的地方. 如果存在这样一条电场线，场强沿此电场线的积分必不为零. 也就是说，电场线的两个端点之间有电势差. 但是这条电场线的两端都在同一导体上，静电平衡条件要求这两点的电势相等. 因此上述结论违背静电平衡条件. 由此可见，达到静电平衡时，空腔导体内表面上 σ 必须处处为零.

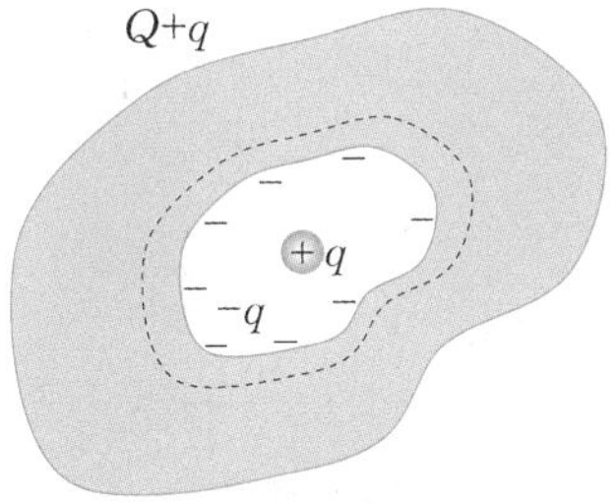

图 6.39　空腔导体内有带电体时，内、外表面的电荷分布

根据式(6.5.2)，内表面附近 $E = \dfrac{\sigma}{\varepsilon_0} = 0$，且电场线既不可能起、止于内表面，又不可能在空腔内有端点或形成闭合曲线，即空腔内场强处处为零. 没有电场就没有电势差，空腔内各点的电势处处相等，故导体壳及空腔形成一个等势区.

如果空腔中有其他带电体，即腔内有电荷(可设在空腔中放有电荷 q)，导体空腔在静电平衡下有以下性质：

(1) 导体壳内的场强处处为零.

(2) 空腔导体内表面感应产生电荷量为 $-q$ 的电荷，另有 $+q$ 的电荷分布在空腔导体的外表面上(只要在导体壳内作一包围空腔的高斯面，应用高斯定理就能证明，见图 6.39)，如果空腔导体原来的电荷量为 Q，根据电荷守恒定律，则空腔导体外表面电荷量为 $Q + q$.

(3) 空腔内电场不再为零，其电场分布由 $+q$ 和内表面上的感应电荷 $-q$ 的分布决定，但它们在导体外部空间中产生的合电场为零. 导体内表面电荷分布取决于内表面的形状和空腔内带电体的分布. 但这两个因素都不影响空腔导体外表面上的电荷的分布(见图 6.40).

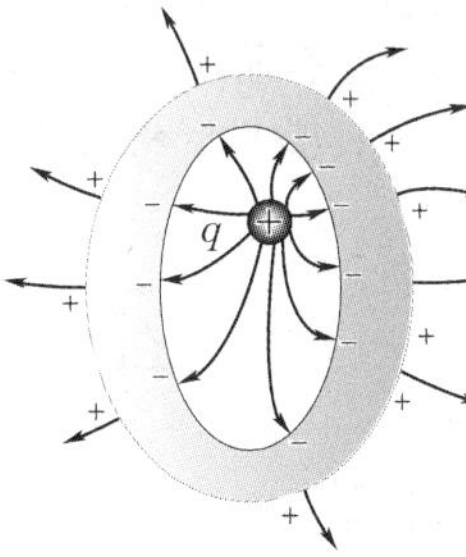

(a)

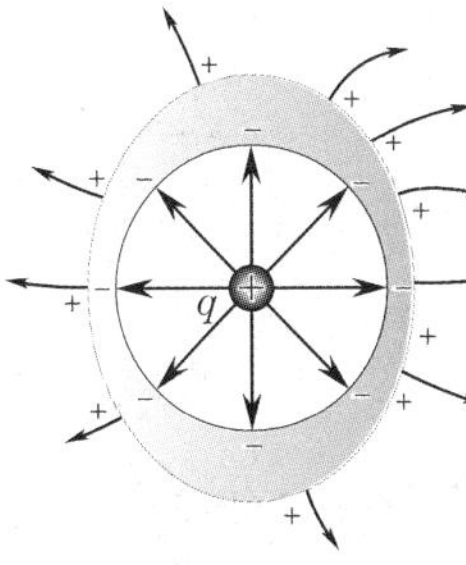

(b)

图 6.40　空腔导体内有带电体时内、外电荷和电场分布

(4) 空腔导体外表面上的电荷分布与无空腔的实心导体相同.

空腔导体外表面上的电荷分布只受导体外表面形状以及外部带电体分布的影响；导体外部空间的场强分布与导体外壳是否接

地及导体外是否有其他带电体有关.在通常情况下,当导体外壳不接地时,导体外表面带有电荷,导体外部空间的场强不为零;当导体外壳接地而导体外无其他带电体时,导体外表面不带电,导体外部空间的场强为零;当导体外壳接地而导体外有其他带电体时,导体外表面可能带有电荷,导体外部空间的场强也不一定为零.

在静电平衡状态下,空腔内无其他带电体的导体壳和实心导体一样,内部没有电场.只要达到了静电平衡状态,不管导体壳本身带电或处在外界电场中,这一结论总是对的.这样,导体壳的表面就"保护"了它所包围的区域,使之不受导体壳外表面或外界电场的影响,这种现象称为静电屏蔽.

6.5.2 导体存在时静电场的分析与计算

将导体放入静电场中,电场会影响导体上电荷的分布,同时,导体上的电荷分布也会影响电场的分布,这种相互影响将一直进行到达到静电平衡状态时为止.静电平衡时导体上的电荷分布以及周围的电场就不再改变了,这时的电荷和电场的分布可以根据静电场的基本规律、电荷守恒定律以及导体静电平衡条件加以分析和计算.下面举两个例子来具体说明这种分析方法.

例 6.5.1 一块大金属平板的面积为 S,电荷量为 Q,今在其近旁平行地放置另一块形状相同的大金属平板,此板原来不带电.忽略金属板的边缘效应.求:

(1) 静电平衡时,金属板上的电荷分布及周围空间的场强分布;

(2) 如果把第二块金属板接地,情况又如何?

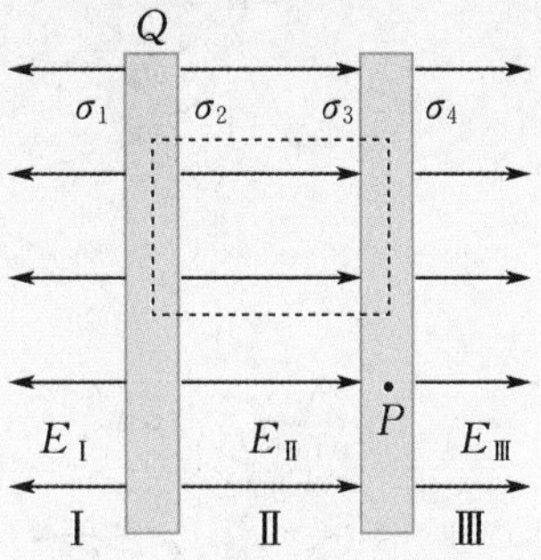

图 6.41

解 (1) 由于静电平衡时导体内部无净电荷,电荷只能分布在两块金属板的表面上.不考虑边缘效应,这些电荷均匀分布在表面上.设四个表面上的面电荷密度分别为 $\sigma_1,\sigma_2,\sigma_3$ 和 σ_4,如图 6.41 所示.由电荷守恒定律可知

$$\sigma_1+\sigma_2=\frac{Q}{S},\quad \sigma_3+\sigma_4=0.$$

由于金属板之间的电场与金属板面垂直,且金属板内的电场为零,选一个两底面分别在两个金属板内而侧面垂直于金属板面的封闭面作为高斯面,则通过此高斯面的电通量为零.根据高斯定理就可以得出

$$\sigma_2+\sigma_3=0.$$

在金属板内任意一点 P 的场强应该是四个带电面产生的场强的叠加,因而有

$$E_P=\frac{\sigma_1}{2\varepsilon_0}+\frac{\sigma_2}{2\varepsilon_0}+\frac{\sigma_3}{2\varepsilon_0}-\frac{\sigma_4}{2\varepsilon_0}.$$

由于静电平衡时,导体内各处的场强为零,所以 $E_P=0$,因而有

$$\sigma_1+\sigma_2+\sigma_3-\sigma_4=0.$$

将以上四个关于 $\sigma_1,\sigma_2,\sigma_3$ 和 σ_4 的方程联立求解，可得

$$\sigma_1=\frac{Q}{2S},\quad \sigma_2=\frac{Q}{2S},\quad \sigma_3=-\frac{Q}{2S},\quad \sigma_4=\frac{Q}{2S}.$$

根据无限大均匀带电平面的场强公式 $E=\frac{\sigma}{2\varepsilon_0}$ 和场强叠加原理，可求得场强分布如下：

在 Ⅰ 区，场强的大小为

$$E_{\mathrm{I}}=\frac{Q}{2\varepsilon_0 S},$$

方向向左；

在 Ⅱ 区，场强的大小为

$$E_{\mathrm{II}}=\frac{Q}{2\varepsilon_0 S},$$

方向向右；

在 Ⅲ 区，场强的大小为

$$E_{\mathrm{III}}=\frac{Q}{2\varepsilon_0 S},$$

方向向右.

(2) 如果把第二块金属板接地(见图6.42)，它就和大地连成一体，金属板右表面上的电荷就会消失，因而 $\sigma_4=0$. 根据电荷守恒定律及静电平衡条件，可得

$$\sigma_1+\sigma_2=\frac{Q}{S},$$

$$\sigma_2+\sigma_3=0,$$

$$\sigma_1+\sigma_2+\sigma_3=0.$$

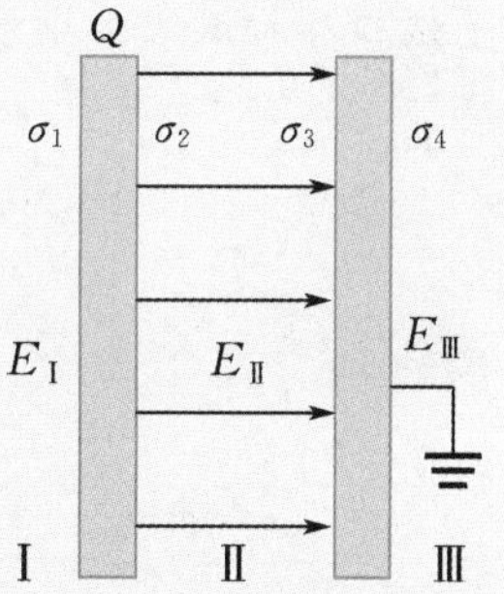

图 6.42

计算可得各个面上的面电荷密度分别为

$$\sigma_1=0,\quad \sigma_2=\frac{Q}{S},\quad \sigma_3=-\frac{Q}{S}.$$

金属板两侧的场强的大小为

$$E_{\mathrm{I}}=E_{\mathrm{III}}=0,$$

两金属板之间的场强大小为

$$E_{\mathrm{II}}=\frac{Q}{\varepsilon_0 S},$$

方向向右. 与未接地时相比，接地之后电荷分布、场强分布都发生了改变.

例 6.5.2　一个半径为 R_1 的金属球 A，电荷量为 q_1，在它外面有一个同心的金属球壳 B，其内、外半径分别为 R_2 和 R_3，电荷量为 q. 求此系统的电荷和场强分布，以及金属球与金属球壳之间的电势差. 如果用导线将金属球和金属球壳连接起来，结果又将如何?

解　金属球和金属球壳内的场强应为零，而电荷均匀分布在它们的表面上. 以 q_2 和 q_3 分别表示在金属球壳内外表面上的电荷(见图 6.43)，在金属球壳内作一个高斯面 S(如图中虚线所示)，根据高斯定理就可以求得

$$q_1+q_2=0,$$

因此

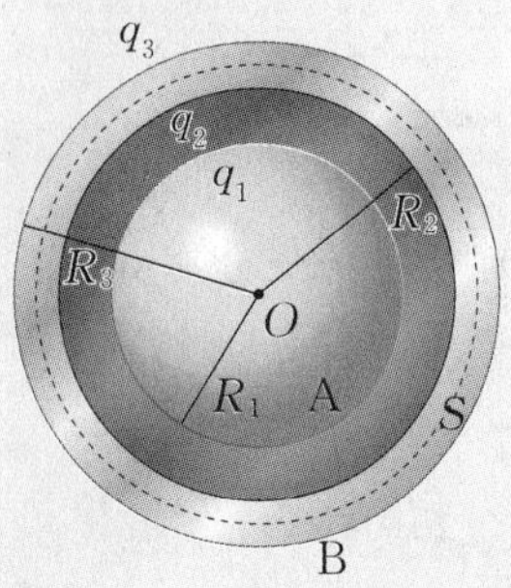

图 6.43

$$q_2 = -q_1.$$

由于金属球壳上的总电荷守恒,有 $q_2 + q_3 = q$,因而可得

$$q_3 = q - q_2 = q + q_1.$$

知道了三个球面上的电荷分布,取同心球面作为高斯面,根据高斯定理,可求得空间的场强分布(方向由径向单位矢量 $\boldsymbol{e}_r$ 表示)为

$$\boldsymbol{E} = \begin{cases} \boldsymbol{0} & (0 \leqslant r < R_1), \\ \dfrac{q_1}{4\pi\varepsilon_0 r^2}\boldsymbol{e}_r & (R_1 \leqslant r < R_2), \\ \boldsymbol{0} & (R_2 \leqslant r < R_3), \\ \dfrac{q+q_1}{4\pi\varepsilon_0 r^2}\boldsymbol{e}_r & (r \geqslant R_3). \end{cases}$$

金属球与金属球壳之间的电势差为

$$U_{AB} = U_A - U_B = \int_{R_1}^{R_2} \boldsymbol{E} \cdot d\boldsymbol{l} = \int_{R_1}^{R_2} \frac{q_1}{4\pi\varepsilon_0 r^2} dr = \frac{q_1}{4\pi\varepsilon_0}\left(\frac{1}{R_1} - \frac{1}{R_2}\right).$$

如果用导线将金属球和金属球壳连接起来,则金属球壳的内表面和金属球表面的电荷会完全中和而使两个表面都不带电,两者之间的场强变为零,两者之间的电势差也变为零,即当 $0 \leqslant r < R_3$ 时,$\boldsymbol{E} = \boldsymbol{0}$. 在金属球壳的外表面上的电荷仍保持为 $q + q_1$,而且均匀分布,它外面的场强分布也不会改变,即当 $r \geqslant R_3$ 时,$\boldsymbol{E} = \dfrac{q+q_1}{4\pi\varepsilon_0 r^2}\boldsymbol{e}_r$.

6.6 静电场中的电介质

电介质的极化

除导体外,凡处在电场之中能与电场发生相互作用的物质都可称为电介质,而某些具有高电阻率的电介质又称为绝缘体. 电介质的主要特征在于它的分子中的电子被原子核的引力紧紧束缚,不能自由运动,因此电介质的导电性能较差. 但在电介质中的正、负电荷可做原子大小范围内的相对移动. 因此,**在外电场作用下的电介质能对电场做出响应**. 在外电场作用下电介质表面层或电介质内会出现极化电荷,极化电荷会在空间中产生一个附加电场,空间的总电场由于受到电介质的影响会发生改变,继而又作用于极化电荷,如此反复,最后达到平衡. 本节介绍电场与电介质间的相互作用,从而说明电介质的极化和极化规律.

6.6.1 电介质极化的微观机制

电介质中的每个分子都是一个复杂的带电系统,有正电荷和负电荷，它们分布在一个线度为10^{-10} m 的数量级的体积内，而不是集中在一点. 但是，在考虑这些分子受外电场的作用时，可以认为其中的正电荷集中于一点，这个点称为正电荷的“重心”，而负电荷集中于另一点，这个点称为负电荷的“重心”. 由于正、负电荷的电荷量相等，一个分子可以看成一个由正、负点电荷相隔一定的距离而组成的电偶极子. 在讨论电场中的电介质时，可以认为电介质是由大量的这种微小的电偶极子所组成的系统.

以 q 表示一个分子中的正电荷的电荷量，以 $\boldsymbol{l}$ 表示从负电荷重心指向正电荷重心的位矢，则分子的电矩为

$$\boldsymbol{p} = q\boldsymbol{l}. \tag{6.6.1}$$

按照电介质分子内部电结构的不同（分子中正、负电荷重心的位置关系），电介质可以分为两类. 当外电场不存在时，电介质分子的正、负电荷重心重合，这类分子称为**无极分子**，由这类分子组成的电介质称为无极分子电介质. 当外电场不存在时，电介质分子的正、负电荷重心相互错开，形成一定的电矩，称为分子的固有电矩，这类分子称为**有极分子**，由这类分子组成的电介质称为有极分子电介质.

1. 无极分子电介质的位移极化

H_2，O_2，CH_4 等分子是无极分子，在没有外电场时，整个分子没有电矩，如图 6.44(a) 所示. 在外电场的作用下，正、负电荷重心受力方向相反，正电荷重心受力沿着外电场方向，而负电荷重心受力逆着外电场方向，导致分子的正、负电荷重心错开，形成一个电偶极子，如图 6.45 所示，其电矩的方向沿着外电场方向. 这种在外电场作用下产生的电矩称为**感应电矩**. 由于电介质中每一个分子都形成了一个感应电矩，并且方向都沿着外电场方向，如图 6.44(b) 所示，电介质内部相邻的感应电矩的正、负电荷相互靠近，因而内部仍然呈电中性，但与外电场垂直的两个侧面上，一个面出现了负电荷，另一个面出现了正电荷，这种电荷称为**极化电荷**（或束缚电荷）. 极化电荷与导体中的自由电荷不同，它们不能离开电介质表面而转移到其他带电体上，也不能在电介质内部自由移动. 在外电场的作用下，电介质表面出现极化电荷的现象，就称为电介质的极化. 外电场越强，电介质两个侧面上出现的极化电荷就越多，电介质被极化的程度就越高. 当外电场撤去后，分子的正、负电荷重心又重合在一起，电介质两个侧面上的极化电荷也随之消失. 由于无极分子电介质的极化来源于其分子的正、负电荷重心的相对位移，常叫作**位移极化**.

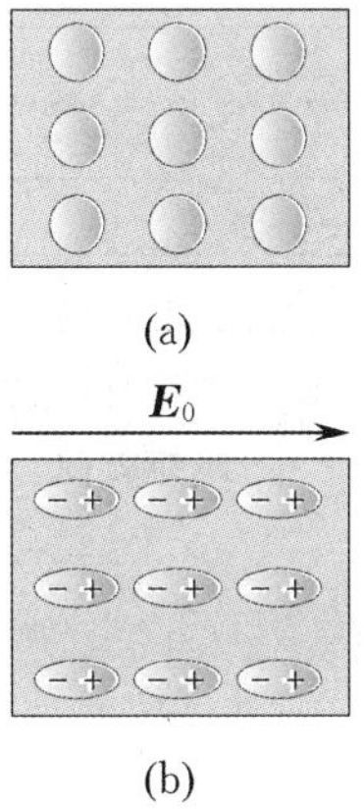

图 6.44　无极分子电介质的位移极化

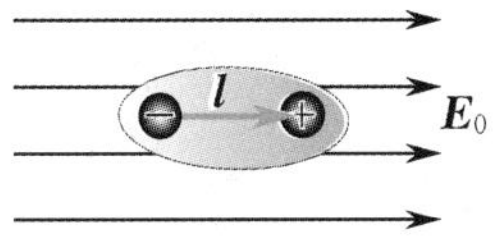

图 6.45　无极分子的感应电矩

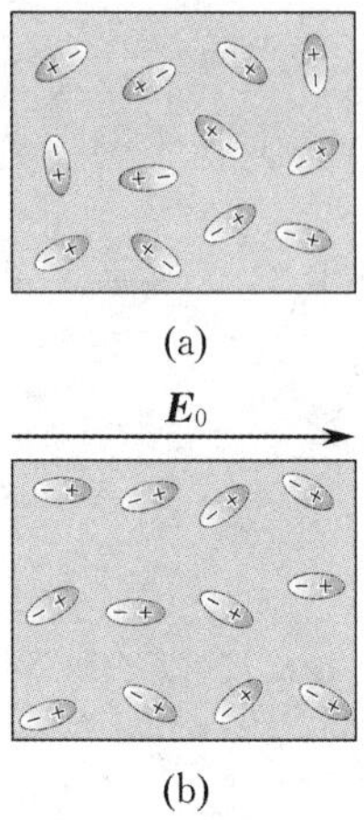

图 6.46　有极分子电介质的取向极化

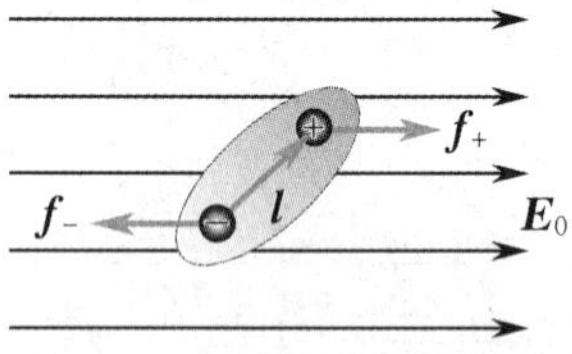

图 6.47　有极分子的固有电矩转向

2. 有极分子电介质的取向极化

HCl,H_2O,CO 等分子是有极分子. 有极分子具有固有电矩. 在无外电场时,有极分子的无规则热运动使各个有极分子的固有电矩的方向杂乱无章,不论是从电介质的整体来看,还是从电介质的某一小体积(其中包含有大量有极分子)来看,所有有极分子的固有电矩的矢量和等于零,使电介质呈电中性,如图 6.46(a) 所示. 如果加上外电场,则每个有极分子的固有电矩都受到力矩的作用,如图 6.47 所示,使有极分子的固有电矩的方向转向外电场方向,但由于分子热运动的原因,这种转向并不完全,即有极分子的固有电矩的排列不是很整齐. 外电场越强,有极分子的固有电矩排列得越整齐. 对于整个电介质来说,不管排列的整齐程度如何,在垂直于电场方向的两个侧面上,也产生了一些极化电荷,如图 6.46(b) 所示. 这种极化机制称为**取向极化**.

应当指出,位移极化在任何电介质中都存在,但是在有极分子电介质中,取向极化比位移极化强得多,因而其中取向极化是主要的. 在无极分子电介质中,位移极化则是唯一的极化机制. 在高频率的电场的作用下,由于有极分子的惯性较大,取向极化跟不上外电场的变化,这时,两种电介质只剩下位移极化机制仍起作用.

6.6.2　电介质的极化规律

1. 电介质中的静电场

由于电介质与外电场的相互作用,最后达到平衡时电介质的表面会出现一定分布的极化电荷,极化电荷会在空间激发电场. 为了与极化电荷相区别,我们把外电场的电荷称为自由电荷,并用 $\boldsymbol{E}_0$ 表示自由电荷所激发的电场,用 $\boldsymbol{E}'$ 表示极化电荷所激发的电场. 空间任意一点的合场强应是上述两类电荷所激发的场强的矢量和,即

$$\boldsymbol{E}=\boldsymbol{E}_0+\boldsymbol{E}'. \tag{6.6.2}$$

在电介质的外部空间,两个场强叠加的结果,使得一些区域的合场强 $\boldsymbol{E}$ 增强(和 $\boldsymbol{E}_0$ 相比),一些区域的合场强 $\boldsymbol{E}$ 减弱. 在电介质内部,从宏观上来说,$\boldsymbol{E}'$ 处处和外电场 $\boldsymbol{E}_0$ 的方向相反,如图 6.48 所示,其结果是使合场强 $\boldsymbol{E}$ 比原来的 $\boldsymbol{E}_0$ 弱. 决定电介质极化程度的不是外电场 $\boldsymbol{E}_0$,而是电介质内实际的电场 $\boldsymbol{E}$. $\boldsymbol{E}$ 减弱了,电极化程度也将减弱. 极化电荷在电介质内部的附加场 $\boldsymbol{E}'$ 总是起着减弱电极化的作用,故称为**退极化场**.

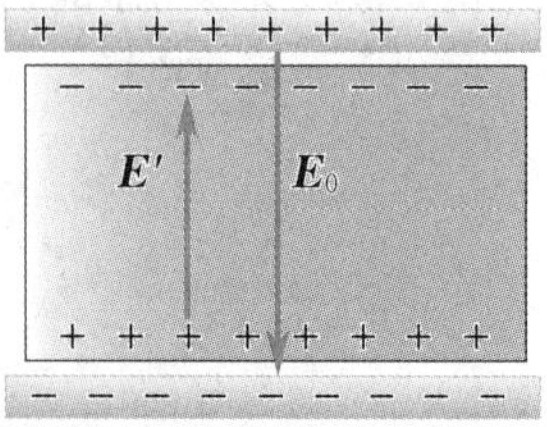

图 6.48　电介质中的静电场

2. 电极化强度

从电介质极化的机制中可以看到，当电介质处于极化状态时，其内部任意宏观小体积元 ΔV 内分子的电矩的矢量和不为零，即 $\sum\limits_i \boldsymbol{p}_i \neq \mathbf{0}$；而当电介质没有被极化时，$\sum\limits_i \boldsymbol{p}_i = \mathbf{0}$. 为了定量地描述电介质内各处极化的情况，引入电极化强度 $\boldsymbol{P}$，它等于单位体积内的分子的电矩的矢量和，即

$$\boldsymbol{P} = \frac{\sum \boldsymbol{p}_i}{\Delta V}. \tag{6.6.3}$$

电极化强度 $\boldsymbol{P}$ 用来度量该点（ΔV 所包围的一点）的电介质极化程度. 在国际单位制中，电极化强度的单位是库[仑]每平方米（C/m^2）.

如果在电介质中各点的电极化强度的大小和方向都相同，称该极化是均匀的，否则称该极化是不均匀的.

电介质中任意一点的电极化强度 $\boldsymbol{P}$ 与该点的合场强 $\boldsymbol{E}$ 有关. 对于不同的电介质，$\boldsymbol{P}$ 和 $\boldsymbol{E}$ 的关系（极化规律）是不同的. 实验表明，对于大多数的各向同性线性电介质，$\boldsymbol{P}$ 与 $\boldsymbol{E}$ 的方向相同，数值上呈正比关系. 在国际单位制中，这个关系可以写成

$$\boldsymbol{P} = \chi_e \varepsilon_0 \boldsymbol{E}, \tag{6.6.4}$$

式中比例系数 χ_e 称为电介质的极化率，它与合场强 $\boldsymbol{E}$ 无关，与电介质的性质有关. 如果是均匀电介质，则电介质中各点的 χ_e 值相同；如果是不均匀电介质，则 χ_e 是电介质各点位置的函数，电介质中不同点的 χ_e 值不同.

在晶体中，原子的规则排列使得晶体的物理性质与方向有关. 晶体电介质沿某个方向较易极化，沿另一个方向较难极化，这一类晶体是各向异性电介质，如石英、方解石等；对于各向异性电介质，电极化强度的方向与合场强的方向也不再相同，但两个矢量的直角坐标分量之间仍保持线性关系，在外电场很强时，如激光辐照晶体会出现非线性的极化过程.

3. 极化电荷的分布与电极化强度的关系

前面已经提到过，当电介质处于极化状态时，一方面在电介质内部出现未被抵消的电矩，这一点是通过电极化强度来描述的；另一方面，在电介质的某些部位出现未被抵消的极化电荷. 对于均匀电介质，极化电荷集中在电介质的表面. 下面介绍极化电荷的分布与电极化强度之间的关系.

为了便于说明问题，我们以均匀的无极分子电介质的位移极化为例，设想电介质极化时，每个分子的正电荷重心相对于负电荷重心有位移 $\boldsymbol{l}$（更符合实际情况的是，因为电子质量较小，负电荷重

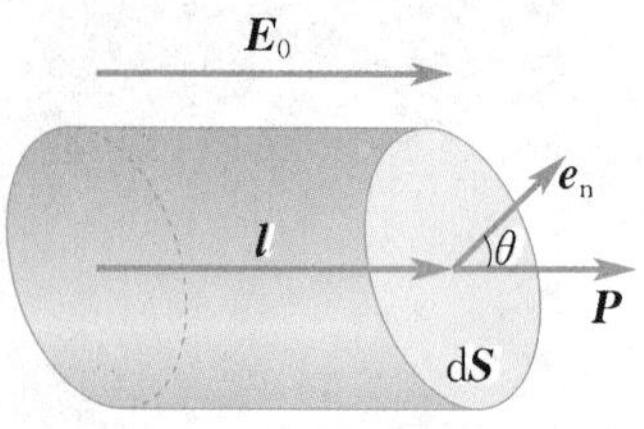

图 6.49　通过面积元 dS 的极化电荷

心相对于正电荷重心有位移 $-\boldsymbol{l}$,不过两者的宏观效果是一样的),用 q 代表分子中正的电荷量,则分子感生电矩为 $\boldsymbol{p}=q\boldsymbol{l}$. 设单位体积内有 n 个分子,则按照定义,电极化强度 $\boldsymbol{P}=n\boldsymbol{p}=nq\boldsymbol{l}$. 如图 6.49 所示,在电介质内部取某一小面积元矢量 d$\boldsymbol{S}$,现考虑因极化而穿过此面积元的极化电荷. 设外电场 $\boldsymbol{E}_0$ 的方向(也就是 $\boldsymbol{P}$ 的方向)和 d$\boldsymbol{S}$ 的方向 $\boldsymbol{e}_n$ 成 θ 角. 由于外电场 $\boldsymbol{E}_0$ 的作用,分子的正、负电荷的重心将沿外电场方向分离,在面积元 d$\boldsymbol{S}$ 的后侧取一斜高为 l、底面积为 dS 的体积元 dV,此体积元内所有分子的正电荷重心将穿过 d$\boldsymbol{S}$,则由于极化而通过 d$\boldsymbol{S}$ 的总电荷量为

$$\mathrm{d}q'=qn\mathrm{d}V=qnl\mathrm{d}S\cos\theta=n\boldsymbol{p}\cdot\mathrm{d}\boldsymbol{S}=\boldsymbol{P}\cdot\mathrm{d}\boldsymbol{S}. \quad (6.6.5)$$

因此,穿过单位面积的电荷(面电荷密度)为

$$\sigma'=\frac{\mathrm{d}q'}{\mathrm{d}S}=P\cos\theta=\boldsymbol{P}\cdot\boldsymbol{e}_n=P_n. \quad (6.6.6)$$

式(6.6.6)虽然是利用无极分子电介质推出的,但对有极分子电介质同样适用.

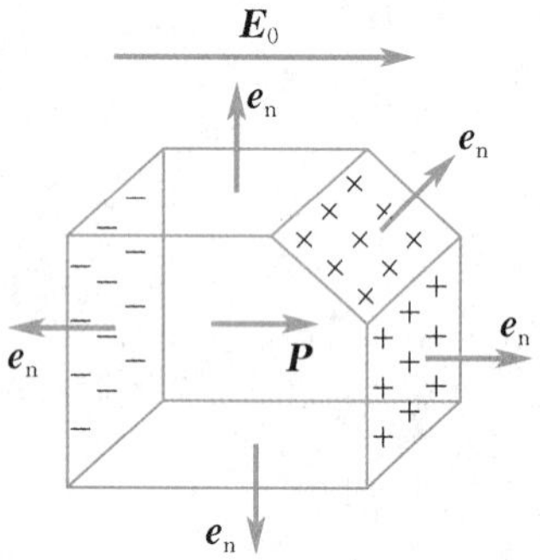

图 6.50　电介质表面的极化电荷

如果 d$\boldsymbol{S}$ 刚好处在电介质的表面上,则式(6.6.6)中的 σ' 就是电介质表面上的极化面电荷密度,从而式(6.6.6)就是极化面电荷密度与电极化强度的定量关系. 由此可见,**极化电介质表面某处极化面电荷密度 σ' 与该处电极化强度 $\boldsymbol{P}$ 沿表面法向的分量相同.**

显然,当 $0\leqslant\theta<90^\circ$ 时,表面上呈现正极化电荷;当 $90^\circ<\theta\leqslant180^\circ$ 时,表面上呈现负极化电荷;而在 $\theta=90^\circ$ 的那些电介质表面,则没有极化电荷出现(见图 6.50).

电介质内部的极化电荷可以根据式(6.6.5)求出. 如图 6.51 所示,在电介质内部任取一闭合曲面 S,通过整个闭合曲面的总电荷量为

$$q'_{出}=\oint\!\!\!\oint_S \mathrm{d}q'=\oint\!\!\!\oint_S \boldsymbol{P}\cdot\mathrm{d}\boldsymbol{S}.$$

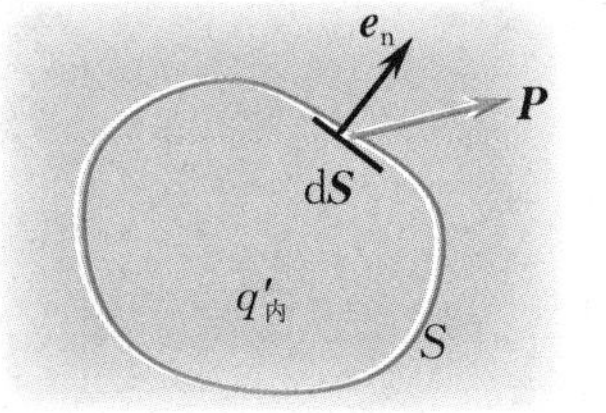

图 6.51　因极化而通过闭合面的极化电荷

因为电介质是中性的,根据电荷守恒定律,由于极化而在闭合曲面的电荷量为

$$q'_{内}=-q'_{出}=-\oint\!\!\!\oint_S \boldsymbol{P}\cdot\mathrm{d}\boldsymbol{S}. \quad (6.6.7)$$

这就是极化电荷的分布与电极化强度之间的关系:闭合曲面内的极化电荷等于穿过该闭合曲面的电极化强度通量的负值.

6.6.3　有电介质时的高斯定理　电位移

1. 有电介质时的高斯定理

高斯定理是建立在库仑定理的基础上的,在有电介质存在时,它也成立,不过在计算电通量时,除了需要考虑高斯面内所包含的自由电荷 q_0 以外,还需要考虑极化电荷 q',则有

$$\oint\!\!\!\oint_S \boldsymbol{E} \cdot \mathrm{d}\boldsymbol{S} = \frac{1}{\varepsilon_0}\left(\sum q_0 + \sum q'\right), \tag{6.6.8}$$

式中 $\sum q_0$ 表示 S 面内自由电荷的代数和，$\sum q'$ 表示 S 面内极化电荷的代数和. 根据式(6.6.7)，$\sum q' = -\oint\!\!\!\oint_S \boldsymbol{P} \cdot \mathrm{d}\boldsymbol{S}$，代入式(6.6.8)，整理后可得

$$\oint\!\!\!\oint_S (\varepsilon_0 \boldsymbol{E} + \boldsymbol{P}) \cdot \mathrm{d}\boldsymbol{S} = \sum q_0.$$

现在引入一辅助性物理量 $\boldsymbol{D}$，它的定义为

$$\boldsymbol{D} = \varepsilon_0 \boldsymbol{E} + \boldsymbol{P}. \tag{6.6.9}$$

$\boldsymbol{D}$ 称为**电位移**，上面的公式可用 $\boldsymbol{D}$ 改写为

$$\oint\!\!\!\oint_S \boldsymbol{D} \cdot \mathrm{d}\boldsymbol{S} = \sum q_0. \tag{6.6.10}$$

引进电位移 $\boldsymbol{D}$ 后，式(6.6.10) 中等式右边仅考虑自由电荷，极化电荷不再明显地出现在式中，式(6.6.10) 就是高斯定理在电介质中的推广，称为**有电介质时的高斯定理**.

为了形象地描述电位移 $\boldsymbol{D}$，可以仿照画电场线的方法，在有电介质的静电场中作出电位移线，使电位移线上每一点的切线方向和该点的电位移 $\boldsymbol{D}$ 的方向相同，并规定在垂直于电位移线的单位面积上通过的电位移线数目等于该点的电位移 $\boldsymbol{D}$ 的大小. 这样式(6.6.10) 就表示：通过任意闭合曲面的电位移通量等于该闭合曲面所包围的自由电荷的代数和. 在国际单位制中，$\boldsymbol{D}$ 的单位是库[仑] 每平方米(C/m^2).

从式(6.6.10) 还可看出，电位移线是从正的自由电荷出发，终止于负的自由电荷. 而电场线从正电荷出发，终止于负电荷(包括自由电荷和极化电荷).

2. $\boldsymbol{D}$，$\boldsymbol{E}$，$\boldsymbol{P}$ 之间的关系

对于各向同性线性电介质，$\boldsymbol{P}$ 与 $\boldsymbol{E}$ 的关系满足式(6.6.4)，将式(6.6.4) 代入式(6.6.9)，得

$$\boldsymbol{D} = \varepsilon_0 \boldsymbol{E} + \boldsymbol{P} = \varepsilon_0 \boldsymbol{E} + \chi_e \varepsilon_0 \boldsymbol{E} = \varepsilon_0 (1 + \chi_e) \boldsymbol{E} = \varepsilon_0 \varepsilon_r \boldsymbol{E},$$

式中 $\varepsilon_r = 1 + \chi_e$ 称为电介质的相对介电常量(或相对电容率)，其数值大于 1(对于真空，其值等于 1). 进一步令 $\varepsilon = \varepsilon_0 \varepsilon_r$，$\varepsilon$ 称为电介质的介电常量(或电容率)，则上式可写为

$$\boldsymbol{D} = \varepsilon_0 \varepsilon_r \boldsymbol{E} = \varepsilon \boldsymbol{E}. \tag{6.6.11}$$

式(6.6.11) 说明，在各向同性线性电介质中，电位移等于场强的 ε 倍.

利用 $\varepsilon_r = 1 + \chi_e$，式(6.6.4) 可写成

$$\boldsymbol{P} = \varepsilon_0 (\varepsilon_r - 1) \boldsymbol{E}. \tag{6.6.12}$$

电位移的定义式(6.6.9) 说明，它与场强 $\boldsymbol{E}$ 和电极化强度 $\boldsymbol{P}$ 有

关,但它和场强$\boldsymbol{E}$及电极化强度$\boldsymbol{P}$不同,$\boldsymbol{D}$没有明显的物理意义.引进$\boldsymbol{D}$是为了计算通过任意闭合曲面的电位移通量时可以不考虑极化电荷的分布.但必须指出,用闭合曲面内的自由电荷来计算通过闭合曲面的电位移通量,并不是说电位移仅取决于自由电荷的分布,它和极化电荷的分布也是有关的.式(6.6.12)正是说明了这一点.式(6.6.9)是电位移的定义式,无论对各向同性电介质还是各向异性电介质都是适用的.

例 6.6.1 如图6.52所示,两个同心导体球壳A,B之间填充相对电容率为ε_r的各向同性均匀电介质,设A,B的半径分别为R_A和$R_B(R_A<R_B)$,分别带电荷$+Q$和$-Q$.求空间的场强分布和极化电荷分布.

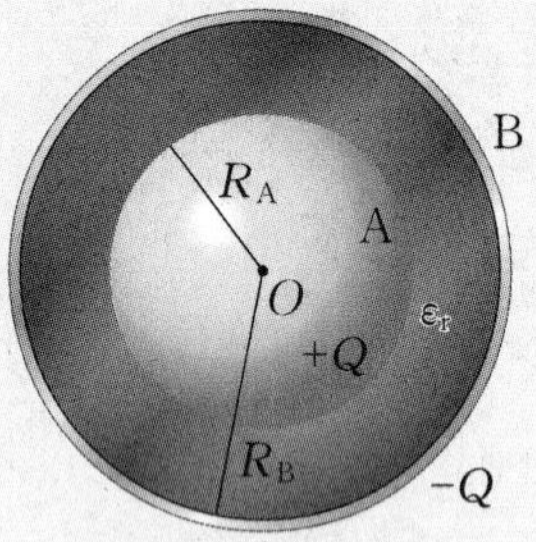

图 6.52

解 由自由电荷$+Q$和$-Q$以及电介质分布的球对称性可知,$\boldsymbol{E}$和$\boldsymbol{D}$的分布也具有球对称性.显然,内球壳A的内部和外球壳B的外部中的各点的$\boldsymbol{E}$和$\boldsymbol{D}$都等于零.为了求出在电介质内距离球心为r处的电位移$\boldsymbol{D}$,可以作一个半径为r的同心球面作为高斯面,则通过此高斯面的电位移通量为

$$\oiint_S \boldsymbol{D}\cdot \mathrm{d}\boldsymbol{S}=4\pi r^2 D.$$

由高斯定理可知,$4\pi r^2 D=Q$.由此得

$$D=\frac{Q}{4\pi r^2}.$$

考虑到$\boldsymbol{D}$的方向沿径向向外(径向单位矢量为$\boldsymbol{e}_r$),可将$\boldsymbol{D}$的分布写为

$$\boldsymbol{D}=\begin{cases}\boldsymbol{0} & (r<R_A),\\ \dfrac{Q}{4\pi r^2}\boldsymbol{e}_r & (R_A\leqslant r\leqslant R_B),\\ \boldsymbol{0} & (r>R_B).\end{cases}$$

根据$\boldsymbol{D}=\varepsilon_0\varepsilon_r\boldsymbol{E}$,可得到$\boldsymbol{E}$的分布为

$$\boldsymbol{E}=\begin{cases}\boldsymbol{0} & (r<R_A),\\ \dfrac{Q}{4\pi\varepsilon_0\varepsilon_r r^2}\boldsymbol{e}_r & (R_A\leqslant r\leqslant R_B),\\ \boldsymbol{0} & (r>R_B).\end{cases}$$

再由$\boldsymbol{P}=\chi_e\varepsilon_0\boldsymbol{E}=\varepsilon_0(\varepsilon_r-1)\boldsymbol{E}$和$\sigma'=\boldsymbol{P}\cdot\boldsymbol{e}_n$,可得到在贴近内球壳A的电介质表面上的极化面电荷密度σ'_A和在贴近外球壳B的电介质表面上的极化面电荷密度σ'_B分别为

$$\sigma'_A=\boldsymbol{P}\cdot\boldsymbol{e}_n\Big|_{r=R_A}=P\cos\pi\Big|_{r=R_A}=-\frac{\varepsilon_r-1}{4\pi\varepsilon_r R_A^2}Q,$$

$$\sigma'_B=\boldsymbol{P}\cdot\boldsymbol{e}_n\Big|_{r=R_B}=P\cos 0^\circ\Big|_{r=R_B}=\frac{\varepsilon_r-1}{4\pi\varepsilon_r R_B^2}Q.$$

在贴近内球壳A的电介质表面上的极化电荷q'_A和在贴近外球壳B的电介质表面上的极化电荷q'_B分别为

$$q'_A = 4\pi R_A^2 \sigma'_A = -\frac{\varepsilon_r - 1}{\varepsilon_r} Q,$$

$$q'_B = 4\pi R_B^2 \sigma'_B = \frac{\varepsilon_r - 1}{\varepsilon_r} Q.$$

例 6.6.2　如图 6.53 所示，两块靠近的平行金属板间原为真空，使它们分别带上等量异号电荷，面电荷密度分别为 $+\sigma_0$ 和 $-\sigma_0$，金属板间的电压为 $U_0 = 300\ \mathrm{V}$，这时保持两块金属板的电荷量不变，将金属板间一半空间充以相对电容率为 $\varepsilon_r = 5$ 的电介质，问金属板间电压变为多少？电介质上、下表面的极化面电荷密度为多大？（计算时忽略边缘效应.）

解　设金属板的面积为 S，金属板间的距离为 d，在未充电介质前，金属板间的场强大小为 $E_0 = \frac{\sigma_0}{\varepsilon_0}$，电压为 $U_0 = E_0 d$.

金属板间一半空间充以电介质后，不考虑边缘效应，则金属板间各处的场强 $\boldsymbol{E}$ 与电位移 $\boldsymbol{D}$ 的方向都垂直于金属板面且在两部分空间分布均匀. 由导体静电平衡条件可知，两金属板仍是等势体，板上的自由电荷要进行重新分布. 以 σ_1 和 σ_2 分别表示金属板上左、右两部分的面电荷密度，以 $\boldsymbol{E}_1$，$\boldsymbol{E}_2$ 和 $\boldsymbol{D}_1$，$\boldsymbol{D}_2$ 分别表示板间左、右两部分的场强和电位移. 在金属板间左半部分作一底面积为 ΔS 的封闭柱面为高斯面，其轴线与金属板面垂直，两底面与金属板面平行，且上底面在金属板内，下底面在电介质中. 通过这个高斯面的电位移通量为

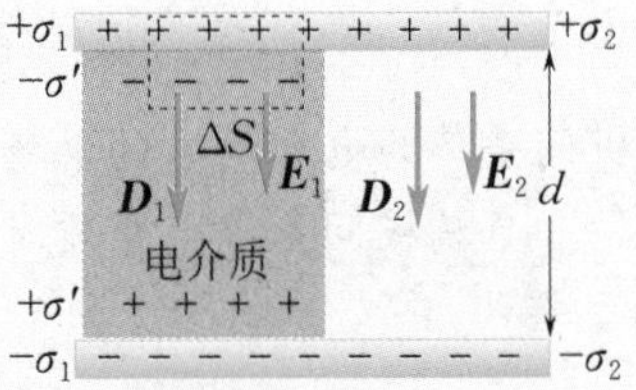

图 6.53

$$\oiint_S \boldsymbol{D} \cdot \mathrm{d}\boldsymbol{S} = \iint_{\text{上底}} \boldsymbol{D}_1 \cdot \mathrm{d}\boldsymbol{S} + \iint_{\text{下底}} \boldsymbol{D}_1 \cdot \mathrm{d}\boldsymbol{S} + \iint_{\text{侧面}} \boldsymbol{D}_1 \cdot \mathrm{d}\boldsymbol{S}.$$

由于在上底面处场强为零，$\boldsymbol{D}$ 也为零；在侧面上 $\boldsymbol{D}_1$ 与 $\mathrm{d}\boldsymbol{S}$ 垂直，上式等号右边第一、第三项为零，第二项等于 $D_1 \Delta S$，因此

$$\oiint_S \boldsymbol{D}_1 \cdot \mathrm{d}\boldsymbol{S} = D_1 \Delta S.$$

此高斯面包围的自由电荷为 $\sigma_1 \Delta S$，则由高斯定理，得

$$D_1 = \sigma_1.$$

场强大小为

$$E_1 = \frac{D_1}{\varepsilon} = \frac{\sigma_1}{\varepsilon_0 \varepsilon_r}.$$

同理，对于右半部分有

$$D_2 = \sigma_2, \quad E_2 = \frac{D_2}{\varepsilon} = \frac{\sigma_2}{\varepsilon_0}.$$

由于静电平衡时两块金属板都是等势体，左、右两部分两块金属板板间的电压是相等的，即

$$E_1 d = E_2 d,$$

故

$$E_1 = E_2.$$

将 E_1 和 E_2 的值代入，得

$$\sigma_1 = \varepsilon_r \sigma_2.$$

金属板上总电荷量保持不变,所以有

$$\sigma_1\frac{S}{2}+\sigma_2\frac{S}{2}=\sigma_0 S.$$

由此得

$$\sigma_1+\sigma_2=2\sigma_0.$$

将关于σ_1和σ_2的两个方程联立求解,可得

$$\sigma_1=\frac{2\varepsilon_r}{1+\varepsilon_r}\sigma_0>\sigma_0,\quad \sigma_2=\frac{2}{1+\varepsilon_r}\sigma_0<\sigma_0.$$

金属板间的场强大小为

$$E_1=E_2=\frac{\sigma_2}{\varepsilon_0}=\frac{2\sigma_0}{(1+\varepsilon_r)\varepsilon_0}=\frac{2}{1+\varepsilon_r}E_0.$$

由于$\frac{1}{\varepsilon_r}<\frac{2}{1+\varepsilon_r}<1$,这种情况下金属板间电场比金属板间全部为真空时的电场要弱,比金属板间全部为电介质时的电场要强.

金属板间充以电介质时,两板间的电压为

$$U=Ed=\frac{2}{1+\varepsilon_r}E_0 d=\frac{2}{1+\varepsilon_r}U_0=\frac{2}{1+5}\times 300\ \text{V}=100\ \text{V}.$$

电介质的电极化强度的大小为

$$P_1=\varepsilon_0(\varepsilon_r-1)E_1=\varepsilon_0(\varepsilon_r-1)\frac{\sigma_1}{\varepsilon_0\varepsilon_r}=\frac{2(\varepsilon_r-1)}{\varepsilon_r+1}\sigma_0.$$

由于$\boldsymbol{P}_1$的方向与$\boldsymbol{E}_1$相同,即垂直于电介质表面,故

$$\sigma'=P_n=P_1=\frac{2(\varepsilon_r-1)}{\varepsilon_r+1}\sigma_0.$$

6.7 电容及电容器

6.7.1 孤立导体的电容

带电的孤立导体,其电势与它所带的电荷量成正比,且$\frac{Q}{U}$是一个与电荷量无关而仅与导体的几何参数有关的常量,可表示为

$$C=\frac{Q}{U},\tag{6.7.1}$$

式中C是与导体的尺寸和形状有关而与Q,U无关的常量,称为孤立导体的**电容**. 它的物理意义是使导体每升高单位电势所需的电荷量.

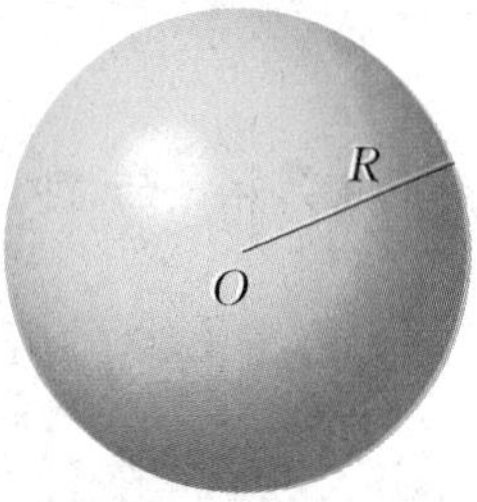

图 6.54 孤立导体球

例如,孤立导体球(见图 6.54)的电容为

$$C=\frac{Q}{U}=4\pi\varepsilon_0 R.$$

可见,孤立导体球的电容是只与球的半径R有关的常数. 它反映了

导体球容纳电荷能力. 如果半径不同的导体球带有相同的电荷量，则半径大的导体球电势低，半径小的导体球电势高.

在国际单位制中，电容的单位是法[拉]，用F表示. 1 F = 1 C/V. 法[拉] 这个单位很大，实际应用中常用微法(μF)、皮法(pF) 等单位，有

$$1\ \mu\text{F} = 10^{-6}\ \text{F},\quad 1\ \text{pF} = 10^{-12}\ \text{F}.$$

6.7.2　电容器及其电容

电容器是一种常用的电学元件，它由两个导体组合而成，其中一个导体具有屏蔽外电场的功能，所以电容器具有不受外部带电体影响的稳定的电容.

如图6.55所示，用空腔导体B将导体A包围在内，导体A，B之间的电势差 U_{AB} 只取决于电容器内部的电场，该电场受到导体B的保护，不受外部其他带电体的影响，导体A，B称为电容器的两个板极. 一般情况下，电容器工作时它的两个极板A，B相对的两个表面上总是带等量异号的电荷 $+Q$ 和 $-Q$.

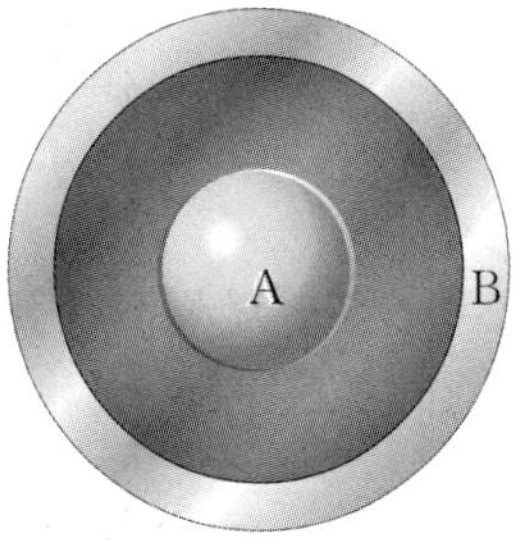

图 6.55　电容器

定义电容器的电容为

$$C = \frac{Q}{U_{AB}}. \tag{6.7.2}$$

电容器的电容与两个极板的尺寸、形状和相对位置有关，与 Q 及 U_{AB} 无关. 电容器的电容的物理意义是当电容器的正、负极板之间的电势差每升高一个单位时，在极板上所需要增加的电荷量.

通常电容器的两极板之间还夹有一层电介质，也可以是空气或真空. 按极板间的电介质来分，有真空电容器、空气电容器、云母电容器、纸质电容器、油浸纸电容器、陶瓷电容器、涤纶电容器、电解电容器、聚四氟乙烯电容器、钛酸钡电容器等；按电容是否可变来分，有可变电容器、半可变电容器或微调电容器、固定电容器等；从几何形状上来分，有平行板电容器、球形电容器、圆柱形电容器等.

6.7.3　真空电容器电容的计算

1. 平行板电容器

平行板电容器由两块彼此靠得很近的平行金属板组成. 金属板的面积为 S，间距为 d(见图6.56). 设两极板A，B的电荷量分别为 $+Q$ 和 $-Q$，则面电荷密度分别为 $+\sigma = +\dfrac{Q}{S}$ 和 $-\sigma = -\dfrac{Q}{S}$. 当极板面的线度远大于它们之间的距离时，忽略边缘效应，可以认为两极板之间是均匀电场，场强的大小为 $E = \dfrac{\sigma}{\varepsilon_0}$，电势差为

$$U_{AB} = \int_{A\to B} \boldsymbol{E}\cdot \mathrm{d}\boldsymbol{l} = Ed = \frac{\sigma d}{\varepsilon_0} = \frac{Qd}{\varepsilon_0 S}.$$

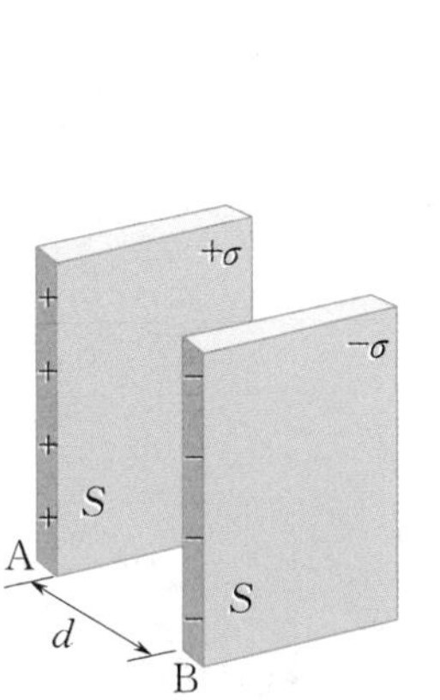

图 6.56　平行板电容器

按电容的定义,有

$$C=\frac{Q}{U_{AB}}=\frac{\varepsilon_0 S}{d}. \qquad (6.7.3)$$

式(6.7.3)表明,电容C正比于极板面积S和真空电容率ε_0,反比于极板间距d.

2. 球形电容器

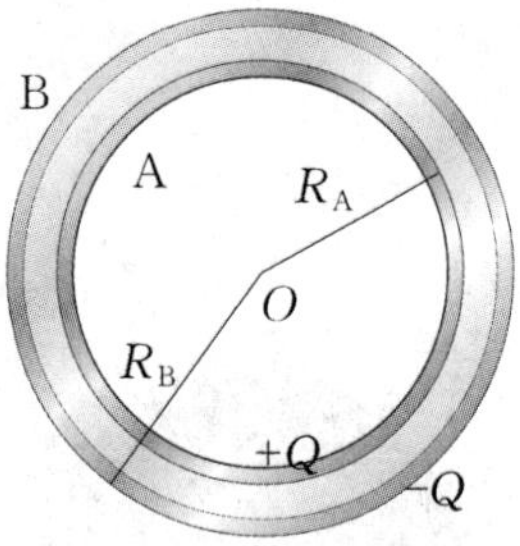

图 6.57　球形电容器

如图 6.57 所示,球形电容器由两个同心导体球壳 A,B 组成,设半径分别为R_A和$R_B(R_A<R_B)$,A,B分别带电荷量$+Q$和$-Q$. 利用高斯定理,可求出 A,B 之间的场强的大小为

$$E=\frac{1}{4\pi\varepsilon_0}\frac{Q}{r^2},$$

方向沿球的半径由 A 指向 B. A,B 之间的电势差为

$$U_{AB}=\int_{A\to B}\boldsymbol{E}\cdot d\boldsymbol{l}=\int_{R_A}^{R_B}\frac{1}{4\pi\varepsilon_0}\frac{Q}{r^2}dr=\frac{Q}{4\pi\varepsilon_0}\left(\frac{1}{R_A}-\frac{1}{R_B}\right).$$

于是球形电容器的电容为

$$C=\frac{Q}{U_{AB}}=\frac{4\pi\varepsilon_0 R_B R_A}{R_B-R_A}. \qquad (6.7.4)$$

3. 圆柱形电容器

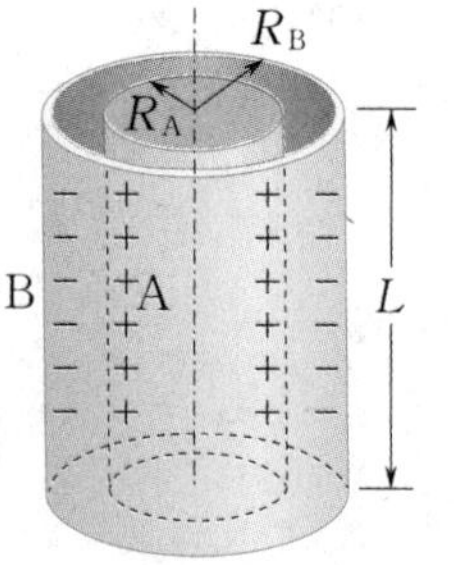

图 6.58　圆柱形电容器

如图 6.58 所示,圆柱形电容器由两个同轴的金属圆柱和圆柱壳 A,B 组成,其半径分别为R_A和$R_B(R_A<R_B)$,长度为L. 设 A,B 分别带等量正、负电荷,当$L\gg R_B-R_A$时,两端的边缘效应可以忽略,在计算场强分布时可以把圆柱和圆柱壳看成是无限长的. 由高斯定理可知,A,B之间的场强的大小为$E=\frac{\lambda}{2\pi\varepsilon_0 r}$,式中$\lambda$是每个极板在单位长度上的电荷量,场强的方向垂直于轴由 A 指向 B. A,B 之间的电势差为

$$U_{AB}=\int_{A\to B}\boldsymbol{E}\cdot d\boldsymbol{l}=\int_{R_A}^{R_B}\frac{1}{2\pi\varepsilon_0}\frac{\lambda}{r}dr=\frac{\lambda}{2\pi\varepsilon_0}\ln\frac{R_B}{R_A}.$$

在圆柱形电容器每个极板上的总电荷量为$Q=\lambda L$,故圆柱形电容器的电容为

$$C=\frac{Q}{U_{AB}}=\frac{2\pi\varepsilon_0 L}{\ln\frac{R_B}{R_A}}. \qquad (6.7.5)$$

从以上讨论中可总结出计算电容器电容的一般步骤:

(1) 设电容器两极板分别带电荷量$+Q$和$-Q$,计算两极板间的场强分布;

(2) 利用$U_{AB}=\int_{A\to B}\boldsymbol{E}\cdot d\boldsymbol{l}$计算两极板间的电势差;

(3) 利用电容的定义$C=\frac{Q}{U_{AB}}$求出电容.

6.7.4 电容器的串联和并联

电容器的性能规格中有两个主要指标：一是它的电容；二是它的耐压能力. 使用电容器时，两极板所加的电压不能超过所规定的耐压值，否则电容器内的电介质有被击穿的危险，即电介质失去绝缘性质，电容器就损坏了. 在实际应用中，当遇到单独一个电容器在电容或耐压能力方面不能满足要求时，我们通常把几个电容器串联或并联起来使用.

1. 串联

如图 6.59 所示为 n 个电容器串联. 充电后，因为电荷守恒定律要求被导线连接的两极板所带电荷的代数和为零，而同一电容器两极板带有等量异号电荷，所以每个电容器的两极板都分别带有相等的电荷量 $+Q$ 和 $-Q$，每个电容器上的电压为

$$U_1 = \frac{Q}{C_1},\quad U_2 = \frac{Q}{C_2},\quad \cdots,\quad U_n = \frac{Q}{C_n}.$$

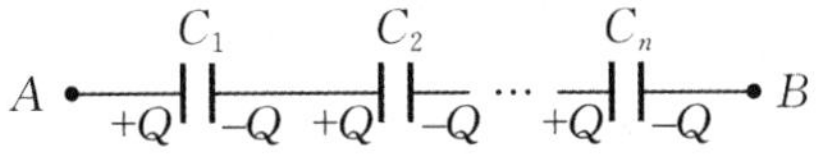

图 6.59　电容器的串联

这表明，电容器串联时，电压与电容成反比地分配在每个电容器上. 整个串联电容器组两端的电压等于每一个电容器两极板上的电压之和，即

$$U = U_1 + U_2 + \cdots + U_n = Q\left(\frac{1}{C_1} + \frac{1}{C_2} + \cdots + \frac{1}{C_n}\right).$$

而整个串联电容器组的总电容为 $C = \dfrac{Q}{U}$，由此得

$$\frac{1}{C} = \frac{1}{C_1} + \frac{1}{C_2} + \cdots + \frac{1}{C_n} = \sum_{i=1}^{n} \frac{1}{C_i}. \tag{6.7.6}$$

可见，电容器串联后，总电容的倒数是各电容器电容的倒数之和，总电容比每个电容器电容都要小，而整个串联电容器组的耐压能力提高了. 例如，两个电容相等的电容器串联后，总电容为单个电容器的一半，分配在每一个电容器上的电压也为总电压的一半，因此，这个串联电容器组的耐压能力为单个电容器的两倍.

2. 并联

如图 6.60 所示为 n 个电容器并联，其中每一个电容器有一个极板接到共同点 A，而另一个极板则接到另一个共同点 B. 被导线连接的极板具有相同的电势，因此每一个电容器两极板上的电压都等于 A,B 两点间的电压 U，但是分配在每个电容器上的电荷量不同，它们分别是

$$Q_1 = C_1U,\quad Q_2 = C_2U,\quad \cdots,\quad Q_n = C_nU.$$

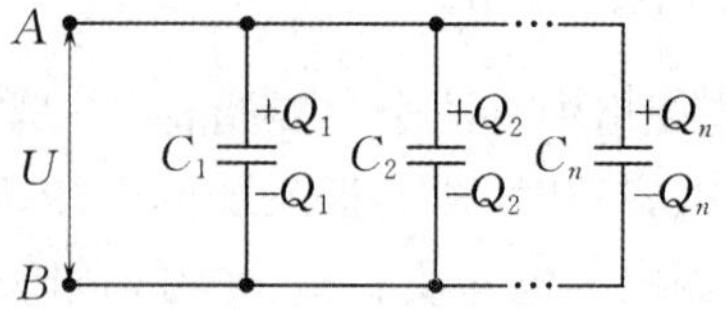

图 6.60　电容器的并联

这表明,电容器并联时,电荷量与电容成正比地分配在每个电容器上. 所有电容器上的总电荷量为

$$Q = Q_1 + Q_2 + \cdots + Q_n = (C_1 + C_2 + \cdots + C_n)U.$$

整个并联电容器组的总电容为 $C = \dfrac{Q}{U}$,由此得

$$C = C_1 + C_2 + \cdots + C_n = \sum_{i=1}^{n} C_i, \qquad (6.7.7)$$

故电容器并联时,总电容等于各电容器电容之和. 并联后总电容增加了,但耐压能力并没有提高.

6.7.5　电介质在电容器中的作用

在电容器中,电介质主要在以下三个方面起作用:

(1) 极板、导线之间的绝缘与支撑;

(2) 缩小电容器的体积,增大电容器的电容;

(3) 提高电容器的耐压能力.

例 6.7.1　如图 6.61 所示为一个平行板电容器,极板面积为 S,间距为 d,极板面电荷密度为 σ,极板间填充相对电容率为 ε_r 的均匀电介质,求极板之间的场强和电容器的电容.

解　作如图 6.61 所示的圆柱形高斯面,它的一个底面 ΔS_1 在极板内,另一个底面 ΔS_2 在电介质中,侧面与电场线平行,同时也与电位移平行,所以通过侧面的电位移通量为零. 在极板内,$\boldsymbol{E} = \mathbf{0}$,$\boldsymbol{D} = \mathbf{0}$,所以通过 ΔS_1 的电位移通量为零. 由有电介质时的高斯定理,有

$$\oiint_S \boldsymbol{D} \cdot d\boldsymbol{S} = D\Delta S_2 = \sum q_0 = \sigma\Delta S_1,$$

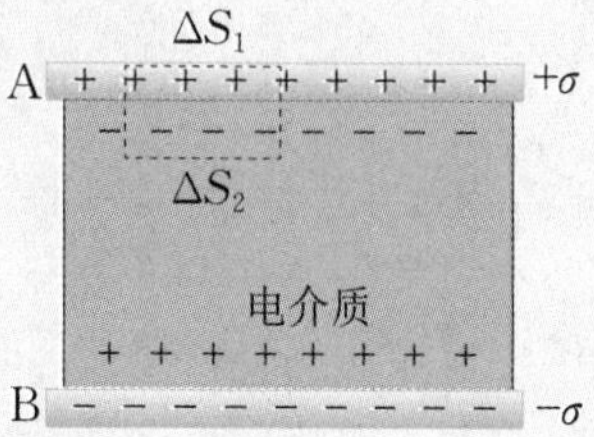

图 6.61

因为 $\Delta S_1 = \Delta S_2$,所以 $D = \sigma$,极板之间的场强的大小为

$$E = \frac{D}{\varepsilon_0\varepsilon_r} = \frac{\sigma}{\varepsilon_0\varepsilon_r}.$$

方向垂直于极板由 A 指向 B.

电容器的电容为

$$C = \frac{Q}{U_{AB}} = \frac{\sigma S}{Ed} = \frac{\varepsilon_0\varepsilon_r S}{d} = \varepsilon_r C_0,$$

式中 $C_0 = \dfrac{\varepsilon_0 S}{d}$ 是两极板之间为真空时的平行板电容器的电容. 可见有电介质时电容器的电容增大到真空时的 ε_r 倍.

通常条件下电介质不导电，但很强的电场会使电介质的绝缘性能遭到破坏，这就是**击穿**现象. 一种电介质材料不被击穿所能承受的电场强度的极限值称为该材料的**介电强度**. 电容器耐压值取决于所用电介质的介电强度. 表 6.1 为常见电介质的相对电容率和介电强度. 电缆相当于一个电容器，电缆内部的电场是不均匀的. 一般说来，越靠近轴线场强越大. 电压升高时，电介质总是在场强最大处首先被击穿，因而电缆要使用多层绝缘材料，各层的相对电容率与介电强度不相同. 合理配置各绝缘层，把介电强度和相对电容率较大的材料置于电场最强的区域，可以提高总的耐压能力.

表 6.1　常见电介质的相对电容率和介电强度

电介质	相对电容率 ε_r	介电强度 /(10^6 V/m)
真空	1	∞
空气	1.000 59	3
纯水	80	—
云母	3.7 ～ 7.5	80 ～ 200
玻璃	5 ～ 10	5 ～ 13
绝缘子用瓷	5.7 ～ 6.8	6 ～ 20
电容器纸	3.7	16 ～ 40
电木	7.6	16
硅油	2.5	15
钛酸钡	10^3 ～ 10^4	3

6.8　静电场的能量

电荷之间存在着相互作用的电场力，当电荷之间的相对位置变化时，电场力要做功，且电场力做的功与路径无关. 这表示电荷之间具有相互作用能(电势能). 带电系统之所以具有电势能，是因为任何物体的带电过程都可以看成电荷之间的相对迁移过程，在电荷的迁移过程中，外界必须消耗能量以克服电场力做的功. 例如，用电池对电容器充电时就消耗电池中的化学能. 根据能量守恒定律，外界所提供的能量转化为带电系统的电势能. 当带电系统的电荷减少时，或改变它们之间的相对位置时，电势能就可以转化为其他形式的能量.例如,当已充电的电容器放电时,它所储存的电势能就会转化为热、光、声等形式的能量.

6.8.1 电容器储能

在电容器的充电过程中,电源必须做功,才能克服静电力把电荷从一个极板搬运到另一个极板上.充电过程中,电源做功所转化的能量以电势能的形式储存在电容器中;放电时,就把这部分电势能释放出来.

下面分析电容器的充电过程(见图 6.62).电容器充电相当于不断地将 $+\mathrm{d}q$ 从电容器一个极板移到另一个极板,失去 $+\mathrm{d}q$ 的极板带负电,得到 $+\mathrm{d}q$ 的极板带正电.充电完毕时电容器两极板带等量异号电荷 $+Q$ 和 $-Q$.设在充电过程中,某一瞬间电容器两极板所带电荷量分别为 $+q$ 和 $-q$,极板之间电压为 u(正极板电势减负极板电势).若这时电源把 $+\mathrm{d}q$ 从负极板移到正极板,则电源所做的功应等于 $+\mathrm{d}q$ 从负极板移到正极板后电势能的增加,即

$$\mathrm{d}W_{\mathrm{e}} = u\mathrm{d}q.$$

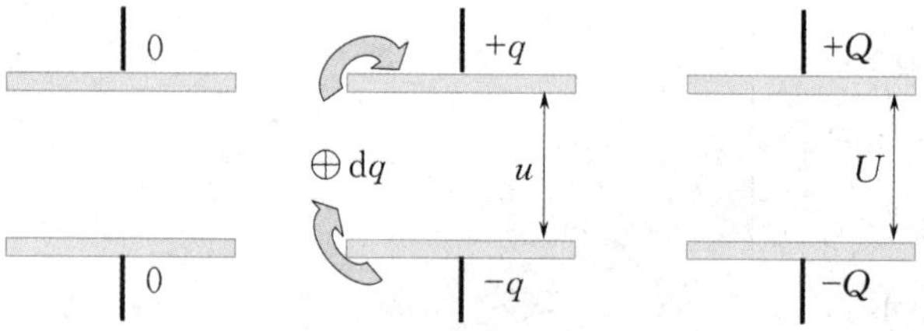

图 6.62　电容器的充电过程

继续充电时要继续做功,此功不断地积累为电容器的电势能.在整个充电过程中储存于电容器的总电势能应由下列积分计算:

$$W_{\mathrm{e}} = \int_0^Q u\mathrm{d}q,$$

式中积分下限 0 表示充电开始时电容器两极板上电荷量为零,上限 Q 表示充电结束时电容器两极板所带电荷量分别为 $+Q$ 和 $-Q$.将 u 与 q 的关系式 $u=\dfrac{q}{C}$ 代入上式,得

$$W_{\mathrm{e}} = \int_0^Q \frac{q}{C}\mathrm{d}q = \frac{1}{2}\frac{Q^2}{C}. \tag{6.8.1}$$

这就是计算电容器储能的公式.利用 $Q=CU$,则式(6.8.1)可改写成

$$W_{\mathrm{e}} = \frac{1}{2}CU^2, \tag{6.8.2}$$

$$W_{\mathrm{e}} = \frac{1}{2}QU. \tag{6.8.3}$$

在实际中,电容器充电后的电压值是给定的,这时用式(6.8.2)来讨论电容器储能的问题较为方便.式(6.8.2)表明,在一定电压下,

电容 C 大的电容器储能多，电容 C 是电容器储能本领大小的标志. 对同一个电容器来说，电压越高，储能越多. 但不能超过电容器的耐压值，否则电介质被击穿而毁坏了电容器.

6.8.2 电场的能量和能量密度

物体或电容器带电的过程也就是建立电场的过程，这说明带电系统的电势能总是和电场的存在相联系的. 下面以平行板电容器为例将电势能用场强来表示.

设平行板电容器的极板面积为 S，极板间距为 d. 当电容器两极板所带电荷量分别为 $+Q$ 和 $-Q$ 时，极板间的电压为 $U=Ed$. 已知 $C=\frac{\varepsilon S}{d}$，将这些关系式代入式(6.8.2)中，得

$$W_e=\frac{1}{2}CU^2=\frac{1}{2}\varepsilon E^2 Sd=\frac{1}{2}\varepsilon E^2 V.$$

从上式可看出，电势能可以用表征电场性质的场强 E 来表示，而且和电场所分布的体积 $V=Sd$ 成正比.

那么电容器的电势能究竟是储存在极板上还是储存在极板间的电场中的呢?这个问题需要用实验来回答. 在稳恒状态下，电荷和电场总是同时存在相伴而生的，我们无法分辨电势能是和电荷相联系，还是和电场相联系. 以后我们将会看到，随时间变化的电场和磁场将以一定的速度在空间传播，形成电磁波. 在电磁波中，电场可以脱离电荷而存在. 电磁波携带能量是近代无线电技术中人所共知的事实. 这就直接证实了能量储存于电场中，所以电势能也称为电场能量. 能量是物质固有的属性之一，它不能与物质分割开来. 电场具有能量的结论，证明电场是一种特殊形态的物质.

根据上述讨论，电容器的电势能是储存在电场中的. 由于平行板电容器中电场是均匀分布的，所储存的电场能量也应该是均匀分布的，因此电场中单位体积的能量，即电场能量密度为

$$w_e=\frac{W_e}{V}=\frac{1}{2}\varepsilon E^2=\frac{1}{2}DE. \tag{6.8.4}$$

在国际单位制中，能量密度的单位为焦[耳]每立方米(J/m^3). 式(6.8.4)虽然是从均匀电场的特例中导出的，但可以证明它是一个普遍适用的公式，在非均匀电场和变化的电场中仍然是正确的，只是电场能量密度变为空间和时间的函数.

要计算任意带电系统在整个电场中所储存的能量，只要将电场所占空间分成许多体积元 dV，然后把各体积元中的能量相加，也就是求以下积分：

$$W_e=\iiint_V w_e dV=\iiint_V \frac{1}{2}\varepsilon E^2 dV, \tag{6.8.5}$$

式中 w_e 是和每一个体积元 dV 相对应的电场能量密度，积分区域遍及整个电场分布空间 V.

例 6.8.1 计算均匀带电球体的电场能量. 设球的半径为 R，电荷量为 q，球外为真空.

解 均匀带电球体所激发的场强分布可用高斯定理求得

$$\boldsymbol{E}=\begin{cases}\dfrac{1}{4\pi\varepsilon_0}\dfrac{q}{R^3}\boldsymbol{r} & (r\leqslant R),\\[2ex] \dfrac{1}{4\pi\varepsilon_0}\dfrac{q}{r^3}\boldsymbol{r} & (r>R).\end{cases}$$

能量分布在整个空间中，用 $W_e=\iiint_V \frac{1}{2}\varepsilon_0 E^2\mathrm{d}V$ 来计算. 将球内和球外的场强代入，即可求出带电球体的电场能量为

$$\begin{aligned}W_e&=\frac{\varepsilon_0}{2}\iiint_V E^2\mathrm{d}V=\frac{\varepsilon_0}{2}\int_0^R\left(\frac{qr}{4\pi\varepsilon_0 R^3}\right)^2 4\pi r^2\mathrm{d}r+\frac{\varepsilon_0}{2}\int_R^{\infty}\left(\frac{q}{4\pi\varepsilon_0 r^2}\right)^2 4\pi r^2\mathrm{d}r\\&=\frac{q^2}{40\pi\varepsilon_0 R}+\frac{q^2}{8\pi\varepsilon_0 R}=\frac{3q^2}{20\pi\varepsilon_0 R}.\end{aligned}$$

思考题

1. 为什么引入电场中的检验电荷的体积必须很小，电荷量也必须很小？

2. 在真空中静止的点电荷 q 激发的电场的场强大小为

$$E=\frac{1}{4\pi\varepsilon_0}\frac{q}{r^2},$$

式中 r 为场点离点电荷的距离. 当 $r\to 0$ 时，$E\to\infty$，这一推论显然是没有物理意义的，应该如何解释？

3. 静电学中有下面几个常见的场强公式：

$$\boldsymbol{E}=\frac{\boldsymbol{F}}{q}, \quad ①$$

$$E=\frac{q}{4\pi\varepsilon_0 r^2}, \quad ②$$

$$E=\frac{U_1-U_2}{d}, \quad ③$$

式 ① 和 ② 中的 q 的意义是否相同？各式的适用范围如何？

4. 为什么在无电荷的空间里电场线不能相交？为什么静电场中的电场线不可能是闭合曲线？

5. 电场线、电通量和电场强度具有怎样的关系？

6. 如果通过某一闭合曲面 S 的电通量等于零，那么是否能肯定 S 上的每一点的场强都等于零？

7. 如果在闭合曲面 S 上的场强 E 处处为零，能否说明此闭合曲面内一定没有净电荷？

8. 如果在闭合曲面 S 上的场强 E 处处为零，能否说明此闭合曲面内一定没有电荷？举例说明.

9. 有一个球形的橡皮气球，电荷均匀分布在橡皮气球表面上. 在橡皮气球被吹大的过程中，下列各点的场强如何变化？

(1) 始终在橡皮气球内部的点；

(2) 始终在橡皮气球外部的点；

(3) 被气球表面掠过的点.

10. 试用静电场的环路定理说明静电场的电场线永不闭合.

11. 电荷在电势高的位置处的电势能是否一定比在电势低的位置处的电势能大？

12. 举例说明在选无限远处为电势零点的条件下，带正电的物体的电势是否一定为正？电势等于零的物体是否一定不带电？

13. 静电场中计算 A，B 两点电势差的公式有下面几个：

$$U_A-U_B=\frac{W_A-W_B}{q},$$

$$U_A-U_B=Ed,$$

$$U_A-U_B=\int_A^B\boldsymbol{E}\cdot\mathrm{d}\boldsymbol{l}.$$

试说明各式的适用条件.

14. (1) 场强的线积分$\int_L \boldsymbol{E}\cdot \mathrm{d}\boldsymbol{l}$表示什么物理意义?

(2) 对于静电场,$\int_L \boldsymbol{E}\cdot \mathrm{d}\boldsymbol{l}$有什么特点?该线积分描述静电场的什么性质?

15. 在图 6.63 所示的电场中,把一个正电荷从 P 点移动到 Q 点,电场力做的功 A_{PQ} 是正还是负?系统的电势能是增加还是减少?P,Q 两点中哪点的电势高?

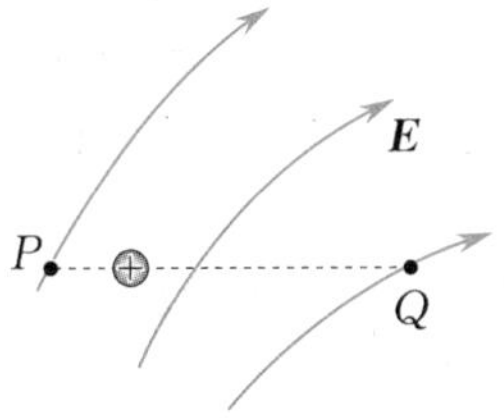

图 6.63

16. 举例说明下列说法是否正确:

(1) 场强相等的区域,电势也处处相等;

(2) 电势相等的区域,场强处处为零;

(3) 场强为零处,电势也一定为零;

(4) 电势为零处,场强也一定为零.

17. 在一个不带电的导体球壳的球心处放入一点电荷 q,当 q 从球心处移动到球壳内其他位置时,球壳内、外表面的电荷分布情况如何?

18. 将一个不带电的导体置于静电场中,在导体上感应出来的正、负电荷的电荷量是否一定相等?这时导体还是等势体吗?如果在电场中把导体分开成两部分,一部分带正电,另一部分带负电,这两部分的电势是否相等?

19. 当不带电的绝缘导体球 B 靠近带正电的导体球 A 时,导体球 A 的电势将如何变化?此时,如果将绝缘导体球 B 接地,导体球 A 的电势又将如何变化?

20. 原来带电的导体接地,是否导体一定不再带电?

21. 将电压 U 加在一段导线的两端,设导线的横截面直径为 d,长度为 l,试分别讨论下列情况对自由电子漂移运动的速度的影响:

(1) U 增加至原来的两倍;

(2) d 增加至原来的两倍;

(3) l 增加至原来的两倍.

22. 一个电偶极子在均匀电场中所受的合外力是否一定为零?合外力矩呢?当电矩的方向与外电场的方向不一致时,电偶极子将如何运动?

23. 导体中的电荷与电介质中的电荷有什么不同?电介质不导电,为什么还会被极化?

24. 什么是位移极化?什么是取向极化?为什么一般情况下取向极化强于位移极化?

25. 电位移与场强有什么区别与联系?为什么要引入电位移?

26. 通常情况下,哪些方法可以增大一个电容器的电容?

习题 6

1. 如图 6.64 所示,用四根等长的绝缘线将放置在水平面上的四个带电小球相连接,四个小球的电荷量如图所示,试求当此系统平衡时,夹角 α 的大小.

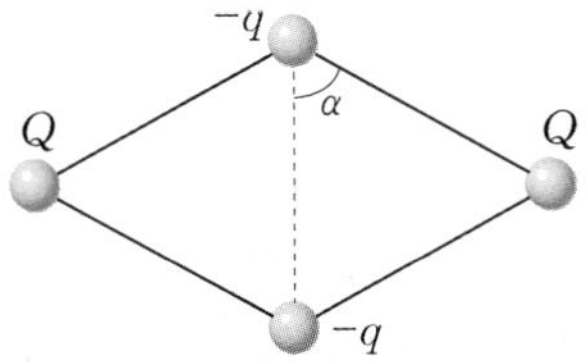

图 6.64

2. 如图 6.65 所示,一根长为 10 cm 的均匀带正电细杆,电荷量为 1.5×10^{-8} C,试求在细杆的延长线上距细杆的端点 10 cm 处的 P 点的场强.

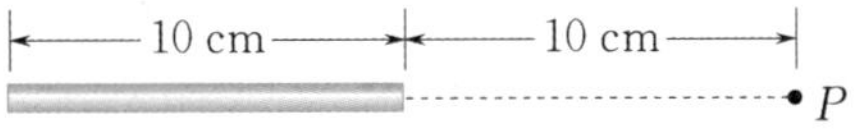

图 6.65

3. 带电细线弯成半径为 R 的半圆形,线电荷密度为 $\lambda=\lambda_0\sin\varphi$,式中 λ_0 为一常数,φ 为半径 R 与 x 轴所成的夹角,如图 6.66 所示. 试求环心 O 处的场强.

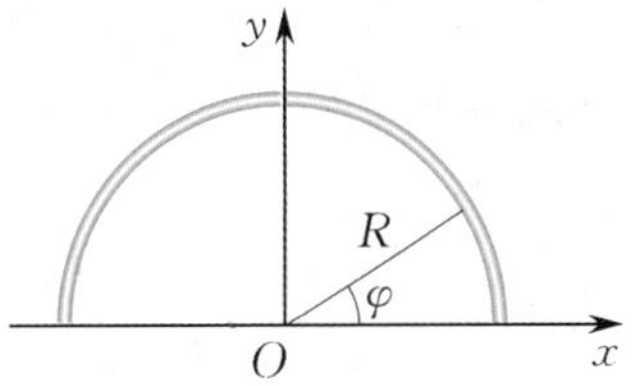

图 6.66

4. 真空中两条平行的无限长均匀带电直线相距为 a,其线电荷密度分别为 $-\lambda$ 和 $+\lambda$. 试求:

(1) 在两条带电直线构成的平面上,两条带电直线间任意一点的场强(建立如图 6.67 所示坐标系,两条带电直线的中点为坐标原点);

(2) 两条带电直线上单位长度之间的相互吸引力.

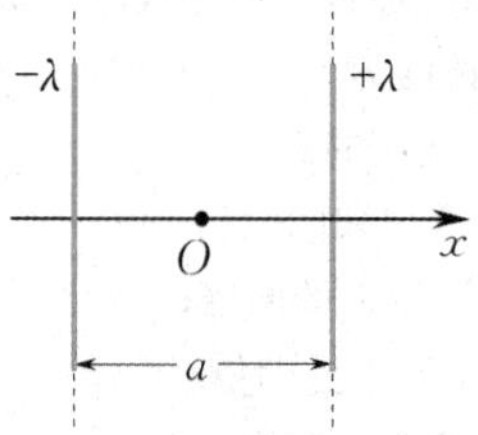

图 6.67

5. 实验表明,在靠近地面处有相当强的电场,场强 $\boldsymbol{E}$ 垂直于地面向下,其大小约为 100 N/C. 在离地面 1.5 km 高的地方,$\boldsymbol{E}$ 也是垂直于地面向下,其大小约为 25 N/C.

(1) 假设在地面上各处 $\boldsymbol{E}$ 都是垂直于地面向下的. 试计算从地面到离地面 1.5 km 高度处,大气中的平均体电荷密度;

(2) 假设地球表面内的场强为零,且地球表面处的场强完全由均匀分布在地球表面的电荷产生,求地面上的面电荷密度(地球半径为 $R = 6.37\times10^6$ m).

6. 有一个边长为 a 的正方形平面,在其中垂线上距中心 O 点 $\dfrac{a}{2}$ 处,有一个电荷量为 q 的正点电荷,如图 6.68 所示,求通过该平面的电通量.

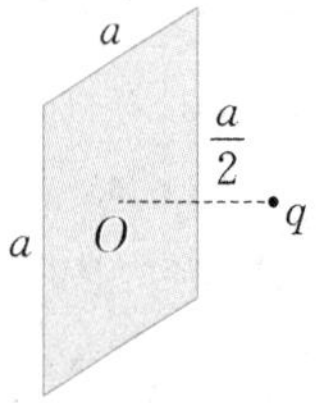

图 6.68

7. 真空中一个正方体形的高斯面(见图 6.69),边长为 $a = 0.1$ m,位于图中所示位置. 已知空间的场强分布为

$$E_x = bx,\quad E_y = 0,\quad E_z = 0,$$

式中常量 $b = 1\,000$ N/(C·m). 求通过该高斯面的电通量以及高斯面包围的净电荷.

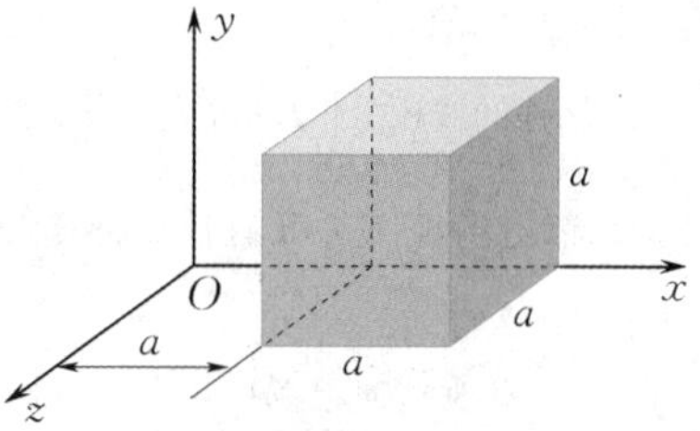

图 6.69

8. 用高斯定理求下列各带电体的场强分布:

(1) 半径为 R 的均匀带电球面(电荷量为 Q);

(2) 半径为 R 的均匀带电球体(体电荷密度为 ρ);

(3) 半径为 R、体电荷密度为 $\rho = Ar$(A 为常数)的非均匀带电球体;

(4) 半径为 R、体电荷密度为 $\rho = A/r$(A 为常数)的非均匀带电球体.

9. 一个厚度为 d 的无限大平板均匀带电,体电荷密度为 ρ,求平板内、外的场强分布.

10. 如图 6.70 所示,一点电荷 q 的电荷量为 10^{-9} C,A,B,C 三点分别距离该点电荷 10 cm,20 cm,30 cm. 若选 B 点为电势零点,求 A,C 点的电势.

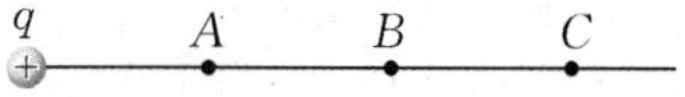

图 6.70

11. 如图 6.71 所示,两块面积均为 S 的金属平板 A 和 B 彼此平行放置,板间距离为 d(d 远小于板的线度),设 A 板带有电荷 q_1,B 板带有电荷 q_2,求 A,B 两板间的电势差 U_{AB}.

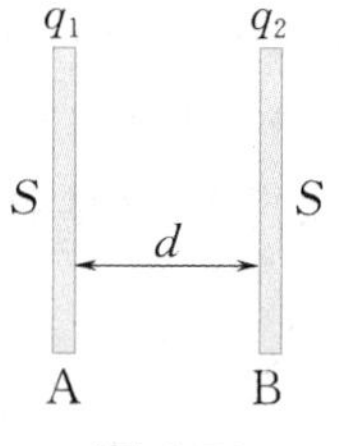

图 6.71

12. 半径为 r 的均匀带电球面 1,带有电荷 q,其外有一个同心的半径为 R 的均匀带电球面 2,带有电荷 Q,求两个球面的电势差 $U_1 - U_2$.

13. 已知某静电场的电势分布为 $U = 8x + 12x^2y - 20y^2$(SI),求场强 $\boldsymbol{E}$ 的分布.

14. 如图 6.72 所示,长度为 $2L$ 的细直线段上均

匀分布着电荷 q. 对于其延长线上距离线段中心 O 为 x 处 $(x > L)$ 的一点，求：

(1) 该点的电势 U(设无限远处为电势零点)；

(2) 利用电势梯度求该点的场强 $\boldsymbol{E}$.

图 6.72

15. 一个平行板电容器，充电后与电源保持连接，然后使两极板之间充满相对电容率为 ε_r 的各向同性均匀电介质，这时，

(1) 两极板上的电荷是原来的几倍？

(2) 场强是原来的几倍？

(3) 电场能量是原来的几倍？

16. 如图 6.73 所示，一个空腔导体 A 内有两个导体 B 和 C. 导体 A 和 C 不带电，导体 B 带正电. 比较 A, B, C 三个导体的电势 U_A, U_B, U_C 的高低.

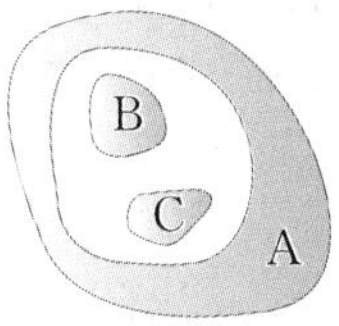

图 6.73

17. 点电荷 q 处在电中性导体球壳的中心，导体球壳的内、外半径分别为 R_1 和 R_2. 求导体球壳外的场强和电势分布.

18. 两个平行金属板分别带有等量异号电荷，两板之间的电势差为 120 V，板面积都是 3.6 cm^2，板相距为 1.6 mm. 略去边缘效应，求两个金属板之间的场强和各板上所带的电荷量.

19. 两个完全相同的真空平行板电容器 C_1, C_2 串联后与电势差为 U 的恒压电源连接，不切断电源，将电容器 C_2 两极板之间充满相对电容率为 ε_r 的电介质，如图 6.74 所示，问电容器 C_1 两极板间的电势差变为原来的多少倍？

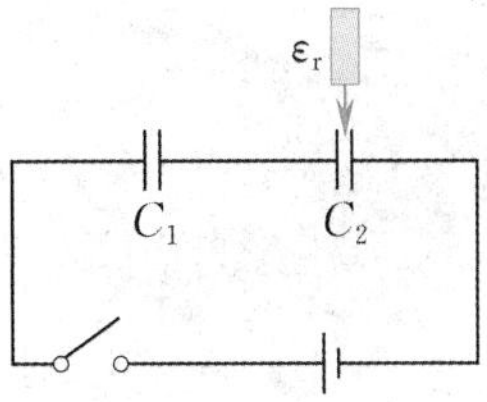

图 6.74

20. 将两个相同的空气平行板电容器 C_1, C_2 串联，加电压 U 后断开电源，再将电容器 C_1 的两极板之间充满相对电容率为 ε_r 的电介质，求此时串联电容器两端电压.

21. 三个电容器接成 Y 形，如图 6.75 所示. 已知它们的电容分别为 $C_1 = 0.3\ \mu\text{F}$, $C_2 = 0.4\ \mu\text{F}$, $C_3 = 0.5\ \mu\text{F}$；三个端点的电势分别为 $U_A = 10$ V, $U_B = -6$ V, $U_C = 0$. 求 O 点电势 U_O.

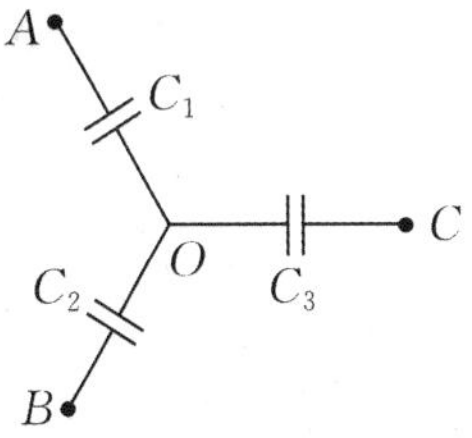

图 6.75

22. 两个平行导体板相距 5 mm，带有等量异号电荷，面电荷密度为 20 μC/m^2，导体板之间有两层电介质，一层厚度为 2.0 mm，相对电容率为 $\varepsilon_{r1} = 3.0$；另一层厚度为 3.0 mm，相对电容率为 $\varepsilon_{r2} = 4.0$. 略去边缘效应，求各电介质内的 E, D 和电介质表面的 σ'.

23. 求半径为 R、电荷量为 Q 的均匀带电球壳所具有的电场能量.

24. 平行板电容器的极板面积为 S，间距为 d，接在电源上维持两极板的电势差为 U. 现将一块厚度为 d、相对电容率为 ε_r 的均匀电介质板插入电容器的极板之间，试求电容器的电场能量的改变.

第 6 章阅读材料

第7章 电流与磁场

本章将研究恒定电流及由恒定电流产生的稳恒磁场的性质和规律；磁场对运动电荷和电流的作用；磁场与介质的相互影响与作用.

7.1 恒定电流 电动势

7.1.1 恒定电流

1. 电流

电荷的定向移动形成电流. 从微观上看，电流实际上是带电粒子的定向运动. 形成电流的带电粒子统称为**载流子**. 在金属导体中，载流子是自由电子，电流是自由电子相对于晶体点阵做定向运动形成的；在电解质溶液中，电流是由正、负离子定向运动形成的. 这些电流都称为**传导电流**. 此外，带电物体整体在空间的机械运动也可以形成电流，称为**运流电流**. 本书主要讨论传导电流. 它产生的条件有两个：一是存在可以自由移动的电荷；二是存在电场（超导例外）.

由于在一定电场中正、负电荷总是沿着相反的方向运动，而且在电流的一些效应（如磁效应、热效应）中，正电荷沿某一方向的运动和等量的负电荷沿反方向运动所产生的效果大致相同（7.4.3节霍尔（Hall）效应除外），为了分析问题方便起见，习惯上总是把电流视为正电荷的定向运动形成的，从而规定正电荷运动的方向为电流的方向，这样在导体中电流的方向总是沿着电场的方向.

电流的强弱用**电流强度**（简称**电流**）来描述，用 I 表示，定义为单位时间内通过导体任意横截面的电荷量，即

$$I=\frac{\Delta q}{\Delta t},$$

式中 Δq 是在 Δt 时间内通过任意横截面的电荷量. 上式定义的是在 Δt 时间内的平均电流. 当 $\Delta t\rightarrow 0$ 时，

$$I=\lim_{\Delta t\to 0}\frac{\Delta q}{\Delta t}=\frac{\mathrm{d}q}{\mathrm{d}t}, \tag{7.1.1}$$

表示某一时刻的瞬时电流.它是一个标量.

在国际单位制中,规定电流为基本量,单位为安[培](A).在电磁测量和电子学中,还有毫安(mA)、微安(μA)等单位,它们之间的关系为

$$1\ \mathrm{mA}=10^{-3}\ \mathrm{A},\quad 1\ \mu\mathrm{A}=10^{-6}\ \mathrm{A}.$$

2. 电流密度

电流描述的是通过导体某个横截面的电荷量的整体特征,这种描述是笼统的,在解决一般电路问题时可以利用电流这一概念.但是实际上还常常遇到大块导体中产生的电流(如地质勘探中利用的大地中的电流),为了描述导体中各处电荷定向运动的情况,即电流的分布情况,需要引入**电流密度**的概念.

1)电流线

类似于在电场中可作出电场线,在有电流通过的导体中可作出电流线:在导体中画出一组有向曲线,令曲线上任意一点的切线方向都代表该点正电荷定向运动的方向,称这组曲线为**电流线**.如图7.1所示,通过任意形状导体的两个横截面的电流相等,但电荷定向运动的情况不同,亦即电流线的方向和疏密程度不同.

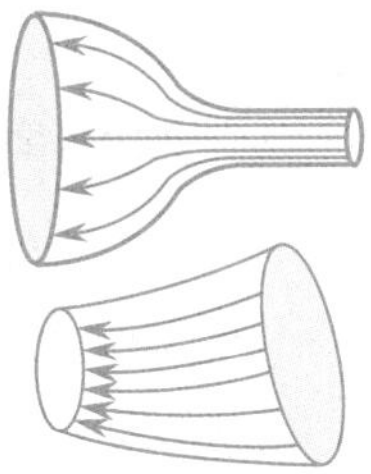

图7.1 不同形状导体的电流线

2)电流密度

如图7.2所示,在有电流通过的导体中任取一点,定义通过该点的电流密度 $\boldsymbol{j}$ 的方向为正电荷通过该点时的运动方向;过该点作一垂直于电流密度的无限小面积元 $\mathrm{d}S_\perp$,通过该面积元的电流为 $\mathrm{d}I$,则电流密度的大小定义为

$$j=\frac{\mathrm{d}I}{\mathrm{d}S_\perp}. \tag{7.1.2}$$

在国际单位制中,电流密度的单位为安[培]每平方米($\mathrm{A/m^2}$).

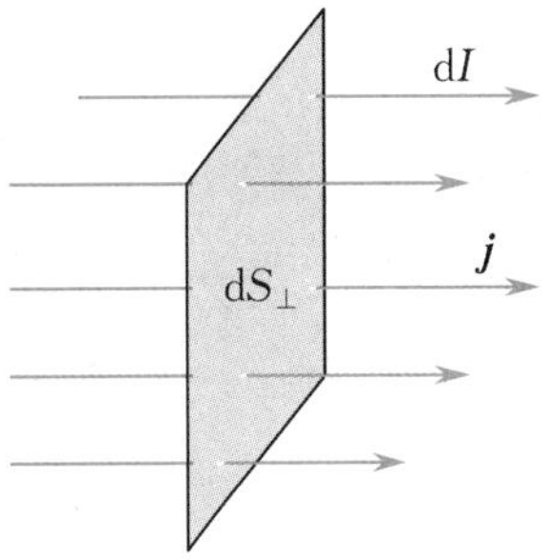

图7.2 电流密度定义

根据式(7.1.2),可以得出电流和电流密度的关系.如图7.3(a)所示,通过任意面积元 $\mathrm{d}S$ 的电流等于通过面积元 $\mathrm{d}S_\perp$ 的电流,则有

$$\mathrm{d}I=j\,\mathrm{d}S_\perp=j\cos\theta\,\mathrm{d}S=\boldsymbol{j}\cdot\mathrm{d}\boldsymbol{S}. \tag{7.1.3}$$

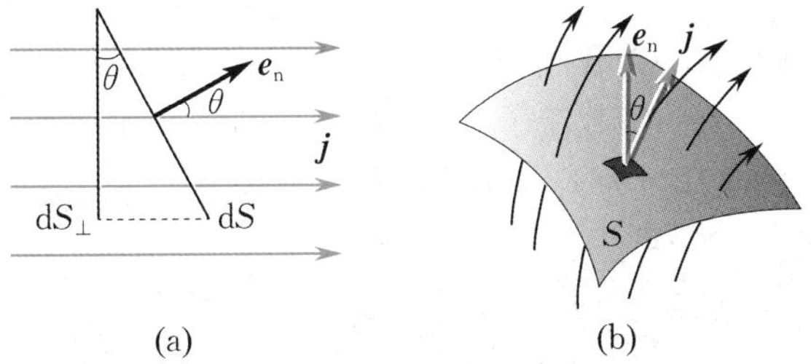

图7.3 电流与电流密度

通过任意曲面 S 的电流(见图 7.3(b))可表示为

$$I = \iint_S \boldsymbol{j} \cdot \mathrm{d}\boldsymbol{S}. \tag{7.1.4}$$

式(7.1.4)表明,通过曲面 S 的电流等于通过该曲面的电流密度通量.

3. 电流和电流密度的微观意义

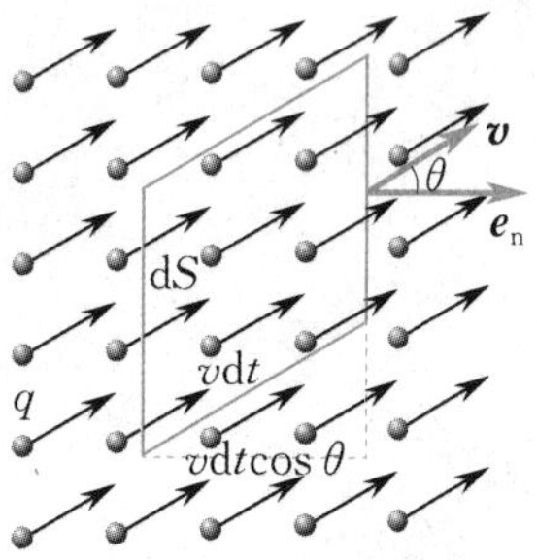

图 7.4 电流密度

下面从分析电荷的定向运动出发,利用统计方法讨论电流和电流密度的微观意义. 先考虑一种最简单的情况,即只有一种载流子,电荷量为 q,以相同的速度 $\boldsymbol{v}$ 沿同一方向运动. 设想在导体内有一面积元 $\mathrm{d}S$,它的正法线方向 $\boldsymbol{e}_\mathrm{n}$ 与 $\boldsymbol{v}$ 成 θ 角(见图 7.4). 在 $\mathrm{d}t$ 时间内通过 $\mathrm{d}S$ 的载流子应是在底面积为 $\mathrm{d}S$、斜长为 $v\mathrm{d}t$ 的斜柱体内的所有载流子. 此斜柱体的体积为 $v\mathrm{d}t\cos\theta\mathrm{d}S$. 以 n 表示单位体积内载流子的数目,称为载流子的浓度. 单位时间内通过 $\mathrm{d}S$ 的电荷量,即通过 $\mathrm{d}S$ 的电流为

$$\mathrm{d}I = \frac{qnv\mathrm{d}t\cos\theta\mathrm{d}S}{\mathrm{d}t} = qnv\cos\theta\mathrm{d}S.$$

上式可写成

$$\mathrm{d}I = qn\boldsymbol{v} \cdot \mathrm{d}\boldsymbol{S}. \tag{7.1.5}$$

比较式(7.1.3)和(7.1.5),有

$$\boldsymbol{j} = qn\boldsymbol{v}. \tag{7.1.6}$$

由式(7.1.6)可知,影响电流密度大小的因素有三个:载流子的电荷量、载流子的浓度和载流子定向运动的速度. 对于正载流子,电流密度的方向与载流子定向运动的方向相同,亦即该处电流的方向;对于负载流子,电流密度的方向与载流子定向运动的方向相反.

实际的导体中可能有几种载流子. 以 n_i,q_i 和 $\boldsymbol{v}_i$ 分别表示第 i 种载流子的浓度、电荷量和速度,以 $\boldsymbol{j}_i$ 表示这种载流子形成的电流密度,则通过面积元 $\mathrm{d}S$ 的电流应为

$$\mathrm{d}I = \sum_i q_i n_i \boldsymbol{v}_i \cdot \mathrm{d}\boldsymbol{S} = \sum \boldsymbol{j}_i \cdot \mathrm{d}\boldsymbol{S}.$$

以 $\boldsymbol{j}$ 表示总电流密度,它是各种载流子形成的电流密度的矢量和,即 $\boldsymbol{j} = \sum\limits_i \boldsymbol{j}_i$. 上式可写成

$$\mathrm{d}I = \boldsymbol{j} \cdot \mathrm{d}\boldsymbol{S}.$$

这一公式和只有一种载流子时一样.

金属中只有一种载流子,即自由电子,但各自由电子的速度不同. 设电子的电荷量为 $-e$,单位体积内以速度 $\boldsymbol{v}_i$ 运动的电子的数目为 n_i,则

$$\boldsymbol{j} = \sum_i \boldsymbol{j}_i = -\sum_i n_i e\boldsymbol{v}_i = -e\sum_i n_i \boldsymbol{v}_i.$$

以 $\bar{\boldsymbol{v}}$ 表示平均速度,则由平均值的定义,得

$$\overline{\boldsymbol{v}} = \frac{\sum n_i \boldsymbol{v}_i}{\sum n_i} = \frac{\sum n_i \boldsymbol{v}_i}{n},$$

式中 n 为单位体积内的电子数. 利用平均速度的表达式,金属中的电流密度可表示为

$$\boldsymbol{j} = -ne\overline{\boldsymbol{v}}. \tag{7.1.7}$$

在无外加电场的情况下,金属中的电子做无规则热运动,$\overline{\boldsymbol{v}} = \mathbf{0}$,无电流形成;在外加电场时,金属中的电子有一个平均定向运动速度 $\overline{\boldsymbol{v}}$,由此形成了电流. 这就是形成电流需要电场的微观解释,这一平均定向运动速度称为漂移速度.

4. 电流的连续性原理和恒定电流的条件

设在导体内任取一闭合曲面 S,并规定曲面的外法线方向为正,则通过闭合曲面 S 的总电流为 $I = \oiint_S \boldsymbol{j} \cdot \mathrm{d}\boldsymbol{S}$. 根据 $\boldsymbol{j}$ 的定义可知,它表示通过闭合曲面 S 向外净流出的电流,即在单位时间内从闭合曲面内向外流出的正电荷的电荷量. 根据电荷守恒定律,通过闭合曲面流出的电荷量应等于闭合曲面内电荷量 q_{in} 的减少,因此有

$$\oiint_S \boldsymbol{j} \cdot \mathrm{d}\boldsymbol{S} = -\frac{\mathrm{d}q_{\text{in}}}{\mathrm{d}t}. \tag{7.1.8}$$

这一关系式称为电流的连续性方程,它表明,电流线会终止或发出于电荷发生变化的地方.

在大块导体中,电流密度可以各处不同,还可以随时间变化,在本章我们只讨论恒定电流,即导体内各处电流密度都不随时间变化的电流.

恒定电流有一个很重要的性质,就是通过任意闭合曲面的恒定电流为零,即

$$\oiint_S \boldsymbol{j} \cdot \mathrm{d}\boldsymbol{S} = 0. \tag{7.1.9}$$

式(7.1.9)称为恒定电流的恒定条件. 它表明,电流通过任意闭合曲面时,一侧流入的电荷量必然等于从另一侧流出的电荷量. 也就是说,电流线连续地穿过任意闭合曲面. 因此恒定电流的电流线不会在任何地方中断,它们永远是闭合曲线(这也是恒定电流电路必须闭合的原因).

7.1.2　电源的电动势

在静电场中,正(负)电荷受静电力的作用,总是沿电势降低(升高)的方向运动. 如果只有静电力做功,最终会导致导体达到静电平衡状态,使导体内部场强处处为零. 在闭合回路中,如果只有静电力做功,是不可能建立起连续不断的电流的. 要在闭合回路中

实现连续电流,回路中需要存在电源. 所谓电源,是指将其他形式的能量转化为电能的装置. 在电源内部存在着一种非静电起源的电场,如图 7.5 所示,这种电场和静电场一样,也可以作用于所有电荷. 这种非静电起源的电场称为非静电场 $\boldsymbol{E}_\mathrm{k}$,作用于电荷的力称为非静电力 $\boldsymbol{F}_\mathrm{k}$. 非静电场起着分离正、负电荷,并使之向相反方向迁移的作用. 但是,它不因自由电荷的移动而改变. 随着自由电荷在不同位置的聚集,静电场 $\boldsymbol{E}$ 同时产生.

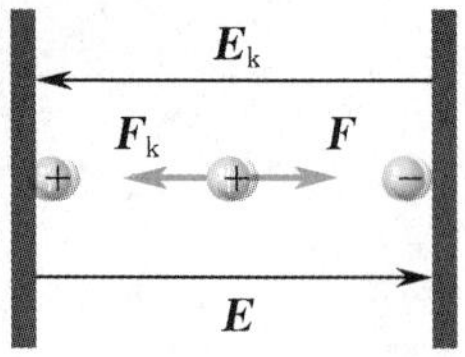

图 7.5　电源内的静电场和非静电场

在电源中,非静电场的作用是为电路提供了静电势能,类似于水泵逆重力把水从低位抽到高位,而在水路的其他地方,水在重力的作用下流动. 电源外部的电流仅取决于静电场. 不同类型的电源,形成非静电力的原因不同,但非静电场的强度不受静电场的影响. 在电源内部,总电场是非静电场与静电场的叠加. 一切提供非静电力的装置都相当于电源. 含有电源的电路闭合后,就形成连续电流,电流所做的功源于非静电力做的功.

电源都有正、负两极,通常把电源内部正、负两极之间的电路称为内电路;电源外部正、负两极之间的电路称为外电路. 当内、外电路连接成闭合电路时,正(负)电荷由正(负)极流出,经过外电路到负(正)极,再经过内电路回到正(负)极. 这样,电荷在电源的作用下,在闭合电路中持续不断地运动而形成连续电流.

电源在移动正电荷的过程中要对正电荷做功. 设在 $\mathrm{d}t$ 时间内,电源将正电荷 $\mathrm{d}q$ 从负极移动到正极所做的功为 $\mathrm{d}A$,则电源的电动势 $\mathscr{E}$ 可定义为

$$\mathscr{E} = \frac{\mathrm{d}A}{\mathrm{d}q}, \tag{7.1.10}$$

即电源的电动势等于电源把单位正电荷从负极经内电路移动到正极时所做的功. 电动势的大小取决于电源本身的性质,与外电路无关. 电动势的单位与电势的单位相同,即伏[特](V). 电动势是标量,但为了讨论问题的方便,常规定电动势的方向:在电源内部由负极指向正极,即电源内部电势升高的方向.

当闭合电路中有恒定电流时,电路中会出现恒定电场. 恒定电场与静电场一样,也服从环流定理:$\oint_L \boldsymbol{E} \cdot \mathrm{d}\boldsymbol{l} = 0$. 在电源内部,电荷不仅受到恒定电场的作用,而且还受到非静电场 $\boldsymbol{E}_\mathrm{k}$ 的作用,所以 $\mathrm{d}A = \int_{(+)\to(-)} \mathrm{d}q\boldsymbol{E}_\mathrm{k} \cdot \mathrm{d}\boldsymbol{l}$,将此式代入式(7.1.10)可得电源的电动势为

$$\mathscr{E} = \int_{(+)\to(-)} \boldsymbol{E}_\mathrm{k} \cdot \mathrm{d}\boldsymbol{l}. \tag{7.1.11}$$

如果电动势存在于整个闭合电路,那么它可表示为

$$\mathscr{E}=\oint_L \boldsymbol{E}_{\mathrm{k}} \cdot \mathrm{d}\boldsymbol{l}, \tag{7.1.12}$$

即电动势等于非静电场场强 $\boldsymbol{E}_{\mathrm{k}}$ 沿闭合电路 L 的环流. 这是电动势的又一表述方法，它比式(7.1.11)更具有普适性.

7.1.3　焦耳-楞次定律

在一段电阻为 R 的导体中有恒定电流 I 通过时，在 t 时间内电流产生的热量为

$$Q=I^2Rt. \tag{7.1.13}$$

式(7.1.13)称为焦耳-楞次(Joule-Lenz)定律的积分形式. 这是计算电流产生的热量的公式.

在导体中取一小体积元，截面积为 S，长为 $\mathrm{d}l$，则体积元的体积为 $\mathrm{d}V=S\mathrm{d}l$，其电阻为 $\mathrm{d}R=\rho\dfrac{\mathrm{d}l}{S}=\dfrac{\mathrm{d}l}{\sigma S}$，式中 σ 是导体的电导率. 根据式(7.1.4)，$I=\iint_S \boldsymbol{j}\cdot\mathrm{d}\boldsymbol{S}=jS$，$j$ 是体积元中电流密度的大小，则在 $\mathrm{d}t$ 时间内电流在该体积元中所产生的热量为

$$\mathrm{d}Q=I^2\mathrm{d}R\mathrm{d}t=(jS)^2\frac{\mathrm{d}l}{\sigma S}\mathrm{d}t=\frac{j^2}{\sigma}S\mathrm{d}l\mathrm{d}t=\frac{j^2}{\sigma}\mathrm{d}V\mathrm{d}t.$$

导体内单位时间、单位体积中产生的热量称为热功率密度，用 P 表示，即

$$P=\frac{\mathrm{d}Q}{\mathrm{d}V\mathrm{d}t}=\frac{j^2}{\sigma}.$$

利用欧姆定律的微分形式 $\boldsymbol{j}=\sigma\boldsymbol{E}$，可将上式化为

$$P=\boldsymbol{j}\cdot\boldsymbol{E}=\sigma E^2. \tag{7.1.14}$$

式(7.1.14)称为焦耳-楞次定律的微分形式. 它说明，在导体内某一点处的热功率密度既与该点处的电场强度的平方有关，也与导体的电导率有关，其大小等于两者的乘积. 实验和理论都表明，无论导体是否均匀，通过导体的电流是否恒定，焦耳-楞次定律的微分形式和欧姆定律的微分形式都是成立的.

7.2　稳恒磁场的描述

磁现象的发现要比电现象早得多. 我国是世界上最早发现并应用磁现象的国家之一. 在历史上很长一段时期里，磁学和电学的研究一直彼此独立地发展着，人们曾认为磁与电是两类截然不同的现象. 直到 19 世纪初，奥斯特、安培等人做出的一系列重要发现

才打破了这个界限.电流的磁效应的发现,才使人们认识到磁现象起源于电荷的运动,电与磁之间存在不可分割的联系.

7.2.1 磁场和磁感应强度

1. 磁场

电荷(不论是静止或运动)在其周围空间要产生电场,而电场的基本性质是对置于其中的其他电荷施加作用力,电相互作用是通过电场来传递的.实验和近代物理理论证明,运动电荷在周围空间要产生一个磁场,而磁场的最基本的性质之一是对置于其中的其他磁极或电流(即运动电荷)施加作用力,磁相互作用是通过磁场来传递的.因此,运动电荷之间的磁力作用是通过下面的模式进行的:

$$\text{运动电荷 1} \underset{\text{作用}}{\overset{\text{激发}}{\rightleftarrows}} \text{磁场} \underset{\text{激发}}{\overset{\text{作用}}{\leftrightarrows}} \text{运动电荷 2}$$

应该注意的是,静止电荷只受到电场力的作用,它本身只激发静电场,而运动电荷除受到电场力以外,还受到磁场力(通过磁场而作用的).这样,运动电荷除在周围空间激发电场外,还要产生磁场.磁场也是物质的一种形态,它只对运动电荷施加作用,对静止电荷毫无影响.因此,通过实验分别测定电荷静止和运动时所受的力,可以把磁场从电磁场中区分出来.生产与实验中最有实际意义的是电荷在导体中恒定运动,即导体中的恒定电流——不随时间变化的运动电荷分布,它在其周围空间将产生不随时间变化的磁场,称为稳恒磁场.

这里所说的静止和运动都是相对于某一选定的惯性系而言的.同一客观存在的场,它在某一参考系中表现为电场,而在另一参考系中可能同时表现为电场和磁场.

2. 磁感应强度 $\boldsymbol{B}$

磁感应强度和毕奥-萨伐尔定律

在磁场中,磁场对外的重要表现是:磁场对置于场中的运动检验电荷、载流导体或永久磁体有磁场力的作用,因此可用磁场对运动检验电荷的作用来描述磁场,并由此引入磁感应强度 $\boldsymbol{B}$ 来描述磁场的性质.

实验发现:

(1) 当运动检验电荷 q_0 以同一速率 v 沿不同方向通过磁场中的某点 P 时,电荷所受磁场力的大小是不同的,但磁场力的方向总是与电荷的运动方向($\boldsymbol{v}$)垂直.

(2) 在磁场中 P 点存在一个特定方向,当检验电荷 q_0 沿这一特定方向(或其反方向)运动时,电荷所受的磁场力为零.该方向称为"零力线方向",它与运动检验电荷无关,反映出磁场本身的一个性质. 因此我们定义:某点 P 处磁场的方向是沿着运动检验电荷通过该点时不受磁场力的方向.

(3) 运动检验电荷 q_0 在 P 点沿着与磁场方向垂直的方向运动时,所受到的磁场力最大,如图 7.6 所示(为简便起见,这里只考虑正运动检验电荷),而且这个最大磁场力 $F_{\max}$ 正比于运动检验电荷的电荷量 q_0,也正比于运动的速率 v,但比值$\dfrac{F_{\max}}{q_0 v}$ 在 P 点具有确定的值,与 $q_0 v$ 的大小无关.

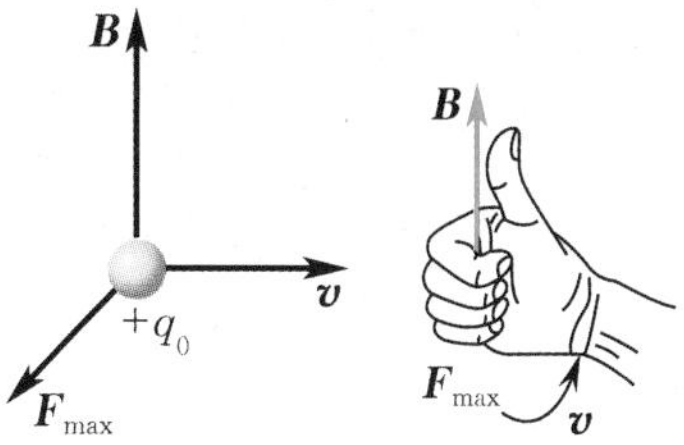

图 7.6　$\boldsymbol{B}$,$\boldsymbol{F}_{\max}$,$\boldsymbol{v}$ 的方向

由此可见,比值$\dfrac{F_{\max}}{q_0 v}$ 反映了该点磁场强弱的性质. 由此我们引入描述磁场中各点的客观性质的基本物理量 —— 磁感应强度,用 $\boldsymbol{B}$ 表示,其大小定义为

$$B = \frac{F_{\max}}{q_0 v}, \tag{7.2.1}$$

其方向为该点处磁场的方向,即运动检验电荷在该点不受磁场力的方向. 根据实验发现,磁场力 $\boldsymbol{F}$ 的方向总是垂直于 $\boldsymbol{B}$ 和 $\boldsymbol{v}$ 所确定的平面,其大小正比于 $q_0 B v \sin\alpha$(α 是 $\boldsymbol{B}$ 和 $\boldsymbol{v}$ 之间的夹角). 这样,可根据最大磁场力 $\boldsymbol{F}_{\max}\left(\alpha = \dfrac{\pi}{2}\right)$和 $\boldsymbol{v}$($\boldsymbol{F}_{\max} \perp \boldsymbol{v}$) 的关系确定 $\boldsymbol{B}$ 的方向如下:按右手螺旋定则,四指由正运动检验电荷所受力 $\boldsymbol{F}_{\max}$ 的方向沿小于 π 的角度转向速度 $\boldsymbol{v}$ 的方向,此时大拇指所指的方向便是该点处 $\boldsymbol{B}$ 的方向. 这样确定的磁场方向(即 $\boldsymbol{B}$ 的方向) 和用小磁针的 N 极确定的磁场方向是一致的. 于是,有

$$\boldsymbol{B} = \frac{\boldsymbol{F}_{\max} \times \boldsymbol{v}}{q v^2}. \tag{7.2.2}$$

在国际单位制中,磁感应强度 $\boldsymbol{B}$ 的单位是特[斯拉](T). $\boldsymbol{B}$ 还有一个常用单位 —— 高斯,记作 Gs(或 G),$1\ \mathrm{T} = 10^4\ \mathrm{Gs}$.

产生磁场的运动电荷或电流可称为磁场源. 实验指出,在有若干个磁场源的情况下,它们产生的磁场服从叠加原理,以 $\boldsymbol{B}_i$ 表示第 i 个磁场源在某点处产生的磁场,则在该点处的磁感应强度 $\boldsymbol{B}$ 为

$$\boldsymbol{B} = \sum_i \boldsymbol{B}_i.$$

7.2.2　毕奥-萨伐尔定律及其应用

当计算电流产生的磁场时,可以把电流看成是由许多电流元连接组成的,然后以电流元产生的磁场的磁感应强度公式为基础,应用叠加原理,计算出电流周围空间的磁场分布. 最有实际意义的是导体中恒定电流在真空(或自由空间) 中产生稳恒磁场的问题,其规律的基本形式是电流元产生的磁场和该电流元的关系式.

1. 毕奥-萨伐尔定律

19 世纪 20 年代,毕奥和萨伐尔在电流产生磁场这方面做了大量实验和分析,并在法国数学家拉普拉斯的帮助下得到了电流元产生磁场的磁感应强度公式. 这就是电磁学中的著名的**毕奥-萨伐尔定律**. 其表述如下:如图 7.7 所示,在真空中的一载流导线上任取一电流元 $I\mathrm{d}\boldsymbol{l}$(其方向为导线上该点线元 $\mathrm{d}l$ 上电流 I 的方向,大小为 I 与 $\mathrm{d}l$ 的乘积),该电流元在空间任意一点 P 处所产生的磁感应强度 $\mathrm{d}\boldsymbol{B}$ 可表示为

$$\mathrm{d}\boldsymbol{B}=\frac{\mu_0}{4\pi}\frac{I\mathrm{d}\boldsymbol{l}\times\boldsymbol{e}_r}{r^2}=\frac{\mu_0}{4\pi}\frac{I\mathrm{d}\boldsymbol{l}\times\boldsymbol{r}}{r^3},\qquad(7.2.3)$$

式中 $\mu_0=4\pi\times10^{-7}$ H/m 称为**真空磁导率**;$\boldsymbol{e}_r$ 是电流元 $I\mathrm{d}\boldsymbol{l}$ 指向 P 点的位矢 $\boldsymbol{r}$ 的单位矢量.

磁感应强度 $\mathrm{d}\boldsymbol{B}$ 的大小为

$$\mathrm{d}B=\frac{\mu_0}{4\pi}\frac{I\mathrm{d}l\sin\theta}{r^2}.\qquad(7.2.4)$$

由式(7.2.4)可知,$\mathrm{d}\boldsymbol{B}$ 的大小与电流元的大小成正比,与电流元 $I\mathrm{d}\boldsymbol{l}$ 和位矢 $\boldsymbol{r}$ 的夹角的正弦成正比,与电流元到 P 点的距离的平方成反比,$\mathrm{d}\boldsymbol{B}$ 的方向垂直于 $I\mathrm{d}\boldsymbol{l}$ 和 $\boldsymbol{r}$ 所确定的平面,指向矢积 $\mathrm{d}\boldsymbol{l}\times\boldsymbol{r}$ 的方向,如图 7.7 所示.

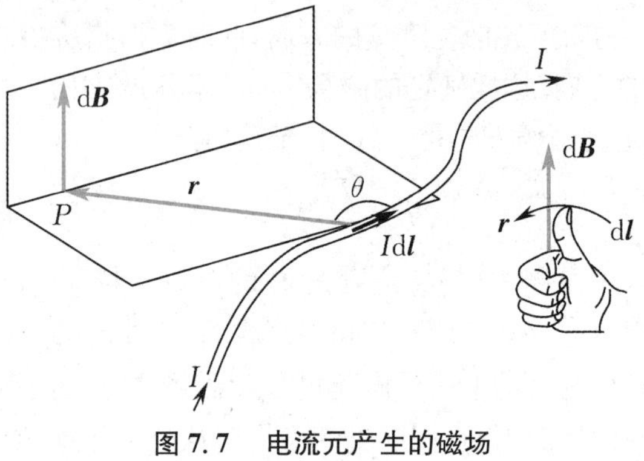

图 7.7　电流元产生的磁场

由磁场叠加原理,可得整个载流导线在 P 点处产生的磁感应强度为

$$\boldsymbol{B}=\int\mathrm{d}\boldsymbol{B}=\int\frac{\mu_0}{4\pi}\frac{I\mathrm{d}\boldsymbol{l}\times\boldsymbol{e}_r}{r^2}=\int\frac{\mu_0}{4\pi}\frac{I\mathrm{d}\boldsymbol{l}\times\boldsymbol{r}}{r^3},\qquad(7.2.5)$$

注意积分范围是对整个载流导线. 式(7.2.5)中积分的上、下限由电流的起点和终点决定. 在计算积分时,若取直角坐标系,则可以将 $\mathrm{d}\boldsymbol{B}$ 分别在坐标轴上进行投影,得到 $\mathrm{d}B_x$,$\mathrm{d}B_y$,$\mathrm{d}B_z$,然后再分别进行积分,即

$$B_x=\int\mathrm{d}B_x,\quad B_y=\int\mathrm{d}B_y,\quad B_z=\int\mathrm{d}B_z,$$

最后可得 $\boldsymbol{B}=B_x\boldsymbol{i}+B_y\boldsymbol{j}+B_z\boldsymbol{k}$.

如果是面电流或体电流，则可将其视为许多线电流的集合，然后仿照以上的方法进行求解.

毕奥-萨伐尔定律是通过实验再加上数学的方法推导出来的，其正确与否是无法用实验直接验证的，因为实验无法测出电流元产生的磁场. 它的正确性可以通过该定律计算载流导线在某点处产生的磁感应强度与实验是否相符来验证.

2. 毕奥-萨伐尔定律的应用

例 7.2.1　如图 7.8 所示，一长为 L 的直导线通有电流 I，求与直导线垂直距离为 r 的场点 P 处的磁感应强度.

解　用毕奥-萨伐尔定律求恒定电流的磁场分布问题可按以下步骤进行：

(1) 作图. 将载流直导线、电流元、场点以及相关的几何量都在图中表示出来. 如图 7.8 所示，场点 P 到直导线的垂足为 O.

(2) 分析电流元在场点产生的磁感应强度 $\mathrm{d}\boldsymbol{B}$ 的方向和大小. 在载流直导线上任取一电流元 $I\mathrm{d}\boldsymbol{l}$，该电流元到 O 点的距离为 l，它在 P 点所产生的磁感应强度为

$$\mathrm{d}\boldsymbol{B}=\frac{\mu_0}{4\pi}\frac{I\mathrm{d}\boldsymbol{l}\times\boldsymbol{r}'}{r'^3},$$

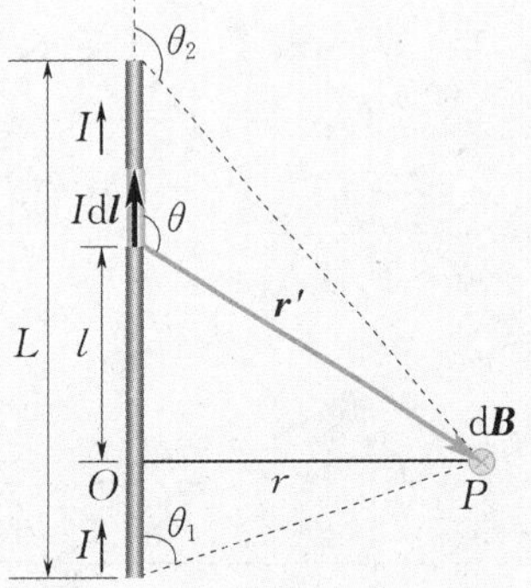

图 7.8　载流直导线的磁场

式中 $\boldsymbol{r}'$ 为电流元到 P 点的位矢. $\mathrm{d}\boldsymbol{B}$ 的方向由 $I\mathrm{d}\boldsymbol{l}\times\boldsymbol{r}'$ 决定，为垂直纸面向里，在图中用 ⊗ 表示（如果垂直纸面向外，则用 ⊙ 表示）. $\mathrm{d}\boldsymbol{B}$ 的大小为

$$\mathrm{d}B=\frac{\mu_0}{4\pi}\frac{I\mathrm{d}l\sin\theta}{r'^2},$$

式中 θ 为 $I\mathrm{d}\boldsymbol{l}$ 与 $\boldsymbol{r}'$ 的夹角.

(3) 求出场点的总磁感应强度. 本例中由于直导线上所有电流元在 P 点产生的磁感应强度的方向相同，总磁感应强度也沿该方向. 它的大小为

$$B=\int_L\mathrm{d}B=\int_L\frac{\mu_0}{4\pi}\frac{I\mathrm{d}l\sin\theta}{r'^2},$$

式中 l,r' 和 θ 都是变量. 由图 7.8 可知，

$$r'=\frac{r}{\sin\theta},\quad l=-r\cot\theta,\quad \mathrm{d}l=\frac{-r\mathrm{d}\theta}{\sin^2\theta},$$

代入积分式，可得

$$B=\frac{\mu_0}{4\pi}\frac{I}{r}\int_{\theta_1}^{\theta_2}\sin\theta\mathrm{d}\theta,$$

解得

$$B=\frac{\mu_0 I}{4\pi r}(\cos\theta_1-\cos\theta_2),\tag{7.2.6}$$

式中θ_1和θ_2分别是载流直导线的流进端和流出端到P点的连线与电流方向之间的夹角.$\boldsymbol{B}$的方向为垂直纸面向里.载流直导线产生的$\boldsymbol{B}$的方向遵从右手螺旋定则:右手大拇指所指方向表示电流的方向,弯曲四指表示磁感应强度$\boldsymbol{B}$的方向.

从式(7.2.6)可进一步推导出下列重要结论:

(1) 若载流直导线无限长(或场点离导线很近),对应有$\theta_1=0,\theta_2=\pi$.由式(7.2.6)可得

$$B=\frac{\mu_0 I}{2\pi r}. \tag{7.2.7}$$

式(7.2.7)表明,无限长载流直导线周围的磁感应强度$\boldsymbol{B}$的大小与场点到导线的距离成反比,与电流成正比.

(2) 半无限长的载流直导线附近一点,对应有$\theta_1=0,\theta_2=\frac{\pi}{2}$或者$\theta_1=\frac{\pi}{2},\theta_2=\pi$.由式(7.2.6),可得$B=\frac{\mu_0 I}{4\pi r}$.

(3) 载流直导线延长线上任意一点,对应有$\theta_1=0,\theta_2=0$或者$\theta_1=\pi,\theta_2=\pi$.由式(7.2.6),可得$B=0$.

例 7.2.2 如图7.9所示,有一半径为R、通有电流为I的细导线圆环,求其轴线上任意一点处的磁感应强度.

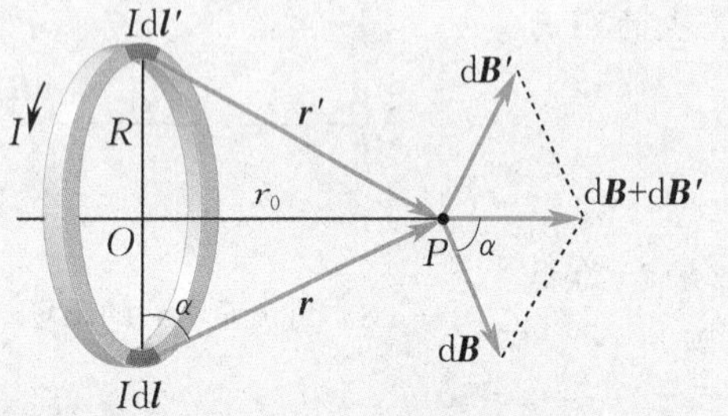

图 7.9 圆电流轴线上的磁场

解 P点为轴线上距离圆心O点为r_0的点,在圆电流上任取一电流元$Id\boldsymbol{l}$,它指向P点的位矢为$\boldsymbol{r}$,$\boldsymbol{r}$与圆电流平面的夹角为α,由于$Id\boldsymbol{l}$与$\boldsymbol{r}$的夹角为$\theta=\frac{\pi}{2}$,$Id\boldsymbol{l}$在P点处产生的磁感应强度$d\boldsymbol{B}$的大小为

$$dB=\frac{\mu_0}{4\pi}\frac{Idl}{r^2}. \tag{7.2.8}$$

因$d\boldsymbol{B}$的方向应垂直于$Id\boldsymbol{l}$与$\boldsymbol{r}$所确定的平面,即与$\boldsymbol{r}$垂直,如图7.9所示,$d\boldsymbol{B}$与轴线的夹角为α.

根据圆电流的轴对称性,若在$Id\boldsymbol{l}$的对称位置取电流元$Id\boldsymbol{l}'$,则$Id\boldsymbol{l}'$在P点处所产生的$d\boldsymbol{B}'$的大小与$d\boldsymbol{B}$的大小相等,方向与$d\boldsymbol{B}$的方向对称,与轴线的夹角为α(见图7.9),$d\boldsymbol{B}$与$d\boldsymbol{B}'$在垂直于轴线OP上的分量相互抵消,$d\boldsymbol{B}+d\boldsymbol{B}'$沿轴线方向.整个圆电流可以分割成许多对这样的电流元,因此总磁感应强度$\boldsymbol{B}$沿轴线方向,有

$$B=\oint dB\cos\alpha,$$

式中$dB=\frac{\mu_0 I}{4\pi r^2}dl$.因$r^2=R^2+r_0^2$,$\cos\alpha=\frac{R}{r}=\frac{R}{\sqrt{R^2+r_0^2}}$均为常数,所以

$$B=\frac{\mu_0}{4\pi}\frac{IR}{(R^2+r_0^2)^{3/2}}\oint dl=\frac{\mu_0}{4\pi}\frac{2\pi R^2 I}{(R^2+r_0^2)^{3/2}}=\frac{\mu_0 R^2 I}{2(R^2+r_0^2)^{\frac{3}{2}}}, \tag{7.2.9}$$

$\boldsymbol{B}$的方向与圆电流的电流方向符合右手螺旋定则,即弯曲四指表示圆电流的电流方向,大拇指所指方向为轴线上$\boldsymbol{B}$的方向.

(1) 在圆心处,$r_0=0$,则

$$B=\frac{\mu_0 I}{2R}. \tag{7.2.10}$$

(2) 一段载流圆弧导线在其圆心处产生的磁感应强度为

$$B=\frac{\mu_0 I}{4\pi R}\varphi, \tag{7.2.11}$$

式中 φ 是圆弧对圆心所张的圆心角. 磁感应强度的方向与圆弧导线所在平面垂直,且遵从右手螺旋定则,如图 7.10 所示.

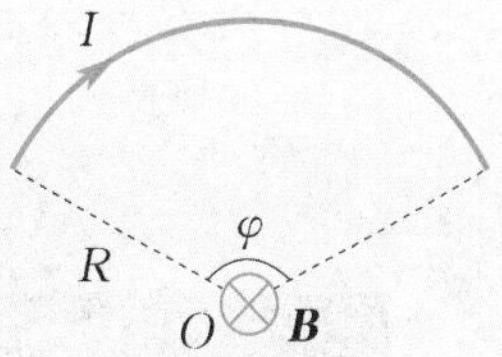

图 7.10　一段载流圆弧导线在圆心处产生的磁感应强度方向的确定

(3) 在远离圆电流处,即 $r_0 \gg R$ 时,$r\approx r_0$,则

$$B\approx\frac{\mu_0}{4\pi}\frac{2\pi R^2 I}{r_0^3}=\frac{\mu_0}{4\pi}\frac{2IS}{r_0^3},$$

式中 $S=\pi R^2$ 为圆电流所围的面积. 平面载流线圈的磁矩定义为

$$\boldsymbol{p}_{\mathrm{m}}=IS\boldsymbol{e}_{\mathrm{n}}, \tag{7.2.12}$$

式中 $\boldsymbol{e}_{\mathrm{n}}$ 为线圈平面的法线方向的单位矢量(与线圈中电流方向满足右手螺旋定则,即四指表示电流方向,大拇指指向为线圈平面的法线方向,参见图 7.11),则圆电流轴线上距圆心较远处的磁感应强度可表示为

$$\boldsymbol{B}\approx\frac{\mu_0}{4\pi}\frac{2\boldsymbol{p}_{\mathrm{m}}}{r_0^3}. \tag{7.2.13}$$

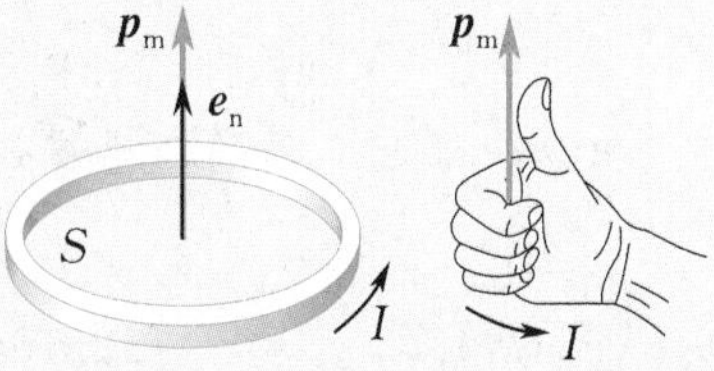

图 7.11　平面载流线圈的法线方向和磁矩方向的确定

如果线圈有 N 匝,这时平面载流线圈的磁矩的定义为

$$\boldsymbol{p}_{\mathrm{m}}=NIS\boldsymbol{e}_{\mathrm{n}}. \tag{7.2.14}$$

有了磁矩 $\boldsymbol{p}_{\mathrm{m}}$ 的定义,圆电流在轴线上的磁感应强度 $\boldsymbol{B}$ 可表示为

$$\boldsymbol{B}=\frac{\mu_0}{4\pi}\frac{2\boldsymbol{p}_{\mathrm{m}}}{(R^2+r_0^2)^{3/2}}=\frac{\mu_0\boldsymbol{p}_{\mathrm{m}}}{2\pi r^3}. \tag{7.2.15}$$

圆电流在轴线以外产生的磁场计算比较复杂. 当圆电流的半径很小或讨论远离圆电流处的磁场分布时,其分布与静电场中电偶极子的电场分布非常相似,因而圆电流可以认为是一个磁偶极子,产生的磁场称为磁偶极磁场.

实际上,原子、分子以至电子、质子等基本粒子都有磁矩. 原子、分子的磁矩主要来源于电子绕核运动而形成的等效圆电流,而电子、质子等基本粒子的磁矩来源于它们的自旋. 地球也可以看作一个大磁偶极子,其磁矩约为 $8.0\times10^{22}\ \mathrm{A\cdot m^2}$,地磁场也是一个磁偶极磁场.

例 7.2.3　如图 7.12 所示,一均匀密绕螺线管的长度为 L,半径为 R,单位长度上绕有 n 匝线圈,通有电流 I,求螺线管轴线上的磁感应强度分布.

解　螺线管各匝线圈都是螺旋形的,但在密绕的情况下,可以把它看成是许多匝圆线圈紧密排列组成的. 载流直螺线管在轴线上某点 P 处的磁感应强度等于各匝圆线圈在该处磁感应强度的矢量和.

图 7.12　载流螺线管

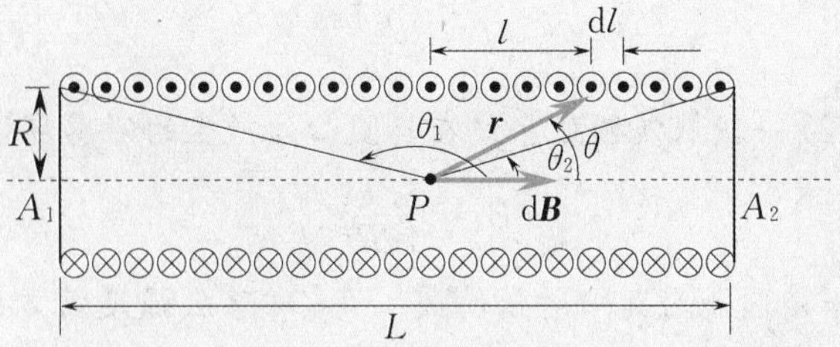

图 7.13　载流螺线管轴线上 $\boldsymbol{B}$ 的计算

如图 7.13 所示，在距轴线上任意一点 P 距离为 l 处，取螺线管上长为 $\mathrm{d}l$ 的一微元，将它看成一个圆电流，其电流为 $\mathrm{d}I = nI\,\mathrm{d}l$，磁矩为 $\mathrm{d}p_{\mathrm{m}} = S\mathrm{d}I = \pi R^2 nI\,\mathrm{d}l$. 由式(7.2.15)，此圆电流在 P 点产生的磁感应强度 $\mathrm{d}\boldsymbol{B}$ 的大小为

$$\mathrm{d}B = \frac{\mu_0 nIR^2\,\mathrm{d}l}{2r^3}.$$

由图中可以看出，$R = r\sin\theta$，$l = R\cot\theta$，而 $\mathrm{d}l = -\dfrac{R}{\sin^2\theta}\mathrm{d}\theta$，式中 θ 为螺线管轴线 $\mathrm{d}\boldsymbol{B}$ 方向与 P 点到 $\mathrm{d}l$ 的位矢 $\boldsymbol{r}$ 之间的夹角. 将这些关系代入上式，可得

$$\mathrm{d}B = -\frac{\mu_0 nI}{2}\sin\theta\mathrm{d}\theta.$$

由于各圆电流在 P 点产生的磁感应强度的方向相同，将上式积分即得 P 点处的磁感应强度的大小为

$$B = \int\mathrm{d}B = -\int_{\theta_1}^{\theta_2}\frac{\mu_0 nI}{2}\sin\theta\mathrm{d}\theta = \frac{\mu_0 nI}{2}(\cos\theta_2 - \cos\theta_1). \tag{7.2.16}$$

式(7.2.16)给出了螺线管轴线上任意一点磁感应强度的大小，磁感应强度的方向如图 7.13 所示沿轴线，方向与电流的方向成右手螺旋关系.

(1) 如果载流螺线管可以近似认为是"无限长"($L \gg R$)的，对内部轴线上的任意一点，有 $\theta_2 = 0$，$\theta_1 = \pi$，则由式(7.2.16)可知

$$B = \mu_0 nI. \tag{7.2.17}$$

式(7.2.17)表明，在密绕的无限长载流螺线管的轴线上，磁场是均匀的，其大小只取决于螺线管单位长度的匝数 n 和导线中的电流 I，而与场点的位置无关，其方向遵循右手螺旋定则. 我们在下一节将进一步证明，此结论不仅适用于轴线上的场点，也适用于非轴线上的场点. 在整个无限长载流螺线管内部的空间里磁场都是均匀的.

(2) 在载流螺线管任一端口的中心处，如图 7.13 中 A_2 点，$\theta_2 = \dfrac{\pi}{2}$，$\theta_1 = \pi$，由式(7.2.16)可得

$$B = \frac{1}{2}\mu_0 nI, \tag{7.2.18}$$

即在"半无限长"载流螺线管轴线的端点处的磁感应强度恰好等于螺线管内部磁感应强度的一半.

(3) 由式(7.2.16)表示的磁场分布(当 $L = 10R$ 时)如图 7.14 所示，在螺线管中心附近轴线

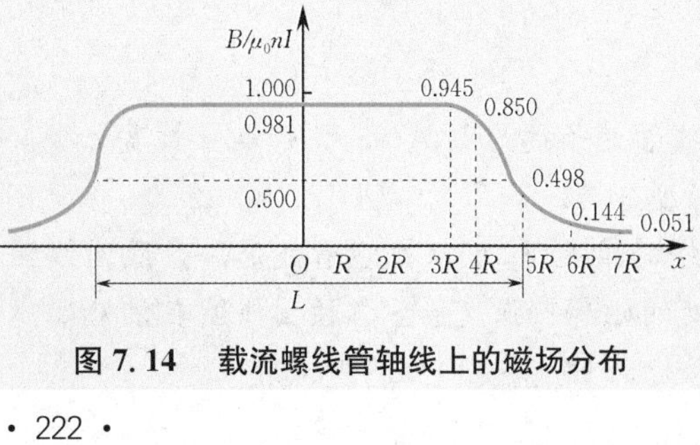

图 7.14　载流螺线管轴线上的磁场分布

上各点磁场基本上均匀，到管口附近 $\boldsymbol{B}$ 值逐渐减小，出口以后磁场很快地减弱，在距管轴中心约 7 个管半径处，磁感应强度几乎等于零.

7.2.3　运动电荷的磁场(非相对论)

毕奥-萨伐尔定律给出了载流导线中电流元 $I\mathrm{d}\boldsymbol{l}$ 产生的磁场 $\mathrm{d}\boldsymbol{B}$，电流的磁场本身是这些运动电荷产生的磁场的宏观表现. 根据传导电流是带电粒子沿导线的定向运动这一观点，可以由毕奥-萨伐尔定律得到运动的带电粒子所产生的磁场的规律.

在载流导体上任取一电流元 $I\mathrm{d}\boldsymbol{l}$，根据毕奥-萨伐尔定律，它在空间某点所产生的磁感应强度为

$$\mathrm{d}\boldsymbol{B} = \frac{\mu_0}{4\pi}\frac{I\mathrm{d}\boldsymbol{l}\times\boldsymbol{r}}{r^3}.$$

如图 7.15 所示，设导线的截面积为 S，导线中运动的带电粒子的数密度为 n，每个带电粒子的电荷量为 q(设 $q>0$)，以速度 $\boldsymbol{v}$($v\ll c$，非相对论的) 沿着导线 $\mathrm{d}\boldsymbol{l}$ 的方向运动而形成电流 I. 单位时间内通过截面 S 的电荷量为 $qnSv$，即电流为

$$I = qnSv.$$

注意到 $I\mathrm{d}\boldsymbol{l}$ 的方向和 $\boldsymbol{v}$ 的方向相同，在电流元 $I\mathrm{d}\boldsymbol{l}$ 内，有 $\mathrm{d}N = nS\mathrm{d}l$ 个带电粒子以速度 $\boldsymbol{v}$ 运动着，电流元 $I\mathrm{d}\boldsymbol{l}$ 产生的磁场，从微观意义上说，实际上是由 $\mathrm{d}N$ 个运动电荷共同产生的，每一个运动电荷产生的磁感应强度为

$$\boldsymbol{B} = \frac{\mathrm{d}\boldsymbol{B}}{\mathrm{d}N} = \frac{\mu_0}{4\pi}\frac{qSn\boldsymbol{v}\times\boldsymbol{r}\mathrm{d}l}{nS\mathrm{d}lr^3} = \frac{\mu_0}{4\pi}\frac{q\boldsymbol{v}\times\boldsymbol{r}}{r^3}, \tag{7.2.19}$$

其大小为

$$B = \frac{\mu_0}{4\pi}\frac{qv\sin\theta}{r^2}, \tag{7.2.20}$$

式中 $\boldsymbol{r}$ 是运动电荷所在点指向场点的位矢，$\boldsymbol{B}$ 的方向垂直于运动电荷的速度 $\boldsymbol{v}$ 与位矢 $\boldsymbol{r}$ 所确定的平面. 若 $q>0$，则 $\boldsymbol{B}$ 的方向与 $\boldsymbol{v}\times\boldsymbol{r}$ 同方向；若 $q<0$，则 $\boldsymbol{B}$ 的方向与 $\boldsymbol{v}\times\boldsymbol{r}$ 反方向(见图 7.16). 必须注意，式(7.2.19) 只适用于运动电荷的速度 $\boldsymbol{v}$ 远小于光速的情形，当 $\boldsymbol{v}$ 接近光速时，此式将不再适用.

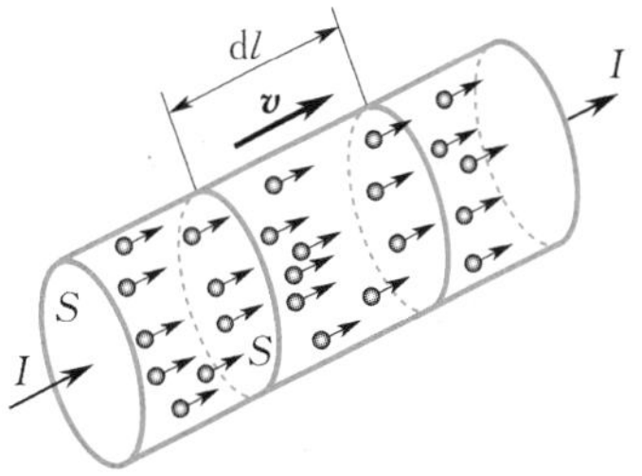

图 7.15　电流元中的运动电荷

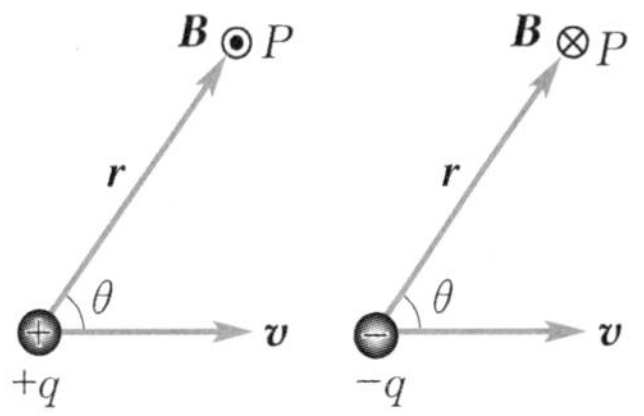

图 7.16　运动电荷的磁场方向

7.3　磁场的高斯定理和安培环路定理

7.3.1　磁场的高斯定理

1. 磁感应线

为了形象地描绘磁场 $\boldsymbol{B}$ 的分布，引入磁感应线的概念. 规定：

磁场的高斯定理和
安培环路定理

① 磁感应线为一些有向曲线，其上各点的切线方向与该点处的磁感应强度 $\boldsymbol{B}$ 的方向一致；② 在磁场中某点处，垂直于该点磁感应强度 $\boldsymbol{B}$ 的单位面积上穿过的磁感应线条数等于该点处 $\boldsymbol{B}$ 的大小，即

$$B=\frac{\mathrm{d}N}{\mathrm{d}S_{\perp}},\tag{7.3.1}$$

式中 $\mathrm{d}N$ 是穿过面积 $\mathrm{d}S_{\perp}$ 的磁感应线条数. 根据这样的规定，在磁感应线密集的地方磁感应强度 B 较大，而在磁感应线稀疏的地方磁感应强度 B 较小.

磁感应线可借助小磁针或铁屑显示出来. 在有磁场的空间里水平放置一块玻璃板，上面撒一些铁屑，这些铁屑就会被磁场磁化，成为小磁针，轻轻敲动玻璃板，铁屑就会沿磁感应线排列起来. 图 7.17 所示的是根据实验描绘出的无限长载流直导线、载流圆线圈和载流螺线管的磁感应线.

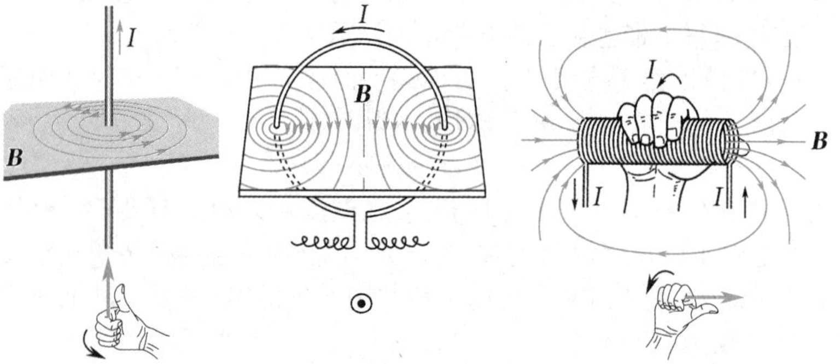

图 7.17　无限长载流直导线、载流圆线圈和载流螺线管的磁感应线

从这几种典型的磁感应线可以看出磁感应线具有如下特性：

(1) 磁感应线是无头无尾的闭合曲线(包括两头伸向无限远处的曲线)；

(2) 磁感应线的环绕方向与电流方向形成右手螺旋关系.

2. 磁通量

在磁场中通过任意曲面的磁感应线的条数称为磁通量，用 Φ_{m} 表示. 在曲面 S 上任取面积元 $\mathrm{d}S$，如图 7.18 所示，面积元法向单位矢量 $\boldsymbol{e}_{\mathrm{n}}$ 与该点磁感应强度 $\boldsymbol{B}$ 的夹角为 θ，则通过面积元 $\mathrm{d}S$ 的磁通量为

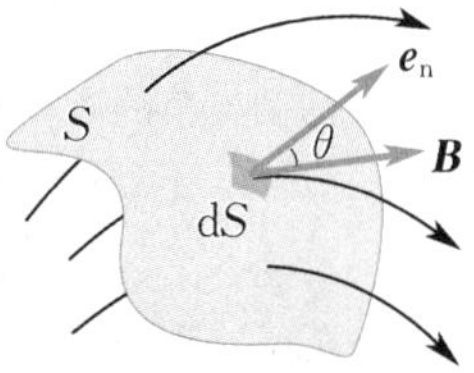

图 7.18　磁通量

$$\mathrm{d}\Phi_{\mathrm{m}}=B\cos\theta\mathrm{d}S=B\mathrm{d}S_{\perp},\tag{7.3.2}$$

写成标积形式为

$$\mathrm{d}\Phi_{\mathrm{m}}=\boldsymbol{B}\cdot\mathrm{d}\boldsymbol{S}.\tag{7.3.3}$$

对于整个曲面 S，通过它的磁通量为

$$\Phi_{\mathrm{m}}=\iint_{S}\boldsymbol{B}\cdot\mathrm{d}\boldsymbol{S}.\tag{7.3.4}$$

在国际单位制中，磁通量的单位为韦[伯](Wb)，$1\ \mathrm{Wb}=1\ \mathrm{T}\cdot\mathrm{m}^{2}$.

3. 磁场的高斯定理

对于闭合曲面 S，当计算通过它的磁通量时，通常规定闭合曲面上任意面积元的法线正方向为从曲面内侧指向曲面外侧. 在此规定下，磁感应线从闭合曲面内穿出时磁通量为正，穿入时磁通量为负. 由于磁感应线是无头无尾的闭合曲线，从闭合曲面某处穿入的磁感应线必定要从另一处穿出，如图 7.19 所示，因此通过闭合曲面的磁通量恒等于零，即

$$\oint\!\!\oint_S \boldsymbol{B}\cdot\mathrm{d}\boldsymbol{S}=0. \tag{7.3.5}$$

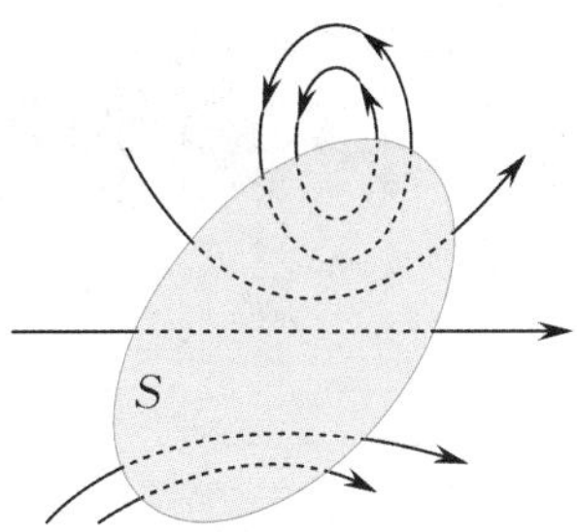

图 7.19　磁场的高斯定理

这一结论叫作磁场的高斯定理，它是磁场的一条基本规律. 大量的实验证明，式(7.3.5) 对于变化的磁场仍然成立，而此时毕奥-萨伐尔定律已不能使用. 换言之，磁场的高斯定理在整个电磁学领域内都是普遍成立的.

4. 磁单极子

将静电场的高斯定理 $\oint\!\!\oint_S \boldsymbol{E}\cdot\mathrm{d}\boldsymbol{S}=\dfrac{1}{\varepsilon_0}\sum_i q_{\text{in}}$ 与磁场的高斯定理 $\oint\!\!\oint_S \boldsymbol{B}\cdot\mathrm{d}\boldsymbol{S}=0$ 相比较，它们在数学形式上相似，但在物理上有本质的区别. 前者表示电场中通过任意闭合曲面的电通量不一定为零，而后者表示磁场中通过任意闭合曲面的磁通量恒为零. 两者的本质差别在于：电场线是由电荷所发出的，总是源于正电荷，终止于负电荷，因此，静电场是有源场；而磁感应线都是环绕电流的、无头无尾的闭合曲线，因此，磁场是无源场，磁场没有与正、负电荷相对应且分立的正、负"磁荷"，即磁单极子. 然而在 1931 年，英国物理学家狄拉克(Dirac) 根据电子电荷是量子化的理论，提出了磁单极子可能存在的假设. 如果磁单极子真的存在，那么对电磁学、粒子物理学以至整个物理学都将产生非常重要的影响. 磁单极子的假设提出后，引起了物理学家的极大关注，并力图在实验中找到它. 随后，物理学家对宇宙射线、铁磁矿、海底沉积物、陨石、月球岩石、加速器轰击物的产物等物质进行了广泛和长期的探索，但都没有得到肯定的结果. 到目前为止，我们认为磁场的高斯定理是普遍成立的.

例 7.3.1　如图 7.20 所示，真空中两根平行长直导线相距 d，分别通有电流 I_1，I_2，求通过图中与电流共面的矩形框所围面积的磁通量.

解　在图 7.20 中，取面积元 $\mathrm{d}S=l\mathrm{d}r$，面积元 $\mathrm{d}S$ 处的磁感应强度的方向垂直纸面向里，其大小为

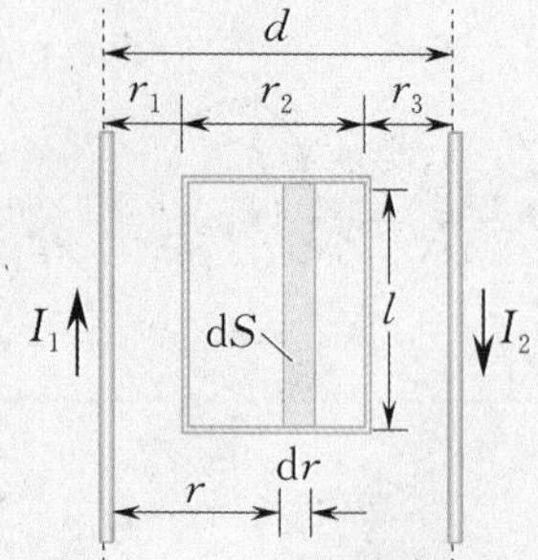

图 7.20　磁通量的计算

$$B=\frac{\mu_0 I_1}{2\pi r}+\frac{\mu_0 I_2}{2\pi(d-r)}.$$

通过此面积元的磁通量为

$$\mathrm{d}\Phi_{\mathrm{m}}=\boldsymbol{B}\cdot\mathrm{d}\boldsymbol{S}=Bl\,\mathrm{d}r.$$

通过矩形框所围面积的磁通量为

$$\Phi_{\mathrm{m}}=\int\mathrm{d}\Phi_{\mathrm{m}}=\int_{r_1}^{r_1+r_2}\left[\frac{\mu_0 I_1}{2\pi r}+\frac{\mu_0 I_2}{2\pi(d-r)}\right]l\,\mathrm{d}r$$

$$=\frac{\mu_0 l I_1}{2\pi}\ln\frac{r_1+r_2}{r_1}+\frac{\mu_0 l I_2}{2\pi}\ln\frac{d-r_1}{d-r_1-r_2}.$$

7.3.2　磁场的安培环路定理

对由恒定电流所产生的磁场，磁感应强度 $\boldsymbol{B}$ 的环流 $\oint_L \boldsymbol{B}\cdot\mathrm{d}\boldsymbol{l}$ 反映了磁场的某些性质. 由于磁感应线是闭合曲线，可以预知：对任意闭合曲线，$\boldsymbol{B}$ 的环流可以不为零. 关于磁场，不能引入“势”的概念，但 $\boldsymbol{B}$ 的环流将揭示磁场的另一个重要特征——磁场是有旋场.

安培环路定理指出：在由恒定电流所产生的磁场中，磁感应强度 $\boldsymbol{B}$ 沿任意闭合曲线 L 的积分(亦称环流)，等于闭合曲线 L 所包围的电流的代数和的 μ_0 倍. 其数学表达式为

$$\oint_L \boldsymbol{B}\cdot\mathrm{d}\boldsymbol{l}=\mu_0\sum I_{\mathrm{in}}. \tag{7.3.6}$$

下面通过无限长载流直导线的磁场来验证这条定理.

在垂直于导线的平面内任意作一包围电流的闭合曲线 L，如图 7.21(a) 所示. 曲线上任意一点 P 处的磁感应强度为

$$B=\frac{\mu_0 I}{2\pi r},$$

式中 I 为导线中的电流，r 为 P 点到导线的距离. 在 P 点处取一线元 $\mathrm{d}\boldsymbol{l}$，它与 $\boldsymbol{B}$ 的夹角为 θ，P 点扫过 $\mathrm{d}\boldsymbol{l}$ 所形成的张角为 $\mathrm{d}\varphi$. 由于 $\boldsymbol{B}$ 垂直于位矢 $\boldsymbol{r}$，$|\mathrm{d}\boldsymbol{l}|\cos\theta$ 就是 $|\mathrm{d}\boldsymbol{l}|$ 在垂直于 $\boldsymbol{r}$ 方向上的投影 $r\mathrm{d}\varphi$，因此

$$\boldsymbol{B}\cdot\mathrm{d}\boldsymbol{l}=B\mathrm{d}l\cos\theta=Br\mathrm{d}\varphi.$$

沿闭合曲线 L 的 $\boldsymbol{B}$ 的环流为

$$\oint_L \boldsymbol{B}\cdot\mathrm{d}\boldsymbol{l}=\oint_L B\cos\theta\mathrm{d}l=\oint_L Br\mathrm{d}\varphi=\oint_L\frac{\mu_0 I}{2\pi r}r\mathrm{d}\varphi=\frac{\mu_0 I}{2\pi}\oint\mathrm{d}\varphi.$$

因为 $\oint\mathrm{d}\varphi=2\pi$，所以

$$\oint_L \boldsymbol{B}\cdot\mathrm{d}\boldsymbol{l}=\mu_0 I. \tag{7.3.7}$$

如果电流的方向相反(或者闭合曲线 L 的绕向反过来，电流方向不变)，则 $\boldsymbol{B}$ 的方向与图示方向相反(或是 $\mathrm{d}\boldsymbol{l}$ 方向反过来)，有

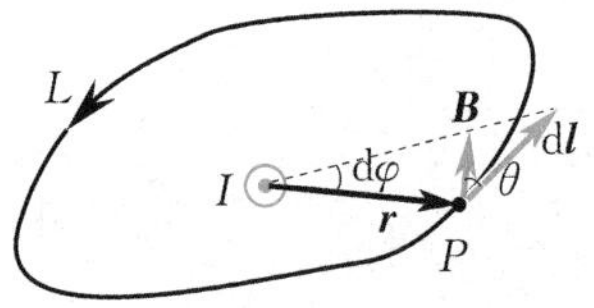

(a) 与导线垂直的平面内任意一条包围电流的闭合曲线

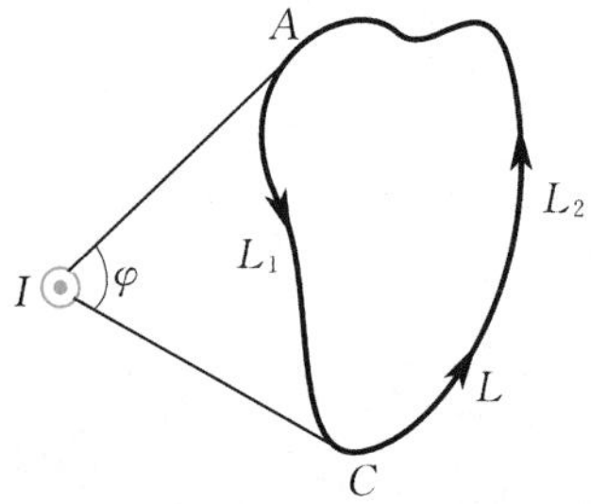

(b) 与导线垂直的平面内任意一条不包围电流的闭合曲线

图 7.21　验证安培环路定理

$$\oint_L \boldsymbol{B} \cdot \mathrm{d}\boldsymbol{l} = \oint_L B\cos(\pi-\theta)\mathrm{d}l = -\oint_L B\cos\theta\mathrm{d}l = -\oint Br\mathrm{d}\varphi$$

$$= -\oint_L \frac{\mu_0 I}{2\pi r} r\mathrm{d}\varphi = -\frac{\mu_0 I}{2\pi}\oint_L \mathrm{d}\varphi = -\mu_0 I.$$

如果闭合曲线 L 不在垂直于导线的平面内，则可将 L 上每一段线元 $\mathrm{d}\boldsymbol{l}$ 分解为平行于直导线的分矢量 $\mathrm{d}\boldsymbol{l}_{/\!/}$ ($\mathrm{d}\boldsymbol{l}_{/\!/} \perp \boldsymbol{B}$) 与垂直于直导线的分矢量 $\mathrm{d}\boldsymbol{l}_{\perp}$，所以

$$\oint_L \boldsymbol{B} \cdot \mathrm{d}\boldsymbol{l} = \oint_L \boldsymbol{B} \cdot (\mathrm{d}\boldsymbol{l}_{/\!/} + \mathrm{d}\boldsymbol{l}_{\perp})$$

$$= \oint_L B\cos\frac{\pi}{2}\mathrm{d}l_{/\!/} + \int_L B\cos\theta\mathrm{d}l_{\perp}$$

$$= 0 \pm \oint Br\mathrm{d}\varphi = \pm\oint \frac{\mu_0 I}{2\pi r} r\mathrm{d}\varphi = \pm\mu_0 I.$$

可见，积分的结果与电流的方向、闭合曲线的绕向都有关. 如果对于电流的正、负做如下规定：电流的方向与闭合曲线 L 的绕向符合右手螺旋定则时，此电流为正；否则，为负. 这样，$\boldsymbol{B}$ 的环流可以统一用式(7.3.7) 来表示.

如图 7.21(b) 所示，L 为垂直于直导线平面内的任意一条不包围导线的闭合曲线，从导线与上述平面的交点作 L 的切线，将 L 分成 L_1 和 L_2 两部分，沿图示方向计算 $\boldsymbol{B}$ 的环流，可得

$$\oint_L \boldsymbol{B} \cdot \mathrm{d}\boldsymbol{l} = \int_{L_1} \boldsymbol{B} \cdot \mathrm{d}\boldsymbol{l} + \int_{L_2} \boldsymbol{B} \cdot \mathrm{d}\boldsymbol{l}$$

$$= \int_{L_1} B\mathrm{d}l\cos\theta + \int_{L_2} B\mathrm{d}l\cos(\pi-\theta)$$

$$= \int_{L_1} \frac{\mu_0 I}{2\pi r} r\mathrm{d}\varphi - \int_{L_2} \frac{\mu_0 I}{2\pi r} r\mathrm{d}\varphi$$

$$= \frac{\mu_0 I}{2\pi}(\varphi - \varphi) = 0.$$

可见，闭合曲线 L 不包围电流时，该电流对 $\boldsymbol{B}$ 的环流无贡献.

如果有 n 根无限长载流直导线，通过的电流分别为 $I_1, I_2, \cdots, I_k, I_{k+1}, \cdots, I_n$，其中 $I_1, \cdots, I_k$ 被闭合曲线 L 包围，$I_{k+1}, \cdots, I_n$ 在闭合曲线以外，根据磁场叠加原理和上面的分析，应有

$$\oint_L \boldsymbol{B} \cdot \mathrm{d}\boldsymbol{l} = \oint_L \boldsymbol{B}_1 \cdot \mathrm{d}\boldsymbol{l} + \cdots + \oint_L \boldsymbol{B}_k \cdot \mathrm{d}\boldsymbol{l} + \oint_L \boldsymbol{B}_{k+1} \cdot \mathrm{d}\boldsymbol{l} + \cdots + \oint_L \boldsymbol{B}_n \cdot \mathrm{d}\boldsymbol{l}$$

$$= \mu_0 I_1 + \cdots + \mu_0 I_k + 0 + \cdots + 0$$

$$= \mu_0 \sum_{i=1}^{k} I_i = \mu_0 \sum I_{\mathrm{in}},$$

式中 I_{in} 有正有负，求和是代数和.

以上结论虽然是从无限长载流直导线的磁场的特例导出的，但具有普遍性，对任意的闭合恒定电流，上述结论仍然成立. 安培环路定理表达了电流与它所产生的磁场之间的普遍规律. 理解安

培环路定理要注意以下几点:

(1) 电流的正负按规定判断,即电流方向与闭合曲线 L 的绕向符合右手螺旋定则时,此电流取正;否则,取负.

(2) 特别要注意闭合曲线 L 所“包围”的电流的意义.对于闭合的恒定电流来说,只有与 L 相铰链的电流,才算被 L 包围的电流.在图 7.22(a) 中,电流 I_1,I_2 被 L 所包围,且 I_1 为正,I_2 为负;I_3 和 I_4 没有被 L 所包围,它们对 $\boldsymbol{B}$ 的环流无贡献.

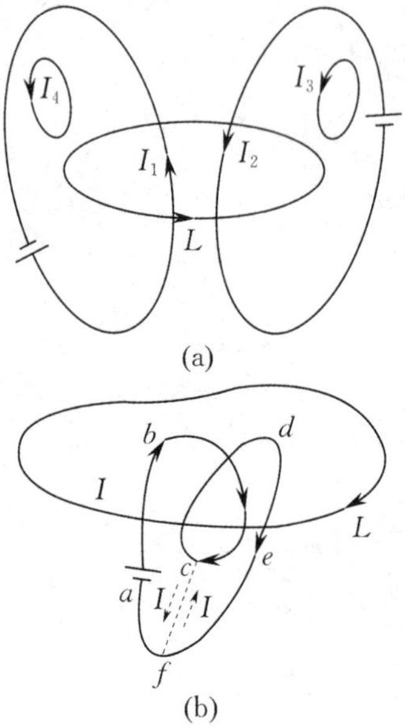

图 7.22　电流回路与 L 铰链

如果电流回路为螺旋形,而闭合曲线 L 与数匝电流铰链,则可做如下处理:如图 7.22(b) 所示,设电流有两匝,在两匝通电线圈上各自任选一点 c,f,可以设想将 cf 用导线连接起来,且在这一段导线中通有两支方向相反、大小都等于 I 的电流,这样的两支电流不影响原来的电流和磁场的分布.这时 $abcfa$ 组成了一个电流回路,$cdefc$ 也组成了一个电流回路,对 L 计算 $\boldsymbol{B}$ 的环流时,应有

$$\oint_L \boldsymbol{B} \cdot \mathrm{d}\boldsymbol{l} = \mu_0 (I + I) = 2\mu_0 I.$$

如果在螺线管中通以电流,而闭合曲线 L 与 N 匝线圈铰链,同理可得

$$\oint_L \boldsymbol{B} \cdot \mathrm{d}\boldsymbol{l} = \mu_0 N I.$$

(3) 安培环路定理表达式中右边 $\sum I_{\text{in}}$ 是闭合曲线 L 所包围的电流的代数和,但在左边的 $\boldsymbol{B}$ 代表空间所有电流产生的磁感应强度的矢量和,其中也包括那些不被 L 所包围的电流产生的磁感应强度,只不过后者对 $\boldsymbol{B}$ 的环流无贡献.

(4) 安培环路定理中的电流都应该是闭合恒定电流,对于一段恒定电流的磁场(如电流元、有限长载流直导线),安培环路定理不成立.对于图 7.8 中讨论的无限长直电流,可以认为是在无限远处闭合的.

(5) 式(7.3.6) 仅对恒定电流成立.对于变化电流的磁场,其推广的形式在 8.6 节讨论.

7.3.3　利用安培环路定理求磁场的分布

正如利用高斯定理可以方便地计算某些具有对称性的带电体的电场分布一样,利用安培环路定理可以方便地计算某些具有对称性的电流分布所产生的磁场分布.

利用安培环路定理求磁场分布一般包含两步:首先根据电流分布的对称性分析磁场的对称性,然后利用安培环路定理计算磁感应强度的大小和方向.在此过程中决定性的技巧是选取合适的闭合曲线 L(也称安培回路),以便使积分 $\oint_L \boldsymbol{B} \cdot \mathrm{d}\boldsymbol{l}$ 中的 $\boldsymbol{B}$ 能以标量形式从积分号中提出来.

例 7.3.2　设真空中有一无限长载流圆柱形导体，半径为 R，圆柱截面上均匀通过电流 I，沿轴线流动，如图 7.23(a) 所示，求无限长均匀载流圆柱形导体内、外部的磁感应强度分布.

解　电流沿截面均匀分布，电流密度处处相同. 由于电流具有轴对称性，因此 $\boldsymbol{B}$ 也有同样的对称性. 首先，$\boldsymbol{B}$ 的大小只与场点到轴线的垂直距离有关. 如图 7.23(b) 所示，在通过任意场点 P 而与圆柱轴线垂直的平面上，以圆柱轴线通过的 O 点为圆心，以 $OP(=r)$ 为半径的圆作为安培回路 L，则 L 上各点处 $\boldsymbol{B}$ 的大小处处相等. 其次，因为导体是无限长的，所有电流元都互相平行，根据毕奥-萨伐尔定律，每一电流元激发的磁场方向都必须与电流元的方向垂直，所以 $\boldsymbol{B}$ 的方向一定在与导线相垂直的导体的横截面内. 为了进一步分析 $\boldsymbol{B}$ 的方向，以 OP 为对称轴，取两根无限长直电流（截面分别为面积元 $\mathrm{d}S'$ 和 $\mathrm{d}S''$），它们在 P 点处产生的磁感应强度分别为 $\mathrm{d}\boldsymbol{B}'$ 和 $\mathrm{d}\boldsymbol{B}''$. 显然，它们对于安培回路 L 在 P 点的切线是对称的，从而 $\mathrm{d}\boldsymbol{B}=\mathrm{d}\boldsymbol{B}'+\mathrm{d}\boldsymbol{B}''$ 一定沿着 L 在 P 点的切线方向. 由叠加原理可知，P 点的磁感应强度 $\boldsymbol{B}$ 也一定沿 L 的切线方向，并且遵从右手螺旋定则，即所选的安培回路就是一条磁感应线. 当 P 点在导体内部时，以上分析同样适用，因此有

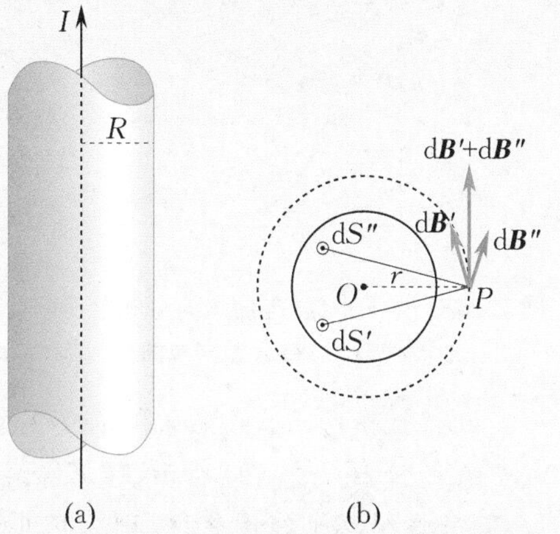

图 7.23　无限长圆柱形电流的磁感应强度分布

$$\oint_L \boldsymbol{B}\cdot \mathrm{d}\boldsymbol{l}=\oint_L B\,\mathrm{d}l\cos 0^\circ = B\oint_L \mathrm{d}l = 2\pi r B.$$

当 $r>R$（P 点在导体外部）时，$\sum I_{\text{in}}=I$. 根据安培环路定理 $\oint_L \boldsymbol{B}\cdot\mathrm{d}\boldsymbol{l}=\mu_0\sum I_{\text{in}}$，有

$$B=\frac{\mu_0 I}{2\pi r}\quad (r>R). \tag{7.3.8}$$

这个结果与无限长载流直导线在导线外某一点处产生的磁感应强度（式(7.2.7)）相同.

当 $r<R$（P 点在导体内部）时，导体中的电流只有一部分通过安培回路 L. 因为导体中的电流密度为 $\dfrac{I}{\pi R^2}$，所以

$$\sum I_{\text{in}}=\frac{I}{\pi R^2}\pi r^2=\frac{r^2}{R^2}I,$$

由安培环路定理，可得

$$B=\frac{\mu_0 I}{2\pi R^2}r\quad (r<R). \tag{7.3.9}$$

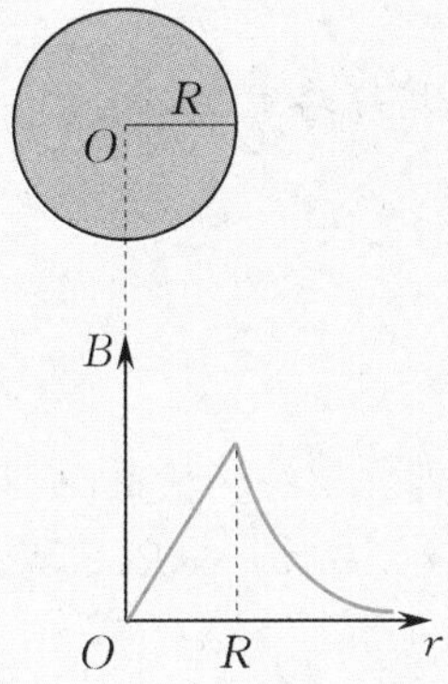

图 7.24　B-r 曲线（电流沿圆柱形导体截面均匀分布时）

B-r 曲线如图 7.24 所示. 任何实际的导线总有一定的横截面积，因而通过导线的电流并不是线电流，不能把 $B=\dfrac{\mu_0 I}{2\pi r}$ 无条件地应用到一根导线激发的磁场上. 在导体外部，$B\propto\dfrac{1}{r}$，磁

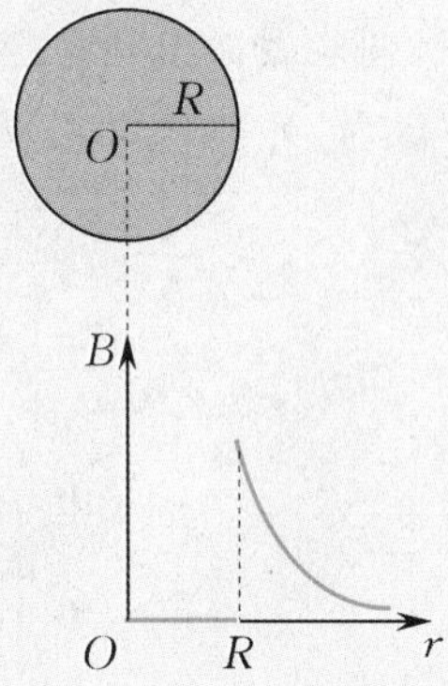

图 7.25　$B-r$ 曲线(电流均匀分布在圆柱形导体表面层时)

场分布才与电流全部集中在圆柱形导体轴线上的情形一样;在导体内部,$B \propto r$,$r=0$ 时,$B=0$,而不会趋于无穷大.

如果电流均匀分布在圆柱形导体的表面层,则在 $r<R$ 的区域内,通过安培回路的电流为零,从而

$$B=0.$$

在 $r>R$ 的区域内,有

$$B=\frac{\mu_0 I}{2\pi r} \quad (r>R).$$

在这种情况下,$B-r$ 曲线如图 7.25 所示. 可以看到,磁感应强度的大小在圆柱形导体表面($r=R$)处有个跃变.

例 7.3.3　求载流螺绕环的磁感应强度分布.

解　如图 7.26(a) 所示,环形螺线管称为螺绕环. 若螺绕环上线圈密绕,则磁场几乎全部集中在螺绕环内部,环外部磁场接近于零. 根据电流分布的对称性,与螺绕环共轴的圆周上各点处的磁感应强度的大小相等,方向沿圆周的切线,即磁感应线是与环共轴的一系列同心圆,如图 7.26(b). 设螺绕环的轴线半径为 R,环上均匀地密绕 N 匝线圈,线圈中通有电流 I. 以螺绕环的中心为圆心,作半径为 r 的圆作为安培回路 L(L 在螺绕环内部),则

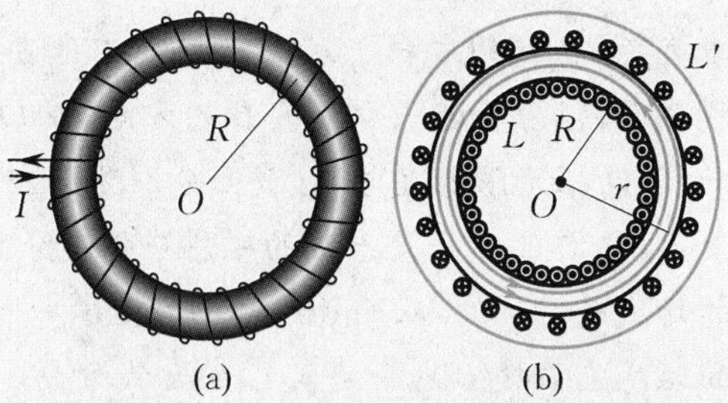

图 7.26　载流螺绕环的磁场

$$\oint_L \boldsymbol{B} \cdot \mathrm{d}\boldsymbol{l} = 2\pi r B.$$

由于电流穿过安培回路共 N 次,该回路所包围的电流为 NI,根据安培环路定理,有

$$2\pi r B=\mu_0 N I,$$

由此得

$$B=\frac{\mu_0 N I}{2\pi r} \quad (\text{在螺绕环内部}). \tag{7.3.10}$$

可见,在螺绕环的横截面上的各点 $\boldsymbol{B}$ 的大小不同,与半径 r 成反比. 但是在螺绕环横截面半径 R' 比环半径 R 小得多的情况下,可忽略从环心到螺绕环内各点的 r 的区别,而取 $r=R$,这样就有

$$B \approx \mu_0 \frac{N}{2\pi R} I=\mu_0 n I, \tag{7.3.11}$$

式中 $n=\dfrac{N}{2\pi R}$ 表示螺绕环单位长度上的线圈匝数,$\boldsymbol{B}$ 的方向与电流流向成右手螺旋关系.

对于螺绕环外部任意一点,过该点作一与螺绕环共轴的圆作为安培回路 L'. 由于 $\sum I_{\text{in}}=0$,有

$$B=0 \quad (\text{在螺绕环外部}).$$

上述结果说明，密绕螺绕环的磁场集中在环内部，外部无磁场．这也和实验中用铁粉显示的载流螺绕环的磁场分布图像一致．如果螺绕环的半径 R 趋于无穷大，而维持单位长度的匝数 n 和环横截面半径不变，则环内的磁场是均匀的．从物理实质上来说，这样的螺绕环就是无限长螺线管．这就证明了在无限长螺线管内部磁场是均匀的，其大小由式(7.3.11)表示，其外部磁场为零．

例 7.3.4　如图7.27所示，一无限大导体薄平板(可忽略厚度视为平面)垂直于纸面放置，通有垂直纸面向外的电流，通过与电流方向垂直的单位长度的电流均匀，大小为 j．求磁感应强度的分布．

解　无限大平面电流可视为由无限多根平行排列的无限长直电流所组成．

先分析平面外任意一点 P 处的磁场方向，如图7.27所示，以 OP 为对称轴，取一对宽度相等的无限长直电流 $\mathrm{d}l'$ 和 $\mathrm{d}l''$，它们在 P 点处产生的磁感应强度分别为 $\mathrm{d}\boldsymbol{B}'$ 和 $\mathrm{d}\boldsymbol{B}''$，由于两者大小相等，其矢量和 $\mathrm{d}\boldsymbol{B}$ 的方向平行于电流平面．这样，无数对对称的无限长直电流在 P 点的磁感应强度的方向也平行于电流平面，但在该平面两侧 $\boldsymbol{B}$ 的方向相反．又由于电流平面无限大，故与电流平面等距离的各点的 $\boldsymbol{B}$ 的大小应相等．

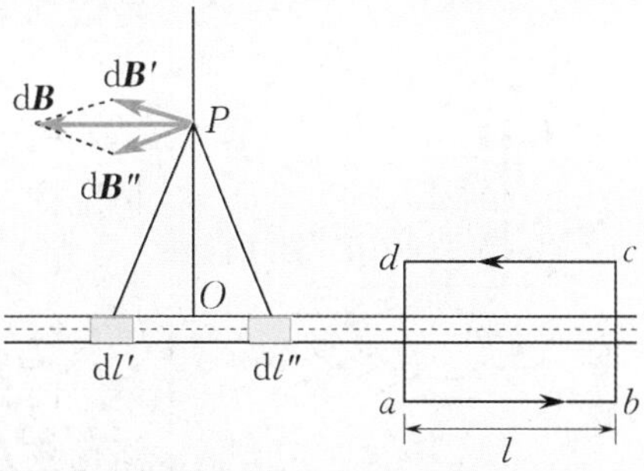

图 7.27　无限大平面电流磁场

根据磁场分布的特点，作矩形回路 $abcda$，图中 ab，cd 两边长为 l，它们与电流平面平行，且到电流平面的距离相等，而 bc 和 da 两边与电流平面垂直，该回路所包围的电流为 $\sum I_{\mathrm{in}} = jl$．由安培环路定理，有

$$\oint_L \boldsymbol{B} \cdot \mathrm{d}\boldsymbol{l} = \int_a^b B\mathrm{d}l\cos 0^\circ + \int_b^c B\mathrm{d}l\cos 90^\circ + \int_c^d B\mathrm{d}l\cos 0^\circ + \int_d^a B\mathrm{d}l\cos 90^\circ$$

$$= B\int_a^b \mathrm{d}l + B\int_c^d \mathrm{d}l = Bl + Bl = 2Bl = \mu_0 \sum I_{\mathrm{in}} = \mu_0 jl.$$

由此得

$$B = \frac{\mu_0 j}{2}. \tag{7.3.12}$$

这个结果说明，在无限大均匀平面电流的两侧的磁场各为一个均匀磁场，它们大小相同，但方向相反．式(7.3.12)也可由毕奥-萨伐尔定律得出，读者可试一试．

7.4　磁场对运动电荷的作用

电流能产生磁场，磁场反过来也对电流施加作用力——安培力，而电流的本质是带电粒子的定向移动，因此磁场对运动电荷会产生作用力，这个力称为洛伦兹力．本节将介绍洛伦兹力的作用规律．

磁场对运动电荷的作用

7.4.1 洛伦兹力

荷兰物理学家洛伦兹首先提出了运动电荷产生磁场和磁场对运动电荷有作用力的观点，为了纪念他，人们称这种力为洛伦兹力. 实验证明：洛伦兹力 $\boldsymbol{F}_{\mathrm{m}}$ 的大小与带电粒子的电荷量 q、运动速率 v、磁感应强度的大小 B 以及 $\boldsymbol{v}$ 与 $\boldsymbol{B}$ 之夹角 θ 的正弦函数 $\sin\theta$ 成正比，即

$$F_{\mathrm{m}} = |q|vB\sin\theta. \tag{7.4.1}$$

考虑到 $\boldsymbol{F}_{\mathrm{m}}$ 的方向，有

$$\boldsymbol{F}_{\mathrm{m}} = q\boldsymbol{v}\times\boldsymbol{B}. \tag{7.4.2}$$

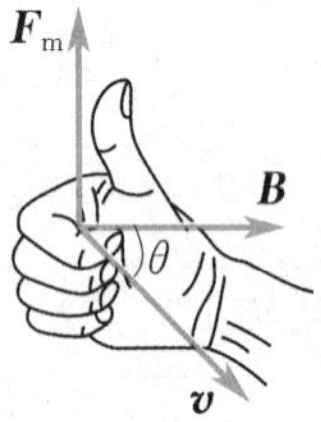

图 7.28　洛伦兹力的方向

由于 q 可以是正电荷也可以是负电荷，洛伦兹力的方向有两种情况：

(1) 若 $q>0$，则 $\boldsymbol{F}_{\mathrm{m}}$ 的方向为 $\boldsymbol{v}\times\boldsymbol{B}$ 的方向，如图 7.28 所示.

(2) 若 $q<0$，则 $\boldsymbol{F}_{\mathrm{m}}$ 的方向为 $\boldsymbol{v}\times\boldsymbol{B}$ 的反方向.

由于洛伦兹力的方向与带电粒子的速度方向总是垂直，因此洛伦兹力永远不对带电粒子做功，它只改变带电粒子的运动方向，而不改变带电粒子的速率和动能. 这是洛伦兹力的一个重要特征.

例 7.4.1　宇宙射线中的一个质子以速率 $v=1.0\times10^{7}$ m/s 竖直进入地球赤道附近的磁场内，估算作用在该质子上的洛伦兹力.

解　在地球赤道附近的磁场沿水平方向，靠近地面处的磁感应强度约为 $B=0.3\times10^{-4}$ T，已知质子所带电荷量为 $q=1.6\times10^{-19}$ C，由式(7.4.1)，可得

$$F_{\mathrm{m}} = qvB\sin\theta = 1.6\times10^{-19}\times1.0\times10^{7}\times0.3\times10^{-4}\times\sin\frac{\pi}{2}\ \mathrm{N} = 4.8\times10^{-17}\ \mathrm{N}.$$

上述结果表明，洛伦兹力约是质子重力 $mg=1.6\times10^{-26}$ N 的 10^{9} 倍，因此，当讨论微观带电粒子在磁场中的运动时，一般可以忽略重力的影响.

例 7.4.2　图 7.29 所示为速度选择器的原理图，K 为电子枪，由枪中射出的电子的速率大小不一. 当电子通过孔 A 进入方向相互垂直的均匀电场和均匀磁场后，只有一定速率的电子能够沿直线前进并通过小孔 S. 设产生均匀电场的平行板间的电压为 300 V，间距为 5 cm，垂直纸面的均匀磁场的磁感应强度为 0.06 T，问：

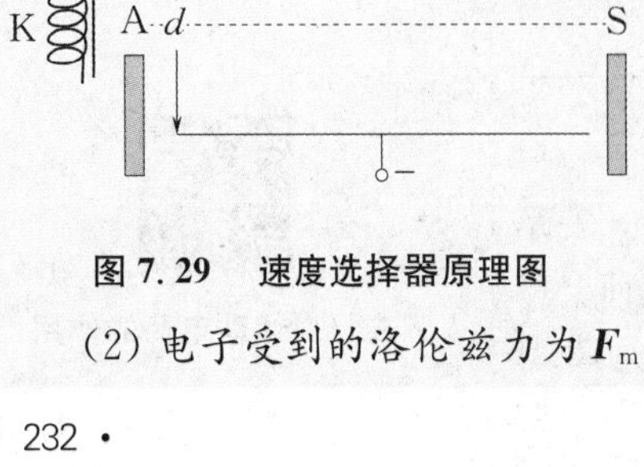

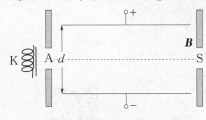

图 7.29　速度选择器原理图

(1) 磁场的方向是垂直纸面向里还是垂直纸面向外？

(2) 速率为多大的电子才能通过小孔 S?

解　(1) 平行板产生的场强 $\boldsymbol{E}$ 的方向向下，使带负电的电子受到电场力 $\boldsymbol{F}=-e\boldsymbol{E}$，方向向上. 如果没有磁场，电子将向上偏转. 为了使电子能够穿过小孔 S，磁场施加于电子的洛伦兹力必须向下，这就要求 $\boldsymbol{B}$ 的方向垂直纸面向里.

(2) 电子受到的洛伦兹力为 $\boldsymbol{F}_{\mathrm{m}}=-e(\boldsymbol{v}\times\boldsymbol{B})$，其大小为 $F_{\mathrm{m}}=evB$，与电子的速率 v 有关.

只有那些速率刚好使得 $\boldsymbol{F}_\mathrm{m}$ 与电场力 $\boldsymbol{F}$ 相抵消的电子才可以沿直线前进并通过小孔 S. 这样，能通过小孔 S 的电子的速率 v 应满足

$$F_\mathrm{m}=F,\quad evB=eE.$$

由此得

$$v=\frac{E}{B}.$$

这样，$v>\frac{E}{B}$ 的电子，$F_\mathrm{m}>F$，从而会下偏；$v<\frac{E}{B}$ 的电子，$F_\mathrm{m}<F$，从而会上偏.

因为 $E=\frac{U}{d}$（U 和 d 分别为平行板间的电压和距离），故

$$v=\frac{U}{Bd}.$$

上式表明，能通过速度选择器的带电粒子的速率与它的电荷量及质量无关.

将 $U=300\ \mathrm{V}$，$B=0.06\ \mathrm{T}$，$d=5\ \mathrm{cm}$ 代入上式，得

$$v=\frac{300}{0.06\times0.05}\ \mathrm{m/s}=10^5\ \mathrm{m/s},$$

即只有速率为 $10^5\ \mathrm{m/s}$ 的电子可以通过小孔 S.

7.4.2　带电粒子在电场和磁场中的运动

当带电粒子射入电场和磁场时，将受到电场和磁场的作用. 在近代科学技术中，广泛利用电场和磁场对带电粒子的作用来控制粒子束的运动，如质谱仪、回旋加速器、磁聚焦技术、磁悬浮技术等. 下面讨论带电粒子在电场和磁场中的运动.

1. 带电粒子在静电场中的运动

一个电荷量为 q、质量为 m 的带电粒子在静电场中所受到的电场力为

$$\boldsymbol{F}=q\boldsymbol{E}. \tag{7.4.3}$$

根据牛顿第二定律，带电粒子仅在电场力作用下的动力学方程（重力可略去不计）为

$$q\boldsymbol{E}=m\boldsymbol{a}=m\frac{\mathrm{d}\boldsymbol{v}}{\mathrm{d}t}. \tag{7.4.4}$$

在一般电场中求解上述微分方程比较复杂，我们只讨论带电粒子在均匀电场中的运动.

1）带电粒子的速度方向与场强方向平行（$\boldsymbol{v}_0 \parallel \boldsymbol{E}$）

如图 7.30 所示，带电粒子以初速度 $\boldsymbol{v}_0$ 进入均匀电场. 设初速度 $\boldsymbol{v}_0$ 与场强 $\boldsymbol{E}$ 同方向，忽略重力的作用，带电粒子所受电场力的大小和方向都不变，粒子做匀加速直线运动，加速度的大小为

$$a=\frac{qE}{m},$$

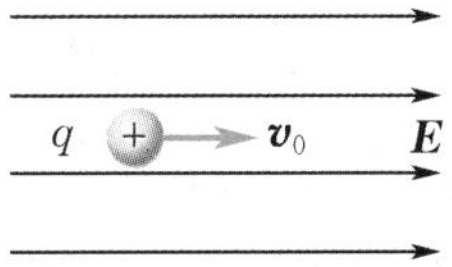

图 7.30　带电粒子在均匀电场中运动（$\boldsymbol{v}_0 \parallel \boldsymbol{E}$）

其运动速度 $\boldsymbol{v}$ 的大小可用下式计算：

$$v^2 - v_0^2 = 2as = 2\frac{qE}{m}s.$$

上式两边同乘以 $\frac{1}{2}m$，可得

$$\frac{1}{2}mv^2 - \frac{1}{2}mv_0^2 = qEs = qU,$$

即带电粒子在均匀电场中经过电势差为 U 的两点后，电场力所做的功 qU 等于带电粒子动能的增量. 这一结论是从均匀电场中得出的，但它对带电粒子在非均匀电场中的运动也同样适用.

2) 带电粒子的速度方向与场强方向垂直($\boldsymbol{v}_0 \perp \boldsymbol{E}$)

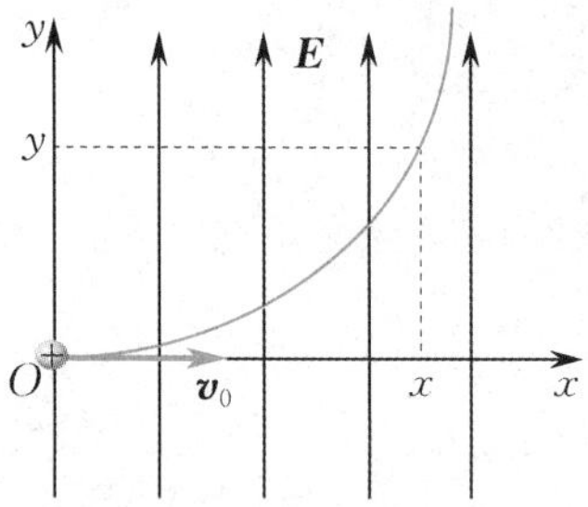

图 7.31 带电粒子在均匀电场中运动($\boldsymbol{v}_0 \perp \boldsymbol{E}$)

如图 7.31 所示，带电粒子以初速度 $\boldsymbol{v}_0$ 进入均匀电场. 设初速度 $\boldsymbol{v}_0$ 与场强 $\boldsymbol{E}$ 垂直，由于带电粒子的电场力方向与初速度方向垂直，带电粒子将做抛物线运动(与重力场中的平抛运动类似). 建立如图 7.31 所示坐标系，带电粒子在坐标原点 O 处进入电场，经过 t 时间后，在 y 轴方向上的位移分量为

$$y = \frac{1}{2}at^2 = \frac{1}{2}\frac{qE}{m}t^2,$$

而 x 轴方向上的位移分量为

$$x = v_0 t.$$

消去上面两式中的 t，得带电粒子在均匀电场中的轨迹方程为

$$y = \frac{1}{2}\frac{qE}{m}\frac{x^2}{v_0^2}.$$

在生产技术中常用一对平行板产生均匀电场以引起电子射线的横向偏移.

当带电粒子进入均匀电场时，如果初速度 $\boldsymbol{v}_0$ 与场强 $\boldsymbol{E}$ 斜交，那么带电粒子的运动与物体在重力场中的斜抛运动类似，读者可以自行分析.

2. 带电粒子在均匀磁场中的运动

设有一均匀磁场，磁感应强度为 $\boldsymbol{B}$. 一电荷量为 q、质量为 m 的粒子，以初速度 $\boldsymbol{v}_0$ 进入均匀磁场. 下面分三种情况对该粒子的运动进行讨论.

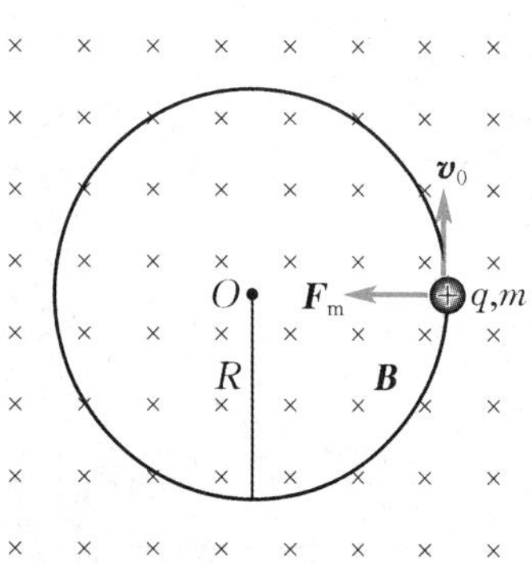

图 7.32 带电粒子在均匀磁场中做圆周运动($\boldsymbol{v}_0 \perp \boldsymbol{B}$)

1) 带电粒子的速度方向与磁场方向平行($\boldsymbol{v}_0 /\!/ \boldsymbol{B}$)

在这种情况下，带电粒子受到的洛伦兹力为 $\boldsymbol{F}_{\mathrm{m}} = q\boldsymbol{v}_0 \times \boldsymbol{B} = \boldsymbol{0}$，粒子进入磁场后做匀速直线运动.

2) 带电粒子的速度方向与磁场方向垂直($\boldsymbol{v}_0 \perp \boldsymbol{B}$)

如图 7.32 所示，带电粒子所受的洛伦兹力为

$$\boldsymbol{F}_{\mathrm{m}} = q\boldsymbol{v} \times \boldsymbol{B},$$

且 $\boldsymbol{F}_{\mathrm{m}}$，$\boldsymbol{v}$，$\boldsymbol{B}$ 三者相互垂直，$\boldsymbol{F}_{\mathrm{m}}$ 只改变粒子的速度方向，不改变速度

大小(即 $v=v_0$),洛伦兹力为粒子提供了在垂直于磁场平面内做匀速圆周运动的向心力. 根据牛顿第二定律,有

$$qvB=\frac{mv^2}{R},$$

得带电粒子做匀速圆周运动的半径(回转半径)为

$$R=\frac{mv}{qB},\tag{7.4.5}$$

式中$\frac{q}{m}$称为带电粒子的荷质比. 对一定的带电粒子,$\frac{q}{m}$是一定的. 当 B 一定时,粒子的速率越大,匀速圆周运动的半径越大. 这在核物理研究中有着重要的应用. 当带电粒子在均匀磁场中运动时,可以根据粒子运动的照片,测量其运动轨迹的曲率半径. 同时,若知道粒子的荷质比,则可确定粒子的速度和能量.

带电粒子运动一周所用的时间称为回转周期,用 T 表示,即

$$T=\frac{2\pi R}{v}=\frac{2\pi m}{qB}.\tag{7.4.6}$$

带电粒子在单位时间内转过的圈数称为回转频率,用 ν 表示,即

$$\nu=\frac{1}{T}=\frac{qB}{2\pi m}.\tag{7.4.7}$$

由上述三式可知,在磁场 B 给定时,对荷质比一定的带电粒子,回转周期、回转频率与粒子的速度无关;速率大的带电粒子回转半径大,速率小的带电粒子回转半径小,它们各自运动一周所用的时间相同.

3) 带电粒子的速度方向与磁场方向的夹角为 θ

如图 7.33 所示,将粒子的初速度分解为平行于 $\boldsymbol{B}$ 和垂直于 $\boldsymbol{B}$ 的两个分量,分别为

$$v_{/\!/}=v_0\cos\theta,\quad v_{\perp}=v_0\sin\theta.$$

在平行于 $\boldsymbol{B}$ 的方向上,$\boldsymbol{v}_{/\!/}$ 分量对应的洛伦兹力为零,粒子做匀速直线运动. 在垂直于 $\boldsymbol{B}$ 的方向上,粒子受到垂直于 $\boldsymbol{B}$ 和 $\boldsymbol{v}_{\perp}$ 方向的洛伦兹力 $F_{\perp}=qv_{\perp}B$,在垂直于 $\boldsymbol{B}$ 的平面内做匀速圆周运动. 其合运动的轨迹是一个轴线沿磁场方向的螺旋线.

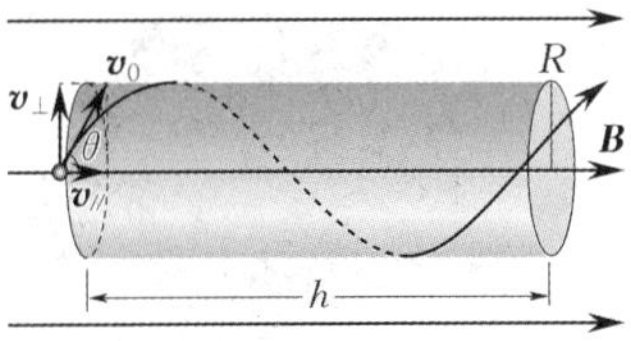

图 7.33　带电粒子在均匀磁场中运动($(\widehat{\boldsymbol{v}_0,\boldsymbol{B}})=\theta$)

螺旋线的半径为

$$R=\frac{mv_{\perp}}{qB}=\frac{mv_0\sin\theta}{qB}.\tag{7.4.8}$$

回转周期为

$$T=\frac{2\pi R}{v_{\perp}}=\frac{2\pi m}{qB}.\tag{7.4.9}$$

带电粒子在回转周期沿 $\boldsymbol{B}$ 的方向前进的距离称为螺距,用 h 表示,即

$$h=v_{/\!/}T=v_0\cos\theta\,\frac{2\pi m}{qB}.\tag{7.4.10}$$

由此可见,带电粒子的螺距h只与$v_{/\!/}$有关,而与$v_{\perp}$无关.利用这一性质可以实现磁聚焦.如果在均匀磁场中某点A处,引入一发射角不太大的带电粒子束,其中粒子的初速度大小大致相同,则这些粒子沿磁场方向的分速度大小几乎一样.虽然开始时粒子初速度方向各异,螺旋线的半径不等,但它们的轨迹有几乎相同的螺距,这样,经过一个回转周期后,这些粒子将重新聚合通过另一点A',从而达到粒子束聚焦的目的(见图7.34).这种现象与光经过光学透镜后聚焦相似,所以称为**磁聚焦**.磁聚焦在电子光学中有着广泛的应用.

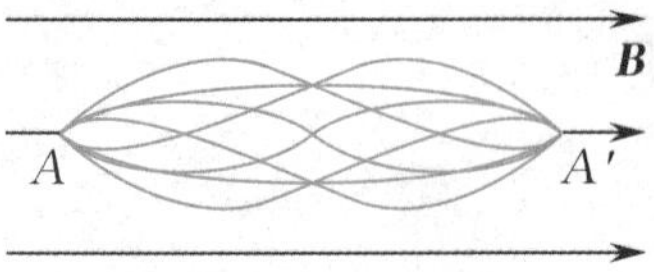

图7.34　磁聚焦

3. 带电粒子在电场和磁场中的运动应用举例

1) 回旋加速器

回旋加速器是获得高能粒子的一种装置.世界上第一台回旋加速器是美国物理学家劳伦斯(Lawrence)于1931年研制成功的.这台加速器的磁极直径只有12 cm,加速电压为2 kV,可加速氘离子达到80 keV的能量.回旋加速器的光辉成就不仅在于它创造了当时人工加速带电粒子的能量记录,更重要的是它所展示的回旋共振加速方式奠定了人们研发各种高能粒子加速器的基础.为此,劳伦斯获得了1939年的诺贝尔物理学奖.回旋加速器的基本原理是利用带电粒子在磁场中做圆周运动时,其回转频率与速度无关的特性,使带电粒子在电场和磁场的共同作用下反复加速,从而获得高能粒子.下面简述回旋加速器的工作原理.

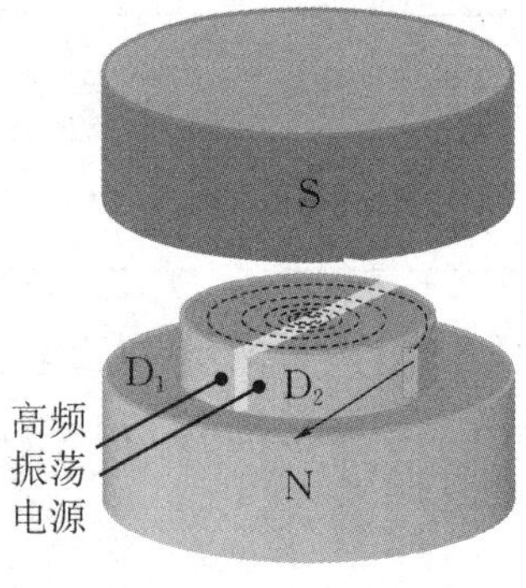

图7.35　回旋加速器

如图7.35所示,回旋加速器的核心部分是密封在真空中的两个D形金属空盒D_1和D_2,两个D形盒在强大的均匀磁场中隔开相对放置,中心附近放置有粒子源.两个D形盒与高频振荡电源连接,在它们的缝隙间形成一个交变电场以加速带电粒子.置于中心的粒子源产生带电粒子,射出的带电粒子在缝隙间受到电场加速,它们在D形盒内不受电场力作用,仅受洛伦兹力作用,在垂直磁场平面内做圆周运动.粒子绕行半圈的时间为$\frac{\pi m}{qB}$,式中q是粒子的电荷量,m是粒子的质量,B是磁感应强度.如果D形盒上所加的交变电压的频率恰好等于粒子在磁场中做圆周运动的频率,则粒子绕行半圈后D形盒上电极性变号,粒子仍处于加速状态.由于上述粒子绕行半圈的时间与粒子的速度无关,因此粒子每绕行半圈受到一次加速,绕行半径增大.只要缝隙间交变电场以不变的回转周期$T=\frac{2\pi m}{qB}$往复变化电极性,经过很多次加速,粒子就会沿着螺旋形的平面轨道逐渐趋近D形盒的边缘,最终将已达到预期速率的粒子从D形盒边缘引出.

回旋加速器加速的粒子的能量受制于相对论效应. 当粒子的速率很大时，$\frac{q}{m}$已不再是常量$\left(m=\frac{m_0}{\sqrt{1-v^2/c^2}}\right)$，回转周期$T$将随粒子速率的增大而增大，这时若仍保持交变电场的周期不变，就不能保持与回旋运动同步，粒子经过缝隙时也就不能始终得到加速. 对于同样的动能，质量越小的粒子，速度越大，相对论效应就越显著. 例如，2 MeV 的氘核的相对论质量只比静质量大 0.01%，而 2 MeV 的电子的相对论质量约为其静质量的 5 倍. 因此，回旋加速器更适合加速较重的粒子，如氘核等. 但是，即使对于这些较重的粒子，用回旋加速器来加速，所获得的能量也还是受到相对论效应的限制.

为了改善相对论效应引起的限制，研制出了同步稳相回旋加速器. 它保持磁场不变，改变施加在D形盒电极上交变电压的频率，从而使交变电场的变化与粒子的回旋运动同步.

随着人们对微观世界的认识不断深入，要求加速的粒子的能量越来越高. 例如，将电子从原子中打出来，大约要 10 eV 的能量；将核子从原子核中打出来，大约要 8 MeV 的能量；为产生π介子和K介子，则需要质子具有几亿到几十亿电子伏[特]的能量. 从劳伦斯的第一台加速能量为 0.08 MeV 的加速器到现在的 1 TeV 的加速器，回旋加速器的加速能量大约每隔10年提高一个数量级. 每次加速能量提高，都带来了对粒子的新发现和新知识. 例如，1983 年发现的$W^{\pm}$和Z^0粒子，就是对电弱统一理论的有力支持. 20世纪70年代以来，为了适应重离子物理研究的需要，成功研制出了可变能量的等时性回旋加速器. 此外，还发展了超导磁体的等时性回旋加速器. 超导技术的应用在减小加速器的尺寸、扩展能量范围和降低运行费用等方面开辟了新的领域.

2）质谱仪

质谱分析是一种物理方法，其基本原理是使试样在离子源中发生电离，生成不同荷质比的带正电荷的离子，经加速电场的作用，形成离子束，进入质量分析器，再利用电场和磁场使之发生相反的速度色散，将它们分别聚焦而得到质谱图，从而确定其质量. 第一台质谱仪是英国科学家阿斯顿(Aston)于 1919 年制成的. 阿斯顿用这台装置发现了多种元素同位素，研究了 53 个非放射性元素，发现了天然存在的 287 种核素中的 212 种，第一次证明原子质量亏损. 为此他荣获1922年诺贝尔化学奖. 质谱分析及质谱仪在近代得到极大发展，主要表现在：计算机的深入应用，用计算机控制操作、采集、处理数据和图谱，大大提高了分析速度；各种各样联用仪器的出现，如色-质联用、串联质谱等；许多新电离技术的出现等. 质谱分析法在化学工业、石油工业、环境科学、医药卫生、生命科学、食品科学、原子能科学、地质科学等广阔的领域中发挥着越来越大的作用.

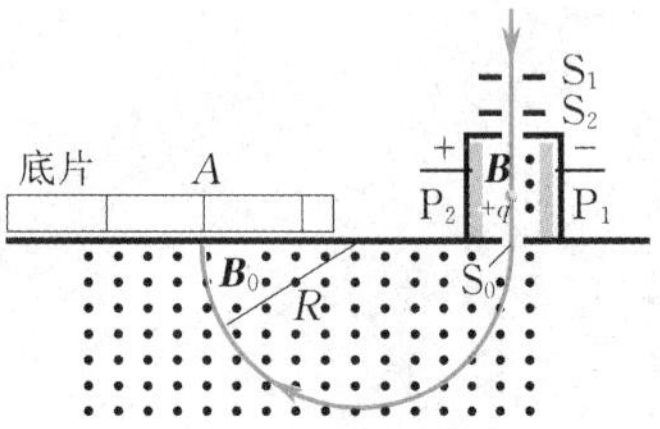

图 7.36 质谱仪工作原理示意图

图 7.36 所示是一种质谱仪工作原理示意图. 从离子源产生的正离子经过狭缝 S_1 和 S_2 后，进入速度选择器. 根据例 7.4.2 所述速度选择器的原理，电荷量为 $+q$、质量为 m 的正离子的速度满足 $v=\dfrac{E}{B}$ 时就能通过速度选择器而从狭缝 S_0 射出. 正离子由 S_0 射出后进入磁感应强度为 $\boldsymbol{B}_0$ 的均匀磁场区域，$\boldsymbol{B}_0$ 的方向垂直纸面向外，这时正离子在洛伦兹力作用下做匀速圆周运动. 由向心力公式，可得

$$qvB_0=\frac{mv^2}{R}.$$

由于 B_0 和 v 是已知的，且假定离子的电荷量相等，则离子的质量和半径成正比. 如果这些离子是不同质量的同位素，它们的轨道半径不一样，在照相底片上不同的位置形成若干条线状细条纹. 从条纹位置可推算它们的回转半径，进而计算出它们相应的质量为

$$m=\frac{qB_0R}{v}=\frac{qB_0x}{2v},$$

式中 x 为离子在底片上的位置 A 到入口处 S_0 的距离.

3) 电磁悬浮

随着航天事业的发展，模拟微重力环境下的空间悬浮技术已成为进行相关高科技研究的重要手段. 目前的悬浮技术主要包括电磁悬浮、光悬浮、声悬浮、气流悬浮、静电悬浮、粒子束悬浮等，其中电磁悬浮技术比较成熟.

电磁悬浮技术的主要原理是利用高频电磁场在金属表面产生的涡流来实现对金属材料的悬浮. 将一个金属样品放置在通有高频电流的线圈上时，高频电磁场会在金属样品表面产生一高频涡流，这一高频涡流与外磁场相互作用，使金属样品受到一个磁场力的作用. 在合适的空间配置下，可使磁场力的方向与重力的方向相反，通过改变高频源的功率使磁场力与重力相等，即可实现电磁悬浮.

7.4.3 霍尔效应

1. 实验规律

霍尔效应是一种磁电效应. 这一现象是美国物理学家霍尔于

1879 年在研究金属的导电机制时发现的. 如图 7.37 所示，将一块通有电流的金属导体或半导体放在磁感应强度为 $\boldsymbol{B}$ 的均匀磁场中，使磁场方向与电流方向垂直，则在垂直于磁场和电流方向上的 a，b 两个面之间将会出现电势差 U_H. 这一现象称为**霍尔效应**，U_H 称为**霍尔电势差**. 通过实验可以测出霍尔电势差与电流 I 和外磁场的磁感应强度 $\boldsymbol{B}$ 等物理量之间的关系. 在磁场不太强时，霍尔电势差 U_H 与 I 和 B 成正比，与材料的厚度 d 成反比，即

$$U_H = U_{ab} = k\frac{IB}{d}, \tag{7.4.11}$$

式中比例系数 k 称为材料的**霍尔系数**.

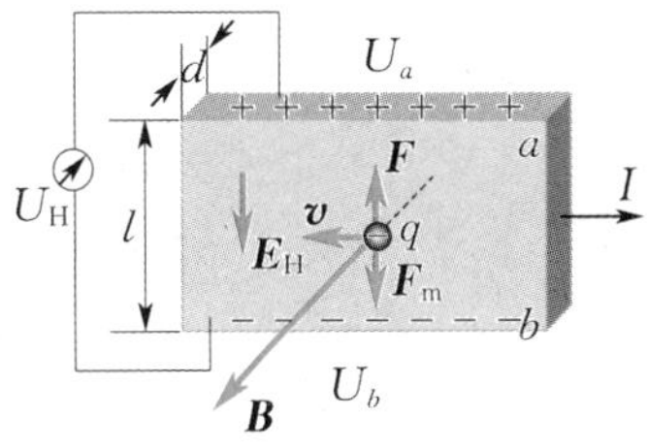

(a) 载流子为负电荷

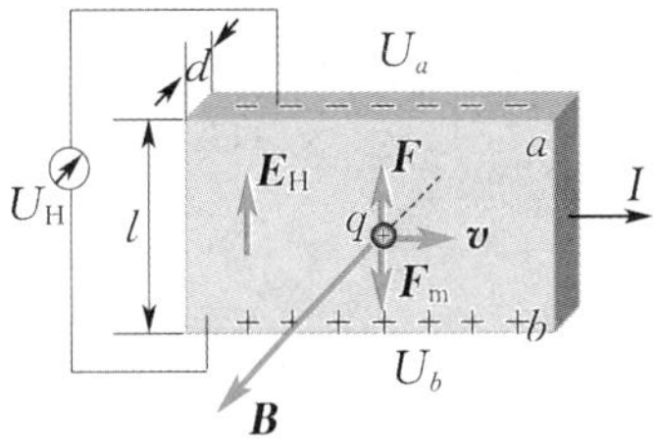

(b) 载流子为正电荷

图 7.37 霍尔效应

2. 经典理论解释

在图 7.37(a) 中，载流子为负电荷 q，其平均漂移速度为 $\boldsymbol{v}$，运动方向与电流方向相反. 均匀磁场的磁感应强度为 $\boldsymbol{B}$，载流子在磁场中会受到洛伦兹力的作用而向下偏移，结果使 b 面聚集了负电荷，a 面聚集了正电荷，并在 a，b 面之间产生了由 a 指向 b 的静电场，称为横向电场或霍尔电场. 载流子受到静电力 $\boldsymbol{F}$（方向与洛伦兹力的方向相反）的作用，$\boldsymbol{F}$ 随着 a，b 面上电荷的积累而增大. 当静电力与洛伦兹力达到平衡，即 $F = F_m$ 时，有

$$qvB = qE_H.$$

此时，载流子停止向下移动，a，b 面之间的横向电场强度为

$$E_H = vB.$$

由于 E_H 是均匀电场，a，b 面之间有确定的电势差，有

$$U_H = U_{ba} = U_b - U_a = -E_H l = -vlB. \tag{7.4.12}$$

根据经典电子论，导体中的电流可表示为

$$I = -nqvS, \tag{7.4.13}$$

式中 n 为载流子的浓度；$S = ld$ 是导体的横截面积；负号表示电流的方向与负电荷的运动方向相反.

从式(7.4.12)和(7.4.13)中消去 v，得

$$U_H = \frac{IB}{nqd} = k\frac{IB}{d}, \tag{7.4.14}$$

霍尔系数为

$$k = \frac{1}{nq}. \tag{7.4.15}$$

在上述情况中，由于载流子为负电荷，霍尔系数 k 为负值，霍尔电势差 U_H 为负值，即 $U_a > U_b$，a 面电势高，b 面电势低（见图 7.37(a)）. 如果载流子为正电荷 q，则霍尔系数 k 为正值，即 $U_b > U_a$，b 面电势高，a 面电势低（见图 7.37(b)）. 由霍尔电势差的正负，可以判断载流子是正电荷还是负电荷.

金属导体中的自由电子的浓度较大，霍尔系数较小，相应的霍尔电势差较小.后来发现将通有电流的半导体放在与电流方向垂直的磁场中，也能产生霍尔效应，半导体中载流子的浓度要小得多，因此半导体的霍尔效应比金属的强得多.霍尔效应是研究半导体材料性能的基本方法.通过实验测定霍尔系数，能够判断半导体材料的导电类型：电子型(n 型，载流子是带负电的自由电子)或空穴型(p 型，载流子为带正电的空穴)，还可分析载流子的浓度及载流子迁移率等重要参数.利用霍尔效应制成的各种霍尔元件被广泛地应用于工业自动化技术、检测技术及信息处理等方面.从 1879 年观测到霍尔效应之后，霍尔效应的测量就成为金属和半导体物理的一个重要研究手段.通过对霍尔效应的研究，可以揭示许多固体内部电子态以及相互作用的特性.普通的霍尔效应被发现后一百多年来，反常霍尔效应、量子霍尔效应、分数量子霍尔效应、自旋霍尔效应和轨道霍尔效应等又相继被发现，并构成了一个庞大的霍尔效应家族，其中量子霍尔效应和分数量子霍尔效应的发现者分别在 1985 年和 1998 年获得诺贝尔物理学奖.

3. 量子霍尔效应

由式(7.4.14)，令 $R_H=\dfrac{U_H}{I}$，则有

$$R_H=\frac{U_H}{I}=\frac{B}{nqd}. \tag{7.4.16}$$

这一比值具有电阻的量纲，因此 R_H 被称为霍尔电阻. R_H 并不是通常意义下的电阻，它的意义是单位电流通过材料时所产生的霍尔电压.式(7.4.16)表明，霍尔电阻 R_H 与磁感应强度 B 为线性关系. 1980 年，德国物理学家克利青(Klitzing)在低温(1.5 K)和强磁场(18 T)条件下，测量 MOS(金属氧化物半导体)场效应晶体管的霍尔电阻时发现，在霍尔电阻取 $\dfrac{h}{q^2},\dfrac{h}{2q^2},\dfrac{h}{3q^2},\cdots$ 时出现了量子化平台(h 为普朗克常量)，如图 7.38 所示.这说明霍尔电阻并不与磁场呈线性关系.这一效应称为量子霍尔效应.

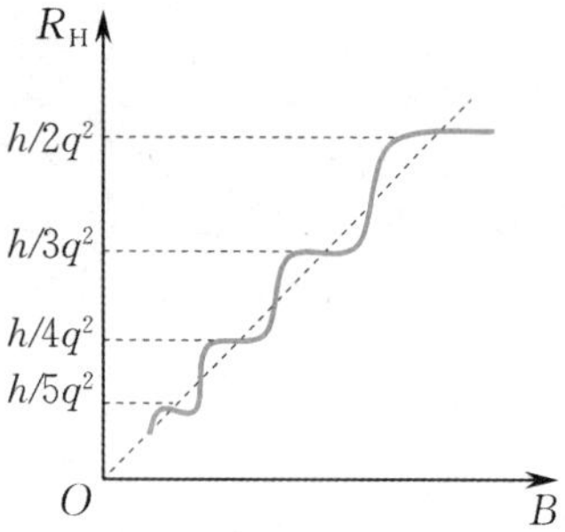

图 7.38　量子霍尔效应

若载流子为自由电子，霍尔电阻 R_H 为

$$R_H=\frac{h}{ne^2}\quad(n=1,2,\cdots),$$

当 $n=1$ 时，$R_H=25\,812.806\ \Omega$.由于量子霍尔电阻可以精确测定，从 1990 年开始，将量子霍尔效应所确定的电阻 25 812.806 Ω 作为标准电阻.克利青因发现量子霍尔效应于 1985 年获得诺贝尔物理学奖.

物理学家崔琦和美国物理学家劳克林(Laughlin)、施特默

(Stomer) 在研究量子霍尔效应时发现了随着磁感应强度的增强，在 $n=\frac{1}{3},\frac{1}{5},\frac{1}{7},\cdots$ 时，霍尔电阻出现了新的平台. 这种现象称为分数量子霍尔效应. 崔琦、施特默和劳克林也因此获得了 1998 年诺贝尔物理学奖. 量子霍尔效应的发现是新兴的低维凝聚态物理发展中的一件大事，分数量子霍尔效应的发现更是开创了一个研究多体现象的新时代，并将影响到物理学的很多分支. 这个领域两次被授予诺贝尔物理学奖，引起了人们很大的兴趣.

7.5　磁场对电流的作用

法国物理学家安培在实验中发现，载流导线放在磁场中会受到磁场的作用力. 为了纪念安培在研究磁场对电流的作用力中做出的杰出贡献，通常把这个力称为安培力. 导线中的电流是由其中的载流子做定向运动而形成的，当把载流导线置于磁场中时，这些运动的载流子要受到洛伦兹力的作用，其结果表现为载流导线受到安培力的作用.

磁场对电流的作用

7.5.1　安培定律

1. 安培定律

载流导线放在磁场中，会受到磁场的作用力. 安培在这方面做了大量的实验，总结出载流导线上的一段电流元在磁场中受到的作用力的基本规律 —— 安培定律. 如图 7.39 所示，处在磁场中某点的电流元 $I\mathrm{d}\boldsymbol{l}$ 受到的安培力为 $\mathrm{d}\boldsymbol{F}$. 当电流元 $I\mathrm{d}\boldsymbol{l}$ 与磁感应强度 $\boldsymbol{B}$ 之间的夹角为 φ 时，作用力 $\mathrm{d}\boldsymbol{F}$ 的大小与电流元的大小、电流元所在处磁感应强度的大小以及 φ 的正弦成正比，用数学式表示为

$$\mathrm{d}F = kBI\mathrm{d}l\sin\varphi,$$

式中 k 为比例系数. 在国际单位制中，$k=1$，上式可写为 $\mathrm{d}F = BI\mathrm{d}l\sin\varphi$. $\mathrm{d}\boldsymbol{F}$ 的方向垂直于电流元 $I\mathrm{d}\boldsymbol{l}$ 与磁感应强度 $\boldsymbol{B}$ 所确定的平面，其方向由右手螺旋定则确定，即右手四指由 $I\mathrm{d}\boldsymbol{l}$ 的方向沿小于 π 的角度转向 $\boldsymbol{B}$，大拇指所指的方向就是 $\mathrm{d}\boldsymbol{F}$ 的方向. 其矢量式可写为

$$\mathrm{d}\boldsymbol{F} = I\mathrm{d}\boldsymbol{l}\times\boldsymbol{B}. \tag{7.5.1}$$

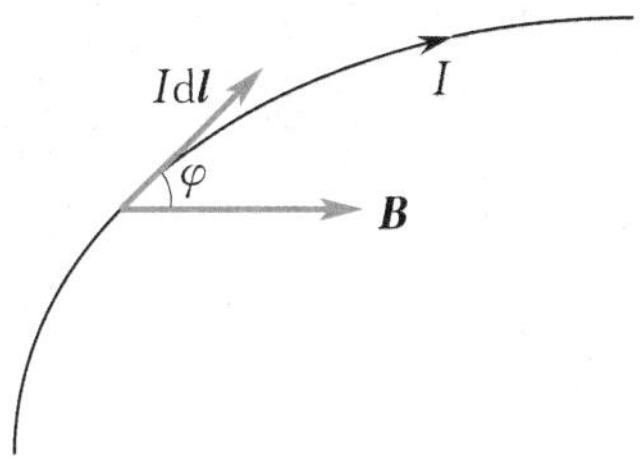

图 7.39　安培定律

式(7.5.1) 称为安培定律. 磁场对有限长载流导线的安培力，应等于各电流元所受安培力的矢量和，即

$$\boldsymbol{F} = \int\mathrm{d}\boldsymbol{F} = \int I\mathrm{d}\boldsymbol{l}\times\boldsymbol{B}, \tag{7.5.2}$$

式中 $\boldsymbol{B}$ 为各电流元所在处的磁感应强度.

例 7.5.1 求图 7.40 所示情况下处于均匀磁场中的载流直导线所受的安培力.

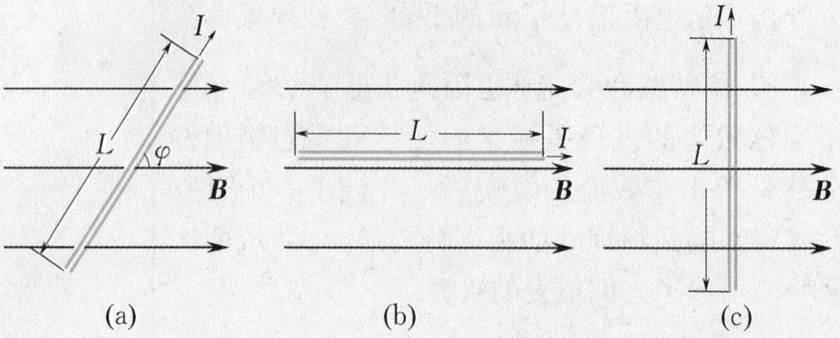

图 7.40

解 如图 7.40(a) 所示,将载流直导线分割成许多电流元,任取一电流元 $I\mathrm{d}\boldsymbol{l}$,它所受到的安培力的大小为

$$\mathrm{d}F = I\mathrm{d}lB\sin\varphi,$$

方向垂直纸面向里. 由于各电流元所受的安培力方向相同,载流直导线受到的安培力的大小为

$$F = \int_L BI\sin\varphi \mathrm{d}l = BIL\sin\varphi,$$

方向垂直纸面向里.

如图 7.40(b) 所示,由于载流直导线与 $\boldsymbol{B}$ 平行,从而使电流元 $I\mathrm{d}\boldsymbol{l}$ 与 $\boldsymbol{B}$ 之间的夹角为零,$\sin\varphi = 0$,因此磁场施于载流直导线的安培力等于零.

如图 7.40(c) 所示,由于电流元 $I\mathrm{d}\boldsymbol{l}$ 与 $\boldsymbol{B}$ 相互垂直,即 $\varphi = \frac{\pi}{2}$,$F = BIL$,方向垂直于纸面向里,这时载流直导线所受的安培力最大.

例 7.5.2 如图 7.41 所示,在均匀磁场 $\boldsymbol{B}$ 中有一段弯曲导线,$ab = L$,通有电流 I. 导线处在纸面(Oxy 平面) 内,$\boldsymbol{B}$ 垂直纸面向里,求此段导线受到的安培力.

解 建立如图 7.41 所示坐标系. 在 ab 上取电流元 $I\mathrm{d}\boldsymbol{l}$,它所受到的安培力的大小为 $\mathrm{d}F = IB\mathrm{d}l$,方向如图 7.41 所示. 显然,各段电流元受力的方向各不相同. $\mathrm{d}\boldsymbol{F}$ 在坐标轴上的投影分别为

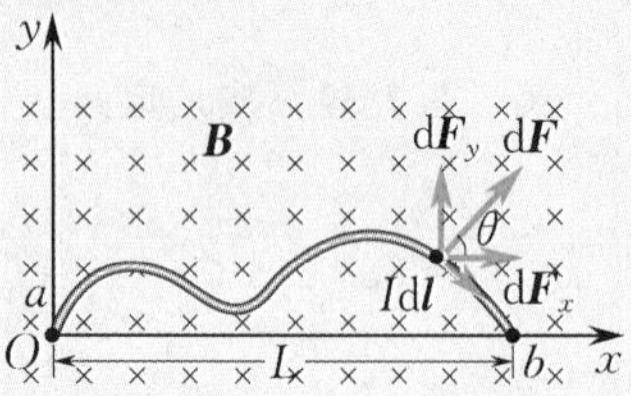

图 7.41

$$\mathrm{d}F_x = \mathrm{d}F\cos\theta = IB\mathrm{d}l\cos\theta = IB\mathrm{d}y,$$

$$\mathrm{d}F_y = \mathrm{d}F\sin\theta = IB\mathrm{d}l\sin\theta = IB\mathrm{d}x.$$

载流导线受到的安培力在坐标轴上的投影分别为

$$F_x = \int \mathrm{d}F_x = \int_0^0 IB\mathrm{d}y = 0,$$

$$F_y = \int \mathrm{d}F_y = \int_0^L IB\mathrm{d}x = IBL,$$

所以

$$\boldsymbol{F} = IBL\boldsymbol{j}.$$

这一结果表明,在均匀磁场中,整个弯曲导线所受的安培力等于从导线起点到终点所连接的直导线通过相同的电流时所受的安培力.

本例也可用下列方法求解:任取电流元 $I\mathrm{d}\boldsymbol{l}$,其所受安培力为

$$\mathrm{d}\boldsymbol{F} = I\mathrm{d}\boldsymbol{l} \times \boldsymbol{B},$$

载流导线受到的安培力为

$$\boldsymbol{F} = \int \mathrm{d}\boldsymbol{F} = \int_a^b I\,\mathrm{d}\boldsymbol{l} \times \boldsymbol{B} = I\left(\int_a^b \mathrm{d}\boldsymbol{l}\right) \times \boldsymbol{B} = I\boldsymbol{L} \times \boldsymbol{B} = IBL\boldsymbol{j},$$

式中 $\boldsymbol{L}$ 为由 a 指向 b 的矢量.

另外,按照上述方法可以得到:一个任意形状的闭合载流线圈在均匀磁场中所受的合外力为零.

例 7.5.3　如图 7.42 所示,一无限长载流直导线通有电流 I_1,旁边有一长为 L、通有电流 I_2 的直导线 ab,ab 与无限长载流直导线共面正交. a 端与无限长载流直导线的垂直距离为 d,求直导线 ab 所受的安培力.

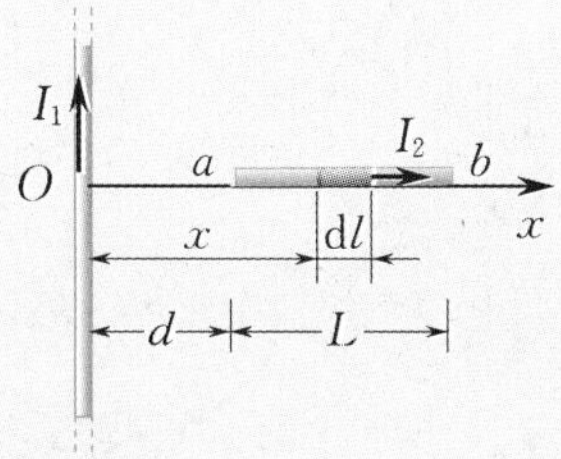

图 7.42

解　直导线 ab 所在处的磁场为无限长载流直导线产生的非均匀磁场. 在 ab 上取电流元 $I_2\mathrm{d}\boldsymbol{l}$,该处的磁感应强度的大小为 $B_1 = \dfrac{\mu_0 I_1}{2\pi x}$,方向垂直纸面向里;电流元 $I_2\mathrm{d}\boldsymbol{l}$ 受到的安培力的大小为 $\mathrm{d}F = B_1 I_2 \mathrm{d}l = \dfrac{\mu_0 I_1 I_2}{2\pi x}\mathrm{d}x$,方向向上. 各电流元所受的安培力方向相同,即直导线 ab 受力向上,其大小为

$$F = \int \mathrm{d}F = \int_d^{d+L} \frac{\mu_0 I_1 I_2}{2\pi x}\mathrm{d}x = \frac{\mu_0 I_1 I_2}{2\pi}\ln\frac{d+L}{d}.$$

例 7.5.4　如图 7.43 所示,在电流为 I_1 的无限长直导线旁边有一个三角形线圈,电流为 I_2,且线圈平面和无限长直导线都在纸面内,求线圈所受的合力.

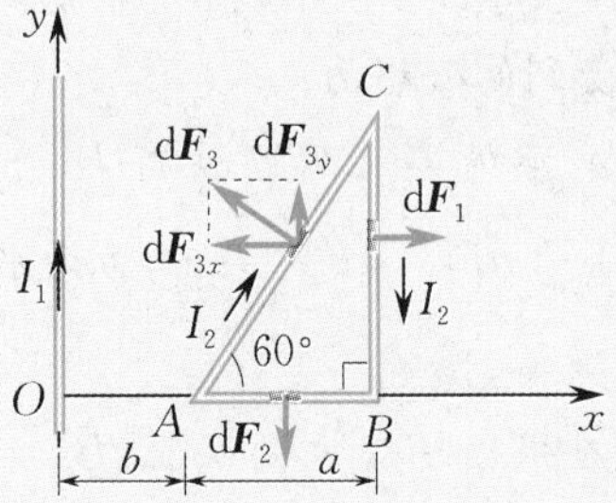

图 7.43

解　无限长载流直导线在空间激发的磁场的磁感应强度的大小为 $B = \dfrac{\mu_0 I_1}{2\pi x}$,方向垂直纸面向里. 对三角形线圈所受的安培力分段进行分析. 将 CB 边分割成许多电流元,因各电流元 $I_2\mathrm{d}\boldsymbol{l}$ 上的磁感应强度 $B = \dfrac{\mu_0 I_1}{2\pi(a+b)}$ 相同,$\mathrm{d}\boldsymbol{F}_1$ 方向都相同,CB 边所受的安培力的方向沿 x 轴正方向,大小为

$$F_1 = I_2\sqrt{3}aB = I_2\sqrt{3}a\,\frac{\mu_0 I_1}{2\pi(a+b)} = \frac{\sqrt{3}\mu_0 I_1 I_2 a}{2\pi(a+b)}.$$

BA 边上各电流元所在处的磁感应强度 $\boldsymbol{B}$ 的大小不同,但方向都相同,$\mathrm{d}\boldsymbol{F}_2$ 方向都相同. BA 边所受的安培力的方向沿 y 轴负方向,则

$$F_2 = -\int \mathrm{d}F_2 = -\int I_2 B\mathrm{d}x = -\int_b^{a+b} I_2\frac{\mu_0 I_1}{2\pi x}\mathrm{d}x = -\int_b^{a+b}\frac{\mu_0 I_1 I_2}{2\pi}\frac{\mathrm{d}x}{x} = -\frac{\mu_0 I_1 I_2}{2\pi}\ln\frac{a+b}{b}.$$

AC 边上电流元 $I_2\mathrm{d}\boldsymbol{l}$ 所受的安培力 $\mathrm{d}\boldsymbol{F}_3$ 方向如图 7.43 所示,大小为

$$\mathrm{d}F_3 = \frac{\mu_0 I_1 I_2}{2\pi x}\mathrm{d}l.$$

$\mathrm{d}\boldsymbol{F}_3$ 在坐标轴上的投影分别为

$$\mathrm{d}F_{3x} = -\mathrm{d}F_3\sin 60^\circ = -\frac{\mu_0 I_1 I_2}{2\pi x}\sin 60^\circ\mathrm{d}l,$$

$$\mathrm{d}F_{3y} = \mathrm{d}F_3 \cos 60° = \frac{\mu_0 I_1 I_2}{2\pi x}\cos 60° \mathrm{d}l.$$

从图 7.43 中可知

$$\cos 60° \mathrm{d}l = \mathrm{d}x, \quad \sin 60° \mathrm{d}l = \tan 60° \mathrm{d}x,$$

则 AC 边所受的安培力在坐标轴上的投影分别为

$$F_{3x} = -\frac{\mu_0 I_1 I_2}{2\pi}\tan 60° \int_b^{a+b} \frac{\mathrm{d}x}{x} = -\frac{\sqrt{3}\mu_0 I_1 I_2}{2\pi}\ln\frac{a+b}{b},$$

$$F_{3y} = \frac{\mu_0 I_1 I_2}{2\pi}\int_b^{a+b}\frac{\mathrm{d}x}{x} = \frac{\mu_0 I_1 I_2}{2\pi}\ln\frac{a+b}{b}.$$

三角形线圈所受的合外力在坐标轴上的分量分别为

$$F_x = F_1 + F_{3x} = \frac{\sqrt{3}\mu_0 I_1 I_2}{2\pi}\left(\frac{a}{a+b} - \ln\frac{a+b}{b}\right),$$

$$F_y = F_{3y} + F_2 = \frac{\mu_0 I_1 I_2}{2\pi}\left(\ln\frac{a+b}{b} - \ln\frac{a+b}{b}\right) = 0,$$

所以

$$\boldsymbol{F} = F_x \boldsymbol{i} = \frac{\sqrt{3}\mu_0 I_1 I_2}{2\pi}\left(\frac{a}{a+b} - \ln\frac{a+b}{b}\right)\boldsymbol{i}.$$

由于闭合载流线圈处在非均匀磁场中,它所受的合外力并不为零.

例 7.5.5 如图 7.44 所示,两根平行放置的无限长直导线 1,2 之间的距离为 a,分别通有同方向的电流 I_1 和 I_2,求它们之间单位长度导线上的相互作用力.

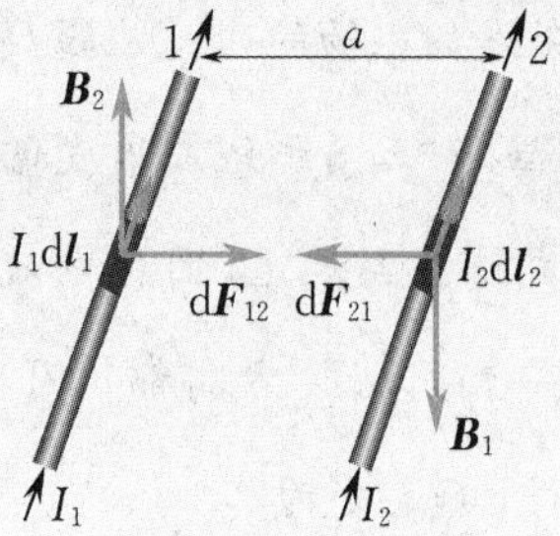

图 7.44 无限长平行直导线间的相互作用力

解 导线 1 在导线 2 所在处产生磁场 $\boldsymbol{B}_1$,根据安培定律可算出 $I_2 \mathrm{d}\boldsymbol{l}$ 在磁场 $\boldsymbol{B}_1$ 中受到的安培力;同样,导线 2 在导线 1 所在处产生磁场 $\boldsymbol{B}_2$,可算出 $I_1 \mathrm{d}\boldsymbol{l}$ 在磁场 $\boldsymbol{B}_2$ 中受到的安培力.

导线 1 在导线 2 处产生的磁感应强度 $\boldsymbol{B}_1$,方向向下,$B_1 = \frac{\mu_0 I_1}{2\pi a}$,电流元 $I_2 \mathrm{d}\boldsymbol{l}$ 受到的安培力的大小为 $\mathrm{d}F_{21} = \frac{\mu_0 I_1 I_2}{2\pi a}\mathrm{d}l$,方向水平向左.

导线 2 在导线 1 处产生的磁感应强度 $\boldsymbol{B}_2$,方向向上,$B_2 = \frac{\mu_0 I_2}{2\pi a}$,电流元 $I_1 \mathrm{d}\boldsymbol{l}$ 受到的安培力的大小为 $\mathrm{d}F_{12} = \frac{\mu_0 I_1 I_2}{2\pi a}\mathrm{d}l$,方向水平向右.

因此,在单位长度导线上的相互作用力的大小为

$$F = \frac{\mathrm{d}F_{12}}{\mathrm{d}l} = \frac{\mathrm{d}F_{21}}{\mathrm{d}l} = \frac{\mu_0 I_1 I_2}{2\pi a}.$$

当两导线中的电流沿同方向时,相互作用力是吸引力,电流沿反方向时,相互作用力是排斥力.

如果两导线中的电流相等,$I_1 = I_2 = I$,则

$$F = \frac{\mu_0 I^2}{2\pi a} \quad 或 \quad I = \sqrt{\frac{2\pi a F}{\mu_0}} = \sqrt{\frac{aF}{2\times 10^{-7}}}\ \mathrm{A}.$$

取 $a = 1\ \mathrm{m}$，$F = 2\times10^{-7}\ \mathrm{N/m}$，则 $I = 1\ \mathrm{A}$. 在国际单位制中，电流的单位 A 就是这样定义的：在真空中，两根相互平行的无限长载流直导线相距 1 m，通以大小相同的恒定电流，若单位长度导线上所受的作用力为 2×10^{-7} N，则导线中的电流就规定为 1 A.

2. 安培力与洛伦兹力的关系

载流导线在磁场中受到安培力的作用，而电流是自由电子定向运动形成的. 载流导线在磁场中受到的安培力实际上是载流导线内各个自由电子所受洛伦兹力的宏观表现. 洛伦兹力是单个运动电荷在磁场中所受作用力的微观描述，安培力是对大量运动电荷在磁场中所受作用力的宏观描述.

如图 7.45 所示，考虑一截面积为 S、长度为 $\mathrm{d}l$、通有电流 I 的电流元 $I\mathrm{d}\boldsymbol{l}$. 设 n 为导体内载流子的浓度，每一个带电粒子的电荷量为 $+q$，带电粒子都以漂移速度 $\boldsymbol{v}$ 运动. 由于每一个带电粒子所受洛伦兹力都是 $q\boldsymbol{v}\times\boldsymbol{B}$，而在 $\mathrm{d}l$ 段中有 $nS\mathrm{d}l$ 个带电粒子，这些带电粒子受到的洛伦兹力的总和为

$$\mathrm{d}\boldsymbol{F}_{\mathrm{m}} = nS\mathrm{d}lq\boldsymbol{v}\times\boldsymbol{B}.$$

由于 $q\boldsymbol{v}$ 的方向与 $I\mathrm{d}\boldsymbol{l}$ 方向相同，$q\mathrm{d}l\boldsymbol{v} = qv\mathrm{d}\boldsymbol{l}$. 利用这一关系，上式可写成

$$\mathrm{d}\boldsymbol{F}_{\mathrm{m}} = nSqv\mathrm{d}\boldsymbol{l}\times\boldsymbol{B}.$$

又由于 $I = qnSv$，则

$$\mathrm{d}\boldsymbol{F}_{\mathrm{m}} = I\mathrm{d}\boldsymbol{l}\times\boldsymbol{B}.$$

反过来由安培定律也可推出洛伦兹力公式，读者可自己试一试.

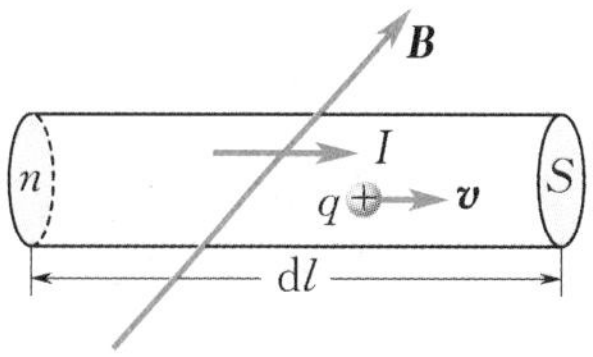

图 7.45　安培力与洛伦兹力

7.5.2　载流线圈在均匀磁场中所受的磁力矩

如图 7.46 所示，在磁感应强度为 $\boldsymbol{B}$ 的均匀磁场中，有一刚性矩形平面载流线圈 $abcd$，边长分别为 l_1，l_2，通有电流 I，线圈可绕垂直于磁场的轴旋转. 设 ad，bc 边与 $\boldsymbol{B}$ 的夹角为 θ，线圈平面法向单位矢量 $\boldsymbol{e}_{\mathrm{n}}$（按电流方向以右手螺旋定则确定的正向）与 $\boldsymbol{B}$ 之间的夹角为 φ.

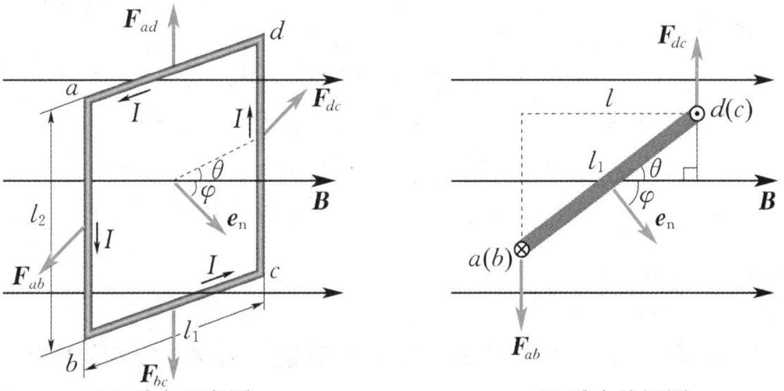

图 7.46　载流线圈在均匀磁场中受到磁力矩作用

首先分析载流线圈各边受到的作用力. 对于 ad 边,$F_{ad}=BIl_1\sin(\pi-\theta)$,方向向上;对于 bc 边,$F_{bc}=BIl_1\sin\theta$,方向向下;$\boldsymbol{F}_{ad}=-\boldsymbol{F}_{bc}$,所以 $\boldsymbol{F}_{ad}$,$\boldsymbol{F}_{bc}$ 对线圈的合力为零. 对于 ab 边,$F_{ab}=BIl_2$,方向垂直纸面向外;对于 dc 边,$F_{dc}=BIl_2$,方向垂直纸面向里;$\boldsymbol{F}_{dc}$,$\boldsymbol{F}_{ab}$ 大小相等,方向相反,其合力亦为零,但作用线不在一条直线上,形成力偶,力偶臂为 $l_1\cos\theta$,它们对线圈产生磁力矩,其大小为

$$M=F_{dc}l_1\cos\theta=BIl_2l_1\cos\theta=BIS\sin\varphi,$$

式中 $S=l_1l_2$ 是矩形线圈的面积. 若线圈匝数为 N,载流线圈的磁矩为 $\boldsymbol{p}_{\mathrm{m}}=NIS\boldsymbol{e}_{\mathrm{n}}$,则线圈所受磁力矩的大小为

$$M=NBIS\sin\varphi=Bp_{\mathrm{m}}\sin\varphi.$$

考虑力矩的方向后,可将磁力矩写成矢量式

$$\boldsymbol{M}=\boldsymbol{p}_{\mathrm{m}}\times\boldsymbol{B}. \tag{7.5.3}$$

虽然式(7.5.3)是从平面矩形载流线圈推出的,但可以证明,对均匀磁场中任意形状的平面载流线圈,它都适用. 从式(7.5.3)可看出,磁场对载流线圈的磁力矩不仅与载流线圈的电流、线圈的面积、磁场的磁感应强度有关,而且还与线圈平面法向单位矢量 $\boldsymbol{e}_{\mathrm{n}}$ 与磁感应强度 $\boldsymbol{B}$ 之间的夹角 φ 有关. 当 $\varphi=\pm\dfrac{\pi}{2}$ 时,线圈平面与磁场方向平行,磁力矩有最大值 $M_{\max}=NBIS$;当 $\varphi=0$ 时,线圈平面与磁场方向垂直,$M=0$,线圈不受磁力矩的作用,此时线圈处于稳定平衡状态,若线圈受到微小扰动偏离该状态,扰动撤销后线圈自动返回原平衡状态;当 $\varphi=\pi$ 时,$M=0$,此时线圈处于非稳定平衡状态,若线圈受到微小扰动偏离该状态,而扰动撤销后线圈不再返回原平衡状态.

综上,在均匀磁场中的载流平面线圈所受安培力的合力为零,只受磁力矩的作用,线圈只发生转动,而不会发生平移. 载流线圈在磁场中受到磁力矩的作用规律是各种电机和各种磁电式仪表的基本原理.

在非均匀磁场中,将载流线圈分成许多电流元,每一个电流元所在处的磁感应强度 $\boldsymbol{B}$ 一般不相等,它们受到的安培力的大小和方向也都不相同. 这时线圈除受到磁力矩作用外,还受到合外力的作用(见例 7.5.4),情况是比较复杂的,这里不做进一步讨论.

7.5.3 磁力的功

载流导线或载流线圈在磁场中受到磁力或磁力矩的作用下运动时,磁力就做了功. 下面从一些特殊情况出发,导出磁力做功的计算公式.

1. 载流导线在均匀磁场中运动

一均匀磁场 $\boldsymbol{B}$ 垂直纸面向外，如图 7.47 所示，磁场中有一载流的闭合回路 $abcda$，导线长为 l，可沿水平方向滑动. 假设导线滑动时，回路中的电流 I 保持不变，由安培定律，载流导线在磁场中所受的安培力的大小为 $F = BIl$，方向水平向右. 导线在 $\boldsymbol{F}$ 的作用下向右运动. 导线从初始位置 ab 运动到位置 $a'b'$ 时，磁力 $\boldsymbol{F}$ 所做的功为

$$A = F\Delta x = BIl\Delta x = BI\Delta S = I\Delta\Phi_{\mathrm{m}}, \tag{7.5.4}$$

式中 $\Delta\Phi_{\mathrm{m}} = Bl\Delta x = B\Delta S$，是导线从初始位置 ab 运动到位置 $a'b'$ 时，通过回路的磁通量的改变量.

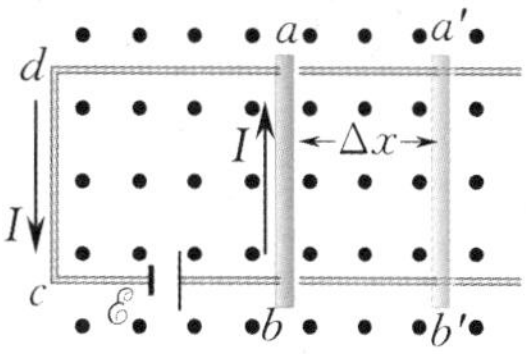

图 7.47　磁力所做的功

式(7.5.4) 表明，当载流导线在磁场中运动时，如果电流保持不变，磁力做的功等于电流乘以通过回路所围面积的磁通量的增量. 也可以说，磁力所做的功等于电流乘以载流导线在移动中所切割的磁感应线数.

2. 载流线圈在均匀磁场中转动

如图 7.48 所示，一载流线圈在均匀磁场内转动，若线圈中的电流 I 不变，则线圈所受的磁力矩为 $M = BIS\sin\theta$，当线圈转过极小的角度 $\mathrm{d}\theta$ 时，磁力矩所做的元功为

$$\mathrm{d}A = -M\mathrm{d}\theta = -BIS\sin\theta\mathrm{d}\theta = I\mathrm{d}(BS\cos\theta) = I\mathrm{d}\Phi_{\mathrm{m}},$$

式中负号表示磁力矩做正功时使 θ 减小. 当载流线圈从 θ_1 转到 θ_2 时，磁力矩所做的总功为

$$A = \int_{\Phi_{\mathrm{m1}}}^{\Phi_{\mathrm{m2}}} I\mathrm{d}\Phi_{\mathrm{m}} = I(\Phi_{\mathrm{m2}} - \Phi_{\mathrm{m1}}) = I\Delta\Phi_{\mathrm{m}},$$

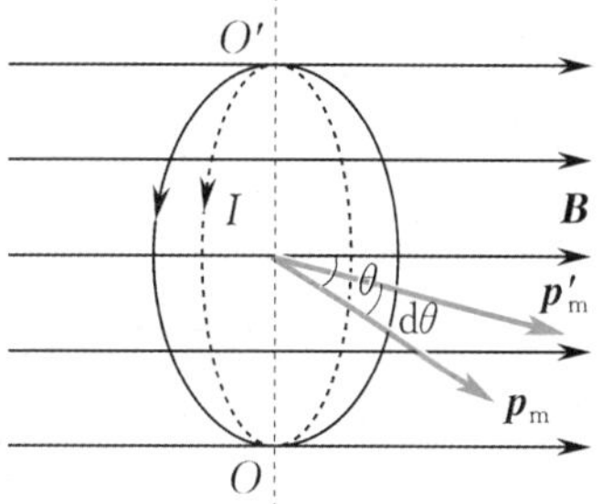

图 7.48　磁力矩所做的功

式中 Φ_{m1} 和 Φ_{m2} 分别表示线圈在 θ_1 和 θ_2 时通过线圈的磁通量. 这一结果与式(7.5.4) 相同. 可以证明，一个任意形状的闭合电流回路在磁场中改变位置或形状时，只要保持回路中电流 I 不变，则磁力或磁力矩做的功都可按式(7.5.4) 计算. 这是磁力做功的一般表示. 如果电流是随时间变化的，磁力所做的总功应为积分式

$$A = \int_{\Phi_{\mathrm{m1}}}^{\Phi_{\mathrm{m2}}} I\mathrm{d}\Phi_{\mathrm{m}}.$$

理解磁力(或磁力矩) 的功要注意的是：洛伦兹力永远不做功，磁力(或磁力矩) 的功是通过消耗电源的能量来完成的.

例 7.5.6　一半径为 R 的半圆形闭合线圈通有电流 I，线圈放在均匀磁场 $\boldsymbol{B}$ 中，$\boldsymbol{B}$ 的方向与线圈平面法线的夹角为 60°，如图 7.49 所示. 设线圈匝数为 N，求：

(1) 此时载流线圈所受的力矩大小和方向；

(2) 线圈从图示位置旋转到稳定平衡位置时，磁力矩做的功.

解　(1) 图示位置线圈所受的磁力矩为

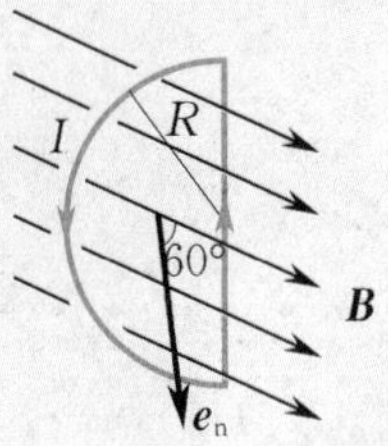

图 7.49

$$\boldsymbol{M}=\boldsymbol{p}_{\mathrm{m}}\times\boldsymbol{B},$$

磁力矩的大小为

$$M=NISB\sin 60^{\circ}=\frac{\sqrt{3}}{4}\pi R^{2}NIB,$$

方向由 $\boldsymbol{p}_{\mathrm{m}}\times\boldsymbol{B}$ 决定,从上往下看线圈是逆时针旋转的.

(2) 由式(7.5.4),线圈从如图 7.49 所示的位置旋转到稳定平衡位置时磁力矩做的功为

$$A=NI(\Phi_{\mathrm{m2}}-\Phi_{\mathrm{m1}})=NI\left(B\frac{\pi R^{2}}{2}-B\frac{\pi R^{2}}{2}\cos 60^{\circ}\right)=\frac{1}{4}\pi R^{2}NIB.$$

7.6 磁场中的磁介质

磁介质的种类很多,有气态磁介质、液态磁介质和固态磁介质.这些物质受外磁场的作用而处于所谓的磁化状态,反过来又会对原来的磁场产生影响.磁介质具有重要的实际应用价值,例如,变压器、电动机、发电机的线圈和天然磁石附近总是存在一些磁介质.计算机的磁盘、录音磁带和永久磁铁都直接与磁介质的性质有关,用磁盘或磁带存储信息数据是使磁介质按信息发生相应的变化,从而记录信息数据.

本节从磁介质的微观电结构出发,讨论顺磁质、抗磁质和铁磁质磁化的微观机制及其对磁场的影响,重点讨论磁介质中磁场的场量之间的关系以及有磁介质时的高斯定理和安培环路定理.最后讨论铁磁质的性质和应用.

7.6.1 磁介质及其分类

实际的磁场中存在着各种各样的物质,这些物质在磁场的作用下会发生变化而处于一种特殊的状态,称为磁化状态.磁化后的物质反过来又对磁场产生影响,我们称能够影响磁场的物质为磁介质.事实上,任何实物物质在磁场的作用下或多或少会发生磁化并反过来影响磁场,因此它们都可以视为磁介质.

实验表明,不同的磁介质对磁场的影响差异很大.若均匀的磁介质处于磁感应强度为 $\boldsymbol{B}_0$ 的外磁场中,磁介质被磁化,产生附加磁场,有磁介质时的磁场由两部分叠加而成,即

$$\boldsymbol{B}=\boldsymbol{B}_0+\boldsymbol{B}', \tag{7.6.1}$$

式中 $\boldsymbol{B}'$ 是附加磁场的磁感应强度.对于不同的磁介质,$\boldsymbol{B}'$ 的大小和

方向有很大的差别. 当均匀磁介质充满整个外磁场时，磁介质的相对磁导率定义为

$$\mu_r = \frac{B}{B_0}, \tag{7.6.2}$$

式中 B 为磁介质中磁场的磁感应强度的大小，B_0 为外磁场的磁感应强度的大小. μ_r 可以用来描述不同磁介质磁化后对外磁场的影响. 我们定义磁介质的磁导率为

$$\mu = \mu_r \mu_0. \tag{7.6.3}$$

实验和理论研究表明，磁介质可按其磁特性分为三大类：

(1) 顺磁质. 这类磁介质的相对磁导率 $\mu_r > 1$，在外磁场中，其附加磁感应强度 $\boldsymbol{B}'$ 与 $\boldsymbol{B}_0$ 同方向，因而 $B > B_0$，如铝、铂、氧等.

(2) 抗磁质. 这类磁介质的相对磁导率 $\mu_r < 1$，在外磁场中，其附加磁感应强度 $\boldsymbol{B}'$ 与 $\boldsymbol{B}_0$ 方向相反，因而 $B < B_0$，如铜、硫、氢、金、银、铅、锌等.

(3) 铁磁质. 这类磁介质的相对磁导率 $\mu_r \gg 1$，在外磁场中，其附加磁感应强度 $\boldsymbol{B}'$ 与 $\boldsymbol{B}_0$ 同方向，且 $B' \gg B_0$，因而 $B \gg B_0$，如铁、钴、镍等.

抗磁质和顺磁质的磁性都很弱，统称为弱磁质. 它们的 μ_r 都很接近 1，而且 μ_r 都是与磁场无关的常数. 铁磁质的磁性都很强，且还具有一些特殊的性质. 表 7.1 列出几种常见磁介质的相对磁导率.

表 7.1　几种常见磁介质的相对磁导率

磁介质		相对磁导率
顺磁质　$\mu_r > 1$	氧(液体,90 K)	$1 + 7.70 \times 10^{-3}$
	氧(气体,293 K)	$1 + 3.45 \times 10^{-3}$
	铝(293 K)	$1 + 1.65 \times 10^{-5}$
	铂(293 K)	$1 + 2.60 \times 10^{-4}$
抗磁质　$\mu_r < 1$	铋(293 K)	$1 - 1.66 \times 10^{-4}$
	汞(293 K)	$1 - 2.90 \times 10^{-5}$
	铜(293 K)	$1 - 1.00 \times 10^{-5}$
	氢(气体)	$1 - 3.98 \times 10^{-5}$
铁磁质　$\mu_r \gg 1$	纯铁	5×10^3(最大值)
	硅钢	7×10^2(最大值)
	坡莫合金	1×10^5(最大值)

7.6.2　磁介质磁化的微观机制

顺磁性和抗磁性由磁介质的微观结构决定. 现在我们从物质

的电结构出发来说明物质的磁性.在无外磁场作用时,分子中的电子同时参与两种运动,即环绕原子核的轨道运动和电子本身的自旋运动,这两种运动都能形成电流从而产生磁效应,而且原子核的自旋运动也产生磁效应.把分子看成一个整体,分子对外所产生的磁效应的总和可用一个等效的圆电流来表示,称为**分子电流**.以 I 表示电流,S 表示圆的面积,则一个圆电流的磁矩为

$$\boldsymbol{p}_{\mathrm{m}} = IS\boldsymbol{e}_{\mathrm{n}}, \tag{7.6.4}$$

式中 $\boldsymbol{e}_{\mathrm{n}}$ 为圆面的法向单位矢量,它与电流方向满足右手螺旋定则.

我们可以用一个简单的模型来估算原子内电子轨道运动磁矩的大小.假设电子在半径为 r 的圆周上以恒定的速率 v 绕原子核运动.电子轨道运动的周期为 $\frac{2\pi r}{v}$,每个周期内通过轨道上任意截面的电荷量为一个电子的电荷量 e,沿着圆形轨道的电流为

$$I = \frac{e}{2\pi r/v} = \frac{ev}{2\pi r}. \tag{7.6.5}$$

电子轨道运动的磁矩大小为

$$p_{\mathrm{m,e}} = IS = \frac{ev}{2\pi r}\pi r^2 = \frac{evr}{2}. \tag{7.6.6}$$

以氢原子为例,在常态下,电子与原子核的距离约为 $r = 0.53\times10^{-10}$ m,电子轨道运动的速率为 $v = 2.2\times10^{6}$ m/s.代入式(7.6.6),可求得电子轨道运动的磁矩大小为

$$\begin{aligned} p_{\mathrm{m,e}} &= \frac{evr}{2} = \frac{1.6\times10^{-19}\times2.2\times10^{6}\times0.53\times10^{-10}}{2}\ \mathrm{A\cdot m^2} \\ &\approx 0.93\times10^{-23}\ \mathrm{A\cdot m^2}. \end{aligned} \tag{7.6.7}$$

实验证明,电子的自旋磁矩和轨道磁矩同数量级,

$$p_{\mathrm{s,e}} = 0.927\times10^{-23}\ \mathrm{A\cdot m^2}. \tag{7.6.8}$$

一个分子的磁矩是其中所有电子的轨道磁矩和自旋磁矩以及核的自旋磁矩的矢量和,称为分子的固有磁矩或**分子磁矩**,用 $\boldsymbol{p}_{\mathrm{m}}$ 表示.

在顺磁质分子中,所有电子的轨道磁矩和自旋磁矩以及核的自旋磁矩的矢量和不为零,整个分子存在分子磁矩;在抗磁质分子中,所有电子的轨道磁矩和自旋磁矩以及核的自旋磁矩的矢量和等于零,即分子磁矩为零.

当没有外磁场作用时,抗磁质分子的分子磁矩 $\boldsymbol{p}_{\mathrm{m}} = \mathbf{0}$,从而整块磁介质的 $\sum \boldsymbol{p}_{\mathrm{m}} = \mathbf{0}$,不显磁性;而顺磁质分子的分子磁矩 $\boldsymbol{p}_{\mathrm{m}} \neq \mathbf{0}$,但由于分子的热运动,各个分子磁矩的方向无规则排列,其磁作用相互抵消,整块磁介质仍然有 $\sum \boldsymbol{p}_{\mathrm{m}} = \mathbf{0}$,也不显磁性.

1. 顺磁质的磁化

顺磁性来自分子的分子磁矩.将顺磁质放入外磁场中时,其分

子磁矩就要受到磁场的力矩作用，使分子磁矩的方向转向与外磁场方向一致，然而分子的热运动也对分子磁矩的规则排列有影响，温度越高顺磁性越弱. 外磁场越强，温度越低，分子磁矩的排列也越整齐，这些排列较整齐的分子磁矩要产生一个与外磁场 $\boldsymbol{B}_0$ 同方向的附加磁场 $\boldsymbol{B}'$，这种现象称为顺磁质的磁化. 顺磁质对外磁场起着增强的作用，即顺磁质磁化后使磁介质中的磁场强于外磁场.

2. 抗磁质的磁化

抗磁性的起因在于分子中电子、原子核的运动在外磁场作用下的变化. 就单个电子而言，无论是轨道运动还是自旋运动都产生磁矩. 当有外磁场作用时，将引起分子磁矩的变化而产生附加磁矩 $\Delta\boldsymbol{p}_{\mathrm{m}}$. 下面我们来分析附加磁矩 $\Delta\boldsymbol{p}_{\mathrm{m}}$ 及由此产生的附加磁场 $\boldsymbol{B}'$ 的方向.

附加磁矩 $\Delta\boldsymbol{p}_{\mathrm{m}}$ 是由电子的进动产生的. 以电子的轨道运动为例，如图 7.50 所示，电子做轨道运动时，具有一定的角动量 $\boldsymbol{L}$，其方向与电子运行的方向满足右手螺旋定则. 由于电子带负电，其轨道磁矩 $\boldsymbol{p}_{\mathrm{m,e}}$ 的方向和角动量 $\boldsymbol{L}$ 的方向相反. 当分子处于磁场 $\boldsymbol{B}_0$ 中时，电子的轨道磁矩要受到磁场的力矩作用，这一力矩为

$$\boldsymbol{M}=\boldsymbol{p}_{\mathrm{m,e}}\times\boldsymbol{B}_0. \tag{7.6.9}$$

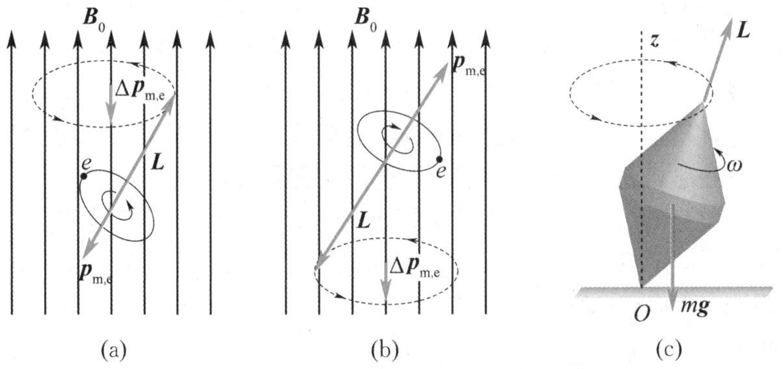

图 7.50　在外磁场中电子的进动和附加磁矩

如图 7.50(a) 所示，电子轨道运动所受磁力矩的方向垂直纸面向里. 根据角动量定理

$$\boldsymbol{M}=\frac{\mathrm{d}\boldsymbol{L}}{\mathrm{d}t}, \tag{7.6.10}$$

电子轨道运动角动量 $\boldsymbol{L}$ 的改变量 $\mathrm{d}\boldsymbol{L}$ 与 $\boldsymbol{M}$ 同方向，即迎着 $\boldsymbol{B}_0$ 方向看去，电子运动的轨道角动量 $\boldsymbol{L}$ 是绕 $\boldsymbol{B}_0$ 逆时针方向转动的. 电子的这种运动就叫作电子的进动，正如高速旋转着的陀螺，在重力矩作用下其角动量 $\boldsymbol{L}$ 以竖直方向为轴线所做的进动一样(见图 7.50(c)).

可以证明，不论原来电子的磁矩与磁场方向之间的夹角如何，在外磁场 $\boldsymbol{B}_0$ 中，角动量 $\boldsymbol{L}$ 进动的方向总是和 $\boldsymbol{B}_0$ 满足右手螺旋定

则,如图 7.50(a),(b) 所示.电子的进动也相当于一个圆电流,电子带负电,该等效电流的附加磁矩 $\Delta \boldsymbol{p}_{m,e}$ 总是与外磁场 $\boldsymbol{B}_0$ 的方向相反,电子附加磁矩 $\Delta \boldsymbol{p}_{m,e}$ 的总和即为分子的附加磁矩 $\Delta \boldsymbol{p}_m$,也总是与外磁场 $\boldsymbol{B}_0$ 反向.对电子及原子核的自旋,外磁场也产生相同的效果.

因此,在外磁场的力矩作用下,一个分子内的所有电子和原子核都产生与外磁场方向相反的附加磁矩,这些附加磁矩的矢量和称为该分子在外磁场中所产生的感应磁矩.感应磁矩的方向总是与外磁场的方向相反.由于感应磁矩激发的附加磁场的方向与外磁场方向相反(这种现象称为抗磁质的磁化),它对外磁场起着抵消的作用,所以抗磁质磁化后使磁介质中的磁场稍弱于外磁场.

一般抗磁质的抗磁性很弱,与温度关系不大.应当指出,顺磁质的分子在外磁场中也要产生感应磁矩,但是在实验室通常能获得的磁场中,一个分子所产生的感应磁矩要比分子磁矩小得多,前者的效果可以忽略不计.与顺磁性不同,抗磁性存在于一切磁介质中,之所以存在顺磁质,是因为其顺磁性比抗磁性强.

7.6.3 磁化规律

1. 磁化强度

磁介质在外磁场 $\boldsymbol{B}_0$ 中磁化时,我们引入磁化强度 $\boldsymbol{M}$ 来描述磁介质的磁化强弱程度和方向.无论是顺磁质还是抗磁质,在未加外磁场时,磁介质宏观上的一个小体积 ΔV 内,分子磁矩的矢量和等于零,但是当磁介质放在外磁场中被磁化后,磁介质中小体积 ΔV 内分子磁矩将不为零.顺磁质中分子磁矩排列得越整齐,它们的矢量和就越大;抗磁质中分子的附加磁矩越大,它们的矢量和也越大.小体积 ΔV 内,分子磁矩矢量和的大小反映了磁介质被磁化的强弱程度,磁化强度 $\boldsymbol{M}$ 定义为在外磁场作用下,单位体积内分子磁矩的矢量和,即

$$\boldsymbol{M} = \frac{\sum \boldsymbol{p}_m}{\Delta V}. \tag{7.6.11}$$

需要指出的是,宏观上 ΔV 要取得足够小,使磁化强度 $\boldsymbol{M}$ 能精确地描述空间各点处磁介质的磁化程度,而微观上 ΔV 又要足够大,使其内部包含足够多的分子.

顺磁质和抗磁质的磁化强度都随外磁场的增强而增大.实验证明,在通常实验条件下,各向同性的顺磁质或抗磁质(以及铁磁质在磁场较弱时)的磁化强度和外磁场 $\boldsymbol{B}$ 成正比,其关系可以表示为

$$\boldsymbol{M} = \frac{\mu_r - 1}{\mu_0 \mu_r}\boldsymbol{B}. \tag{7.6.12}$$

对于顺磁质,$\boldsymbol{M}$ 的方向与外磁场的方向相同;对于抗磁质,$\boldsymbol{M}$ 的方

向与外磁场的方向相反.

一般情况下,$\boldsymbol{M}$ 是空间位置的函数. 若磁介质中各点的 $\boldsymbol{M}$ 相同,则磁介质被均匀磁化.

在国际单位制中,磁化强度 $\boldsymbol{M}$ 的单位为安[培] 每米(A/m).

2. 磁化强度与磁化电流的关系

根据上面的讨论,均匀的顺磁质放到外磁场中时,它的分子磁矩要沿着外磁场方向取向;均匀的抗磁质放到外磁场中时,它的分子要产生与外磁场方向相反的感应磁矩. 对于各向同性均匀的磁介质,与这些磁矩相对应的圆电流将呈规则性排列在磁介质内部. 如图 7.51(a) 所示,长直载流螺线管内部的磁场沿轴线方向均匀分布,磁介质中的分子磁矩在磁场作用下沿外磁场排列. 螺线管中磁介质的一个横截面上分子电流的分布如图 7.51(b) 所示,在磁介质内部各处总是有相反的电流流过,它们的磁作用相互抵消了. 但在磁介质表面上,这些圆电流未被抵消,且沿着相同方向流动,其总效果相当于在磁介质表面上有一层电流流过,这种电流叫作磁化电流,也叫作束缚电流. 磁化电流是分子内电荷运动等效形成的,不同于导体中自由电荷定向运动而形成的传导电流,相比之下,导体中的传导电流可以称为自由电流.

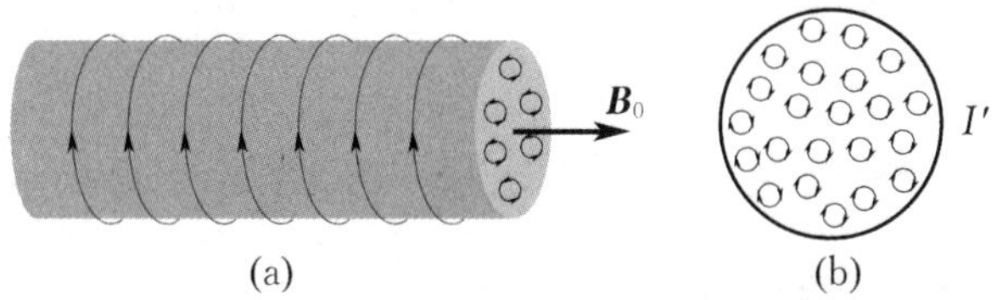

图 7.51　磁介质表面磁化电流的产生

现在讨论磁介质内通过以 L 为边线的任意曲面 S 的磁化电流 I'. 由图 7.52 可知,只有那些环绕曲线 L 的分子电流才对 I' 有贡献(如图中的 1,2,…,10),因为其他分子电流或者不穿过曲面 S,或者穿过两次方向相反而抵消. 因此,求出环绕曲线 L 的分子电流个数再乘以分子电流值便可求得 I'. 先计算环绕曲线 L 的某一段 $\mathrm{d}l$ 的分子电流个数. 由于 $\mathrm{d}l$ 很短,可以认为 $\mathrm{d}l$ 内各点的磁化强度 $\boldsymbol{M}$ 相同(尽管 $\boldsymbol{M}$ 在整个曲线 L 上可以不同). 为简单起见,假定 $\mathrm{d}l$ 附近各分子磁矩都取与 $\boldsymbol{M}$ 完全相同的方向. 以 $\mathrm{d}l$ 为轴作一斜圆柱体,其两底与分子电流所在平面平行(与 $\boldsymbol{M}$ 垂直),底的半径等于分子电流的半径. 这样,只有中心在柱体内的分子电流(图中的 1 和 2) 才环绕 $\mathrm{d}l$. 设单位体积的分子数为 n,则中心在柱内的分子数为 $nA\,\mathrm{d}l\cos\theta$($A$ 是柱底的面积,θ 是 $\boldsymbol{M}$ 与 $\mathrm{d}\boldsymbol{l}$ 的夹角). 这些分子贡献的电流为

$$\mathrm{d}I' = I_{\mathrm{m}} nA\,\mathrm{d}l\cos\theta, \tag{7.6.13}$$

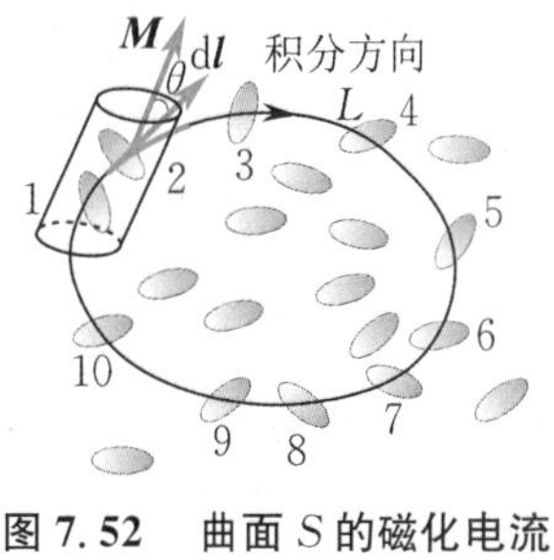

图 7.52　曲面 S 的磁化电流的计算

式中 I_m 是每个分子电流的大小. 故 I_mA 是分子磁矩的大小, nI_mA 是磁化强度的大小, 即 M. 因此

$$\mathrm{d}I' = M\mathrm{d}l\cos\theta = \boldsymbol{M}\cdot\mathrm{d}\boldsymbol{l}. \tag{7.6.14}$$

如果 $\mathrm{d}l$ 是磁介质表面上沿表面的一个长度元, 则 $\mathrm{d}I'$ 将表现为磁化面电流. $\dfrac{\mathrm{d}I'}{\mathrm{d}l}$ 称为磁化面电流密度, 以 j' 表示, 由式(7.6.14), 可得

$$j' = \frac{\mathrm{d}I'}{\mathrm{d}l} = M\cos\theta = M_l, \tag{7.6.15}$$

即磁化面电流密度等于该表面处磁化强度沿表面的分量. 当 $\theta = 0$, 即 $\boldsymbol{M}$ 与表面平行时, 有

$$j' = M, \tag{7.6.16}$$

磁化面电流密度的方向与 $\boldsymbol{M}$ 垂直.

在磁介质内任意闭合曲线 L 包围的磁化电流应等于环绕 L 上各长度元 $\mathrm{d}l$ 的磁化电流的积分, 于是通过以 L 为边线的整个曲面 S 的磁化电流为

$$I' = \oint_L \mathrm{d}I' = \oint_L \boldsymbol{M}\cdot\mathrm{d}\boldsymbol{l}. \tag{7.6.17}$$

式(7.6.17) 说明, 磁介质中通过任意曲面 S 的磁化电流 I' 等于磁化强度 $\boldsymbol{M}$ 沿曲面的边线 L 的积分(磁化强度沿闭合曲线 L 的环流).

7.6.4 有磁介质时的高斯定理和安培环路定理

1. 有磁介质时的高斯定理

磁场中的磁介质受到磁场的作用要产生磁化电流, 磁化电流又会反过来影响磁场的分布. 空间任意一点的磁感应强度 $\boldsymbol{B}$ 应是传导电流的磁场 $\boldsymbol{B}_0$ 和磁化电流的磁场 $\boldsymbol{B}'$ 的矢量和, 即 $\boldsymbol{B} = \boldsymbol{B}_0 + \boldsymbol{B}'$. 磁化电流与传导电流在产生磁场方面是等效的, 两者的磁感应线均为闭合曲线. 因此, 有磁介质存在时高斯定理仍成立, 即

$$\oiint_S \boldsymbol{B}\cdot\mathrm{d}\boldsymbol{S} = 0. \tag{7.6.18}$$

式(7.6.18) 在形式上与真空中磁场的高斯定理完全相同, 但式中的 $\boldsymbol{B}$ 应理解为传导电流激发的磁场 $\boldsymbol{B}_0$ 和磁化电流激发的磁场 $\boldsymbol{B}'$ 的合磁场. 因此, 式(7.6.18) 是普遍情况下稳恒磁场的高斯定理.

2. 有磁介质时的安培环路定理

当空间的传导电流分布和磁介质的性质已知时, 原则上能求得空间各点的磁感应强度 $\boldsymbol{B}$. 然而, 如果从毕奥-萨伐尔定律出发求 $\boldsymbol{B}$, 必须知道全部电流(包括传导电流和磁化电流) 的分布, 而磁化电流依赖于磁化情况(磁化强度 $\boldsymbol{M}$), 磁化情况又依赖于总的磁感

应强度 $\boldsymbol{B}$,磁介质和磁场的相互影响呈现一种比较复杂的关系. 这种复杂关系可以通过引入适当的物理量加以简化.

根据安培环路定理,$\boldsymbol{B}$ 沿任意闭合曲线 L 的积分满足

$$\oint_L \boldsymbol{B} \cdot \mathrm{d}\boldsymbol{l} = \mu_0 \sum I_{\mathrm{in}}, \tag{7.6.19}$$

式中 $\sum I_{\mathrm{in}}$ 是通过以 L 为边界的任意曲面的电流. 当磁场中存在磁介质时,只要把电流理解为传导电流与磁化电流之和,式(7.6.19)仍然成立. 以 $\sum I_0$ 及 I' 分别代表穿过闭合曲线 L 的传导电流的代数和与磁化电流,则式(7.6.19)可以改写为

$$\oint_L \boldsymbol{B} \cdot \mathrm{d}\boldsymbol{l} = \mu_0 \left(\sum I_0 + I'\right). \tag{7.6.20}$$

将式(7.6.17)代入,得到

$$\oint_L \boldsymbol{B} \cdot \mathrm{d}\boldsymbol{l} = \mu_0 \left(\sum I_0 + \oint_L \boldsymbol{M} \cdot \mathrm{d}\boldsymbol{l}\right), \tag{7.6.21}$$

即

$$\oint_L \left(\frac{\boldsymbol{B}}{\mu_0} - \boldsymbol{M}\right) \cdot \mathrm{d}\boldsymbol{l} = \sum I_0. \tag{7.6.22}$$

引入一辅助物理量表示积分号内的合矢量,称之为磁场强度,以 $\boldsymbol{H}$ 表示,即

$$\boldsymbol{H} = \frac{\boldsymbol{B}}{\mu_0} - \boldsymbol{M}, \tag{7.6.23}$$

则式(7.6.22)可表示为

$$\oint_L \boldsymbol{H} \cdot \mathrm{d}\boldsymbol{l} = \sum I_0. \tag{7.6.24}$$

式(7.6.24)称为有磁介质时的安培环路定理. 它说明,沿任意闭合曲线磁场强度的环流等于该闭合曲线所包围的传导电流(不包括磁化电流)的代数和. 不管是在真空还是在磁介质中,这一定理都成立. 在真空的情况下,$\boldsymbol{M} = \boldsymbol{0}$,式(7.6.24)还原为式(7.6.19).

3. $\boldsymbol{H}$,$\boldsymbol{B}$,$\boldsymbol{M}$ 之间的关系

式(7.6.23)是磁场强度的定义式,表示了磁介质中任意一点处磁感应强度 $\boldsymbol{B}$、磁场强度 $\boldsymbol{H}$ 和磁化强度 $\boldsymbol{M}$ 之间的普遍关系. 在国际单位制中,磁场强度 $\boldsymbol{H}$ 的单位是安[培]每米(A/m),与磁化强度 $\boldsymbol{M}$ 的单位相同. 通常将式(7.6.23)改写成

$$\boldsymbol{B} = \mu_0 \boldsymbol{H} + \mu_0 \boldsymbol{M}. \tag{7.6.25}$$

对于各向同性的磁介质,将式(7.6.12)代入式(7.6.25),可得

$$\boldsymbol{H} = \frac{\boldsymbol{B}}{\mu_0 \mu_{\mathrm{r}}}, \tag{7.6.26}$$

式中 $\mu_0 \mu_{\mathrm{r}} = \mu$,这样,式(7.6.26)还可以写成

$$\boldsymbol{B} = \mu_{\mathrm{r}} \mu_0 \boldsymbol{H} = \mu \boldsymbol{H}. \tag{7.6.27}$$

将式(7.6.27)代入式(7.6.12),可得

$$\boldsymbol{M} = (\mu_r - 1)\boldsymbol{H} = \chi_m \boldsymbol{H}, \tag{7.6.28}$$

式中$\chi_m = \mu_r - 1$,称为磁介质的磁化率.

对于顺磁质,$\mu_r > 1, \chi_m > 0$;对于抗磁质,$\mu_r < 1, \chi_m < 0$. 在真空中,$\boldsymbol{M} = \boldsymbol{0}, \chi_m = 0, \boldsymbol{B} = \mu_0 \boldsymbol{H}$. 磁介质的磁化率$\chi_m$、相对磁导率$\mu_r$和磁导率$\mu$都是描述磁介质磁化特性的物理量.

为了形象地表示磁场中磁场强度$\boldsymbol{H}$的分布,引入$\boldsymbol{H}$线. $\boldsymbol{H}$线与磁场强度$\boldsymbol{H}$的关系规定如下:$\boldsymbol{H}$线上任意一点的切线方向和该点$\boldsymbol{H}$的方向相同,$\boldsymbol{H}$线的密度(在与$\boldsymbol{H}$垂直的单位面积上通过的$\boldsymbol{H}$线数目)和该点的$\boldsymbol{H}$的大小相等. 从式(7.6.27)可知,在各向同性的均匀磁介质中,通过任意曲面的磁感应线的数目是通过同一曲面$\boldsymbol{H}$线的μ倍.

7.6.5 有磁介质时磁场的分布和计算

引入了磁场强度$\boldsymbol{H}$之后,在磁介质中,可以根据传导电流和磁介质的对称性分布,先由有磁介质时的安培环路定理求出磁场强度$\boldsymbol{H}$的分布,然后根据式(7.6.27)中$\boldsymbol{B}$与$\boldsymbol{H}$的关系求出磁感应强度$\boldsymbol{B}$的分布,再由式(7.6.12),(7.6.17)进一步求出磁化电流的分布.

例 7.6.1 如图7.53所示,细螺绕环内充以相对磁导率为$\mu_r = 1\,000$的均匀磁介质,环上均匀绕着线圈,其匝数密度为$n = 500\ \text{m}^{-1}$,线圈中通以电流$I = 2.0$ A. 求:

(1) 磁介质中的磁场强度大小;

(2) 磁介质中的磁感应强度大小;

(3) 磁介质中的磁化强度大小.

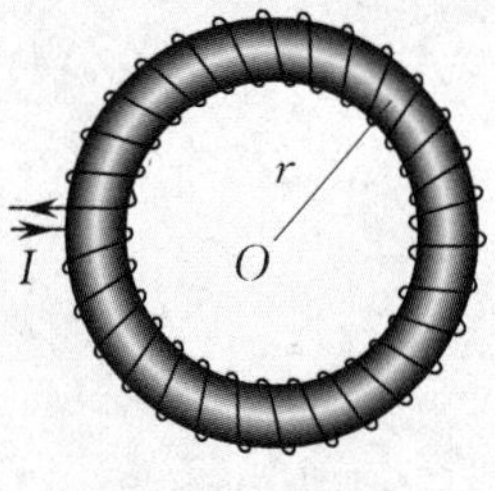

图 7.53

解 (1) 根据电流分布的对称性,与螺绕环共轴的圆周上各点的磁场强度的大小相等,方向沿圆周的切线. 利用有磁介质时的安培环路定理$\oint_L \boldsymbol{H} \cdot d\boldsymbol{l} = \sum I_0$,可以求出磁介质中的磁场强度.

因为是细螺绕环,选择平均半径为r的圆作为积分路径,根据有磁介质时的安培环路定理,有

$$2\pi r H = 2\pi r n I,$$

磁介质中的磁场强度为

$$H = nI = 500 \times 2.0\ \text{A/m} = 1.0 \times 10^3\ \text{A/m}.$$

(2) 磁介质中的磁感应强度为

$$B = \mu_0 \mu_r H = 4\pi \times 10^{-7} \times 1\,000 \times 1.0 \times 10^3\ \text{T} \approx 1.3\ \text{T}.$$

(3) 磁介质中的磁化强度为

$$M = (\mu_r - 1)H = (1\,000 - 1) \times 1.0 \times 10^3\ \text{A/m} \approx 1.0 \times 10^6\ \text{A/m}.$$

例 7.6.2　如图7.54所示，一同轴电缆由半径为a的长直金属导体芯和半径为b的长直导体圆筒组成.两者之间充满相对磁导率为μ_r的均匀磁介质.电流由金属导体芯流入，由导体圆筒流回.求：

(1) 磁介质中的磁感应强度分布；

(2) 紧贴导体芯的磁介质内表面上的磁化电流；

(3) 磁介质内表面磁化面电流密度.

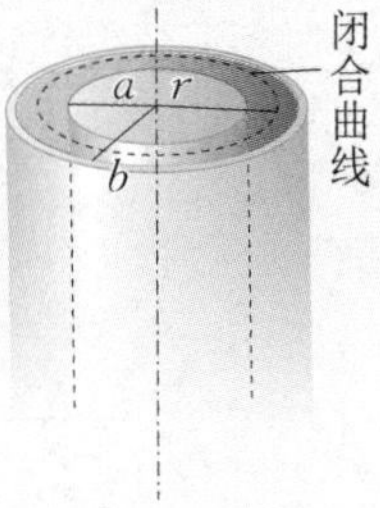

图 7.54

解　(1) 轴对称的电流所产生的$\boldsymbol{B}$和$\boldsymbol{H}$的分布具有轴对称性.$\boldsymbol{B}$线和$\boldsymbol{H}$线都处在垂直于轴线的平面内，是以轴线为圆心的同心圆.在磁介质中距离轴线为r处，取一圆心在轴线上的圆形闭合回路L，由有磁介质时的安培环路定理，有

$$\oint_L \boldsymbol{H}\cdot \mathrm{d}\boldsymbol{l}=2\pi rH=I.$$

由此得磁介质中的磁场强度为

$$H=\frac{I}{2\pi r}\quad (a<r<b).$$

利用式(7.6.27)，可得磁介质中的磁感应强度为

$$B=\mu H=\frac{\mu_0\mu_r I}{2\pi r}\quad (a<r<b).$$

(2) 由上式可得磁介质内表面半径为a处的磁感应强度为

$$B_1=\mu H_1=\frac{\mu_0\mu_r I}{2\pi a}.$$

由安培环路定理，可得

$$\oint_L \boldsymbol{B}\cdot \mathrm{d}\boldsymbol{l}=2\pi aB_1=\mu_0(I+I'),$$

即

$$B_1=\frac{\mu_0(I+I')}{2\pi a}.$$

与前面得到的$B_1=\dfrac{\mu_0\mu_r I}{2\pi a}$进行比较，可得磁介质内表面上的磁化电流为

$$I'=(\mu_r-1)I.$$

(3) 利用式(7.6.12)及(7.6.16)可以得到介质内表面的磁化面电流密度为

$$j'=\frac{(\mu_r-1)I}{2\pi a}.$$

7.6.6　铁磁质

铁磁质是一类特殊的磁介质，也是最有用的磁介质.铁、镍、钴等金属及其合金通常称为铁磁质，它们的磁性比顺磁质或抗磁质要复杂得多.铁磁质主要有以下特点：

(1) 能产生非常强的附加磁场$\boldsymbol{B}'$，甚至千百倍于外磁场$\boldsymbol{B}_0$，而且同方向.

(2) $\boldsymbol{B}$ 和 $\boldsymbol{H}$ 不是线性关系,是一复杂的函数关系,即相对磁导率 μ_r 很大,但是 μ_r 不是常量,它随磁场强度 H 而变化.

(3) $\boldsymbol{B}$ 的变化落后于 $\boldsymbol{H}$ 的变化,称为磁滞现象. 当 $H=0$ 时, $B\neq 0$,有剩磁现象.

(4) 铁磁质有临界温度 T_c,当 $T>T_c$ 时,失去铁磁性,成为一般的顺磁质. T_c 称为铁磁质的**居里点**. 例如,铁的居里点约为 1 043 K,镍的居里点约为 631 K.

1. 磁化曲线

铁磁质的磁化规律可以通过实验来进行研究. 以铁磁质为芯制成如图 7.55 所示的螺绕环. 线圈中通以励磁电流 I 时,铁磁质就被磁化,螺绕环中的磁场强度为

$$H=\frac{NI}{2\pi r},$$

式中 N 为螺绕环上线圈的总匝数,r 为螺绕环的平均半径. 在铁磁质环状样品中切开一个很窄的缝,用根据霍尔效应制成的高斯计可以测出狭缝处的磁感应强度 B. 改变电流就可以得到一系列对应的 H 和 B 值,从而作出 H 和 B 的关系曲线,这种表示铁磁质样品磁化特点的关系曲线称为**磁化曲线**. 根据公式 $\boldsymbol{M}=\frac{\boldsymbol{B}}{\mu_0}-\boldsymbol{H}$ 及 $\boldsymbol{B}=\mu\boldsymbol{H}$,可以计算出磁化强度 M 和磁导率 μ.

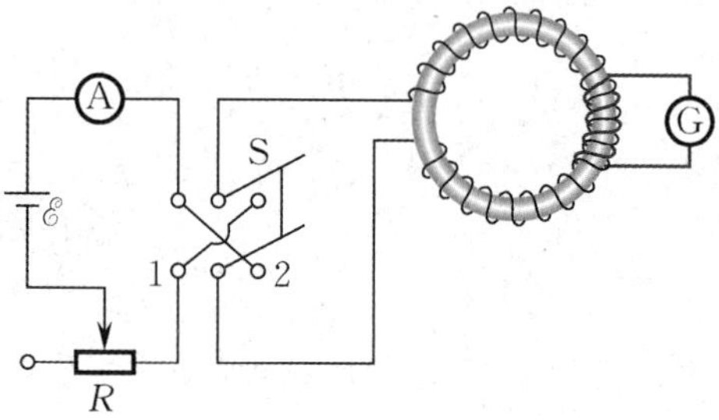

图 7.55 磁化曲线的测定

如果样品从完全没有磁化开始,逐渐增大电流 I,从而逐渐增大 H,那么所得的磁化曲线称为起始磁化曲线,如图 7.56 中所示的实线. 开始时,$H=0$,$B=0$,样品处于未磁化状态. 当逐渐增大线圈中的电流时,H 逐渐增大,B 也逐渐增大,相当于曲线中的 $O-1$ 段;当 H 继续增大,B 急剧增大,相当于曲线中的 $1-2$ 段;H 再继续增大,B 增加变得缓慢,相当于曲线中的 $2-a$ 段;当 H 到达某一值后再增大时,B 就几乎不再随 H 增大而增大了. 这时铁磁质样品达到了一种磁饱和状态,它的磁化强度 M 达到了最大值.

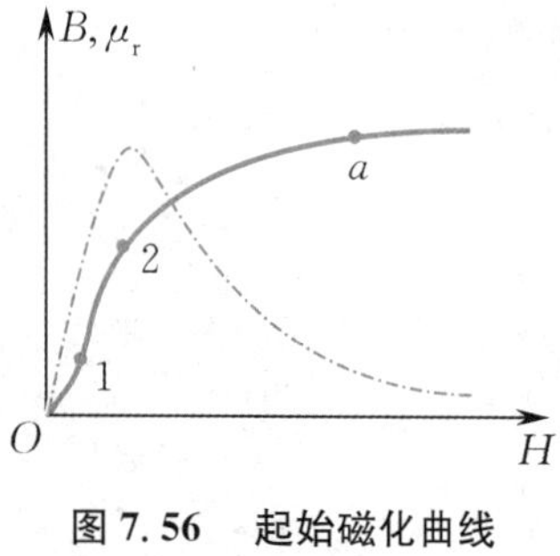

图 7.56 起始磁化曲线

根据 $\mu_r=\frac{B}{\mu_0 H}$,可以求出不同 H 时的 μ_r,μ_r 随 H 变化的关系

曲线如图 7.56 中所示的点划线.

实验证明,各种铁磁质的起始磁化曲线都是"不可逆"的,即当铁磁质达到磁饱和后,如果慢慢减小励磁电流以减小 H,铁磁质中的 B 并不沿起始磁化曲线逆向逐渐减小,而是减小得比原来增加时慢,如图 7.57 中 ab 段所示. 当 $I=0$ 时,$H=0$,但 B 并不等于 0,而是还保持一定的值,这种现象叫作**磁滞效应**. H 恢复到零时铁磁质内仍然保留的磁化状态叫作**剩磁**,相应的磁感应强度用 B_r 表示.

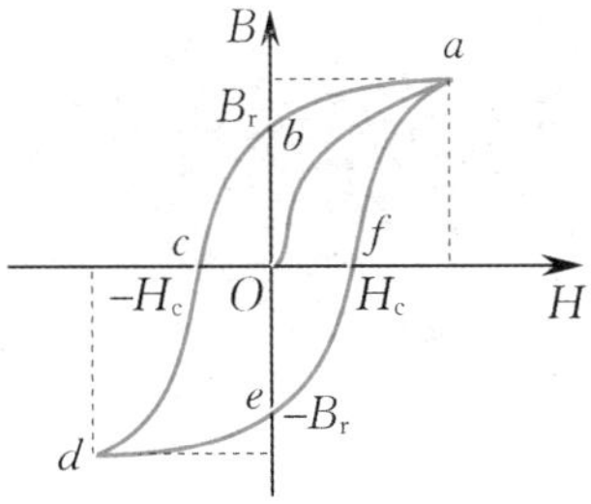

图 7.57　磁滞回线

完全消除剩磁必须改变电流的方向,并逐渐增大该方向电流(图 7.57 中的 bc 段),当 H 达到 $-H_c$ 时,$B=0$. 这个使铁磁质中的 B 完全消失的 H_c 叫作铁磁质的**矫顽力**. 再增大该方向电流以继续增加 H 值,可以使铁磁质达到反方向的磁饱和状态(cd 段). 将反向电流减小到零,铁磁质会达到反向剩磁状态(de 段). 把电流改回原来的方向并逐渐增大,铁磁质又会经过 H_c 表示的状态而回到原来的磁饱和状态(efa 段). 这样,磁化曲线就形成了一个闭合曲线,这一闭合曲线叫作**磁滞回线**. 由磁滞回线可以看出,铁磁质的磁化状态并不能由励磁电流 I(或 H) 单值地确定,它还取决于该铁磁质此前的磁化历史.

实验还表明,铁磁质反复磁化会使磁介质本身发热,造成能量损耗,称为**磁滞损耗**. 磁滞损耗的大小与磁滞回线所围面积成正比.

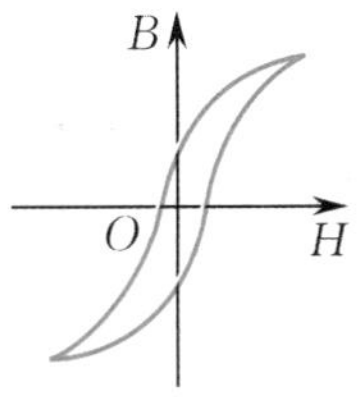

图 7.58　软磁材料

人们常根据铁磁材料矫顽力 H_c 的大小,将铁磁材料主要分为两大类. 纯铁、硅钢、坡莫合金(含 Fe,Ni)、铁氧体等材料的矫顽力 H_c 很小,磁滞回线比较窄(见图 7.58),磁滞损耗也较小. 这些材料叫作**软磁材料**,常用于做继电器、变压器和电磁铁的铁芯. 碳钢、钨钢、铝镍钴合金(含 Fe,Al,Ni,Co,Cu) 等材料具有较大的矫顽力 H_c,剩磁也大,磁滞回线显得宽而大(见图 7.59),它们一旦磁化后对外加的较弱磁场有较大的抵抗力,或者说它们对于其磁化状态有一定的"记忆能力",这种材料叫作**硬磁材料**,常用来做永久磁体、记录磁带或电子计算机的记忆元件. 此外,还有磁滞回线接近矩形的矩磁材料.

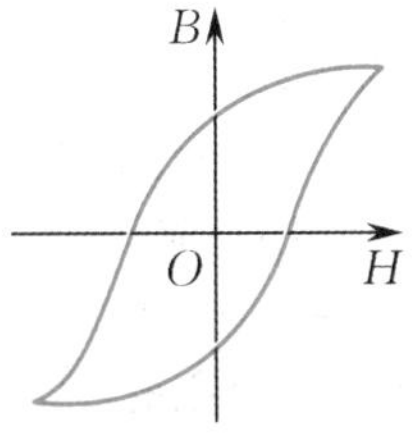

图 7.59　硬磁材料

2. 磁畴理论

铁磁质的磁化特性可以用**磁畴**理论来解释. 根据固体结构理论,铁磁质相邻原子的电子间存在很强的"交换作用",使得在无外磁场情况下电子自旋磁矩能平行地排列起来,形成一个自发磁化达到饱和的微小区域(体积约为 $10^{-9}\sim10^{-5}\ \mathrm{cm}^3$,可以包含 $10^{17}\sim10^{21}$ 个原子),我们把铁磁质中这些小区域称为磁畴.

在未被磁化的铁磁质中,虽然每一个磁畴内部有确定的自发

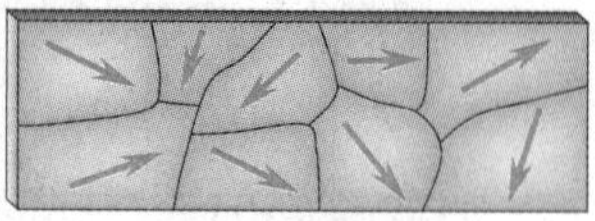

图 7.60 磁畴

磁化方向,但各个磁畴的磁化方向杂乱无章,如图 7.60 所示,因而整个铁磁质在宏观上没有明显的磁性.

如图 7.61 所示,在外磁场 **H** 中,与 **H** 方向夹角较小的磁畴逐渐扩张自己的范围(称为壁移运动)并使自发磁化方向逐渐转向 **H** 方向(称为磁畴转向). 当外磁场较强,所有磁畴都沿 **H** 方向而整齐排列时,铁磁质的磁化将达到磁饱和状态.

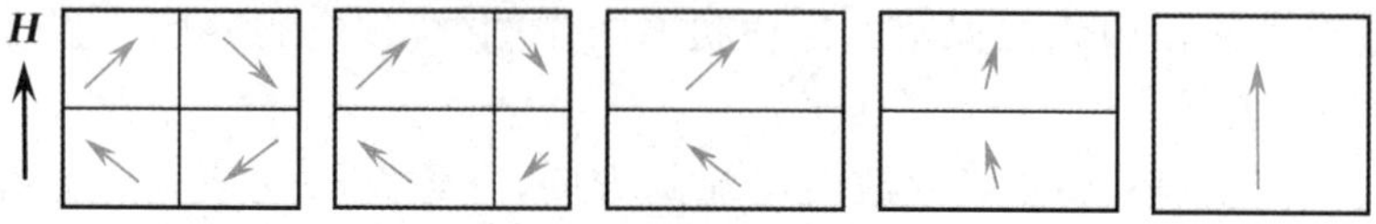

图 7.61 铁磁质磁化过程

磁滞现象可以用磁畴的畴壁很难完全恢复原来的形状来说明. 如果撤去外磁场,磁畴的某些规则排列将被保存下来,使铁磁质保留部分磁性,这就是剩磁.

当温度升高到居里点时,剧烈的热运动使磁畴全部瓦解,这时铁磁质就成为一般的顺磁质了.

思考题

1. 如图 7.62 所示,电流从 a 点分两路通过对称的圆形分路,汇合于 b 点. 若 ca,bd 都沿环的径向,则在环形分路的环心处的磁感应强度为多大?

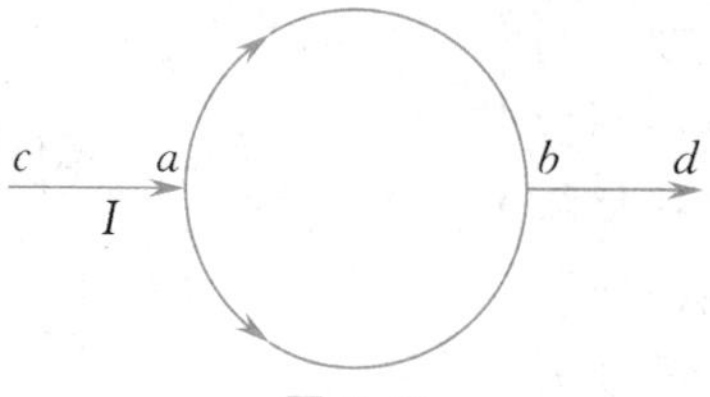

图 7.62

2. 一载有电流 I 的细导线分别均匀密绕在半径为 R 和 r 的长直圆筒上形成两个螺线管($R=2r$),两螺线管单位长度上的匝数相等. 试判断两螺线管中的磁感应强度的关系.

3. 从毕奥-萨伐尔定律能导出无限长载流直导线的磁感应强度公式为 $B=\dfrac{\mu_0 I}{2\pi a}$. 当场点无限接近导线($a\to 0$)时,则 $B\to\infty$,这是没有物理意义的,请解释.

4. 两个共面同心的圆电流 1 和 2,其电流分别为 I_1,I_2,半径分别为 R_1,R_2,问它们之间满足什么关系时,圆心处的磁感应强度为零?

5. 两根通有相同电流的长直导线十字交叉放在一起,交点处绝缘,如图 7.63 所示. 问此两导线所在的平面上哪些地方的磁感应强度为零?

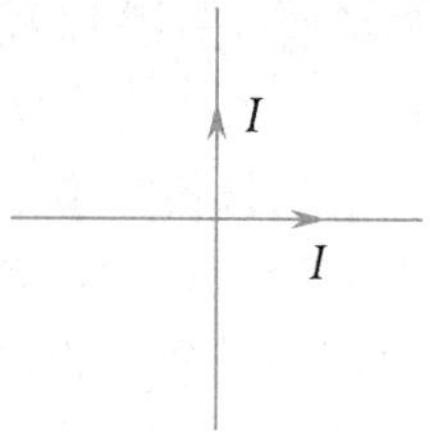

图 7.63

6. 一条磁感应线上的任意两点处的磁感应强度大小一定相等吗?

7. 有人做如下推理:"如果一闭合曲面上的磁感应强度 **B** 的大小处处相等,则根据磁场中的高斯定理 $\oiint_S \boldsymbol{B}\cdot d\boldsymbol{S}=0$,可得到 $B\oiint_S dS=BS=0$. 又因为 $S\neq 0$,故可以得到 $B=0$." 这个推理正确吗?为什么?

8. 一个闭合曲面中包围磁铁棒的一个磁极,求通过该闭合曲面的磁通量.

9. 一无限长载流直导线在空间产生磁场,在磁场中作一闭合曲面,此闭合曲面是一个球面,载流直导线刚好在通过球心的轴线上. 问通过这个闭合曲面的磁通量是否为零?

10. 如图 7.64 所示,在一通有电流 I 的圆线圈所在的平面内，选取一个同心圆形闭合曲线 L，$\oint_L \boldsymbol{B}\cdot \mathrm{d}\boldsymbol{l}$ 等于零吗？为什么？曲线上任意一点处的 $\boldsymbol{B}$ 等于零吗？为什么？

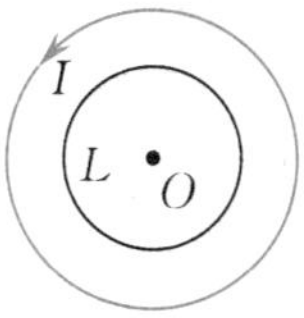

图 7.64

11. 能否用安培环路定理直接求出下列各种截面的长直载流导线附近的磁感应强度 $\boldsymbol{B}$？

(1) 圆形截面；

(2) 空心圆筒；

(3) 半圆形截面；

(4) 正方形截面.

12. 在一载流为 I 的长直密绕螺线管外作一平面圆形曲线 L，且其平面垂直于螺线管的轴，圆心在轴上，如图 7.65 所示，则 $\oint_L \boldsymbol{B}\cdot \mathrm{d}\boldsymbol{l}$ 为多少？有人说，因为圆形曲线 L 上每一点处的 $\boldsymbol{B}=\boldsymbol{0}$，所以 $\oint_L \boldsymbol{B}\cdot \mathrm{d}\boldsymbol{l}=0$；又有人根据安培环路定理认为 $\oint_L \boldsymbol{B}\cdot \mathrm{d}\boldsymbol{l}=-\mu_0 I$，究竟哪种说法正确？

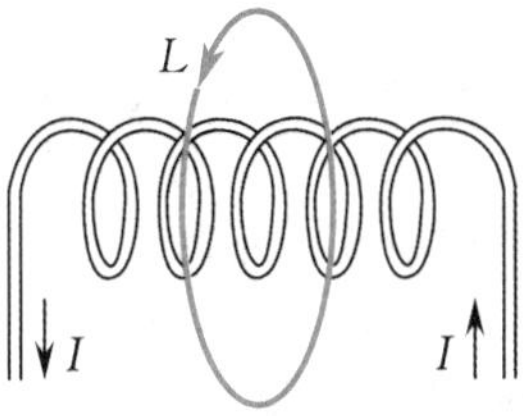

图 7.65

13. 能否利用磁场对带电粒子的作用力来增大粒子的动能？

14. 如图 7.66 所示，a,b,c,d,e 是从 O 点发出的一些带电粒子在方向垂直于纸面向里的均匀磁场 $\boldsymbol{B}$ 中的运动轨迹，问：

(1) 哪些轨迹是属于带正电的粒子？

(2) 哪些轨迹是属于带负电的粒子？

(3) 表示同种粒子的轨迹 a,b,c 中，哪条轨迹表明带电粒子的速度（动能）最大？哪条最小？

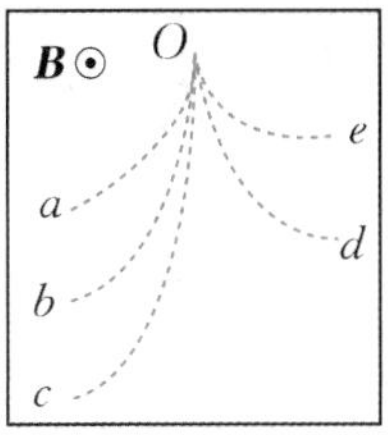

图 7.66

15. 在磁场方向和电流方向一定的情况下，霍尔电势差的正负与载流子的种类有关吗？导体所受的安培力的方向与载流子的种类有无关系？

16. 通有电流 I_1 的长直导线与通有电流 I_2 的圆线圈共面，且前者与后者一直径相重合（但两者间绝缘），如图 7.67 所示. 设长直导线不动，则圆线圈将怎样运动？

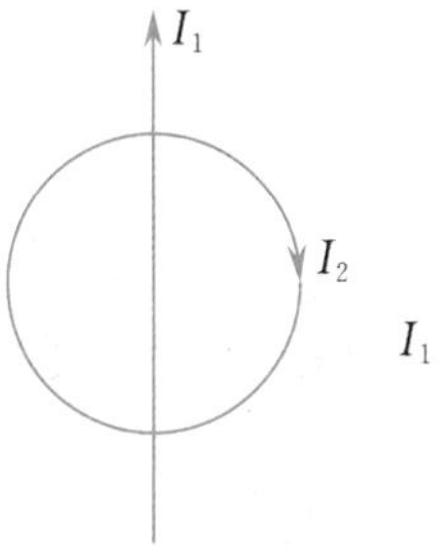

图 7.67

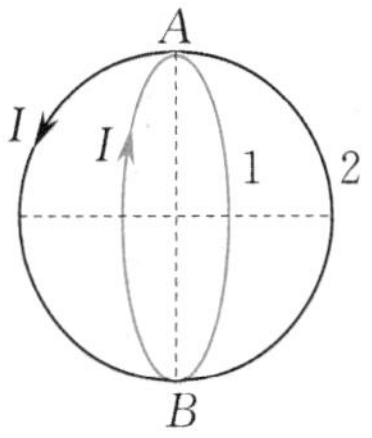

图 7.68

17. 有两个竖直放置且彼此绝缘的环形线圈，可以绕 AB 轴自由转动，如图 7.68 所示. 将它们放在相互垂直的位置，通以图示的电流时，问它们将如何运动？

18. 何谓顺磁质、抗磁质和铁磁质？它们的区别是什么？

19. 磁化电流与传导电流有何不同之处？又有何相同之处？

20. 在工厂里搬运烧到赤红的钢锭，为什么不能用电磁铁的起重机？

21. 试分析铁磁材料的磁性比弱磁材料强许多的原因.

习题 7

1. 有一螺线管长为 $L=20\ \mathrm{cm}$，半径为 $r=2\ \mathrm{cm}$，导线中通有 $I=5\ \mathrm{A}$ 的电流. 若在螺线管轴线中点处产生的磁感应强度为 $B=6.16\times10^{-3}\ \mathrm{T}$，试求该螺线管单位长度上线圈的匝数.

2. 将通有电流 I 的导线在同一平面内弯成如图 7.69 所示的形状,求 D 点处的磁感应强度 $\boldsymbol{B}$ 的大小.

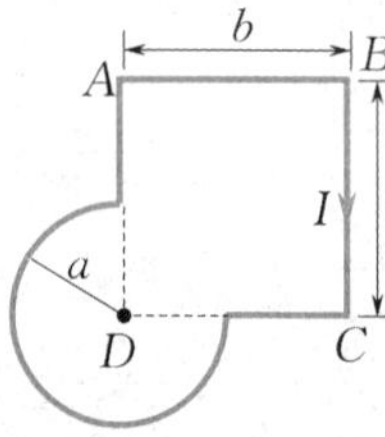

图 7.69

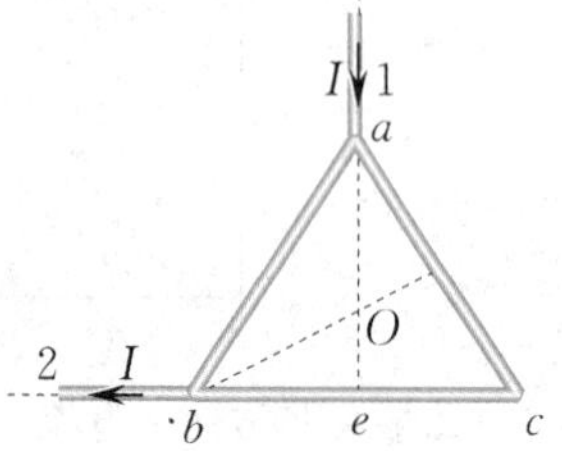

图 7.70

3. 在真空中,电流由长直导线 1 经 a 点流入一由电阻均匀的导线构成的正三角形金属线框,再由 b 点从线框流出,经长直导线 2 沿 cb 延长线方向返回电源(见图 7.70). 已知长直导线上的电流为 I,正三角形线框的边长为 l,求正三角形线框的中心点 O 处的磁感应强度 $\boldsymbol{B}$.

4. 如图 7.71 所示,AA' 和 CC' 为两个正交放置的圆形线圈,其圆心相重合. 线圈 AA' 的半径为 20.0 cm,共 10 匝,通有电流 10.0 A;线圈 CC' 的半径为 10.0 cm,共 20 匝,通有电流 5.0 A. 求两线圈公共圆心 O 点处的磁感应强度的大小和方向.

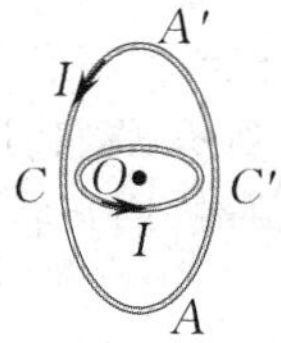

图 7.71

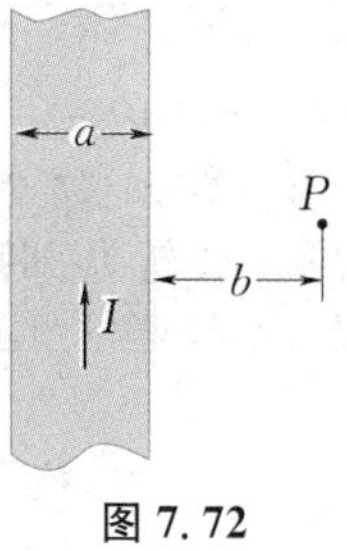

图 7.72

5. 宽为 a、厚度不计的无限长通电铜片,电流 I 均匀分布,如图 7.72 所示,则与铜片共面、离铜片距离为 b 的 P 点处的磁感应强度为多大?方向如何?

6. 已知空间各处的磁感应强度 $\boldsymbol{B}$ 都沿 x 轴正方向,而且磁场是均匀的,$B = 1$ T. 求下列三种情况中,穿过一面积为 2 m^2 的平面的磁通量:

(1) 平面与 Oyz 平面平行;

(2) 平面与 Oxz 平面平行;

(3) 平面与 y 轴平行,又与 x 轴成45°.

7. 在一根通有电流 I 的长直导线旁,与之共面地放置一尺寸如图 7.73 所示的矩形线框,线框的短边与载流长直导线平行,且两者相距为 a. 问穿过线框的磁通量为多少?

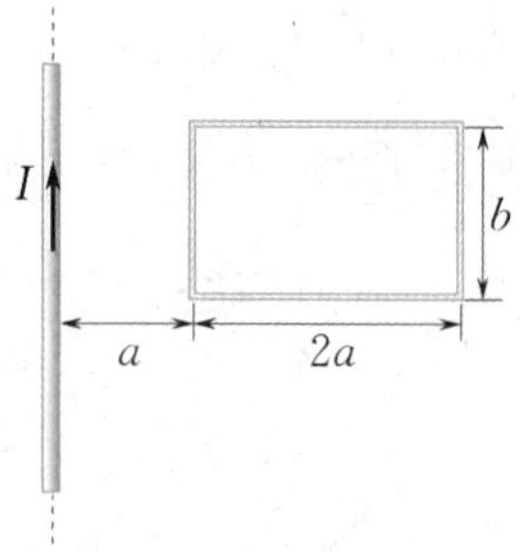

图 7.73

8. 如图 7.74 所示,一很长的载流导体直圆管的内半径为 a,外半径为 b,电流 I 沿轴线方向流动,并且均匀地分布在管壁的横截面上. 空间某一点到管轴的垂直距离为 r,分别求:

(1) $r < a$;

(2) $a < r < b$;

(3) $r > b$,

以上三个区域各处的磁感应强度.

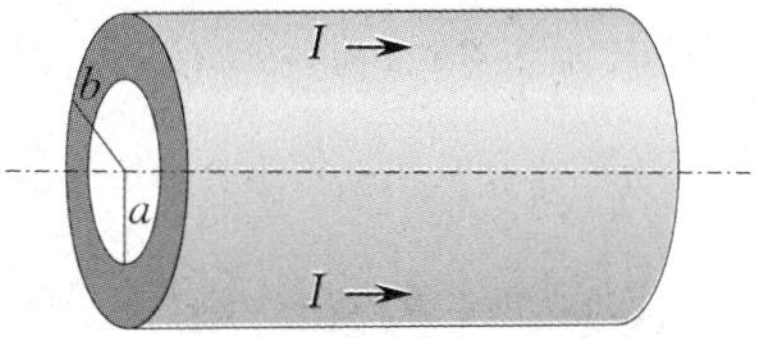

图 7.74

9. 如图 7.75 所示,横截面为矩形的螺绕环的内、外半径分别为 R_1 和 R_2,密绕导线总匝数为 N. 若线圈通以电流 I,求:

(1) 通过螺绕环横截面的磁通量;

(2) 在 $r < R_1$,$R_1 < r < R_2$ 和 $r > R_2$ 各个区域的磁感应强度的大小.

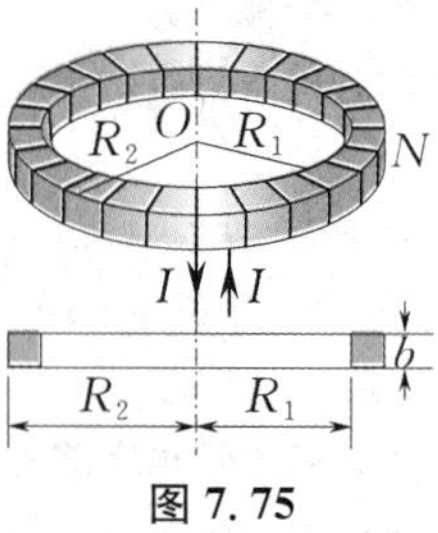

图 7.75

10. 一个正方形的线圈由绝缘的细导线绕成,共有 200 匝,边长为 150 mm,放在 $B = 4.0$ T 的均匀磁场中. 当导线通有电流 $I = 8.0$ A 时,求线圈磁矩的大小.

11. 从经典观点来看,氢原子可视为一个电子绕核做高速旋转的体系. 已知电子和质子的电荷量分别为 $-e$ 和 e,电子质量为 m_e,电子的圆轨道半径为

r,试求电子轨道运动的磁矩 $\boldsymbol{p}_{\mathrm{m}}$ 的大小和它在圆心处所产生的磁感应强度的大小.

12. 如图7.76所示,内、外半径分别为 R_1,R_2,面电荷密度为 σ 的均匀带电非导体平面圆环,绕过圆心且垂直于环面的轴以角速度 ω 匀速旋转.求:

(1) 圆环中心 O 点处的磁感应强度;

(2) 圆环的磁矩.

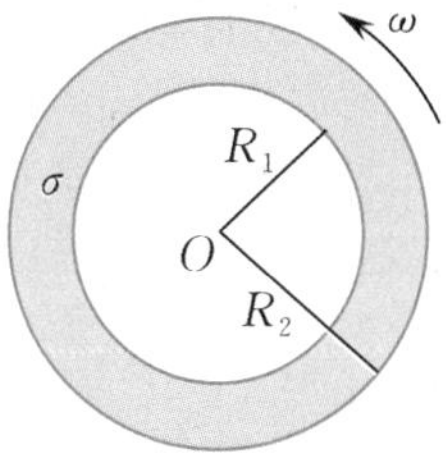

图 7.76

13. 磁场中某点处的磁感应强度为 $\boldsymbol{B}=0.40\boldsymbol{i}-0.20\boldsymbol{j}$(SI),一电子以速度 $\boldsymbol{v}=0.50\times10^6\boldsymbol{i}+1.0\times10^6\boldsymbol{j}$(SI) 通过该点,求作用于该电子的洛伦兹力.

14. 氢原子处在基态时它的电子可视为在半径为 $a=0.53\times10^{-10}$ m 的轨道做匀速圆周运动,速率为 2.2×10^6 m/s,求:

(1) 电子在轨道中心所产生的磁感应强度的大小;

(2) 电子轨道运动的磁矩的大小.

15. 有一半径为 R 的单匝圆线圈,通以电流 I.若将该导线弯成匝数为 $N=2$ 的平面圆线圈,导线长度不变,并通以同样的电流,则线圈中心处的磁感应强度和线圈的磁矩分别是原来的多少?

16. 截面积为 S、截面形状为矩形的金属片通有电流 I.将金属片放在磁感应强度为 $\boldsymbol{B}$ 的均匀磁场中(见图7.77),设金属片中的载流子为自由电子,在图示情况下,求:

(1) 一段时间后金属片的上侧面积累的电荷的性质;

(2) 载流子所受的洛伦兹力(设金属片中的载流子的浓度为 n).

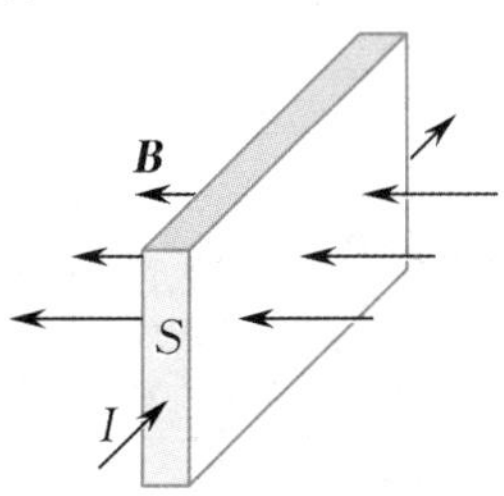

图 7.77

17. 如图7.78所示,半径为 a、带正电荷且线电荷密度为 λ(常量) 的半圆以角速度 ω 绕 $O'O''$ 轴匀速旋转.求:

(1) O 点处的磁感应强度;

(2) 旋转的带电半圆的磁矩.

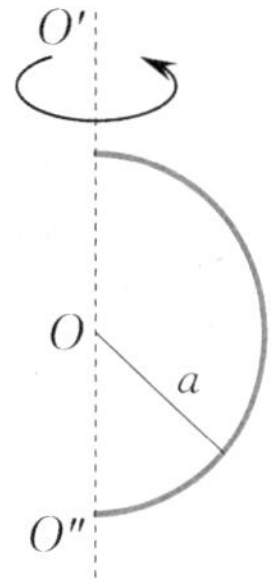

图 7.78

18. 两长直平行导线单位长度上的质量为 $m=0.01$ kg/m,分别用长为 $l=0.04$ m的轻绳,悬挂于天花板上,其截面图如图7.79所示.当导线通以等值反向的电流时,两悬线张开的角度为 $2\theta=10^\circ$,求电流 I($\tan5^\circ=0.087$).

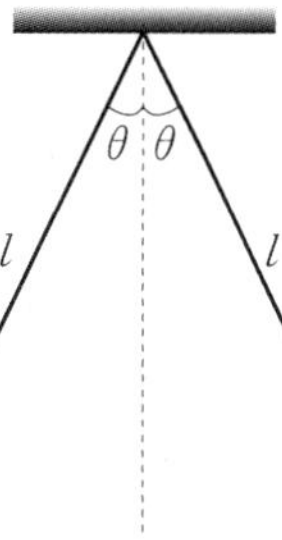

图 7.79

19. 如图7.80所示,半径为 $R=0.10$ m的半圆形线圈通有电流 $I=10$ A,置于均匀的外磁场中,磁场方向与线圈平面平行,$\boldsymbol{B}$ 的大小是 5.0×10^{-1} T,求:

(1) 线圈所受磁力矩的大小;

(2) 在磁力矩的作用下,线圈转过 90° 时,磁力矩做的功.

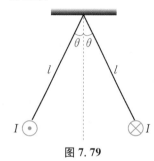

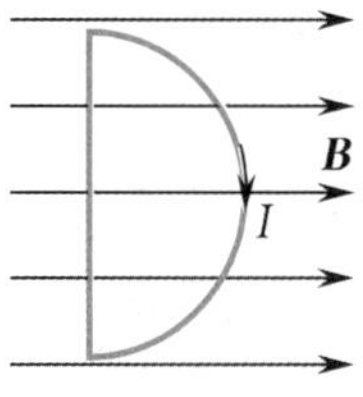

图 7.80

20. 如图7.81所示,一半径为 R 的无限长半圆柱面导体通有电流 I,且电流 I 在半圆柱面上均匀分布,其轴线上一无限长直导线通以等值反向电流.

(1) 求轴线上的导线单位长度所受的力的大小;

(2) 若将另一无限长直导线(通有大小和方向与半圆柱面相同的电流 I) 代替半圆柱面,产生同样的作用力,该导线应放在何处?

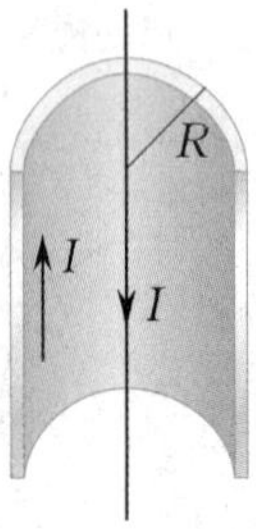

图 7.81

21. 一细螺绕环(环的横截面的半径 r 远小于环的半径 R) 绕有 N 匝线圈,通以电流 I,环内充满磁导率为 μ 的顺磁质. 求环内的磁场强度和磁感应强度的大小.

22. 一无限长载流圆柱导体的半径为 R,通以电流 I. 设电流均匀分布在整个圆柱体横截面上. 圆柱体的磁导率为 μ,柱外为真空. 求柱内、外各区域的磁场强度和磁感应强度的大小.

23. 一个绕有 500 匝(平均周长为 50 cm) 导线的细螺绕环,载有 0.3 A 的电流时,铁芯的相对磁导率 μ_r 为 600. 求:

(1) 铁芯中的磁感应强度 B;

(2) 铁芯中的磁场强度 H.

24. 螺绕环中心周长为 $l = 10\ \text{cm}$,环上均匀密绕线圈 $N = 200$ 匝,线圈中通有电流 $I = 100\ \text{mA}$. 求:

(1) 环内的磁感应强度 B_0 和磁场强度 H_0;

(2) 若环内充满相对磁导率为 $\mu_r = 4\,200$ 的磁介质,则环内的 H 和 B 是多少?

(3) 磁介质内由磁化电流产生的 B'.

25. 长直螺线管内充满均匀磁介质,相对磁导率为 μ_r. 设励磁电流为 I,单位长度上的匝数为 n,求管内的磁感应强度和磁介质表面的磁化面电流密度.

第 7 章阅读材料

第8章　电磁场与麦克斯韦方程组

静电场和稳恒磁场是各自独立的，但是激发电场和磁场的源——电荷和电流是相互关联的. 1820 年，奥斯特发现电流的磁效应，从一个侧面揭示了电现象和磁现象之间的联系. 基于对称性原理，既然电流能产生磁场，那么反过来，是否磁场也可以产生电流呢？英国物理学家法拉第于 1821 年提出"由磁产生电"的大胆设想，之后经过 10 年的艰苦工作，并经历了无数次的挫折和失败后，终于在 1831 年发现了电磁感应现象. 这一划时代的伟大发现，不但揭示了电和磁的联系，为电磁理论奠定了基础，而且找到了磁生电的规律，开辟了人类使用电能的道路，是现代发电机、电动机、变压器等技术的理论基础.

麦克斯韦在全面系统地总结前人研究成果的基础上，于 1864 年归纳出了电磁场的基本方程——麦克斯韦方程组，从而建立了完整的电磁场的理论体系，在理论上预言了电磁波的存在. 1888 年，赫兹(Hertz) 通过实验证实了电磁波的理论.

8.1　电磁感应定律

8.1.1　电磁感应现象

1831 年，法拉第做了一个实验，如图 8.1(a) 所示，将一个线圈与电流计相连形成一个回路，在回路中并没有外加电源，将一条形磁铁插入或拔出线圈的过程中，电流计的指针发生了偏转，这表明回路中产生了电流. 同时注意到磁铁插入或拔出线圈过程引起电流计的指针分别向相反的方向偏转，且偏转的角度大小与磁铁的运动速度有关. 磁铁运动速度越快，偏转角度越大；当磁铁相对于线圈静止时，电流计指针不偏转.

为了寻找回路中电流产生的原因，法拉第做了大量的实验，大体上可归结为两类：一是线圈面积不变，磁铁相对于线圈运动时，线圈中产生了电流，如图 8.1(a) 所示；二是磁场不变，当处在磁场中的线圈面积变化时，线圈中也产生了电流，如图 8.1(b) 所示. 与磁场及线圈面积都有关的一个物理量是磁通量 $\Phi_{\mathrm{m}}=\iint_S \boldsymbol{B}\cdot \mathrm{d}\boldsymbol{S}$，于

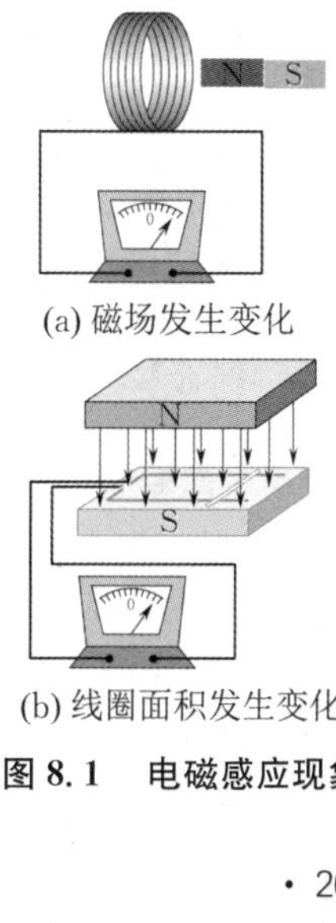

图 8.1　电磁感应现象

电磁感应定律

是法拉第将回路中电流产生的原因归结如下:不论采用什么方法,只要使通过闭合回路所围面积的磁通量发生变化,则回路中便有电流产生,这种电流称为**感应电流**,这种现象称为**电磁感应现象**. 闭合回路中有电流的根本原因是回路中存在电动势,法拉第认为:通过闭合回路所围面积的磁通量发生变化的直接结果是产生了电动势,这种电动势称为**感应电动势**. 感应电动势比感应电流更能反映电磁感应现象的本质. 感应电流只不过是闭合回路中存在感应电动势的对外表现而已.

8.1.2 楞次定律

1834 年,物理学家楞次在法拉第电磁感应现象的实验基础上,通过对实验结论的分析,总结出一条直接判断感应电流和感应电动势方向的法则,称为**楞次定律——回路中感应电流的方向,总是使感应电流产生的磁场通过回路的磁通量阻碍引起感应电流的磁通量的变化**. 或者可以简单表述为:**闭合回路中感应电流产生的效果,总是反抗引起感应电流的原因**.

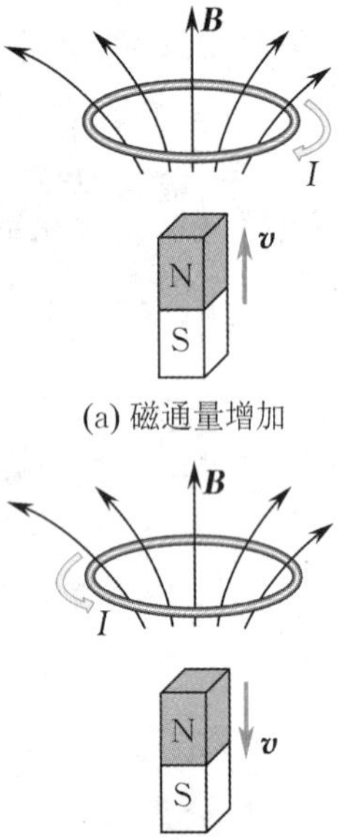

(a) 磁通量增加

(b) 磁通量减少

图 8.2　楞次定律

如图 8.2(a) 所示,将一条形磁铁的 N 极插入线圈时,穿过线圈的磁场向上且磁通量在增加,导致线圈中产生感应电流,而感应电流所产生的磁场通过线圈的磁通量要阻碍线圈中原磁通量的增加,感应电流的磁场只能与原磁场反向(向下). 根据右手螺旋定则可确定感应电流的方向是顺时针方向. 如图 8.2(b) 所示,若将磁铁从线圈中拔出时,穿过线圈的磁场仍然向上而磁通量在减少,感应电流的磁场要补偿原磁通量的减少,感应电流的磁场只能与原磁场同向(向上). 由右手螺旋定则可确定感应电流的方向是逆时针方向. 可见,感应电流的磁通量是阻碍原磁通量的变化,而不是阻碍原磁通量本身. 感应电流产生的磁场的方向和原磁场的方向可以相同,也可以相反.

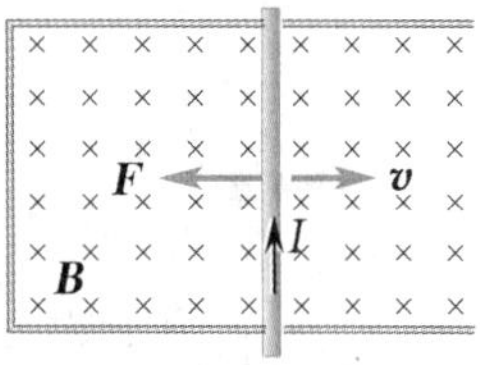

图 8.3　能量守恒定律

楞次定律在本质上是能量守恒定律在电磁感应现象中的必然反映. 如图 8.3 所示,一导体棒与 U 形导轨组成的闭合回路置于均匀磁场中,若导体棒以速度 $\boldsymbol{v}$ 向右运动,通过回路的磁通量在增加,由楞次定律判断出导体棒中感应电流的方向向上,此电流在磁场中受到向左的安培力,与导体棒运动速度方向相反,导体棒将做减速运动直到静止. 因此,为了获得持续的感应电流,就必须对导体棒施加与安培力大小相等、方向相反的外力来克服安培力做功,这时机械能转化为感应电流的能量,最终在回路中转化为焦耳热.

8.1.3 电磁感应定律

图 8.1(a) 和图 8.1(b) 所示的实验表明,通过回路的磁通量变

化得越快，感应电动势越大，感应电动势的方向与磁通量变化的过程有关. 1845 年，德国物理学家诺埃曼(Neumann)对法拉第电磁感应现象的实验成果做出了定量的表达：**当通过回路所包围面积的磁通量发生变化时，回路中产生的感应电动势与该磁通量对时间变化率的负值成正比**. 这个结论称为**法拉第电磁感应定律**. 其数学表达式为

$$\mathscr{E}=-k\frac{\mathrm{d}\Phi_{\mathrm{m}}}{\mathrm{d}t},$$

式中 k 是比例常量，它的数值取决于公式中各量的单位. 在国际单位制中，$k=1$，有

$$\mathscr{E}=-\frac{\mathrm{d}\Phi_{\mathrm{m}}}{\mathrm{d}t},\tag{8.1.1}$$

式中的负号表示感应电动势的方向，它也是楞次定律在电磁感应定律中的数学表述. 电动势的单位为伏[特](V).

如何按照式(8.1.1)来判定感应电动势的方向呢?电动势和磁通量都是标量，其方向(或正负)都是相对于某一标定的方向而言的，可以任意规定回路的绕行方向，且回路所包围面积的法线方向与回路的绕行方向满足右手螺旋定则，根据磁通量的定义式 $\Phi_{\mathrm{m}}=\iint_S \boldsymbol{B}\cdot\mathrm{d}\boldsymbol{S}$ 确定 Φ_{m} 的正负. 根据式(8.1.1)，如果 $\frac{\mathrm{d}\Phi_{\mathrm{m}}}{\mathrm{d}t}>0$，则 $\mathscr{E}<0$，说明感应电动势的方向与回路的绕行方向相反；如果 $\frac{\mathrm{d}\Phi_{\mathrm{m}}}{\mathrm{d}t}<0$，则 $\mathscr{E}>0$，说明感应电动势的方向与回路的绕行方向一致. 图 8.4 给出了四个回路中磁通量变化过程中感应电动势方向的判定.

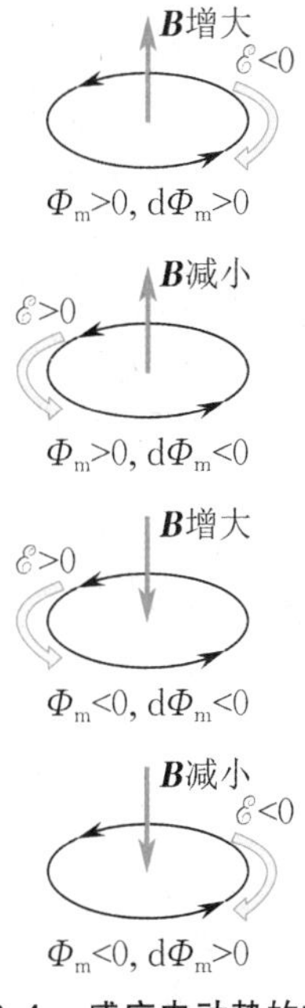

图 8.4　感应电动势的方向(任意规定四个回路的绕行方向都为逆时针方向)

如果回路由 N 匝紧密排列的线圈串联组成，当磁通量变化时，每匝线圈中都将产生感应电动势，匝与匝之间是相互串联的，整个线圈的感应电动势就等于各匝线圈所产生的感应电动势之和. 设通过各匝线圈的磁通量分别是 $\Phi_{\mathrm{m}1},\Phi_{\mathrm{m}2},\cdots,\Phi_{\mathrm{m}N}$，则有

$$\mathscr{E}=-\frac{\mathrm{d}\Phi_{\mathrm{m}1}}{\mathrm{d}t}-\frac{\mathrm{d}\Phi_{\mathrm{m}2}}{\mathrm{d}t}-\cdots-\frac{\mathrm{d}\Phi_{\mathrm{m}N}}{\mathrm{d}t}=-\frac{\mathrm{d}(\Phi_{\mathrm{m}1}+\Phi_{\mathrm{m}2}+\cdots+\Phi_{\mathrm{m}N})}{\mathrm{d}t}=-\frac{\mathrm{d}\Psi}{\mathrm{d}t},\tag{8.1.2}$$

式中 $\Psi=\Phi_{\mathrm{m}1}+\Phi_{\mathrm{m}2}+\cdots+\Phi_{\mathrm{m}N}$ 是通过 N 匝线圈的总磁通量，称为**全磁通**. 如果通过各匝线圈的磁通量相同，均为 Φ_{m}，则 N 匝线圈的全磁通为 $\Psi=N\Phi_{\mathrm{m}}$，此时感应电动势为

$$\mathscr{E}=-\frac{\mathrm{d}\Psi}{\mathrm{d}t}=-N\frac{\mathrm{d}\Phi_{\mathrm{m}}}{\mathrm{d}t}.\tag{8.1.3}$$

例 8.1.1　如图 8.5 所示，一长直导线中通有交变电流 $I=I_0\sin\omega t$，式中 I_0 和 ω 都是常量. 在长直导线旁平行放置一长为 a、宽为 b 的矩形线圈，线圈平面与直导线在同一平面内，

线圈靠近直导线的一边到直导线的距离为 d. 求矩形线圈中的感应电动势.

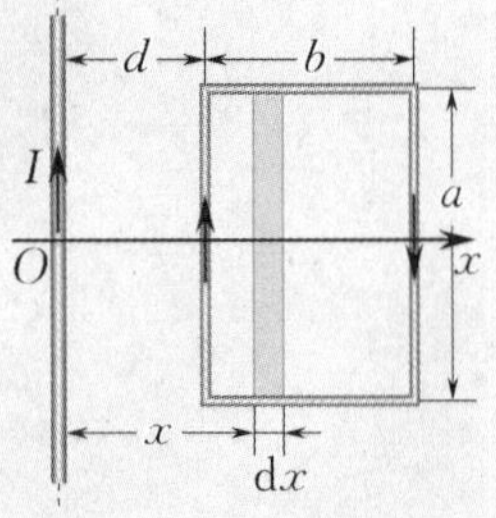

图 8.5

解　利用法拉第电磁感应定律解题,步骤如下:

(1) 分析磁场的方向,求出磁感应强度的大小.

电流是随时间交变的,故磁场方向也是交变的,设 $t=0$ 时电流的方向向上,长直电流在矩形线圈平面处所产生的磁场方向垂直纸面向里;建立如图 8.5 所示坐标系,则在距长直导线 x 处的磁感应强度的大小为

$$B=\frac{\mu_0 I}{2\pi x}.$$

(2) 选取顺时针方向为矩形线圈回路的绕行方向,由右手螺旋定则得到回路所包围面积的法线方向垂直纸面向里.

(3) 选取如图 8.5 所示的面积元 $\mathrm{d}S=a\mathrm{d}x$,通过 $\mathrm{d}S$ 的磁通量为 $\mathrm{d}\Phi_{\mathrm{m}}=\boldsymbol{B}\cdot\mathrm{d}\boldsymbol{S}=B\mathrm{d}S$.

(4) 计算 t 时刻通过整个矩形线圈平面的磁通量为

$$\Phi_{\mathrm{m}}=\int\mathrm{d}\Phi_{\mathrm{m}}=\int B\mathrm{d}S=\int_d^{d+b}\frac{\mu_0 I}{2\pi x}a\,\mathrm{d}x=\frac{\mu_0 aI_0\sin\omega t}{2\pi}\ln\frac{d+b}{d}.$$

(5) 用法拉第电磁感应定律求出线圈回路中的感应电动势为

$$\mathscr{E}=-\frac{\mathrm{d}\Phi_{\mathrm{m}}}{\mathrm{d}t}=-\frac{\mu_0 aI_0\omega}{2\pi}\left(\ln\frac{d+b}{d}\right)\cos\omega t.$$

(6) 线圈中的感应电动势随时间按余弦规律变化. 当 $\cos\omega t>0$ 时,$\mathscr{E}<0$,电动势的方向与矩形线圈的绕行方向相反,即为逆时针方向;当 $\cos\omega t<0$ 时,$\mathscr{E}>0$,电动势的方向与矩形线圈的绕行方向相同,即为顺时针方向.

8.2 动生电动势

动生电动势和感生电动势

法拉第电磁感应定律指出,只要通过闭合导体回路的磁通量发生变化,回路中就会产生感应电动势. 根据引起磁通量变化的不同原因可以将感应电动势分为两种:一是磁场保持不变,由导体回路或回路中的部分导体在磁场中运动产生的感应电动势,称为动生电动势;二是导体回路不动,由磁场的变化产生的感应电动势,称为感生电动势.

8.2.1 动生电动势的产生机制

下面我们先从一特例出发,根据法拉第电磁感应定律来确定动生电动势. 如图 8.6 所示,一段长为 l 的直导体棒 ab 与 U 形导轨构成一回路 $abcda$. 在均匀磁场 $\boldsymbol{B}$ 中,U 形导轨不动,而直导体棒 ab 以恒定速度 $\boldsymbol{v}$ 在垂直于磁场的平面内向右运动. 设直导体棒 ab 与

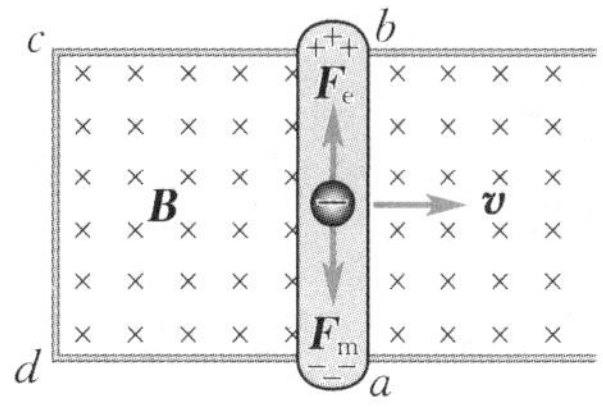

图 8.6　动生电动势

cd 重合时开始计时，任意 t 时刻，直导体棒 ab 与 cd 的距离为 x，此时通过回路所围面积的磁通量为 $\Phi_m = BS = Blx$. 随着直导体棒的向右运动，回路所围的面积增大，因而通过回路所围面积的磁通量也发生变化. 由法拉第电磁感应定律可得

$$|\mathscr{E}| = \frac{d\Phi_m}{dt} = \frac{d}{dt}(Blx) = Bl\frac{dx}{dt} = Blv. \qquad (8.2.1)$$

由楞次定律可判定电动势的方向为逆时针方向.

必须注意，由法拉第电磁感应定律得到的电动势是整个闭合回路的电动势，那么动生电动势究竟是存在于整个闭合回路，还是仅存在于运动的导体?下面从动生电动势产生的机理出发，来探寻这个问题.

还是以图 8.6 为例，当直导体棒以速度 $\boldsymbol{v}$ 向右运动时，棒内的自由电子将以相同的速度 $\boldsymbol{v}$ 向右运动，因而每个电子在磁场中都受到洛伦兹力

$$\boldsymbol{F}_m = -e\boldsymbol{v} \times \boldsymbol{B}$$

的作用，其方向由 b 指向 a. 电子在洛伦兹力的作用下沿导体向下运动，致使在直导体棒的 a 端累积了负电荷，而 b 端由于缺少了负电荷出现正电荷的累积，导体两端累积的正、负电荷在导体中激发电场，其方向由 b 指向 a. 此时，导体中的电子还要受到一个电场力

$$\boldsymbol{F}_e = -e\boldsymbol{E}$$

的作用，其方向由 a 指向 b，与洛伦兹力的方向相反. 当导体两端的电荷积累到一定程度时，电场力将与洛伦兹力平衡，即

$$\boldsymbol{F}_e = -\boldsymbol{F}_m,$$

此时，导体内的电子达到动态平衡，不再有宏观的定向移动，直导体棒两端的电势差固定，相当于一个电源. b 端为正极，电势高；a 端为负极，电势低. 在运动导体内部电动势的方向为电势升高的方向.

由此可见，在运动导体内部，正是洛伦兹力 $\boldsymbol{F}_m$ 克服静电力 $\boldsymbol{F}_e$ 做功，将电子从正极(b端)通过电源内部搬运到负极(a端). 换句话说，提供动生电动势的非静电力正是作用于运动导体内电子上的洛仑兹力，因此动生电动势只能存在于运动的导体中. 该非静电力对应的非静电场强就是作用于单位正电荷的洛伦兹力，即

$$\boldsymbol{E}_k = \frac{\boldsymbol{F}_m}{-e} = \boldsymbol{v} \times \boldsymbol{B}. \qquad (8.2.2)$$

根据电动势的定义式，在运动直导体棒中由该非静电场所产生的电动势为

$$\mathscr{E}_{ab} = \int_a^b \boldsymbol{E}_k \cdot d\boldsymbol{l} = \int_a^b (\boldsymbol{v} \times \boldsymbol{B}) \cdot d\boldsymbol{l}, \qquad (8.2.3)$$

其物理意义是，将单位正电荷通过电源内部从负极运动到正极时

非静电力所做的功.

在图 8.6 所示的特殊情况下,由于均匀磁场中 $\boldsymbol{v}$,$\boldsymbol{B}$ 和 $\mathrm{d}\boldsymbol{l}$ 相互垂直,式(8.2.3) 积分的结果为

$$\mathscr{E}_{ab} = Blv.$$

这一结果与式(8.2.1) 相同.

在一般情况下,磁场可以不均匀,导体在磁场中运动时各部分的速度可以不同,$\boldsymbol{v}$,$\boldsymbol{B}$ 和 $\mathrm{d}\boldsymbol{l}$ 之间的夹角可以是任意角度,这时长度为 L 的运动导体内的动生电动势为

$$\mathscr{E} = \int \mathrm{d}\mathscr{E} = \int_L (\boldsymbol{v} \times \boldsymbol{B}) \cdot \mathrm{d}\boldsymbol{l}. \tag{8.2.4}$$

从式(8.2.4) 可得,若 $\boldsymbol{v} \times \boldsymbol{B} = \boldsymbol{0}$,则 $\mathscr{E} = 0$;即使 $\boldsymbol{v} \times \boldsymbol{B} \neq \boldsymbol{0}$,若 $(\boldsymbol{v} \times \boldsymbol{B}) \cdot \mathrm{d}\boldsymbol{l} = 0$,那么 $\mathscr{E} = 0$.

若闭合导体回路在磁场中运动,则回路中的动生电动势为

$$\mathscr{E} = \oint_L (\boldsymbol{v} \times \boldsymbol{B}) \cdot \mathrm{d}\boldsymbol{l}. \tag{8.2.5}$$

利用式(8.2.4) 可以求出动生电动势的大小和方向,具体步骤如下:① 选定积分方向;② 在运动的导线上选线元 $\mathrm{d}\boldsymbol{l}$,计算 $\mathrm{d}\boldsymbol{l}$ 处 $\boldsymbol{v} \times \boldsymbol{B}$ 的大小及方向,并得出

$$\mathrm{d}\mathscr{E} = (\boldsymbol{v} \times \boldsymbol{B}) \cdot \mathrm{d}\boldsymbol{l};$$

③ 求积分,若 $\mathscr{E} > 0$,表示动生电动势的方向与积分方向一致;若 $\mathscr{E} < 0$,表示动生电动势的方向与积分方向相反.

8.2.2 洛伦兹力不做功

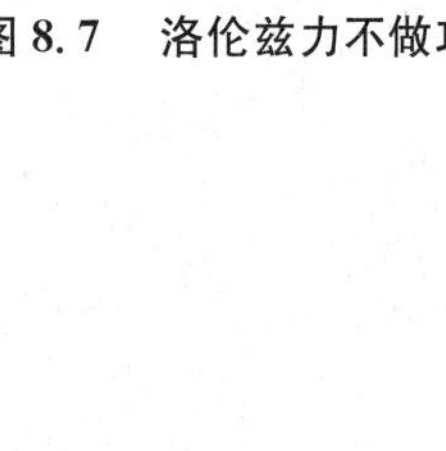

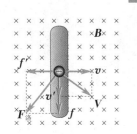

图 8.7 洛伦兹力不做功

根据以上讨论知道,导线在磁场中运动时产生的动生电动势是洛伦兹力作用的结果.然而洛伦兹力对运动电荷不做功,而动生电动势是洛伦兹力对电子做功的结果,这好像是矛盾的.如图 8.7 所示,电子随导线以速度 $\boldsymbol{v}$ 运动所受到的洛伦兹力为 $\boldsymbol{f} = -e\boldsymbol{v} \times \boldsymbol{B}$,在 $\boldsymbol{f}$ 的作用下,电子将以速度 $\boldsymbol{v}'$ 沿导线运动,而速度 $\boldsymbol{v}'$ 的存在又使电子受到一个垂直于导线的洛伦兹力 $\boldsymbol{f}'$ 的作用,$\boldsymbol{f}' = -e\boldsymbol{v}' \times \boldsymbol{B}$.电子所受洛伦兹力的合力为 $\boldsymbol{F}_{洛} = \boldsymbol{f} + \boldsymbol{f}'$,电子运动的合速度为 $\boldsymbol{V} = \boldsymbol{v} + \boldsymbol{v}'$,则洛伦兹力合力做功的功率为

$$\begin{aligned} \boldsymbol{F}_{洛} \cdot \boldsymbol{V} &= (\boldsymbol{f} + \boldsymbol{f}') \cdot (\boldsymbol{v} + \boldsymbol{v}') \\ &= \boldsymbol{f} \cdot \boldsymbol{v} + \boldsymbol{f} \cdot \boldsymbol{v}' + \boldsymbol{f}' \cdot \boldsymbol{v} + \boldsymbol{f}' \cdot \boldsymbol{v}' \\ &= \boldsymbol{f} \cdot \boldsymbol{v}' + \boldsymbol{f}' \cdot \boldsymbol{v} = -evBv' + ev'Bv = 0. \end{aligned}$$

这一结果表示洛伦兹力合力做功为零,与洛伦兹力不做功的结论一致.从上式中看到,$\boldsymbol{f} \cdot \boldsymbol{v}' + \boldsymbol{f}' \cdot \boldsymbol{v} = 0$,即 $\boldsymbol{f} \cdot \boldsymbol{v}' = -\boldsymbol{f}' \cdot \boldsymbol{v}$.为了使电子匀速运动,必须有外力 $\boldsymbol{f}_{外}$ 作用在电子上,使之与 $\boldsymbol{f}'$ 平衡,即 $\boldsymbol{f}_{外} = -\boldsymbol{f}'$.因此 $\boldsymbol{f} \cdot \boldsymbol{v}' = \boldsymbol{f}_{外} \cdot \boldsymbol{v}$,此等式左边是洛伦兹力的一个分力 $\boldsymbol{f}$ 使电荷沿导线运动单位时间内所做的功,宏观上对应动生电动势;

等式右边是在同一时间内外力反抗洛伦兹力的另一个分力 $\boldsymbol{f}'$ 做的功，宏观上对应外力拉动导线做的功. 洛仑兹力在这里起了一个转换者的作用，一方面接受外力的功，同时又驱动电子运动做功.

从宏观的角度来看，如图 8.8 所示，当回路中产生了感应电流 I 之后，导线在磁场中要受到安培力 $\boldsymbol{F}$ 的作用，其大小为 $F = BIl$，其方向为垂直于导线向左. 要维持导线向右做匀速运动，使导线上产生恒定的电动势，从而在回路中产生恒定的感应电流，就必须在导线上施加一个大小相等而方向向右的外力 $\boldsymbol{F}_{外}$. 外力克服安培力做功，其功率为

$$P_{外} = F_{外}\, v = IBlv.$$

在回路中由于存在感应电流而得到的电功率或说电动势做功的功率为

$$P = I\mathscr{E} = IBlv,$$

这正好等于外力提供的功率. 由此可知，电路中感应电动势所提供的电能是由外力做功所消耗的机械能转换而来的.

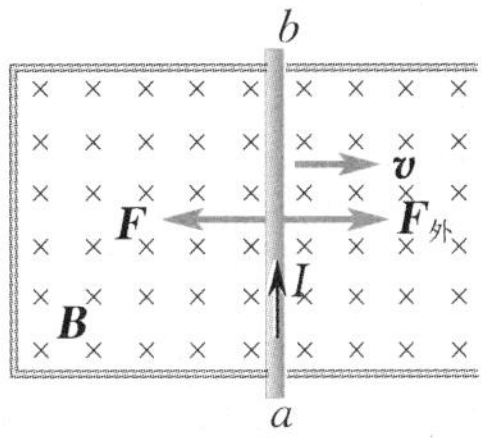

图 8.8　能量转换

例 8.2.1　如图 8.9 所示，一长为 L 的铜棒 OA 在均匀磁场 $\boldsymbol{B}$ 中以角速度 ω 在与磁场垂直的平面内绕棒的一端点 O 顺时针匀速转动，求铜棒中所产生的动生电动势.

解　虽然铜棒做匀速转动，但铜棒上各点的速度不相同，不能直接用 $\mathscr{E} = Blv$ 计算. 可按以下步骤求解：

(1) 选定积分方向为从 O 到 A.

(2) 在铜棒上距 O 点为 l 处取线元 $\mathrm{d}\boldsymbol{l}$，其方向由 O 点指向 A 点；$\mathrm{d}\boldsymbol{l}$ 处的速度大小为 $v = \omega l$，方向垂直于 $\boldsymbol{B}$，$\boldsymbol{v} \times \boldsymbol{B}$ 的大小为 vB，方向与 $\mathrm{d}\boldsymbol{l}$ 一致，则在线元 $\mathrm{d}\boldsymbol{l}$ 上的动生电动势为

$$\mathrm{d}\mathscr{E} = (\boldsymbol{v} \times \boldsymbol{B}) \cdot \mathrm{d}\boldsymbol{l} = vB\,\mathrm{d}l = B\omega l\,\mathrm{d}l.$$

(3) 由于各线元 $\mathrm{d}\boldsymbol{l}$ 上产生的动生电动势的方向相同，铜棒中的动生电动势为

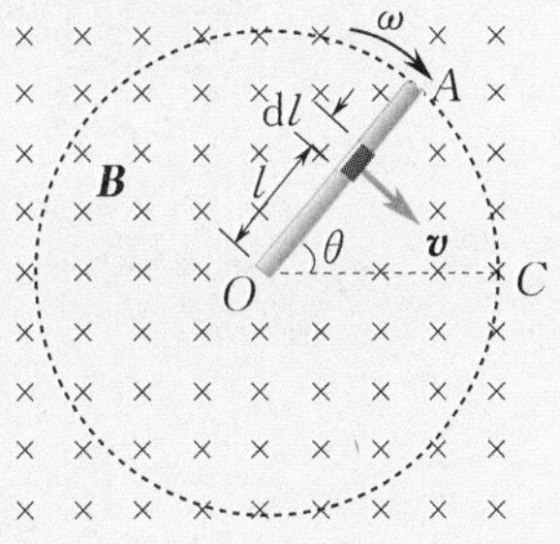

图 8.9

$$\mathscr{E} = \int \mathrm{d}\mathscr{E} = \int_0^L B\omega l\,\mathrm{d}l = \frac{1}{2}B\omega L^2.$$

$\mathscr{E} > 0$，表示动生电动势的方向与积分方向相同，即由 O 点指向 A 点，O 点电势低于 A 点电势.

本例也可用法拉第电磁感应定律求解. 作一假想扇形闭合回路 OAC，如图 8.9 所示，只有铜棒 OA 运动，回路的其他部分不动，故假想部分 OC 和弧长 AC 不产生电动势. 设 t 时刻，弧长 AC 对应的圆心角为 θ，此时通过扇形闭合回路 OAC 的磁通量为

$$\Phi_{\mathrm{m}} = BS = \frac{1}{2}BL^2\theta,$$

回路中的感应电动势的大小为

$$|\mathscr{E}| = \frac{\mathrm{d}\Phi_{\mathrm{m}}}{\mathrm{d}t} = \frac{1}{2}BL^2\frac{\mathrm{d}\theta}{\mathrm{d}t} = \frac{1}{2}BL^2\omega.$$

由楞次定律判定其方向为由 O 点指向 A 点.

例 8.2.2 如图 8.10 所示,一长直导线中通有向上的恒定电流 I,在长直导线旁共面放置一长度为 a 的导体棒 AB,导体棒 AB 与长直导线垂直,且 A 端到长直导线的距离为 d. 当 AB 以速度 $\boldsymbol{v}$ 平行于长直导线匀速向上运动时,求导体棒中的动生电动势.

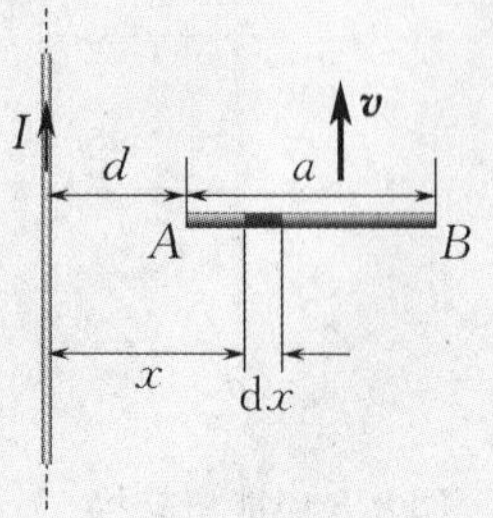

图 8.10

解 导体棒 AB 处于非均匀磁场中,可将 AB 分成很多线元,如图 8.10 所示,选取积分方向为从 A 到 B,距长直导线为 x 处取一线元 $\mathrm{d}\boldsymbol{x}$,其方向由 A 点指向 B 点,此处的磁感应强度的大小为 $B=\frac{\mu_0 I}{2\pi x}$,则在线元 $\mathrm{d}\boldsymbol{x}$ 上产生的动生电动势的大小为

$$\mathrm{d}\mathscr{E}=(\boldsymbol{v}\times\boldsymbol{B})\cdot\mathrm{d}\boldsymbol{x}=-Bv\mathrm{d}x=-\frac{\mu_0 Iv}{2\pi}\frac{\mathrm{d}x}{x}.$$

由于所有线元上产生的动生电动势的方向相同,AB 中产生的动生电动势为

$$\mathscr{E}=\int\mathrm{d}\mathscr{E}=-\int_d^{d+a}\frac{\mu_0 Iv}{2\pi}\frac{\mathrm{d}x}{x}=-\frac{\mu_0 Iv}{2\pi}\ln\frac{d+a}{d}.$$

因为 $\mathscr{E}<0$,所以电动势的方向与积分方向相反,即由 B 点指向 A 点,A 点电势高于 B 点电势.

8.3 感生电动势 感生电场

本节讨论引起导体回路中磁通量变化的另一种形式:导体回路不动,由于磁场变化引起通过它的磁通量发生变化,这时回路中产生的感应电动势称为感生电动势,回路中的电流称为感生电流. 产生动生电动势的非静电力是洛伦兹力,那么产生感生电动势的非静电力又是什么力呢?它是如何形成的?

8.3.1 感生电动势 感生电场

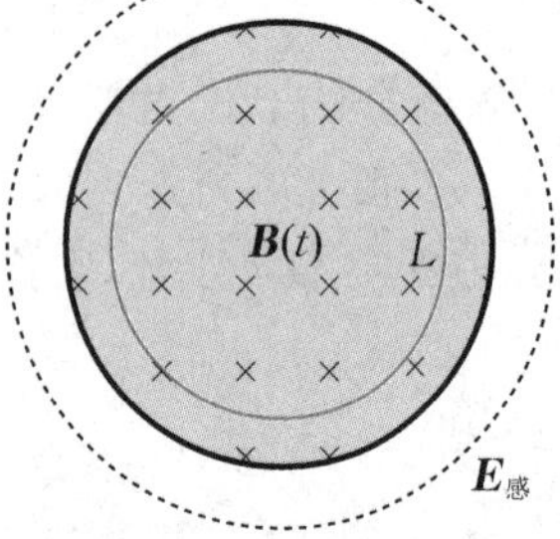

图 8.11 感生电动势

如图 8.11 所示,在一载流长直螺线管内的磁场中,静止放置着一个闭合导体线圈 L,当磁场 $B(t)$ 发生变化时,在线圈中会产生感生电动势,且由于回路闭合,进而会出现感生电流. 我们知道,电场和磁场中的电荷只可能受两种力的作用:电场力和磁场力(洛伦兹力). 由于线圈静止,线圈中的自由电子显然不可能受洛伦兹力,那么驱动线圈中电子运动的非静电力就只能是电场力了. 麦克斯韦仔细分析研究后于 1861 年提出了重要的假设:变化的磁场在其周围激发了一种电场,这种电场称为**感生电场**,用 $\boldsymbol{E}_{感}$ 表示. 当闭合导体处在变化的磁场中时,导体中的自由电子就受到感生电场的电场力的作用,从而在导体回路中引起感生电动势和感生电流.

根据电动势的定义，闭合导体回路 L 中产生的感生电动势应为

$$\mathscr{E}=\oint_L \boldsymbol{E}_{感}\cdot \mathrm{d}\boldsymbol{l}. \tag{8.3.1}$$

而根据法拉第电磁感应定律，有

$$\mathscr{E}=-\frac{\mathrm{d}\Phi_{\mathrm{m}}}{\mathrm{d}t}=-\frac{\mathrm{d}}{\mathrm{d}t}\iint_S \boldsymbol{B}\cdot \mathrm{d}\boldsymbol{S}=-\iint_S \frac{\partial \boldsymbol{B}}{\partial t}\cdot \mathrm{d}\boldsymbol{S}, \tag{8.3.2}$$

式中 S 为导体回路 L 所包围的面积；等式右边用偏导数是因为磁场 $\boldsymbol{B}$ 还可能是空间坐标的函数.

比较式(8.3.1)和(8.3.2)，有

$$\oint_L \boldsymbol{E}_{感}\cdot \mathrm{d}\boldsymbol{l}=-\iint_S \frac{\partial \boldsymbol{B}}{\partial t}\cdot \mathrm{d}\boldsymbol{S}, \tag{8.3.3}$$

式(8.3.3)表示产生感生电动势的原因，或者说是产生感生电场 $\boldsymbol{E}_{感}$ 的原因. 其物理意义是感生电场沿回路 L 的环流等于通过导体回路所包围的面积 S 的磁通量对时间变化率的负值，负号表示感生电场 $\boldsymbol{E}_{感}$ 的方向与磁通量的变化或磁场的变化 $\frac{\partial \boldsymbol{B}}{\partial t}$ 所确定的绕行方向相反. 在图 8.11 中，若 $\frac{\partial B}{\partial t}>0$，则感生电场的电场线是与磁场方向垂直的一系列同心圆，且沿逆时针方向.

必须指出，对于麦克斯韦假设而言，不论空间是否有导体回路存在，变化的磁场总是在周围空间激发感生电场. 因此，式(8.3.3)是普遍适用的. 也就是说，当空间中有导体存在时，导体中的自由电子就会在感生电场的作用下定向移动，从而产生感生电动势. 如果导体形成闭合回路，又会形成感生电流. 如果空间中没有导体时，就没有感生电动势和感生电流，但是变化的磁场所激发的感生电场还是客观存在的. 麦克斯韦所提出的这个假设已被近代的科学实验所证实，例如，电子感应加速器的基本原理就是用变化的磁场所激发的感生电场来加速电子的.

8.3.2　感生电场与静电场的比较

在自然界中存在着两种性质不同的电场：感生电场和静电场. 它们的共同点是：无论是感生电场还是静电场，都对置于其中的电荷有力的作用，都能用公式 $\boldsymbol{F}_{\mathrm{e}}=q\boldsymbol{E}$ 来计算. 它们的不同之处如下：

(1) 起源不同. 静电场是由静止的电荷激发的，而感生电场是由变化的磁场激发的.

(2) 性质不同. 由静电场的高斯定理 $\oiint_S \boldsymbol{D}\cdot \mathrm{d}\boldsymbol{S}=\iiint_V \rho \mathrm{d}V$ 可知，静电场是有源场，电场线起始于正电荷，终止于负电荷；由静电场

的环路定理$\oint_L \boldsymbol{E}\cdot \mathrm{d}\boldsymbol{l}=0$可知,静电场的环流等于零,静电场是无旋场(保守场).感生电场的环流不等于零,即

$$\oint_L \boldsymbol{E}_{感}\cdot \mathrm{d}\boldsymbol{l}=-\iint_S \frac{\partial \boldsymbol{B}}{\partial t}\cdot \mathrm{d}\boldsymbol{S},$$

表明感生电场是**有旋场**,通常又称为**涡旋电场**.感生电场的电场线是闭合的、无头无尾的.故感生电场的高斯定理为$\oint\!\!\oint_S \boldsymbol{D}_{感}\cdot \mathrm{d}\boldsymbol{S}=0$,它表明感生电场是无源场.

一般情况下,空间中可能既有静电场$\boldsymbol{E}_{静}$,又有感生电场$\boldsymbol{E}_{感}$.根据叠加原理,总电场$\boldsymbol{E}$沿任意闭合路径L的环流应是静电场$\boldsymbol{E}_{静}$的环流与感生电场$\boldsymbol{E}_{感}$的环流之和.由于前者为零,$\boldsymbol{E}$的环流就等于$\boldsymbol{E}_{感}$的环流,即

$$\oint_L \boldsymbol{E}\cdot \mathrm{d}\boldsymbol{l}=-\iint_S \frac{\partial \boldsymbol{B}}{\partial t}\cdot \mathrm{d}\boldsymbol{S}. \tag{8.3.4}$$

式(8.3.4)是关于电场和磁场关系的基本规律之一.

感应电流不仅能在导电回路内出现,当大块导体与磁场有相对运动或处在变化的磁场中时,导体中也会产生感应电流.这种在大块导体内的感应电流称为**涡电流**,简称**涡流**.在日常生活中,涡流有许多实际用途.例如,磁悬浮列车车厢的两侧,安装有磁场强大的超导电磁铁.车辆运行时,电磁铁的磁场在铁轨中激发涡流,同时产生一个同极性反磁场,并将车辆推离轨道面,在空中悬浮起来.由于大块导体的电阻很小,感生电动势在导体中形成很大的涡流,产生大量的焦耳热,这就是感应加热的原理.家用的电磁炉就是利用涡流的热效应来加热和烹制食物的,它利用一个高频载流线圈来激发交变磁场,可在铁锅底部形成涡流.涡流在某些情况下也会产生危害.例如,变压器等电气设备的铁芯在交变电流产生的磁场中将产生涡流,不仅损耗电能,而且产生的焦耳热达到一定程度时将导致电器设备不能正常工作.因此这种铁芯一般不采用大块导体,而是用彼此绝缘的片状硅钢片或细条板材组成.

例 8.3.1 如图 8.12(a) 所示,在半径为R的无限长载流螺线管内部有一均匀磁场,方向垂直纸面向里,且以$\dfrac{\mathrm{d}B}{\mathrm{d}t}$的速率均匀增加.求:

(1) 螺线管内、外部的感生电场;

(2) 螺线管内横截面上长为L的直导线MN中的感生电动势.

解 (1) 首先分析螺线管内、外部磁场及感生电场的分布.无限长载流螺线管内部为方向平行于管轴的均匀磁场,而在管外的磁场为零.这种轴对称性的磁场激发的感生电场也具有轴对称性,电场线是一系列与螺线管同轴的同心圆.作一半径为r的圆形回路L,取回路的绕行

方向为顺时针方向，由右手螺旋定则判定回路所围面积的法线方向垂直纸面向里. 然后，根据式(8.3.3)分别求管内、外部的感生电场.

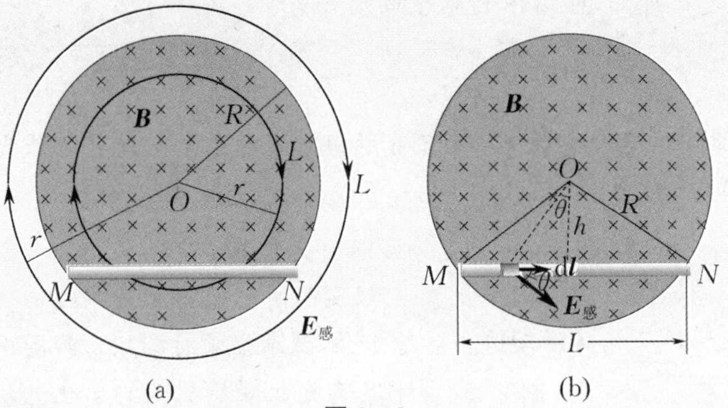

图 8.12

当 $0<r<R$ 时，有

$$\oint_L \boldsymbol{E}_{感}\cdot \mathrm{d}\boldsymbol{l}=-\iint_S \frac{\partial \boldsymbol{B}}{\partial t}\cdot \mathrm{d}\boldsymbol{S},\quad 即\quad 2\pi r E_{感}=-\pi r^2\frac{\mathrm{d}B}{\mathrm{d}t}.$$

由此可得螺线管内部的感生电场为

$$E_{感}=-\frac{r}{2}\frac{\mathrm{d}B}{\mathrm{d}t},$$

负号表明感生电场的方向与回路的绕行方向相反，即为逆时针方向.

同理，当 $r>R$ 时，有

$$2\pi r E_{感}=-\pi R^2\frac{\mathrm{d}B}{\mathrm{d}t},$$

可得螺线管外部的感生电场为

$$E_{感}=-\frac{R^2}{2r}\frac{\mathrm{d}B}{\mathrm{d}t},$$

其方向也为逆时针方向. 可见，螺线管外部的磁场为零，但存在由变化的磁场激发的感生电场.

(2) 管内直导线上的感生电动势可用两种方法来求解.

方法一　用 $\mathscr{E}=\int_L \boldsymbol{E}_{感}\cdot \mathrm{d}\boldsymbol{l}$ 求解. 如图 8.12(b)，在 MN 上取线元 $\mathrm{d}\boldsymbol{l}$，其方向由 M 点指向 N 点，则其感生电动势为

$$\mathrm{d}\mathscr{E}=\boldsymbol{E}_{感}\cdot \mathrm{d}\boldsymbol{l}=\frac{r}{2}\frac{\mathrm{d}B}{\mathrm{d}t}\cos\theta \mathrm{d}l=\frac{\mathrm{d}B}{\mathrm{d}t}\frac{h}{2}\mathrm{d}l.$$

积分方向从 M 至 N，得 MN 上的感生电动势为

$$\mathscr{E}=\int_{MN}\mathrm{d}\mathscr{E}=\int_0^L\frac{\mathrm{d}B}{\mathrm{d}t}\frac{h}{2}\mathrm{d}l=\frac{\mathrm{d}B}{\mathrm{d}t}\frac{h}{2}L=\frac{\mathrm{d}B}{\mathrm{d}t}\frac{L}{2}\sqrt{R^2-\left(\frac{L}{2}\right)^2}.$$

$\mathscr{E}>0$，表示感生电动势的方向由 M 指向 N.

如果导线 MN 沿半径方向放置，由于 $\boldsymbol{E}_{感}\perp \mathrm{d}\boldsymbol{l}$，使得 $\mathrm{d}\mathscr{E}=\boldsymbol{E}_{感}\cdot \mathrm{d}\boldsymbol{l}=0$，可见，在这种沿圆周切线方向分布的感生电场中，在半径方向放置的任意长度的导线上的感生电动势都为零.

方法二　用法拉第电磁感应定律求解. 可以在半径方向上作两条辅助导线 OM 和 ON 形成闭合的三角形回路 $NOMN$，选顺时针为绕行方向，则回路所围面积的法线方向与磁场方向一致，任意 t 时刻通过回路的磁通量为

$$\Phi_m = \boldsymbol{B} \cdot \boldsymbol{S} = \frac{1}{2}hLB.$$

由法拉第电磁感应定律可知，回路中的感生电动势为

$$\mathscr{E} = -\frac{d\Phi_m}{dt} = -\frac{1}{2}hL\frac{dB}{dt} = -\frac{dB}{dt}\frac{L}{2}\sqrt{R^2 - \left(\frac{L}{2}\right)^2}.$$

由于导线OM和ON中的电动势为零，故三角形回路中的电动势就是导线MN的电动势，其方向为逆时针，即由M点指向N点.

例 8.3.2 如图 8.13 所示，一长直导线通有交变电流$I = I_0\sin\omega t$，有一带滑动边的矩形导线圈与长直导线平行共面，两者相距d. 矩形线圈的滑动边与长直导线垂直，它的长度为a，并且以匀速$\boldsymbol{v}$向右滑动. 设开始时滑动边与对边重合，试求任意时刻矩形线圈内的感应电动势.

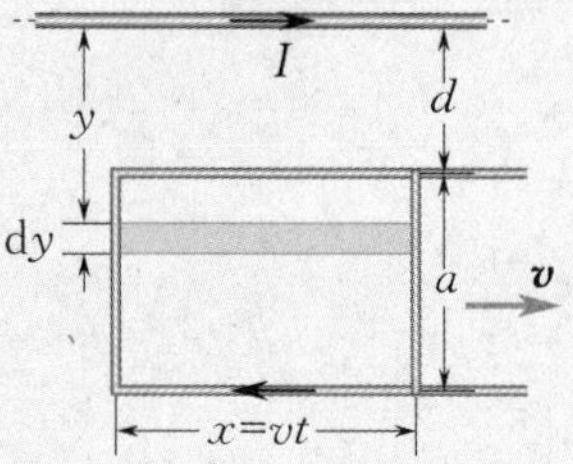

图 8.13

解 线圈中既有变化磁场引起的感生电动势，又有直导线在磁场中运动产生的动生电动势. 这类问题采用法拉第电磁感应定律求解较为简单. 设在t时刻，电流的方向向右，矩形线圈的可变边的长为$x = vt$. 选取顺时针方向为回路的绕行方向，故回路包围面积的法线方向垂直于纸面向里，与磁场方向一致. 距直导线为y处选取面积元$dS = xdy$，此处的磁感应强度的大小为

$$B = \frac{\mu_0 I}{2\pi y}.$$

通过该面积元的磁通量为

$$d\Phi_m = BdS = \frac{\mu_0 I}{2\pi y}xdy,$$

通过整个矩形线圈所围面积的磁通量为

$$\Phi_m = \int d\Phi_m = \int_d^{d+a}\frac{\mu_0 I}{2\pi y}xdy = \frac{\mu_0 Ix}{2\pi}\ln\frac{d+a}{d},$$

则矩形线圈中的感应电动势为

$$\begin{aligned}\mathscr{E} &= -\frac{d\Phi_m}{dt} = -\frac{\mu_0}{2\pi}\ln\frac{d+a}{d}\left(I\frac{dx}{dt} + x\frac{dI}{dt}\right) = -\frac{\mu_0 I_0}{2\pi}\ln\frac{d+a}{d}(v\sin\omega t + x\omega\cos\omega t)\\ &= -\frac{\mu_0 I_0 v}{2\pi}\ln\frac{d+a}{d}(\sin\omega t + \omega t\cos\omega t).\end{aligned}$$

$\mathscr{E} < 0$时，电动势的方向与矩形线圈的绕行方向相反，即为逆时针方向；$\mathscr{E} > 0$时，电动势的方向与矩形线圈的绕行方向相同，即为顺时针方向.

8.4 自感 互感

自感和互感

在实际电路中，电流的变化往往引起磁场的变化，从而使通过闭合回路的磁通量发生变化，回路中产生感应电动势. 因此，将电

流的变化与感应电动势联系起来具有重要的实际意义，例如在电工、无线电技术中有着广泛应用的自感和互感线圈.

8.4.1　自感

如图8.14所示，在一个含有线圈的电路中，载流线圈的电流在空间产生的磁场的磁感应线必有一部分通过线圈回路本身. 当回路中电流变化时，变化的电流将产生变化的磁场，使得通过自身回路的磁通量也将发生变化，因而在回路中产生感应电动势和感应电流. 我们把这种由于回路电流变化而在自身回路中引起感应电动势的现象称为**自感现象**，相应的感应电动势称为**自感电动势**. 设一闭合回路通有变化的电流 i，根据毕奥-萨伐尔定律，回路中电流产生的磁场的磁感应强度与电流 i 成正比，而磁通量又与磁感应强度成正比，所以通过回路的全磁通 Ψ 也与回路中的电流 i 成正比，即

$$\Psi = Li, \tag{8.4.1}$$

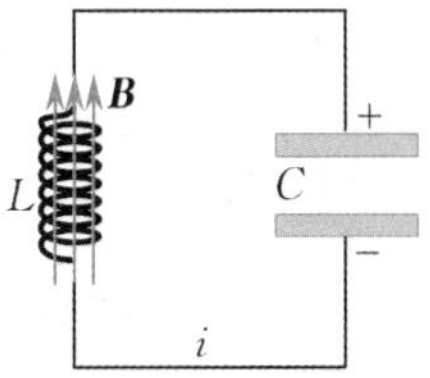

图8.14　自感现象

式中比例系数 L 称为回路的**自感系数**(简称**自感**). 自感系数 L 只与回路本身的大小、几何形状、匝数以及线圈中磁介质的分布有关，而与电流无关.

由法拉第电磁感应定律，回路中的自感电动势为

$$\mathscr{E}_L = -\frac{\mathrm{d}\Psi}{\mathrm{d}t} = -L\frac{\mathrm{d}i}{\mathrm{d}t}, \tag{8.4.2}$$

式中负号表明自感电动势的效果总是要阻碍回路本身电流的变化. 当回路中的电流增大时，即 $\frac{\mathrm{d}i}{\mathrm{d}t} > 0$，则 $\mathscr{E}_L < 0$，说明自感电动势 $\mathscr{E}_L$ 的方向与电流的方向相反；当电流减小时，即 $\frac{\mathrm{d}i}{\mathrm{d}t} < 0$，则 $\mathscr{E}_L > 0$，说明自感电动势 $\mathscr{E}_L$ 的方向与电流的方向相同. 由此可见，回路的自感电动势总是企图保持回路电流原来的状态，自感系数越大，保持原状态的能力就越强，回路中的电流越难改变. 回路自感的这一性质与力学系统中的惯性类似，因此可以把自感系数 L 视为电磁运动惯性的量度.

自感系数如同电阻和电容一样，是描述一个电路或一个电路元件性质的参数. 关于自感系数 L，理论上可以根据式(8.4.1)求出，即

$$L = \frac{\Psi}{i}. \tag{8.4.3}$$

注意，式(8.4.3)中的 Ψ 是指通过回路的全磁通. 若回路是由 N 匝线圈组成且通过每匝线圈的磁通量都等于 Φ_{m}，则 $\Psi = N\Phi_{\mathrm{m}}$.

在国际单位制中，自感系数的单位为亨[利](H). 实际中也常用毫亨(mH)与微亨(μH)，其换算关系如下：

$$1\ \mathrm{H} = 10^3\ \mathrm{mH} = 10^6\ \mu\mathrm{H}.$$

自感现象在电子、无线电领域有广泛的应用. 利用自感线圈具有阻碍电流变化的特性,可以稳定电路中的电流;无线电设备中常用它和电容器的组合构成谐振电路或滤波器等. 在某些情况下自感现象又是非常有害的,例如,当具有大自感系数的线圈的电路断开时,由于电路中的电流变化很快,在电路中会产生很大的自感电动势,导致击穿线圈本身的绝缘保护,或者在电闸断开的间隙中产生强烈的电弧以致烧坏电闸开关.

例 8.4.1 如图 8.15 所示,一个密绕螺绕环,环中充满相对磁导率为 μ_r 的磁介质,环的截面积为 S,平均半径为 R,单位长度上的匝数为 n,求螺绕环的自感系数.

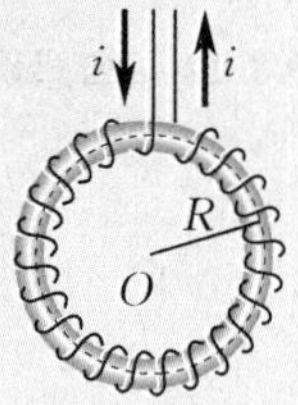

图 8.15 螺绕环的自感系数

解 设通过螺绕环线圈的电流为 i. 由安培环路定理可知,螺绕环内的磁感应强度为

$$B = \mu_0 \mu_r n i,$$

通过螺绕环的全磁通为

$$\Psi = N\Phi_m = 2\pi R n B S = 2\pi \mu_0 \mu_r R n^2 S i.$$

由式(8.4.3)得螺绕环的自感系数为

$$L = \frac{\Psi}{i} = 2\pi \mu_0 \mu_r R n^2 S = \mu_0 \mu_r n^2 V,$$

式中 $V = 2\pi RS$ 为螺绕环内空间的体积. 同理可求出当螺绕环内为真空时,环的自感系数为 $L = \mu_0 n^2 V$. 此结果表明,当环内充满磁介质时,其自感系数是真空时的 μ_r 倍.

例 8.4.2 如图 8.16 所示,由两个无限长圆筒状导体所组成的同轴电缆,两筒间充满磁导率为 μ 的磁介质,内、外筒的半径分别为 R_1 和 R_2,求电缆单位长度的自感系数.

解 设电缆中沿内筒和外筒流过的电流 I 大小相等,方向相反. 由安培环路定理可知,在内筒之内和外筒之外的空间中磁感应强度都等于零;在内、外筒之间,距轴为 $r(R_1 < r < R_2)$ 处的磁感应强度为

$$B = \frac{\mu I}{2\pi r}.$$

下面计算通过两筒间长为 l 的截面 $PQRS$ 的磁通量. 考虑到内、外筒之间磁场的轴对称性分布,取图中所示的面积元 $\mathrm{d}S = l\mathrm{d}r$,则通过此面积元的磁通量为

$$\mathrm{d}\Phi_m = B\mathrm{d}S = Bl\,\mathrm{d}r = \frac{\mu I l}{2\pi}\frac{\mathrm{d}r}{r},$$

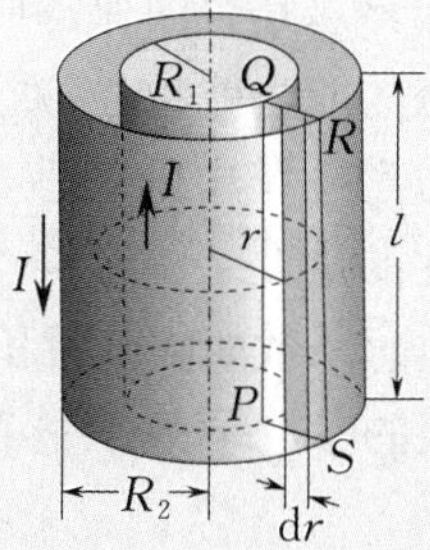

图 8.16 同轴电缆的自感系数

通过截面 $PQRS$ 的磁通量为

$$\Phi_m = \int \mathrm{d}\Phi_m = \int_{R_1}^{R_2} \frac{\mu I l}{2\pi}\frac{\mathrm{d}r}{r} = \frac{\mu I l}{2\pi}\ln\frac{R_2}{R_1},$$

则同轴电缆单位长度的自感系数为

$$L = \frac{\Phi}{Il} = \frac{\mu}{2\pi}\ln\frac{R_2}{R_1}.$$

8.4.2　互感

如图 8.17 所示，有两个载流闭合线圈 L_1 和 L_2，当线圈 L_1 中的电流 i_1 发生变化时，会在其周围激发变化的磁场，使得穿过另一线圈 L_2 中磁通量发生变化而产生感应电动势；反过来，线圈 L_2 中电流 i_2 的变化又会在线圈 L_1 中产生感应电动势，这种现象称为**互感现象**，相应的感应电动势称为**互感电动势**.

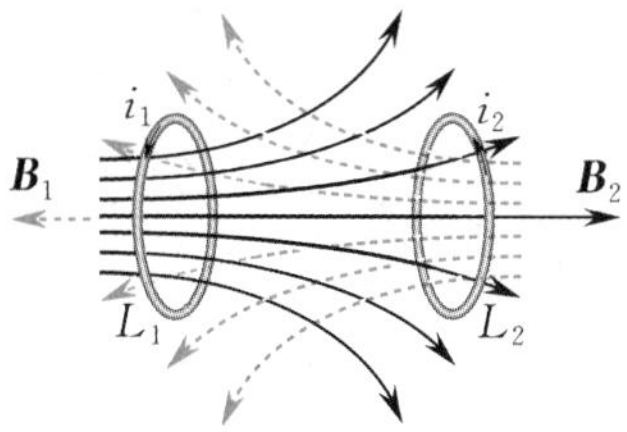

图 8.17　互感现象

由毕奥-萨伐尔定律可知，由线圈 L_1 的电流 i_1 所产生的磁场正比于 i_1，因而该磁场穿过线圈 L_2 的全磁通 Ψ_{21} 应与 i_1 成正比，即

$$\Psi_{21} = M_{21} i_1, \tag{8.4.4}$$

式中比例系数 M_{21} 称为线圈 L_1 对线圈 L_2 的互感系数.

同样，由线圈 L_2 的电流 i_2 所产生的磁场穿过线圈 L_1 的全磁通 Ψ_{12} 应与 i_2 成正比，即

$$\Psi_{12} = M_{12} i_2, \tag{8.4.5}$$

式中比例系数 M_{12} 称为线圈 L_2 对线圈 L_1 的互感系数. 理论和实验都可以证明，对于给定的两个线圈有

$$M_{12} = M_{21} = M,$$

式中 M 就称为这两个线圈的**互感系数**，简称**互感**. 在国际单位制中，互感系数的单位也是亨[利]. 互感系数的大小取决于两个线圈的几何形状、相对位置以及其周围磁介质的分布.

根据式(8.4.4)和(8.4.5)可得

$$M = \frac{\Psi_{21}}{i_1} = \frac{\Psi_{12}}{i_2}. \tag{8.4.6}$$

可以利用上式对两个线圈的互感系数进行计算.

在互感系数一定的情况下，由法拉第电磁感应定律，可得线圈 L_1 和 L_2 中的互感电动势分别为

$$\mathscr{E}_{12} = -\frac{\mathrm{d}\Psi_{12}}{\mathrm{d}t} = -M\frac{\mathrm{d}i_2}{\mathrm{d}t}, \tag{8.4.7}$$

$$\mathscr{E}_{21} = -\frac{\mathrm{d}\Psi_{21}}{\mathrm{d}t} = -M\frac{\mathrm{d}i_1}{\mathrm{d}t}, \tag{8.4.8}$$

式中负号表示一个线圈中的互感电动势要反抗另一个线圈中电流的变化，而且互感系数越大，电流的变化越难，因此互感系数是描述两个线圈耦合强弱的物理量.

通过以上分析可知，互感线圈能够使能量或信号由一个线圈方便地传递到另一个线圈. 电工、无线电技术中使用的各种变压器都是互感器件. 然而，在某些情况下，互感现象也有不利的方面. 例如，有线电话往往会由于两路电话线路之间的互感而引起串音，这就需要设法避免互感所引起的干扰.

例 8.4.3 如图8.18所示,有两个长直密绕细螺线管,长度均为l,内、外螺线管的半径分别为r_1和$r_2(r_1<r_2)$,匝数分别为N_1和N_2,求它们的互感系数以及两螺线管的自感系数.

解 设半径为r_1的内螺线管中通有电流I_1,则螺线管内的磁感应强度为

$$B_1=\mu_0\frac{N_1}{l}I_1,$$

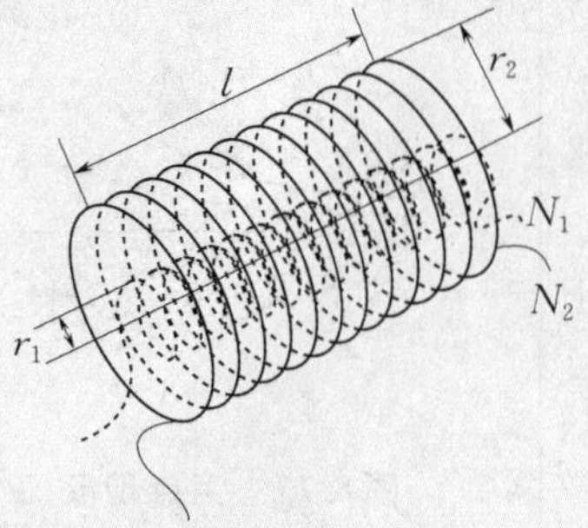

图 8.18

穿过半径为r_2的螺线管的全磁通为

$$\Psi_{21}=N_2\Phi_{21}=N_2B_1\pi r_1^2=\frac{\mu_0N_1N_2I_1}{l}\pi r_1^2,$$

互感系数为

$$M=\frac{\Psi_{21}}{I_1}=\frac{\mu_0N_1N_2}{l}\pi r_1^2.$$

下面分别求两螺线管的自感系数.

对于内螺线管,电流I_1产生的磁场穿过自身的全磁通为

$$\Psi_1=N_1\Phi_{m1}=N_1B_1\pi r_1^2=\frac{\mu_0N_1^2I_1}{l}\pi r_1^2,$$

内螺线管的自感系数为

$$L_1=\frac{\Psi_1}{I_1}=\frac{\mu_0N_1^2}{l}\pi r_1^2.$$

同理,外螺线管的自感系数为

$$L_2=\frac{\Psi_2}{I_2}=\frac{\mu_0N_2^2}{l}\pi r_2^2.$$

比较内、外螺线管的自感系数和内、外螺线管之间的互感系数,可得

$$M=\frac{r_1}{r_2}\sqrt{L_1L_2}\quad(r_1<r_2).$$

另外,在内、外螺线管的自感系数表达式中利用螺线管的体积$V=\pi r^2l$,可以得出长直螺线管自感系数的普遍表达式,即

$$L=\mu n^2V,\tag{8.4.9}$$

式中n为螺线管单位长度的匝数.

讨论:(1) 一般情况,可以把互感系数表示为

$$M=k\frac{r_1}{r_2}\sqrt{L_1L_2}\quad(0\leqslant k\leqslant 1),$$

式中k称为耦合系数.只有当两个线圈紧密耦合而且无漏磁的情况下,才有$k=1$.

(2) 当两个线圈串联顺接时,若线圈中通有电流I,考虑到两个线圈的自感与互感,它们的感应电动势分别为

$$\mathscr{E}_1=-L_1\frac{\mathrm{d}I}{\mathrm{d}t}-M\frac{\mathrm{d}I}{\mathrm{d}t},\quad \mathscr{E}_2=-L_2\frac{\mathrm{d}I}{\mathrm{d}t}-M\frac{\mathrm{d}I}{\mathrm{d}t},$$

整个线圈的总电动势为

$$\mathscr{E}=\mathscr{E}_1+\mathscr{E}_2=-(L_1+L_2+2M)\frac{\mathrm{d}I}{\mathrm{d}t}=-L\frac{\mathrm{d}I}{\mathrm{d}t},$$

式中 L 为线圈顺接后的等效线圈的总自感系数，有

$$L = L_1 + L_2 + 2M.$$

(3) 当两个线圈反接时，同理可得等效线圈的总自感系数为

$$L = L_1 + L_2 - 2M.$$

例 8.4.4 如图 8.19 所示，在磁导率为 μ 的均匀磁介质中，一无限长直导线与一边长分别为 b 和 l 的矩形线圈共面，直导线与矩形线圈靠近直导线的一边平行，且相距为 d. 求两者的互感系数.

解 设长直导线通有电流 I，在距导线为 x 处的磁感应强度为

$$B = \frac{\mu I}{2\pi x}.$$

取如图所示的小面积元 $\mathrm{d}S = l\mathrm{d}x$，则通过矩形线圈平面的磁通量为

$$\Phi_{\mathrm{m}} = \iint_S B\mathrm{d}S = \int_d^{d+b} \frac{\mu I}{2\pi x} l\,\mathrm{d}x = \frac{\mu I l}{2\pi} \ln \frac{b+d}{d},$$

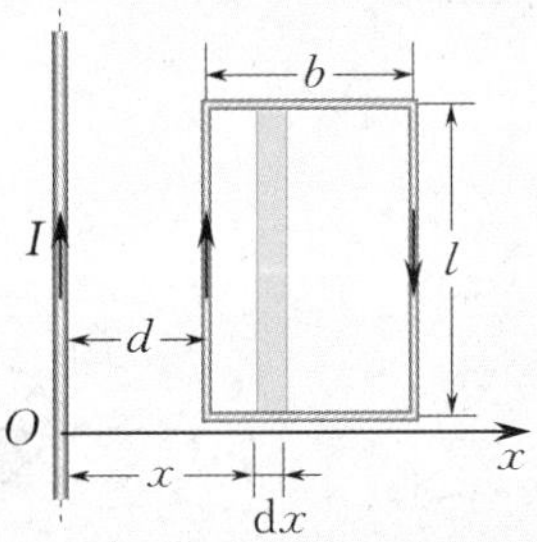

图 8.19

互感系数为

$$M = \frac{\Phi_{\mathrm{m}}}{I} = \frac{\mu l}{2\pi} \ln \frac{b+d}{d}.$$

若导线处于矩形线圈一边(边长为 b)的中垂线位置，则由对称性可知，通过线圈平面的磁通量 $\Phi_{\mathrm{m}} = 0$，互感系数 $M = 0$.

8.5 磁场的能量

8.5.1 自感磁能

如图 8.20 所示，一个线圈 L 与一个可变电阻 R 串联后接在电源的两端. 在回路中电流增大的过程中，线圈 L 中将出现自感电动势 $\mathscr{E}_L$，由于 $\mathscr{E}_L$ 要反抗电流的增加，导致回路中的电流不能立即达到稳定状态，而是经过一个逐渐增大的过程. 设此过程中的某一时刻电流为 i，自感电动势为 $\mathscr{E}_L = -L\dfrac{\mathrm{d}i}{\mathrm{d}t}$，它与电源电动势 $\mathscr{E}$ 共同决定回路电流的变化. 由全电路欧姆定律可得

$$\mathscr{E} - L\frac{\mathrm{d}i}{\mathrm{d}t} = Ri,$$

用 t 时刻的电流 i 乘以上式的两边并整理，得

$$\mathscr{E} i\mathrm{d}t = Li\mathrm{d}i + Ri^2\mathrm{d}t.$$

从 $t = 0$ 开始计时，电流从零增大到稳定值 I 的这段时间内，电源电动势所做的功为

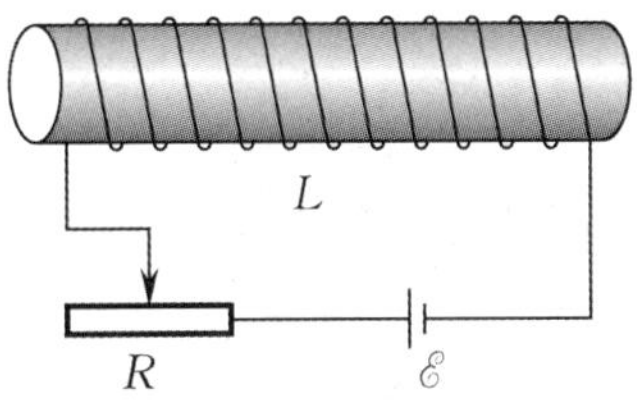

图 8.20　自感磁能

$$\int_0^t \mathscr{E} i\mathrm{d}t = \int_0^I Li\,\mathrm{d}i + \int_0^t Ri^2\,\mathrm{d}t.$$

在自感系数 L 和电流无关的情况下,上式化为

$$\int_0^t \mathscr{E} i\mathrm{d}t = \frac{1}{2}LI^2 + \int_0^t Ri^2\,\mathrm{d}t.$$

上式表明,电源电动势所做的功一部分转化为载流线圈的能量,另一部分转化为焦耳热,这就是能量守恒定律在此回路中电流增大过程中的具体表达.由此可以得到,一个自感系数为 L 的线圈通有电流 I 时所具有的能量就是电源克服自感电动势做功转化而来的能量,即

$$W_{\mathrm{m}} = \frac{1}{2}LI^2. \tag{8.5.1}$$

这种能量称为线圈的自感磁能.

8.5.2 互感磁能

如图 8.21 所示,两个邻近的电流回路的电流从零分别增大到 I_1 和 I_2,考察此过程中两电流回路所组成系统的能量.

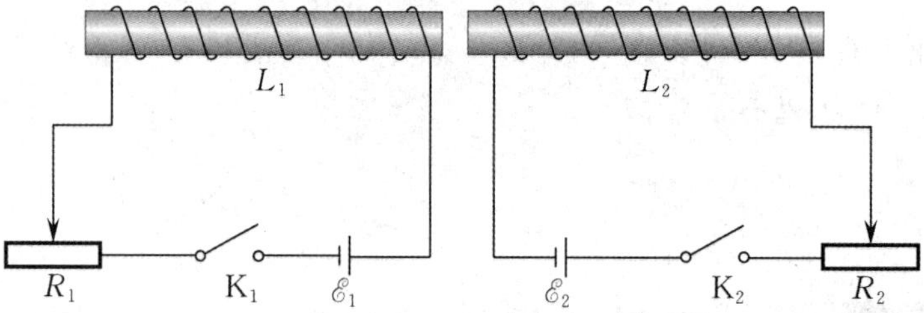

图 8.21 互感磁能

假设电流 I_1 和 I_2 按下述步骤建立:

(1) 合上开关 K_1,使回路 1 的电流 i_1 从零增大到 I_1.在这一过程中由于自感的存在,电源电动势 $\mathscr{E}_1$ 克服自感电动势做功而储存到线圈 1 中的自感磁能为

$$W_1 = \frac{1}{2}L_1 I_1^2.$$

(2) 合上开关 K_2,使回路 2 的电流 i_2 从零增大到 I_2,而让回路 1 中的电流保持 I_1 不变.在这一过程中由于自感的存在,电源电动势 $\mathscr{E}_2$ 克服自感电动势做功而储存在线圈 2 中的自感磁能为

$$W_2 = \frac{1}{2}L_2 I_2^2.$$

此外,还要考虑互感的影响.在 i_2 增大的过程中,在线圈 1 中会产生互感电动势.由式(8.4.7)得

$$\mathscr{E}_{12} = -M_{12}\frac{\mathrm{d}i_2}{\mathrm{d}t},$$

它将使电流 I_1 减小,若保持回路 1 的电流 I_1 不变,那么在回路 2 的

电流 i_2 从零增大到 I_2 的过程中，电源电动势 $\mathscr{E}_1$ 必须反抗互感电动势 $\mathscr{E}_{12}$ 做功而储存到电流回路 1 中的能量为

$$\begin{aligned} W_{12} &= -\int \mathscr{E}_{12} I_1 \mathrm{d}t = \int M_{12} I_1 \frac{\mathrm{d}i_2}{\mathrm{d}t}\mathrm{d}t \\ &= \int_0^{I_2} M_{12} I_1 \mathrm{d}i_2 = M_{12} I_1 \int_0^{I_2} \mathrm{d}i_2 = M_{12} I_1 I_2. \end{aligned}$$

当电流回路系统达到电流分别是 I_1 和 I_2 的状态时，储存到系统的总能量为

$$\begin{aligned} W_{\mathrm{m}} &= W_1 + W_2 + W_{12} \\ &= \frac{1}{2}L_1 I_1^2 + \frac{1}{2}L_2 I_2^2 + M_{12} I_1 I_2. \end{aligned}$$

如果先合上开关 K_2，让回路 2 的电流 i_2 从零增大到 I_2；再合上开关 K_1，在保持 I_2 不变的情况下让回路 1 的电流 i_1 从零增大到 I_1，同理，可得在这一过程中储存在电流回路系统的总能量为

$$W'_{\mathrm{m}} = \frac{1}{2}L_1 I_1^2 + \frac{1}{2}L_2 I_2^2 + M_{21} I_1 I_2.$$

由于这两种通电方式最后达到的状态相同，系统的总能量应该与建立 I_1 和 I_2 的具体步骤无关，应有 $W_{\mathrm{m}} = W'_{\mathrm{m}}$，得到

$$M_{12} = M_{21} = M.$$

由此证明了回路 1 对回路 2 的互感系数等于回路 2 对回路 1 的互感系数. 储存在由两个回路所组成的系统的总能量为

$$W_{\mathrm{m}} = \frac{1}{2}L_1 I_1^2 + \frac{1}{2}L_2 I_2^2 + M I_1 I_2. \qquad (8.5.2)$$

式(8.5.2)右边的第一项和第二项分别是两个线圈的自感磁能，而第三项称为两个线圈的互感磁能，记作

$$W_M = M I_1 I_2. \qquad (8.5.3)$$

它表示两个互感系数为 M 的线圈中分别通有电流 I_1 和 I_2 时所具有的能量. 这里要注意公式中各量的正负，I_1 和 I_2 都是正值，而互感系数 M 可以取正值，也可以取负值. 当一个回路的磁场穿过另一个回路时，如果与另一个回路本身产生的磁场的方向相同，即穿过两个回路的磁通量相互加强，互感系数 M 取正值；反之，取负值.

8.5.3 磁场能量

以载流长直螺线管为例推导磁场能量的表达式. 假设管内充满磁导率为 μ 的均匀磁介质，单位长度的匝数为 n，螺线管体积为 V. 通过螺线管的电流为 I，则管内的磁感应强度为

$$B = \mu n I.$$

由式(8.4.9)，螺线管的自感系数为 $L = \mu n^2 V$. 由式(8.5.1)可知，载流螺线管的磁场能量为

$$W_{\mathrm{m}} = \frac{1}{2}LI^2 = \frac{1}{2}(\mu n^2 V)\left(\frac{B}{\mu n}\right)^2 = \frac{B^2}{2\mu}V. \qquad (8.5.4)$$

由于螺线管的磁场只分布在管内,且管内磁场是均匀的,因此单位体积内磁场的能量——**磁场能量密度**为

$$w_m = \frac{W_m}{V} = \frac{B^2}{2\mu}. \tag{8.5.5}$$

利用 $B=\mu H$,磁场能量密度还可写成

$$w_m = \frac{1}{2}\mu H^2, \quad w_m = \frac{1}{2}BH. \tag{8.5.6}$$

可见,磁场能量可以由描述磁场的物理量 B 或 H 表示,磁场能量存储在磁场中,任何磁场都具有能量,这是磁场物质性的体现.

上述磁场能量密度的公式虽然是从长直螺线管的特例导出的,但它适用于各类磁场.利用它可以求任意磁场所储存的能量,即

$$W_m = \iiint w_m \mathrm{d}V = \frac{1}{2}\iiint BH\,\mathrm{d}V. \tag{8.5.7}$$

式(8.5.7)积分范围遍及整个磁场分布的空间.

例 8.5.1 一导线弯成半径为 5 cm 的圆形,当其中通有 1 A 的电流时,求圆心处的磁场能量密度.

解 圆电流在圆心处产生的磁感应强度为

$$B = \frac{\mu_0 I}{2R}.$$

根据式(8.5.5),可得圆心处的磁场能量密度为

$$w_m = \frac{B^2}{2\mu_0} = \frac{1}{8}\frac{\mu_0 I^2}{R^2} = \frac{4\pi\times10^{-7}\times1^2}{8\times0.05^2}\ \mathrm{J/m^3} \approx 6.3\times10^{-5}\ \mathrm{J/m^3}.$$

例 8.5.2 如图 8.22 所示,一同轴电缆中间充以磁导率为 μ 的磁介质,芯线与圆筒上的电流 I 大小相等、方向相反.已知内、外筒半径分别为 R_1 和 R_2,金属芯线内的磁场可以忽略,求单位长度同轴电缆的磁场能量.

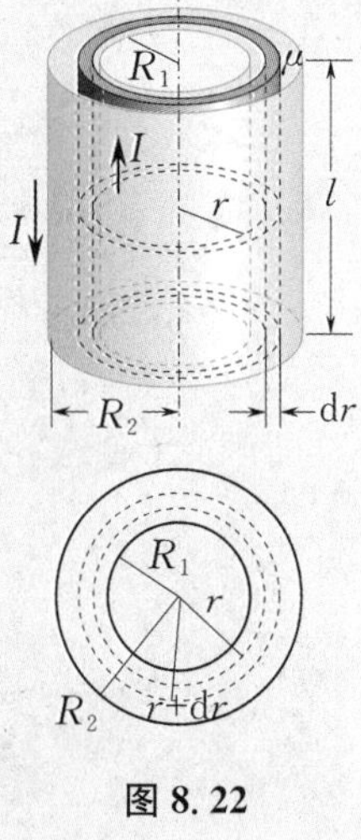

图 8.22

解 由安培环路定理可知,同轴电缆的磁场分布如下:

$$\begin{cases} H=0 \quad (r<R_1), \\ H=\dfrac{I}{2\pi r} \quad (R_1\leqslant r\leqslant R_2), \\ H=0 \quad (r>R_2). \end{cases}$$

可见磁场只分布在内、外筒之间($R_1\leqslant r\leqslant R_2$),磁场能量密度为

$$w_m = \frac{1}{2}\mu H^2 = \frac{1}{2}\mu\left(\frac{I}{2\pi r}\right)^2 = \frac{\mu I^2}{8\pi^2 r^2}.$$

在 r 处取一长为 l 宽为 $\mathrm{d}r$ 的薄圆筒,$\mathrm{d}V=2\pi rl\,\mathrm{d}r$,则长为 l 的电缆中的磁场能量为

$$W_m = \iiint_V w_m \mathrm{d}V = \int_{R_1}^{R_2}\frac{\mu I^2 l}{4\pi r}\mathrm{d}r = \frac{\mu I^2 l}{4\pi}\ln\frac{R_2}{R_1}.$$

单位长度电缆的磁场能量为

$$\frac{W_{\mathrm{m}}}{l}=\frac{\mu I^2}{4\pi}\ln\frac{R_2}{R_1}.$$

本例也可用例 8.4.2 的结果与式(8.5.1) 求出.

8.6 位移电流

8.6.1 问题的提出

对于恒定电流产生的磁场,有

$$\oint_L \boldsymbol{H}\cdot \mathrm{d}\boldsymbol{l}=\sum_i I_i=\iint_S \boldsymbol{j}\cdot \mathrm{d}\boldsymbol{S}. \tag{8.6.1}$$

那么,非稳恒情况下磁场的环流怎样得出呢?麦克斯韦在 1862 年提出了另一个重要的假设“随时间变化的电场会产生磁场”,给出了非稳恒磁场的环流的表达式,从而进一步揭示了电场和磁场之间的内在联系.

8.6.2 位移电流

考虑包含电容器的非稳恒电路的情况. 如图 8.23 所示,在电容器充、放电过程中,导线内的传导电流随时间变化,且通过电路中导线的任意截面的电流都相等,但这种传导电流不存在于电容器的两极板之间的真空或电介质中,因而对于整个电路来说,传导电流是不连续的. 以电容器的充电过程为例,设某一时刻,电路中的传导电流为 I_c,将安培环路定理应用于以同一个闭合回路 L 为边线的不同曲面,对 S_1 面,就得到

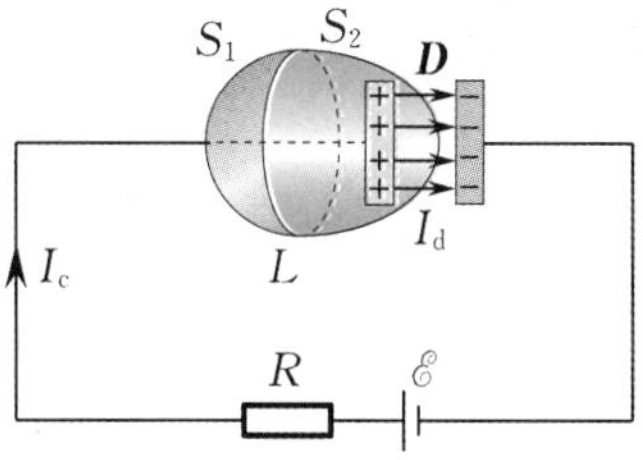

图 8.23　非稳恒电路

位移电流和麦克斯韦方程组

$$\oint_L \boldsymbol{H}\cdot \mathrm{d}\boldsymbol{l}=\iint_{S_1} \boldsymbol{j}\cdot \mathrm{d}\boldsymbol{S}=I_c\neq 0.$$

而对 S_2 面,则得到

$$\oint_L \boldsymbol{H}\cdot \mathrm{d}\boldsymbol{l}=\iint_{S_2} \boldsymbol{j}\cdot \mathrm{d}\boldsymbol{S}=0.$$

显然,这两个表达式是相互矛盾的,即稳恒情况下的安培环路定理在非稳恒情况下就不成立了. 出现这一问题的关键在于非稳恒时传导电流的不连续. 麦克斯韦着力于寻找电容器两极板间一种区别于传导电流的新“电流”,使得整个非稳恒回路的电流连续起来,从而把安培环路定理推广到非稳恒情况.

在非稳恒电路中,传导电流中断处必发生电荷分布的变化. 设平行板电容器极板面积为 S,当电容器充电时,极板上的电荷量 q 及面电荷密度 σ 增加,导线中的传导电流应等于极板上电荷量的变

化率,即

$$I_c = \frac{dq}{dt}. \tag{8.6.2}$$

电荷分布的变化必引起两极板间电场的变化,随着极板上电荷的累积,极板间的电场 $\boldsymbol{E}$(或电位移 $\boldsymbol{D}$) 也随时间变化. 因为 $D=\sigma$,所以电位移通量为

$$\Phi_d = DS = \sigma S = q,$$

两边求导,得

$$\frac{d\Phi_d}{dt} = \frac{dq}{dt}. \tag{8.6.3}$$

比较式(8.6.2) 和(8.6.3),有

$$\frac{d\Phi_d}{dt} = I_c.$$

可见,两极板间电位移通量对时间的变化率等于导线中的传导电流. 又因为

$$\frac{d\Phi_d}{dt} = \iint_S \frac{\partial \boldsymbol{D}}{\partial t} \cdot d\boldsymbol{S}, \quad I_c = \iint_S \boldsymbol{j}_c \cdot d\boldsymbol{S},$$

所以两极板间电位移对时间的变化率等于导线中的传导电流密度,即$\frac{\partial \boldsymbol{D}}{\partial t} = \boldsymbol{j}_c$. 从方向上看,当电容器充电时,极板间的电场增强,$\frac{\partial \boldsymbol{D}}{\partial t}$ 的方向与电场的方向一致,也与导线中的传导电流的方向一致;当电容器放电时,极板间电场减弱,$\frac{\partial \boldsymbol{D}}{\partial t}$ 的方向与电场的方向相反,仍与导线中的传导电流的方向一致. 如果把极板间的电位移通量对时间的变化率也当作一种电流来对待,则在这种非稳恒的情况下,电路中的电流就可以连续,从而就可以解决前面所提到的矛盾.

麦克斯韦据此提出了一个假设:变化的电场等效于一种电流,称为位移电流. 电场中某点的位移电流密度等于该点电位移对时间的变化率,通过电场中某一截面的位移电流等于通过该截面电位移通量对时间的变化率,即

$$\boldsymbol{j}_d = \frac{\partial \boldsymbol{D}}{\partial t}, \tag{8.6.4}$$

$$I_d = \frac{d\Phi_d}{dt} = \iint_S \frac{\partial \boldsymbol{D}}{\partial t} \cdot d\boldsymbol{S}. \tag{8.6.5}$$

在上述电容器电路中,两极板间中断的传导电流 I_c 可以由位移电流 I_d 替代而维持了电流的连续性. 传导电流与位移电流的和叫作全电流,即 $I_{全} = I_c + I_d$. 可见,全电流是连续的,即

$$\oint\!\!\!\oint_S \left(\boldsymbol{j}_c + \frac{\partial \boldsymbol{D}}{\partial t}\right) \cdot d\boldsymbol{S} = 0. \tag{8.6.6}$$

8.6.3　安培环路定理的普遍形式

麦克斯韦还假设,位移电流在激发磁场这一方面与传导电流等效,即它们都按同一规律在其周围空间激发涡旋磁场. 考虑到全电流的连续性,麦克斯韦把安培环路定理推广到一般情形,即

$$\oint_L \boldsymbol{H}\cdot \mathrm{d}\boldsymbol{l} = \sum I_{全} = \sum (I_c + I_d) = \iint_S \left(\boldsymbol{j}_c + \frac{\partial \boldsymbol{D}}{\partial t}\right)\cdot \mathrm{d}\boldsymbol{S}, \tag{8.6.7}$$

表述如下:在磁场中沿任意闭合回路 L 的磁场强度 $\boldsymbol{H}$ 的环流等于通过以该闭合回路为边线的任意曲面 S 的传导电流和位移电流的代数和,这一结论称为全电流安培环路定理. 显然,全电流安培环路定理在图 8.23 所示的非稳恒情况下也是成立的. 当空间只有恒定电流存在时,$\frac{\partial \boldsymbol{D}}{\partial t} = \boldsymbol{0}$,则式(8.6.7) 回到稳恒情况时的安培环路定理(式(8.6.1)). 当空间没有恒定电流只有变化的电场时,则

$$\oint_L \boldsymbol{H}\cdot \mathrm{d}\boldsymbol{l} = \iint_S \frac{\partial \boldsymbol{D}}{\partial t}\cdot \mathrm{d}\boldsymbol{S}. \tag{8.6.8}$$

将式(8.6.8) 与感生电场的环流表达式

$$\oint_L \boldsymbol{E}\cdot \mathrm{d}\boldsymbol{l} = -\iint_S \frac{\partial \boldsymbol{B}}{\partial t}\cdot \mathrm{d}\boldsymbol{S}$$

比较可知,法拉第电磁感应定律说明变化的磁场能激发涡旋电场,位移电流说明变化的电场能激发涡旋磁场,这种"动磁生电"和"动电生磁"反映了自然界的对称性,深刻揭露了电场和磁场的内在联系和相互依存关系,这两种变化的场相互联系,形成了统一的电磁场.

必须指出,虽然传导电流和位移电流在激发磁场方面是等效的,但它们存在着根本的区别. 首先,传导电流是自由电荷的定向移动而形成的,仅能在导体中流动,而位移电流的实质却是电场的变化,在空间某一点只要有电场的变化,就有相应的位移电流密度存在,因此不仅在导体中,在电介质甚至真空中也可以产生位移电流. 在通常情况下,电介质中主要是位移电流,传导电流可忽略不计;而在导体中,主要是传导电流,在低频时位移电流可忽略不计,在高频时位移电流的作用与传导电流可以相比拟,两者都不能忽略. 其次,传导电流通过导体时要产生焦耳热,而位移电流通过导体时不产生焦耳热. 高频时位移电流会在有极分子电介质中产生较大的热量,但与焦耳热不同,不遵守焦耳-楞次定律. 例如,家庭中使用的微波炉就是利用位移电流来产生热量的,它是通过磁控管产生高频(通常为10^9 Hz 数量级) 微波,经密封的波导管进入炉腔并作用在食物上,食物在吸收微波的过程中,其分子在微波作用下做同频率的高频振动,引起快速摩擦而产生热量,达到加热、烹

熟食物的目的.由于微波对人体是有害的,在使用过程中应防止微波从炉门缝隙处外泄.

例 8.6.1 如图 8.24 所示,半径为 R 的两块导体圆板构成平行板电容器,其间充满空气,由圆板中心引出两根直导线给电容器匀速充电而使电容器两极板间的电场变化率 $\frac{dE}{dt}>0$.求电容器两极板间的位移电流,并计算电容器两极板间距轴 r 处的磁感应强度.

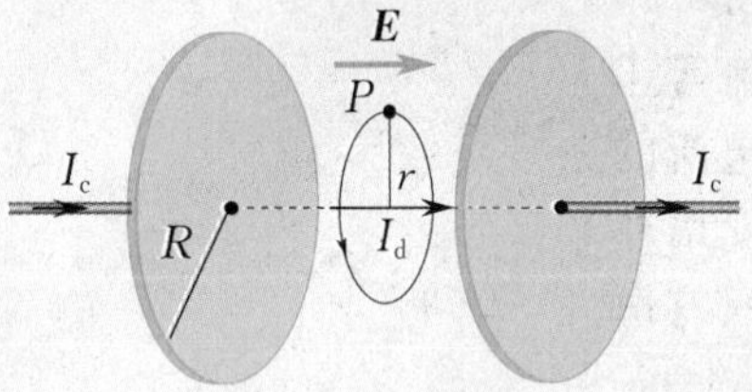

图 8.24

解 忽略边缘效应,认为两极板间的电场是均匀的,电容器两极板间的位移电流为

$$I_d=\frac{d\Phi_d}{dt}=S\frac{dD}{dt}=\pi R^2\varepsilon_0\frac{dE}{dt}.$$

电容器两极板之间为均匀电场,因此位移电流分布均匀,位移电流所产生的磁场的磁感应线是以两极板中心连线为轴的一系列同心圆,方向与位移电流满足右手螺旋定则.以中心连线上某点为圆心作一半径 r 的圆形回路 L,规定回路方向与电流方向满足右手螺旋定则,则在 L 上各点处的磁感应强度的大小相等,方向沿切线方向.

由全电流安培环路定理,当 $r\leqslant R$ 时,有

$$\oint_L \boldsymbol{H}\cdot d\boldsymbol{l}=2\pi rH=\iint_S\frac{\partial\boldsymbol{D}}{\partial t}\cdot d\boldsymbol{S}=\varepsilon_0\frac{d}{dt}\iint_S\boldsymbol{E}\cdot d\boldsymbol{S}=\varepsilon_0\frac{dE}{dt}\pi r^2,$$

即

$$H=\frac{\varepsilon_0 r}{2}\frac{dE}{dt}.$$

同理,当 $r>R$ 时,有

$$\oint_L \boldsymbol{H}\cdot d\boldsymbol{l}=2\pi rH=\iint_S\frac{\partial\boldsymbol{D}}{\partial t}\cdot d\boldsymbol{S}=\varepsilon_0\frac{dE}{dt}\pi R^2,$$

即

$$H=\frac{\varepsilon_0 R^2}{2r}\frac{dE}{dt}.$$

故所求的磁感应强度分别为

$$B=\mu_0 H=\begin{cases}\dfrac{\mu_0\varepsilon_0 r}{2}\dfrac{dE}{dt} & (r\leqslant R),\\[2ex] \dfrac{\mu_0\varepsilon_0 R^2}{2r}\dfrac{dE}{dt} & (r>R).\end{cases}$$

8.7 麦克斯韦方程组和电磁波

麦克斯韦在引入了“感生电场”和“位移电流”的概念后,对电

磁现象的基本规律进行了系统的总结，提出了一般的宏观电磁规律 —— 麦克斯韦方程组，从而建立了完整的电磁理论体系.

8.7.1　麦克斯韦方程组

首先回顾一下静电场和稳恒磁场的基本规律. 为区别变化的电场和磁场，将静电场的场强及电位移分别用 $\boldsymbol{E}^{(1)}$ 和 $\boldsymbol{D}^{(1)}$ 表示，恒定电流激发的磁场的磁感应强度和磁场强度分别记作 $\boldsymbol{B}^{(1)}$ 和 $\boldsymbol{H}^{(1)}$.

(1) 静电场的高斯定理：

$$\oint\!\!\!\oint_S \boldsymbol{D}^{(1)} \cdot \mathrm{d}\boldsymbol{S} = \iiint_V \rho \mathrm{d}V = \sum q_{\mathrm{in}}. \tag{8.7.1a}$$

(2) 稳恒磁场的高斯定理：

$$\oint\!\!\!\oint_S \boldsymbol{B}^{(1)} \cdot \mathrm{d}\boldsymbol{S} = 0. \tag{8.7.1b}$$

(3) 静电场的环路定理：

$$\oint_L \boldsymbol{E}^{(1)} \cdot \mathrm{d}\boldsymbol{l} = 0. \tag{8.7.1c}$$

(4) 稳恒磁场的安培环路定理：

$$\oint_L \boldsymbol{H}^{(1)} \cdot \mathrm{d}\boldsymbol{l} = \iint_S \boldsymbol{j}_{\mathrm{c}} \cdot \mathrm{d}\boldsymbol{S}, \tag{8.7.1d}$$

式中 $\boldsymbol{j}_{\mathrm{c}}$ 是传导电流密度.

麦克斯韦提出了两条重要的假设：变化的磁场激发感生电场，用 $\boldsymbol{E}^{(2)}$ 和 $\boldsymbol{D}^{(2)}$ 表示其场强及电位移；变化的电场（位移电流）激发磁场，用 $\boldsymbol{B}^{(2)}$ 和 $\boldsymbol{H}^{(2)}$ 表示其磁感应强度和磁场强度.

$$\oint_L \boldsymbol{E}^{(2)} \cdot \mathrm{d}\boldsymbol{l} = -\iint_S \frac{\partial \boldsymbol{B}}{\partial t} \cdot \mathrm{d}\boldsymbol{S}, \quad \oint_L \boldsymbol{H}^{(2)} \cdot \mathrm{d}\boldsymbol{l} = \iint_S \frac{\partial \boldsymbol{D}}{\partial t} \cdot \mathrm{d}\boldsymbol{S}.$$

考虑到感生电场及位移电流的磁场的场线都是一些无头无尾的闭合曲线，所以有

$$\oint\!\!\!\oint_S \boldsymbol{D}^{(2)} \cdot \mathrm{d}\boldsymbol{S} = 0, \quad \oint\!\!\!\oint_S \boldsymbol{B}^{(2)} \cdot \mathrm{d}\boldsymbol{S} = 0.$$

1. 麦克斯韦方程组的积分形式

对于一般情况，就电场而言，空间既有静止电荷激发的静电场，又有变化磁场激发的感生电场，则有 $\boldsymbol{E} = \boldsymbol{E}^{(1)} + \boldsymbol{E}^{(2)}$，$\boldsymbol{D} = \boldsymbol{D}^{(1)} + \boldsymbol{D}^{(2)}$；就磁场而言，既有恒定电流激发的稳恒磁场，又有变化的电场激发的磁场，即 $\boldsymbol{H} = \boldsymbol{H}^{(1)} + \boldsymbol{H}^{(2)}$，$\boldsymbol{B} = \boldsymbol{B}^{(1)} + \boldsymbol{B}^{(2)}$. 麦克斯韦总结了以上两类电磁场的规律之后，归纳出一组描述统一电磁场的方程组

$$\oint\!\!\!\oint_S \boldsymbol{D} \cdot \mathrm{d}\boldsymbol{S} = \iiint_V \rho \mathrm{d}V = \sum q_{\mathrm{in}}, \tag{8.7.2a}$$

$$\oint\!\!\!\oint_S \boldsymbol{B} \cdot \mathrm{d}\boldsymbol{S} = 0, \tag{8.7.2b}$$

$$\oint_L \boldsymbol{E} \cdot \mathrm{d}\boldsymbol{l} = -\iint_S \frac{\partial \boldsymbol{B}}{\partial t} \cdot \mathrm{d}\boldsymbol{S}, \tag{8.7.2c}$$

$$\oint_L \boldsymbol{H} \cdot \mathrm{d}\boldsymbol{l} = \iint_S \left(\boldsymbol{j}_c + \frac{\partial \boldsymbol{D}}{\partial t}\right) \cdot \mathrm{d}\boldsymbol{S}. \qquad (8.7.2d)$$

这四个方程称为**麦克斯韦方程组的积分形式**.

式(8.7.2a)是电场的高斯定理,其中 $\boldsymbol{D}$ 是电荷和变化的磁场共同激发的电场的电位移.它表明通过任意闭合曲面的电位移通量只与该曲面所包围的自由电荷有关,只要空间中某点有自由电荷存在,则在该点附近一定有电场存在.也就是说,自由电荷一定伴随有电场.该式表明 $\boldsymbol{D}$ 线起始于正自由电荷,终止于负自由电荷.

式(8.7.2b)是磁场的高斯定理,其中 $\boldsymbol{B}$ 是传导电流和变化的电场(位移电流)共同激发的磁场.它表明任何磁场都是无源的涡旋场,或者说,$\boldsymbol{B}$ 线是无头无尾的闭合曲线.它还说明,目前的电磁场理论认为自然界中没有磁单极子(单一的"磁荷")存在.

式(8.7.2c)是推广后的电场环路定理,它虽然基于法拉第电磁感应定律,但式中的电场 $\boldsymbol{E}$ 包括静电场和变化磁场所激发的感生电场.由于稳恒情况下,$\frac{\partial \boldsymbol{B}}{\partial t} = \boldsymbol{0}$,电场 $\boldsymbol{E}$ 的环流只与变化的磁场有关.

式(8.7.2d)是全电流安培环路定理,即磁场强度沿任意闭合曲线的环流等于通过以该曲线为边线的任意曲面的全电流.它说明不仅传导电流能激发磁场,变化电场也能激发磁场.

2. 麦克斯韦方程组的微分形式

麦克斯韦方程组的积分形式虽然系统地描述了电磁场的普遍规律,但通过积分方式只能联系某一有限区域内(如一条闭合曲线或一个闭合曲面)各点处的电磁场量($\boldsymbol{E},\boldsymbol{D},\boldsymbol{B},\boldsymbol{H}$)和电荷、电流之间的依存关系,却不能反映电磁场中某些点的场量之间的关系.在实际应用中,例如,已知初始时刻的电荷分布、电流分布,要求以后各时刻空间中电磁场量的分布和变化.这就要知道在电磁场中电磁场量与电荷、电流的点对应关系,而这种点对应关系正是通过麦克斯韦方程组微分形式来表达的.应用数学上的场论知识,将麦克斯韦方程的积分形式变换成下面的微分形式:

$$\nabla \cdot \boldsymbol{D} = \rho, \qquad (8.7.3a)$$

$$\nabla \cdot \boldsymbol{B} = 0, \qquad (8.7.3b)$$

$$\nabla \times \boldsymbol{E} = -\frac{\partial \boldsymbol{B}}{\partial t}, \qquad (8.7.3c)$$

$$\nabla \times \boldsymbol{H} = \boldsymbol{j}_c + \frac{\partial \boldsymbol{D}}{\partial t}. \qquad (8.7.3d)$$

方程组中的哈密顿算符 ∇ 是一矢量微分算符,在直角坐标系中表

示为

$$\nabla=\frac{\partial}{\partial x}\boldsymbol{i}+\frac{\partial}{\partial y}\boldsymbol{j}+\frac{\partial}{\partial z}\boldsymbol{k}.$$

算符∇与一矢量的标积，称为该矢量的散度（如$\nabla\cdot\boldsymbol{D}$称为$\boldsymbol{D}$的散度），它表示该矢量的源的强度. 散度等于零的场称为无源场；散度不等于零的场称为有源场. 算符∇与一矢量的矢积，称为该矢量的旋度（如$\nabla\times\boldsymbol{E}$称为$\boldsymbol{E}$的旋度），它表示该矢量的涡旋程度. 旋度等于零的场称为无旋场；旋度不等于零的场称为有旋场. 式(8.7.3a)和(8.7.3b)分别表示电场是有源场、磁场是无源场；式(8.7.3c)和(8.7.3d)分别表示变化磁场所激发的感生电场是有旋场（恒定电场是无旋场）、所有磁场都是有旋场. 此外，各方程中所表达的关系为点对应关系，例如，式(8.7.3a)表示了电场中某点的电位移的散度与该点的体自由电荷密度的关系.

3. 物性方程

当有介质存在时，电场和磁场与介质的相互影响使电磁场量与介质的特性有关，上述麦克斯韦方程组还需要再补充描述介质（各向同性介质）性质的物性方程

$$\boldsymbol{D}=\varepsilon\boldsymbol{E}, \tag{8.7.4a}$$

$$\boldsymbol{B}=\mu\boldsymbol{H}, \tag{8.7.4b}$$

$$\boldsymbol{j}_c=\sigma\boldsymbol{E}, \tag{8.7.4c}$$

式中ε和μ分别是介质的电容率和磁导率，σ是导体的电导率.

麦克斯韦方程组积分形式或微分形式与这三个物性方程形成了决定电磁场的一组完备的方程式. 它给出了静电场、稳恒磁场、变化的电场及变化的磁场的基本性质和它们之间的相互关系. 这一完整而精美的理论体系不仅是电磁运动普遍规律的精髓，而且是经典电磁理论的基石.

8.7.2　电磁波的基本性质

1864 年，麦克斯韦由电磁场理论揭示了变化的电场和磁场在空间中相互激发，并以有限的速度由近及远地传播，从而预言了电磁波的存在. 1888 年，德国物理学家赫兹第一次用振荡偶极子实验直接证实了电磁波的存在，测得电磁波在真空中的传播速度等于光速. 在这里略去推导波动方程这一较复杂的运算过程，而只对电磁波产生的物理机制和电磁波的基本性质做一些讨论.

根据位移电流的概念，变化的电场要在其邻近空间激发涡旋磁场$\boldsymbol{H}$，涡旋磁场$\boldsymbol{H}$的方向与电场变化率$\varepsilon\dfrac{\partial\boldsymbol{E}}{\partial t}$的方向满足右手螺

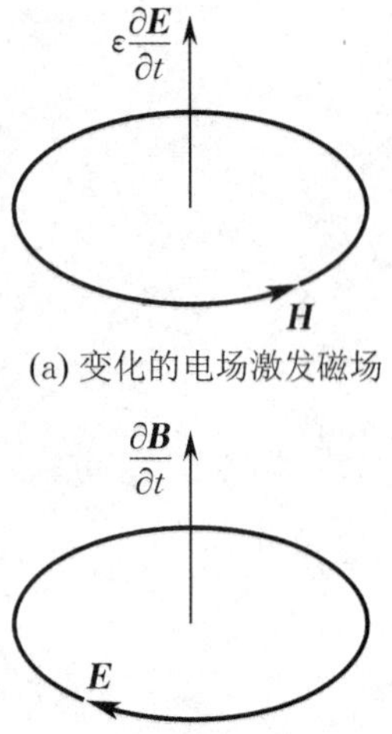

(a) 变化的电场激发磁场

(b) 变化的磁场激发电场

图 8.25　变化的电场和变化的磁场

旋关系，如图 8.25(a) 所示，可以说变化的电场激发右旋的涡旋磁场. 当电场变化率 $\varepsilon\frac{\partial \boldsymbol{E}}{\partial t}$ 也随时间变化时，它所激发的涡旋磁场也随时间变化. 根据感生电场的概念，随时间变化的磁场要在其邻近空间激发感生电场 $\boldsymbol{E}$，感生电场 $\boldsymbol{E}$ 的方向与磁场变化率$\frac{\partial \boldsymbol{B}}{\partial t}$ 的方向满足左手螺旋关系$\left(因\frac{\partial \boldsymbol{B}}{\partial t}的前面有一负号\right)$，如图 8.25(b) 所示，可以说变化的磁场激发左旋的感生电场. 这样，变化的电场和变化的磁场相互激发，闭合的电场线和磁感应线就像链条那样一环套一环，由近及远向外传播. 这种变化电磁场在空间的传播称为电磁波. 变化的电磁场一经产生，就可以波的形式在空间中传播.

实际存在的电磁波的形态是极其复杂和多种多样的. 我们主要讨论最简单的自由平面电磁波的基本性质.

(1) 电磁波的传播不需要介质，在真空中也可进行. 在真空中，电磁波的传播速度为

$$c=\frac{1}{\sqrt{\varepsilon_0\mu_0}}=299\ 792\ 458\ \mathrm{m/s}.$$

这正是光在真空中的传播速度. 在介质中电磁波的传播速度为

$$u=\frac{1}{\sqrt{\varepsilon\mu}}. \tag{8.7.5}$$

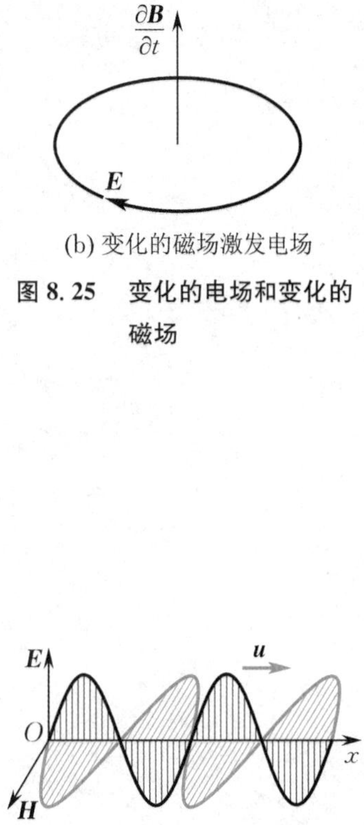

图 8.26　平面电磁波的传播

(2) 电磁波是横波，$\boldsymbol{E}$ 和 $\boldsymbol{H}$ 分别在各自确定的平面内振动. 且 $\boldsymbol{E}$ 振动、$\boldsymbol{H}$ 振动与传播速度 $\boldsymbol{u}$ 三者相互垂直，满足右手螺旋定则. 传播速度 $\boldsymbol{u}$ 的方向由 $\boldsymbol{E}\times\boldsymbol{H}$ 确定，如图 8.26 所示，且 $\boldsymbol{E}$ 与 $\boldsymbol{H}$ 的大小关系为

$$\sqrt{\varepsilon}E=\sqrt{\mu}H. \tag{8.7.6}$$

(3) $\boldsymbol{E}$ 振动和 $\boldsymbol{H}$ 振动相位相同，同地同时达到最大，同地同时减到最小.

根据上述讨论，沿 x 轴正方向传播的平面电磁波的方程为

$$E_y=E_{\mathrm{m}}\cos\left[\omega\left(t-\frac{x}{u}\right)+\varphi_0\right],$$

$$H_z=H_{\mathrm{m}}\cos\left[\omega\left(t-\frac{x}{u}\right)+\varphi_0\right].$$

8.7.3　电磁场的物质性

电磁场是物质在自然界存在的一种形态，具有粒子性，电磁场的基本粒子是光子. 电磁场与实物一样，有一定的质量、能量、动量等. 变化的电磁场又以电磁波的形式向空间传播，故电磁波的传播必然伴随着电磁能量的传递，电磁能量包含电场能量和磁场能量.

经过复杂推导可知，前面讨论的电磁场的能量密度公式也适用于电磁波.

1. 电磁波的能量密度

电磁波的能量密度就是电磁场的能量密度，即

$$w = w_{\mathrm{e}} + w_{\mathrm{m}} = \frac{1}{2}\varepsilon E^2 + \frac{1}{2}\frac{B^2}{\mu}.$$

对各向同性的介质，$\boldsymbol{D} = \varepsilon \boldsymbol{E}$，$\boldsymbol{B} = \mu \boldsymbol{H}$ 及 $\sqrt{\varepsilon}E = \sqrt{\mu}H$，有

$$w = \frac{1}{2}\varepsilon E^2 + \frac{1}{2}\frac{B^2}{\mu} = \frac{1}{2}\varepsilon E^2 + \frac{1}{2}\mu H^2 = \varepsilon E^2. \quad (8.7.7)$$

2. 电磁波的能流密度

电磁波的能流密度又称为坡印亭（Poynting）矢量，用 $\boldsymbol{S}$ 表示. 其大小定义为单位时间内通过与波传播方向垂直的单位面积的能量，方向与波的传播方向一致. 如图 8.27 所示，设 $\mathrm{d}A$ 为垂直于传播方向的一个面积元，在 $\mathrm{d}t$ 时间内通过此面积元的能量应是以底面积为 $\mathrm{d}A$、高度为 $u\mathrm{d}t$ 的柱形体积 $\mathrm{d}V$ 内的电磁能量，即

$$\mathrm{d}W = w\mathrm{d}V = wu\mathrm{d}t\mathrm{d}A.$$

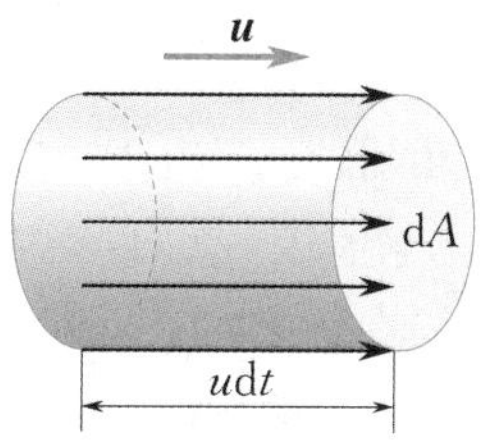

图 8.27　能流密度

根据能流密度的定义，能流密度的大小 S 为

$$S = \frac{\mathrm{d}W}{\mathrm{d}A\mathrm{d}t} = uw = \frac{u}{2}(\varepsilon E^2 + \mu H^2).$$

利用式(8.7.5) 和(8.7.6) 可将上式化为

$$S = EH. \quad (8.7.8)$$

考虑到传播速度的方向由 $\boldsymbol{E} \times \boldsymbol{H}$ 决定，则可将能流密度 $\boldsymbol{S}$ 表示为

$$\boldsymbol{S} = \boldsymbol{E} \times \boldsymbol{H}. \quad (8.7.9)$$

式(8.7.9) 说明电磁场的能量总是伴随着电磁波向前传播. 由于 $\boldsymbol{E}$，$\boldsymbol{H}$ 都随时间变化，$\boldsymbol{S}$ 也随时间变化，在实际应用中常以平均能流密度（也就是波的强度）来反映电磁波的能量传递. 将 S 对时间取平均值，得

$$I = \overline{S} = \overline{EH}$$
$$= \frac{1}{2}E_{\mathrm{m}}H_{\mathrm{m}} = \frac{1}{2}\sqrt{\frac{\varepsilon}{\mu}}E_{\mathrm{m}}^2 \propto E_{\mathrm{m}}^2. \quad (8.7.10)$$

对光波来说，$\overline{S}$ 就是光强，即光强正比于光波振幅的平方.

3. 电磁场的质量和动量

根据狭义相对论的质能关系式 $E = mc^2$，在电磁场存在的空间，单位体积的质量（质量密度）为

$$\rho = \frac{w}{c^2} = \frac{1}{2c^2}(\varepsilon E^2 + \mu H^2). \quad (8.7.11)$$

1910 年，列别捷夫（Lebedev）在实验中观察到变化的电磁场能对实物施加压力，由于压力与动量的变化相联系，说明电磁场具有

动量. 对于平面电磁波,单位体积的电磁场的动量 p 和能量密度 w 的关系为

$$p=\frac{w}{c}. \tag{8.7.12}$$

光具有光压为彗星尾巴的形成提供了合理的解释,当彗星运行到太阳附近时,太阳光的光压将彗星内的气态物质推向远离太阳的那一边,从而形成了我们所观察到的彗尾.

思考题

1. 当导体在磁场中运动时,导体中的电荷受到磁场力的作用而产生电动势. 如果在与导体一起运动的参考系里观察这一现象,静止的导体内也会产生电动势. 如何解释?

2. 让一条形磁铁在一根很长的竖直铜管中下落,若不计空气阻力,磁铁做什么运动?为什么?

3. 灵敏电流计的线圈处于永磁体的磁场中,通入电流,线圈就发生偏转,切断电流后线圈回到原来的位置前总要来回摆动好多次. 为了使线圈很快停止,可将线圈的两端和一个开关相连,只要按下开关使线圈短路,就能达到此目的,试说明理由. (这种开关称为阻尼开关.)

4. 如图 8.28 所示,在一长为 L 的直导线中通有电流 I, $ABCD$ 为一矩形线圈,它与直导线在同一平面内,且 AB 边与直导线平行. 判断矩形线圈在纸面内向右移动时线圈中感应电动势的方向.

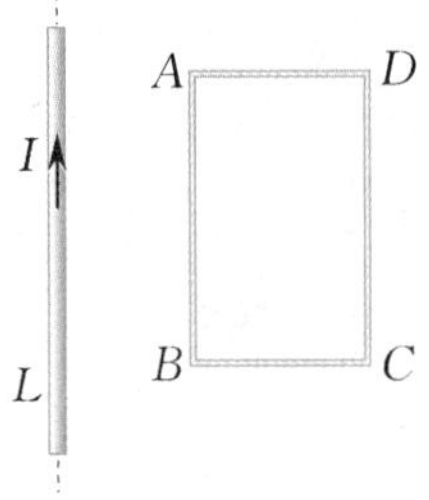

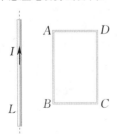

图 8.28

5. 金属圆板在均匀磁场中以角速度 ω 绕中心轴旋转,均匀磁场的方向平行于转轴,如图 8.29 所示. 指出金属圆板中由中心至同一边缘点的不同曲线上感应电动势的大小与方向.

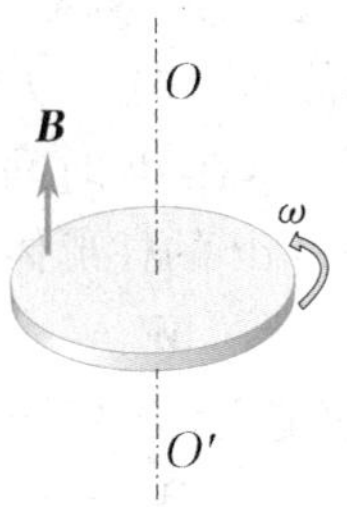

图 8.29

6. 将形状完全相同的铜环和铝环适当放置,使穿过两环的磁通量的变化相等. 问这两个环中的感应电动势及感生电场是否相等?

7. 载流螺绕环外 $B=0$, $\frac{\mathrm{d}B}{\mathrm{d}t}=0$, 因此螺绕环外不可能产生感生电场. 这种说法对吗?为什么?

8. 电子感应加速器中,电子加速所得到的能量是哪里来的?试定性说明.

9. 一根无限长直导线,垂直穿过一个均匀密绕的螺绕环中心,当螺绕环上的电流以某一速率 $\frac{\mathrm{d}I}{\mathrm{d}t}$ 增长时,直导线上将出现感应电动势. 一般认为螺绕环外没有磁场,这种情况下,无限长直导线上为什么会有感应电动势呢?设环的半径为 r,截面 S 很小,导线的总匝数为 N,试导出感应电动势的表达式.

10. 如果电路中通有强电流,当突然打开刀闸断电时,就有一火花跳过刀闸. 试解释这一现象.

11. 如图 8.30 所示,一电磁铁线圈(自感系数 L 很大)的电阻与旁边支路电阻 R 相同,当开关 K 刚接通

时，两个安培计的读数是否相同？为什么？

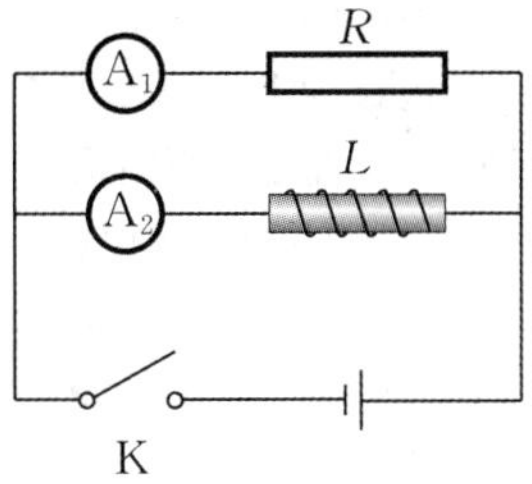

图 8.30

12. 怎样绕制一个自感系数为零的线圈？

13. 一无铁芯的长直螺线管，在保持其半径和总匝数不变的情况下，把螺线管拉长一些，则它的自感系数变化吗？如何变化？

14. 有两个半径不同的金属环，为了得到最大互感系数，应该怎样放置？

15. 在如图 8.31 所示的装置中，当不太长的条形磁铁在闭合线圈内做振动时（忽略空气阻力），振幅会如何变化？

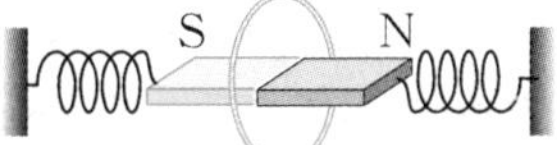

图 8.31

16. 试按下述几方面比较传导电流与位移电流：

(1) 起源；

(2) 激发的磁场的计算；

(3) 可以存在于的物质中；

(4) 是否能引起热效应，规律是否相同.

17. 图 8.32(a) 所示是充电后切断电源的平行板电容器；图 8.32(b) 是一与电源相接的电容器. 当电容器两极板间距离相互靠近或分离时，试判断两种情况下的极板间有无位移电流，并说明原因.

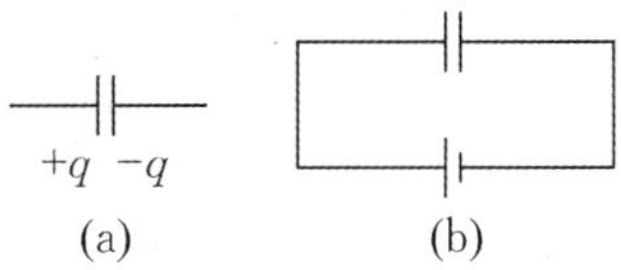

图 8.32

18. 麦克斯韦方程组中各方程的物理意义是什么？

习题 8

1. 如图 8.33 所示，一根长直导线载有恒定电流 I，近旁有一个两条对边与它平行且共面的矩形线圈以恒定速度 $\boldsymbol{v}$ 沿垂直于导线的方向向右运动. 设 $t=0$ 时，线圈位于图示位置，求：

(1) 在任意 t 时刻通过矩形线圈平面的磁通量；

(2) 在图示位置时矩形线圈中的电动势.

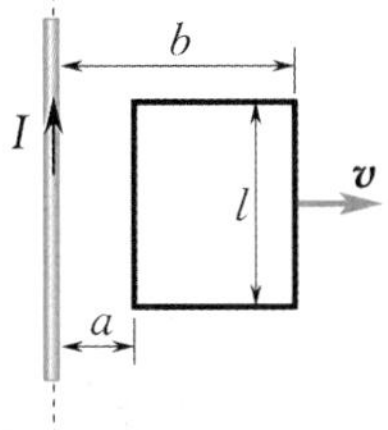

图 8.33

2. 第 1 题中若线圈不动，而长直导线中通有交变电流 $I=I_0\sin\omega t$，则线圈内的感应电动势为多少？

3. 在图 8.34 所示的电路中，导线 AC 在固定 U 形导轨上向右匀速平移，速率为 $v=2$ m/s. 设 $AC=5$ cm，均匀磁场随时间的变化率为 $\dfrac{\mathrm{d}B}{\mathrm{d}t}=-0.1$ T/s，此时 $B=0.5$ T，$x=10$ cm，求：

(1) 动生电动势的大小；

(2) 总感应电动势的大小；

(3) 此后动生电动势的大小随着 AC 运动的变化.

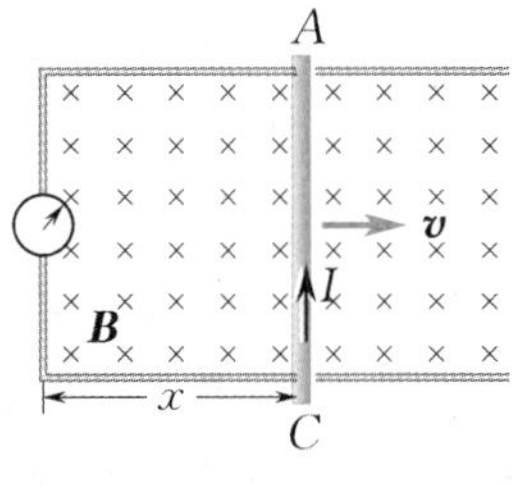

图 8.34

4. 如图 8.35 所示，一根长为 L 的直导线 OA 在均匀磁场 $\boldsymbol{B}$ 中以恒定速度 $\boldsymbol{v}$ 运动，导线与速度方向的夹角为 α，求导线中的动生电动势.

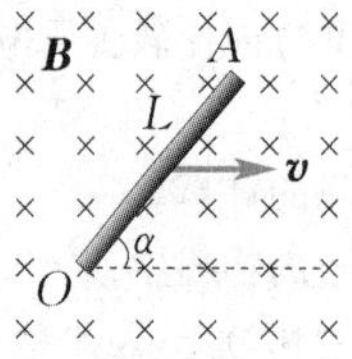

图 8.35

5. 半径为 R 的半圆形导线放置在均匀磁场 $\boldsymbol{B}$ 中,如图 8.36 所示. 若导线以恒定速度 $\boldsymbol{v}$ 向右做平动,求导线中的电动势. 将计算结果与第 4 题的结果做比较,能得出什么结论?

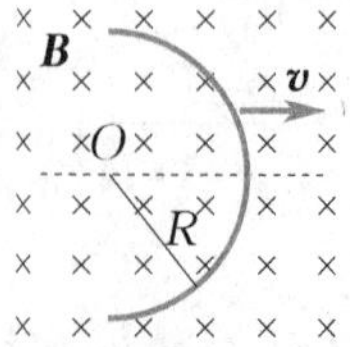

图 8.36

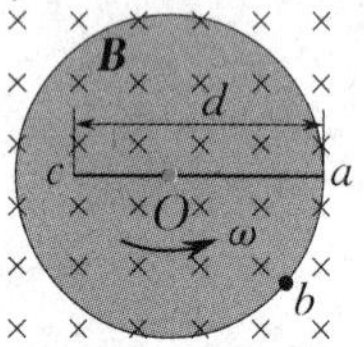

图 8.37

6. 半径为 L 的均匀导体圆盘绕过中心 O 的垂直轴转动,角速度为 ω,ca 为过中心 O 的线段,a 在圆盘边缘,$ca=d$,盘面与均匀磁场 $\boldsymbol{B}$ 垂直,如图 8.37 所示,求:

(1) Oa 中动生电动势的方向;

(2) U_a-U_b 与 U_a-U_c 的大小(b 为圆盘边缘上的一点).

7. 如图 8.38 所示,在一半径为 r_2、线电荷密度为 λ 的带电环内,有一半径为 r_1、总电阻为 R 的导体环,两环共面同心,且 $r_2 \gg r_1$. 当大环以变角速度 $\omega=\omega(t)$ 绕垂直于环面的中心轴旋转时,求小环中的感应电流.

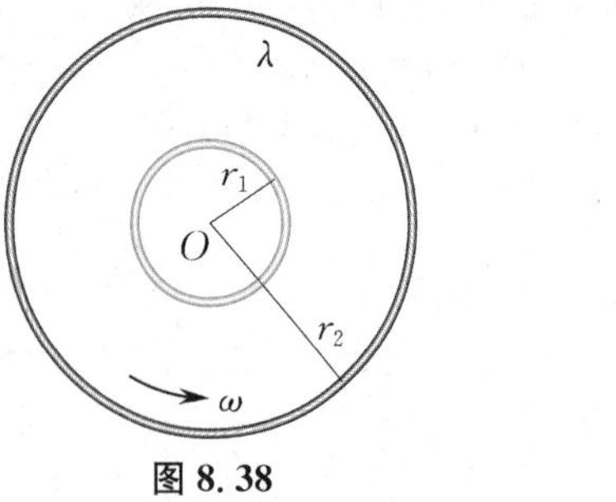

图 8.38

8. 一半径为 $r=10$ cm 的圆形闭合回路置于均匀磁场 $\boldsymbol{B}$($B=0.08$ T) 中,$\boldsymbol{B}$ 与回路平面正交. 若圆形回路的半径从 $t=0$ 开始以恒定的速率 $\frac{\mathrm{d}r}{\mathrm{d}t}=-80$ cm/s 收缩,求:

(1) $t=0$ 时,闭合回路中的感应电动势大小;

(2) 若感应电动势保持上面的数值,则闭合回路面积应以恒定速率收缩,求速率的值.

9. 如图 8.39 所示,一通有电流 I 的无限长直导线旁共面放置一边长为 l 的等边三角形线圈 ACD. 该线圈的 AC 边与长直导线距离最近,且相互平行. 使线圈 ACD 在纸面内以恒定速度 $\boldsymbol{v}$ 远离长直导线运动,且 $\boldsymbol{v}$ 与长直导线相垂直. 当线圈 AC 边与长直导线相距为 a 时,求线圈 ACD 内的动生电动势.

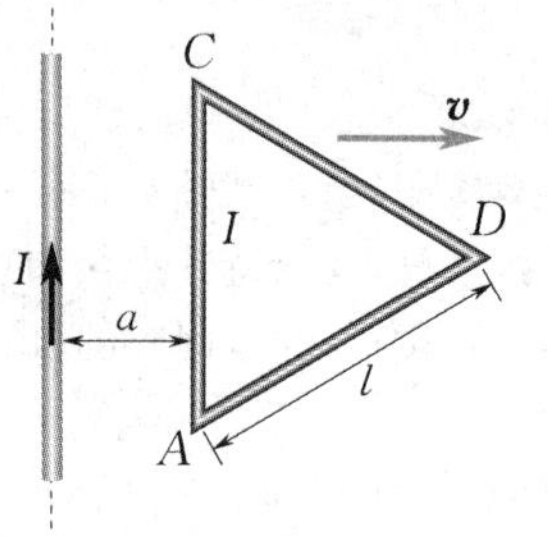

图 8.39

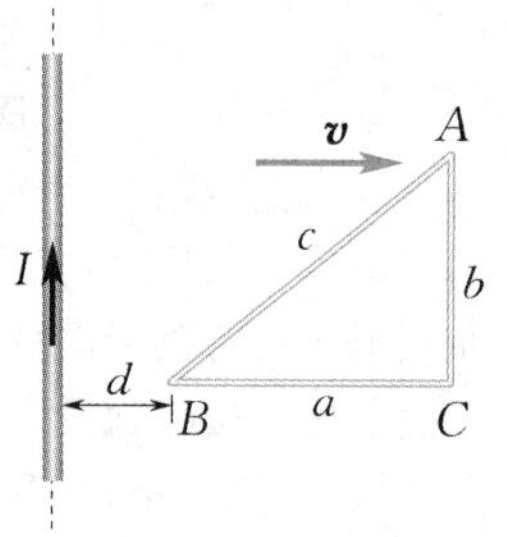

图 8.40

10. 无限长直导线通以电流 I,有一与之共面的直角三角形线圈 ABC,如图 8.40 所示. 已知 AC 边长为 b,且与长直导线平行,BC 边长为 a. 若线圈以垂直于长直导线方向的速度 $\boldsymbol{v}$ 向右平移,当 B 点与长直导线的距离为 d 时,求线圈 ABC 内的感应电动势的大小和方向.

11. 一面积为 S 的平面导线闭合回路置于载流长直螺线管中,回路的法线方向与螺线管轴线平行. 设长直螺线管单位长度上的匝数为 n,通过的电流为 $I=I_{\mathrm{m}}\sin\omega t$(电流的方向与回路的法线方向满足右手螺旋定则),式中 I_{m} 和 ω 为常量,t 为时间,求该导线回路中的感生电动势.

12. 有一个等边直角三角形闭合线圈,如图 8.41 所示. 三角形区域中的磁感应强度为 $\boldsymbol{B}=B_0x^2\mathrm{e}^{-at}\boldsymbol{k}$,式中 B_0 和 a 均为常量,$\boldsymbol{k}$ 是 z 轴正方向的单位矢量,求三角形闭合线圈中的感生电动势.

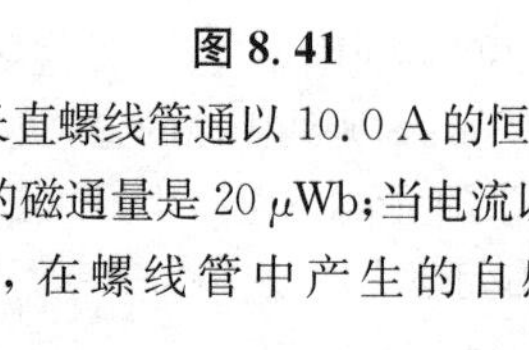

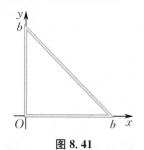

图 8.41

13. 一长直螺线管通以 10.0 A 的恒定电流时,通过每匝线圈的磁通量是 20 μWb;当电流以 4.0 A/s 的速率变化时,在螺线管中产生的自感电动势为

3.2 mV，求螺线管的自感系数与总匝数.

14. 一无限长导线通有电流 $I = I_0 \sin \omega t$，现有一矩形线圈与长直导线共面放置，如图 8.42 所示. 求互感系数和互感电动势.

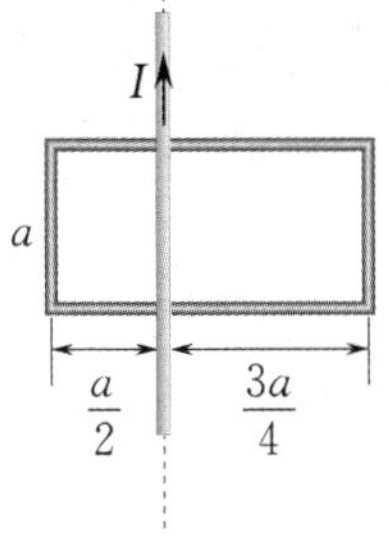

图 8.42

15. 一个长为 l、横截面半径为 R 的圆柱形纸筒上均匀密绕两组线圈. 一组的总匝数为 N_1，另一组的总匝数为 N_2. 求筒内为空气时两组线圈的互感系数.

16. 有一半径为 r 的金属圆环，电阻为 R，置于磁感应强度为 $\boldsymbol{B}$ 的均匀磁场中. 初始时刻环面与 $\boldsymbol{B}$ 垂直，然后将圆环以匀角速度 ω 绕通过环心并处于环面内的轴线旋转 $\frac{\pi}{2}$. 求：

(1) 在旋转过程中通过圆环截面的电荷量；

(2) 环中的感应电流.

17. 真空中两只长直螺线管 1 和 2，长度相同，均单层密绕，且匝数相等，两管直径之比为 $d_1 : d_2 = 1 : 4$. 当它们通以相同电流时，两螺线管储存的磁场能量之比为多少？

18. 给电容为 C 的平行板电容器充电，电流为 $i = 0.2\mathrm{e}^{-t}$ (SI)，$t = 0$ 时电容器极板上无电荷. 求：

(1) 两极板间电压 U 随时间 t 的变化关系；

(2) t 时刻极板间的位移电流(忽略边缘效应).

第 8 章阅读材料

习题参考答案

习题参考答案

习题 1

1. (1) 8 m; (2) 10 m
2. (1) $y=x^2-8$,轨迹曲线略;
   (2) $(2\boldsymbol{i}+12\boldsymbol{j})$m;
   (3) $(2\boldsymbol{i}+8t\boldsymbol{j})$m/s,$2\sqrt{17}$ m/s,与 x 轴正方向的夹角为 arctan 4;
   (4) $8\boldsymbol{j}$ m/s^2,8 m/s^2,沿 y 轴正方向
3. $x=A\cos\omega t$
4. $v_0\mathrm{e}^{-kx}$
5. $\dfrac{ru}{\sqrt{h^2+r^2}},\dfrac{h^2u^2}{(h^2+r^2)^{3/2}}$
6. (1) $\boldsymbol{v}=-50\sin 5t\boldsymbol{i}+50\cos 5t\boldsymbol{j}$(SI);
   (2) $a_t=0$; (3) 圆
7. $v_0+bt,\sqrt{b^2+(v_0+bt)^4/R^2}$
8. (1) $\omega=(4t^3-3t^2)$ rad/s;
   (2) $a_t=(12t^2-6t)$ m/s^2
9. $g\sin\alpha,g\cos\alpha,\dfrac{v_0^2}{g\cos\alpha}$
10. (1) 空间螺旋线,$x^2+y^2=A^2$;
    (2) 匀速直线运动;
    (3) $\omega\sqrt{A^2+\dfrac{h^2}{4\pi^2}},A\omega^2$
11. 25.6 m/s
12. 取向北偏东 19.4°,170 km/h,图略

习题 2

1. (1) $v_0\mathrm{e}^{-Kt/m}$; (2) $\dfrac{mv_0}{K}$
2. 0.892 m/s
3. $\dfrac{v_0R}{R+v_0\mu_k t},\dfrac{R}{\mu_k}\ln\left(1+\dfrac{v_0\mu_k t}{R}\right)$
4. (1) $2mv\boldsymbol{i}$; (2) $-\dfrac{mg\pi R}{v}\boldsymbol{j}$;
   (3) $2mv\boldsymbol{i}+\dfrac{mg\pi R}{v}\boldsymbol{j}$
5. $\dfrac{2mu}{M+2m},mu\left(\dfrac{1}{M+m}+\dfrac{1}{M+2m}\right)$
6. (1) $\dfrac{mv_0}{M+m}$; (2) $\dfrac{mv_0}{k}$
7. (1) 528 J,48 N·s; (2) 12 W
8. (1) 2.324 m/s,27 J; (2) 2.7 m/s,36.45 J
9. (1) $\boldsymbol{F}=-m\omega^2\boldsymbol{r}$; (2) $\dfrac{1}{2}mb^2\omega^2,\dfrac{1}{2}ma^2\omega^2$;
   (3) $-\dfrac{1}{2}m\omega^2(a^2+b^2)$; (4) 略
10. (1) $\sqrt{\dfrac{k}{mr}}$; (2) $-\dfrac{k}{2r}$
11. (1) $m\sqrt{\dfrac{2gh}{(m+M)M}}$; (2) $-\dfrac{m^2gh}{M+m}$
12. (1) 1.9%; (2) 28.4%; (3) 100%;
    结论:m_2 越接近于 m_1 时,m_1 动能损失越大;$m_2=m_1$ 时,m_1 动能损失 100%
13. (1) $\boldsymbol{M}=-mgv_0t\cos\theta\boldsymbol{k}$; (2) $\boldsymbol{L}=-\dfrac{mgv_0t^2}{2}\cos\theta\boldsymbol{k}$
14. 略
15. (1) $E_{pB}-E_{pA}=G\dfrac{Mm}{r_1}-G\dfrac{Mm}{r_2}$;
    (2) $E_{kB}-E_{kA}=GMm\left(\dfrac{1}{r_2}-\dfrac{1}{r_1}\right)$;
    (3) $-\dfrac{GMm}{r_1+r_2}$

习题 3

1. 62.5 r, $\frac{5}{3}$ s

2. $\frac{2J}{k\omega_0}$

3. (1) 81.7 rad/s^2，垂直纸面向外；
(2) 6.12×10^{-2} m

4. $\frac{11}{8}mg$

5. (1) $mg\frac{L}{2}\cos\theta$； (2) $\frac{3g\cos\theta}{2L}$； (3) $\sqrt{\frac{3g\sin\theta}{L}}$

6. $\frac{J\omega-mRv}{J+mR^2}$

7. $2\omega_0$, $\frac{1}{2}J_0\omega_0^2$

8. (1) $\omega=\frac{3m_2(v_1+v_2)}{m_1L}$； (2) $2m_2\frac{v_1+v_2}{\mu m_1 g}$

9. $l=R\left(\sqrt{1+\frac{m_1}{4m_2}}-1\right)$

10. $\omega=\frac{3}{2}\sqrt{\frac{g\cos\theta}{L}}$

11. (1) $\frac{36m_2v_0}{(16m_1+27m_2)l}$；
(2)
$\arccos\left[1-\frac{48m_2^2v_0^2}{(2m_1+3m_2)(16m_1+27m_2)gl}\right]$

12. 1.48 m/s

13. 21.8 rad/s

习题 4

1. (1) 5 N； (2) 10 N, ±0.2 m
2. (1) $T=2.7$ s； (2) 10.8 cm
3. (1) $x=2\times10^{-2}\cos(8\pi t+\pi)$ (SI)； (2) 0.126 N
4. 略
5. (1) $\frac{4}{3}\pi$ s； (2) 4.5 cm/s^2；
(3) $x=0.02\cos\left(\frac{3}{2}t-\frac{\pi}{2}\right)$ (SI)
6. (1) $x=2\times10^{-2}\cos\left(4\pi t+\frac{\pi}{3}\right)$ (SI)；
(2) $x=2\times10^{-2}\cos\left(4\pi t-\frac{2\pi}{3}\right)$ (SI)
7. $T=1.77$ s
8. $\Delta t=0.667$ s
9. (1) $x=\pm4.24\times10^{-2}$ m； (2) 0.75 s
10. $x=6.48\times10^{-2}\cos(2\pi t+1.12)$ (SI)

习题 5

1. -0.01 m, 0, 6.17×10^3 m/s^2
2. $y=0.1\cos\left(7\pi t-\frac{\pi x}{0.12}+\frac{\pi}{3}\right)$ (SI)
3. 略
4. (1) $y_1=0.25\cos(125t-3.7)$ (SI)，
$y_2=0.25\cos(125t-9.25)$ (SI)；
(2) -5.55 rad； (3) 0.249 m
5. $y=0.01\cos\left(4t+\pi x+\frac{\pi}{2}\right)$ (SI)
6. 1.464 m
7. 6 m, $\pm\pi$
8. 0.10 m, 100 m/s
9. (1) 4 Hz, 1.50 m, 6.00 m/s；
(2) $x=\pm3\left(n+\frac{1}{2}\right)$ m, $n=0,1,2,\cdots$；
(3) $x=\pm\frac{3n}{4}$ m, $n=0,1,2,\cdots$
10. (1) 1.50×10^{-2} m, 343.8 m/s；
(2) 0.625 m； (3) -46.2 m/s

习题 6

1. $\alpha=\operatorname{arccot}\left(\frac{q^2}{Q^2}\right)^{\frac{1}{3}}$
2. 6.8×10^3 N/C，沿 x 轴正方向
3. $-\frac{\lambda_0}{8\varepsilon_0R}\boldsymbol{j}$
4. (1) $\frac{2a\lambda}{\pi\varepsilon_0(a^2-4x^2)}$； (2) $\frac{\lambda^2}{2\pi\varepsilon_0a}$
5. (1) 4.43×10^{-13} C/m^3；
(2) -8.85×10^{-10} C/m^2
6. $\frac{q}{6\varepsilon_0}$
7. 1 N·m^2/C, 8.85×10^{-12} C
8. (1) $E_{内}=0$, $E_{外}=\frac{Q}{4\pi\varepsilon_0r^2}$；

(2) $E_内 = \frac{\rho}{3\varepsilon_0}r, E_外 = \frac{R^3\rho}{3\varepsilon_0 r^2}$;

(3) $E_内 = \frac{A}{4\varepsilon_0}r^2, E_外 = \frac{R^4 A}{4\varepsilon_0 r^2}$;

(4) $E_内 = \frac{A}{2\varepsilon_0}, E_外 = \frac{R^2 A}{2\varepsilon_0 r^2}$

9. $E_内 = \frac{\rho}{\varepsilon_0}x$($x$ 为场点到平板中面的距离),

$E_外 = \frac{\rho d}{2\varepsilon_0}$

10. 45 V, −15 V

11. $U_{AB} = \frac{q_1 - q_2}{2\varepsilon_0 S}d$

12. $U_1 - U_2 = \frac{q}{4\pi\varepsilon_0}\left(\frac{1}{r} - \frac{1}{R}\right)$

13. $\boldsymbol{E} = (-8 - 24xy)\boldsymbol{i} + (-12x^2 + 40y)\boldsymbol{j}$(SI)

14. (1) $U = \frac{q}{8\pi\varepsilon_0 L}\ln\frac{x+L}{x-L}$;

(2) $\boldsymbol{E} = \frac{1}{4\pi\varepsilon_0}\frac{q}{x^2 - L^2}\boldsymbol{i}$

15. (1) ε_r 倍; (2) 不变; (3) ε_r 倍

16. $U_B > U_C > U_A$

17. $\frac{q}{4\pi\varepsilon_0 r^2}, \frac{q}{4\pi\varepsilon_0 r}$

18. 7.5×10^4 N/C, $\pm 2.4 \times 10^{-10}$ C

19. $\frac{2\varepsilon_r}{\varepsilon_r + 1}$ 倍

20. $\frac{\varepsilon_r + 1}{2\varepsilon_r}U$

21. $U_O = 0.5$ V

22. $E_1 = 7.5 \times 10^5$ N/C,

$E_2 = 5.6 \times 10^5$ N/C,

$D_1 = D_2 = 2.0 \times 10^{-5}$ C/m^2,

$\sigma'_1 = 1.33 \times 10^{-5}$ C/m^2,

$\sigma'_2 = 1.5 \times 10^{-5}$ C/m^2

23. $\frac{Q^2}{8\pi\varepsilon_0 R}$

24. $\frac{(\varepsilon_r - 1)\varepsilon_0 S U^2}{2d}$

习题 7

1. 1.00×10^3 匝

2. $B = \frac{\mu_0 I}{4\pi}\left(\frac{3\pi}{2a} + \frac{\sqrt{2}}{b}\right)$

3. $B = \frac{\mu_0 I}{4\pi l}(2\sqrt{3} - 3)$,垂直纸面向里

4. 7.02×10^{-4} T,与线圈 CC' 平面的夹角为 $\theta = 63.4°$

5. $\frac{\mu_0 I}{2\pi a}\ln\frac{a+b}{a}$,垂直纸面向里

6. (1) ±2 Wb; (2) 0; (3) ±1.41 Wb

7. $\pm\frac{\mu_0 Ib}{2\pi}\ln 3$

8. (1) 0; (2) $\frac{\mu_0 I}{2\pi r}\frac{r^2 - a^2}{b^2 - a^2}$; (3) $\frac{\mu_0 I}{2\pi r}$

9. (1) $\frac{\mu_0 NIb}{2\pi}\ln\frac{R_2}{R_1}$; (2) 0, $\frac{\mu_0 NI}{2\pi r}$, 0

10. 36 A·m^2

11. $\frac{1}{2}e^2\sqrt{\frac{r}{4\pi\varepsilon_0 m_e}}, \frac{\mu_0 e^2}{4\pi r^2}\sqrt{\frac{1}{4\pi\varepsilon_0 m_e r}}$

12. (1) $\frac{1}{2}\mu_0\sigma\omega(R_2 - R_1)$;

(2) $\frac{1}{4}\pi\sigma\omega(R_2^4 - R_1^4)$

13. $0.8 \times 10^{-13}\boldsymbol{k}$ N

14. (1) 13 T; (2) 0.93×10^{-23} A·m^2

15. 4 倍, $\frac{1}{2}$

16. (1) 负; (2) $\frac{IB}{nS}$

17. (1) $\frac{\mu_0\omega\lambda}{8}$,向上; (2) $\frac{\pi\omega\lambda a^3}{4}$,向上

18. $I = 17.2$ A

19. (1) 7.85×10^{-2} N·m; (2) 7.85×10^{-2} J

20. (1) $\frac{\mu_0 I^2}{\pi R}$; (2) 略

21. $\frac{NI}{2\pi R}, \frac{\mu NI}{2\pi R}$

22. $H_内 = \frac{Ir^2}{2\pi R^2}, B_内 = \frac{\mu I r^2}{2\pi R^2}, H_外 = \frac{I}{2\pi r}, B_外 = \frac{\mu_0 I}{2\pi r}$

23. (1) $B = 0.226$ T; (2) $H = 300$ A/m

24. (1) $B_0 = 2.5 \times 10^{-4}$ T, $H_0 = 200$ A/m;

(2) $H = 200$ A/m, $B = 1.05$ T;

(3) $B' = 1.05$ T

25. $\mu_0\mu_r nI, (\mu_r - 1)nI$

习题 8

1. (1) $\frac{\mu_0 Il}{2\pi}\ln\frac{b+vt}{a+vt}$; (2) $\frac{\mu_0 lIv(b-a)}{2\pi ab}$

2. $-\frac{\mu_0 I_0 \omega l}{2\pi}\ln\frac{b}{a}\cos\omega t$

3. (1) 50 mV； (2) 49.5 mV； (3) 减小

4. $BvL\sin\alpha$

5. $2BvR$，略

6. (1) 由 a 指向 O；

(2) $U_a - U_b = 0, U_a - U_c = -\frac{1}{2}Bd(2L-d)\omega$

7. $-\frac{1}{2R}\pi\lambda\mu_0 r_1^2\frac{\mathrm{d}\omega}{\mathrm{d}t}$

8. (1) 0.40 V； (2) $-0.5\ \mathrm{m^2/s}$

9. $\frac{\mu_0 Iv}{2\pi}\left(\frac{l}{a}-\frac{2\sqrt{3}}{3}\ln\frac{2a+\sqrt{3}l}{2a}\right)$

10. $\frac{\mu_0 Ib}{2\pi a}\left(\ln\frac{a+d}{d}-\frac{a}{a+d}\right)v$，顺时针方向

11. $-\mu_0 nS\omega I_{\mathrm{m}}\cos\omega t$

12. $\frac{1}{12}ab^4 B_0\mathrm{e}^{-at}$，逆时针方向

13. 8.0×10^{-4} H，400 匝

14. $\frac{\mu_0 a}{2\pi}\ln 3, -\frac{\mu_0 a}{2\pi}\ln 3 I_0\omega\cos\omega t$

15. $\frac{\mu_0 N_1 N_2 \pi R^2}{l}$

16. (1) $\frac{\pi r^2 B}{R}$； (2) $\frac{\pi r^2 B\omega\sin\omega t}{R}$

17. 1∶16

18. (1) $U=\frac{0.2}{C}(1-\mathrm{e}^{-t})$； (2) $0.2\mathrm{e}^{-t}$

参考文献

张三慧.大学物理学:力学、热学[M].4版.北京:清华大学出版社,2018.
张三慧.大学物理学:电磁学、光学、量子物理[M].4版.北京:清华大学出版社,2018.
程守洙,江之永.普通物理学:上册[M].7版.北京:高等教育出版社,2016.
程守洙,江之永.普通物理学:下册[M].7版.北京:高等教育出版社,2016.
吴锡珑.大学物理教程:第3册[M].2版.北京:高等教育出版社,2013.
马文蔚,周雨青,解希顺.物理学:上册[M].7版.北京:高等教育出版社,2020.
马文蔚,解希顺,周雨青.物理学:下册[M].7版.北京:高等教育出版社,2020.
卢德馨.大学物理学[M].2版.北京:高等教育出版社,2003.
严导淦.物理学:上册[M].6版.北京:高等教育出版社,2016.
严导淦.物理学:下册[M].6版.北京:高等教育出版社,2016.
吴百诗.大学物理学:上册[M].北京:高等教育出版社,2012.
吴百诗.大学物理学:下册[M].北京:高等教育出版社,2012.
赵凯华,罗蔚茵.新概念物理教程:力学[M].3版.北京:高等教育出版社,2019.
陆果.基础物理学教程:上卷[M].2版.北京:高等教育出版社,2006.
陆果.基础物理学教程:下卷[M].2版.北京:高等教育出版社,2006.
朱荣华.基础物理学:第4卷　物理学史选[M].北京:高等教育出版社,2003.
毛骏健,顾牡.大学物理学:上册[M].3版.北京:高等教育出版社,2020.
毛骏健,顾牡.大学物理学:下册[M].3版.北京:高等教育出版社,2020.
祝之光.物理学[M].5版.北京:高等教育出版社,2018.
张乐,黄祝明.简明大学物理[M].上海:同济大学出版社,2018.
谢东,倪忠强,王祖源.人文物理[M].2版.北京:清华大学出版社,2016.
张晓燕.大学物理[M].北京:高等教育出版社,2015.
万雄,余达祥.大学物理:全2册[M].北京:科学出版社,2012.
申兵辉.大学物理学:上册[M].北京:清华大学出版社,2017.
申兵辉.大学物理学:下册[M].北京:清华大学出版社,2017.
余虹.大学物理学[M].4版.北京:科学出版社,2017.

图书在版编目(CIP)数据

大学物理学. 上 / 刘阳，吴涛主编. — 北京：北京大学出版社，2021. 10
ISBN 978-7-301-32520-9

Ⅰ. ①大… Ⅱ. ①刘… ②吴… Ⅲ. ①物理学—高等学校—教材 Ⅳ. ①O4

中国版本图书馆 CIP 数据核字(2021) 第 187010 号

书　　名	大学物理学(上) DAXUE WULIXUE (SHANG)
著作责任者	刘　阳　吴　涛　主编
责任编辑	王剑飞
标准书号	ISBN 978-7-301-32520-9
出版发行	北京大学出版社
地　　址	北京市海淀区成府路 205 号　100871
网　　址	http://www.pup.cn
电子信箱	zpup@pup.cn
新浪微博	@北京大学出版社
电　　话	邮购部 010-62752015　发行部 010-62750672　编辑部 010-62765014
印 刷 者	湖南省众鑫印务有限公司
经 销 者	新华书店
	787 毫米 × 1092 毫米　16 开本　19.5 印张　487 千字
	2021 年 10 月第 1 版　2023 年 6 月第 3 次印刷
定　　价	58.00 元